ARISTOTELES

METEOROLOGIE / ÜBER DIE WELT

ARISTOTELES

WERKE

IN DEUTSCHER ÜBERSETZUNG

HERAUSGEGEBEN VON

ERNST GRUMACH

FORTGEFÜHRT VON

HELLMUT FLASHAR

BAND 12

TEIL I METEOROLOGIE
TEIL II ÜBER DIE WELT

AKADEMIE-VERLAG · BERLIN
1979

ARISTOTELES

METEOROLOGIE
ÜBER DIE WELT

ÜBERSETZT VON

HANS STROHM

2. berichtigte Auflage

AKADEMIE-VERLAG · BERLIN
1979

MITTEILUNG AN DIE LESER

Am 5. Oktober 1967 verstarb unerwartet Prof. Ernst Grumach, dessen der Verlag als des Begründers und Herausgebers der Neuübersetzung des Gesamtwerkes des Aristoteles dankbar gedenkt.

Dem testamentarischen Wunsch Prof. Grumachs entsprechend wird die Reihe nunmehr von Herrn Prof. Dr. Flashar herausgegeben, der den Band 19, Problemata Physica, in dieser Reihe bearbeitet hat und mit mehreren Aufsätzen zu Aristoteles hervorgetreten ist.

Berlin, den 1. 11. 70 AKADEMIE-VERLAG

DEM ANDENKEN AN

ERNST GRUMACH

IN DANKBARKEIT GEWIDMET

HANS STROHM

TEIL I

METEOROLOGIE

BUCH I

1. Die ersten Ursachen der Natur, die gesamte natürliche Bewegung, ferner die Ordnung der am Himmel kreisenden Gestirne, dazu Zahl und Art der Elementarkörper sowie ihr Übergang ineinander, auch das allgemeine Werden und Vergehen sind also früher dargestellt. Nun ist von diesem Lehrgang noch das restliche Teilstück zu betrachten, das alle Früheren Meteorologie nannten. Es | umfaßt alle die Geschehnisse, die sich auf natürliche Weise, dabei jedoch im Vergleich mit dem ersten Elementarkörper unregelmäßiger vollziehen, und zwar besonders in dem der Gestirnsphäre benachbarten Raum, z. B. Milchstraße, Kometen und die Phänomene, die auf Entzündung, verbunden mit Bewegung, beruhen; dazu alle, die wir der Luft und dem Wasser als gemeinsame Vorgänge zuschreiben können; sodann noch im Hinblick auf die Erde ihre Teile, ihre Arten und die Eigenschaften dieser Teile; woran sich die Betrachtung der Ursachen von Winden und Erdbeben schließt, | sowie aller mit deren Bewegungsursachen in Zusammenhang stehenden Phänomene. Teils finden wir für sie keinen Weg zur Erklärung, teils können wir sie einigermaßen in den Griff bekommen. Schließlich haben wir es zu tun mit Blitzschlag, Wirbelwind, Glutwind und all den anderen immer wieder auftretenden Naturerscheinungen, die als Verhaltensweisen der hier beteiligten Elemente auf Verdichtung beruhen.

Nach der Darstellung dieses Sachgebiets wollen wir untersuchen, ob sich auf der gegebenen methodischen Grundlage ein Bericht über Tiere und Pflanzen, allgemein und speziell, geben läßt; ist dies nämlich vorgetragen, so dürfte unser ursprünglicher Plan seine völlige Verwirklichung gefunden haben.

Nach dieser Einleitung wollen wir also unser Thema beginnen.

2. Nach unseren früheren Definitionen gibt es einen bestimmten Elementarkörper, aus dem die Natur der im Kreise bewegten Massen besteht, ferner, der vier Elementarprinzipien wegen, vier weitere, für die wir eine doppelte Bewegung behaupten, weg vom Mittelpunkt und hin zum Mittelpunkt. Von diesen vieren – Feuer Luft Wasser Erde –

ist das sie alle überlagernde Element das Feuer, das die Unterlage bildende die Erde. Ein diesen entsprechendes Verhältnis haben die beiden anderen zueinander; von ihnen steht nämlich die Luft dem Feuer am nächsten, das Wasser der Erde. Aus diesen Elementen also setzt sich die irdische (sublunare) Welt zusammen; die hier auftretenden Phänomene gilt es, wie wir behaupten, zu erfassen. Diese Region muß mit den Umschwüngen der Gestirne in kontinuierlicher Verbindung stehen, so daß die ganze in ihr vorhandene Fähigkeit zur Bewegung von dorther gesteuert wird. Denn wo der Ursprung der Bewegung für alles ist, dort muß man sich die erste Ursache denken. Überdies ist das Himmelselement ewig und kommt in dem Raum, wo es sich bewegt, nirgends an ein Ende, sondern ist immerfort vollendet; diese (irdischen) Elemente aber haben jeweils ihre voneinander getrennten, fest bestimmten Regionen. Für die Vorgänge in ihrem Raum muß man also Feuer, Erde und die verwandten Körper als die materielle Ursache des Werdens betrachten (so nennen wir ja das zugrunde liegende passive Prinzip); dagegen als Ursache im Sinn des Ursprungs der Bewegung hat man die Wirkung der ewig bewegten Himmelskörper anzusehen.

3. Indem wir also unsere grundlegenden Sätze und die früher vorgetragenen Definitionen wieder aufnehmen, wollen wir von der Erscheinung der Milchstraße sprechen, von Kometen und den anderen damit verwandten Phänomenen.

Wir lehren, daß Feuer Luft Wasser Erde auseinander entstehen und
339 b daß jedes Element in jedem potentiell vor|handen ist, wie es auch bei allen sonstigen Dingen mit ein und dem selben Substrat, in das sie sich letztlich auflösen, der Fall ist.

Nun könnte man zunächst eine Schwierigkeit finden hinsichtlich der sogenannten Luft, wie man ihre Wesenheit innerhalb der die Erde umgebenden Welt fassen soll und wie sie sich der Lage nach zu den anderen sogenannten Elementen der Körperwelt verhält. Denn was die Masse der Erde betrifft, so ist es wohlbekannt, wie es damit, im Vergleich mit den sie umgebenden Massen, steht; durch astronomische Forschungen wurde es ja bereits augenscheinlich, daß sie viel kleiner sogar als einige Gestirne ist. Wasser aber können wir als konzentrierte Wesenheit für sich nicht sehen, noch ist es möglich, daß es abgesondert von seinem rings auf der Erde gelagerten Element existiert, ich meine die sichtbaren Wasserflächen – wie Meer und Flüsse –, aber auch all die Mengen, die in der Erdtiefe verborgen sein mögen. Aber eben nun der Körper zwischen der Erde und den äußersten Gestirnen, soll er als einheitlich seiner Natur nach gelten, oder aus mehreren bestehend, und wenn es mehrere Körper sind, wieviele sind es dann, und bis wohin reichen die Grenzen ihrer Orte?

Nun haben wir früher die Eigenart des ersten Elements erörtert, sowie die Tatsache, daß der gesamte Raum der Gestirnbewegungen voll von diesem Körper ist. Und diese Anschauung hegen nicht nur wir allein, vielmehr scheint dies ein alter Glaube zu sein, der bereits der früheren Menschheit eigen war. Denn schon vor alters hat der sogenannte Äther seinen Namen bekommen, den Anaxagoras, wie ich glaube, als gleichbedeutend aufgefaßt hat mit Feuer. Denn die obere Welt, meinte er, sei voll Feuer und jene Alten hätten das Element dort Äther genannt. In diesem Punkt hatte er recht: sie scheinen den ewig ‘laufenden’ Körper (théon) zugleich auch als göttlich (theion) aufgefaßt zu haben und sie legten für ein derartiges Element den Namen Äther fest, um auszudrücken, daß es mit keinem der Dinge unserer Welt identisch sei (nach unserer Lehre kehren ja nicht nur ein- oder zweimal oder ein paarmal die gleichen Anschauungen unter den Menschen wieder, sondern unzählige Male). Die aber behaupten, reines Feuer mache nicht nur die ziehenden Himmelskörper, sondern auch ihre Umgebung aus, zwischen Erde und Gestirnen aber befinde sich Luft, hätten wohl nach dem Studium der mathematischen Nachweise, wie sie jetzt hinreichend vorliegen, diese kindische Anschauung aufgegeben; allzu einfältig ist ja die Meinung, jeder der ziehenden Körper sei von geringer Größe, weil es uns, die wir ihn von hier aus betrachten, so erscheint. Das Thema wurde bereits in der früheren Abhandlung über den oberen Raum behandelt; doch werde die gleiche Überlegung auch jetzt noch einmal vorgetragen. | Wenn nämlich einerseits die 340a
Zwischenräume voll Feuer wären, andrerseits die Himmelskörper aus Feuer bestünden, wäre es schon längst aus mit jedem anderen Element. Jedoch können die Zwischenräume auch nicht allein mit Luft gefüllt sein; sie dürften dann nämlich das durch die Analogie zu den Elementen der Reihe geforderte Gleichmaß bei weitem überschreiten, selbst wenn der Raum zwischen Erde und Himmel von zwei Elementen erfüllt sein sollte. Denn ein bares Nichts, sozusagen, ist der Erdkörper – auf dem doch auch noch die ganze Wassermenge zusammengefaßt ist – im Vergleich mit dem umgebenden All. Wir sehen jedoch, daß die elementaren Massen keineswegs so bedeutend überschießen, wenn durch Ausscheidung Luft aus Wasser entsteht oder Feuer aus

Luft; es muß aber doch jede Wassermenge, sei sie noch so klein, zu der aus ihr entstehenden Luftmenge im selben Verhältnis stehen wie die ganze Luft zur ganzen Wassermasse. Daran ändert sich auch dann nichts, wenn man behauptet, daß diese Elemente nicht auseinander entstehen, daß sie jedoch an Wirkungskraft gleich seien; denn so gefaßt steht die Gleichheit der Wirkungskraft notwendigerweise mit ihren Massen in Zusammenhang, nicht anders als wenn sie (Luft, Wasser, Feuer) auseinander entstünden. – Daß also weder Luft noch Feuer allein den Zwischenraum erfüllen, ist offensichtlich

Wir müssen nun die Diskussion weiterführen und noch darlegen, wie die beiden – Luft und Feuer – im Hinblick auf die Lage des ersten Körpers angeordnet sind, und weiter, was die Ursache davon ist, daß von den Gestirnen im oberen Raum die Wärme zum irdischen Bereich gelangt. So wollen wir zunächst, wie in Aussicht gestellt, über die Luft sprechen und in diesem Sinn dann auch dies letztere Thema behandeln.

Wenn also Wasser aus Luft und Luft aus Wasser entsteht, warum bilden sich dann am oberen Ort keine Wolken? Es müßte dies doch um so mehr der Fall sein, als er erdferner und kälter ist; einerseits ist er ja den heißen Gestirnen, andrerseits den Sonnenstrahlen nicht so nahe, die, von der Erde zurückgeworfen, Wolkenbildung in Erdnähe verhindern, indem sie sie durch ihre Wärme auflösen. Wolkenansammlungen gibt es nämlich dort, wo die Sonnenstrahlen (zu wirken) aufhören, da sie sich ins Weite verlieren. Entweder also entsteht Wasser nicht aus jeder Luft, oder wenn doch aus jeder gleichermaßen, so ist die Schicht rund um die Erde nicht nur Luft, sondern eine Art von Dampf; sie wandelt sich daher (besonders leicht) wieder zu Wasser. Falls aber die Luft in ihrer ganzen großen Masse Dampf ist, bekommt man doch wohl den Eindruck, daß die Elemente Luft und Wasser bedeutend überschießen, wenn anders die Räume zwischen den Him-
340 b melskörpern einerseits | von einem Körper erfüllt sind, und andrerseits (feststeht): Feuer kann dies unmöglich sein, es wäre sonst alles andere verbrannt; es bleibt also dafür nur die Luft und das über die gesamte Erde verteilte Wasser übrig; Dampf ist ja Ausscheidung von Wasser.

Soweit also die Darlegung der Schwierigkeiten auf diesem Gebiet; was aber unsere eigene Lehre betrifft, so wollen wir mit ihrer Darlegung Begriffsbestimmungen verbinden, die sowohl für das noch Vorzutragende wie für das jetzt Vorgebrachte gelten. Was sich oben, bis

herunter zum Mond, befindet, ist, so behaupten wir, ein von Feuer und Luft verschiedener Körper, doch hat er teils reinere, teils weniger unvermischte Stellen, er weist Unterschiede auf, und zwar besonders dort, wo er gegen die Luft und die die Erde umgebende Raumordnung hin endet. Zieht nun das erste Element mit den Himmelskörpern darin im Kreise, so entzündet sich die jeweils benachbarte Zone der Welt und des Körpers unterhalb, indem sie sich infolge des Bewegungsanstoßes verdünnt, und schafft die Wärme. Zu dieser Vorstellung müssen wir auch von folgendem Ausgangspunkt gelangen. Der Körper unterhalb des Himmelsumschwungs stellt gewissermaßen eine Art von Materie dar und ist potentiell warm kalt trocken feucht (und was an Qualitäten sonst noch in diesen Zusammenhang gehört); Verwirklichung im Sinne dieser Qualitäten erfährt er unter dem Bewegungsanstoß (bzw. seinem Ausbleiben), von dessen Ursache und Ursprung wir vorhin sprachen. Nun befindet sich in der Mitte und um sie herum abgesondert das Schwerste und Kälteste, Erde und Wasser; rundherum um sie schließt sich die Luft an und das von uns gewohnheitsmäßig so genannte Feuer. Es ist aber kein Feuer; ein Extrem von Wärme, gewissermaßen ein Kochen – das nämlich ist Feuer. Man muß sich jedoch von der von uns so genannten Luft die um die Erde gelagerte Schicht als feucht und warm vorstellen, weil die Erde Wasserdampf und (rauchartige) Ausdünstungen ausscheidet, die Schicht darüber aber bereits als warm und trocken. Denn Wasserdampf ist von Natur feucht und warm, die Ausdünstung warm und trocken; potentiell ist der Dampf eine Art von Wasser, die Ausdünstung eine Art von Feuer. Als Ursache dafür, daß sich im oberen Raum keine Wolken bilden, müssen wir also annehmen, daß sich in ihm nicht allein Luft, sondern eher eine Art von Feuer befindet. Der Annahme steht nichts im Wege, daß auch durch den Umschwung (des Himmels) im Kreise die Wolkenbildung im oberen Raum verhindert wird. Notwendigerweise befindet sich ja die ganze Luft ringsum im Strömen, soweit sie nicht von der Kreislinie inbegriffen wird, die den Erdkörper zur vollkommenen Kugel macht. (Auch hier sei, dem Augenschein gemäß, betont: das Werden der Winde vollzieht sich in den Niederungen der Erdoberfläche, und ihr Wehen geht nicht | über die hohen Berge hinaus.) Im Kreise strömt die Luft, 341 a
weil sie durch den Umschwung des Alls mitgerissen wird. Denn das Feuer steht in kontinuierlicher Verbindung mit dem Himmelselement, mit dem Feuer die Luft; infolgedessen ist es auch die Bewegung, was eine Verdichtung zu Wasser verhindert, vielmehr sinkt jedes Teilchen,

das schwer wird, weil seine Wärme hinauf in den oberen Raum ausgepreßt wird, jeweils nach unten; dafür steigen andere Teile zusammen mit der feurigen Ausdünstung (der Erde) nach oben, die eine Schicht bleibt so beständig von Luft, die andere von Feuer erfüllt, und diese beiden Schichten erneuern sich fortwährend.

Soviel also sei vorgetragen über die Fragen, warum keine Wolken entstehen und keine Kondensation zu Wasser vorkommt, wie man den Raum zwischen den Sternen und der Erde auffassen soll, und welches der Körper ist, der ihn erfüllt.

Was aber das Entstehen der Wärme betrifft, die die Sonne spendet, so ist eine gesonderte, genaue Behandlung eher in der Vorlesung über Sinneswahrnehmung am Platze (die Wärme affiziert ja die Sinneswahrnehmung); warum sich aber die Wärme einstellt, obwohl doch die Himmelskörper gar nicht von einer solchen Beschaffenheit sind, soll auch hier besprochen werden. Also: wir sehen, daß Bewegung die Luft zu verdünnen und zu entzünden vermag, so daß oftmals auch geschleuderte Gegenstände augenscheinlich ins Schmelzen geraten. Was nun Tageswärme und Hitze betrifft, so vermag sie auch der Umschwung der Sonne allein zu bewirken. Denn nötig ist eine rasche und nicht ferne Bewegung; nun ist die der Gestirne rasch, aber ferne, die des Mondes zwar tief unten (= erdnah), aber langsam. Der Sonnenbahn aber sind die beiden notwendigen Merkmale in hinreichendem Maße eigen. Daß die Hitze durch die Gegenwart gerade der Sonne wächst, kann man gut verstehen, wenn man die Entsprechungen in unserem Erfahrungsbereich hernimmt; denn auch hier wird in der unmittelbaren Umgebung fliegender Geschosse die Luft besonders heiß. Das hat seinen guten Sinn: die Bewegung des festen Körpers verdünnt hier die Luft besonders. – Aus diesem Grunde also gelangt die Wärme bis zum irdischen Bereich, und auch noch wegen des Umstandes, daß infolge der Himmelsbewegung die die Luft umgebende Feuerschicht an vielen Stellen auseinandersprüht und gewaltsam nach unten gezogen wird.

Ein sicheres Zeichen dafür, daß der obere Ort nicht heiß oder voll Feuersglut ist, bedeuten auch die Sternschnuppen. Denn nicht dort oben, sondern unten entstehen sie; und doch müßte, was sich länger und rascher bewegt, sich auch rascher entzünden. Überdies ist die Sonne, die (unter den Himmelskörpern) am heißesten zu sein scheint, augenscheinlich weiß, aber nicht feurig. |

341 b 4. Nachdem dies klargestellt ist, wollen wir darlegen, warum die brennenden Flammen am Himmel aufscheinen, die Sternschnuppen

und die von manchen so genannten 'Fackeln' und 'Ziegen'. Bei ihnen allen handelt es sich nämlich um das gleiche, und ihre Ursache ist dieselbe, der Unterschied besteht bloß im Mehr oder Weniger.

Die Ursache dieser Erscheinungen wie vieler anderer ist folgende. Wenn nämlich die Erde von der Sonne erwärmt wird, so entwickelt sich mit Notwendigkeit nicht eine einfache Ausdünstung, wie manche glauben, sondern eine von doppelter Art, die eine mehr als Wasserdampf, die andere mehr als Windhauch, als Dampf die aus der Feuchtigkeit in und auf der Erde, rauchartig dagegen die von trockener Erde stammende. Von ihnen hält sich die windartige Ausscheidung oben wegen ihrer Wärme, die feuchtere bleibt unten wegen ihrer Schwere. Deswegen weist der Raum rings um die Erde folgende Ordnung auf: zuerst unterhalb des kreisenden Himmelsumschwungs ist das Warme und Trockene, das wir Feuer nennen (das, was den verschiedenen rauchartigen Ausscheidungen gemeinsam ist, hat ja keinen Namen; gleichwohl ist man auf eine solche Namengebung angewiesen, da dieser Körper am meisten von allen von entzündlicher Natur ist); unter diesem Stoff befindet sich Luft. Man muß sich also, was wir soeben Feuer nannten, als eine Art von Zunder vorstellen, der, als Äußerstes der Erdsphäre, ringsherum ausgebreitet ist, so daß er unter einem kleinen Bewegungsanstoß oftmals wie Rauch aufbrennt; denn Flamme ist das Kochen eines trockenen Hauches. Wo nun die Verhältnisse bei einer so zusammengesetzten Materie besonders günstig liegen, da flammt sie auf, sobald sie irgendwie von dem Umschwung in Bewegung gesetzt wird.

Unterschiede gibt es nunmehr je nach der Lage des Zunders oder seiner Menge. Wenn er nämlich breit und lang ist, sieht man oft eine Flamme brennen, wie wenn Stoppeln brennen auf dem Acker; erstreckt sich die Entzündung bloß in die Länge, sieht man die sogenannten 'Fackeln', 'Ziegen' und 'Sternschnuppen'. Wenn nun der Zunder beim Brennen Funken sprüht (das geschieht bei Entzündung von den Seiten her, zu kleinen Teilen, in Verbindung jedoch mit der Hauptmasse), ist der Name 'Ziege', wenn dies nicht auftritt, 'Fackel'. Versprühen die Teile der Dunstmasse in kleinen Stücken und in viele Teile, ebenso horizontal wie vertikal, entsteht der Eindruck vorüberschießender Sterne.

So ist es also manchmal die (Himmels)bewegung, die die Ausdünstung sich entzünden und diese Erscheinungen bewirken läßt; manchmal ist es aber die durch Abkühlung | verursachte Kontraktion der 342 a

Luft, bei der die Wärme ausgepreßt und ausgeschieden wird; weshalb dann ihre Bewegung mehr einem Geschleudertwerden als einem Aufflammen ähnelt. Man könnte nämlich (bei den Sternschnuppen) zweifeln: ist es wie bei der Beobachtung an den zwei Lampen, wo die Ausdünstung der einen Lampe, die unter die andere gestellt ist, bewirkt, daß die untere von der Flamme oben entzündet wird (auch hier ist die Geschwindigkeit erstaunlich und so, als würde etwas geschleudert und nicht eine Stelle nach der anderen zur Flamme), oder stellen die Sternschnuppen das Durchschießen ein und desselben Körpers dar? Offenbar liegen beide Ursachen vor: einmal geht es zu wie bei der Bewegung von der Lampenflamme aus, manchmal aber schießen die Sternschnuppen infolge der Auspressung dahin, wie Obstkerne aus den Fingern schnellen. So sieht man sie aufs Festland und ins Meer fallen, nachts und tagsüber, bei heiterem Himmel. Nach unten fliegen sie, weil die Verdichtung (der Luft), die sie abschnellen läßt, einen Zug nach unten hat. Deshalb fallen auch die Blitze nach unten. Alle diese Naturerscheinungen beruhen nämlich nicht auf Entzündung, sondern auf Druck; von Natur aus muß ja alles Warme nach oben steigen.

Was nun eher am oberen Ort sich bildet, hat eine Entzündung der (warmen) Ausdünstung, was im unteren Raum entsteht, deren (gewaltsame) Ausscheidung zur Ursache, bewirkt durch die Verdichtung und Abkühlung der feuchteren Ausdünstung. Denn diese ist es, die, kondensiert und nach unten drängend, durch ihre Verfestigung abstoßend wirkt und den warmen Stoff hinabschießen läßt. Die Position des warmen Dunstes – je nachdem er horizontal oder vertikal liegt – ist bestimmend für die nach oben, nach unten oder schräg gerichtete Bewegung. Die schräge Richtung ist die häufigste, weil zwei Strebungen vorliegen, eine gewaltsame nach unten, eine naturgemäße nach oben; in solchem Fall schlagen alle Körper die Diagonale ein. Deswegen ist auch der Flug der Sternschnuppen meist schräg.

Ursache all dieser Phänomene also ist stofflich betrachtet die warmtrockene Ausscheidung, hinsichtlich der Bewegungsursache aber teils der Umschwung des Himmels, teils die Verfestigung der kondensierenden Luft. Alles aber vollzieht sich unterhalb des Mondes. Ein Beweis: man kann beobachten, wie die Geschwindigkeit dieser Phänomene der von Gegenständen gleicht, die von Menschenhand geschleudert werden und die, weil sie uns nahe sind, sich viel schneller zu bewegen scheinen als die Gestirne, als Sonne und Mond.

5. Manchmal in klaren Nächten hat man den Anblick von mannigfachen Erscheinungen am Himmel, etwa von 'Klüften', 'Gruben', blutroten Stellen. Sie haben die | gleiche Ursache. Es wurde ja klargestellt, 342 b
daß die obere Luftschicht sich verdichten und Feuer fangen kann und daß die Entzündung manchmal den Eindruck einer Feuersbrunst, manchmal fliegender Fackeln und Sterne macht; da ist es gar nicht erstaunlich, wenn eben diese Luft, sich verdichtend, mannigfache Farben annimmt. Denn einerseits Licht, das durch ein dichteres Medium geschwächt hindurchscheint, andrerseits eine Luftschicht, die reflektiert, sie werden mannigfache Färbungen verursachen, vor allem Rot und Purpur. Diese Farben ergeben sich gewöhnlich aus einer Mischung von Feuerrot und Weiß, nach Maßgabe der vor ihnen lagernden Medien; so sehen z. B. auf- und untergehende Sterne bei Hitze, und durch Rauch hindurch, rot aus. Auch infolge von Lichtbrechung tritt das Phänomen auf, wenn die reflektierende Luftschicht nicht die Form, sondern die Farbe wiedergibt. – Solche Naturerscheinungen dauern nicht lange, weil die zugrunde liegende Luftverdichtung rasch vorübergeht.

Mit den 'Klüften' steht es so: wenn Licht aus Schwarzblau und Dunkel hervorbricht, entsteht der Eindruck einer Vertiefung (am Himmel). Oft fahren auch, nach vorausgegangener Bildung solcher Phänomene, 'Fackeln' herunter, nämlich wenn die Luftverdichtung einen höheren Grad erreicht hat; dagegen während sie sich vollzieht, bleibt der Eindruck einer 'Kluft'. Weiß in Schwarz ruft, ganz allgemein, viele Farbtöne hervor, wie etwa Flamme in Rauch. Tagsüber wirkt die Sonne hemmend, nachts sieht man nur das Rot, keine anderen Farben, weil sie die gleiche Tönung (wie der Himmel) haben.

Diese Ursachen also muß man sich denken für die Sternschnuppen, die feurigen Stellen am Himmel und die anderen derartigen Erscheinungen von kurzer Dauer des Eindrucks.

6. Wir wollen nun von den Kometen und von der Milchstraße sprechen, nachdem wir zunächst die Probleme im Anschluß an die Äußerungen der anderen Forscher behandelt haben.

Anaxagoras und Demokrit behaupten, Kometen seien ein 'Gesamtbild' der Planeten, wenn sie einander nahekommen und sich zu berühren scheinen.

Einige der sogenannten Pythagoreer in Italien bezeichnen als Kometen einen der Planeten, der aber nur in großen Zeitabständen erscheine und sich nur wenig über den Horizont erhebe (was auch beim Merkur zutrifft: weil er nur eine geringe Höhe erreicht, fallen viele seiner Phasen aus, so daß er nur in großen Zeitabständen sichtbar wird).

Dieser Lehre ähnelt die des Hippokrates von Chios und seines
343a Schülers Ai|schylos, nur daß sie den Schweif nicht als Teil des Kometen selbst auffassen; er nehme diesen auf Grund (der besonderen Art) einer Stelle im Raum manchmal an, wenn unser Sehen durch die Feuchtigkeit, die der Komet emporzieht, zur Sonne hin reflektiert wird. Weil sein Zurückbleiben (hinter der Sonne) besonders langsam ist – so lehren sie –, wird er im Gegensatz zu den anderen Sternen nur in besonders großen Intervallen sichtbar; und erscheint er wieder an derselben Stelle, so hat er inzwischen den ganzen Kreis seiner Rückwärtsbewegung vollzogen. Diese richtet sich ebenso nach Norden wie nach Süden. Im Bereich zwischen den Wendekreisen zieht der Komet kein Wasser an sich, weil diese Zone durch die Sonne in ihrem Laufe verbrannt ist. Bewegt er sich aber nach Süden, so findet er dort zwar eine solche Feuchtigkeit in Menge, da aber nur ein kleines Stück seiner Bahn oberhalb des Horizonts verläuft, der größte Teil darunter, so kann das menschliche Sehen nicht zur Sonne hin reflektiert werden, ob die Sonne sich nun ihrem südlichsten Punkt nähert oder in der Position der sommerlichen Wende steht. In diesem Bereich kann also der Stern nicht zum Kometen werden. Geht aber sein Zurückbleiben in nördliche Richtung, dann bekommt er einen Schweif, denn dann ist der über dem Horizont gelegene Kreisabschnitt seiner Bahn groß, der untere klein, und der menschliche Blick kann, reflektiert, leicht zur Sonne gelangen.

Allen diesen Lehren haften jedoch Unmöglichkeiten an, von denen sie teils durchgängig, teils einzeln betroffen werden.

a) Das gilt zunächst für die Lehre, daß der Haarstern einer der Wandelsterne sei. Die Planeten vollziehen nämlich alle ihre Rückwärtsbewegung innerhalb des Tierkreises; Kometen aber hat man schon vielfach außerhalb dieses Kreises beobachtet. Es sind auch oft mehrere zusammen aufgetreten. Ferner: wenn sie den Schweif infolge der Reflexion bekommen, wie Aischylos und Hippokrates behaupten, dann müßte man diesen Stern auch einmal ohne Schweif sehen können, da seine Rückwärtsbewegung ja nach mehreren Richtungen geht, er aber nicht überall einen Schweif bekommt. Nun aber ist außer den fünf Planeten noch kein weiterer Stern beobachtet worden, und diese sind oft gemeinsam über dem Horizont sichtbar. Kometen erscheinen, und zwar oft, gleichgültig ob man alle Planeten sehen kann oder ob sie nicht alle sichtbar sind, sondern einige (zu) nahe bei der Sonne

stehen. Aber auch das stimmt nicht, daß ausschließlich im nördlichen Bereich ein Haarstern erscheint, gleichzeitig mit | der sommerlichen 343 b
Sonnenwende. Denn der große Komet zur Zeit des Erdbebens und der Flutwelle in Achaia ging im Westen auf; auch im Süden gab es schon viele Kometen. Unter dem Archontat des Eukles, Molons Sohn, zu Athen erschien um die Wintersonnenwende im Monat Gamelion (Jan.-Febr.) ein Komet im Norden; wobei doch die Verteidiger dieser Lehre eine Brechung der Sehlinie auf solche Entfernung selber für unmöglich erklären.

b) Sowohl ihnen wie den Vertretern einer Konjunktion von Planeten (als Ursache von Kometen) steht zunächst die Tatsache entgegen, daß auch manche Fixsterne einen Schweif annehmen. Das braucht man nicht nur den Ägyptern zu glauben (die es auch behaupten), vielmehr haben auch wir es beobachtet. Ein Stern im Sternbild des Großen Hundes, an der Stelle seiner Hüfte, bekam einen Schweif, allerdings einen nur schwach sichtbaren; schaute man scharf hin, wurde sein Schein trübe, heller erschien er, wenn man etwas an ihm vorbeiblickte. Außerdem: alle in unserer Zeit beobachteten Kometen sind, ohne unterzugehen, oberhalb des Horizontes allmählich verschwunden, ohne daß ein Stern oder eine Gruppe von Sternen am Himmel zurückblieb. Auch der große Komet, den wir früher erwähnten, erschien winters bei Frost und klarem Himmel im Westen, unter dem Archontat des Asteios. In der ersten Nacht sah man ihn nicht, da er vor der Sonne unterging, aber in der folgenden; er vollzog die kleinste für die Sichtbarkeit gerade noch mögliche Rückwärtsbewegung und ging dann gleich unter. Sein Schein reichte über ein Drittel des Himmels wie ein Band (?); darum erhielt er auch den Namen 'Straße'. Er stieg bis zum Gürtel des Orion und löste sich dort auf.

c) Dabei hat aber Demokrit seine Meinung eifervoll verteidigt; er behauptet nämlich, es seien nach Auflösung von Kometen einige Sterne beobachtet worden. Dies dürfte aber nicht ab und zu der Fall sein, sondern müßte immer geschehen. Ferner: die Ägypter sagen, daß es Konjunktionen von Planeten untereinander und mit Fixsternen gebe, und andrerseits haben wir selbst den Planeten Jupiter in Konjunktion mit einem Stern in den Zwillingen gesehen, aber kein Komet trat auf. Es ist zudem auch aus logischem Grund klar (daß Demokrit unrecht hat). Denn man hat zwar den optischen Eindruck von größeren und kleineren Sternen, aber für sich genommen scheinen sie doch unteilbare Punkte zu sein. Vorausgesetzt, sie wären das, so würden sie bei einer Berührung miteinander kein größeres Quantum ergeben; und so ist zu erwarten, daß sie, da sie zwar keine unteilbaren Punkte sind, 344a aber doch als solche erscheinen, | bei einer Konjunktion kein quantitatives Anwachsen sichtbar werden lassen.

Daß also die Kometenerklärungen, die man vorbringt, falsch sind, ist, wenn auch nur in Kürze, damit genugsam klar geworden.

7. Wenn es sich um Vorgänge handelt, die der Sinneswahrnehmung nicht offenliegen, glauben wir der Forderung einer vernunftgemäßen Erklärung genuggetan zu haben, wenn wir sie auf eine mögliche Ursache zurückführen. Dementsprechend darf man auf Grund dessen, was uns jetzt offenliegt, annehmen, daß diese Phänomene sich wie folgt vollziehen.

Unser Ausgangspunkt war ja, daß von der Welt rings um die Erde, soweit sie unterhalb des Kreisumschwungs (des Himmels) liegt, die erste Schicht eine warmtrockene Ausdünstung ist. Sie selbst und weithin auch die anschließende Luftschicht wird von dem Umschwung und der Kreisbewegung um die Erde herumgeführt und in solcher Bewegung dort, wo die Mischung gerade die richtige ist, vielfach in Brand gesetzt. Deswegen entstehen auch, nach unserer Lehre, die vereinzelt durchschießenden Sternschnuppen. Wenn nun in eine solche Ballung vom oberen Umschwung her ein Feuerkeim hineinfällt, weder so stark, daß ein rascher und umfassender Brand entsteht, noch so schwach, daß der Brand gleich verlischt, sondern stärker und umfassender –: steigt dann zufällig von unten eine Ausdünstung von der rechten Mischung empor, dann wird daraus ein Komet, und zwar entsprechend der Gestalt der Anathymiase; erstreckt sie sich gleichmäßig nach allen Seiten, so ist es ein Haarstern, erstreckt sie sich nur in der Längsrichtung, so spricht man von einem 'Bartstern'. Wie die Bewegung eines solchen Phänomens der einer Sternschnuppe ähnelt, so gleicht sein Verharren einem stillstehenden Stern. Es geht dabei ähnlich zu, als stieße man in einen großen Spreuhaufen eine Fackel oder schleuderte einen kleinen Feuerfunken hinein. Denn auch das Durchschießen von Sternschnuppen sieht ähnlich aus: weil der Zunder so geeignet dafür ist, ist es ein Flug der Länge nach. Wenn also das Feuer, ohne beim Durchschießen verzehrt zu werden, dort verharrt, wo der Zunder am stärksten verdichtet ist, dann kann gar wohl das Ende einer Sternschnuppe Anfang der Bewegung (eines Kometen) sein. Ein Komet ist also ein solcher 'Stern', wie eine Sternschnuppe es wäre, die Anfang und Ende in sich selber beschlossen trägt.

Vollzieht sich also der Anfang der Bildung im unteren Raum selbst, erscheint ein isolierter Haarstern; erhält aber die Ausdünstung unterhalb eines Gestirns – Fixstern oder Planet – infolge seiner Bewegung ihre Gestalt, | dann wird einer dieser Sterne zum Kometen. Der Schweif 344 b
entsteht ja nicht unmittelbar bei dem Gestirn; vielmehr (ist es so): wie der Hof um Sonne und Mond scheinbar (bei diesen Gestirnen) bleibt, auch wenn sie fortrücken – dann nämlich, wenn die Luftverdichtung von solcher Art ist, daß das Phänomen unter der Sonnenbahn entstehen kann –, so ist auch der Schweif bei den Gestirnen eine Art Hof. Nur erhält der Hof um die Sonne seine Färbung durch die Lichtbrechung, beim Kometenschweif aber ist, was man sehen kann, die Farbe des zugrunde liegenden Stoffes selbst.

Wenn also eine solche Ballung (der Anathymiase) in Verbindung mit einem Stern auftritt, dann scheint mit Notwendigkeit der Komet die Gestirnbewegung mitzumachen; bildet er sich aber isoliert, hat man den Eindruck einer Rückwärtsbewegung. So entspricht es ja dem Umschwung der um die Erde gelagerten Sphäre.

Daß ein Komet nicht eine Art Lichtbrechung ist – nicht zur Sonne hin, nach hippokratischer Lehre, sondern zum (jeweiligen) Gestirn selbst hin (er wäre dann ein Hof im hellen, reinen 'Zunder') –, erhellt vor allem aus der Tatsache, daß ein Komet oft als isolierte Erscheinung entsteht, und zwar häufiger als in Verbindung mit einem der bekannten Sterne. – Über die Ursache des 'Hofs' (Halo) werden wir später sprechen (III 2).

Als ein Kennzeichen für ihre Feuernatur muß man es ansehen, daß das häufigere Auftreten von Kometen Winde und Trockenperioden anzeigt. Es ist ja klar, daß sie deshalb (häufiger) entstehen, weil eine derartige Ausscheidung stark ist, so daß auch die Luft notwendig trockener wird, die verdunstende Feuchtigkeit aber von der Masse der warmen Ausscheidung verdünnt und aufgelöst wird, also nicht leicht zu Wasser kondensieren kann. Auch diese Naturerscheinung werden wir genauer besprechen, wenn es Zeit wird auch für die Behandlung der Winde (II 4).

Wenn also Kometen häufig und zahlreich zu sehen sind, wird, wie gesagt, das Jahr bekanntermaßen trocken und windig; sind sie seltener und von geringerer Größe, kommt es nicht in gleicher Weise dazu, obschon dann gemeinhin ein nach Dauer oder Stärke ungewöhnlicher Wind auftritt. Als z. B. in Aigospotamoi ein Stein aus der Luft fiel, war er vom Wind in die Höhe gehoben und (während des Tages) fallen-

gelassen worden; eben damals erschien im Westen ein Komet. Dann zur Zeit des großen Kometen herrschte trockenes Winterwetter und Nordwind, und die Flutwelle war eine Folge des Gegeneinanderwehens
345 a von Winden; innerhalb des Golfs | herrschte Nordwind, außen wehte starker Südwind. Ferner: es trat unter dem Archon Nikomachos im Äquinoktialkreis für ein paar Tage ein Komet auf (dieser war nicht im Westen aufgegangen), zu dessen Zeit sich der Sturm über Korinth ereignete.

Daß Kometen nicht zahlreich und nicht oft vorkommen, und eher außerhalb der Wendekreise als innerhalb, hat seine Ursache in der Bewegung der Sonne und der (anderen) Gestirne, die die warme Ausscheidung nicht nur hervorruft, sondern auch ihre Konzentration auflöst. Hauptursache aber ist, daß sich der größte Teil (dieser Anathymiase) im Bereich der Milchstraße sammelt.

8. Wie und aus welcher Ursache die Milchstraße entsteht, und was sie ihrem Wesen nach ist, wollen wir nun darlegen. Auch hier wollen wir zuerst durchgehen, was die anderen dazu gesagt haben.

a) Einige der sogenannten Pythagoreer behaupten, sie sei der Weg eines bei dem mythischen Phaëthonsturz gefallenen Sterns; andere lehren, die Sonne habe sich einst auf dieser Bahn bewegt; der Ort sei also gleichsam verbrannt oder sei sonstwie von der Wirkung einer Gestirnbewegung betroffen. Unbegreiflich aber, nicht zu bedenken, daß, wäre dies die Ursache, auch der Tierkreis ebenso betroffen sein müßte, und mehr als die Milchstraße, denn alle Planeten, nicht nur die Sonne, kreisen in ihr. Nun liegt uns aber doch der ganze Tierkreis vor Augen (die Hälfte von ihm sehen wir ja jederzeit des Nachts), aber eine solche Einwirkung zeigt er offenbar nicht, außer wenn ein Stück von ihm die Milchstraße überdeckt.

b) Anaxagoras, Demokrit und ihre Schüler lehren, die Milchstraße sei das Licht gewisser Sterne. Denn die Sonne, auf ihrer Bahn unterhalb der Erde, beleuchte einige Sterne nicht. Das Licht derer nun, auf die das Sonnenlicht falle, sei für uns nicht sichtbar, die Sonnenstrahlen verhinderten dies; die Sterne aber, die die Erde vor der Sonne abschirme, deren Eigenlicht sei die Milchstraße. Die Unmöglichkeit auch dieser Annahme liegt auf der Hand. Denn die Milchstraße, als ein größter Kreis, befindet sich immerfort gleichbleibend in der Nachbarschaft der gleichen Gestirne; es sind aber immerfort andere Sterne, die von der Sonne nicht beschienen werden, da sie nicht auf demselben Fleck bleibt. Es müßte also mit dem Fortrücken der Sonne

auch die Milchstraße sich verschieben; tatsächlich aber ist davon nichts zu bemerken. Ferner: | wie sich jetzt aus den astronomischen For- 345 b
schungen ergibt, übertrifft die Größe der Sonne die der Erde und ist der Abstand der Fixsterne von der Erde vielfach größer als der der Sonne, so wie die Sonne von der Erde weiter entfernt ist als der Mond: dann kann aber die Spitze des von den Sonnenstrahlen gebildeten Kegels wohl kaum weit von der Erde entfernt sein und der Erdschatten – den wir Nacht nennen – nicht bis zu den Sternen reichen. Naturnotwendig ist das Gegenteil (jener Lehre): die Sonne scheint auf alle Sterne und die Erde schirmt keinen vor der Sonne ab.

Es gibt noch eine dritte Theorie des Phänomens: einige nennen die Milchstraße Ergebnis der Brechung unserer Sehlinie zur Sonne hin, so wie es auch der Komet sei. Aber auch dies ist unmöglich. Ruhen nämlich Auge, Spiegel und Sehobjekt in seiner Gesamtheit, dann sieht man an der gleichen Stelle des Spiegels (immer) den gleichen Teil des Bildes; bewegen sich aber Spiegel und Objekt so, daß sie zum ruhenden Auge den gleichen Abstand einhalten, nicht aber zueinander die gleiche Geschwindigkeit und die gleiche Entfernung, dann kann unmöglich dasselbe Bild an derselben Stelle des Spiegels verharren. Es bewegen sich aber doch – während wir ruhen – die Gestirne, die auf dem Kreis der Milchstraße liegen, und die Sonne, das Objekt, zu dem unser Sehen reflektiert wird, in gleichbleibendem Abstand zu uns, im Verhältnis zueinander, aber nicht im gleichen; manchmal nämlich geht der Delphin um Mitternacht, manchmal am Morgen auf, die (benachbarten) Stellen der Milchstraße jedoch bleiben beide Male unverändert. Das ginge aber nicht, wenn es sich um ein Spiegelbild handelte und nicht um eine eben diesen Stellen am Himmel eigentümliche Affizierung.

Man kann ferner nachts auf Wasserflächen und ähnlichen Spiegeln das Bild der Milchstraße beobachten – wie könnte es möglich sein, daß (in solchen Fällen) unser Blick zur Sonne reflektiert wird?

Hieraus ergibt sich also, daß es sich weder um die Bahn eines Planeten noch um das Licht von Gestirnen, die die Sonne nicht bescheint, noch um ein Brechungsphänomen handelt. – Das ist so ziemlich alles, was bis jetzt an Lehren anderer Forscher vorliegt.

Nun wollen wir selbst eine Begründung geben und dabei auf das zugrunde gelegte Prinzip zurückgreifen. Es hieß bereits früher, daß die äußerste Schicht der sogenannten Luft potentiell Feuer ist, so daß, wenn diese Luft infolge der Bewegung verdünnt wird, ein Stoff von der Art der Kometensubstanz ausgesondert wird. Wir müssen

346a uns das Geschehen so vorstellen wie bei den Kometen, wenn die | ihnen zugrunde liegende Ausscheidung nicht isoliert entsteht, sondern unter der Einwirkung eines Fixsternes oder eines Planeten. Dann nämlich erscheinen die letzteren als Haarsterne, weil ihrer Bewegung eine solche Luftballung folgt, wie es bei der Sonne der Fall ist. Dort ruft, nach unserer Ansicht, diese Ballung durch Lichtbrechung das Phänomen der Halo (Hof) hervor, wenn die Mischung der Luft hierfür günstig ist. Nun, was an einem Stern möglich ist, das muß (auch) als ein Geschehen des ganzen Himmels und der Kreisbewegung droben gelten können. Denn wenn die Bewegung eines einzigen Gestirns (dergleichen zur Folge hat), ist es wohlbegründet, wenn auch der Umschwung des ganzen Himmels so wirkt und die Luft in Flammen setzt und verdünnt, wegen der Größe des Himmelskreises, vor allem an der Stelle, wo die Gestirne besonders dicht beisammen stehen und besonders zahlreich und groß sind. Nun löst der Tierkreis infolge des Umschwungs der Sonne und der Planeten einen Stoff dieser Art auf; deshalb entstehen die meisten Kometen außerhalb der Wendekreise. Es entsteht auch weder um die Sonne noch um den Mond ein Kometenschweif; denn ihre auflösende Kraft wirkt zu schnell, als daß ein Stoff dieser Art sich bilden könnte. Der Kreis aber, in dem sich unserem Blick die Milchstraße zeigt, ist der größte Kreis, und er ist so angeordnet, daß er weit über die Wendekreise hinausreicht. Ferner ist der Ort dicht besetzt mit den größten, hellsten Sternen, außerdem mit den sogenannten verstreuten Sternen (das ist deutlich zu sehen); diesen Ursachen zufolge geht diese ganze Stoffanhäufung unablässig weiter. Ein Beweis dafür: innerhalb des Kreises selbst ist das Licht in demjenigen Halbkreis stärker, wo sich die Gabelung der Milchstraße befindet; dort sind nämlich die Sterne zahlreicher und dichter als in der anderen Hälfte, ein Zeichen dafür, daß der Lichtglanz keine andere Ursache hat als die Gestirnbewegung. Denn wenn er auf dem Kreis mit den meisten Sternen auftritt und er innerhalb des Kreises wiederum dort stärker ist, wo viele große Sterne besonders dicht versammelt sind, dann darf man wohl dies als eine der Sache besonders gemäße Begründung ansehen.

Der Kreis und die Sterne auf ihm sind in der Zeichnung zu sehen. Was die sogenannten verstreuten Sterne betrifft, so kann man sie nicht in gleicher Weise auf dem Himmelsglobus anordnen, weil sie sämtlich keinen mit gleichbleibender Deutlichkeit erkennbaren Platz haben; aber sehen kann man sie, wenn man zum Himmel blickt. Nur

in diesem Kreis (der Milchstraße) nämlich sind die Zwischenräume voll von Sternen dieser Art, überall sonst gibt es sie | offensichtlich nicht. 346 b
Erkennen wir also die oben vorgetragene Kometenlehre als sachlich richtig an, so muß auch hinsichtlich der Milchstraße die gleiche Annahme gelten. Denn das Phänomen, das sich dort an einem einzigen Stern zeigt, ist das gleiche, das hier einen ganzen Kreis (am Himmel) betrifft: die Milchstraße ist, um es definierend zu sagen, der Schweif des größten Himmelskreises, dessen Reibungswirkung hierfür das Material ansammelt.

Deshalb entstehen auch, wie früher bemerkt, Kometen nicht in großer Zahl und nur selten, weil der hierfür geeignete Stoff an diesem Ort (= der Milchstraße) abgesondert ist und bei jedem Umschwung neu abgesondert wird.

Hiermit ist über die Vorgänge in derjenigen Zone der irdischen Welt gehandelt, die den Sternenbahnen benachbart ist, nämlich über Sternschnuppen, Feuererscheinungen sowie Kometen und die sogenannte Milchstraße; dies sind ja wohl die Phänomene in diesem Raum.

9. Nun wollen wir über den Raum sprechen, der dem bisher betrachteten als zweiter folgt und sich als erster um die Erde legt. Er stellt die gemeinsame Region dar für Luft und Wasser, für alle Naturvorgänge, die das Zustandekommen von Wasser oberhalb der Erde begleiten. Auch von ihnen müssen wir, auf die gleiche Weise wie bisher, die Entstehungsprinzipien und Ursachen erfassen.

Die bewirkende, entscheidende und an erster Stelle stehende Ursache ist die Kreisbahn, in der, wie klar zutage liegt, der Lauf der Sonne Auflösung und Zusammenschließen hervorruft und damit das Werden und das Vergehen verursacht. Die Erde ruht, aber das Feuchte auf ihr verdunstet unter der Einwirkung der Sonnenstrahlen und der sonstigen von oben kommenden Wärme und steigt nach oben. Aber wenn die Wärme, die es emporsteigen ließ, es verläßt, teils sich zum oberen Ort hin zerstreuend, teils auch verlöschend, weil sie so hoch in die Luft über der Erde hinaufgeführt wurde, dann kühlt der Wasserdampf ab, kondensiert – eine Folge des Wärmeverlusts wie der hohen Region – und wird aus Luft zu Wasser; danach strebt er wieder der Erde zu. Die Ausdünstung aus Wasser ist Wasserdampf, Luft, die sich zu Wasser verdichtet, ist Wolke. Nebel ist, was bei der Kondensation von Luft zu Wasser übrigbleibt; er ist daher eher ein Zeichen von schönem Wetter als von Regen; ist er doch gewissermaßen eine unproduktive Wolke.

So kommt es zu diesem Kreis, der die Kreisbahn der Sonne nach-
347a ahmt; denn wie | die Sonne sich nach dieser oder jener Seite (der Ekliptik) bewegt, so steigt und fällt im Kreise das Feuchte. Wir müssen uns dies vorstellen wie einen Fluß, der, der Luft und dem Wasser gleichermaßen zugehörig, abwechselnd steigt und fällt. Ist die Sonne nahe, so steigt der Wasserdampf stromgleich auf; entfernt sie sich, so strömt der Regen nieder. So pflegt es in ewig gleicher Folge zu geschehen, und zwar in einer bestimmten Ordnung. Falls also die Alten den Namen 'Okeanos' als Rätselwort meinten, so haben sie vielleicht an diesen Strom gedacht, der kreisend um die Erde geht.

Es steigt also fortwährend das Feuchte auf durch die Kraft des Warmen und fällt wieder zur Erde nieder infolge der Abkühlung; dabei gibt es Bezeichnungen, die speziell auf diese Vorgänge und auf bestimmte Varianten von ihnen bezogen sind: fällt das Wasser feinteilig, spricht man von Tröpfeln, sind aber die Tropfen größer, von Regen.

10. Alle Feuchtigkeit im Rahmen der täglichen Verdunstung, die nicht in die Höhe steigt, weil die emporführende Wärme zu schwach ist für die emporzuführende Feuchte, sinkt wieder nach unten und heißt, wenn sie nachts abkühlt, Tau bzw. Reif; Reif, wenn der Wasserdampf vor der Verdichtung zu Wasser gefriert, (das tritt winters ein, und eher in den nördlichen Gegenden), Tau, wenn diese Verdichtung stattfindet und es weder so warm ist, daß die aufsteigende Verdunstungsmasse trocken wird, noch so kalt, daß der Wasserdampf selbst gefriert, weil entweder die Umgebung oder die Jahreszeit dafür zu warm ist. Tau tritt nämlich mehr bei schönem Wetter auf und in Gegenden mit milder Temperatur, im Gegensatz, wie gesagt, zum Reif. Denn Wasserdampf ist deutlich wärmer als Wasser (weil er noch das Feuer enthält, das ihn aufsteigen ließ), so daß es stärkerer Kälte bedarf, um ihn gefrieren zu lassen. – Tau und Reif treten bei klarem Himmel und Windstille auf; weder kommt es zur Verdunstung, wenn es nicht aufklart, noch ist eine Verdichtung des Dampfes möglich, wenn der Wind weht.

Für die Ursache dieser Phänomene (daß nämlich der Wasserdampf nur wenig hoch steigt) ein Beweis: auf den Bergeshöhen entsteht kein Reif. Grund hierfür ist 1) der Umstand, daß die Verdunstung aus feuchten Senken heraus geschieht, so daß die emporführende Wärme die für sie allzu schwere Last in keine große Höhe fördern kann, sondern sie in Erdnähe wieder fallen läßt; 2) die Tatsache, daß auf den hohen Bergen eine besonders lebhafte Luftbewegung herrscht, die Verdichtungen dieser Art auflöst.

Tau bildet sich überall nur bei Südwind, nicht bei Nordwind, ausgenommen im Pontusgebiet. Dort geht es umgekehrt zu: Tau bildet sich bei Nordwind, nicht bei Südwind. | Die Ursache ist die gleiche 347 b
wie die seines Entstehens bei mildem, nicht bei winterlichem Wetter: der Südwind bringt warmes Wetter, der kalte Nord winterliches; so daß er damit die Wärme der (feuchten) Aushauchung zum Erlöschen bringt. Im Pontusgebiet aber führt der Südwind keine so milde Witterung herbei, daß sich Wasserdampf bilden könnte; andrerseits sammelt der Nordwind mit seiner Kälte mit einer konzentrierenden Wirkung die Wärme, so daß stärkere Verdampfung eher möglich ist. Dieser Vorgang läßt sich oft auch in Gegenden außerhalb (des Pontus) beobachten: aus den Brunnen bildet sich Wasserdampf mehr bei Nord- als bei Südwind, aber der Nordwind entzieht dem Dampf die Wärme, bevor er sich kondensieren kann, bei Südwind aber hat die Aushauchung die Möglichkeit zur Konzentration.

Die Feuchtigkeit selbst (d. h. im Wasserdampf) gefriert nicht, wie es doch in der Wolkenregion der Fall ist.

11. Denn von ihr kommen drei Körper herab, die sich durch Abkühlung bilden, Regenwasser, Schnee, Hagel. Zwei von ihnen entsprechen irdischen Phänomenen und haben auch die gleichen Ursachen, es besteht nur ein Unterschied der Massen. Schnee und Reif sind nämlich das Gleiche, ebenso Regen und Tau, jedoch handelt es sich dort um große, hier um kleine Mengen. Regen entsteht ja durch Abkühlung einer großen Verdunstungsmasse; diese aber hat zur Voraussetzung einen weitgedehnten Raum, wo sich der Wasserdampf sammelt, und eine lange Zeit, in der sich das vollziehen kann. Die geringe Menge – das ist der Tau; denn hier ist der Dampf das Ergebnis bloß eines Tages, und die Fläche, wo er sich bildet, ist klein; man sieht es an der Schnelligkeit seiner Entstehung ebenso wie an der Geringfügigkeit der Menge. Gleichermaßen verhalten sich Reif und Schnee: gefriert die Wolke, gibt es Schnee, gefriert der Wasserdampf, entsteht Reif. Darum ist ersterer kennzeichnend für die Kälte einer Jahreszeit oder eines Landstrichs; die Wolke, die doch noch viel Wärme enthält, würde nämlich nicht gefrieren, wenn nicht die Kälte übermächtig wäre (denn es ist noch viel Wärme in der Wolke: nämlich der Rest der Hitze, die die Verdunstung des Feuchten auf der Erde bewirkte).

Hagel entsteht dort oben, in der Wolkenregion; für ihn aber gibt es in dem dunsterfüllten Raum nahe der Erde kein Gegenstück. Der Bildung des Schnees oben – so sagten wir ja – entspricht die des Reifs unten, der des Regens oben die des Taus unten; doch für die Entstehung des Hagels oben gibt es hier unten keine analoge Naturerscheinung. Die Ursache hierfür wird sich aus unserer Darlegung über den Hagel ergeben.

12. Was die näheren Umstände seines Entstehens angeht, so muß man die Fakten, die keinerlei Zweifel lassen, und die unbegreiflich scheinenden in gleicher Weise in Betracht ziehen.

Hagel ist Eis, Wasser gefriert im Winter zu Eis; Hagelschlag aber
348 a kommt vor allem im Frühjahr | und im Herbst vor, dann auch sommers, im Winter aber nur selten, und gerade dann, wenn es weniger kalt ist. Es hagelt, allgemein gesagt, in den wärmeren Gegenden, es schneit in den kälteren. Merkwürdig ist auch, daß (bei der Hagelentstehung) Wasser oben in der Luft gefriert: ein Gefrieren ist ja nicht möglich, ehe Wasser da ist, andrerseits vermag sich doch Wasser keinen Augenblick oben in der Schwebe zu halten. Man kann es sich aber auch nicht so vorstellen, daß, wie Wassertröpfchen sich infolge ihrer Kleinheit oben halten und in der Luft schweben können (so schwimmt oft Erde und Gold in feinster Verteilung auf einer Wasserfläche), daß so hier das Wasser auf der Luft ruht und nach dem Zusammentreten vieler kleiner in Gestalt großer Tropfen herunterkommt. So kann es beim Hagel nicht der Fall sein, denn Eispartikel können nicht miteinander zusammenwachsen wie Wasserteilchen. Es muß also wirklich ein solch großes Quantum Wasser sich oben gehalten haben; sonst wäre das gefrorene Hagelkorn nicht so groß.

Einige geben nun für das Phänomen und seine Entstehung folgende Ursache an. Wenn eine Wolke bis in die obere Region hinaufgedrängt ist, die kalt ist, weil die von der Erde reflektierten Sonnenstrahlen dort nicht mehr wirken, dann gefriert, dort angelangt, die Feuchtigkeit. Deshalb tritt Hagel auch eher im Sommer und in warmen Gegenden auf, weil dann die Hitze die Wolken von der Erde aus höher steigen läßt. – Nun hagelt es aber gerade in ausgesprochenen Höhenlagen besonders selten; es müßte dies doch (nach jener Anschauung) häufig der Fall sein, wie wir ja auch sehen, daß es auf Bergeshöhen am meisten schneit. Ferner hat man oftmals Hagelwolken beobachtet, die mit Getöse unmittelbar über die Erde dahinjagten, so daß, wer es hörte und sah, erschrak und etwas noch Unheimlicheres erwartete.

Man hat auch schon solche Wolken gesehen, ohne daß ein Geräusch auftrat: dann fällt manchmal starker Hagel mit unglaublich großen Körnern, die keine runde Form aufweisen. Ihr Fall dauerte nämlich nur kurze Zeit, weil die Eisbildung in Erdnähe, nicht jedoch dort, wo es jene Naturforscher annehmen, geschah. Es muß jedoch die Bildung großer Hagelkörner von der eigentlichen Ursache des Gefrierens herstammen. Denn Hagel ist Eis, das kann jeder sehen, und groß sind diejenigen Hagelkörner, die keine regelmäßig runde Form haben. Das ist ein Zeichen für ihre Verfestigung erst in Erdnähe; denn die Hagelschlossen, die von weither kommen, bröckeln auf ihrem langen Flug ringsum ab und werden dadurch rund von Gestalt und kleiner von Umfang.

Es ist also klar, daß das Gefrieren (des Hagels) nicht durch 348 b
die Verdrängung der Wolke in die obere kalte Zone verursacht wird.

Da wir aber sehen, daß es zwischen Warm und Kalt eine wechselseitige reaktive Konzentration gibt – deshalb sind ja unterirdische Räume bei warmem Wetter kalt und bei Frost warm –, muß man annehmen, daß sich dies auch in der oberen Region abspielt. Daher ruft ja auch in den wärmeren Jahreszeiten die sich wegen der ringsum (herrschenden) Wärme reaktiv im Innern (der Wolken) konzentrierende Kälte manchmal plötzlichen Regen hervor. Deshalb werden auch Regentropfen an warmen Tagen viel größer als im Winter und die Regen zu Platzregen; Platzregen werden sie nämlich genannt, wenn sie gedrängter sind, gedrängter aber werden sie wegen der Schnelligkeit der Verdichtung. Das Phänomen entsteht genau im Gegensatz zu der Erklärung des Anaxagoras, denn er behauptet, es trete ein, wenn (die Wolke) in die kalte (Region) aufsteigt, wir aber, wenn sie in die warme hinuntersinkt, und je mehr desto mehr. Wenn aber die Kälte innerhalb (der Wolken) sich wegen der Wärme außen reaktiv noch stärker konzentriert, dann verfestigt sich das Wasser, das sie (die Kälte) gemacht hat, und wird zu Hagel. Dies tritt dann ein, wenn die Verfestigung sich zu schnell vollzieht, als daß das Wasser (als Regen) fallen könnte. Wenn es nämlich eine bestimmte Zeit zum Fallen braucht, die schlagartige Abkühlung es aber in einer kürzeren Zeit verfestigt, so hindert nichts, daß der Gefrierprozeß sich in der Luft vollzieht, vorausgesetzt eben, daß das Gefrieren des Wassers rascher geschieht als sein Abwärtsfallen. Je näher der Erde und je intensiver die Verdichtung des Wassers, desto heftiger fällt der Regen, desto größer sind Regentropfen und Hagelkörner, weil sie nur eine kurze Strecke fallen. Daß die großen Regentropfen nicht dicht fallen, hat den gleichen Grund. – Im Sommer ist Hagel seltener als im Frühjahr und im Herbst, häufiger indessen als im Winter, weil im Sommer die Luft trockener ist. Im Frühling ist sie noch feucht, im Herbst beginnt sie bereits wieder feucht zu werden. Manchmal aber treten, wie gesagt, auch im Spätsommer Hagelschauer auf, und zwar aus demselben Grunde.

Zur Schnelligkeit des Gefrierens trägt es auch bei, wenn das Wasser vorher erwärmt ist; dann kühlt es nämlich schneller ab. Deshalb stellen viele Leute Wasser, das sie rasch abkühlen wollen, erst in die Sonne, und wenn die Bewohner der Pontusgegenden auf dem Eis ihre Hütten für den Fischfang aufschlagen (sie schlagen nämlich ein Loch in das
349 a Eis und fischen), dann schütten sie heißes Wasser | auf ihre Angelruten, um sie rascher zu vereisen; sie benutzen nämlich Eis anstelle von Blei, um die Ruten ruhig zu stellen. Warm aber wird das Wasser, das sich zusammenzieht, gar rasch, wenn es sich um heiße Gegenden und heiße Jahreszeiten handelt.

Aber auch in Arabien und Äthiopien treten die Regen im Sommer auf und nicht im Winter, und zwar gewaltige Regen und oftmals am gleichen Tage aus eben demselben Grunde; denn (die Luft) kühlt sich wegen der reaktiven Konzentration rasch ab, die deshalb eintritt, weil das Land sehr heiß ist.

Soweit also über Regen, Tau, Schnee, Reif, Hagel, was die Ursachen ihres Entstehens und ihr Wesen betrifft.

13. Wir wollen nun über Winde und alles Wehen in der Luft, sodann über Flüsse und Meer sprechen und zunächst auch auf diesem Gebiet für uns selber die Schwierigkeiten durchdenken. Denn auch hier ist, wie bei anderen Themen, uns keine Aussage überliefert, die nicht der Erstbeste hätte äußern können.

Da gibt es die Behauptung einiger, die sogenannte Luft sei, bewegt und strömend, Wind, verdichtet aber sei dieselbe Luft Wolke und Wasser, denn Wasser und Wind seien von gleicher Natur, und der Wind sei bewegte Luft. Manche, die sich recht klug ausdrücken wollen, behaupten darum, alle Winde stellten e i n e n Wind dar, weil ja auch die bewegte Luft in ihrer Gesamtheit ein und dasselbe sei; nicht wirkliche, nur scheinbare Unterschiede weise sie auf, wegen der Verschiedenheit der Gegenden, von denen sie jeweils herwehe. Das ist gerade so, als wollte man annehmen, auch die Flüsse allesamt seien wie e i n Fluß. Darum

urteilt die große Menge, ohne wissenschaftliche Untersuchung, treffender als die Leute, die dergleichen als Untersuchungsergebnis aussprechen. Würden alle Flüsse aus einem Ursprung strömen und wäre Entsprechendes auch hier bei den Winden der Fall, dann hätte vielleicht ihre Meinung einen gewissen Sinn; wenn aber das eine so wenig eintritt wie das andere, ist offenbar ihr geistreicher Einfall nichtig. Denn darauf muß es doch bei der Untersuchung ankommen: Was ist der Wind und wie entsteht er? Was setzt die Winde in Bewegung und woher stammen sie? Soll man annehmen, daß der Wind gleichsam aus einem Behälter strömt, und zwar so lange, bis der Behälter leer ist, wie wenn man (Wein) aus Schläuchen gießt, | oder ist es so, 349 b
wie es auch die Maler darstellen, daß nämlich ihr Ursprung aus ihnen selbst stammt?

Ähnliche Anschauungen werden von einigen auch hinsichtlich des Ursprungs der Flüsse vertreten. Die von der Sonne emporgeführte und als Regen wieder niedergehende Feuchtigkeit sammle sich unter der Erde und fließe dann aus einer großen Höhlung aus, entweder alle Flüsse aus einer oder jeder aus einer anderen; ein Neuentstehen von Wasser gebe es nicht, sondern was sich infolge der Winterregen in den genannten Behältern sammle, das mache die Masse der Flüsse aus. Deshalb sei ihr Wasserstand stets im Winter höher als im Sommer, deshalb führten auch die einen beständig Wasser, die anderen nicht. Wo nämlich infolge der Größe der Höhlung viel gespeichertes Wasser vorhanden sei, so daß es ausreiche und sich nicht aufbrauche vor der Wiederkehr der winterlichen Regenfälle, da sei die Wasserführung perennierend; Flüsse mit kleineren Speichern jedoch trockneten wegen Wassermangels aus, und noch ehe das Regenwasser zurückkehre, sei der Behälter leer.

Will man sich jedoch von der Menge des täglich unablässig (aus der Erde) fließendes Wassers ein Bild machen und stellt sich dafür einen Behälter vor, dann liegt es klar zutage: der Wasserspeicher dürfte an Größe den Erdball übertreffen oder nicht viel dahinter zurückstehen, sollte er das Regenwasser eines ganzen Jahres aufnehmen.

Nun gibt es zwar offensichtlich viele derartige Höhlungen an vielen Stellen der Erde, gleichwohl wäre es befremdlich, wollte man bezweifeln, daß die Umwandlung von Luft zu Wasser innerhalb des Erdkörpers die gleiche Ursache hat wie über der Erde. Wenn also hier unter Kälteeinfluß wasserdampfhaltige Luft sich zu Wasser zusammenschließt, dann muß man den gleichen Vorgang als Folge der Kälte auch im Erdinnern annehmen: das hier abgesonderte – und dann aus der Erde fließende – Wasser verdankt nicht nur einem Neuentstehen seine Existenz, sondern auch einem kontinuierlichen Neuentstehen.

Ferner: auch was das nicht (durch Kondensation) entstehende, sondern das vorhandene und sich täglich ergänzende Wasser betrifft, darf man nicht meinen, es stellten bestimmte unterirdische Seen den Ursprung der Flüsse dar (wie einige behaupten); vielmehr wie über der Erde sich kleine Tropfen bilden, die sich wieder zu anderen gesellen, bis am Ende in geschlossener Masse das Regenwasser herunterkommt, so sammelt sich auch im Erdinnern die Feuchtigkeit zuerst in kleinen Mengen und stellt, indem sie die Erde jeweils an einem Punkt tropfenweise zusammenrinnen läßt, den Ursprung der Flüsse
350a dar. Das beweist die Praxis der Brunnengräber, | die die Feuchtigkeit mit Hilfe von Röhren und Kanälen zusammenführen, da die Erde sie von den Bodenerhebungen her gleichsam ausschwitzt. Deshalb kommt auch, wie ersichtlich, das Quellwasser der Flüsse von den Bergen her, und die meisten und größten Ströme fließen von den höchsten Gebirgen herunter. Dem entspricht es, daß die meisten Quellen sich in der Nachbarschaft von Gebirge und Hochland befinden; in den Ebenen gibt es, von den Flüssen abgesehen, nur ganz wenige Quellen. Gebirge und Hochland nämlich, wie ein dicker Schwamm über der Ebene hängend, lassen das Wasser, in kleinen Mengen zwar, aber an vielen Stellen, durchsickern und sich sammeln. Denn sie nehmen einen großen Teil des als Regen fallenden Wassers in sich auf (denn mag die äußere Form eines [von der Erde gebildeten] Behälters hohl und nach oben offen oder gewölbt und nach unten offen sein, in beiden Fällen wird er die gleiche Menge speichern können), sie kühlen den aufsteigenden Wasserdampf ab und lassen ihn sich wieder zu Wasser verdichten.

Deshalb strömen, wie gesagt, die größten Flüsse ersichtlich von den höchsten Gebirgen herunter. Das tritt zutage, wenn man sich die Erdbeschreibungen (mit ihren Karten) ansieht, die ihre Verfasser ja auf Grund von Erkundigungen gezeichnet haben, die sie von den jeweiligen (Landesbewohnern) eingezogen haben, soweit sie nicht selbst Betrachter (der betreffenden Länder) gewesen sind.

Was Asien betrifft, so sehen wir, daß die meisten und größten Ströme von dem Parnassos genannten Gebirge fließen, das nach allgemeiner Ansicht in Richtung Ostsüdost das höchste ist; hat man es nämlich überstiegen, dann wird bereits das äußere Meer sichtbar, dessen Grenze von unserer Region der bewohnten Erde aus nicht zu erkennen ist. Von diesem Gebirge kommen unter anderen der Baktros, der Choaspes und der Araxes her; als ein Teil des letzteren zweigt sich der Tanais ab hin zum Mäotissee. Auch der Indus kommt von dort, der größte aller Ströme. Dem Kaukasus entströmt, neben anderen ungewöhnlich zahlreichen und großen Flüssen, der Phasis. Der Kaukasus ist das größte und höchste Gebirge in Richtung Nordost. Ein Anzeichen für seine Höhe aber ist es, daß er sowohl von dem sogenannten (pontischen) Tief aus sichtbar ist wie auch von der Einfahrt in die Mäotis aus, ferner aber, daß seine Gipfel auch nachts besonnt sind bis zu einem Drittel (der Nacht) von Sonnenaufgang her und auch umgekehrt vom Abend her (gerechnet). Ein Anzeichen für die Ausdehnung des Gebietes: es bietet Platz für viele Siedlungen, wo zahlreiche Volksstämme wohnen und wo sich große Seen befinden sollen [und doch sind alle diese Gegenden, berichtet man, bis zum letzten Gipfel deutlich sichtbar].

Vom Pyrene-Gebirge her | (es liegt gegen Westen, im Keltenland) 350 b
fließen der Ister und der Tartessos. Der letztere mündet außerhalb der Säulen des Herakles (in den Ozean), der Ister fließt durch ganz Europa ins Schwarze Meer. Von den übrigen Flüssen ziehen die meisten vom Herkynischen Gebirge nach Norden; dies ist das höchste und ausgedehnteste in der dortigen Gegend. Im höchsten Norden, noch über das äußerste Skythien hinaus, liegen die sogenannten Rhipäen, über deren Ausdehnung man freilich allzu Fabelhaftes erzählt. Von dort kommen, wie man berichtet, die meisten und nach dem Ister größten der anderen (europäischen) Ströme.

Dem entspricht es, daß in Libyen (Afrika) der Aigon und der Nyses von den äthiopischen Bergen herkommen, dagegen die größten unter den mit Namen bekannten Flüssen vom sogenannten Silbergebirge, nämlich der Fluß, der Chremetes heißt und in den äußeren Ozean mündet, und der wichtigste Quellfluß des Nil.

Von den Flüssen Griechenlands kommt der Acheloos vom Pindos, auch der Inachos kommt von daher, Strymon, Nessos und Hebros, alle drei entströmen dem Skombrosgebirge. Auch aus dem Rhodopegebirge kommen viele Flüsse her.

Gleiches kann man hinsichtlich des Ursprungs auch der anderen Flüsse feststellen; die genannten sollten nur als Beispiel dienen. Denn auch wo Flüsse aus Sümpfen fließen, da liegen diese Sümpfe zumeist am Fuß von Bergen oder unterhalb ansteigenden Geländes.

Es ist also klar, daß die Flüsse nicht ihren Ursprung aus abgesonderten (unterirdischen) Höhlungen haben; denn einmal böte die ganze Erde nicht genug Raum – so wenig wie die Wolkenregion –, wenn die Flüsse von einem vorhandenen Wasservorrat gespeist werden müßten und wenn nicht das Wasser teils verginge, teils sich neu bildete, sondern alles von einem Speicher sich herleitete. Zweitens ist die Tatsache, daß die Quellen am Bergfuß liegen, ein Beweis dafür, daß das Gelände dort die Feuchtigkeit in kleinen Mengen aus vielen Tropfen allmählich sammelt und dann weiterleitet und daß auf diese Weise sich die Quellen der Flüsse bilden.

Es ist jedoch durchaus möglich, daß es auch solche (unterirdischen) seenähnlichen Wasseransammlungen gibt, nur sind sie nicht so groß, daß sie jene Quellenbildung ermöglichen, ebenso wenig, als man glauben darf, der sichtbare Ursprung sei die eigentliche Quelle eines Flusses (aus Quellen kommen ja die meisten her). Daß diese die ganze Wassermasse ausmachen oder jene Seen – diese Meinungen sind gleichermaßen unwahrscheinlich.

351 a Solche Schluchten und Spalten im Erdinnern gibt es aber, | das wird durch das Verschwinden von Flüssen bewiesen. Es tritt an vielen Stellen der Erdoberfläche auf; was z. B. die Peloponnes betrifft, am häufigsten in Arkadien. Grund dafür ist, daß wegen seiner bergigen Natur die Täler keinen Ausfluß zum Meer haben. Wenn diese nun Wasser erfüllt, das nicht abfließen kann, dann sucht es sich, unter dem Druck des von oben nachströmenden Wassers, einen Ausweg in die Erdtiefe hinein. In Griechenland kommt diese Naturerscheinung nur in ganz geringem Ausmaß vor; wohl aber gibt es am Fuß des Kaukasus den See, den die Leute dort ein Meer nennen: dieser wird von vielen großen Flüssen gespeist, hat aber keinen sichtbaren Abfluß; ein solcher tritt, nach unterirdischem Lauf, erst im Lande der Koraxer, bei dem sogenannten Pontostief wieder zutage. Das ist eine unermeßlich tiefe Stelle des (Schwarzen) Meeres; jedenfalls hat noch niemand die Tiefe ausloten können. Dort quillt etwa 300 Stadien vom Land entfernt Süßwasser empor, über eine große Fläche hin, die aber nicht zusammenhängt, sondern in drei Abschnitte zerfällt. Auch in Ligurien versickert ein Fluß, so groß wie die Rhône (die doch ein schiffbarer Strom ist), und tritt an anderem Ort wieder zutage.

14. Es sind aber nicht fortwährend dieselben Teile der Erdoberfläche wasserreich oder trocken, sondern es treten an ihnen Veränderungen auf je nach dem Entstehen und Versiegen der Flüsse. So wechseln

auch (im ganzen) Festland und Meer ab, nicht für alle Zeiten bleibt dies hier Land und jenes dort See, sondern Meer entsteht, wo jetzt trockener Boden ist, und wo jetzt Meer, dort bildet sich wieder Land. Man muß jedoch in diesem Geschehen eine bestimmte periodische Ordnung erkennen. Ursprung und Ursache hat es darin, daß auch das Erdinnere – wie die Körper von Pflanzen und Tieren – seine Lebensblüte und sein Altern hat. Nur sind es dort (bei den Organismen) nicht einzelne Teile, an denen sich dies vollzieht, sondern sie blühen und welken mit Notwendigkeit als Ganzes, während beim Erdkörper dies nur an einzelnen Teilen der Fall ist, als Folge von Abkühlung und Erwärmung. Diese Zustände werden verursacht von der Sonne auf ihrer Bahn, weswegen auch die einzelnen Teile der Erde ihre besondere Eigenart erhalten: manche Landschaften vermögen eine Zeitlang ihre Feuchtigkeit zu erhalten, dann trocknen sie aus und altern wieder; während andere ihrerseits aufleben und wasserreich werden. Trocknet aber ein Landstrich aus, | dann verschwinden mit Notwen- 351 b
digkeit die Quellen; tritt dies ein, dann wandeln sich zuerst große Flüsse zu kleinen, schließlich versiegen sie. Verändern nun die Flüsse ihren Ort und verschwinden hier, um ähnlich anderswo sich wieder zu bilden, dann muß ein Wandel auch des Meeres eintreten. Wo es nämlich unter dem Druck der Flüsse auf das Land übergriff, da muß es, wenn es sich zurückzieht, trockenes Land hinter sich lassen; wo aber die See durch die Anschwemmungen hochgehender Flüsse aufgefüllt und zu trockenem Land wurde, da muß wieder Überflutung eintreten.

Weil aber das ganze Naturgeschehen sich am Erdkörper nur langsam auswirkt und in Zeiträumen, die unserem Leben gegenüber riesig sind, kommt es eher zum Untergang und Verderben ganzer Völker, ehe es zu einer Überlieferung von diesen Vorgängen kommt, von ihrem Anfang und ihrem Ende. Das größte und geschwindeste Völkersterben verursachen die Kriege, sodann Seuchen und Hungersnöte. Die letzteren bewirken manchmal e i n großes Verderben, manchmal wirken sie nur allmählich, so daß sogar die Auswanderung solcher Völkerschaften unbemerkt bleibt. Denn die einen verlassen das Land, die anderen halten solange aus, bis der Boden überhaupt keine Menschen mehr zu ernähren vermag. Man muß also mit großen Zeiträumen zwischen der ersten und der letzten Auswanderungswelle rechnen, so daß keine zusammenhängende Überlieferung bleibt, sondern noch zu Lebzeiten der letzten Siedler verlorengegangen ist, wegen der Länge der Zeit. Im gleichen Sinn sind wir zu der Auffassung genötigt, daß auch hinsichtlich der Ansiedelungen die Kunde verlorengegangen ist, wann die einzelnen Völkerschaften zum ersten Mal den Boden betreten haben, als er sich gerade wandelte und, eben noch sumpfig und feucht, trocken wurde. Denn auch hier vollzieht sich die Entwicklung in kleinen Schritten, innerhalb eines langen Zeitraums, so daß es keine Überlieferung darüber gibt, wer die ersten Siedler waren, wann sie kamen und wie das Land damals aussah.

So hat es sich zum Beispiel in Ägypten ereignet. Es liegt am Tage, daß der Boden dort immerfort trockener wird und daß das ganze Land eine Aufschüttung des Nil ist; weil aber die anliegenden Völkerschaften entsprechend der ganz allmählichen Austrocknung der Sümpfe von dem Land Besitz nahmen, hat die Länge des Zeitraums die Kunde vom Anfang verschwinden lassen. Man kann immerhin sehen, daß sämtliche Mündungen – einzig die von Kanopos ausgenommen – künstlich sind und kein Werk des Stromes, und daß in alter Zeit Theben der Name Ägyptens war. Sogar Homer, der doch so jung ist im Vergleich zu solchen Erdveränderungen, ist dafür ein Zeuge; denn
352a er erwähnt | nur diesen Ort (Theben), so daß man merkt, es gab Memphis noch nicht, oder jedenfalls noch nicht in der heutigen Größe. Und so ging es auch wahrscheinlich zu; denn das Tiefland wurde später besiedelt als das Hochland, weil der Boden desto länger sumpfig war, je näher er der Schlammaufschüttung (an der Mündung) lag. Das eben erst gebildete Land wies ja besonders feuchte Stellen auf. Aber solcher Boden wandelt seinen Charakter und wird mit der Zeit fruchtbar. Denn indem sie trocken werden, verbessern sich die Landstriche, während andrerseits solche, die bis dahin gut ausgeglichene Bewässerungsverhältnisse hatten, austrocknen und dadurch an Wert verlieren.

Innerhalb Griechenlands trat ein solcher Wandel im Gebiet von Argos und von Mykene auf. Zur Zeit des Troischen Krieges nämlich vermochte das argivische Land, sumpfig wie es war, nur wenige Menschen zu ernähren, das von Mykene aber war fruchtbar (und darum auch berühmter). Jetzt ist es, aus dem angegebenen Grund, umgekehrt: Mykene ist unfruchtbar geworden und völlig trocken, in Argos dagegen sind die damals versumpften und deswegen ertraglosen Gebiete jetzt anbaufähig geworden. Wie es nun an diesem kleinen Fleck zugegangen ist, muß man es sich auch vorstellen in großen Gebieten und ganzen Ländern.

Leute von kurzsichtigem Urteil meinen nun, die Ursache solcher Naturerscheinungen sei der Wandel des Alls; der ganze Kosmos befinde sich im Werden. Deshalb werde auch das Meer kleiner, sagen sie, der Austrocknung wegen; denn es liegt am Tage, daß jetzt mehr Stellen solche Verlandungserscheinungen zeigen als früher. In diesen Behauptungen ist teils Wahrheit, teils Irrtum. Es gibt zwar mehr Orte, die früher unter Wasser lagen, jetzt Festland sind, aber auch das Gegenteil kommt vor; prüft man nämlich nach, so wird man feststellen, daß vielerorts das Meer auf das Land übergegriffen hat. Als Ursache hierfür darf man jedoch nicht das Werden der Welt ansehen. Es wäre ja lächerlich, wegen solcher geringfügiger Veränderungen von kürzester Dauer das All in Bewegung zu bringen; ist doch die Erde nach Masse und Umfang ein Nichts im Vergleich mit dem ganzen Kosmos. Vielmehr muß als Grund all dieser Phänomene gelten: in schicksalsbestimmten Zeitabständen kommt, wie im Lauf der Jahreszeiten der Winter, so innerhalb einer bestimmten großen Periode ein großer Winter und ein Übermaß von Regengüssen. Dies Ereignis tritt aber nicht immer in denselben Gegenden ein, sondern ähnelt der sogenannten deukalionischen Flut; diese betraf besonders den griechischen Raum, und zwar das Griechenland der Urzeit, das Land um Dodone und den Acheloos, | [352 b] ein Fluß, der oft seinen Lauf verändert hat (dort wohnen die Seller und das damals Graiker genannte Volk, das jetzt Hellenen heißt). Wenn nun ein solches Übermaß von Regengüssen eintritt, hat man als sicher anzunehmen, daß sie für lange Zeit ausreichen. Wir stellten soeben der Begründung des Perennierens oder Intermittierens der Flüsse durch die Größe der unterirdischen Höhlungen unsere Ansicht entgegen, daß es auf umfangreiche, fest aufgebaute Gebirgsmassen von kühler Temperatur ankommt, weil diese besonders viel Wasser aufnehmen, konservieren und produzieren können (während in Gegenden, über denen sich nur geringe Höhen oder locker aus Steinen und Lehm aufgeschichtete erheben, das Wasser vorher versiegt). Dementsprechend ist man zu der Annahme genötigt, daß dort, wo so ergiebige Regengüsse fallen, ein geradezu unerschöpflicher Wasserreichtum begründet wird. Jedoch im Lauf der Zeit trocknen Berglandschaften der letztgenannten Art mehr, solche der ersteren Art weniger aus, bis dann wieder der Beginn derselben Periode einsetzt.

Nun gibt es zwar mit Notwendigkeit eine gewisse Veränderung im Weltall, jedoch kein Werden und Vergehen (denn das Universum beharrt ewig); dementsprechend sind auch, mit Notwendigkeit, nicht immer dieselben Gegenden von Meer und Flüssen befeuchtet noch immerfort trocken. Zum Beweis eine Tatsache: das Land der Ägypter,

die wir die ältesten Menschen nennen, ist, wie deutlich zu sehen, ganz und gar Ergebnis eines Werdens, nämlich Produkt seines Flusses. Dies wird jedem klar, der das Land, wie es ist, betrachtet, und ebenso dient, was man vom Roten Meer weiß, zum Zeugnis. Einer der Könige machte nämlich den Versuch, es mit einem Kanal zu verbinden (denn die Gegend an den Schiffsverkehr anzuschließen, hätte ihnen erhebliche Vorteile gebracht; Sesostris, so heißt es, unternahm das als erster von den alten Königen). Es ergab sich jedoch, daß das Rote Meer höher liegt als das Land Ägypten; deshalb gaben Sesostris und nach ihm Dareios den Kanalbau auf, aus Furcht, das Nilwasser könne durch beigemischtes Meerwasser leiden. Es liegt also am Tage, daß einst dort ein zusammenhängendes Meer gewesen ist. Dies ist auch der Grund dafür, daß Libyen, die Gegend um das Ammonsheiligtum, überraschenderweise eher eine Senke darstellt und tiefer liegt als das Land nördlich davon (= zum Mittelmeer hin). Offenbar entstanden hier einst, infolge von Flußanschwemmungen, Seen und (dazwischen) Festland, im Laufe der
353 a Zeit aber trocknete das zurückgebliebene stagnierende Wasser | aus und ist jetzt verschwunden. Aber auch das Land rings um die Mäotis ist durch Anschwemmungen der Flüsse so stark gewachsen, daß jetzt nur Handelsschiffe von viel geringerer Größe als vor 60 Jahren hier einfahren können. Daraus läßt sich unschwer entnehmen, daß auch dieser See – wie die meisten – ursprünglich das Produkt der Flüsse war und daß er schließlich einmal gänzlich vertrocknen muß. Ferner der Bosporos: er hat eine beständige Strömung als Folge der Anschwemmungen; man kann noch mit eigenen Augen beobachten, wie das vor sich geht. Jedesmal nämlich, wenn an der asiatischen Küste die Strömung eine Sandbank entstehen ließ, bildete sich hinter ihr zuerst ein kleiner See, der dann zu vertrocknen pflegte; dann bildete sich vor ihr eine weitere Sandbank und ein weiterer See, und so ging das gleichmäßig weiter. Vollzieht sich das oft genug, dann ist mit Notwendigkeit der Bosporos eines Tages nur noch so groß wie ein Fluß, und schließlich muß auch dieser versiegen.

Da die Zeit nicht aufhört und das All immerwährend ist, so ist also offenbar, daß weder Tanais noch Nil immer flossen, sondern ihre Quellgegend war einst trocken. Denn das Werk der Flüsse hat einmal ein Ende, die Zeit aber nicht. Eine solche Feststellung wird gleichermaßen auch für die anderen Flüsse zutreffen. Gibt es aber bei den Flüssen ein Werden und Vergehen, und sind nicht immer die gleichen Stellen der Erdoberfläche bewässert, dann muß sich auch das Meer in ähn-

licher Weise ändern. Wenn aber immerfort das Meer hier verschwindet und dort aufs Land übergreift, dann bleibt offensichtlich die Verteilung von Meer und Festland auf der Erde nicht immer dieselbe, sondern dies alles wandelt sich mit der Zeit.

Daß also dieselben Teile der Erde nicht immerfort entweder Festland sind oder schiffbare Flut, wurde dargelegt, und auch der Grund dieses Geschehens; ebenso auch, warum die einen Flüsse beständig strömen, die anderen aber nicht.

BUCH II

353 a 1. Vom Meer wollen wir sprechen, und zwar über die Fragen: was ist seine Natur? Was verursacht den Salzgehalt einer so gewaltigen Wassermenge? Wie ist es entstanden?

Was zunächst die Alten mit ihren Götterdichtungen angeht, so lassen
353 b sie es Quellen haben, um | von 'Ursprüngen' und 'Wurzeln' der Erde und des Meeres reden zu können; sie meinten wohl, so klinge es grandioser und feierlicher und passe zu ihrer Lehre, daß Wasser und Erde ein bedeutender Teil des Alls seien; die ganze übrige Welt habe sich um diesen Bereich herum und ihm zuliebe gebildet, da er das Wertvollste sei und das Uranfängliche.

Andere Forscher, die mehr in menschlicher Klugheit hervorragten, lassen das Meer entstanden sein: die irdische Region (sagen sie) war zunächst ganz von Feuchtigkeit erfüllt; ein Teil von ihr verdunstete in der Sonnenwärme und war so die Ursache der Winde und der Umwendungen der Sonnen- und Mondbahn; den restlichen Teil stellt das Meer dar. Deswegen meinen sie auch, es schrumpfe durch Austrocknung zusammen und werde schließlich einmal ganz trocken sein. Einige von ihnen behaupten, das Meer entstehe, wenn die Erde von der Sonne erwärmt wird, gleichsam wie Schweiß und sei darum auch salzig; es ist ja auch der Schweiß salzig. Andere bezeichnen die Erde als Ursache des Salzgehaltes: wie Wasser beim Filtern durch Asche salzig wird, so sei auch das Meer salzig, weil Erde von solcher Beschaffenheit sich mit ihm vermische.

Wir müssen nun die Beweise dafür betrachten, daß es unmöglich Quellen des Meeres geben kann.

1) Auf der Erdoberfläche gibt es fließende und stehende Gewässer. Die fließenden kommen alle von Quellen her (hierzu sagten wir früher, daß man sich eine Quelle nicht als einen gleichsam aus einem Behälter gespeisten Ursprung vorstellen darf, sondern als einen ersten Sammelpunkt, wo Wassertropfen, fortwährend neu entstehend und durch die Erde sickernd, aufeinandertreffen). Stehende Gewässer werden teils von Wasseransammlungen und -rückständen gebildet (z. B. Sumpfwasser

und alle größeren oder kleineren Teiche), teils haben sie Quellen. Im letzteren Fall sind sie alle künstlich gefaßt (z. B. das Wasser in Brunnen). Überall muß ja die Quelle höher liegen als der Ausfluß. Darum strömt Wasser aus Quellen und in Flüssen von selbst. Brunnenwasser aber bedarf der technischen Zurüstung. Damit sind sämtliche Gewässerarten aufgezählt. Aus dieser Einteilung aber kann man ersehen, daß Quellen des Meeres unmöglich sind. Es läßt sich nämlich in keiner der beiden Gruppen unterbringen: weder hat es Abflüsse noch ist es künstlich gefaßt, was doch, so oder so, bei allen quellgespeisten Gewässern der Fall ist. Ein frei entstandenes Wasser aber von solcher Größe, das stehendes Wasser ist und doch Quellen hat, kennen wir nicht.

2) Ferner gibt es eine Reihe von Meeren, | die miteinander nirgends 354a
in Berührung stehen; so hat z. B. das Rote Meer mit dem Ozean außerhalb der Säulen nur durch eine schmale Straße Verbindung, und Hyrkanisches und Kaspisches Meer sind einerseits vom Weltmeer getrennt, andrerseits ringsum bewohnt; es könnten also ihre Quellen, wenn es irgendwo solche gäbe, nicht verborgen bleiben.

3) In Strömung allerdings befindet sich augenscheinlich das Meer an Engstellen, wo das umgebende Land eine große Wasserfläche auf einen geringen Umfang einengt; diese Strömung beruht aber auf dem ständigen Auf- und Abschwanken des Wassers. Auf einer großen Meeresfläche ist es nicht wahrnehmbar; aber wo es sich auf einer geringen Fläche abspielt, weil das Land das Meer einengt, da scheint mit Notwendigkeit die Bewegung, die auf hoher See gering ist, bedeutend.

4) Das ganze Meer innerhalb der Säulen (= Mittelmeer) befindet sich in einer Strömung, deren Richtung von der Tiefe der Meeresbecken sowie von der Menge der Flüsse abhängt. Der Mäotis-See fließt ins Schwarze Meer, dieses ins Ägäische. Bei den übrigen Teilmeeren liegen die Verhältnisse nicht so klar; hier dagegen ist es der Fall, und zwar wegen der Menge der Flüsse (ins Schwarze Meer und die Mäotis strömen sie zahlreicher als in Meeresflächen, die um ein Vielfaches größer sind), dazu wegen des seichten Seegrundes. Denn dem Augenschein nach wird das Meer immer tiefer, von der Mäotis zum Schwarzen Meer, von diesem zu Ägäischen, von diesem zum Sizilischen; Sardinisches und Tyrrhenisches Meer sind die tiefsten von allen. Außerhalb der Säulen ist das Wasser seicht, des Schlammes wegen, andrerseits windstill, weil das Meer in einer Höhlung liegt. – Wie nun die einzelnen

Flüsse augenscheinlich von den Bergen herkommen, so ist es auch auf der ganzen Erde: von den höheren – im Norden gelegenen – Gebieten ist der Zufluß am stärksten. Infolgedessen sind die einen (nördlichen) Meere wenig tief, weil sie sich beständig leeren, die äußeren dagegen sind tiefer. Daß der Norden der Erdoberfläche hochgelegen ist, wird auch bezeugt durch die Meinung vieler alter Meteorologen, die Sonne senke sich nicht unter die Erde, sondern kreise um sie, um jene nördliche Region, sie verschwinde und lasse es Nacht werden, weil im Norden das Land gebirgig sei.

2. Soviel also zum Erweis, daß es keine Quellen des Meeres geben
354 b kann, und zur Begründung des Strömens, das man beobachtet. | Nun ist über die Entstehung des Meeres (falls es eine gibt) und über seinen Geschmack zu handeln, also warum es so salzig und bitter ist.

Die früheren Forscher wurden zu dem Glauben, das Meer sei Ursprung und Hauptmasse des Wassers insgesamt, durch den Eindruck veranlaßt, daß es so doch wohl plausibel sei; auch bei den übrigen Elementen gibt es ja eine konzentrierte Masse, die ihres Volumens wegen Ursprung sein kann für die Wandlungen, die das Element bei seiner Weiterleitung erfährt, und für seine Verbindungen mit anderen; so befinden sich in geschlossener Masse Feuer in der oberen Region, Luft in dem an die Feuerzone anschließenden Bereich, während der Erdkörper die Masse ist, welche alle diese Elemente umgeben, wie ja der Augenschein lehrt. Man muß also eine analoge Frage auch für das Wasser stellen. Hier aber bietet der Augenschein keine andere, den übrigen Elementen entsprechende Masse als eben das Meer. Denn was die Flüsse betrifft, so stellen sie weder eine konzentrierte noch eine stehende Wassermasse dar; vielmehr zeigt der Augenschein ihr tägliches Neuentstehen. Infolge dieser Schwierigkeit kam es zu der Auffassung, Ursprung des Feuchten und des Wassers insgesamt sei das Meer. Darum lehren auch einige, daß die Flüsse nicht nur ins Meer, sondern auch aus ihm strömen; das Salzwasser werde nämlich durch Filterung trinkbar. Dieser Ansicht steht aber die schwierige Frage gegenüber, warum denn diese Wassermasse, wenn sie wirklich den Ursprung des Wassers insgesamt darstelle, nicht trinkbar sei, sondern salzig.

Die Erklärung des Salzgehaltes wird diese Schwierigkeit beheben und zugleich bestätigen, daß unsere Grundauffassung vom Meer richtig ist.

Um die Erde legt sich das Wasser, so wie um dieses die Luft und um sie die sogenannte Feuerzone (Feuer ist ja ganz außen, gleichgültig ob im üblichen Sinn oder nach unserem Lehrbegriff verstanden). Wenn nun die Sonne in ihrer Bahn kreist (auf diese Weise kommt der Naturprozeß, Werden und Vergehen, zustande), dann wird Tag für Tag das leichteste, süßeste Wasser emporgeführt und steigt, in Dampf aufgelöst, hinauf zur obersten Region; dort verdichtet es sich wieder infolge der Abkühlung und kehrt zur Erde zurück. So pflegt es die Natur immerfort zu machen, wie bereits früher dargelegt.

Lächerlich sind daher alle früheren Anschauungen, daß die Sonne sich vom Feuchten nähre. Man | behauptet sogar, daß dies auch die 355a
Ursache der Sonnenwenden sei: es könnten ihr ja nicht immer dieselben Gegenden zur Nahrung dienen, auf Nahrung aber sei sie angewiesen, oder sie gehe zugrunde; es lebe ja auch das bei uns sichtbare Feuer nur solange, als es Nahrung habe – Feuchtigkeit aber sei die einzige Nahrung für Feuer. Hier wird vorausgesetzt, daß das aufsteigende Feuchte bis zur Sonne gelangt, oder daß sein Aufsteigen dem Vorgang beim Entstehen einer Flamme entspricht (von hier haben sie wohl jene Theorie betreffs der Sonne abgenommen). Hier liegt aber nichts Vergleichbares vor. Denn die Flamme ist ein Prozeß, der sich aus dem beständigen Wechsel von Feucht und Trocken ergibt, ist nicht etwas, was ernährt wird (sie bleibt ja sozusagen keinen Augenblick dasselbe Etwas). Für die Sonne aber kann dies unmöglich zutreffen; denn nährte sie sich auf eben diese Weise (jene Leute behaupten es ja: wie bei einer Flamme), dann wäre wirklich die Sonne nicht nur, nach Heraklits Wort, „jeden Tag neu“, sondern fortwährend in kontinuierlichem Neuentstehen. Ferner: wenn die Sonne Wasser zieht, dann ist das der Erwärmung von Wasser durch Feuer ähnlich. Da hierbei das Feuer unter dem Wasser nicht (von letzterem) ernährt wird, hätte man auch von der Sonne nicht Derartiges vermuten dürfen, und wenn sie das ganze Wasser auf Erden durch Erwärmen zur Verdunstung brächte. Absurd auch, allein an die Sonne zu denken und das Wohl und Wehe der anderen Gestirne zu verabsäumen, die doch so groß und zahlreich sind. Es ist hier die gleiche Ungereimtheit festzustellen wie bei der Behauptung, daß am Anfang der Dinge auch die Erde feucht gewesen, daß dann bei der Erwärmung des irdischen Bereichs die Luft entstanden sei und das ‘Wachstum’ des ganzen Himmels begonnen habe; die Luft habe die Winde und die Sonnenwenden hervorgerufen. Wir sehen aber ja ganz deutlich, wie immerfort die emporgeführte Feuchtigkeit niedersinkend wieder Wasser wird; und wenn auch nicht in jeder Jahreszeit und in jeder Gegend die Mengen genau

entsprechen, so erstattet doch in bestimmten Zeiträumen die Atmosphäre alles Empfangene wieder. Es erhalten also die Himmelskörper von ihr keine Nahrung, auch ist es nicht so, daß ein Teil (der Verdunstungsmasse) Luft wird und bleibt, ein Teil Luft wird und gleich wieder in Wasser übergeht; vielmehr löst sich alles in Luft auf und alles kondensiert wieder zu Wasser.

Das trinkbare süße Wasser also wird seiner Leichtigkeit halber vollständig nach oben geführt, das salzige bleibt wegen seiner Schwere unten – aber nicht an seinem eigenen natürlichen Ort. Man muß dies nämlich als ein zu Recht gestelltes Problem ansehen (hinsichtlich des
355 b Ortes – es wäre ja widersinnig, | gäbe es ihn nicht, wie bei den anderen Elementen, auch beim Wasser) – ebenso muß aber auch folgendes als Lösung gelten: der Platz, den wir das Meer einnehmen sehen, ist eher der Ort des Wassers, nicht des Meeres. Letzteres scheint nur so, weil das Salzige wegen seiner Schwere unten bleibt, das Süße, Trinkbare aber emporsteigt, seiner Leichtigkeit wegen – wie in den organischen Körpern. Denn auch hier ist es so: die aufgenommene Nahrung ist süß, aber Rückstand und Bodensatz der flüssigen Nahrung machen den Eindruck des Bitteren und Salzigen. Auf das Süße, Trinkbare wirkt nämlich die innere Wärme, so daß es in das Fleisch und in alle Körperteile, je nach deren besonderer Art, übergeht. Nun wäre es aber doch ungereimt, hielte man den Bauch nicht für den natürlichen Ort der flüssigen Nahrung, weil diese schnell verschwindet, sondern für den Ort des Rückstandes, weil man diesen beobachten kann – das wäre doch wohl ein Fehlurteil. Bei unserem Thema ist es ähnlich; das Meer ist, wie gesagt, der (natürliche) Ort des Wassers. Deshalb strömen ja auch alle Flüsse und alles auf der Erde entstehende Wasser in dieses; denn die Strömung geht immer in den tiefsten Hohlraum, und den entsprechenden Raum der Erde nimmt das Meer ein. Aber der eine Teil von ihm steigt infolge der Sonnenwirkung rasch und vollständig nach oben, der andere bleibt aus den dargelegten Gründen zurück. Das alte Problem, warum eine so gewaltige Menge Wasser sich nirgends bemerkbar macht (es fließen ja täglich unzählige, unermeßlich wasserreiche Flüsse ins Meer, ohne daß es größer wird) – begreiflich, daß man hier eine Schwierigkeit sah, doch ist die Lösung bei näherem Zusehen nicht schwer zu finden. Es trocknet nämlich ein und dieselbe Wassermenge nicht in der gleichen Zeit, wenn man sie über eine Fläche verteilt und wenn sie beisammen bleibt, vielmehr ist der Unterschied so groß, daß in letzterem Fall das Wasser unter Umständen einen ganzen Tag zu

dauern vermag, in ersterem aber es in Gedankenschnelle verschwinden kann, wie wenn man einen Becher voll Wasser über einen großen Tisch hinschüttet. So also ist es auch bei den Flüssen der Fall: sie strömen unablässig als konzentrierte Masse, aber sobald diese die grenzenlose, weitgedehnte (Meeres)fläche erreicht, verdampft sie jedesmal rasch und unmerklich.

Was im 'Phaidon' über die Flüsse und das Meer geschrieben steht, ist unmöglich. Da wird erzählt, daß unterirdisch alles Wasser durch Kanäle miteinander in Verbindung steht; sein Quellursprung sei | der 356a sogenannte Tartarus, eine Wassermasse am Erdmittelpunkt, aus der alle Gewässer, die fließenden und die stehenden, herkommen. Dies Quell- und Ursprungswasser bewirkt, nach beiden Seiten hin, den Zufluß für die Ströme, weil es beständig auf und ab schwankt. Es gibt nämlich keinen Ort, wo es ruht, sondern es fluktuiert immerfort um den Erdmittelpunkt; auf- und abwärts bewegt, läßt es das Wasser in die Flüsse strömen. Diese Gewässer bilden vielfach Seen (von solcher Art ist auch das Meer, an dem wir leben); alle aber kehren nach einem kreisenden Lauf wieder zum Ursprung zurück, dem sie entströmten, in vielen Fällen zum selben Ort, manchmal aber auch entgegengesetzt zur Stelle ihres Ausströmens (also wenn sie z. B. von unten her zu fließen begonnen hatten, kehren sie von oben zurück). Nur bis zur Erdmitte kann ihr Weg abwärts führen; denn weiterhin ergibt sich für alle bereits wieder eine Aufwärtsbewegung. – Was Geschmack und Farbe des Wassers betrifft, so erhält es sie jeweils von der Erde, durch die es gerade fließt.

Aber nach dieser Theorie laufen die Wasser nicht immer in derselben Richtung. Denn, da sie dem Mittelpunkt zufließen, von dem sie herkommen, können sie ebensogut aufwärts wie abwärts strömen, in die Richtung eben, die jeweils dem Auf und Ab des wogenden Tartarus entspricht. Dann aber haben wir ja wohl die sprichwörtlichen „aufwärts fließenden Flüsse", also eine Unmöglichkeit.

Ferner: wo ist hier das Wasser, das (als Regen) entsteht und das verdunstend wieder nach oben steigt? Man muß völlig von ihm absehen, wenn ein dauerndes Gleichgewicht erhalten bleiben soll; es fließt ja (nach Platon) alles Wasser, das nach außen getreten ist, wieder zum Ursprung zurück.

Aber man sieht doch klar, daß alle Flüsse, soweit sie nicht ineinander münden, schließlich ins Meer fließen, keiner in die Erde; vielmehr treten sie wieder zutage, wenn sie einmal unter der Erdoberfläche verschwunden sind. Zu größeren Strömen aber werden diejenigen Flüsse, die lange durch Bodensenken fließen; sie nehmen nämlich viele Nebenflüsse auf, deren Wege sie auf Grund der eigenen Länge und der Lage ihres Flußbettes schneiden. Darum sind Ister und Nil die größten der in unser Meer mündenden Flüsse; und hinsichtlich ihrer Quellen gibt es die verschiedenartigsten Begründungen, weil hier so viele Nebenflüsse das gleiche Ziel haben.

All dies könnte unmöglich der Fall sein, wenn es nach jener Theorie ginge; besonders da sie dem Meer einen Ursprung aus dem Tartaros zuschreibt.

Soviel also als Nachweis, daß der vom Meer eingenommene Platz der natürliche Ort des Wassers, nicht des Meeres ist, und zur Begründung, warum man vom Süßwasser nur das fließende wahrnehmen kann (das andere bleibt als Rückstand), ferner daß das Meer eher die
356 b Endstation | der Gewässer ist als ihr Ursprung (man denke an den Rückstand aller Nahrung, besonders der flüssigen, in den organischen Körpern).

3. Der Salzgehalt des Meeres ist nun zu behandeln, und auch die Frage, ob es immer als das gleiche existiert oder ob es in früherer Zeit fehlte, in künftiger nicht mehr da sein wird, ob es also verschwinden wird, wie ja manche glauben.

Darin scheinen nun alle übereinzustimmen, daß es entstanden ist – wenn auch der ganze Kosmos entstanden ist, dessen Werden sie ja mit dem des Meeres zusammenfallen lassen. Offenbar muß also, wenn das All ewig ist, die gleiche Anschauung auch vom Meere gelten. Wer aber, wie Demokrit, glaubt, es schrumpfe zusammen und versiege am Ende gänzlich – eine solche Meinung entspricht ganz den Fabeln des Äsop; der hat ja die Geschichte von der Charybdis erzählt, wie sie zweimal das Meer einschlürfte und beim ersten Zug die Gebirge zutage treten ließ, beim zweiten die Inseln – schlürft sie noch einmal, dann wird sie die Erde gänzlich trocken legen. Als sich Äsop über den Fährmann ärgerte, war es ihm durchaus zuzubilligen, daß er eine solche Geschichte erzählte, aber für einen, der die Wahrheit sucht, paßt sie weniger. Denn was auch immer das Meer ursprünglich zum Ruhen an seiner Stätte veranlaßt hat – ob es nun, wie auch manche von jener Partei annehmen, seine Schwere war (hier den Grund zu sehen, liegt ja nahe) oder etwas anderes –, offenbar muß die gleiche Ursache auch für alle Zukunft sein Ruhen verbürgen. Sie müssen nämlich entweder behaupten, daß es keine Wiederkehr des von der Sonne emporge-

führten Wassers gibt, oder sie müssen, wenn dies doch der Fall sein soll, zugeben, daß das Meer notwendig unverändert bleibt, immerfort oder doch solange jener Prozeß dauert, und daß dann auch wieder die Notwendigkeit der vorhergehenden Verdunstung des süßen Wassers eintritt. Das Meer wird also niemals austrocknen; bevor das geschehen kann, wird ja das verdunstete Wasser wieder in dasselbe Meer zurückkehren (es macht keinen Unterschied, ob man das als einmaliges Geschehen zugibt oder als ständig wiederholtes). Wenn man der Sonne in ihrer Bahn Halt gebietet, wer wird dann jene Aufgabe des Austrocknens übernehmen? Will man sie jedoch weiter kreisen lassen, so wird sie, wie dargelegt, immerfort das süße Wasser bei ihrer Annäherung emporziehen, bei ihrer Entfernung wieder nach unten fallen lassen. – Auf diesen Gedanken vom Versiegen des Meeres kam man auf Grund der Beobachtung, daß viele Gegenden dem Eindruck nach jetzt trockener sind als früher. Wir haben es schon dargelegt, daß ungewöhnlich heftige, in bestimmten Zeitabständen eintretende Regenfälle der Grund sind, nicht aber ein Werden des Alls und seiner Teile; und es wird auch wieder das gegensätzliche Phänomen eintreten, und | 357a
wenn es eintritt, wird die Erde wieder trocken werden; so muß es zyklisch immerzu fortgehen. Das ist nämlich eine besser begründete Auffassung als die, es sei jener Phänomene wegen der ganze Kosmos in Veränderung begriffen.

Jedoch, hiervon ist ungebührlich lang die Rede gewesen. Zurück zum Salzgehalt des Meeres. Die es auf einmal entstanden sein lassen, überhaupt sein Werden behaupten, die bringen es nicht fertig, das Meer salzig zu machen. Denn ob nun nach Verdunstung aller irdischen Feuchtigkeit durch die Sonne das Meer als Rest zurückgeblieben ist oder ob dieser starke Salzgeschmack in der großen Menge süßen Wassers als Ergebnis einer entsprechenden Erdbeimischung drinsteckte: im ersten Fall muß, wenn das verdunstete Wasser (als Regen) zurückkehrt – und zwar an Masse gleichgeblieben –, auch schon von Anfang an das Salz im Meer gewesen sein; denn wenn nicht von Anfang an, wäre ja sein späterer Salzgehalt unerklärlich. War aber das Meer gleich von Anfang an salzig, so muß man doch den Grund dafür angeben und auch die Frage beantworten, warum das Salzwasser, wenn es damals verdunstete, dies heute nicht mehr tut. – Was aber zweitens die Lehre angeht, die als Ursache des Salzgehaltes eine Erdbeimischung angibt (die Erde, so heißt es, enthält Säfte verschiedenen Geschmacks und macht so, von den Flüssen fortgeschwemmt, das Meer salzig) –

unbegreiflich, daß dann nicht auch die Flüsse salzig sind. Denn wie sollte es möglich sein, daß die Beimischung einer solchen Erdart sich in einer großen Wassermasse so merklich auswirkt, im einzelnen Fluß aber gar nicht? Dabei stellt nach dieser Auffassung das Meer offenbar das gesamte Flußwasser dar, von dem es sich nur durch seinen Salzgehalt unterscheidet; das Salz aber müßte dann in den Flüssen zu dem Sammelpunkt alles Wassers befördert werden.

Ebenso lächerlich ist es, wollte es jemand für eine klare Aussage halten, wenn er, wie Empedokles, das Meer 'Schweiß der Erde' nennt. Poetischen Zwecken mag dieser Ausdruck ja wohl entsprechen (die Metapher gehört bekanntlich zu den dichterischen Mitteln), aber der Aufgabe eines Naturforschers ist er nicht gemäß. Denn auch hier (= beim organischen Körper) ist es nicht (von vornherein) klar, wie die süße flüssige Nahrung den salzigen Schweiß hervorbringt – ob dabei bloß etwas weggeht, etwa der süßeste Teil, oder ob etwas durch Beimischung hinzukommt, wie bei Flüssigkeiten, die man durch Asche filtert. Die Ursache des Vorgangs scheint die gleiche wie bei dem Rückstand, der sich in der Blase sammelt; auch dieser wird ja bitter und salzig, obwohl die von uns getrunkene und in unserer Nahrung enthaltene Feuchtigkeit | süß ist. Wenn es nun mit diesem Vorgang die gleiche Bewandtnis hat wie bei Wasser, das durch Asche gefiltert bitter wird, d. h. wenn vom Urin eine Substanz mitgeführt wird, von der Art des salzigen Bodensatzes, den man in der Nachtschüssel findet, und ebenso zusammen mit dem Schweiß aus dem Fleisch abgesondert wird (dabei wäscht die austretende Flüssigkeit gewissermaßen den Stoff aus dem Körper heraus) –: dann ist offenbar auch im Meer die Zumischung einer erdigen Substanz zum Wasser die Ursache des Salzgehaltes. Im organischen Körper nun bildet sich ein solcher Stoff als unverdaulicher Rückstand der Nahrung; wie aber kam dergleichen in die Erde? Das muß noch dargelegt werden.

Überhaupt: wie kann bei Erhitzung und Austrocknung der Erde eine solche Menge Wasser wie das Meer ausgeschieden werden? Und dabei kann dies ja nur ein kleiner Teil der Wassermenge in der Erde sein! Ferner: warum schwitzt die Erde nicht auch jetzt, wenn sie, in größeren oder kleineren Teilen, austrocknet? [Denn Feuchtigkeit und Schweiß sind beide bitter]. Kam dies nämlich früher einmal vor, so müßte es ja auch jetzt so sein. Aber wie man sieht, ist dies nicht der Fall, vielmehr zieht die Erde Feuchtigkeit an, wenn sie trocken ist, in feuchtem Zustand aber sondert sie gewiß keinen 'Schweiß' ab. Wie hätte denn dann beim Ursprung der Dinge, als die Erde noch feucht war, sie während des Trocknens Schweiß absondern können? Mehr Wahrscheinlichkeit hat es, daß nach der Verdunstung des größten Teils der Feuchtigkeit und ihrem Aufsteigen infolge der Sonnenwärme der Rest das Meer ausmacht (so lehren es einige); aber eine Schweißabsonderung der feuchten Erde ist unmöglich.

So scheint, was man über den Salzgehalt vorbringt, der vernünftigen Begründung zu entbehren. Nun soll unsere eigene Meinung folgen, wobei wir den gleichen Ausgangspunkt benutzen wie früher.

Unsere Grundthese ist, daß es zwei Ausscheidungen (der Erde) gibt, eine feuchte und eine trockene. Da muß nun offenbar die letztere als Ursache der genannten Phänomene gelten.

Die Schwierigkeit nun, über die man zunächst handeln muß, ist die: ist die kontinuierliche Existenz des Meeres so zu denken, daß seine Teile individuell identisch bleiben, oder so, daß sich die Teile fortwährend qualitativ und quantitativ wandeln, wie es bei Luft, trinkbarem Wasser, Feuer der Fall ist? (Jedes dieser Elemente befindet sich ja in beständigem Wandel, wobei aber den jeweiligen Massen ihre charakteristischen Eigenschaften bleiben, z. B. beim Wasser eines Flusses oder einer brennenden Kerze.) Offensichtlich überzeugend ist die letztere Annahme, daß nämlich vom Verhalten aller Elemente das gleiche gelten muß. Ein Unterschied besteht zwischen ihnen bloß in der mehr oder weniger | großen Geschwindigkeit ihres Wandels. 358a
Ferner herrscht bei allen Vergehen und neues Werden, wobei dies aber bei ihnen allen seine feste Ordnung hat.

Im Zusammenhang mit diesen Feststellungen soll nun versucht werden, die Ursache des Salzgehaltes zu erklären. Bekanntlich erhellt aus vielen Indizien, daß der Salzgeschmack durch eine bestimmte Beimischung bedingt ist. In den organischen Körpern ist es nämlich – wie bereits dargelegt – der am wenigsten verdaute Stoff, der salzig und bitter ist. Am wenigsten verdaut ist der Rückstand der feuchten Nahrung; dies gilt von allen Exkrementen, besonders von der Ansammlung in der Blase (Beweis: die ungewöhnliche Leichtigkeit, während der Verdauungsprozeß von Natur konzentrierend wirkt). Es gilt auch vom Schweiß; in beiden Fällen wird derselbe Stoff ausgeschieden, der jenen salzigen Geschmack bewirkt. Ähnliches geschieht beim Verbrennungsprozeß. Was die Hitze nicht bewältigen kann, bleibt bei ihm als Asche zurück, so wie in den organischen Körpern als Exkrement. Darum behaupten auch manche, das Meer sei aus verbrannter Erde entstanden. So ausgedrückt, ist es absurd; doch trifft es zu, daß etwas Derartiges den Salzgeschmack verursacht. Wir müssen uns nämlich vorstellen, daß die hier bezeichneten Phänomene ihr Gegenstück in der Natur als Ganzem haben: wie es beim Verbrennungsprozeß eine solche Erdart als Rückstand gibt, so gibt es das gleiche beim Wachstum und Entstehen in der Natur, und auch das Erdige in der trockenen Ausscheidung ist ein solcher Rückstand (diese Ausscheidung ist es, die die Hauptmasse der erdigen Substanz liefert). Nun ist, wie gesagt, die wasserdampfartige Ausdünstung mit der trockenen gemischt; kondensiert erstere dann zu Wolken und Regen, muß jedesmal in gewisser Menge auch dieser Stoff enthalten sein, der im Regen wieder mit herunterkommt; und zwar muß sich dies immerfort in einer bestimmten Ordnung vollziehen, soweit die Phänomene unserer irdischen Welt einer Ordnung teilhaftig sein können. – Damit ist der Ursprung des Salzgeschmacks im Meer dargelegt.

Hier liegt auch der Grund dafür, daß Regen vom Süden her, dazu die ersten Herbstregen etwas Salzgeschmack haben. Denn der Südwind ist der wärmste Wind und weht von trockenen, heißen Landstrichen her, führt also wenig Wasserdampf mit sich; eben daher kommt seine Wärme. Denn wenn er auch am Ursprung seines Wehens nicht warm, sondern kalt sein sollte, so ist er (hier bei uns) gleichwohl warm, weil er während seines Weges aus den benachbarten Landstrichen trockene Erdausscheidungen in großer Menge mitnimmt. Der Nordwind dagegen führt, weil er aus feuchten Gegenden stammt,
358b Wasserdampf mit sich und ist darum | kalt. Bei uns bringt er Aufklaren, weil er die Wolken zerstreut; im Süden dagegen bringt er Regen. In gleicher Weise bringt der Südwind in Afrika Aufklaren. – Im Regenwasser ist also viel von diesem Stoff enthalten, und die Herbstregen führen brackiges Wasser, weil der schwerste Bestandteil notwendigerweise zuerst niedersinkt. Infolgedessen fällt Regen, der solche erdartige Bestandteile in Menge enthält, besonders schnell. Darum ist auch das Meer warm; denn alles, was einen Verbrennungsprozeß durchlaufen hat, enthält potentiell Wärme. Sehen kann man das an Asche, Schlacken, an den trockenen und feuchten Exkrementen von Lebewesen; hier ist es so, daß bei den Lebewesen mit der wärmsten Bauchhöhle auch die Ausscheidung am wärmsten ist.

Aus diesem Grunde wird also (das Meer) immer salziger. Allerdings wird ständig ein Teil des Meerwassers zusammen mit süßem

(Wasser) nach oben geführt, aber doch nur ein Teil, der kleiner ist entsprechend der Tatsache, daß ja auch in dem (wieder) herabregnenden Wasser der Salzgehalt gegenüber dem Süßen zurücktritt. Das Verhältnis von Süß und Salzig ist also im großen ganzen (immer) dasselbe. Daß aber das verdunstete Wasser trinkbar ist und, wenn es kondensiert, nicht wieder zu Meerwasser wird, das können wir auf Grund unserer Erfahrungen sagen. Auch andere Flüssigkeiten zeigen das gleiche Verhalten; Wein und alle Säfte, die verdunsten, um wieder zu kondensieren, werden zu Wasser. Denn ihre sonstigen Eigenschaften, abgesehen von Wasser, beruhen auf Beimischung, und diese beeinflußt je nach ihrer Art den Geschmack. Doch soll dies bei anderer, passenderer Gelegenheit untersucht werden; jetzt sei nur festgestellt: vom Meer, als einer gegebenen Größe, steigt fortwährend ein bestimmtes Quantum empor, wird zu Süßwasser und kehrt im Regen zur Erde zurück – in verwandelter Gestalt, nicht so, wie es emporgestiegen war; und infolge seines Gewichts sinkt es unter das Süßwasser. Deswegen versiegt das Meer niemals, wie auch die Flüsse nicht (abgesehen von bloß lokalen Veränderungen, wie sie das Meer nicht anders als die Flüsse gleichermaßen betreffen); andrerseits bleibt ein und derselbe Ort nicht immerzu Ort des Festlandes oder des Meeres, sondern nur ihre gesamte Masse bleibt sich gleich (von Land und Meer muß ja das gleiche gelten). Was aber das Meer betrifft, so steigt ein Quantum nach oben, ein anderes sinkt wieder herab, und in ihrem Auf und Ab wechseln sie ihre Positionen.

Daß der Salzgeschmack in einer Beimischung besteht, ergibt sich nicht nur aus dem Dargelegten, sondern auch (aus folgendem Versuch): wenn man sich ein Gefäß | aus Wachs fertigt und es in Meerwasser 359a
hält – mit verschlossener Öffnung, so daß kein Wasser von außen einströmen kann –, dann wird die durch die wächserne Wandung eindringende Flüssigkeit trinkbar; es werden nämlich die erdigen Bestandteile, deren Beimischung den Salzgeschmack hervorruft, wie durch ein Sieb zurückgehalten. Dieser Stoff macht auch das Salzwasser schwer (es ist schwerer als Süßwasser) und dicht; letzteres macht so viel aus, daß beladene Schiffe, die in Flüssen beinahe versinken, mit genau der gleichen Last im Meer gerade richtig liegen und seetüchtig sind. Die Unkenntnis dieser Tatsache hat schon manche Schiffer, die ihr Fahrzeug in Flüssen beluden, zu Schaden gebracht. Ein Beweis dafür, daß die Dichte einer Flüssigkeit durch eine solche Beimischung zunimmt: wenn man Wasser durch Zumischen von Salz-

körnern stark salzig macht, schwimmen Eier, auch wenn sie nicht aufgeschlagen sind, auf seiner Oberfläche, denn das Wasser wird dicht wie Schlamm. So reich ist auch das Meerwasser an stofflichen Bestandteilen. – Eine gleiche Salzlösung braucht man auch beim Einpökeln von Fisch.

Falls es wirklich, wie man fabelt, in Palästina einen solchen (salzhaltigen) See gibt, in dem ein Mensch oder ein Tier, in Fesseln hineingeworfen, oben schwimmen und nicht unter das Wasser heruntersinken, so wäre das ein Zeugnis für das Gesagte. Man behauptet nämlich, der See sei so bitter und salzig, daß es darin keine Fische gibt und daß er Kleider reinigt, wenn man sie hineinhält und schüttelt. Unsere Behauptung, daß ein bestimmter Stoff das Salzige hervorruft und daß im Salzwasser etwas Erdiges steckt, wird auch durch die folgenden Tatsachen bestätigt. In Chaonien gibt es eine Quelle mit Brackwasser; sie strömt in einen nahen Fluß, der Süßwasser führt, aber ohne Fische ist. Denn wie man dort erzählt, wählten die Einwohner, als Herakles mit den Rindern von Erytheia her bei ihnen vorbeizog und ihnen die Wahl freistellte, Salz aus der Quelle anstatt der Fische. Sie kochen Wasser aus ihr und lassen es stehen; ist es abgekühlt und die Feuchtigkeit samt der Wärme verdunstet, so bleibt Salz übrig, nicht in Körnern, sondern locker und fein wie Schnee. Es ist aber nicht so kräftig wie anderes Salz, und man muß in größeren Dosen damit würzen; auch ist es nicht so weiß. Etwas Ähnliches gibt
359 b es auch in Umbrien. | An einer Örtlichkeit dort wachsen Schilfrohr und Binsen; man verbrennt sie, wirft die Asche in Wasser und kocht es; ist ein Rest übrig, dann kühlt man ihn ab und erhält eine Menge Salz.

Bei den fließenden Wassern von Flüssen und Quellen, die salzig sind, ist anzunehmen, daß die meisten einmal warm waren und daß die Quelle des Feuers dann zwar erloschen ist, aber in der Erde, durch die sie gesiebt werden, so etwas wie Asche oder Schlacke zurückblieb. Vielerorts gibt es auch Quellen und Flüsse von verschiedenartigen Geschmacksarten, für die alle die in ihnen enthaltene oder neu entstehende Feuerkraft verantwortlich zu machen ist. Setzt man nämlich Erde einem Verbrennungsprozeß aus, so nimmt sie, je nach dessen Mehr oder Minder, mannigfache Geschmacksarten und -tönungen an; sie bekommt eine Fülle von Qualitäten, die von Alaun, Pottasche und so weiter; und wird durch sie Süßwasser durchgeseiht, so ändert es seinen Geschmack. Manchmal wird auf diese Weise Wasser essigsauer, wie in Sikanien, einer Gegend Siziliens; dort gibt es eine salzig-saure Erdart, die man bei manchen Mahlzeiten wie Essig verwendet. In Lynkos gibt es einen Sauerbrunnen, und im Skythenland einen Bitterquell; er macht den Fluß, in den er mündet, ganz bitter. – Diese Verschiedenheiten werden verständlich, wenn man weiß, was für Geschmacksarten aus was für Mischungen herkommen. Darüber wurde anderswo eigens gehandelt.

So viel also über Gewässer und Meer, was die Ursachen ihrer fortwährenden Existenz, ihre Wandlungen, ihre Natur betrifft, sowie ihre natürlichen aktiven oder passiven Eigenschaften.

4. Nun wollen wir von den Winden sprechen, indem wir uns der bereits dargestellten Grundlage bedienen. Wir haben ja erklärt, daß es zwei Arten der Ausdünstung (aus der Erde) gibt, eine feuchte und eine trockene; jene heißt Wasserdampf, diese hat für ihr gesamtes Wesen keinen Namen. Notgedrungen sprechen wir sie mit einem nur teilweise zutreffenden Wort an und bezeichnen sie als eine Art von Rauch. Dabei kommt das Feuchte nicht ohne das Trockene, das Trockene nicht ohne das Feuchte vor, vielmehr beziehen sich die Namen auf den jeweils vorherrschenden Charakter.

Wenn nun die Sonne auf ihrer Kreisbahn sich (der Erde) nähert, zieht sie durch ihre Wärme das Feuchte empor, entfernt | sie sich, so kondensiert infolge der Abkühlung der emporgeführte Dampf wieder zu Wasser (darum fällt im Winter mehr Regen, und nachts mehr als tagsüber; es scheint nur anders zu sein, weil man es weniger merkt, wenn es nachts regnet als am Tage). Dann fällt der Regen und verteilt sich vollständig in der Erde. Nun enthält aber die Erde viel Feuer und Wärme, und die Sonne zieht nicht nur die Feuchtigkeit der Erdoberfläche empor, sondern trocknet durch ihre Wärme auch den Erdkörper selbst aus; so müssen also die beiden Ausdünstungen entstehen, deren Nebeneinander wir lehren, die wasserdampfartige und die rauchartige. Von ihnen ist die mit dem größten Quantum an Feuchtigkeit, wie vorher dargelegt, der Ursprung des Regenwassers, die trockene aber ist Ursprung und Wesen aller Winde. Die Notwendigkeit dieses Naturgeschehens ergibt sich unmittelbar aus den Tatsachen; denn die Verschiedenheit der Ausdünstungen ist notwendig, und die dabei sichtbare Wirkung der Sonne und der Wärme in der Erde beruht nicht nur auf einer Möglichkeit, sondern einer Notwendigkeit.

Ihrer gattungsmäßigen Geschiedenheit zufolge ist nun offenbar die Wesensnatur des Windes eine andere und nicht, wie einige behaupten, dieselbe wie die des Regenwassers; ein und dieselbe Luft sei nämlich, so erklären sie, Wind, wenn in Bewegung, und Wasser, wenn wieder verdichtet.

Was nun die Luft betrifft, so bildet sie sich, wie früher dargestellt, aus diesen beiden Faktoren: der Wasserdampf ist feucht und kalt (kalt zufolge klarer Definition: stammt er doch von Wasser, das von Natur, wenn es nicht erwärmt wird, kalt ist), der Rauch hingegen ist warm und trocken; so erfolgt also gleichsam aus aufeinander abgestimmten Faktoren der Zusammenschluß zu der feuchten und warmen Luft.

Es wäre ja absurd, wenn die uns umgebende Luft einfach durch Bewegung zu Wind würde, und Wind hieße, gleichgültig woher der Bewegungsanstoß kommt, und wenn es nicht ebenso wäre wie bei den Flüssen: für uns ist ein Fluß nicht irgendein strömendes Wasser, wie groß auch seine Masse sei, sondern es muß eine Quelle haben. So steht es auch mit den Winden; da könnte ja etwa durch einen mächtigen Fall eine Luftmasse in Bewegung geraten, ohne eigentlich Ursprung oder Quelle zu haben.

Die Phänomene bestätigen diese Lehre: denn weil stetig – bald häufiger, bald seltener, bald in größerer, bald in geringerer Masse –
360 b sich die irdische | Ausscheidung vollzieht, entstehen auch fortwährend, zu der ihrem Wesen entsprechenden Jahreszeit, Wolken und Winde. Da nun manchmal der Wasserdampf, manchmal die trockene und rauchartige Ausdünstung überwiegt, gibt es bald regenreiche, feuchte Jahre, bald windige und trockene; und manchesmal treten Trockenheit und Regengüsse gehäuft und über ganze Landstriche hin auf, manchesmal betreffen sie nur Teilgebiete. Oft ist es ja so: eine ganze Landschaft rundum empfängt den jahreszeitlich zu erwartenden Regen oder auch mehr, jedoch in einer einzelnen Gegend von ihr herrscht Dürre; während ein andermal die Landschaft im ganzen nur knapp mit Feuchtigkeit versorgt wird oder sogar unter Dürre leidet, in einem Teil dagegen überreichlich Regen fällt. Das hat seinen Grund darin, daß im allgemeinen sich für eine größere Fläche das gleiche Phänomen erwarten läßt, weil ein zusammenhängendes Gebiet (außer es liegt eine örtliche Besonderheit vor) die gleiche Lage zur Sonnenbahn hat; jedoch fällt manchmal in einem bestimmten Einzelgebiet die trockene Ausscheidung reichlicher aus, in einem anderen die wasserdampfartige – und manchmal ist es umgekehrt. Und dies wieder hat seinen Ursprung darin, daß jede der beiden umspringen kann in die Ausscheidung der Nachbargegend: es strömt z. B. die trockene in ihrem eigenen Be-

reich, die feuchte aber wechselt in die Nachbarlandschaft über (sie kann auch von Winden in entfernte Landstriche getrieben werden), ein andermal bleibt diese im Lande, während die entgegengesetzte (trockene) sich entfernt. So geschieht es oft, wie beim menschlichen Körper: wenn die inneren Hohlräume oben trocken sind, ist unten das Gegenteil der Fall, und ist das Körperinnere unten trocken, dann ist es oben feucht und kalt. Genauso erfahren die Ausscheidungen der Erde eine Konzentration als Reaktion und wechseln entsprechend ihre Plätze.

Weiter: im allgemeinen tritt Wind nach Regen in den Gegenden auf, wo der Regen seinen Ursprung hatte, andrerseits hört der Wind auf, wenn Regen hinzukommt. Das sind notwendige Folgen der dargelegten Prinzipien. Wenn es nämlich geregnet hat, dann trocknet die Erde infolge ihrer Wärme und der Hitze von oben, und es steigen von ihr die warmen Dünste auf, also (wie dargelegt) die stoffliche Ursache der Winde. Wenn während dieser Ausdünstung Winde wehen und dann infolge des fortwährenden Abgangs des Warmen und seines Aufstiegs zum oberen Ort aufhören, kühlt sich der Wasserdampf ab, kondensiert und wird zu Wasser. | Schließen sich nun die Wolken zu- 361 a
sammen und konzentriert sich, durch Gegenwirkung, in ihnen die Kälte, so bildet sich Wasser, das die warme Ausscheidung abkühlt. So kommt es, daß Regen mit seinem Entstehen dem Wind Einhalt tut und daß (umgekehrt) mit dem Aufhören des Windes Regen einsetzt.

Auch das Übergewicht der Winde von Nord und Süd erklärt sich so (Nord- und Südwinde sind ja die häufigsten Winde). Denn allein über diese Gegenden zieht die Sonne nicht, sie nähert sich ihnen bloß und entfernt sich von ihnen; wohl aber bewegt sich ihr Lauf stets nach West und Ost. Darum bilden sich die Wolken seitwärts dieser Bahn, und nähert sie sich, so entsteht wässerige Ausdünstung, entfernt sie sich in Gegenrichtung, sind Regengüsse und Stürme die Folge. So also, infolge der Bewegung zu den Punkten der Sonnenwenden und von ihnen weg, entstehen Sommer und Winter, und die Feuchtigkeit steigt dabei und sinkt wieder. Es regnet also am meisten in den Gegenden außerhalb der Wendekreise, d. h. im Norden und im Süden; wo aber die Erde besonders viel Feuchtigkeit empfängt, muß die Ausdünstung besonders stark sein, wie Rauch von brennendem frischen Holz; diese Ausdünstung aber ist eben 'Wind', und so hat es doch wohl seinen guten Grund, daß die meisten und wichtigsten Winde von dorther kommen.

Was ihre Richtung betrifft, so ist sie schräg; denn steigt auch die Anathymiase gerade in die Höhe, so wehen die Winde doch rund um die Erde, weil die ganze Erde die umgebende Luftschicht der Himmelsbewegung folgt. Man könnte darum die Frage aufwerfen, ob der Ursprung der Winde oben oder unten zu suchen ist. Von oben fangen sie nämlich an sich zu regen und schon vor ihrem Wehen läßt es die Luft erkennen, sogar bei wolkigem oder dunstigem Himmel: ein solches Wetter zeigt nämlich, daß der Wind schon begonnen hat, bevor er uns erreicht hat und wahrnehmbar geworden ist – ein Beweis, daß die Winde oben entstehen. Da aber Wind ein bestimmtes Quantum trockener, über die Erdoberfläche geführter Ausscheidung ist, so ist es klar: sein Bewegungsursprung stammt von oben, sein Stoff, aus dem er entsteht, von unten. Die Richtung nämlich, die der aufsteigende Dunst einschlägt, wird von dort bestimmt, von der Himmelsbewegung, die die erdferneren Naturphänomene steuert. Gleichzeitig steigt die Ausdünstung von unten gerade nach oben; alles hat ja in der Nähe des Ursprungs größere Kraft, und daß die Erde den Ursprung des
361 b Phänomens darstellt, steht außer Zweifel. |

Daß die Winde aus vielen allmählich sich zusammenschließenden Ausdünstungen entstehen, so wie es mit dem Ursprung der Flüsse steht, wenn das Erdreich durchfeuchtet wird, das bestätigen auch die Fakten. Denn sämtlich sind die Winde am Ursprung ihres Wehens ganz schwach, in größerer Entfernung steigern sie sich dann zu kräftigerem Wehen. Ferner ist der hohe Norden, die Landschaft unmittelbar unter dem Pol im Winter ruhig und windstill; aber der Hauch, der sich dort leise erhebt und unmerklich fortweht, wird außerhalb dieser Landschaft bereits als kräftiger Wind fühlbar.

Damit sind also das Wesen des Windes und die Art seiner Entstehung behandelt, ferner Trockenheit und Regen sowie das Problem, warum die Winde nach Regengüssen sich legen und wiederaufleben und warum Nord- und Südwind die häufigsten sind. Auch über die Windrichtung wurde gesprochen.

5. Die Sonne verhindert die Windentstehung, regt sie aber andrerseits auch an. Denn gegenüber schwachen, geringfügigen Ausdünstungen bringt sie mit ihrer größeren Hitze die geringere, in der irdischen Ausscheidung enthaltene zum Erliegen und zerstreut sie. Ferner trocknet sie die Erde selbst aus, bevor es zu einer Ausscheidung in größerer Menge kommt, so wie ein geringes Quantum von Brennstoff, das man in ein großes Feuer wirft, oftmals verzehrt wird, bevor

es Rauch entwickeln kann. Aus diesen Gründen tut die Sonne den Winden Einhalt bzw. läßt es von Anfang nicht zu ihrer Entstehung kommen: Einhalt tut sie, indem sie die warme Anathymiase schwinden läßt, deren Entstehen verhindert sie durch die rasche Austrocknung der Erde. Deshalb tritt zur Zeit des Orionaufgangs gewöhnlich Windstille ein, die bis zu den Etesien und deren Vorläufern dauert.

Überhaupt haben Zeiten der Windstille zwei Ursachen: entweder erlischt die (warme) Ausscheidung infolge von Abkühlung – etwa beim Eintreten von starkem Frost – oder sie wird durch drückende Hitze überwältigt. Meistens kommt es zu Windstille (dies gilt für die Zwischenzeiten) entweder weil noch keine Ausscheidung da ist oder sie sich bereits erschöpft hat und es an neuem Zustrom fehlt.

Der Orion gilt, unter- wie aufgehend, als Zeichen für unbeständiges, unfreundliches Wetter, weil sein Auf- und Untergang in den Wechsel der Jahreszeiten (Sommer oder Winter) fällt, und weil beides wegen der Größe dieses Sternbildes viele Tage dauert. Jahreszeitliche Übergänge sind eben stets durch unbeständiges Wetter gekennzeichnet, weil sie keiner bestimmten Gesetzlichkeit unterliegen.

Die Etesien (Jahreswinde) wehen nach der Sommersonnenwende und dem Aufgang des Hundsterns, weder zum Zeitpunkt der größten Nähe der Sonne | noch ihrer größten Ferne; und zwar wehen sie tagsüber, 362 a
nachts hören sie auf. Verursacht wird dies von der Sonne, die bei größerer Nähe austrocknend wirkt, bevor sich neue Ausscheidung bilden kann, dagegen stellt sich bei einiger Entfernung gerade die richtige Aushauchung und die richtige Wärme ein, so daß das Eis schmilzt und die Erde, indem sie der eigenen Wärme und der Sonnenhitze zufolge trocknet, gleichsam Dampf und Rauch von sich gibt. Nachts hören diese Luftbewegungen auf, weil die nächtliche Kälte die Frostschmelze zum Erliegen bringt. Ausdünstungen kommen weder vom Eis noch von Flüssigkeiten ohne jede Beimischung von Trockenem, vielmehr trockene Stoffe, die Feuchtigkeit enthalten, beginnen bei Erwärmung auszudünsten.

Man wirft das Problem auf, warum es zwar nach der Sonnenwende kontinuierliche Nordwinde gibt (eben die sogenannten Etesien), aber keine entsprechenden Südwinde nach der Wintersonnenwende. Dies hat aber seinen guten Sinn. Denn zur entsprechenden Winterszeit gibt es wirklich die sogenannten Schönwetterwinde (Leukonotoi), aber sie wehen nicht so regelmäßig, so daß man sie nicht bemerkt und sie suchen muß. Grund dafür ist, daß der Nordwind von den polaren

Gegenden herweht mit ihren Massen von Feuchtigkeit und Schnee; schmelzen diese unter der Einwirkung der Sonne, so kommt es, eher kurz nach der Sommersonnenwende als zu dieser selbst, zur Bildung der Etesien. Gerade so tritt ja die stärkste Hitze auf, nicht wenn die Sonne sich dem Pol am meisten nähert, sondern wenn sie ihre Wärme schon ziemlich lang hat wirken lassen, zugleich aber noch nahe ist. Ähnlich geht es zu, wenn nach der Wintersonnenwende die 'Vogelwinde' wehen; auch sie sind nämlich Etesien, nur eben schwache. Sie folgen mit geringerer Kraft den Etesien; am 70. Tag (nach der Sonnenwende) beginnen sie, weil dann die Sonne bereits entfernter ist und schwächer wirkt. Gleichermaßen wehen sie auch nicht so beständig, weil dann bloß schwache Materialien auf der Erdoberfläche sich lösen; härter Gefrorenes bedarf stärkerer Sonnenwärme. Daher wehen diese Winde mit Unterbrechungen, bis zur Sommersonnenwende wieder die Etesien einsetzen; von diesem Zeitpunkt an pflegt es ja ziemlich pausenlos windig zu sein.

Was aber den Südwind betrifft, so weht er vom sommerlichen Solstitialpunkt her, nicht vom Südpol. Es gibt ja zwei bewohnbare Erdzonen, eine (die unsrige) gegen den oberen Pol hin, die andere in Richtung auf den anderen Pol, gegen Mittag, so daß sich die Gestalt einer Trommel ergibt: dies ist nämlich die Form, die die Radien vom Erd-
362 b mittelpunkt (auf der Erdoberfläche) aus|heben; sie ergeben dabei zwei Kegel, den einen mit den tropischen Wendekreisen, den anderen mit dem stets sichtbaren Kreis als Grundfläche und dem Erdmittelpunkt als Spitze. In gleicher Weise ergeben zwei Kegelkonstruktionen in Richtung auf den unteren Pol ein entsprechendes Segment auf der Erdoberfläche.

Einzig diese Gegenden sind bewohnbar, nicht die Landstriche jenseits der Wendekreise, da es dort nicht immer nach Norden fallende Schatten gibt und die Unbewohntheit bereits einsetzt, bevor der Schatten verschwindet oder nach Süden fällt. Was aber die Gegend unter dem Polarstern betrifft, so ist sie der Kälte wegen unbewohnbar. [Auch das Sternbild Krone (Corona borealis) zieht über dies Gebiet hin; es erscheint ja unmittelbar über uns, wenn es auf unserem Meridian ist.]

Darum ist die Weise, wie man gegenwärtig Erdkarten entwirft, lächerlich; sie zeichnen nämlich die bewohnte Erde kreisrund, was ebenso nach praktischer Erfahrung wie auch theoretisch unmöglich ist. Theoretische Überlegung zeigt nämlich, daß die Breitenerstreckung (der bewohnten Zone) jedenfalls begrenzt ist, daß aber ihrer Erstreckung in geschlossenem Kreise von seiten des Klimas nichts im Wege steht; denn extreme Werte von Hitze und Frost zeigen sich nicht auf den Längen-, sondern den Breitengraden, und man könnte rund um die Erde (durch bewohntes Gebiet) reisen, wäre nicht der Ozean ein Hindernis. Praktisch zeigen andrerseits Reisen zu See und Land, daß die Länge (der Oikumene) viel größer ist als die Breite. Das Verhältnis der Distanzen a) zwischen den Säulen des Herakles und Indien, b) zwischen Äthiopien und der Mäotis bzw. dem äußersten Skythien ist nämlich größer als 5 : 3 – wenn man, soweit es hier eine Genauigkeit gibt, die Seefahrten und Landmärsche zusammenrechnet. Nun kennen wir aber die Oikumene der Breite nach bis hin zu den unbewohnten Gebieten, wo es auf der einen Seite wegen der Kälte, auf der anderen wegen der Hitze keine Menschen mehr gibt; andrerseits ist jenseits Indiens bzw. der Säulen des Herakles der Zusammenhang, der die ganze Oikumene geschlossen sein ließe, des Meeres wegen nicht vorhanden.

Nachdem es nun eine Zone geben muß, die zu dem anderen Pol in dem gleichen Verhältnis steht wie die von uns bewohnte zu unserem Pol, so wird offenbar jene Zone wie in anderer Hinsicht, so auch in der Ordnung ihrer Winde der unsrigen analog sein, das heißt, wie wir einen Nordwind haben, so hat auch jene Gegend einen ähnlichen Wind vom dortigen Pol. Er kann nicht bis zu uns reichen; es bestreicht ja auch unser Nordwind nicht die ganze | bewohnte Erde bei uns, da er 363a
einem Landwind gleichkommt. Aber da unsere Heimat gegen Norden zu liegt, sind die meisten unserer Winde Nordwinde. Aber auch hier kommen sie zum Erliegen und vermögen nicht in große Fernen zu dringen. Denn über dem Südmeer jenseits von Libyen lösen sich, so wie hier Nord- und Südwind wehen, fortwährend Ost- und Westwinde ab.

Klar ergibt sich also, daß unser Südwind kein vom Südpol her wehender Wind ist. Ferner ist er ebensowenig ein Wind vom Ort der Wintersonnenwende; es müßte nämlich sonst, aus Gründen der Analogie, ein anderer vom Ort der Sommersonnenwende (nach Süden) wehen; aber den gibt es nicht, vielmehr weht nur ein Wind aus jenen (südlichen) Gegenden. Es ist also mit Notwendigkeit der von der verbrannten Zone her wehende Wind der Südwind. Infolge ihrer Nähe zur Sonnenbahn ist die dortige Gegend ohne Gewässer und Schnee, der beim Tauen Etesien hervorrufen könnte. Weil aber diese Landstriche sehr weit ausgedehnt sind, ist der Südwind kräftiger, umfassender und wärmer als der Nordwind und dringt weiter zu uns vor als der letztere dorthin.

Dies also unsere Darstellung von der Ursache der Winde und ihrem gegenseitigen Verhältnis.

6. Jetzt wollen wir die Windrose besprechen, also ihre Lage einander gegenüber (mit dem Problem, welche Winde gleichzeitig wehen können und welche nicht), weiter ihre Namen und ihre Zahl, und dann ihre sonstigen Besonderheiten, soweit sie nicht in unseren 'Einzelproblemen' behandelt sind.

Hinsichtlich der Windrose muß die Erörterung an Hand der vorliegenden Zeichnung verfolgt werden. Der größeren Deutlichkeit wegen ist der Horizont gezeichnet, also ein Kreis. Man muß aber unter dem Horizont den einen von uns bewohnten Ausschnitt (aus der Erdkugel) verstehen; denn auch den anderen wird man auf gleiche Weise teilen können. Als Grundlage gelte: räumlich entgegengesetzte Punkte sind die räumlich voneinander am weitesten entfernten (so wie auch formal entgegengesetzte Dinge die voneinander formal am weitesten abstehenden sind); diese Maximalentfernung im Raum aber hat Punkte, die als Endpunkte eines Kreisdurchmessers einander gegenüberliegen.

Es sei also A der Untergangspunkt zur Tag- und Nachtgleiche, ihm
363 b entgegen|gesetzt der Ort B für den Aufgang zur Tag- und Nachtgleiche; rechtwinklig dazu der Kreisdurchmesser mit dem Punkt H als Norden, ihm diametral entgegengesetzt der Punkt Θ als Süden. Z bezeichne den Aufgang, E den Untergang beim Sommersolstiz, Δ den Aufgang, Γ den Untergang beim Wintersolstiz. Von Z führe der Kreisdurchmesser zu Γ, von Δ zu E. Da nun die räumlich maximal entfernten Punkte Gegensatzpunkte im Raume sind, und die Endpunkte eines Kreisdurchmessers maximal voneinander entfernt sind, müssen auch, was die Winde betrifft, die von den Endpunkten der Kreisdurchmesser herkommenden einander entgegengesetzt sein.

Die Namen der Winde lauten, entsprechend dieser Anordnung, folgendermaßen: Zephyros kommt von A, dem Punkt des Sonnenuntergangs zur Tag- und Nachtgleiche, ihm entgegengesetzt Apeliotes von B, vom Sonnenaufgang zur Tag- und Nachtgleiche. Boreas – der auch Aparktias heißt – weht von H (dort ist Norden), ihm entgegengesetzt Notos, der von Mittag (Θ) her weht (Θ und H liegen einander diametral gegenüber). Von Z, wo die Sonne zum Sommersolstiz aufgeht, kommt Kaikias her. Sein Partner auf der Gegenseite ist nicht der von E wehende Wind, sondern Lips, von Γ; denn dieser kommt von dem Punkt her, wo die Sonne zum Wintersolstiz untergeht, und ist so, diametral entgegengesetzt, das Gegenstück zu Kaikias. Von Δ kommt Euros; er weht, als Nachbar des Notos, vom Sonnenaufgang beim Wintersolstiz her; so sagt man auch oft, es wehe der Euronotos. Sein Partner auf der Gegenseite ist nicht Lips (von Γ), sondern der Wind von E, der bald Argestes, bald Olympias, bald Skiron heißt. Er weht vom Punkt des Sonnenuntergangs beim Sommersolstiz her und ist der einzige diametral dem Euros entgegengesetzte Wind.

Dies also sind die einander entgegengesetzten, an den Enden eines Kreisdurchmessers angeordneten Winde. Es gibt aber andere, die keine Gegenwinde haben. So kommt vom Punkt I der sogenannte Thraskias, d. h. er liegt mitten zwischen Argestes und Aparktias, und von K der sogenannte Meses, der zwischen Kaikias und Aparktias die Mitte einnimmt (die Linie I K entspricht ungefähr dem immer sichtbaren Kreis, aber nicht genau). Die genannten Winde haben keine gegensätzlichen Partner, weder der Meses – dann müßte einer von M aus wehen, dem diametralen Gegenpunkt | – noch der Thraskias (von I) – denn sonst 364a
wehte einer von dem diametral gegenüberliegenden Punkt N aus. Es könnte höchstens sein, daß von dort aus, über eine kurze Strecke, ein dort Phoinikias genannter Wind weht.

Dies also sind, voneinander gesondert, die wichtigsten Winde, und so ist ihre Anordnung.

Es wehen mehr Winde vom Norden als vom Süden her, weil die bewohnten Erdgegenden mehr nach Norden zu liegen, und weil weit mehr Massen von Regen und Schnee in diese Gegend gedrängt werden als in jene entfernte, die unter der Sonne und ihrer Bahn liegt. Die Massen dort (im Norden) versickern als Feuchtigkeit im Boden, werden von der Sonne und der Erde erwärmt und rufen so mit Notwendigkeit eine größere, weiter reichende Ausdünstung hervor.

Von den hier genannten (nördlichen) Winden sind Boreas und Aparktias die hauptsächlichen, dann Thraskias und Meses; der Kaikias aber gehört ebenso zu Ost wie zu Nord. Südwinde sind der echte von Mittag kommende Notos und Lips, Ostwinde der vom Sonnenaufgangspunkt zur Tagundnachtgleiche kommende Apeliotes und Euros. Der Phoinikias ist teils Süd-, teils Ostwind. Als Zephyr gelten der genau von Westen kommende Wind und der sogenannte Argestes. Im großen und ganzen teilt man diese Winde in nördliche und südliche; die westlichen rechnet man zum Boreas (wegen ihrer Herkunft vom Sonnenuntergang sind sie kälter), zum Notos die östlichen (wegen ihrer Herkunft vom Sonnenaufgang sind sie wärmer). Es war also die Unterscheidung nach Kalt, Warm und Heiß, was den Winden ihre Namen (Nord-, Südwind) gab. Ostwinde sind deswegen wärmer als Westwinde, weil die von Sonnenaufgang kommenden der Sonne längere Zeit ausgesetzt sind; dagegen wirkt sie auf die von Untergang wehenden weniger lang, erreicht sie auch später.

Aus dieser Windrose ergibt sich klar, daß entgegengesetzte Winde nicht gleichzeitig wehen können; es müßte ja infolge ihrer diametralen Opposition entweder der eine oder der andere überwältigt werden und aufhören. Wohl aber können diese Winde, die nicht so zueinander geordnet sind, z. B. die von Z und von Δ kommenden. So wehen manchmal zwei Winde, die gleichzeitig ein Schiff zum selben Ziel fördern, ohne doch aus derselben Richtung zu kommen und identisch zu sein.

In entgegengesetzten Jahreszeiten wehen gewöhnlich entgegen-
364 b gesetzte Winde, z. B. treten um die Zeit der Frühlings-|Tagundnachtgleiche der Kaikias und die ganze Gruppe der Winde auf, die nördlich vom Sommersolstiz entstehen; um die herbstliche Tagundnachtgleiche dagegen herrscht Lips vor, zur Sommersonnenwende Zephyros, zur Wintersonnenwende Euros.

Winde, die ganz besonders anderen in den Weg kommen und sie zum Erliegen bringen, sind Aparktias, Thraskias, Argestes; ihr Ursprung ist uns ja so nahe, und so wehen sie besonders häufig und kräftig. Deshalb bringen sie auch Aufklaren, mehr als alle anderen Winde; denn weil sie so aus der Nähe herkommen, überwältigen sie sie ganz besonders und bringen sie zum Erliegen, blasen die Wolken weg und machen den Himmel heiter, wenn sie nicht gleichzeitig auch besonders kalt sind. In letzterem Fall bringen sie kein Aufklaren; wenn nämlich bei ihnen die Kälte ihre Heftigkeit überwiegt, verursachen sie eher ein Gefrieren (der Wolken) als deren Wegschieben. Was den Kaikias betrifft, so bringt er kein heiteres Wetter, weil er eine Kehre zurück zum Ursprungsort beschreibt; woher denn auch das Sprichwort stammt 'zu sich selber herziehen wie der Kaikias das Gewölk'. Hört ein Wind auf, so kommt die Reihe an den zunächst anschließenden, in der Richtung der Sonnenbewegung; denn was dem Ursprung zunächst liegt, kommt als erstes in Bewegung; der Ursprung der Winde aber macht die Bewegung der Sonne mit.

In ihren Wirkungen sind entgegengesetzte Winde entweder gleich oder entgegengesetzt. Zum Beispiel sind Lips und Kaikias (den manche

Hellespontwind nennen) beide feucht, Argestes und Euros beide trocken, d. h. letzterer beginnt als trockener Wind, bringt aber schließlich Regen. – Schnee bringen vorzugsweise Meses und Aparktias; dies sind nämlich die kältesten. Hagel bringen Aparktias, Thraskias und Argestes. Hitze verursachen Notos, Zephyros und Euros. Mit dicken Wolken füllt den Himmel Kaikias, mit dünneren Lips. Beim Kaikias ist der Grund erstens jene seine Umkehrbewegung, zweitens seine Zugehörigkeit zu Boreas und Euros zugleich; so kommt es infolge seiner Kälte zur Konzentrierung des Wasserdampfes und zur Wolkenbildung, andrerseits führt er, seiner Position als Ostwind zufolge, viel Wasserdampf als Material mit sich und treibt es vor sich her. Aparktias, Thraskias, Argestes schaffen heiteren Himmel; die Ursache wurde früher dargelegt. Diese Winde und der Meses sind besonders oft von Blitzen begleitet. Weil sie nämlich aus der Nähe wehen, sind sie kalt, und vom Kalten her entsteht der Blitz; er wird ja beim Zusammenschluß der Wolken ausgeschieden. Deshalb bringen auch manche dieser Winde | Hagel, weil sie rasches Gefrieren verursachen. 365 a

Sturmböen gibt es besonders im Herbst, dann auch im Frühjahr, und zwar meistens hervorgerufen von Aparktias, Thraskias, Argestes. Der Grund: zu einer Sturmbö kommt es gewöhnlich, wenn ein Wind weht und ein anderer ihm in die Quere kommt. Das tun aber die genannten Winde besonders häufig. Auch dies wurde schon früher begründet.

Die Etesien springen um: für die im Osten Wohnenden wandeln sie sich von Aparktias zu Thraskias, Argestes und Zephyros, beginnen also im Norden und enden weiter südlich; für die im Osten Wohnenden springen sie um bis zum Apeliotes.

Soviel über die Winde, ihren ersten Ursprung, ihr Wesen, ihre allgemeinen und ihre speziellen Eigenschaften.

7. Jetzt ist über Beben und Erschütterung des Erdkörpers zu sprechen. Die Ursache dieses Phänomens hängt nämlich mit dem zuletztbehandelten Sachgebiet zusammen.

Überlieferte Ansichten hierüber gibt es bisher drei, von drei Autoren: Anaxagoras von Klazomenai, vor ihm Anaximenes von Milet haben sich dazu geäußert, und nach ihnen Demokrit von Abdera. Anaxagoras behauptet, daß der Äther, der von Natur nach oben strebt, die Erde bewege, wenn er in die Hohlräume der Erdtiefe hineingerate. Dies tritt – nach Anaxagoras – ein, wenn die obere Schicht der Erde infolge der Regengüsse verstopft werde (während an sich nämlich die

Erde ganz und gar porös sei). Er setzt voraus, daß der Erdball eine obere und eine untere Hälfte habe, wobei die obere die ist, wo wir wohnen, während die untere dazu das Gegenstück ist.

Gegen diese Erklärung braucht man wohl kaum etwas zu sagen, sie ist allzu primitiv. Denn dem 'Oben' und dem 'Unten' eine andere Bedeutung zu geben als die, daß alle schweren Körper sich nach unten, alle leichten, z. B. das Feuer, sich nach oben bewegen, ist naiv. Dabei sieht man doch, daß überall in der uns bekannten Oikumene der Horizont je nach unserer Ortsveränderung beweglich ist – weil eben die Erdoberfläche konvex, Teil einer Kugel ist. Ebenso steht es mit der Behauptung, die Erde ruhe wegen ihrer Größe auf der Luft, könne aber andrerseits durch Stöße von unten nach oben durch und durch erschüttert werden. Übrigens erklärt Anaxagoras keines der beim Erdbeben auftretenden Phänomene; und dabei sind es keineswegs beliebige Jahreszeiten
365 b noch beliebige Gegenden, die von ihnen betroffen werden. |

Demokrit lehrt, die Erde sei voll Wasser, und nehme sie noch dazu Regenwasser auf, so sei ein Erdbeben die Folge: ihre Hohlräume können die vermehrte Wassermenge nicht fassen, diese bahnen sich gewaltsam einen Weg nach innen und bewirken so das Beben. Und trocknet die Erde aus, so zieht sie Wasser aus gefüllten Räumen in leere herüber, und wechselt es seinen Platz, so ruft es bei seinem Einbruch Erdbeben hervor.

Anaximenes lehrt, beim Feucht- und Trockenwerden bekomme der Erdkörper Risse und werde durch die dabei abbrechenden Hügel erschüttert, die ins Erdinnere stürzen. Daher das Auftreten von Erdbeben in Perioden von Trockenheit und andrerseits von Regengüssen: bei Dürre bekommt, wie gesagt, die Erde Risse, und ebenso weicht sie auseinander, wenn sie durch Regen übermäßig feucht wird.

Aber wäre dies der Fall, dann müßte man an vielen Stellen ein Absinken der Erdoberfläche bemerken. Ferner: warum kommen Erdbeben in gewissen Gegenden immer wieder vor, an Orten, für die keineswegs ein solches Übermaß (von Trockenheit oder Feuchtigkeit) charakteristisch ist? Das müßte dann doch der Fall sein! Überhaupt müßten nach dieser Annahme die Beben immer weniger werden und schließlich einmal ganz aufhören; denn das entspräche der Natur eines Abtragungs- und Aufschüttungsprozesses. Ist aber dies unmöglich, so ist es offenbar auch diese Erklärung.

8. Nachdem aber, wie früher dargelegt, es ebenso vom Feuchten wie vom Trockenen her eine Ausscheidung geben muß, so müssen die

Erdbeben entstehen, eben weil diese Ausscheidungen sich vollziehen. Denn der Erdkörper, an sich trocken, birgt infolge der Regengüsse viel Feuchtigkeit in sich; wird er nun von der eigenen innewohnenden Wärme und zugleich von der Sonne erhitzt, so bildet sich außen und innen viel Wind; dieser strömt bald geschlossen nach innen, bald geschlossen nach außen, manchmal teilt er sich auch.

Ist dies also ein unabänderlicher Vorgang, dann ist als Nächstes die Frage zu stellen: welcher Körper hat die größte Schubkraft? Notwendigerweise derjenige, der am weitesten vordringen kann und dabei am wuchtigsten wirkt. Am wuchtigsten muß aber nun das am schnellsten Bewegte sein (denn die Schnelligkeit verleiht ihm die Kraft des Schlags); am weitesten vorzudringen aber vermag, was alles durchdringen kann – dies aber ist das Feinteiligste. Treffen nun diese Bestimmungen auf die Natur des Windes (Pneuma) | zu, so hat Wind die größte Schubkraft unter allen Körpern. Feuer, vereinigt mit Wind, wächst ja zur Flamme und schießt dahin. So kommt also als Ursache für Erdbeben nicht Wasser noch Erde in Betracht, sondern Wind – dann nämlich, wenn die Ausdünstung aus der Erde einmal nach innen strömt.

Darum treten die meisten und heftigsten Erdbeben bei Windstille auf. Denn die irdische Ausdünstung, die ja kontinuierlich erfolgt, bleibt in der Regel ihrer ursprünglichen Richtung treu und strömt entweder insgesamt nach innen oder insgesamt nach außen. Daß es manchmal auch Erdbeben bei wehendem Wind gibt, hat seinen guten Sinn; wir erleben es ja manchmal, wie mehrere Winde gleichzeitig wehen, und wenn dann einer davon in die Erde fährt, ist das folgende Erdbeben vom Wind begleitet. Solche Beben sind schwächer, weil die sie verursachende Kraft geteilt ist.

Die meisten Beben und die heftigeren ereignen sich des Nachts, die am Tage treten mittags auf, weil es dann gewöhnlich besonders windstill ist (denn wenn die Sonne am kräftigsten wirkt – und das tut sie gewöhnlich des Mittags –, schließt sie die Ausdünstung innerhalb der Erde ein); entsprechend sind die Nächte windstiller als die Tage, weil dann die Sonne fehlt. Demzufolge wendet sich dann der Dunststrom nach innen, der Ebbe vergleichbar, als Gegenstück zu der nach außen gewandten Flut. So vollzieht es sich besonders gegen Morgen; dann pflegen sich ja auch die Winde zu erheben. Wenn nun deren Ursprung umschlägt, wie der Euripus, und ins Innere dringt, so wird dieser Masse wegen das Erdbeben heftiger.

Ferner: die heftigsten Beben treten dort auf, wo das Meer besonders strömungsreich ist und die Erde porös und unterhöhlt; daher ihr Vorkommen am Hellespont, in Achaia, auch auf Sizilien, und in den entsprechend beschaffenen Gebieten Euböas (hier hat man den Eindruck, das Meer ströme in Kanälen unter der Erde durch; die Entstehung der warmen Quellen von Aidepsos hängt damit zusammen). In den genannten Gegenden sind Erdbeben in der Regel eine Folge des engen Raums: Pneuma, stoßkräftig durch die Masse der Anathymiase, entwickelt sich, wird aber durch die hereindrängende Meeresflut wieder in die Erde zurückgepreßt, gegen sein natürliches Streben, aus dem
366 b Erdinnern herauszufahren. – Landschaften mit po|rösem Untergrund nehmen viel Pneuma in sich auf und werden daher eher erschüttert.

Im Frühling und im Herbst, in Regen- und in Trockenperioden ist das Phänomen besonders häufig, und zwar derselben Ursache zufolge; herrscht doch in diesen Zeitabschnitten besonders viel Wind. Denn Sommer und Winter bringen ruhige Luft, wegen des Frostes bzw. der Hitze; die eine Jahreszeit ist zu kalt, die andere zu warm (für die Windentstehung). Andrerseits ist in Trockenperioden viel Wind in der Luft; das eben macht ja die Dürre aus, daß die trockene Ausscheidung die feuchte überwiegt. In Regenzeiten aber wächst die Ausdünstung im Erdinnern an; und wird nun diese Ausdünstung in enge Räume gezwängt und zusammengepreßt, weil sich die Hohlräume mit Wasser füllen, dann wirkt der Wind, ins Strömen gekommen, mächtig als Schub und Stoß, sobald das Pneuma, in seiner Masse auf einen kleinen Raum verengt, die Oberhand zu gewinnen beginnt.

Man muß sich das nach Analogie unseres menschlichen Körpers vorstellen: wie hier die Kraft des eingeschlossenen Pneumas Zittern und Schüttelkrämpfe verursacht, so wirkt es in der Erde ähnlich; wie denn manche Erdbeben einem Zittern, manche einem Schütteln gleichen. Und wie es nach dem Wasserlassen häufig der Fall ist, daß eine Art von Zittern durch den Körper geht, weil dann nämlich von außen Luft unter Druck auf einmal in den Körper eintritt, so muß man es sich auch als Vorgang im Erdkörper denken. Was aber die gewaltige Kraftwirkung dieses Windes betrifft, so läßt sie sich nicht nur im atmosphärischen Geschehen erkennen, wo man ihr dergleichen in Anbetracht ihrer Größe ja wohl zutraut, sondern auch in den organischen Körpern. Starrkrampf und Schüttelkrämpfe sind pneumatische Bewegungen, von solcher Gewalt, daß die vereinigte Kraft mehrerer Männer zu scheitern pflegt beim Versuch, die Zuckungen der Kranken zu bemeistern. So also muß man sich, soweit man Großes mit Kleinem vergleichen kann, auch das Geschehen in der Erde vorstellen.

Beweise dafür haben sich denn auch tatsächlich im Bereich unserer Beobachtung vielerorts ergeben. In einigen Gegenden gab es bereits ein Erdbeben, das erst aufhörte, als der bewegende Wind deutlich, einer Sturmbö gleich, aus der Erde ausgebrochen und ins Luftreich aufgefahren war. | So geschah es z. B. unlängst im pontischen Hera- 367a
kleia und früher auf der Heiligen Insel, das ist eine der sogenannten Äolischen Inseln. Auf ihr quoll ein Stück Erde empor und erreichte unter Getöse das Ausmaß eines kleinen Berges; der zerriß schließlich, viel Wind fuhr heraus, warf Schlacken und Asche empor, bedeckte die Stadt von Lipara, die nicht weit entfernt ist, völlig mit Asche und erreichte sogar einige Städte in Italien. Man kann den Ort der Eruption heute noch deutlich feststellen. – Dies muß man ja auch als Ursache der Feuerentstehung in der Erde ansehen: wenn Luft in kleinste Teile zerstäubt, brennt sie unter Schlagwirkung auf zu Feuer.

Daß wirklich Winde unter der Erdoberfläche strömen, beweist ein Phänomen auf den genannten (vulkanischen) Inseln: will ein Südwind wehen, so gibt es vorher ein Zeichen dafür; es dröhnen nämlich die Stellen, wo die Eruption erfolgt. Denn die See ist bereits von weither im Anrollen und unter ihrer Wirkung wird der ausströmende Wind wieder zurück und nach innen gestoßen, dort, wo das Meer auf ihn trifft. Daß nur ein Getöse, kein Beben die Folge ist, kommt einerseits von der großen Ausdehnung der unterirdischen Räume her, von denen aus der Austritt ins Freie leicht möglich ist; andrerseits ist die Menge der nach innen gedrückten Luft nicht groß.

Die Tatsachen, daß die Sonne verschleiert und trübe wird (ohne Bewölkung des Himmels) und daß vor Erdbeben im Morgengrauen manchmal Windstille und starker Frost einsetzen, beweisen weiterhin die vorgetragene Lehre. Verschleiert und trübe muß ja die Sonne sein, wenn der Wind, der sonst die Luft löst und verdünnt, sich in die Erde zu ziehen anfängt; ebenso ist das Auftreten von Windstille und Frost gegen Morgendämmerung und bei Sonnenaufgang verständlich. Was die gewöhnlich einsetzende Windstille betrifft, so wurde sie bereits früher begründet; sie ist eine notwendige Folge davon, daß der Wind, in einer Art von Gegenströmung, in die Erde eintritt. Besonders ist dies vor größeren Beben der Fall; denn verteilt sich das Pneuma nicht auf Innen und Außen, sondern wirkt in geschlossener Masse, dann hat das Beben notwendigerweise mehr Kraft. Was die Kälte betrifft, so

ist sie eine Folge davon, daß die von Natur und an sich warme Ausdünstung sich nach innen wendet (daß die Winde warm sind, pflegt man nicht wahrzunehmen, weil sie die Luft mit ihrer Masse kalten
367 b Wasserdampfes in Bewegung setzen; es ist das gleiche | wie bei der Atemluft aus unserem Mund: in der Nähe ist sie warm, also wenn wir mit offenem Munde hauchen, ihrer geringen Menge zufolge merkt man es aber weniger, weiter weg jedoch ist sie kalt, aus dem gleichen Grund wie die Winde). Diese Ausdünstung verschwindet also in der Erde, und in der Gegend, wo sich das vollzieht, kondensiert der feuchte Dunststrom und bewirkt die Abkühlung. – Die gleiche Ursache hat ein Zeichen (am Himmel), das dem Erdbeben vorauszugehen pflegt. Bei klarem Wetter, tagsüber oder kurz nach Sonnenuntergang, wird eine schmale, langgestreckte Wolke sichtbar, wie ein mit dem Lineal gezogener langer Strich – weil eben das Pneuma infolge seines Richtungswechsels im Verschwinden ist. Das gleiche kommt auch am Meeresstrand vor. Wenn nämlich die See mit hohen Wellen ankommt, sind die Brecher massig und gekrümmt, aber bei ruhiger See sind sie schmal und gerade. Nun verhält sich das Meer zur Küste wie der Wind zu dem Dunst in der Luftregion; wenn also Windstille eintritt, bleibt eine solche ganz gerade, schmale Wolke übrig, gleichsam als Brandungslinie des Luftmeers.

Deswegen tritt auch manchmal ein Erdbeben in Verbindung mit einer Mondfinsternis auf. Wenn sich nämlich die Verfinsterung schon vorbereitet und Licht und Wärme (die von der Sonne herstammen) zwar noch nicht ganz aus der Luftregion verschwunden sind, aber bereits schwächer werden, tritt Windstille ein; der Wind zieht sich dann nämlich in die Erde und bewirkt so das der Finsternis vorausgehende Erdbeben. Es gibt ja auch oft Wind vor Mondfinsternissen, zu Beginn der Nacht vor solchen um Mitternacht, und um Mitternacht vor Finsternissen am frühen Morgen. Es ist das eine Folge der Abschwächung, die die vom Mond herkommende Wärme erfährt, wenn er auf seiner Bahn sich dem Punkt der Verfinsterung nähert. Wenn nun das Motiv wegfällt, das die Luft in Ruhe gebannt hielt, gerät sie wieder in Bewegung und Wind erhebt sich, und zwar je später die Mondfinsternis, desto später.

Bei einem schweren Erdbeben hört die Erschütterung nicht sogleich, nicht nach dem ersten Stoß auf, sondern das erste Auftreten erstreckt
368 a sich oftmals über eine Zeit bis zu vierzig Tagen, und später dann | läßt sich, in der gleichen Gegend, die Naturerscheinung noch ein, zwei

Jahre lang merken. Ursachen solchen Ausmaßes sind die Masse des Windes und die Form der unterirdischen Räume, durch die er strömt; an den Stellen nämlich, wo er auf Widerstand trifft und sich nicht leicht freie Bahn schafft, da sind seine Stöße besonders heftig und hier bleibt notwendigerweise in den Engstellen Pneuma eingeschlossen, wie Wasser, das aus einem Gefäß keinen Ausgang findet. Wie also Krämpfe im menschlichen Körper nicht plötzlich oder rasch enden, sondern gradweise, mit dem allmählichen Abebben der Erregung, so verbraucht auch die Ursprungsquelle der Erdausdünstung und die Antriebskraft der Druckluft nicht auf einmal den Stoff, aus dem sie den Wind, den wir Erdbeben nennen, hervorgehen lassen. Bis der Rest davon verbraucht ist, muß also das Beben weitergehen, jedoch weniger heftig, bis zu dem Zeitpunkt, wo die Ausdünstung nicht mehr kräftig genug ist, um ein merkliches Erdbeben herbeizuführen.

Wind ist auch die Ursache von unterirdischem Getöse, wie es manchmal Erdbeben vorangeht; doch sind solche Geräusche auch schon ohne Beben vorgekommen. Denn wie es verschiedenartige Geräusche gibt, wenn man Hiebe in die Luft führt, so ist das Gleiche der Fall, wenn der Schlag von der Luft selbst herrührt. Die Wirkung ist dieselbe, denn was da schlägt, wird gleichzeitig selbst vom Schlag affiziert. Es geht aber der Schall der Bewegung voraus, weil er feinteiliger ist und mehr Durchdringungskraft hat als der Wind. Wenn dieser aber nicht Kraft genug hat, ein Erdbeben hervorzurufen, und zwar seiner Feinheit wegen, die ihn befähigt, mühelos aus der Erde auszutreten, so bringt es der Wind zwar zu keinem Bewegungsimpuls, aber beim Auftreffen auf feste Massen und Hohlräume von mannigfacher Gestalt erzeugt er mannigfache Töne; so hat man manchmal den Eindruck, daß (wie es in Wundergeschichten heißt) 'die Erde brüllt'.

Es hat auch schon Wasserausbrüche bei Erdbeben gegeben. Aber deswegen ist nicht Wasser der Grund des Bebens, sondern das Pneuma ist es, mag es an der Oberfläche des Wassers oder von der Tiefe her seine Kraft ausüben. So sind die Winde Ursache der Wellen, nicht die Wellen die der Winde – auf diese Weise könnte man ja auch der Erde die Ursache des Bebens zuschreiben, weil sie durch die Erschütterung umgestürzt wird wie das Meerwasser (denn es ist eine Art Umstürzen, wenn es sich als Welle bricht). Ursachen sind sie beide (Erde und Wasser), aber stofflicher Art (sie wirken nicht, sondern leiden), der Wind jedoch ist bewirkende Ursache.

Fällt einmal eine Sturmflut mit einem Erdbeben zusammen, so ist ein Gegeneinander von Winden der Grund dafür. Der Fall tritt dann
368 b ein, wenn der | den Erdkörper erschütternde Wind die von einem anderen Wind in Bewegung gesetzte Meeresflut zwar nicht völlig zurückzuwerfen, wohl aber durch Stoß und Druck zu einer gewaltigen Masse aufzustauen vermag. Dann muß nämlich der Wind aus der Erde unterliegen, die kompakte Flutwelle, vom Gegenwind vorangetrieben, bricht ins Land herein und verursacht die Überschwemmung. So ging es auch damals in Achaia zu: über dem Land herrschte Südwind, von See her kam ein Nordwind; dann trat Windstille ein, da der (eine) Wind sich ins Erdinnere zog – so fielen Sturmflut und Erdbeben zusammen. Letzteres war um so heftiger, als die See das in die Erde eingedrungene Pneuma nicht ausfahren ließ, sondern es blockierte. Indem sie so ihre Kräfte aneinander maßen, bewirkte der Wind das Erdbeben, die Flut aber, als kompakte Masse, die Überschwemmung.

Erdbeben sind örtlich begrenzt, oft sogar auf einen engen Raum, die Winde aber nicht. Örtlich begrenzt sind sie, wenn die Ausdünstungen eines bestimmten Gebietes mit denen der Nachbargegend zu *einer* Masse zusammenkommen, wie wir es von lokal begrenzten Trockenheiten und Regengebieten feststellten. So steht es mit der Genesis der Erdbeben, nicht aber der Winde. Jene Phänomene haben ihre bewirkenden Ursachen in der Erde, so daß deren Ausdünstungen sämtlich in *eine* Richtung strömen können. Dieser Wirksamkeit (der Erde) kommt die Sonne nicht gleich, sondern sie übt sie mehr über die Dünste in der Luft aus und lenkt deren Strömen in eine bestimmte Richtung; dabei empfangen sie ihren Impuls von der Sonnenbewegung, differenzieren sich aber entsprechend der Verschiedenheit ihrer Position.

So ereignet sich also ein Erdbeben, wenn eine (entsprechende) Masse von Wind vorhanden ist, und zwar wirkt es horizontal, als eine Art von Zittern; gelegentlich, in bestimmten Gegenden, äußert es sich auch wie ein Krampf, von unten nach oben. Die letztere Art des Bebens ist darum auch selten; denn es ist nicht leicht möglich, daß eine hinreichend starke Ursprungskraft sich bildet. Das Quantum der horizontal erschütternden Ausscheidung ist nämlich vielmals größer als die von unten wirkende. Wo ein solches Erdbeben auftritt, kommt eine Masse von Steinen nach oben, wie die Spreu, die in einer Getreideschwinge in die Höhe geworfen wird. Auf diese Weise wurde die Gegend von Sipylos verwüstet, ebenso die sogenannten phlegräischen Felder und der ligurische Landstrich.

Auf Inseln mitten im Meer kommen Erdbeben seltener vor als auf solchen in Landnähe. Denn die Masse der Salzflut kühlt die Ausdünstungen ab, tut mit ihrem Schwergewicht ihnen Einhalt und hindert gewaltsam ihr Entstehen; das Meer wird von den Winden zwar in Strömung erhalten, aber nicht erschüttert. | Auch ist seine Aus- 369a
dehnung so groß, daß die Ausdünstungen nicht zu ihm hinstreben, sondern von ihm herkommen, und ihnen schließen sich die Ausscheidungen des Festlandes an. Was aber die landnahen Inseln betrifft, so sind sie dem Festland als Teil zuzurechnen; denn die geringe dazwischenliegende Strecke fällt nicht ins Gewicht. Inseln mitten im Meer aber sind nicht zu erschüttern ohne das Meer als Ganzes, das sie umschließt.

Damit sind die Erdbeben, nach ihrem Wesen und nach ihrer Ursache, behandelt, ebenso die wichtigsten ihrer Begleiterscheinungen.

9. Wir wollen nun über Blitz und Donner, ferner über Wirbelwind, Glutwind und Donnerkeile sprechen; denn für sie alle muß man den gleichen Ursprung annehmen.

Die irdische Ausscheidung ist, wie wir sagten, von doppelter Art, teils trocken, teils feucht; ihre Verbindung enthält also potentiell beides. So kommt es, wie dargelegt, zur Bildung der Wolken, und ihre Dichte ist an ihrer oberen Grenze besonders groß (auf der Seite nämlich, wo die ausgeschiedene Wärme in die obere Region entweicht, wird die Wolkenmasse notwendigerweise fester und kälter, weshalb auch Donnerkeile, Sturmböen und alle verwandten Bildungen nach unten fahren, obschon doch von Natur alles Warme nach oben strebt; aber die Auspressung muß eben in Gegenrichtung zu der verdichteten Masse erfolgen – es ist wie bei den Obstkernen, die wir aus den Fingern schnellen; auch sie, die doch Gewicht haben, fliegen oft nach oben). Die ausgeschiedene Wärme verliert sich also im oberen Ort; soweit jedoch die trockene Aushauchung während des Abkühlungsprozesses, den die Luft erfährt, von dieser eingeschlossen wird, wird sie beim Kondensieren der Wolken gewaltsam ausgestoßen; bei ihrem Dahinfahren stößt sie an die umgebenden Wolken und verursacht jenen Schlag, der Donner heißt. Der Schlag kommt – um Kleines mit Großem zu vergleichen – auf die gleiche Weise zustande wie das Knistern einer Flamme, das man das Lachen des Hephaistos oder der Hera nennt, oder auch ihr Drohen. Es tritt ein, wenn beim Zerbrechen und Trockenwerden des Brennholzes die Ausdünstung in Masse zur Flamme hinströmt; und so ist es auch in den Wolken das ausge-

369 b schiedene Pneuma, das gegen die Wolkenmasse stößt | und den Donner verursacht. Die Geräusche sind dabei von mannigfaltiger Art, begreiflich bei der Ungleichartigkeit der Wolken und den Höhlungen mittendrin, wo die feste Wolkenwand Lücken hat.

Dies also ist der Donner, und dies seine Ursache. In der Regel nun wird der ausgepreßte Wind entzündet und brennt in einem dünnen, feinen Feuer, dem sogenannten Blitz, wo man von dem herunterfahrenden Wind gleichsam einen Farbeindruck hat. Er entsteht nach dem Schlag, also später als der Donner, dem Augenschein nach jedoch ist er früher, weil unser Sehen rascher ist als unser Hören. Der Rudertakt eines Dreiruderers macht das klar: wenn sich die Ruder schon wieder heben, erreicht uns erst der Schall von ihrem Schlag.

Allerdings behaupten manche, in den Wolken sei Feuer enthalten. Empedokles faßt es auf als den von Wolken aufgefangenen Teil der Sonnenstrahlung, Anaxagoras als Teil des oberen Äthers (womit er Feuer meint), der sich von oben nach unten bewegt habe. Blitz sei demgemäß der durch die Wolken leuchtende Schein dieses Feuers, Donner das zischende Geräusch, wenn es verlösche; sie meinen also, wie es den Anschein habe, so geschehe es auch in Wirklichkeit, und der Blitz sei früher als der Donner.

Jedoch mit einem Eingeschlossensein des Feuers zu rechnen, hat keinen Sinn. Das gilt für beide Ansichten, besonders aber für den Gedanken, Feuer werde von oben nach unten gezogen. Man muß es doch begründen, wie sich etwas nach unten bewegt, was von Natur nach oben strebt, und warum dergleichen nur bei bewölktem Himmel geschieht und nicht beständig; bei heiterem Himmel tritt es ja nicht ein. Die Lehre macht ganz und gar den Eindruck, aufs Geratewohl entworfen zu sein. Auch im Gewölk eingeschlossene Strahlungswärme der Sonne als Ursache dafür zu nehmen, ist ebenfalls unglaubwürdig. Auch mit dieser Behauptung hat man es sich allzu leicht gemacht. Es muß doch jedesmal eine bestimmte, besondere Ursache für einen Naturvorgang vorhanden sein, für Donner, Blitz und so weiter. Daran aber läßt es diese Lehre völlig fehlen. Mit gleichem Grund könnte man meinen, daß Regenwasser, Schnee, Hagel, bevor sie dann ausgeschieden werden, vorher fertig in der Wolke bereitliegen, anstatt daß sie *werden*° – so als ob die Atmosphäre jedes dieser Naturgebilde aus einem Vorrat zur jeweiligen Verfügung stellte. Man muß sie genau so als Kondensationsphänomene auffassen wie diese Erscheinungen (Donner, Blitz) als Ausscheidungsphänomene; wenn es also von einer dieser beiden Gruppen gilt, daß sie nicht werden, sondern fertig vorhanden sind, so muß das Gleiche von beiden | gelten. Und was weiter das 370a Enthaltensein (des Feuers) betrifft, inwiefern könnte man behaupten, daß es anders wäre als bei den dichteren Stoffen? Denn auch das Wasser wird von der Sonne oder vom Feuer erwärmt, aber wenn es wieder kondensiert, abkühlt und gefriert, erfolgt keineswegs ein solcher Feuer-Ausstoß, wie jene behaupten, obwohl er in der entsprechenden Größenordnung stattfinden müßte. Den Siedezustand führt das im Wasser unter der Hitzewirkung entstehende Pneuma herbei; er ist bestimmt nicht 'vorher darin enthalten'. Andrerseits lassen sie zwar den Donner nicht ein Siedegeräusch sein, sondern ein Zischen, aber Zischen ist ein Siedegeräusch in kleinem Maßstab. Wo nämlich Feuer, mit Wasser in Verbindung gebracht, verlischt, indem es gleichzeitig das Wasser überwältigt, da kommt es zum Kochen und dem entsprechenden Geräusch.

Einige lehren – zum Beispiel Kleidemos –, der Blitz habe keine reale Existenz, sondern sei bloßer Schein. Sie vergleichen ihn mit dem Sinneseindruck, den man hat, wenn man nachts mit einem Stock ins Meerwasser schlägt; dann scheint das Wasser aufzublitzen. So entstehe in der Wolke, wenn die Feuchtigkeit darin einen Schlag erfährt, der Eindruck eines hellen Glanzes – der Blitz. Diese Autoren waren offenbar noch nicht vertraut mit den Anschauungen über Lichtbrechung, der anerkannten Ursache dieses Phänomens. Das Wasser scheint unter dem Schlag aufzublitzen, weil unsere Sehlinie von ihm weg zu einem hellen Gegenstand reflektiert wird. Deshalb tritt auch das Phänomen vor allem nachts ein; tagsüber kommt es nicht dazu, weil das stärkere Tageslicht es nicht sichtbar werden läßt.

Dies also sind die Ansichten der anderen über Donner und Blitz: Blitz als Lichtbrechung, als Aufscheinen von Feuer im Gewölk, Donner das Geräusch bei seinem Verlöschen; dabei wird vorausgesetzt, daß das Feuer nicht jedesmal neu entstehe, sondern (als Vorrat) vorhanden sei. Wir aber behaupten: ein und dieselbe Wesenheit ist oberhalb der Erde Wind, im Erdinnern Erdbeben, in den Wolken Donner; denn alle diese Naturerscheinungen haben die gleiche Substanz, die trockene Ausdünstung der Erde. Wenn sie in der einen Richtung strömt, ist sie Wind, wenn in der anderen, verursacht sie die Erdbeben; und wenn die Wolken sich zusammenschließen und zu Wasser kondensieren, also eine Umwandlung erfahren, wird sie während dieses Prozesses ausgeschieden und verursacht Donner, Blitz und auch die anderen gleichartigen Phänomene.

Die Darstellung von Donner und Blitz ist damit abgeschlossen. |

BUCH III

370 b 3 **1.** Nun wollen wir die übrigen Wirkungen dieses Ausscheidungsvorgangs besprechen, auf Grund der bereits zur Richtschnur genommenen Methode.

Mit diesem Wind steht es nämlich so: wird er in kleinen, weithin verteilten Mengen ausgeschieden, unter vielfacher Unterbrechung seines Entstehens, rasch durchschießend, weil eben besonders feinteilig, dann erzeugt er Donner und Blitz; vollzieht sich dagegen die Ausscheidung in Masse, mehr kompakt, weniger feinteilig, so entsteht die Sturmbö. So erklärt sich auch deren Heftigkeit: aus der Schnelligkeit, mit der sie sich ablöst, ergibt sich ihre Wucht.

Wenn nun die Ausscheidung ununterbrochen in Masse fortgeht, dann nimmt der Vorgang den Charakter eines Wandels zum gegenteiligen Phänomen an, wo Regen und große Feuchtigkeitsmengen die Folge sind. Potentiell sind ja beide Qualitäten im Stoff vorhanden; wenn nun ein Anstoß kommt für die eine oder andere der Möglichkeiten, folgt als Ausscheidung aus dem Stoff das Quantum, das gerade überwiegt: im einen Fall ergibt sich ein Regenguß, im anderen als Produkt der anderen Anathymiase eine Sturmbö.

Wenn aber der im Gewölk durch Ausscheidung gebildete Wind auf einen anderen stößt, kommt es zum gleichen Phänomen, wie wenn der Wind, aus weitem Raum kommend, sich in einer Enge verfängt, in einer Torfahrt oder einer Gasse. In solchen Fällen wird nämlich oft der vordere Teil der strömenden Masse zur Seite gedrängt, weil er auf Widerstand trifft – entweder ist es zu eng oder es gibt Gegenzug –, und das Pneuma gerät ins Kreisen und Wirbeln. Denn sein vorderer Teil hemmt die Bewegung geradeaus, während von hinten die Strömung nachdrängt, so daß der Wind seitwärts, wo kein Hindernis vorliegt, ausweichen muß; so geht es jedesmal dem folgenden Teil des Wehens, bis es zu einem Ganzen wird, d. h. zu einem Kreis. Denn was seine Form *einer* Bewegung verdankt, muß auch selber eines sein. So also entstehen Wirbelwinde auf der Erde, und in den Wolken ebenso, wenn man den Ursprung ihrer Bildung in Betracht zieht. Nur folgt hier, so wie bei der Bildung einer Sturmbö der Wind sich in stetem Prozeß von der Wolke löst, bei einem Wirbelwind die Wolke kontinuierlich dem Strömen des Windes. Dabei kann wegen ihrer Dichtigkeit der Wind sich nicht von ihr befreien und dreht sich erst im Kreise (die Ursache wurde dargelegt), dann fährt er nach unten, weil | jedesmal die Wolkenwand sich da verdichtet, wo die Wärme 371 a austritt. Man nennt die Naturerscheinung, wenn sie keine Farben aufweist, Wirbelwind (Windhose), der sozusagen eine nicht reif gewordene Sturmbö darstellt. Herrscht Nordwind, so kommt es nicht zur Bildung eines Wirbelwindes, ebensowenig bei Schneefall zu einer Sturmbö. Denn alle diese Phänomene sind Wind, Wind aber ist warmtrockene Ausscheidung; so üben Frost und Kälte Macht über diese und löschen sie schon beim Entstehen aus. An der Tatsache dieser Überwältigung ist nicht zu zweifeln; sonst gäbe es keinen Schnee noch käme der Regen von Norden – beides Naturerscheinungen, die von übermächtiger Kälte herkommen. – Es entsteht also eine Windhose, wenn eine im Entstehen begriffene Sturmbö nicht von der Wolke freikommt – eine Folge des Widerstandes, den der Wirbel darstellt – und wenn dann die Spirale zur Erde niederfährt, wobei sie die Wolke mit sich herabreißt, ohne sich von ihr lösen zu können. Wo dies Stürmen freie Bahn hat, da weht es alles um, und läßt im Kreise wirbeln und reißt gewaltsam nach oben, auf was es nur treffen mag.

Entzündet sich der Wind, während er zur Erde niederfährt (dies geschieht, wenn das Pneuma besonders feinteilig ist), dann heißt er Glutwind; denn er setzt durch die eigene Glut die Luft in Brand und gibt ihr so Farbe.

Wird aber in der Wolke selbst viel feinteiliges Pneuma ausgepreßt, so wird es zum Donnerkeil. Bei sehr großer Feinteiligkeit versengt er, eben dieser Eigenschaft wegen, nicht (die Dichter sprechen dann vom Wetterstrahl), bei geringerer wirkt er versengend (man spricht dann von rußenden Blitzen). Die eine Art fährt, ihrer Feinteiligkeit wegen, besonders rasch dahin und passiert den Gegenstand schneller, als daß es zur Entzündung kommen kann; auch verweilt der Blitz nicht lange genug in ihm, daß er ihn rußig machen könnte. Die andere Art ist langsamer und färbt den Gegenstand schwarz, ist aber zu schnell, um ihn zu verbrennen. Daher werden zwar widerstandsfähige Objekte beschädigt, solche, die es nicht sind, dagegen nicht; z. B. schmolz einmal der Metallbeschlag eines Schildes, während das Holz unzerstört blieb; die Filterung des Windes durch das Holz vollzog sich, infolge von dessen lockerer Struktur, zu rasch. Ebenso kam es vor, daß ein Blitz durch ein Kleidungsstück hindurchfuhr und es nicht verbrannte, bloß zerfetzte.

Schon diese Feststellungen machen es klar, daß alle diese Phänomene auf Wind zurückzuführen sind. Manchmal zeigt es aber auch der Augenschein, in neuerer Zeit etwa, was wir beim Brand des Tempels zu Ephesos beobachteten. Damals lösten sich in steter Folge einzelne Flammen (vom Brand) los und wurden in alle Richtungen
371 b fortgerissen. Daß Rauch Wind ist, und daß Rauch brennt, liegt | ja zutage (siehe unsere frühere Darstellung); und setzt sich eine solche brennende Masse in Bewegung, dann wird ihre Windnatur offenbar. Was nun bei einer kleinen Feuersbrunst deutlich wird, trat damals, als so viel Material in Brand geraten war, mit weit größerer Gewalt in Erscheinung: die Holzbalken, in denen der Wind seinen Ursprung hatte, brachen, der Wind fuhr an der Austrittsstelle in kompakter Masse heraus und schlug als Feuer nach oben. So konnte man sehen, wie die Flammen dahinschossen und auf die (benachbarten) Häuser fielen. Wir müssen ja annehmen, daß dem Blitzschlag stets Wind nachfolgt und vorausgeht, jedoch unsichtbar, da ohne Farbe. Daher bewegt sich auch noch vor dem Einschlag der Gegenstand, der getroffen werden wird, weil vorher der Wind, dem der Blitz entstammt, auf ihn fällt. – Auch der Donnerschlag vermag einen Gegenstand zu spalten, nicht durch sein Getöse, sondern weil mit einem Male (aus der Wolke) ausgeschieden wird, was den Schlag wie den Donner verursacht, nämlich Wind; trifft der auf ein Objekt, so spaltet er es, verbrennt es aber nicht.

Die Behandlung von Donner, Blitz, Sturmbö sowie von Glutwind, Wirbelwind und Blitzschlag ist damit abgeschlossen, ebenso die Darlegung der Einheit aller dieser Phänomene und ihrer verschiedenen Erscheinungsformen.

2. Wir wollen nun über Halo-Erscheinungen und über den Regenbogen sprechen, über ihre Natur und ihre Ursachen, ferner über Nebensonnen und 'Ruten' ('Stäbe'). Alle diese Naturerscheinungen stammen nämlich von derselben Ursache her.

Zunächst aber müssen die Eigenschaften dieser Phänomene, und was bei jedem einzelnen vorgeht, bestimmt werden.

Ein 'Hof' (Halo) ist oft als voller Kreis sichtbar, um Sonne und Mond und die lichtstarken Sterne, ebenso oft nachts wie tags, und zur

Mittags- wie zur Nachmittagszeit. Am Morgen und bei Sonnenuntergang kommt es seltener vor.

Beim Regenbogen gibt es nie einen vollen Kreis, auch keinen Bogen, der größer ist als der Halbkreis. Bei Sonnenuntergang und -aufgang ist der Kreis am kleinsten, das Kreissegment am größten; steht die Sonne höher, so ist der Kreis größer, das Segment kleiner. Nach der Herbst-Tagundnachtgleiche, wenn die Tage kürzer sind, kann das Phänomen zu beliebiger Stunde des Tages auftreten, im Sommer aber nicht um die Mittagszeit. Mehr als zwei Regenbogen auf einmal gibt es nicht. Bei zwei gleichzeitigen hat jeder drei Farben; diese sind bei jedem Bogen | identisch und gleich an Zahl, nur sind sie beim äußeren 372a
blasser und umgekehrt angeordnet. Beim inneren ist nämlich der erste und größte Streifen rot, beim äußeren ist dies der kleinste, der diesem roten Band (des inneren) benachbarte. Entsprechend steht es mit den anderen Streifen. Diese Farben sind beinahe die einzigen, die ein Maler nicht herstellen kann. Einige kann man nämlich durch Mischung gewinnen, aber bei Grün, Rot und Violett geht das nicht; eben dies aber sind die Regenbogenfarben. Doch erscheint oft zwischen Rot und Grün ein gelbes Band.

Nebensonnen und 'Ruten' erscheinen stets zur Seite der Sonne, weder über noch unter ihr oder auf der gegenüberliegenden Himmelsseite, natürlich auch nicht nachts, sondern stets neben der Sonne, und zwar während sie auf- oder untergeht, zumeist bei Sonnenuntergang. Kaum je kommen sie vor, wenn die Sonne im Zenith steht. So war es allerdings einmal am Bosporus, wo zwei Nebensonnen mit der Sonne aufgingen und den ganzen Tag bis zum Abend dauerten.

Dies also läßt sich an den genannten Phänomenen im einzelnen beobachten. Ihre Ursache aber ist in allen Fällen die gleiche: überall handelt es sich um Strahlenbrechung. Die Unterschiede beruhen auf der besonderen Weise der Brechung, auf der Art der reflektierenden Fläche, und darin, ob die Strahlen zur Sonne oder zu einem anderen hellgleißenden Gegenstand hin gebrochen werden.

Ein Regenbogen wird tagsüber sichtbar; an sein Auftreten bei Nacht, vom Mondlicht her, glaubten die Alten nicht. Dieser ihr Eindruck beruhte auf der Seltenheit des Phänomens, das ihnen deswegen verborgen blieb. Es kommt schon vor, aber nicht häufig. Die Ursache ist, daß in der Dunkelheit die Farben nicht zu sehen sind und außerdem noch viele Bedingungen des Entstehens zusammentreffen müssen – und zwar sämtlich an einem einzigen Tag im Monat: ausschließlich bei Vollmond ist ein Mondregenbogen zu erwarten, und auch dann nur, wenn der Mond auf- oder untergeht. Darum haben wir ihn innerhalb von mehr als fünfzig Jahren nur zweimal erlebt.

Daß unser Sehen von der Luft und allen Objekten mit glatter Oberfläche gebrochen wird, so wie von Wasser, dafür ist auf die in der Optik gelieferten Begründungen zu verweisen, sowie auf die Tatsache, daß in manchen Spiegeln Figuren erscheinen, in manchen bloß deren
372 b Farben. Letzteres ist bei allen klei|nen Spiegeln der Fall, die keine wahrnehmbare Untergliederung des Bildes zulassen. Hier kann kein Umriß einer Gestalt sichtbar werden (denn mit dem Begriff Gestalt ist auch das Charakteristikum der Teilbarkeit gegeben); da aber doch eine Spiegelung, wenn schon nicht einer Gestalt, stattfinden muß, so kann lediglich die Farbe gespiegelt werden. Von hellen Gegenständen wird die Farbe manchmal hell reflektiert, manchmal jedoch hat man den Eindruck einer anderen Farbe, entweder weil die eigene Farbe des Spiegels mitwirkt, oder weil unser Gesichtssinn zu schwach ist.

Wir bitten nun aber unsere Ansicht hierüber als schon in der Lehre zur Sinneswahrnehmung niedergelegt zu betrachten. Wir wollen also hier nur einiges darlegen, den Rest aber als bereits erwiesen übernehmen.

3. Zunächst wollen wir, hinsichtlich der Gestalt des 'Hofes', seine Kreisform begründen, sodann sein Auftreten um Sonne und Mond (oder ähnlich um ein anderes Gestirn). Es wird sich nämlich für alle Fragen die gleiche Antwort ergeben.

Eine Reflexion unseres Sehens tritt ein als Folge des Zusammenschlusses von Luft und Wasserdampf zur Wolke, falls dieser Zusammenschluß ein homogenes, feinteiliges Gebilde ergibt. Darum ist auch ein solcher 'Hof' ein Regenzeichen; ist er dagegen aufgerissen, so zeigt das Wind an. verblaßt er, so ist dies ein Schönwetterzeichen. Tritt nämlich weder ein Verblassen noch ein Zerreißen ein, sodaß das Gebilde sich voll entfalten kann, so darf dies als Regenzeichen genommen werden; denn damit ist bereits angezeigt, daß eine derartige Verdichtung des Wasserdampfes sich vollzieht, wie sie, bei kontinuierlicher Fortdauer, unbedingt zu Regen führt. Ein solcher Hof zeigt denn auch eine besonders dunkle Farbe. Ist er aufgerissen, so bedeutet das Wind; denn seine Zertrennung kommt von einem Wind her, der schon (oben) wirkt, aber noch nicht bei uns unten angelangt ist. Ein Beweis dafür: der Wind kommt von der Seite her, wo der Hof besonders zerrissen ist. Ein verblassender Hof deutet auf schönes Wetter. Denn wenn die Luft ihrer augenblicklichen Beschaffenheit nach die innewohnende Wärme nicht überwältigen und sich nicht zur Verdichtung des Feuchten entwickeln kann, dann hat sich offenbar der Wasserdampf noch nicht von der warmtrockenen Ausscheidung abgetrennt. Dies aber ist die Vorbedingung für schönes Wetter.

Soviel über den Zustand der Luft, der zu Brechungserscheinungen führt. Reflek|tiert wird unser Sehen von dem Dunst um Sonne oder 373a Mond; deswegen sieht man den Hof auch nicht auf der (der Sonne) gegenüberliegenden Seite, wie den Regenbogen. Da die Brechung in gleicher Weise von jedem Punkt her erfolgt, muß sich ein Kreis oder ein Kreissegment ergeben. Wenn nämlich die Linien vom selben Punkt ausgehen, beim selben Punkt enden und gleich lang sind, müssen die Punkte, wo sie Scheitel eines Winkels sind, stets auf einer Kreislinie liegen. Es seien nämlich AΓB, AZB, AΔB Linien, die sämtlich von A nach B gehen und die einen Winkel bilden. Die Strecken AΓ, AZ, AΔ seien gleich, ebenso die bei B zusammentreffenden ΓB, ZB, ΔB. Jetzt ziehe man die Linie AEB. Dann sind die Dreiecke gleich, denn ihre Basis, AEB, ist (für alle) gleich. Dann fälle man von den Winkeln die Senkrechten auf AEB: ΓE von Γ, ZE von Z, ΔE von Δ. Dann sind diese Senkrechten gleich, da sie alle in kongruenten Dreiecken enthalten sind und auf der gleichen Ebene stehen. Denn sie stehen alle rechtwinklig auf AEB und treffen sich in dem einen Punkt E. Zieht man also eine Linie (durch ΓZΔ), so wird es eine Kreislinie mit dem Mittelpunkt E. Nun ist B die Sonne, A das Auge, und die Kreislinie durch ΓZΔ ist die Wolke, von der die Sehlinie zur Sonne hin gebrochen wird.

Die spiegelnden Teilchen muß man sich als Kontinuum vorstellen, so jedoch, daß jedes einzelne unsichtbar ist, seiner Kleinheit wegen, daß aber aus allen zusammen, da sie so dicht aufeinander folgen, sich der Eindruck einer Einheit ergibt. Der helle Glanz, die Sonne, wie sie in jedem einzelnen Spiegel sichtbar wird, erscheint so als kontinuierlicher Ring, ohne irgendeine wahrnehmbare Unterteilung. Der an den Hof anschließende Ring ist dunkel, er erweckt diesen Eindruck besonders, weil der Hof heller schimmert.

Um den Mond kommt ein Hof häufiger vor als um die Sonne, weil deren stärkere Wärme die Luftgebilde rascher auflöst; und zwar tritt die Erscheinung mehr in Erdnähe auf, weil es hier windstiller ist; bei Wind kann sie nicht ruhig bestehen. Auf dieselben Entstehungsursachen gehen die Höfe um die Sterne zurück, doch wirken diese nicht in gleicher Weise als Wetterzeichen; denn sie lassen nur schwache Luftverdichtungen erkennen, aus denen sich noch nichts ergeben kann.

4. Daß der Regenbogen eine Reflektionserscheinung ist, wurde früher festgestellt; von welcher Art diese ist, wie ihre jeweiligen Besonderheiten zustandekommen und was deren Ursache ist, dies wollen wir nun darlegen.

Unser Sehen wird, wie der Augenschein zeigt, von jeder glatten
373 b Oberfläche zurückgeworfen, | also auch von Luft und Wasser. Luft muß verdichtet sein, wenn sie so wirken soll; doch tritt bei Sehschwäche oftmals die Brechung auf, auch wenn keine Verdichtung der Luft vorliegt. So ging es regelmäßig einem Mann mit schwachen Augen: er hatte stets, wenn er einen Weg machte, den Eindruck, es gehe ihm ein Schattenbild voraus, den Blick auf ihn gerichtet. Die Ursache hiervon war, daß sein Sehen zu ihm zurückgeworfen wurde; dies war auf Grund seines Augenleidens so schwach und matt, daß schon die umgebende Luft für ihn zum Spiegel wurde und sich nicht durchdringen ließ – zum Spiegel, wie sonst entfernte, verdichtete Dunstmassen wirken. Deshalb scheinen, vom Meer aus gesehen, Berggipfel überhöht, und überhaupt alles wirkt vergrößert, wenn Ostwind weht; den gleichen Eindruck hat man von Objekten im Nebel, wie von der Sonne oder von Gestirnen, die auf- und untergehend größer scheinen als im Zenith.

Vor allem aber findet Brechung von Wasser her statt, und Wasser, das eben in Bildung begriffen ist, wirkt in diesem Sinn stärker als Luft; denn jedes der Teilchen, die zusammentretend einen Regentropfen ergeben, ist notwendigerweise ein besserer Spiegel als Nebel. Nun lehrt der Augenschein (wie es auch bereits früher dargestellt wurde), daß in solchen Spiegeln sich bloß die Farbe zeigt, die Form jedoch nicht deutlich wird. Unmittelbar vorm Regnen, also, wenn die Luft im Gewölk sich schon zu Tropfen zusammenschließt, aber noch kein Regen fällt, muß sich, falls gegenüber die Sonne steht oder eine andere Lichtquelle, die die Wolke zum Spiegel werden läßt und eine Brechung (des Sehens) von der Wolke zum hellen Objekt hin bewirkt, ein Bild der Farbe, nicht der Form ergeben. Jedes einzelne der spiegelnden Teilchen ist klein und nicht zu sehen, nur das ganze ausgedehnte Kontinuum, das sie zusammensetzen, ist sichtbar: folglich muß es das ausgedehnte Kontinuum einer Farbe sein, was da erscheint. Denn jedes spiegelnde Teilchen bietet die gleiche Farbe, wie sie das zusammenhängende Ganze hat. Diese Bedingungen sind theoretisch möglich; und so kann, wenn Sonne und Wolke die entsprechende Position einnehmen und wir (als Beobachter) in der Mitte stehen, damit gerechnet werden, daß die Brechung einen (Farb-)Eindruck hervorruft. Es kommt aber auch noch die Erfahrung des Augenscheins hinzu: wenn genau diese Bedingungen erfüllt sind, entsteht der Regenbogen wirklich.

So liegt es also klar zutage, daß der Regenbogen eine Brechung des Sehens hin zur Sonne ist. Darum steht er auch immer der Sonne gegenüber, während der Hof sie umgibt. Brechungserscheinungen sind sie zwar beide, doch heben den Regenbogen die bunten | Farben hervor. 374a
Er beruht nämlich auf einer Brechung vom Wasser, also einem dunklen Objekt her, und aus einer größeren Entfernung, während der Hof eine Reflexion aus der Nähe und von der Luft her darstellt, die von Natur heller ist.

Leuchtendes Weiß erscheint hinter Schwarz, oder im Schwarzen (auf den Unterschied kommt es nicht an) rot; man kann es an brennendem frischen Holz sehen, wie rot es flammt, weil das an sich strahlend weiße Feuer mit viel Rauch vermischt ist. So ist es auch mit der Sonne: durch Dunst und Rauch leuchtet sie rot. Das als Regenbogen sich darstellende Brechungsphänomen hat deshalb, wie man sieht, eben diese Farbe als erstes (äußerstes) Band (die Reflexion geschieht ja von winzigen Tropfen aus); im Hof dagegen kommt sie nicht vor. Die anderen Farben besprechen wir später. Ferner: in der Umgebung der Sonne hält sich ein solches Gebilde nicht lange: entweder kommt es zum Regnen oder zur Auflösung des Hofes. Dagegen verstreicht, während sich gegenüber (der Sonne) die Regenentstehung vorbereitet, eine gewisse Zeit. Wäre dies anders, so wären die Halophänomene farbig wie der Regenbogen. So aber gibt es keinen geschlossenen oder kreisförmigen Hof, der so (= farbig) aussieht; im kleinen aber und partiell kommt es vor, in Form der sogenannten 'Stäbe'. Denn wenn eine Dunstmasse, vergleichbar der aus Wasser oder einem anderen dunklen Stoff (dies ist ja unsere Lehre) entstehenden, vorhanden wäre, könnte man einen Regenbogen als Vollkreis sehen, wie er rings um das Licht einer Lampe sich bildet. Hier entsteht nämlich – im Winter, besonders wenn Südwind weht – ein Irisphänomen, vor allem wahrnehmbar für Augen mit viel Feuchtigkeit; seiner Schwäche wegen wird das Sehen bei solchen Menschen leicht reflektiert. Ursachen dieses Irisbogens sind die Luftfeuchtig-

keit und der von der Flamme abströmende, mit dieser sich mischende Qualm; dieser wirkt, seiner Schwärze wegen (der Qualm enthält ja Rauch) als Spiegel. Das Licht der Leuchte erscheint nicht weiß, sondern purpurn, und zwar in einem Kreis und regenbogenartig (sich abstufend), doch ohne Rot; denn das reflektierte Sehen ist (bei Lampenlicht) zu schwach, und der Spiegel ist dunkel. – Was das Irisieren betrifft, das Ruderblätter erzeugen, wenn sie sich aus dem Meerwasser heben, so kommt es dabei zu den gleichen Positionen (von Lichtquelle und Spiegel) wie am Himmel; hinsichtlich der Farbe aber steht das Irisphänomen des Lampenlichts näher; es ist nämlich kein Rot, sondern Purpur, was wir sehen. Die Spiegelung erfolgt von winzigen, miteinander zusammenhängenden Wassertropfen aus, bei denen die Umsetzung (von Dampf) in Wasser schon völlig abgeschlossen ist.
374b Ein Regenbogen entsteht auch, wenn man | Wasser fein versprühen läßt in einem Zimmer, das der Sonne zu liegt und teils von ihr beschienen, teils im Schatten gelassen wird. Läßt man Tropfen in einen solchen Raum sprühen, so wird in ihm für einen Außenstehenden ein Regenbogen sichtbar, und zwar auf der Linie, wo auf die Sonneneinstrahlung der Schatten folgt. Art des Zustandekommens, Farbe und Ursache sind die gleichen wie beim Irisieren der Ruderblätter; hier leistet nämlich die wasserversprühende Hand den Dienst des Ruders.

Sowohl eine Bestätigung unserer Farbenlehre wie eine Erklärung der anderen Farben, die das Phänomen noch zeigt, wird sich aus folgendem ergeben.

Man muß zunächst, wie bereits gesagt, als Grunderkenntnisse festhalten, a) daß Hell im Dunklen, oder hinter dem Dunklen, Rot hervorruft, b) daß unser Sehen matter und kraftloser wird, wenn es sich in die Ferne erstrecken muß, c) daß Schwarz gewissermaßen eine Negation ist; ergibt sich doch diese Farbe aus dem Versagen unseres Gesichtssinns: in weiter Entfernung erscheint alles dunkler, weil unser Sehen es nicht erreicht. Dies muß eigentlich im Hinblick auf die Funktionen des Wahrnehmungsvermögens betrachtet werden; obige Grundsätze gehören nämlich zur Theorie jenes Vermögens. Hier wollen wir nur das Notwendigste besprechen. Jedenfalls liegt hier der Grund, warum entfernte Objekte dunkler und kleiner aussehen und glatte Konturen zeigen (wie es auch bei Bildern in einem Spiegel der Fall ist) und warum Wolken, im Wasser gespiegelt, uns dunkler vorkommen, als wenn man sie selber ansieht. Hier wird es besonders

deutlich: der Blick, der sie trifft, wird durch die Brechung geschwächt. Es kommt nicht darauf an, ob das Objekt sich ändert (durch Fortrücken ins Weite) oder unser Sehen (durch die genannte Schwächung); beidemal ist das Ergebnis das gleiche. Ferner darf man auch folgendes nicht übersehen: blickt man auf eine Wolke in Sonnennähe, so wird an ihr keine Färbung sichtbar, nur helles Weiß; jedoch die gleiche Wolke, im Wasser gespiegelt, irisiert etwas. Offenbar läßt also unser Sehen, durch die Reflexion geschwächt, wie es das Schwarze scheinbar schwärzer macht, auch das Weiße weniger weiß erscheinen, nähert es der Farbe Schwarz. Wenn das Sehen ziemlich stark ist, so wandelt sich die Farbe (der Spiegelung) in Rot, ein schwächeres Augenlicht ruft eine Änderung in Grün, ein ganz schwaches in Violett hervor. Eine weitere Farbabtönung erscheint nicht, vielmehr ist es auch hier, wie sonst zumeist: mit der Dreizahl vollendet sich die Reihe. Weitere Übergänge entziehen sich der Wahrnehmung. Darum hat auch der | 375a
Regenbogen drei Farben, und zwar, bei doppeltem Auftreten, jeder, jedoch in umgekehrter Anordnung. Der erste (innere) Regenbogen hat außen das rote Band, denn vom größten Band aus – das ist das äußere – trifft das Sehen die Sonne besonders kräftig. Beim folgenden und beim dritten Band verhält es sich entsprechend. Treffen also unsere Sätze zur Farbenlehre zu, so ergibt sich mit Notwendigkeit, daß der Regenbogen drei Farben hat, und zwar nur diese drei. Daß man noch den Eindruck der orangegelben Farbe hat, kommt von deren Zwischenstellung. Denn Rot erscheint neben Grün als hell. Ein Beweis für diese Kontrastwirkung: je schwärzer die Wolke, desto reiner die Regenbogenfarben, und eben dann erscheint Rot eher als Orangegelb. (Im Regenbogen steht Orangegelb zwischen Rot und Grün.) Die Schwärze der rings umgebenden Wolke läßt das Rot hell erscheinen (verglichen mit der Wolke wirkt es ja hell). Und ebenso, wenn der Regenbogen verblaßt und das Rot sich auflöst – dann tritt das Weiß der Wolke neben das Grün und wandelt sich zu Orangegelb. Am klarsten veranschaulicht dies der Mondregenbogen: er erscheint als völlig weiß. Das kommt daher, daß er auf einer dunklen Wolke und zur Nachtzeit erscheint. Wie nun Feuer das Feuer steigert, so läßt Dunkel neben Dunklem eine matthelle Farbe (wie es die Farbe Rot ist) als helles Weiß erscheinen. Die gleiche Farbwirkung ergibt sich auch bei bunten Stoffen; man kann es ja gar nicht ausdrücken, wie sehr der Farbeindruck in Geweben und Stickereien je nach der Zusammenstellung differiert, z. B. wirkt Purpurrot ganz verschieden auf weißem oder

schwarzem Wollstoff, bei dieser oder jener Beleuchtung. Darum versichern auch die Buntweber, daß sie, wenn sie bei Lampenlicht arbeiten, sich öfter in den Farben irren und die falschen nehmen.

Dies also die Begründung dafür, daß der Regenbogen dreifarbig ist und ausschließlich diese Farben hat. Der gleiche Grund gilt für die Verdoppelung des Regenbogens und für den Umstand, daß der äußere farbenschwächer ist und die Farben in umgekehrter Anordnung enthält. Es geht hier ebenso zu wie in dem Fall, daß ein Objekt weiter weg rückt und unser Sehen sich in die Ferne strecken muß. Vom
375 b äußeren Band aus ist die | Brechung schwächer, weil sie in eine weitere Entfernung führt; infolgedessen wirkt sie schwächer und läßt die Farben blasser erscheinen. Was die Umkehr der Abfolge betrifft, so wird sie dadurch erklärt, daß vom kleineren, inneren Band aus sich die Brechung kräftiger zur Sonne wendet; denn die Brechung, die unserem Auge näher ist, geschieht von dem Band aus, das dem ersten Regenbogen am nächsten ist. Dies aber ist das kleinste Band im äußeren Bogen, das folglich rot ist. Entsprechend steht es dann mit dem anschließenden und dem dritten Band.

B sei der äußere, A der innere (erste) Regenbogen; die Farben seien wie folgt bezeichnet: Γ Rot, Δ Grün, E Violett; Orangegelb erscheint unter Z.

Zu drei Regenbogen kommt es nicht, auch nicht zu mehr; es ist ja auch schon der zweite schwächer. Infolgedessen ist die dritte Reflexion gänzlich schwach und vermag nicht bis zur Sonne zu gelangen.

5. Die Tatsache, daß ein Regenbogen weder einen Vollkreis bilden kann noch ein Segment, das größer ist als ein Halbkreis, sowie die anderen Eigenheiten des Phänomens lassen sich aus der gezeichneten Figur ersehen.

A sei eine Halbkugel über dem Horizontkreis, dessen Mittelpunkt sei *K*, *H* ein über dem Horizont aufsteigender Punkt (= Sonne). Wenn nun von *K* Geraden so gezogen werden, daß sie gewissermaßen einen Kegelmantel, mit *HK* als Achse, bilden, und wenn dann die Verbindungslinien *KM* dort von der Halbkugel zu *H* abgewinkelt werden (mit *HKM* als stumpfem Winkel), werden die so gezogenen Geraden auf eine Kreisperipherie fallen. Geschieht diese Abwinkelung dann, wenn das Gestirn gerade auf- oder untergeht, dann ist der Teil des Kreises oberhalb der Erde (= des Regenbogens), der vom Horizont abgeschnitten wird, ein Halbkreis. Erhebt sich das Gestirn über den Horizont, so wird das Kreissegment immer kleiner, und am kleinsten, wenn das Gestirn seine Mittagshöhe erreicht hat.

Zunächst sei die Position des Aufgangs, im Punkt *H*, gegeben, und *KM* werde zu *H* abgewinkelt; es sei die Ebene *A* angelegt, so wie sie durch das Dreieck *HKM* bestimmt ist. Ihre Schnittebene mit der Halbkugel wird ein großer Kreis sein, *A* – dabei kommt es nicht darauf an, welche durch das Dreieck | *KMH* angelegte Ebene es ist 376a
von den verschiedenen, die durch *HK* gehen. Für alle Geraden nun, die von den Punkten *H* und *K* gezogen werden und die zueinander in einem bestimmten (gegebenen) Verhältnis stehen, gilt, daß sie nur zu e i n e m Punkt des Halbkreises *A* konstruiert werden können. Denn da die Punkte *K* und *H* und die Gerade *HK* gegeben sind, muß auch *MH* gegeben sein, also auch das Verhältnis *MH* zu *MK*. Dann wird *M* auf einer gegebenen Kreisperipherie liegen, die durch *NM* bezeichnet sei. Damit ist der Schnittpunkt der beiden Kreise gegeben. Keine zwei Geraden lassen sich, mit demselben Verhältnis zueinander und in derselben Fläche, zu einem anderen Punkt konstruieren als zu einem, der auf der Peripherie *NM* liegt.

Nun zeichne man eine Strecke ΔB (außerhalb der obigen Figur) und lasse sie so geteilt sein, daß

$$\Delta : B = MH : MK.$$

MH ist größer als *KM*, weil die abgewinkelte Linie, die den Kegelmantel (mit)bildet, den stumpfen Winkel des Dreiecks *KMH* überspannt. [Also ist Δ größer als *B*.]

Nun werde *B* um die Strecke *Z* so verlängert, daß

$$B + Z : \Delta = \Delta : B.$$

Weiter lasse man die Strecke *B* zu einer anderen, $K\Pi$, sich verhalten wie *Z* zu *KH*, und zwischen Π und *M* ziehe man die Linie $M\Pi$. Dann wird Π der Pol (= Mittelpunkt) des Kreises sein, auf dessen Peripherie die von *K* gezogenen Geraden fallen; denn

$$\text{wie } Z : KH, \quad \text{so } B : K\Pi, \quad \text{und so } \Delta : \Pi M.$$

Angenommen, Δ verhalte sich nicht so zu ΠM, sondern stehe in diesem gegebenen Verhältnis zu einer Strecke, die kleiner oder größer ist als ΠM (es kommt nicht darauf an, welche) – es sei dies die Strecke ΠP. Also müssen *HK*, $K\Pi$, ΠP zueinander in dem Verhältnis stehen, das *Z*, *B*, Δ aufweisen. Nun galten aber für *Z*, *B*, Δ die Proportionen

$$\Delta : B = (Z + B) : \Delta,$$

folglich auch

$$\Pi H \,[= \Pi K + KH] : \Pi P = \Pi P : \Pi K.$$

Zieht man nun von H und von K die Verbindungslinien zu P, dann werden sie sich zueinander verhalten wie $HP : \Pi P$, denn die (Seiten der) Dreiecke $H\Pi P$, $KP\Pi$ über dem gleichen Winkel bei Π sind proportional. Folglich ist

$$HP : KP = H\Pi : \Pi P.$$

Aber es steht auch MH in diesem Verhältnis zu KM; beide Pro-
376 b portionen sind ja identisch mit | $\Delta : B$. Es würden also von den Punkten H, K im gleichen Verhältnis zueinander Geraden konstruiert werden nicht nur zur Kreislinie MN, sondern auch zu irgendeinem anderen Punkt (d. h. nicht auf MN): was unmöglich ist.

Nachdem also Δ in dem genannten Verhältnis weder zu einer Strecke, die größer, noch zu einer, die kleiner ist als $M\Pi$, stehen kann (der Beweis wäre in beiden Fällen der gleiche), ist es klar, daß Δ in dem genannten Verhältnis eben zu $M\Pi$ steht.
Also gilt

$$M\Pi : \Pi K = \Pi H : M\Pi$$

[und schließlich auch $MH : MK$].

Wird darum ein Kreis mit Π als Mittelpunkt ('Pol') und $M\Pi$ als Radius beschrieben, so müssen auf ihm die Scheitel aller Winkel liegen, die durch die Abwinkelung der Linien von H und K her entstehen. Sonst ließe sich in derselben Weise (wie eben) zeigen, daß Gerade mit einem bestimmten Verhältnis zueinander hin zu verschiedenen Punkten auf dem Halbkreis A konstruiert werden können; was sich als unmöglich ergab.

Läßt man nun den Halbkreis A um $HK\Pi$ als Achse rotieren, dann müssen die von H, K zu M gebrochenen Geraden in sämtlichen Ebenen [, die die rotierende Figur nacheinander einnimmt,] gleiche Positionen haben und [durchweg] den gleichen Winkel bilden; und der Winkel, den HM und $M\Pi$ mit $H\Pi$ bilden, muß sich immerfort gleichbleiben. So entsteht über $H\Pi$ und $K\Pi$ eine Reihe von Dreiecken, die sämtlich den Dreiecken $HM\Pi$ und $KM\Pi$ gleich sind. Ihre Höhen müssen auf denselben Punkt der Strecke $H\Pi$ fallen und gleich sein. Dieser Fußpunkt sei O. O ist der Mittelpunkt des Kreises, von dem ein Halbkreis (= als Regenbogen) vom Horizont abgeschnitten wird.

[. . . . . denn den oberen Raum vermag die Sonnenstrahlung nicht zu bemeistern, wohl aber . . (das erdnahe Gebiet?) . . und sie bringt die Luft ins Strömen. Deswegen bildet auch der Regenbogen keinen vollen Kreis. Ein Mondregenbogen, zur Nachtzeit, kommt selten vor. Es ist ja nicht immer Vollmond, und dann ist der Mond überhaupt von Natur zu schwach, um kräftig auf die Luft zu wirken. Der Regenbogen steht dann besonders fest, wenn die Sonnenwirkung besonders behindert ist; dann nämlich bleibt am meisten Feuchtigkeit in ihm . . . .]

Weiter sei $AK\Gamma$ der Horizont, über den sich die Sonne (H) erhoben hat; die Achse (der rotierenden Figur) sei jetzt $H\Pi$. Dann wiederholen sich alle früheren Beweise, jedoch wird der Pol des Kreises (Π) unter dem Horizont $A\Gamma$ liegen, weil | H sich über ihn erhoben hat. Es liegen 377a
dann auf derselben Geraden die Kreismittelpunkte Π und O sowie der Mittelpunkt (K) des Kreises, der jetzt die Höhe des aufgestiegenen Himmelskörpers bestimmen läßt; es ist dies der Kreis (mit dem Durchmesser) $H\Pi$. Nachdem aber KH sich oberhalb des Durchmessers $A\Gamma$ befindet, muß der Mittelpunkt – nämlich O (des Regenbogenkreises) – unterhalb des früheren Horizonts $A\Gamma$ liegen, auf der Strecke $K\Pi$. Folglich muß das Kreissegment ΨY, oberhalb des Horizonts, kleiner sein als ein Halbkreis; denn das Segment ΨYZ war (im vorigen Fall) ein Halbkreis, der aber jetzt (teilweise) vom Horizont $A\Gamma$ abgeschnitten ist. Das andere Segment Ω (des Regenbogenkreises) muß dann unsichtbar sein, da die Sonne über dem Horizont steht. Der sichtbare Teil wird mittags am kleinsten sein; denn je höher H steht, desto tiefer stehen die Kreismittelpunkte Π und O (= Regenbogenkreis).

An den kürzeren Tagen nach der herbstlichen Tagundnachtgleiche kann es jederzeit zu einem Regenbogen kommen, aber an den längeren zwischen der Tagundnachtgleiche im Frühling und Herbst kommt am Mittag ein solcher nicht vor. Der Grund ist folgender: wenn die Sonne nördlich vom Äquator steht, ist ihr Tagesbogen stets größer als ein Halbkreis und wird fortwährend größer, während der unsichtbare Teil der Sonnenbahn klein ist; steht sie südlich vom Äquator, so ist der sichtbare Bogen klein, der unsichtbare groß, und zwar desto größer, je ferner die Sonne rückt. Infolgedessen ist an den Tagen um die Sommersonnenwende der sichtbare Bogen so groß, daß, bevor der Punkt H die Mitte (dieses Bogens), also den Meridian, erreicht, der Punkt Π sich schon weit unterhalb (des Horizonts) befindet, weil wegen der Größe des Bogens der Meridian weit von der Erde entfernt ist. In den Tagen um die Wintersonnenwende muß das Gegenteil der Fall sein, denn der Tagesbogen ist klein; die Sonne steht ja dann, wenn der Punkt H erst eine geringe Höhe erreicht hat, bereits im Meridian.

6. Die dargelegten Ursachen muß man auch für Nebensonnen und 'Stäbe' als gültig erachten.

Eine Nebensonne entsteht, wenn unser Sehen zur Sonne hin reflektiert wird, dagegen erscheinen 'Stäbe' jedesmal, wenn der Blick unter den früher dargelegten Umständen die Sonne trifft: nämlich wenn Gewölk in der Nähe der Sonne steht und zu ihm hin von einer Wasserfläche eine Reflexion stattfindet. Dann zeigen nämlich die
377 b Wolken selbst, | wenn man sie direkt betrachtet, keine Färbung, aber ihr Spiegelbild im Wasser hat lauter farbige Streifen. Nur hat man in letzterem Fall den Eindruck, daß die Färbung der Wolke am Wasser liegt, bei den 'Stäben' (am Himmel) aber auf der Wolke selbst vorhanden ist. Zu diesem (Farbeindruck) kommt es bei einer Wolke von ungleichmäßiger Beschaffenheit, die hier dicht, dort locker, hier mehr, dort weniger wässerig ist. Wird (in diesem Fall) unser Sehen zur Sonne hin gebrochen, so wird von dieser, wegen der Kleinheit der spiegelnden Teilchen, nicht die Form, sondern nur die Farbe sichtbar; diese aber, das strahlende Weiß der Sonne – zu der die Sehlinie reflektiert ist –, erscheint auf einem unebenen Spiegel und ruft den Eindruck teils von Rot, teils von Grün oder Gelb hervor. Es macht keinen Unterschied, ob das Sehen durch ein Medium von solcher Beschaffenheit hindurchgeht oder von einem solchen Spiegel zurückgeworfen wird; die Farbe ist beidemal die gleiche: ist es Rot im ersten Fall, dann auch im zweiten.

'Stäbe' also haben, was ihre Farbe (nicht ihre Form) betrifft, ihren Ursprung in der Unebenheit des Spiegels. Eine Nebensonne dagegen entsteht, wenn die Luft besonders einheitlich und durchweg von gleicher Dichtigkeit ist. Daher kommt die weiße Farbe des Phänomens: einerseits ruft die Ebenmäßigkeit des Spiegels ein einfarbiges Bild hervor, andrerseits, weil unser Sehen als Ganzes reflektiert wird, als Ganzes die Sonne trifft, und zwar von einer konzentrierten Dunstmasse aus, die fast schon Wasser ist, erscheint die der Sonne eigene Farbe, wie bei der Brechung durch eine dichte, glatte Metallfläche. Da nun die Farbe der Sonne weiß ist, erscheint auch die Nebensonne weiß. Aus dem gleichen Grund ist auch die Nebensonne eher ein Regenzeichen als das Phänomen der 'Stäbe'; die Luft ist dann eher zur Entstehung von Regen geeignet. Dazu zeigt eine Nebensonne im Süden eher Regen an als eine im Norden, weil die Luft im Süden sich leichter als die im Norden in Wasser wandelt.

Sie kommen, wie dargelegt, um Sonnenuntergang und -aufgang vor, nicht über noch unter der Sonne, sondern neben ihr; das gilt für 'Stäbe' wie für Nebensonnen. Und zwar sieht man sie weder allzu nahe der Sonne noch in weiter Entfernung; ein allzu nahes Luftgebilde wird nämlich von der Sonne aufgelöst, ist es aber sehr entfernt, so findet keine Brechung des Sehens statt: von einer kleinen Spiegelfläche reflektiert, wird es bei großer Entfernung des Objekts zu schwach; weswegen ja auch kein Hof der Sonne gegenüber vorkommt. Oberhalb| der Sonne und in ihrer Nähe wird das Luftgebilde aufgelöst; ist es 378a zu weit von ihr entfernt, so kommt es zu keiner Reflexion; das Sehen ist zu schwach, es erreicht die Sonne nicht. Aber neben ihr kann die spiegelnde Fläche gerade den Abstand haben, daß einerseits die Sonne nicht auflösend wirkt, andrerseits das Sehen in voller Stärke sein Ziel erreicht, weil es in Erdnähe bleibt und sich nicht im Grenzenlosen verliert. Unterhalb der Sonne aber kommt Reflexion nicht vor, weil in der Nachbarschaft der Erde das spiegelnde Luftgebilde von der Sonne zerstreut werden würde, entsteht es aber oben im Zenit, so verliert sich das Sehen im Raume. In Zenitstellung gibt es das Phänomen auch nicht neben der Sonne, denn dann bleibt die Sehlinie nicht in Erdnähe, so daß sie die spiegelnde Fläche bereits geschwächt erreicht, reflektiert aber erst recht kraftlos wird.

Damit sind die Wirkungen der Ausdünstung im Raum über der Erdoberfläche so ziemlich erfaßt. Jetzt ist noch darzulegen, was sie in der Erde selbst, in den unterirdischen Räumen eingeschlossen, hervorbringt.

Auf die Wirkungen der irdischen Ausdünstung gehen nämlich zwei verschiedene Arten von Stoffen zurück, da sie selber zweifach ist, wie ja auch in der Atmosphäre. Wir unterscheiden eine wasserdampfartige und eine rauchartige Ausscheidung; dementsprechend gibt es zwei Arten von Stoffen in der Erde, Mineralien und Metalle. Die trockene Anathymiase ist es, die durch ihre Hitze die Mineralien schafft, die verschiedenen Arten unschmelzbarer Steine, sowie Schwefelarsen, Ocker, Mennig, Schwefel und die sonstigen derartigen Substanzen. Die meisten Mineralien sind teils gefärbter Staub, teils, wie z. B. Zinnober, aus solchem Stoff bestehender Stein. Von der wasserdampfartigen Ausscheidung kommen alle Metalle her, also Stoffe, die man gießen oder hämmern kann, wie Eisen, Gold, Kupfer. Sie alle verursacht die wasserdampfartige Ausscheidung, die in der Erde eingeschlossen ist, vor allem im Gestein, wo dessen Trockenheit sie zusammenpreßt und verfestigt, so wie sich bei Tau oder Rauhreif die Ausscheidung konzentriert; nur daß hier die Metalle entstehen, bevor eine solche Konzentration vollzogen ist. So sind sie in gewissem Sinn

Wasser, anders betrachtet, sind sie es nicht: ihr Stoff hatte die Möglichkeit, zu Wasser zu werden, besitzt sie aber nicht mehr. Auch sind
378 b die Metalle nicht, wie die Säfte verschiedenen Geschmacks, das Ergebnis einer bereits vollzogenen irgendwie qualitativ bestimmten Umwandlung in Wasser, dies trifft für das Werden von Kupfer oder Gold nicht zu. Vielmehr ist es die Verfestigung der Anathymiase vor ihrem Übergang in Wasser, was jeden dieser Stoffe verursacht. Dies ist auch der Grund, warum auf sie alle Feuer wirkt und warum sie Erde enthalten – sie enthalten nämlich warmtrockene Anathymiase. Gold macht eine Ausnahme: es wird vom Feuer nicht affiziert.

Allgemein ist damit über all diese Stoffe gehandelt; die weitere Prüfung soll erfolgen, indem wir ihre Arten einzeln vornehmen.

BUCH IV

1. Es wurden für die Elemente vier verursachende Qualitäten statuiert, deren Zusammenordnung zu Paaren eine Vierzahl von Elementen ergibt; zwei Qualitäten sind aktiv, Warm und Kalt, zwei passiv, Trocken und Feucht. Dessen kann man sich auf dem Wege der methodischen Erfahrung versichern: überall sind es offensichtlich Wärme und Kälte, die die Form der Dinge bestimmen, sie zusammenwachsen und sich wandeln lassen, und zwar sowohl gleichartige wie ungleichartige Körper, indem sie sie feucht und trocken, hart und weich machen. Dagegen sind es Trocken und Feucht, die eine Bestimmung ihrer Form erfahren und die anderen genannten Wirkungen erleiden, sowohl einzeln für sich wie in der Verbindung miteinander in einem Körper. Ferner ergibt sich das Gleiche auf Grund der theoretischen Überlegungen, mit denen wir das Wesen jener Elementarqualitäten bestimmen; wir bezeichnen ja Warm und Kalt als aktiv (Konzentrieren ist etwas Aktives), Feucht und Trocken als passiv (denn was leicht bzw. schwer formbar ist, heißt in Beziehung auf eine bestimmte Passivität seiner Wesensart so). Es ist somit deutlich, daß das eine Paar aktiv, das andere passiv ist. 378 b 10

Nach diesen Feststellungen sind die Tätigkeiten zu erfassen, die die aktiven Qualitäten ausüben, und ebenso die Formen der passiven. Zunächst nun gilt allgemein: das Werden im absoluten Sinn und die natürliche (chemische) Veränderung sind das Werk dieser (aktiven) Qualitäten, wie auf der Gegenseite das natürliche Vergehen. Diese Wirkungen finden in den Pflanzen und Lebewesen sowie in ihren Teilen statt; das natürliche Werden im absoluten Sinn ist nichts anderes als eine Veränderung, die die genannten Qualitäten in der jedem Naturding zugrundeliegenden Materie (d. s. die genannten passiven Qualitäten) bewerkstelligen, und zwar dann, wenn sie zu dieser Materie in einem bestimmten richtigen Verhältnis stehen. | 379 a

Warm und Kalt werden produktiv, indem sie sich in der Materie durchsetzen; gelingt dies nicht, und das Versagen betrifft nur einen Teil, so ergibt sich unvollkommen Gestaltetes, Halbgares. Der allgemeinste Gegensatz zum Werden (im absoluten Sinn) ist Fäulnis; alles natürliche Vergehen ist nämlich eine Entwicklung dazu, wie Altern und Welken. Verwesung ist das Ende all dieser Dinge (Organismen), es sei denn, daß es von äußerer Gewalt herbeigeführt wird. Man kann ja Fleisch, Knochen usw. – alles, was sonst natürlicherweise durch Zerfallen vergeht – verbrennen. Drum sind alle faulenden Körper erst feucht, dann schließlich trocken; kraft dieser Qualitäten sind sie ja entstanden: das Trockene erhielt seine Form durch das Feuchte, ein Vorgang, den die aktiven Qualitäten bewirken.

Vergehen tritt dann ein, wenn das der Formbestimmung Unterworfene Übergewicht bekommt über das Formende, und zwar mit Hilfe der Umgebung. Indessen spricht man von Fäulnis (Verfall) im engeren Sinne, wenn ein organischer Körper Stück für Stück vergeht, sobald er sich vom Lebenszusammenhang gelöst hat. Darum zerfällt ja auch alles andere bis auf das Feuer; denn auch Erde und Wasser und Luft zerfallen; denn all dieses ist ja im Verhältnis zum Feuer (nur) Stoff. Fäulnis aber ist das Vergehen der dem Feuchten eigenen Wärme durch eine (ihm) fremde Wärme von außen, das heißt die Wärme der Umgebung. Da (der betreffende Körper) dies infolge Mangels an Wärme erleidet, jedes Ding aber, soweit es dieser ermangelt, kalt ist, so dürften also beide zusammen die Ursache sein und Fäulnis also eine gemeinsame Wirkung der körpereigenen Kälte und der fremden (körperumgebenden) Wärme. Darum werden auch alle Körper beim Verfaulen trockener, und schließlich zu Erde und Mist; denn verläßt sie die innewohnende Wärme, so dünstet zugleich die natürliche Feuchtigkeit aus, ein Einsaugen des Feuchten findet nicht mehr statt (dies leistet ja eben die innewohnende Wärme). Bei Kälte tritt Fäulnis weniger leicht ein als in der Sonnenhitze; denn winters ist so wenig Wärme in der umgebenden Luft und Feuchtigkeit, daß sie unwirksam bleibt, sommers aber ist es mehr. Ferner fault nicht, was gefroren ist, da seine Kälte größer ist als die Wärme der Luft, es also nicht überwältigt wird (und qualitatives Verändern eines Dings kommt seinem Überwältigen gleich); ebenso wenig fault, was kocht oder heiß ist, da die Wärme in der Luft geringer ist als die im Gegenstand und somit keine übermächtige Wirkung, überhaupt keine Veränderung hervorzurufen vermag. Ebenso fault auch Bewegtes, Strömendes weniger als Bewegungsloses. Die Bewegung nämlich, die von der Wärme in der
379b Luft stammt, steht dabei an Kraft der von vornherein | im Objekt vorhandenen nach und kann somit keine Veränderung bewirken. Den

gleichen Grund hat es, wenn große Massen weniger faulen als geringe Quanten; denn jene enthalten zuviel wesenseigene Hitze und Kälte, als daß die Qualitäten der umgebenden Atmosphäre sie überwältigen könnten. Darum geht Meerwasser, als kleines Quantum abgesondert, rasch in Fäulnis über, beim Meer als Ganzem ist dies nicht der Fall, und bei sonstigen Gewässern steht es genau so. – Es entstehen auch Lebewesen aus faulenden Körpern, weil die aus letzteren ausgeschiedene Lebenswärme sie aus den Fäulnisprodukten aufbaut.

Soviel über das Wesen von Werden und Vergehen.

2. Nun sind als Nächstes die Arten der Wirkungen zu besprechen, die die genannten (aktiven) Qualitäten auf bereits konstituierte organische Körper ausüben.

Die (Wirkung) der Hitze ist das Garmachen (Verdauen), von dem es drei Arten gibt, Reifmachen, Sieden, Rösten; die (Wirkung) der Kälte aber ist das Unverdautsein, also der Zustand des Rohen, Halbgaren, Angesengten. – Man darf diese Namen nicht als eigentlich bezeichnend für die Vorgänge nehmen, aber es gibt eben keine allgemein anerkannten, die für die so oder ähnlich beschaffenen Phänomene zu verwenden wären; folglich muß man bei diesen Bezeichnungen nicht genau an diese, sondern an derartige Prozesse denken.

Wir wollen ihre Eigenart im einzelnen besprechen.

Als Garmachen soll gelten die völlige Überführung einer Substanz vermittelst der ihr innewohnenden natürlichen Wärme aus einem durch die entgegengesetzten Qualitäten charakterisierten Zustand in den des Fertigseins; die genannten Qualitäten stellen die einer jeden Substanz wesenseigene Materie dar. Wenn sie nämlich gargeworden ist, ist sie fertiggeworden und hat ihr Werden abgeschlossen. Den Anstoß zu diesem Fertigwerden bewirkt die innewohnende Wärme, wenn auch eine Hilfe von außen mitwirken mag; so helfen zum Verdauen von Speisen auch Bäder oder ähnliche Maßnahmen mit. Den Anstoß zu Beginn stellt jedenfalls die im Organismus vorhandene Wärme dar. Das Ziel dieses Garwerdens ist a) das Erreichen seiner (chemischen) Natur, d. h., in unserem Sinn, seiner Gestalt und seines Wesens, b) die Verwirklichung einer zugrundeliegenden ('physikalischen') Form, mit bestimmten Qualitäten, mit einer bestimmten Größe, wenn z. B. die Feuchtigkeit des Körpers die Einwirkung des Garmachens, Siedens, Reifens erfährt, oder von welcher Art sonst die Erwärmung sein mag. Dann ist das Feuchte brauchbar, ausgegoren, wie wir es vom jungen Wein sagen, vom Eiter, der sich in Abszessen sammelt, von Tränen, wenn sie in Schleim übergehen, und in ähnlichen Fällen.

Solches Garwerden tritt immer ein, wenn das feuchte Substrat in einem Körper überwältigt wird; denn dies Substrat ist es, was seine Formbestimmung von der in der Substanz vorhandenen Wärme empfängt. Solange nämlich das richtige Verhältnis (der Elementarqualitäten) vorhanden ist, bleibt der Körper im Besitz seiner Natur.|
380a Darum sind Urinieren und Stuhlgang ein Zeichen der Gesundheit, überhaupt alle Ausscheidungen des Körpers; wir sprechen dann von guter Verdauung, weil sich zeigt, daß die innewohnende Wärme der ungestalteten Materie überlegen ist. – Was gar wird, erfährt mit Notwendigkeit Verdichtung und Erwärmung; so wirkt ja die Wärme: sie schafft das richtige Volumen, dazu Dichtigkeit und Trockenheit.

Das also ist Garmachen (Verdauen); halbgarer Zustand ist ein unvollkommener infolge des Mangels an innewohnender Wärme (und Mangel an Wärme ist Kälte). Es ist dies eine Unvollkommenheit (im Verhältnis) der passiven Qualitäten, die für jeden Körper die Materie darstellen. Soweit unsere Feststellungen zum vollständigen bzw. unvollständigen Garwerden.

3. Reifen ist eine Art des Garwerdens; denn das Garwerden des Nährstoffs in der Fruchthülle nennt man so. Da das Garwerden einen Zustand des Fertig- und Vollkommenseins ergibt, ist die Reife dann vollkommen, wenn die Samen in der Frucht eine andere von gleicher Art hervorzubringen vermögen (in diesem Sinn verwenden wir das Wort 'vollkommen fertig' ja auch sonst). Neben der Anwendung auf eine Frucht braucht man noch in vielen anderen Fällen, wo etwas 'fertiggekocht' ist, das Wort Reife, im Hinblick auf einen gleichartigen Vorgang, jedoch in einem übertragenen Sinn; es liegen ja, wie bereits früher bemerkt, keine Bezeichnungen vor für jede einzelne Art des Fertigwerdens, dort wo Materie durch natürliche Wärme und Kälte eine Formung erfährt. Bei Abszessen, Entzündungen und dergleichen ist 'Reifen' das Garwerden der innewohnenden Feuchtigkeit infolge der natürlichen Wärme im Körper; denn nur was die Materie überwältigt, kann ihr Form geben. So wird beim Reifen von etwas aus Luftigem Wässeriges, und aus diesem Zustand wird es dann in den erdigen überführt; überhaupt wird dabei jedesmal alles, was locker war, fest und dicht. Bei diesem Prozeß eignet sich die Natur von dem Material das eine an, das andere scheidet sie aus. – Soviel über das Wesen des Reifens.

Rohzustand ist das Gegenteil davon: der Reife ist entgegengesetzt der unvollkommen gare Zustand des in der Fruchthülle enthaltenen Nährstoffes (d. i. der Feuchtigkeit, die noch keine bestimmte Form erhalten hat). Er ist, in solchem Zustand, entweder von luftiger oder von wässeriger Art, oder aus beidem gemischt. Ist also 'Reife' ein Zustand der Vollkommenheit, so ist mit 'roh' ein unvollkommener gemeint. Letzterer ergibt sich aus einem Mangel an natürlicher Wärme und deren Mißverhältnis zu der innewohnenden Feuchtigkeit, die 'reifen' (Form erhalten) soll. [Es 'reift' aber nichts Flüssiges – im eigentlichen Sinn –, ohne daß Trockenes dabei ist; denn Wasser läßt sich als einzige feuchte Substanz nicht verdicken.] Zu | dem genannten Mißverhältnis 380 b
kommt es bei (zu) wenig Wärme oder (zu) viel formbarer Materie. Deshalb ist auch der Saft unreifer Früchte dünn, eher kalt als warm, und ungenießbar für Speise und Trank. Von 'rohem' Zustand spricht man, wie vom 'reifen', ebenfalls in verschiedenem Sinn. So heißen Urin, Exkremente, Schleimabsonderungen 'roh', alle aus dem gleichen Grund: man bezeichnet sie als 'roh', weil in ihnen die Wärme nicht die Oberhand gewonnen hat, weil sie nicht zu kompakter Form gelangt sind. Weiterhin heißen Töpferton, Milch und viele andere Substanzen 'roh', wenn sie keine Einwirkung von Hitze erfahren, obwohl sie, dieser Wirkung ausgesetzt, sich zur Kompaktheit zu wandeln vermögen. Deshalb sprechen wir nie von 'rohem' Wasser, nur von gekochtem, weil es nicht dicht und fest wird. Was Reifen und Rohzustand, und welches die Ursache von beiden ist, darüber ist nun gehandelt worden.

Sieden ist, allgemein ausgedrückt, ein Garmachen mit Wasser und Hitze, welches die unbestimmte, in der Feuchtigkeit eines Körpers repräsentierte Materie erfährt; in eigentlichem Sinn aber braucht man das Wort bloß von Dingen, die durch Sieden gekocht werden. Das ergibt, wie gesagt, eine Bildung von Gasen oder von Flüssigkeiten. Das Garwerden wird durch die Hitze des siedenden Wassers bewirkt. Denn das, was man in einer Pfanne garmacht, wird geröstet (dies kommt von der äußeren Hitze her; was die umgebende Flüssigkeit betrifft, so wird sie von dem gerösteten Stück aufgezehrt und absorbiert); dagegen verhält sich Siedendes ganz anders: in ihm wird die innewohnende Feuchtigkeit infolge der Hitze der umgebenden Flüssigkeit ausgeschieden. Darum ist Gesottenes trockener als Geröstetes, weil es während des Siedens keine Flüssigkeit in sich zieht; die Wärme von außen siegt über die eigene, innere. Würde letztere die Oberhand gewinnen, so käme es zum Absorbieren der Feuchtigkeit.

Nicht jeder Körper läßt sich sieden, weder solche, die gar nichts Feuchtes enthalten, wie Steine, noch solche, in denen es zwar vorhanden ist, sich aber wegen der Dichte des Stoffes nicht bewältigen läßt, wie bei (frischem) Holz. Vielmehr lassen sich nur solche Substanzen sieden, deren innewohnende Feuchtigkeit von der Hitze des umgebenden Wassers beeinflußt werden kann. Man spricht zwar von Sieden auch bei Gold, Holz und vielen anderen Dingen; doch liegt hier ein metaphorischer Sprachgebrauch vor, die Art des Vorgangs ist nicht die gleiche. Es gibt eben keine speziellen Namen für die jeweiligen Unterschiede (solcher Prozesse). – Von Sieden sprechen wir auch bei Flüssigkeiten, wie Milch und jungem Wein, wenn ihr Geschmack eine artverändernde Einwirkung erfährt von seiten der äußeren umgebenden Hitze; es vollzieht sich dabei etwas Ähnliches wie das
381 a in Rede stehende 'Sieden'. | Der Zweck ist nicht in allen Fällen der gleiche, weder bei Substanzen, die gesotten, noch solchen, die gargekocht werden, vielmehr kann man das eine essen, das andere trinken, weiteres dient sonstigen Zwecken; wir sprechen ja auch vom Kochen von Arzneien. Alles, was sich eindicken läßt, was schwerer werden, was schwinden kann, oder was zu einem Teil diese Veränderungen, zum anderen die entgegengesetzten zu erfahren vermag (d. h. die Stoffe scheiden sich, indem der eine Teil dick-, der andere dünnflüssig wird, wie Milch zu Molke einerseits, zu Quark andrerseits wird) – all dies kann gesotten werden. Olivenöl, für sich genommen, läßt sich solchen Prozessen nicht unterwerfen und darum auch nicht sieden. – Dies also ist die als 'Sieden' bezeichnete Form des Garwerdens. Der Unterschied, ob es sich in künstlichen Gefäßen oder in organischen Körpern vollzieht, spielt keine Rolle; es handelt sich stets um dieselbe Ursache.

Unvollständiges Kochen führt zu einem halbgaren, dem Sieden entgegengesetzten Zustand; wobei entgegengesetzt sind a) der zu Beginn genannte ungare Zustand (380 a 6), b) derjenige der ungeformten Materie im Körper, den der Mangel an Hitze in der umgebenden Flüssigkeit verschuldet (Mangel an Wärme geht, wie betont, einem Vorhandensein von Kälte parallel, verursacht durch einen anderen Bewegungsanstoß, der die zum Garkochen nötige Wärme verdrängt). Den Mangel an Wärme verursacht zuviel Kälte entweder in der umgebenden Flüssigkeit oder in dem Körper, den man sieden will, selbst. Es kann dann die Wärme der umgebenden Flüssigkeit groß genug sein, um die Erwärmung in Gang zu setzen, aber sie reicht nicht aus, um gleichmäßiges Garkochen zu bewirken. Darum sind halbgare Körper härter als gargekochte, und was die Flüssigkeit in ihnen betrifft, so ist in ihr das Klare und das Feste deutlicher geschieden. – So viel über Wesen und Ursachen des Siedens und Garmachens.

Rösten ist Garmachen durch trockene Hitze von außen. Auch wenn wir etwas auf dem Wege des Siedens einer Umwandlung unterziehen und garmachen, nicht durch die Hitze des Wassers, sondern des Feuers, so ist es am Ende geröstet, nicht gekocht, und geschieht das im Übermaß, so sprechen wir von 'verbraten'; Ursache ist die trockene Hitze, dann, wenn am Ende der Körper trockener geworden ist. Deshalb ist hier die Außenseite trockener als das Innere, während es bei Gesottenem umgekehrt ist. Die Arbeit mit den Küchengeräten ist beim Rösten schwieriger als beim Sieden; es ist nämlich nicht leicht, das Innere und das Äußere gleichmäßig zu erhitzen. Stets dörrt ja, was dem Feuer näher ist, | schneller, also auch vollständiger. So kann, wenn sich die 381 b
Poren außen zusammenziehen, die innewohnende Flüssigkeit nicht ausgeschieden werden, sondern bleibt drinnen gefangen, wenn die Poren sich schließen. – Rösten und Sieden sind zwar künstlich herbeigeführte Prozesse, doch sind auch die entsprechenden natürlichen Vorgänge, wie dargelegt, von wesentlich gleicher Art: die Phänomene sind ähnlich, wir haben bloß keine Namen für sie. Denn die Kunst ahmt die Natur nach. Es ist ja im organischen Körper die Verdauung der Nahrung einem Kochen gleich, da sie in einer feuchten und warmen Umgebung und unter dem Einfluß der Körperwärme stattfindet. Manche Verdauungsstörungen ähneln ja auch einem unvollständigen Garwerden. Im Zusammenhang mit der Verdauung entwickelt sich kein Lebewesen (wie manche behaupten), vielmehr nur in dem Exkrement, das im Unterleib einen Fäulnisprozeß erfährt; von dort steigen die Lebewesen nach oben. Denn die Verdauung vollzieht sich im oberen, die Fäulnis des Exkrements im unteren Teil des Bauches; über die Ursache ist andernorts gehandelt.

Halbgarmachen ist also dem Sieden entgegengesetzt; für das als Rösten bezeichnete Garmachen gibt es zwar auch ein Gegenstück, doch findet sich weniger leicht ein Name dafür. Man könnte es so fassen, daß sich dabei ein Versengen, aber kein Rösten vollzieht, und zwar entweder wegen der Geringfügigkeit der von außen wirkenden Hitze oder wegen der Menge der Feuchtigkeit in dem Körper, der geröstet werden soll. Dann ist nämlich die Hitze groß genug, um eine Erwärmung in Gang zu setzen, aber sie reicht nicht aus zum Garmachen.

Dies also ist unsere Darlegung über garen und ungaren Zustand, über Reife und Rohzustand, Sieden und Rösten, sowie über die entsprechenden entgegengesetzten Prozesse.

4. Jetzt sind die Formen der passiven Qualitäten, des Feuchten und Trockenen, darzulegen.

Feucht und Trocken sind die elementaren passiven Faktoren der natürlichen Körper. Diese selbst sind Zusammensetzungen aus ihnen; je mehr von einer Qualität vorhanden ist, desto mehr beeinflußt diese die Natur des Körpers; bei dem einen herrscht das Trockene vor, bei dem anderen das Feuchte. Diese Qualitäten müssen durchweg teils aktualisiert, teils in entgegengesetzter Weise (potenziell) vorhanden sein; in diesem Sinn steht z. B. der Begriff 'Schmelzen' dem Begriff 'schmelzbar' gegenüber. Da nun in einem Körper das Feuchte leicht, das Trockene schwer zu bestimmen ist, so verhalten sie sich zueinander ähnlich wie ein Gericht und seine Würzen: das Feuchte ermöglicht es, daß man dem Trockenen Form und Bestimmung geben kann; sie
382a dienen einander als Verbindungsstoff, als Leim – so sagt | Empedokles in seinem Naturgedicht: 'Weizenmehl mit Wasser zu Leim verbindend'. So ist ein Körper in seiner bestimmten Form eine Zusammensetzung aus beiden. – Von den Elementen gilt als ausgeprägt trocken die Erde, als ausgeprägt feucht das Wasser. Darum enthalten in unserer Welt alle Körper mit bestimmter Form Erde und Wasser (das überwiegende Element verrät sich jeweils in der besonderen Art des Körpers); darum gibt es Lebewesen allein auf der Erde und im Wasser – denn diese Elemente stellen den Grundstoff ihrer Körper dar –, nicht aber in Luft oder Feuer. Von den Eigenschaften aber, die ein bestimmt geformter Körper aufweist, müssen dies die primären sein, Härte oder Weichheit; denn ein Gebilde aus Feucht und Trocken muß entweder hart oder weich sein. Hart ist, was unter Druck mit seiner Fläche nicht nach innen nachgibt, weich, was nachgibt, und zwar ohne auszuweichen, ⟨was Flüssigkeiten tun⟩, denn Wasser ist nicht weich; es gibt einem Druck nicht nach innen nach, sondern reagiert durch Platzwechsel. Dinge, die sich in absolutem Sinn so verhalten, sind absolut hart oder weich; in relativem Sinn sind es die, deren Verhalten wir in bezug auf einen anderen Körper beurteilen. Ein Mehr oder Weniger (hinsichtlich von Hart und Weich) läßt sich nicht bestimmen, wenn man (zwei Körper) einander gegenüberstellt. Da wir aber alles Wahrnehmbare durch Wahrnehmung beurteilen, so ist es klar, daß wir Hart und Weich in absolutem Sinn bestimmen im Hinblick auf unser

Gefühl – wir benutzen den Tastsinn als Mittel und nennen daher, was ihn überfordert, hart, was dazu zu schwach ist, weich.

5. Ein Körper, der durch eine ihm eigene Form bestimmt ist, muß hart oder weich sein, – da er entweder nachgibt oder nicht, ferner konkret, – dadurch hat er ja bestimmte Form. Also: da jedes Gebilde mit fester Form hart oder weich ist, diese Eigenschaften aber aus einer Verfestigung resultieren, so kann nichts Zusammengesetztes, bestimmt Geformtes ohne Verfestigung existieren. Über diese ist also zu handeln.

Außer der Materie gibt es zwei Ursachen, das aktive und das passive Prinzip; wobei ersteres als Ursprung der Bewegung, letzteres als Form und Gestalt der Materie zu fassen ist. Diese Ursachen gelten auch für Verfestigung und Auflösung, für Trocknen und Befeuchten. Tätig ist das aktive Prinzip kraft zweier Qualitäten, das passive zeigt seine Beeinflußbarkeit ebenfalls in zwei Qualitäten, wie dargelegt: Tätigkeit vollzieht sich vermittelst des Warmen und des Kalten, Beeinflussung zeigt sich gemäß dem Vorhandensein oder Nichtvorhandensein von Wärme oder | Kälte. 382 b

Nachdem Verfestigung eine Art von Austrocknung ist, wollen wir zunächst über die letztere sprechen. Ein Körper, der eine Einwirkung erfährt, ist bekanntlich entweder feucht, oder trocken, oder eine Verbindung aus beidem. Nach unserer Anschauung verkörpert Wasser das Feuchte, Erde das Trockene; denn diese Elemente sind unter den Stoffen, die feucht und trocken sein können, von passiver Natur. Daher gehört auch das Kalte eher zu den passiven Qualitäten; es ist ja in Erde und Wasser enthalten: und beide gelten uns ja als kalt. Eine aktive Qualität ist das Kalte, insofern es (wie früher dargestellt) Leben zerstören kann, oder indem es als Nebenwirkung eintritt. Manchmal spricht man auch von einer verbrennenden oder erwärmenden Wirkung des Kalten, wobei es aber nicht in der selben Weise wie das Warme tätig ist, sondern dadurch, daß es das Warme zusammenführt, durch Reaktion sich konzentrieren läßt. Auftrocknen können Wasser und alle wässerigen Flüssigkeiten, ebenso trocknet alles, was von außen hinzugekommene Feuchtigkeit enthält, – z. B. Wolle – oder von Natur innewohnende, – z. B. Milch. Die Arten des Wässerig-Flüssigen: z. B. Wein, Urin, Molke, überhaupt alle Flüssigkeiten, bei denen es keinen, oder nur einen sehr geringen Bodensatz gibt, obwohl sie nicht klebrig sind, denn manche Stoffe haben aus diesem Grund, weil sie klebrig sind, keinen Bodensatz, wie Öl oder Pech. – Für alle Körper gilt, daß sie sowohl durch Wärme- wie Kälteeinwirkung trocknen können; beidemal ist die innere Wärme oder eine solche von außen das Bewirkende. Denn auch wenn Dinge, wie etwa ein Kleid, wo die Feuchtigkeit als etwas Äußerliches haftet, durch Kälte trocknen, wird dies durch die innewohnende Wärme bewirkt; sie wird durch die umgebende Kälte herausgepreßt und läßt dabei das Feuchte als Dampf mit austreten, wenn es in nicht zu großer Menge vorhanden ist. – Also, wie gesagt, alles kann entweder durch Erwärmung oder Abkühlung trocken werden, jedesmal durch Wirkung des Warmen – entweder von innen oder von außen –, welches die Feuchtigkeit als Dampf mit austreten läßt. Bei Wärme von außen denke ich z. B. an den Vorgang des Siedens; unter innerer Wärme verstehe ich den (eben genannten) Prozeß: beim Wegfall einer äußeren Wärmequelle wird die Feuchtigkeit aufgezehrt unter der Wirkung der eigenen Wärme des Dings, die dabei mit fortgeweht wird.

Damit ist der Trocknungsvorgang behandelt.

6. Verflüssigung ist einmal Kondensation zu Wasser, zum andern das Schmelzen eines festen Körpers. Dabei wird Kondensation durch Abkühlung von Luft (Pneuma) bewirkt. Was den Schmelzvorgang betrifft, so wird er sich durch Betrachtung der Verfestigung klären.

Alles, was sich verfestigt, ist entweder Wasser oder ein Gemisch aus Erde und Wasser, und bewirkt wird der Vorgang entweder durch
383a trockene Hitze oder durch Kälte. Darum lösen sich | diejenigen durch Heiß oder Kalt verfestigten Substanzen, die überhaupt lösbar sind, durch Einwirkung der entgegengesetzten Qualitäten auf: was trockene Hitze verfestigt hat, löst sich in Wasser (= Feucht-Kalt), was Kälte verfestigt hat, löst sich in Feuer (= Warm). Bei einigen Stoffen könnte man zwar meinen, daß sie Wasser verfestigt, z. B. gekochter Honig; aber was hier verfestigend wirkt, ist nicht das Wasser, sondern die Kälte in ihm.

Flüssigkeiten lassen sich niemals durch Feuer verfestigen. Sie verflüchtigen sich ja im Feuer, und die gleiche Ursache kann, auf die gleiche Weise wirkend, bei dem gleichen Objekt keine entgegengesetzten Wirkungen hervorrufen. Ferner kommt es zur Verfestigung, weil Wärme weggeht; folglich ist, wenn sich das Objekt wieder verflüssigt, offenbar der Grund, daß Wärme hineinkommt; so daß es also die Kälte ist, was die Verfestigung hervorruft. Deshalb bedeutet diese auch kein Dickwerden solcher Flüssigkeiten. Dick werden sie nämlich, wenn das Feuchte in ihnen schwindet, das Trockene (Feste) sich konzentriert. Reines Wasser dagegen läßt sich, allein unter allem Flüssigen, nicht verdicken.

Stoffe, an denen Erde und Wasser gemeinsam teilhaben, lassen sich sowohl durch Feuer wie Kälte verfestigen, und durch beide Wirkungen auch verdicken. Die Wirkungen von Heiß und Kalt sind manchmal identisch, manchmal verschieden: ist Hitze wirksam, verflüchtigt sich das Feuchte, d. h. beim Verdampfen des Feuchten wird das Trockene fest und konzentriert sich; ist Kälte wirksam, wird das Warme verdrängt; gleichzeitig geht das Feuchte in Dampf auf und verflüchtigt sich. Also erfahren alle Stoffe, die weich, aber nicht feucht sind, keine Verdickung, sondern eine Härtung, wenn ihre Feuchtigkeit schwindet, z. B. gebrannter Ton; zusammengesetzte Stoffe dagegen, die Feuchtigkeit enthalten, verdicken sich, z. B. Milch. Oft werden auch Körper, die durch Kälte verdickt oder gehärtet waren, zunächst feucht (wenn man sie erhitzt); so läßt Ton beim Brennen zunächst Wasserdampf austreten und wird weicher; darum deformiert er sich auch manchmal in den Töpferöfen.

Von den aus Erde und Wasser zugleich, jedoch mit Übergewicht der Erde, zusammengesetzten Stoffen, soweit sie durch Kälte verfestigt sind, schmelzen diejenigen, die der Weggang des Warmen verfestigt hat, unter der Wirkung von Wärme, wenn sie wieder zurückkehrt, z. B. (durch Frost) festgewordener Schlamm; die Körper aber, die Kälte von außen verfestigt hat – wobei gleichzeitig alle innere Feuchtigkeit mit der Wärme verdampfte, – lassen sich nicht auflösen – es sei denn durch enorme Hitze –, wohl aber weichmachen, z. B. Eisen und Horn. Auch Schmiedeeisen läßt sich schmelzen, so daß es flüssig und wieder fest wird. Entsprechend macht man es bei der Stahlbereitung: hier bildet | die Eisenschlacke einen Bodensatz, der von unten 383 b
weggeräumt wird; hat das Eisen diesen Prozeß mehrmals durchlaufen, so ist es durch diese Reinigung zu Stahl geworden. Oft läßt man aber diesen Reinigungsprozeß nicht stattfinden, denn der Verlust an Material und an Gewicht ist dabei groß. Je weniger man es reinigen muß, desto besser ist das Eisen. Auch der Stein Pyrimachos läßt sich schmelzen, so daß er Tropfen bildet und flüssig wird; verfestigt er sich dann wieder, so wird er wieder hart wie zuvor. Ebenso können Mühlsteine schmelzen und flüssig werden. Verfestigt sich die flüssige Masse wieder, so ist ihre Farbe schwarz, der Zusammensetzung nach gleicht sie dem Kalk. [Auch Schlamm und Erde sind löslich.]

Stoffe, die trockene Hitze verfestigt hat, sind teils unlöslich, teils im Wasser löslich. So sind Töpferton und einige Steinarten – diejenigen, die aus Erde bestehen, die von Feuer verbrannt ist – ⟨in Wasser⟩

unlöslich, wie das (vulkanische) Myliasgestein, Soda dagegen und andere Salze sind in Flüssigkeiten löslich, nicht in allen, sondern nur in kalten. So löst sich Salz in Wasser und allen wässerigen Flüssigkeiten, aber nicht in Öl; denn Feucht-Kalt ist der Gegenpol von trockener Hitze. Hat das eine Qualitätenpaar zur Verfestigung geführt, so muß das andere auflösend wirken. So bewahrheitet sich der Satz: entgegengesetzte Ursachen erzeugen entgegengesetzte Wirkungen.

7. Alle Stoffe, in deren Zusammensetzung Wasser gegenüber Erde überwiegt, lassen sich durch Feuer bloß verdicken, wo Erde überwiegt, kommt es dagegen (durch Feuer) zur Verfestigung. Darum sind Soda und Salz mehr von erdiger Art, ebenso Gestein und Töpferton.

Sehr schwierig steht es mit der Wesensbestimmung des Olivenöls. Wäre es vorwiegend Wasser, so müßte Kälte es verfestigen, wäre es vorwiegend Erde, dann Feuer; nun aber wird es von keinem der beiden verfestigt, wohl aber von beiden verdickt. Die Ursache: Öl ist von Luft erfüllt; deswegen schwimmt es im Wasser obenauf; es strebt ja auch das Element Luft nach oben. Kälte verdickt das Öl, indem sie die ihm innewohnende Luft in Wasser wandelt; mischt man nämlich Wasser und Öl, so hat die Verbindung stets eine größere Dichtigkeit als die beiden Faktoren. Feuer und langes Stehenlassen machen das Öl dick und weiß: weiß, weil alle in ihm enthaltene Feuchtigkeit verdunstet, dick, weil mit dem Schwinden seiner Wärme die innewohnende Luft sich in Wasser wandelt. Beidemal ergibt sich also das gleiche, sogar durch die gleichen Ursachen, aber nicht auf die gleiche Weise. Dick wird das Öl also durch beide Ursachen (Wärme – Abkühlung), aber keine der beiden trocknet es auf, das tut weder die Sonne noch
384a die Kälte, nicht nur weil es klebrig ist, | sondern auch, weil es Luft enthält. Öl läßt sich aber auch durch die Einwirkung von Feuer nicht auftrocknen und nicht verkochen, weil seine Klebrigkeit die Verdunstung verhindert.

Alle Mischungen aus Wasser und Erde ordnet man richtig ein, wenn man sie nach dem Übergewicht des einen oder des anderen Teils benennt. Zum Beispiel gibt es Weinarten (wie Most), die sich verdicken und verkochen lassen. Alle solche Substanzen verlieren während des Trocknungsvorgangs Wasser. Es ist wirklich ihre innewohnende Feuchtigkeit; Beweis: läßt man den von ihnen ausgehenden Dampf sich verdichten, so wird er zu Wasser. Was von solchen Stoffen dann verbleibt, ist also Erde. Bei einigen von ihnen ist es, wie gesagt, auch die Kälte, was sie sich verdicken und trocken werden läßt. Kälte verfestigt ja nicht allein Wasser, sondern trocknet es auch auf, und verdickend wirkt sie, indem sie die innewohnende Luft in Wasser wandelt (Verfestigung ist, wie dargelegt, eine Art des Trocknens). Alle Stoffe, die unter Kälteeinwirkung nicht dick werden, sondern gefrieren, gehören eher zum Wasser, wie Wein, Urin, Essig, Lauge ⟨aus Holzasche⟩, Molke; alles dagegen, was (durch Kälte) dick wird (also ohne durch Feuereinwirkung seine Feuchtigkeit zu verlieren), ist teils erdig, teils ein Gemisch aus Wasser und Luft; so enthält Honig mehr Erde, Öl mehr Luft. Sowohl Milch wie Blut gehören zu beiden, zu Wasser wie Erde, wobei aber meistens Erde überwiegt; das gleiche gilt für alle Flüssigkeiten, aus denen man Soda und Salze gewinnt (aus bestimmten Flüssigkeiten dieser Art entstehen auch Steine). Darum läßt sich auch Molke, sondert man sie nicht vorher ab, über Feuer verkochen. Das Erdige (in der Milch) konzentriert sich auch unter der Einwirkung von Feigenlab, wenn man sie in bestimmter Weise kocht; so stellen die Ärzte mit Feigenlab geronnene Milch her. Auf diese Weise lassen sich Molke und Käse (Rahm) trennen. Molke läßt sich, einmal abgetrennt, nicht mehr verdicken, sondern verkocht wie Wasser. Hat die Milch keinen Käse oder nur wenig, dann ist sie wässerig und vermag nicht mehr zu gerinnen. Mit dem Blut steht es ebenso: unter Kälteeinwirkung trocknet es und wird fest. Soweit es sich nicht verfestigt – was z. B. bei Hirschblut der Fall ist –, so ist es mehr von wässeriger Art und dabei kalt. Darum ist es dann auch nicht faserig, – Fasern sind erdig und hart. Nimmt man aus (normalem) Blut die Fasern heraus, so verfestigt es sich infolgedessen nicht, und zwar, weil es nicht trocknen kann. Denn übriggeblieben ist dann bloß Wasser, wie bei Milch, der man den Rahm weggenommen hat. Beweis: krankes Blut verfestigt sich gewöhnlich nicht, da es Serum enthält, d. h. Schleim und Wasser, als ein nicht gar gewordenes, von der Natur nicht fertig gestaltetes Produkt.

Weiterhin sind manche Verbindungen (von Erde und Wasser) löslich, z. B. Soda, manche unlöslich, z. B. Töpferton; | 384 b von letzteren lassen sich manche weich machen, wie Horn, manche nicht, wie Töpferware und Stein. Der Grund davon: entgegengesetzte Ursachen erzeugen entgegengesetzte Wirkungen; verfestigt sich also ein Stoff durch die beiden Qualitäten Kalt und Trocken, so muß er sich durch Warm-Feucht auflösen, d. h. durch Feuer und Wasser (zwei Gegensätze): durch Wasser alles, was allein durch Feuer sich verfestigte, durch Feuer alles, was allein durch Kälte sich verfestigte. Folglich sind Stoffe, die unter beiden Wirkungen sich verfestigen, besonders schwer löslich. Dies ist der Fall bei einem Körper, der erhitzt wird und dann unter Kälteeinwirkung sich verfestigt. Verläßt ihn nämlich die Hitze – die dabei die Feuchtigkeit größtenteils mitverdunsten läßt –, dann preßt ihn die Kälte wieder so zusammen, daß nichts, auch keine Feuchtigkeit, mehr in ihn eindringen kann. Deswegen löst einen solchen Körper auch keine Hitze auf (sie vermag, allein für sich, dies nur bei Stoffen, die allein durch Kälte sich verfestigen), auch kein Wasser: es löst durch Kälte Verfestigtes nicht auf, nur Stoffe, die trockene Hitze verfestigt hat. Mit Eisen aber steht es so: durch Hitze geschmolzen, verfestigt es sich durch Kälte. – Was Holz betrifft, so enthält es Erde und Luft; deswegen kann man es verbrennen (aber nicht schmelzen oder weichmachen), deswegen schwimmt es in Wasser obenauf, ausgenommen Ebenholz. Dies vermag dergleichen nicht, denn während die anderen Holzarten mehr Luft enthalten, ist aus dem schwarzen Ebenholz die Luft entwichen, dafür ist der erdige Anteil größer. – Töpferware ist ganz von erdiger Art, weil sie beim Brennen allmählich hart geworden ist; weder findet Wasser Stellen zum Eindringen – durch sie konnte bloß die Luft entweichen – noch Feuer; letzteres hat ja die Härtung herbeigeführt (und die Poren verschlossen).

Damit ist über Verfestigung und Schmelzen gehandelt, ebenso über die Ursachen dieser Vorgänge und die davon betroffenen Körper.

8. So ergibt sich deutlich, daß Wärme und Kälte die Körper aufbauen, und zwar indem sie verdickend und verfestigend wirken. Darum ist in allen Körpern, weil sie durch diese Qualitäten geformt sind, Wärme enthalten, in einigen auch Kälte, weil Wärme fehlt. Da Warm und Kalt als aktive, Feucht und Trocken als passive Qualitäten vorhanden sind, haben folglich zusammengesetzte Körper an allenn Qualitäten Anteil. Aus Wasser und Erde nun bestehen die homogenen Körper, nämlich (die Gewebe) in Pflanzen und animalischen Wesen; auch die Metalle gehören dazu, Gold, Silber und was es alles dergleichen gibt [aus Wasser und Erde sowie der in beiden eingeschlossenen Aus-
385a dünstung, wie anderswo dargelegt ist]. Alle diese Substanzen | unterscheiden sich voneinander 1) dadurch, daß jede von den Sinneswerkzeugen als etwas Eigenes wahrgenommen wird und auf diese eine besondere Wirkung ausübt, – etwas ist weiß, wohlriechend, tönend, süß, warm, kalt entsprechend der Art, wie es auf die Wahrnehmung wirkt, 2) durch speziellere Eigentümlichkeiten ihres passiven Verhaltens, z. B. die Fähigkeit zu schmelzen, sich zu verfestigen, sich biegen zu

lassen und dergleichen mehr. Das sind alles passive Qualitäten, als deren Hauptbegriffe wir Feucht und Trocken kennen. Diese Qualitäten sind es, durch die Knochen, Fleisch, Sehnen, Holz, Baumrinde, Stein sich unterscheiden sowie alle anderen natürlichen homogenen Körper.

Zunächst wollen wir eine Aufzählung darüber vorlegen, wie man ihre Affizierbarkeit bzw. Nichtaffizierbarkeit sprachlich unterscheidet. Es handelt sich um folgende Qualitäten:
Eine Substanz ist

zu verfestigen / nicht zu verfestigen
zu schmelzen / nicht zu schmelzen
durch Hitze zu erweichen / nicht zu erweichen
Feuchtigkeit aufnehmend / nicht aufnehmend
zu biegen / nicht zu biegen
zu brechen / nicht zu brechen
zu zersplittern / nicht zu zersplittern
einer Einprägung fähig / nicht fähig
zu formen / nicht zu formen
zu pressen / nicht zu pressen
elastisch zu dehnen / nicht zu dehnen
zu schmieden / nicht zu schmieden
zu spalten / nicht zu spalten
zu schneiden / nicht zu schneiden
klebrig / pulverig (körnig)
zu kneten / nicht zu kneten
zu verbrennen / nicht zu verbrennen
zu verdampfen / nicht zu verdampfen.

Diese Verhaltensweisen sind es, durch die sich so ziemlich die meisten Körper unterscheiden; wir wollen nun ihre Bedeutung im einzelnen beschreiben.

Über das Sichverfestigen und das Schmelzen sowie das Gegenteil dieser Prozesse wurde bereits eine allgemein gehaltene Darstellung gegeben; wir kehren aber doch noch einmal zu dem Thema zurück. Alle Körper, die sich verfestigen und hart werden, erleiden dies unter der Einwirkung entweder von Wärme oder von Kälte, indem die Wärme die Feuchtigkeit trocknet bzw. die Kälte die Wärme verdrängt. Es werden also manche Körper fest und hart wegen Mangels an Feuchtigkeit, manche wegen Mangels an Wärme; letzteres trifft für die vorwiegend aus Wasser bestehenden

Körper zu, ersteres für die vorwiegend aus Erde bestehenden. Wo Mangel an Feuchtigkeit so wirkt, da tritt ein Sichauflösen durch Feuchtigkeit ein, es sei denn, der Körper habe sich derart verfestigt, daß seine Poren zu klein sind, um Wasserteilchen eintreten zu lassen, wie z. B. beim gebrannten Töpferton. In allen anderen Fällen lösen sich die Stoffe in Feuchtigkeit, wie Soda, Salze, Schlammbrocken. Was durch Wärmeverlust sich verfestigte, schmilzt durch Wärme, wie Eis, Blei, Bronze. – Soweit also über Körper, die sich verfestigen bzw.
385 b schmelzen (lösen) lassen, sowie über die | unschmelzbaren (unlöslichen) Untauglich zur Verfestigung sind alle Substanzen, die keine wässerige Feuchtigkeit enthalten, die nicht Wasser sind, sondern eher warm und erdig, wie Honig, Most, – diese Flüssigkeiten befinden sich sozusagen in einem Gärzustand; ferner alle, die zwar Wasser enthalten, aber in höherem Grade Luft, wie Öl, Quecksilber und klebrige Flüssigkeiten, z. B. Pech oder Vogelleim.

9. Durch Hitze zu erweichen sind verfestigte Stoffe dann, wenn sie nicht aus Wasser bestehen, wie es z. B. bei Eis der Fall ist, sondern vorwiegend aus Erde, und wo die Feuchtigkeit weder ganz verdampft ist, wie bei Soda und Salz, noch unverhältnismäßig gering ist, wie bei gebranntem Töpferton. Solche Stoffe lassen sich dehnen, ohne befeuchtet zu werden, oder hämmern, falls sie kein Wasser enthalten, oder sind sonst durch Hitze zu bearbeiten, wie Eisen und Horn [und Holz].

Unter den schmelzbaren bzw. unschmelzbaren Stoffen gibt es solche, die Flüssigkeit aufnehmen (und dabei erweichen), und solche, bei denen dies nicht der Fall ist. So läßt sich Bronze schmelzen, aber natürlich nicht durch Flüssigkeitsaufnahme auflösen, dagegen absorbieren Wolle und Erde Wasser; sie lassen sich einweichen. Dagegen ist Erz bekanntlich schmelzbar, aber nicht in Wasser löslich. Jedoch gibt es auch in Wasser lösliche Stoffe, die in Wasser nicht weich werden, wie Soda und Salz; zum Begriff 'absorbierend' gehört nämlich, daß solche Stoffe im Wasser weicher werden. Manche absorbieren Flüssigkeit, ohne in Wasser löslich zu sein, wie Wolle und Getreidekörner. Flüssigkeit aufnehmende Stoffe sind solche, die von erdiger Natur sind und deren Poren größer sind als die Wasserteilchen, dabei aber zu fest, um vom Wasser angegriffen zu werden. Alles aber, was in Wasser schmilzt (sich löst), muß durch und durch porös sein.

Warum löst sich Erde in Wasser, nimmt aber auch Wasser auf, während Soda sich zwar auflöst, aber in Wasser nicht weich wird?

Weil in Soda die Poren ganz durchgehen, so daß die Teile des Stoffs in Wasser sofort zerfallen, während in Erde die Poren sowohl längs wie quer laufen. So kommt es zu dem Unterschied des Vorgangs bei den beiden Substanzen: er variiert je nach der Art, wie sie Wasser aufnehmen.

Manche Körper kann man biegen und wieder gerade strecken, wie Binsen oder Weidenruten, andere lassen sich nicht biegen, wie gebrannter Töpferton und Stein. Nicht zu biegen und wieder gerade zu strecken sind diejenigen, die von einer rundgebogenen Gestalt aus nicht eine gerade, von einer geraden aus nicht eine gebogene annehmen können. Biegen und Strecken sind Vorgänge, bei denen sich ein Gestaltwandel, eine Bewegung zu Gerade oder Krumm vollzieht, wobei, wenn man etwas biegt, es gleich ist, ob nach innen oder | außen. Eine 386a
Bewegung zum Konkaven oder Konvexen hin, wobei die Länge gleichbleibt, ist also Biegen. Das Geradestrecken ist etwas anderes, sonst wäre ja Gebogensein und Geradesein dasselbe; was doch unmöglich ist – ein gebogenes Gerades! Und wenn alles Gebogene eine Biegung nach innen oder außen erfahren hat, einen Übergang teils zu konvexer, teils zu konkaver Gestalt, so kann es doch wohl unmöglich ein Biegen auch zum Geraden hin geben; vielmehr sind Biegen und Geradestrecken zwei verschiedene Vorgänge. – Dies also über biegungs- und streckfähige, nicht biegsame und nicht streckfähige Körper.

Manche Körper lassen sich zerbrechen, aber auch zertrümmern, andere lassen nur das eine oder andere zu; Holz zum Beispiel kann man zerbrechen, aber nicht zertrümmern, dagegen kann man dies mit Eis oder Stein tun, die man nicht zerbrechen kann. Gebrannter Töpferton läßt sich ebenso zertrümmern wie zerbrechen. Zerbrechen ist – darin besteht der Unterschied – eine Zerlegung und Zertrennung in große Stücke, Zertrümmern eine solche in beliebig viele, mehr als zwei. Stoffe, die in der Weise verfestigt sind, daß ihre Poren kreuz und quer laufen, lassen sich zertrümmern, denn durch diese Lage der Poren ist ihre Spaltbarkeit gegeben; wo lange, durchgehende Poren vorhanden sind, lassen sie sich bloß zerbrechen; Körper, die die einen wie die anderen Poren aufweisen, kann man sowohl brechen wie zertrümmern.

Dann gibt es Körper, die einer Einprägung fähig sind, wie Erz und Wachs, oder nicht – wie gebrannter Töpferton und Wasser. Einprägung sei gemeint als Eintiefung einer Oberfläche durch Druck oder

Schlag, allgemein gesagt also durch Berührung. Dabei sind solche Stoffe teils weich (elastisch) wie Wachs, das an einer Stelle nachgibt, während im übrigen die Fläche fest bleibt, teils hart wie Erz. Keiner Einprägung fähig ist Hartes, wie gebrannter Töpferton – wo die Oberfläche ja keine Eintiefung zuläßt–, und Feuchtes, z. B. Wasser, das zwar nachgibt, aber nicht an einer bestimmten Stelle, vielmehr weicht es, in Reaktion auf den Druck, seitwärts aus. Unter den einprägungsfähigen Stoffen gibt es solche, bei denen der Eindruck bleibt und die sich leicht eindrücken lassen: die nennt man formbar; andere lassen entweder keine Eintiefung zu – z. B. Stein, Holz – oder man kann sie zwar eindrücken, aber die Eintiefung bleibt nicht – z. B. Wolle, Schwamm –: diese sind nicht formbar, wohl aber einer Kompression fähig. – Zusammenpressen kann man solche Körper, die unter Druck nach innen nachgeben, wobei die Oberfläche einsinkt, ohne daß sich etwas ablöst und ohne daß ein Teil des Ganzen einem anderen Teil ausweicht, wie bei Wasser, wo dies ja der Fall ist. 'Druck' ist eine Bewegung, bei der der bewegende Körper mit dem Objekt in Be-
386 b rührung bleibt; | ein 'Schlag' wird durch die Ortsveränderung des bewegenden Körpers verursacht. Zusammendrücken kann man Körper mit Poren, die leer sind, d. h. den Stoff nicht aufweisen, aus dem der Körper selbst besteht; daher ist kompressionsfähig, was in die inneren Hohlräume einsinken kann oder in die eigenen Poren. Manchmal sind nämlich diese Hohlstellen, in die der Körper sich eindrücken läßt, nicht leer, z. B. bei einem feuchten Schwamm, dessen Poren gefüllt sind; aber dann müssen die Poren mit einem Stoff gefüllt sein, der weicher ist als der kompressionsfähige Körper selbst. Schwämme, Wachs, Fleisch, all das kann man zusammendrücken. Nicht zusammenpressen kann man Stoffe, deren Natur ein Einsinken in die eigenen Poren unter Druck nicht zuläßt, entweder weil sie keine Poren haben, oder weil ihre Poren mit einer zu harten Substanz gefüllt sind. So sind Eisen, Stein, Wasser (wie alle Flüssigkeiten) nicht kompressionsfähig.

Dehnbar sind alle Körper, deren Oberfläche sich seitlich verschieben läßt; von Dehnbarkeit spricht man ja bei einer Fläche, die, ohne ihren Zusammenhang einzubüßen, einer bewegenden Kraft folgt. Dehnbar sind etwa Haar, Leder, Sehne, Teig, Vogelleim, nicht dehnbar z. B. Wasser und Stein. Manche Stoffe kann man ebenso dehnen wie zusammendrücken, z. B. Wolle, andere dagegen nicht; so ist Schleim nur dehnbar, ein Schwamm nur kompressionsfähig, aber nicht dehnbar.

Manche Stoffe, wie Erz, kann man mit dem Hammer bearbeiten, andere nicht, z. B. Stein und Holz. Stoffe der erstgenannten Art sind solche, deren Oberfläche zu einem Teil sich unter der Wirkung ein und desselben Schlages gleichzeitig nach innen und seitlich verschiebt, während dies bei den anderen unmöglich ist. Alles, was sich hämmern läßt, ist auch einer Einprägung fähig, doch nicht alles, was einer Einprägung fähig ist, läßt sich auch hämmern. Dies gilt z. B. für Holz. Im ganzen aber sind diese beiden Begriffe reziprok. Manche kompressionsfähigen Körper lassen sich hämmern, wie Wachs und Schlamm, andere nicht, z. B. Wolle.

Es gibt spaltbare Körper, z. B. Holz, und nicht spaltbare, z. B. Töpferton. Spaltbar ist der Stoff, bei dem sich die Trennung (der Oberfläche) über den unmittelbaren Eingriff des trennenden Körpers hinaus fortsetzen kann; d. h. ein Ding wird gespalten, wenn es sich über den Endpunkt des Eingriffs hinaus zertrennen läßt, also die Trennung sich fortsetzt; beim Schneiden ist es anders. Nicht spaltbar ist alles, was sich nicht so verhalten kann. Weiche Körper sind niemals spaltbar (gemeint ist absolute, nicht relative Weichheit; in letzterem Sinn kann z. B. auch Eisen weich sein), ebensowenig ist es die Gesamtheit der harten Körper, | sondern bloß solche, die nicht 387a
feucht sind und sich nicht prägen, auch nicht zertrümmern lassen. Das sind solche Substanzen, bei denen die Poren, nach denen sich ihr Zusammenhang untereinander richtet, längs, nicht quer, laufen.

Zerschneidbar sind diejenigen (harten oder weichen) festen Körper, die die Eigenschaft haben, nicht notwendig über den trennenden Eingriff hinaus aufzureißen oder, auf Grund des Eingriffs, zu zerfallen. Was keine Feuchtigkeit enthält, läßt sich nicht zerschneiden. Manche Körper kann man ebenso schneiden wie spalten, z. B. Holz, meistens aber spaltet ein Stoff der Länge nach und läßt sich in die Quere zerschneiden. Es läßt sich ja jeder solcher Stoff in viele Teile zerlegen; wo nun das Ganze aus längsgerichteten Teilen besteht, ist es spaltbar, zerschneidbar dagegen, wo es aus querliegenden Teilen besteht.

Klebrig ist eine feuchte oder weiche Substanz, die sich dehnen läßt. Dies geschieht infolge des Ineinandergreifens ihrer Teile, und zwar bei den Körpern, deren innere Struktur einer Kette ähnelt; diese kann man nämlich lang ausziehen und zur früheren Lage zurückkehren lassen. Stoffe von anderer Struktur zerbröckeln leicht.

Knetbar sind diejenigen kompressionsfähigen Stoffe, bei denen der Eindruck bleibt, nicht knetbar alle, die entweder sich überhaupt nicht zusammendrücken lassen oder bei denen der Eindruck nicht bleibt.

Es gibt brennbare und nichtbrennbare Substanzen; so sind Holz, Wolle, Knochen brennbar, Stein und Eis nicht. Brennbar ist, was Poren hat, in die Feuer eindringen kann, und bei denen die Feuchtigkeit in ihren längsgerichteten Poren von Feuer überwältigt werden kann. Wo keine Poren vorhanden sind oder der Körper zu viel Feuchtigkeit enthält, handelt es sich um nichtbrennbare Stoffe, z. B. Eis und sehr frisches Holz.

Rauch entwickeln kann eine Substanz, wenn sie Feuchtigkeit enthält, jedoch in der Weise, daß unter Hitzeeinwirkung nicht das Feuchte allein für sich verdampft. Dampf ist eine Feuchtigkeitsausscheidung in Luft und Wind, wie sie eine Flüssigkeit unter Hitzeeinwirkung von sich gibt. Rauchentwickelnde Stoffe dagegen verrauchen von selbst im Laufe der Zeit in die Luft: ein Teil wird trocken und schwindet, ein Teil wird Erde. Das Besondere bei dieser Ausscheidung besteht darin, daß sie nicht feucht ist und doch nicht zu (trockenem) Wind (Pneuma) wird. Wind ist kontinuierliches Strömen der Luft in eine bestimmte Richtung; Rauchentwicklung (von Räucherwerk) ist gemeinsame Ausscheidung von Trocken und Feucht auf einmal, hervorgerufen durch brennende Hitze. Unter der Einwirkung einer solchen Dampfausscheidung werden Gegenstände nicht feucht, sondern sie verfärben sich eher. Was in solcher Art aus Holz und holzartigem Stoff ver-
387 b dampft, heißt | Rauch. Ebenfalls dazu rechne ich Knochen, Haare und dergleichen; einen gemeinsamen Namen gibt es ja nicht, doch kann man diese Stoffe alle als analog zusammenstellen. So sagt Empedokles (31 B 82 D.-Kr.): ‘Das gleiche sind Haare und Blätter und dichtes Vogelgefieder und Schuppen, wie sie auf kräftigen Gliedern wachsen’. Fett erzeugt Qualm, ölige Substanzen erzeugen rußigen Dunst. Deswegen läßt sich Öl nicht verkochen, auch nicht verdicken, weil es zwar rauchigen Dunst, aber nicht (Wasser-)Dampf ausscheiden kann; wogegen Wasser nicht rauchigen Dunst, aber Dampf ausscheidet. Süßwein (Traubenmost) dampft; er ist fett und verhält sich wie Öl. Kälte kann ihn nicht verfestigen, wohl aber kann er brennen. Er ist nur dem Namen nach Wein, nicht wirklich; er schmeckt nicht wie Wein und berauscht nicht, wie der gewöhnliche. Er enthält wenig Stoff für Rauch; deshalb kann er Flamme entwickeln.

Verbrennen kann man solche Körper, die in Asche zerfallen. So verhalten sich alle Stoffe, die entweder Hitze oder Kälte, oder beides, Heiß und Kalt, verfestigt hat; denn bei ihnen läßt sich die Über-

wältigung durch das Feuer beobachten. Unter den Steinen wirkt auf den Edelstein, der Rubin heißt, Feuer am wenigsten. – Von den brennbaren Stoffen sind die einen entzündlich, die anderen nicht; von den ersteren ergeben manche Stoffe Kohlen. Die entzündlichen können Flammen erzeugen, die anderen nicht. Entzündlich sind diejenigen Körper, die Rauch erzeugen, ohne Feuchtigkeit zu enthalten. Pech, Öl oder Wachs ergeben eine Flamme eher in Verbindung mit anderen Stoffen als allein. Vor allem entzündlich sind raucherzeugende Stoffe. Unter den hier einschlägigen Substanzen verwandeln sich in Kohlen vor allem diejenigen, die mehr Erde als Rauch enthalten. – Sodann sind einige schmelzbare Körper nicht entzündlich, wie Erz, bzw. entzündlich, aber nicht schmelzbar, wie Holz; von einigen, z. B. Weihrauch, gilt dagegen beides. Die Ursache: Holz enthält gesammelte, das Ganze (in seinen Poren) durchziehende Feuchtigkeit, so daß es ganz verbrennen kann; Erz dagegen enthält zwar Feuchtigkeit in jeder Partikel, aber nicht frei (zusammenhängend), und auch zu wenig, als daß es eine Flamme geben könnte. Bei Weihrauch dagegen sind beide Bedingungen vorhanden. Raucherzeugende Substanzen sind dann entzündlich, wenn sie infolge des Übergewichts des Erdigen in ihnen unschmelzbar sind. Denn mit ihrer Trockenheit stehen sie dem | Feuer 388 a
nahe; wenn nun Trockenes heiß wird, entsteht Feuer. Darum ist Flamme ein brennender Lufthauch (Pneuma) oder Rauch.

Die Ausdünstung von Holz heißt also Rauch, Qualm die von Wachs, Weihrauch und dergleichen, von Pech sowie von pechhaltigen und ähnlichen Substanzen, rußiger Dunst die von Öl und allen ölhaltigen Stoffen, sowie von solchen, die allein nur schwer brennen (weil wenig Trockenes in ihnen ist, wodurch ja der Übergang zu Feuer sich vollzieht), dagegen in Verbindung mit einem anderen Körper schnell in Brand geraten. Dies ist der Fall bei Fett, wo Trockenes und Öliges beisammen sind. – Ausdünstende Stoffe, wie Öl und Pech, gehören eher zu der Qualität Feucht, solche die brennen, eher zu der Qualität Trocken.

10. Dies also sind die Verhaltensweisen, durch die sich, wie gesagt, die gleichteiligen Körper voneinander unterscheiden, und zwar bei Berührung; sie unterscheiden sich auch durch Geschmack, Geruch und Farbe. Unter gleichteiligen Stoffen verstehe ich Bergwerksprodukte – Erz, Gold, Silber, Zinn, Eisen, Stein usw., sowie Substanzen, die von ihnen herstammen –, ferner alles, was (als Gewebe) in Lebewesen und Pflanzen vorhanden ist, z. B. Fleisch, Knochen, Sehnen,

Haut, Eingeweide, Haar, Muskelfasern, Adern – woraus dann die nichthomogenen Körper bestehen, wie Gesicht, Hand, Fuß usw. –, in Pflanzen Holz, Rinde, Blatt, Wurzel usw. Die Zusammensetzung der letztgenannten Körper (Blatt, Wurzel) hat eine andere – hier nicht zu besprechende – Ursache; bei den gleichteiligen aber ist die stoffliche Ursache Trocken und Feucht – also etwa Wasser und Erde, die die genannten Qualitäten am klarsten hervortreten lassen –, die bewirkende Ursache Warm und Kalt; sie sind es, die aus Wasser und Erde jene Körper sich bilden lassen und verfestigen. Von den gleichteiligen Körpern nun wollen wir feststellen, welche aus Erde, welche aus Wasser bestehen, und welche beiden gemeinsam angehören.

Die fertig durchgestalteten (gleichteiligen) Körper sind teils feucht, teils weich, teils hart; daß die harten oder weichen Ergebnisse einer Verfestigung sind, wurde früher dargelegt.

a) Flüssige Körper: was verdampfen kann, gehört zu Wasser, was nicht, zu [Erde, oder] Erde und Wasser gemeinsam, z. B. Milch, oder zu Erde und Luft gemeinsam, z. B. Honig(?), oder zu Wasser und Luft gemeinsam, z. B. Öl. Flüssigkeiten, die durch Hitze sich verdicken, gehören zwei Elementen an. Unter den Flüssigkeiten könnte
388 b man beim Wein ein Problem finden: | er verdunstet, er wird aber auch dick, wie es bei jungem Wein geschieht. Mit 'Wein' ist eben – dies ist der Grund – mehr als nur eine Gattung gemeint, der eine verhält sich so, der andere anders. Junger Wein ist erdiger als alter; deswegen verdickt ihn Wärme besonders, und Kälte verfestigt ihn weniger; er enthält viel Wärme und Erde. Das sieht man am arkadischen Wein: Rauch macht ihn in den Weinschläuchen so trocken, daß man ihn abkratzen muß, bevor man ihn trinken kann. Jeder Wein hat, wie bekannt, einen Bodensatz; dieser bestimmt sich nach dem Übergewicht des einen oder anderen Körpers, der Erde oder des Wassers. – Zurück zur Verdickung: wo Kälte sie hervorruft, handelt es sich um erdige Substanzen, wo Hitze und Kälte es tun, gehören die Substanzen zwei Elementen an, so z. B. bei Öl, Honig, Süßwein.

b) Feste Körper: soweit Kälte sie verfestigt hat, gehören sie dem Wasser an, z. B. Eis, Schnee, Hagel, Reif; soweit Hitze, der Erde, z. B. gebrannter Ton, Käse, Soda, Salz. Manche verdanken ihre Verfestigung beiden Qualitäten; von der Art sind die gefrorenen Stoffe, die durch Entzug sowohl des Warmen wie des Feuchten entstanden sind, letzteres entwich zusammen mit der Wärme; Salz nämlich ver-

festigt sich bloß durch Entzug des Feuchten, ebenso die allein aus
Erde bestehenden Substanzen, Eis dagegen bloß bei Entzug von
Wärme. Diese Körper also gehören beiden, dem Wasser wie der Erde
an, sie sind aus beiden zusammengesetzt und enthalten beides. –
Stoffe, deren Feuchtigkeit völlig verdunstet ist, sind sämtlich erdiger
Natur, wie gebrannter Ton oder Bernstein. Denn auch Bernstein ist
durch Abkühlung entstanden, sowie alle Substanzen, bei denen man
von 'Tränen' spricht, wie Myrrhe, Weihrauch, Gummi. Bernstein 20
scheint zu dieser Gruppe zu gehören und auf Verfestigung zurück-
zugehen; jedenfalls sieht man in ihm kleine Lebewesen eingeschlossen.
Das (kalte) Wasser des Bernsteinflusses verdrängt die innere Wärme
des Bernsteins und gleichzeitig mit dieser verdunstet die Feuchtigkeit
– Gleiches geschieht beim Honig, wenn man ihn kocht und dann in
Wasser taucht. – Manche festen Körper lassen sich nicht schmelzen
und nicht weichmachen, z. B. Bernstein und manche Steinarten, wie 25
die Marmorart in Höhlen (= Stalaktiten). Auch diese letzteren ent-
stehen auf gleiche Weise, nicht unter Einwirkung von Feuer, sondern
von Kälte (verfestigt): dann entweicht die Wärme, und dadurch ver-
anlaßt geht gleichzeitig die Feuchtigkeit weg. Bei den anderen Sub-
stanzen ist Hitze von außen die Ursache (der Verfestigung). – Stoffe, 30
deren Feuchtigkeit nicht völlig verdunstet ist, sind mehr von erdiger
Natur, jedoch noch zu erweichen, wie Eisen und Horn.

[Die Ausdünstung von Weihrauch und verwandten Stoffen ist der
von Holz ähnlich.]

Unter die schmelzbaren Körper ist natürlich auch alles zu rechnen,
was durch Feuer schmilzt; diese Stoffe gehören mehr zum Wasser,
einige | allerdings zu Wasser und Erde gemeinsam, wie z. B. Wachs. 389 a
Was aber durch Wasser schmilzt, gehört zu Erde; was sich von keinem
der beiden schmelzen läßt, gehört entweder zu Erde oder zu beiden
Elementen.

Wenn nun alle Dinge entweder flüssig oder fest sind und ihre dar-
gelegten Verhaltensweisen nur in diesen beiden Zuständen möglich
sind, es also einen dritten, mittleren nicht gibt, dann dürften jetzt
wohl sämtliche Merkmale aufgezählt sein, um die Körper nach ihrer 5
Zugehörigkeit zu Erde, zu Wasser oder zu beiden zu unterscheiden,
auch nach ihrer Formung durch Feuer, durch Kälte oder durch beides.

Die Natur des Wassers besitzen also: Gold, Silber, Erz, Zinn, Blei,
Glas und viele Steinarten ohne eigene Bezeichnung; sie alle schmelzen
durch Hitze. Ferner gehören noch einige Weinsorten, Urin, Essig, 10

Lauge, Molke und Blutwasser zu Wasser, da sie alle durch Kälte verfestigt werden. Dagegen Eisen, Horn, Fingernägel, Knochen, Sehnen, Holz, Haar, Blätter, Rinde rechnen eher zu Erde, ferner Bernstein, Myrrhe, Weihrauch – also alles, bei dem man von 'Tränen' spricht –, Poros-Marmor (= Stalaktiten) sowie Bodenprodukte, z. B. Hülsenfrüchte und Getreide – dergleichen ist erdiger Natur, obschon im einzelnen mehr oder weniger, denn diese Stoffe lassen sich teils weichmachen, teils sind sie verdampfungsfähig und verdanken ihre Entstehung einem Abkühlungsprozeß. Dazu kommen noch Soda, Salz, die verschiedenen Steinarten, soweit sie weder auf Abkühlung zurückgehen noch schmelzbar sind. Blut und Samen gehören zu Erde, Wasser, Luft gemeinsam, wobei Blut, das Fasern enthält, mehr zu Erde rechnet – deswegen verfestigt es sich durch Kälte und löst sich in Flüssigkeit auf –, während Blut ohne Fasern zu Wasser gehört; darum verfestigt es sich auch nicht. Samen verfestigt sich durch Kälte, wobei das Feuchte zusammen mit der Wärme entweicht.

11. Welche festen bzw. flüssigen Stoffe warm oder kalt sind, soll auf Grund des bisher Dargelegten weiterverfolgt werden. Die zur Natur des Wassers gehörigen sind meistens kalt, falls sie nicht von außen stammende Wärme enthalten, z. B. Lauge, Urin, Wein; was von erdiger Natur ist, ist meistens warm, da es ja durch Wärme gebildet wurde, wie z. B. Kalk und Asche.

Man muß, in gewissem Sinn, Kälte als die Materie auffassen. Denn da Trocken und Feucht Materie sind – sie sind ja passiv – und sich vor allem in Erde und Wasser verkörpern, die ja durch Kälte ihre Form
389 b gewonnen haben, so ist klar, daß alle Körper, die rein | aus einem der beiden Elemente bestehen, eher kalt sind, es sei denn, sie besitzen Wärme von außen, wie es z. B. bei kochendem oder durch heiße Asche geseihtem Wasser der Fall ist. Letzterem eignet ja die Wärme von der Asche her, wie denn in allen Stoffen, die einen Verbrennungsprozeß durchgemacht haben, mehr oder weniger Wärme vorhanden ist. Darum entstehen auch Lebewesen in faulenden Körpern, d. h. aus der Wärme in ihnen, die die natürliche Wärme der einzelnen Bestandteile des Körpers vernichtet hat.

Alle Stoffe, die sowohl aus Erde wie Wasser bestehen, enthalten Wärme; die Entstehung der meisten ist nämlich ein durch Hitze bewirktes Garwerden. Einige jedoch sind Fäulnisprodukte, wie bestimmte Sekrete in Organismen. So sind, solange sie ihre eigene Natur bewahren, Blut, Samen, Mark, Lab und alles dergleichen warm, jedoch nicht mehr, wenn sie ihre Natur verlieren und zugrunde gehen. Denn dann bleibt bloß noch die Materie, Erde und Wasser, übrig. Deswegen werden zwei Ansichten vertreten: die einen halten solche Stoffe für kalt, die anderen für warm, auf Grund der Beobachtung, daß sie im Normalzustand warm sind, sich aber (abkühlen und) verfestigen, sobald sie seiner verlustig gehen. Das trifft zu; gleichwohl gilt unsere Unterscheidung: kalt sind die Stoffe, wo Wasser als Materie vorherrscht – als Gegensatz zu Feuer –, wärmer dagegen sind die, bei denen Erde oder Luft überwiegt.

Manchmal wird ein und dieselbe Substanz sehr kalt und sehr warm – unter der Wirkung äußerer Wärme; ganz besonders feste und harte Körper sind besonders kalt, wenn sie ihrer Wärme verlustig gehen, und brennen besonders heiß, wenn sie dem Feuer ausgesetzt werden; so entwickelt Wasser mehr Hitze als (brennender) Rauch, ein Stein mehr als (heißes) Wasser.

12. Nach dieser Darlegung wollen wir im einzelnen bestimmen, was Fleisch oder Knochen oder ein anderer der gleichteiligen Körper sei; wir wissen ja auf Grund ihres Werdens, woraus sie sich zusammensetzen, wir kennen ihre Gruppierung und wissen auch, zu welcher Gruppe jeder einzelne Körper gehört. Denn die Elemente sind es, aus denen die gleichteiligen Körper gebildet sind, und diese sind es, aus denen, als Materie, alle Werke der Natur stammen.

Nun bestehen zwar materiell alle Dinge aus den genannten (gleichteiligen) Körpern, doch hinsichtlich ihres Wesens bestehen sie in ihrem Begriff, ihrer geistigen Form. Das ist desto klarer, je höher jeweils ein Naturding steht, allgemein gesagt, es ist überall deutlich, wo etwas Werkzeug ist und einem Zweck dient. So ist es klar genug, daß ein toter Mensch nur dem Namen nach 'Mensch' ist; so ist auch die Hand eines Toten nur dem Namen nach eine Hand, in gleichem Sinn wie | 390a eine in Stein gebildete Flöte so heißen könnte: auch sie ist ja gewissermaßen Werkzeug. Bei Fleisch und Knochen ist dies weniger deutlich, noch weniger bei Feuer und Wasser; der Zweck tritt nämlich da am wenigsten hervor, wo das meiste Materie ist. Denn um die beiden Extreme in den Blick zu nehmen: wie 'Materie' nichts anderes ist als eben dies, wie 'Wesen' nichts anderes ist als unser Begriff von einem Ding, seine geistige Form, so ordnen sich die dazwischenliegenden Dinge je nach ihrer Nähe zu diesen Extremen. Es haben ja auch diese Dinge einen Zweck, sie sind nicht schlechthin bloß Wasser und Feuer, auch nicht bloß Fleisch und Eingeweide. Das gilt in noch höherem Maße von Gesicht und Hand.

Alle Dinge sind bestimmt durch ihre Funktion; denn nur, was seine Funktion erfüllen kann, hat in Wahrheit eigenes Sein, z. B. ein Auge nur, wenn es sieht, dagegen ein dazu unfähiges hat mit dem Auge nur den Namen gemein, wie ein toter oder ein steinerner 'Mensch'; die Säge aus Holz ist keine, sondern nur etwa eine Nachbildung. Das gilt auch für Fleisch; doch ist seine Funktion weniger deutlich als die der Zunge. Ebenso steht es mit dem Feuer; aber hier ist die Funktion naturwissenschaftlich vielleicht noch schwieriger klarzulegen als beim Fleisch. Gleiches trifft zu für die Teile der Pflanzen und für die anorganischen Stoffe, wie Erz und Silber: sie alle *sind* kraft einer innewohnenden Fähigkeit zu leiden oder zu wirken, z. B. Fleisch, Sehnen; jedoch sind die Gesetze ihrer inneren Form nicht klar. Man kann darum nicht exakt erkennen, wann die eine oder die andere Fähigkeit in ihnen vorhanden ist, wann nicht, es sei denn, solche Substanzen sind in deutlichem Verfall begriffen und zeigen bloß noch die äußere Gestalt. So werden Leichen, über die viel Zeit hingegangen ist, in ihren Särgen plötzlich zu Asche; Früchte sind bloß noch an ihrem
390 b Äu|ßeren, nicht mehr an ihrem Geschmack zu erkennen, wenn sie sehr alt sind. Gleiches läßt sich an Milchprodukten beobachten.

Alle diese Teile der natürlichen Welt verdanken also Hitze und Kälte ihre Entstehungsmöglichkeit sowie den durch diese Kräfte vermittelten Bewegungsanstößen; sie verfestigen sich durch Warm und Kalt; ich meine dabei die homogenen Körper, wie Fleisch, Knochen, Haare, Sehnen und dergleichen. Sie alle unterscheiden sich durch die früher aufgezählten Charakteristika, die Fähigkeit, sich dehnen, ziehen, zersplittern zu lassen, sie sind hart, weich usw. Ihre Entstehung wird bedingt durch Warm und Kalt sowie durch die Kombination der entsprechenden Bewegungsanstöße. Als Produkte dieser Qualitäten wird aber wohl niemand die nichthomogenen Körper, z. B. Kopf Hand Fuß, auffassen wollen, die aus den bisher genannten Körpern aufgebaut sind. Vielmehr sind Kälte, Hitze und die entsprechenden elementaren Bewegungen zwar Entstehungsursachen für Erz oder Silber, aber nicht für das Werden einer Säge, einer Trinkschale, einer Kiste. Hier ist menschliche Kunstfertigkeit die Ursache, dort die Natur oder ein anderer Entstehungsgrund.

Wenn wir also nun wissen, zu welcher Elementgruppe jeder einzelne gleichteilige Körper gehört, so gilt es jetzt zu erfassen, was ein jeder einzelne für sich ist, also zu fragen: 'Was ist eigentlich Fleisch, Blut, Samen usw. je für sich genommen?' Denn Kenntnis über ein Ding,

warum es ist und was es ist, gewinnen wir, wenn wir entweder seine Materie oder seine innere Form im Griff haben, am besten wenn wir, im Hinblick auf sein Werden und Vergehen, über beides Bescheid wissen, und ebenso über den bei ihm zugrunde liegenden Bewegungsanstoß. – Ist dies dargelegt, so sind in gleicher Weise die ungleichteiligen Körper zu betrachten und schließlich die aus diesen aufgebauten Gebilde, wie Mensch, Pflanze und dergleichen.

ERLÄUTERUNGEN

EINLEITUNG

1

Der Teil der hellenischen Naturkunde, 'den alle Früheren Meteorologie nannten', wie Ar. im Proömium sagt, umfaßt viel mehr als die heutige Spezialwissenschaft, nämlich alle Naturerscheinungen, die sich 'in der Schwebe' (*μετέωρος*), also in der Atmosphäre und am Himmel abspielen. Sie regten schon das frühe Griechentum zu glücklichen Einzelbeobachtungen an, wie sie das homerische Epos bezeugt (Ch. Mugler, Les Origines de la Science grecque chez Homère, 1963). Das stete Bedürfnis nach einer praktisch brauchbaren Wetterkunde hielt solche Beobachtungen vor und während der Ausbildung einer wissenschaftlichen Meteorologie in Gang. Entscheidend für diese letztere wurde der Umstand, daß bereits die ersten großen philosophischen Systeme die Kunde von diesen Phänomenen zu einem Hauptstück ihrer Physik machten. So trat die Meteorologie sogleich in Verbindung mit den ersten Entwürfen zur Kosmologie, Elementtheorie, aber auch Klimatologie, Ethnographie und Medizin; sie wurde zu einem Experimentierfeld der neuen rationalen Welterklärung, und zwar Erscheinungen gegenüber, die bisher in besonderem Maße von göttlicher Einwirkung zu zeugen schienen (Regen, Gewitter, Erdbeben, Regenbogen). Es ist also kein Zufall, daß in der Überlieferung der griechischen Philosophie Hypothesen über den physischen Kosmos und gerade auch über die Vorgänge im Luftraum und am Himmel eine überraschend große Rolle spielen. Das monumentale Werk, in dem Hermann Diels diese Überlieferung aufgearbeitet hat (Doxographi Graeci, 1879), stellt dies klar vor Augen. Angesichts des Trümmerfelds, als welches sich die Tradition der vorsokratischen Philosophie darstellt, verstimmt es uns manchmal geradezu, daß uns die Kenntnis entscheidender Punkte eines Systems versagt bleibt, daß wir aber pünktlich belehrt werden über die dort vertretenen Theorien zu Donner und Blitz, zum regelmäßigen Ansteigen des Nil und zum Salzgehalt des Meeres. Doch hat der Reichtum dieser Überlieferung (der angesichts der Fülle, wie sie einmal vorhanden gewesen sein muß, freilich nur ein relativer zu nennen ist) noch einen anderen Grund. Eine bestimmte Forscherleistung der aristotelischen Schule hat hier eingegriffen, das Buch des Theophrast 'Über die Lehren der Physiker', das Diels in dem genannten Werk in Grundzügen rekonstruierte. Gewiß müssen wir stets auf der Hut sein, die Wirkung eines uns als wichtig bekannten antiken Buches zu überschätzen, da uns ja Wichtigstes entgeht; aber hier täuschen wir uns wohl nicht: Theophrasts Doxographie hat für die genannten Sachgebiete das Material bereitgestellt, das dem Hellenismus die Kenntnis der Vorsokratiker vermittelte, sie hat auch die Frageweisen suggeriert, die man den originalen Texten gegenüber anwandte – soweit man sie noch las. Es sind natürlich die Frageweisen, die des Aristoteles eigene Lektüre bestimmten. Sie haben über die Doxographi von 1879 die moderne Erforschung der Vorsokratiker erheblich beeinflußt. Deren Denkleistung wurde von der großartigen Generation eines Hermann Diels und seiner unmittelbaren Schüler vorwiegend als eine naturwissenschaftlich orientierte Aufklärung interpretiert, wobei der gleichzeitige Aufschwung der modernen Physik und Technik diese Gelehrten offensichtlich anregte und bestätigte. Dem philosophischen Anliegen der frühgriechischen Zeit wurde man dabei nicht voll gerecht. — Neben den Referaten der Einzellehren charakterisieren die Meteorologie auch die Spuren des Eindrucks, den die traditionskritische Ursachenforschung auf die Zeitgenossen machte. Die Bedeutungsentwicklung der Worte *μετέωρος*, *μετεωρολόγος*, wie sie W. Capelle erforscht hat (Philol. 1912, Hermes 1913), läßt das Befremden und das Mißtrauen erkennen, das der neuen Naturwissenschaft entgegengebracht wurde; deren Verhöhnung z. B. bei Aristoph. Wolken (376ff., 404ff.) zeigt freilich durch Plastik und Präzision, mit welchem Interesse die Umgestaltung des Weltbilds auch bei den Gegnern begleitet wurde.

2

Innerhalb der Problemgeschichte der Meteorologie können vier Epochen unterschieden werden.

a) Die Grundlinien wurden, wie angedeutet, bereits von den alten Joniern gezogen, was für die Problemstellungen noch mehr gilt als für die Lehrinhalte. Anaximander, Anaximenes, Demokrit, Diogenes von Apollonia treten dabei besonders hervor. Die Leistung dieser schöpferischsten aller Epochen besteht einmal in der Verknüpfung der einzelnen Erscheinungen mit dem Werden des Kosmos, sodann in der Statuierung der Einheit des Geschehens zwischen Erde und Fixsternsphäre und dem Entwurf eines entsprechenden Erklärungszusammenhangs. Schon Anaximander verstand es, alltägliche Naturbeobachtungen systematisch zu nutzen; so diente ihm das Motiv von der sonnenbewirkten Ausdünstung des Feuchten auf der Erde dazu, Wolken, Regen, Wind, aber auch das organische Leben einheitlich zu erklären. Durch Annahme der Differenzierung eines einheitlichen Substrats ein einziges Aition den verschiedenen Naturerscheinungen anzupassen, war — folgenreich für die ganze griechische Meteorologie — ein Anliegen besonders des Anaximenes, in dessen Physik der Atmosphäre die Verdichtung bzw. Verdünnung der Luft eine Hauptrolle spielte. Indem man innerhalb der Luft einen besonders fein verdünnten, stoßkräftigen Teil unterschied, gewann man die Möglichkeit, sich atmosphärische Kräfte wie Blitzfeuer und Donner (Ausbruch des Feuers aus der Wolke) klarzumachen. In Anaxagoras gipfelt die voraristotelische Meteorologie. Sie stellt sich furchtlos allen naturwissenschaftlichen Fragen, vom Erdbeben und Grundwasserproblem bis zur Genese des Regenbogens und der Nebensonnen. Die beherrschende Rolle der Sonne im meteoren Geschehen hat Anaxagoras klarer als alle Vorgänger erkannt. — Das neue Wissen finden wir gegen Ende des 5. Jh. nicht nur in den engeren Kreisen der Physiker, sondern auch bei den Ärzten wirksam; ja die vorzüglichen Beobachtungen und Theorien, wie sie im Corpus Hippocraticum zu erheben sind (s. Anmerkungen Z. 347 a 12), lassen die jonischen Ärzte als selbständig, nicht im Bann der frühen Naturphilosophen erscheinen.

b) Die Meteorologie des Aristoteles, wie sie in den Büchern I—III vorliegt, ist dem Material der Vorgänger sehr verpflichtet; seine systematischen Gesichtspunkte sind jedoch den vorsokratischen Gedanken diametral entgegengesetzt. Er tritt der Tradition mit betontem Neuakzentuieren entgegen. Wenn Charles H. Kahn in seinem schönen Buch erklärt (99), ganze Seiten der Meteor. hätten von Anaxagoras oder Demokrit geschrieben werden können, so ließe sich von Seiten, wie sie dabei gemeint sind, unschwer zeigen, daß mit den Vorsokratikern koinzidierende Aussagen doch jedesmal auf dem neuen System, mit Dualismus und Weltewigkeitsdogma, fußen. Die eigentliche Dramatik der griechischen Entwicklung dürfte verkannt sein, wenn die gesamte antike Meteorologie ausdrücklich (ebd.) als bloße Reihe von Variationen zum Werk des großen Anaximander gefaßt wird. Die dramatische Wendung brachte Aristoteles: indem er den Gestirnraum, der ihm der Ort des ungewordenen, unvergänglichen 'Ersten Körpers' war, der irdischen Stofflichkeit entrückte, engte er den Raum der Meteorologie erheblich ein; sie beschränkt sich fortan auf die Physik der Welt unter dem Monde. Veranlaßt hatten dies neue astronomische Forschungen, die die riesigen Abstände der Sternwelt von der Erde erkennen ließen (Meteor. 339 b 32u. ö.); aber ein Motiv war auch das religiöse Anliegen der platonischen Akademie, der die Gestirne als göttlich galten. Dementsprechend stuft Ar. Phänomene wie Sternschnuppen, Kometen, Milchstraße aus dem siderischen Raum, wo sie von Früheren richtig lokalisiert worden waren, herab in die sublunare Welt; was zu ebenso scharfsinnigen wie gezwungenen Erklärungen führt. Diese spekulativ überformte, dualistische Physik, die keinerlei Veränderungen am Himmel und noch nicht einmal die Feurigkeit der Sonne anerkennt, hat bis zu Galileis Kampf mit der Spätscholastik beherrschend gewirkt. Ihr teleologischer Charakter bedeutete den Bruch mit der – uns leider viel zu wenig kenntlichen – Meteorologie, die im 5. Jh. der Atomismus erarbeitet hatte. – In der Naturdeutung dieser einzigen uns aus griechischer Zeit ganz erhaltenen Lehrschrift des Fachgebietes tritt scharf der Grundsatz heraus, die Faktoren der Vorgänge genau zu bestimmen und sie mit dem ewigen, weil in sich geschlossenen Kreis des Naturlebens zu verknüpfen, also jeden Gedanken an eine Kosmogenese abzuweisen. Das führt zu einer großzügigen Theorie, die klare Erkenntnisse über den Kreislauf des Wassers in der Atmosphäre und auf der Erde vermittelt (in diesen Zusammenhang treten auch Kapitel ein, die das wichtigste Dokument der arist. Geographie darstellen). Charakteristischer noch ist die Lehre von der warmtrockenen tellurischen Ausscheidung, die im Luftraum wie in der Erdtiefe wirksam gedacht ist; sogar der Salzgehalt des Meeres wird mit ihrer Hilfe erklärt. Die Pragmatie steht fest innerhalb des allgemeinen physikalischen Systems, das dem Philosophen eine durchdachte, sehr praktikable Elementenlehre an die Hand gab.

c) In hellenistischer Zeit gewann die Meteorologie des Peripatos, wie überhaupt seine Naturwissenschaft, die Führung, zwar stark befehdet von der atomistischen Physik Epikurs, die aber doch der gegnerischen Lösungsgedanken selber nicht entraten konnte. Die Erklärungsprinzipien des Schulgründers wurden damals differenziert, von spekulativen Tendenzen teilweise befreit (so gab man das übernatürliche Himmelselement preis) und den Formen des in Griechenland besonders dramatischen atmosphärischen und seismischen Geschehens noch stärker angepaßt – eine Leistung des Theophrastos, von der uns neuerdings einige wesentliche Züge kenntlich geworden sind. Seine Windlehre, seine Auffassung von Schnee und Hagel zeigen Beobachtung und Theorie in bewundernswürdigem Gleichgewicht. – Die antike Meteorologie vollendet sich im Werk des Jungstoikers Poseidonios. Er ist den Vorsokratikern nicht weniger verpflichtet als dem Peripatos, weiß aber in schöpferischer Aneignung Teile und Ganzes eines seit Ar. gewaltig erweiterten Wissensgebietes als Einheit zu fassen. Dabei hat eigene Beobachtung des weitgereisten Forschers offenbar eine weit größere Rolle gespielt als bei seinem Vorgänger. Die vier Elemente erscheinen bei Poseidonios als Träger einer eigenständigen Lebenskraft (Sen. nat. quaest. II); der Theorie des Raums ihrer gemeinsamen Wirkungen, eben der Meteora, mußte dies besonders zugute kommen. Die Reflexe seiner einschlägigen Schriften zeigen denn auch, daß gerade Schilderungen des Ineinandergreifens elementarischer Kräfte (etwa bei den Gezeiten des Meeres, bei Erd- und Seebeben, Strab. I 57ff.) stark gewirkt haben Diese Meteorologie war Teilstück einer umfassenden Kosmostheologie, die über die nüchterne Wissenschaftlichkeit des Peripatos unverkennbar hinausgeht. – Die Poseidonios-Forschungen, die Karl Reinhardt zwischen 1921 und 1953 vorlegte, stellen eine der genialsten Rekonstruktionsleistungen unserer Wissenschaft dar; aber die Art, wie die gesamte griechische Tradition heruntergestuft wird, um die Bedeutung des Einen zu erhöhen, zeigt den schwachen Punkt des gewaltigen Baus an. Ein Fehlurteil wie das über die arist. Meteorologie, Poseidonios, 1921, 175, steht nicht allein.

d) Wir können noch erkennen, wie im Späthellenismus die Theorie der meteoren Vorgänge auch schriftstellerisch ins Breite wirkt, wie Historiker (etwa Polybios, Diodor) und Dichter (Vergil, Lucan, Manilius) gelegentlich Wert darauf legen, ihre Kenntnis der modernen peripatetisch-jungstoischen Physik sichtbar werden zu lassen. Jedoch vollzog sich in der Kaiserzeit rasch ein Verfall der forscherlichen Gesinnung. Der theologisch zu erhellende Hintergrund der Welt zog das Nachdenken an; die naturwissenschaftlichen Texte wurde noch eine Zeitlang verwertet, um die bunte Schauseite des Kosmos vor Augen zu führen (charakteristisch dafür die Schrift 'Von der Welt', Kap. 4). In Senecas 'Naturales Quaestiones' herrscht über weite Strecken noch echte Naturkunde; doch ist seine Meinung vom Wert solchen Bemühens durchaus nicht eindeutig. Wenn er, benef. VII 1,5, einige klassische meteorologische Probleme nennt und ihnen gegenüber einen weihevollen Agnostizismus vertritt (non multum tibi nocebit transisse, quae nec licet scire nec prodest. Involuta veritas in alto latet – dies Zitat aus Demokrit B 117), dann ist damit die Gesinnung wieder erreicht, gegen die die Vorsokratiker gekämpft hatten. Plinius d. Ä. hat noch viel Fachliteratur gelesen, ist aber weit mehr an dem „immerfort auf neue Weise im Naturleben hervorbrechenden Numen“ interessiert (Nat. Hist. II 208). Der Kaiser Marcus ist dem Schicksal dankbar, daß er Philosoph wurde, nicht auf meteorologische Studien geriet (der Zusammenhang, I 17,22, zeigt, daß nach seiner Meinung derlei gänzlich im Irrationalen blieb). – In wachsendem Maße trat schließlich in die Meteorologie eine Betrachtungsweise ein, der die Atmosphäre als von den Bewegungen der Gestirne beherrscht galt (Astrometeorologie).

Die Meteorologie des Aristoteles und die Diskussionen der antiken Kommentatoren zu seiner Physik des Himmels, der Atmosphäre und (in gewissem Maße) des Erdinnern sind es gewesen, in denen sich das auf diesen Gebieten entfaltete wissenschaftliche Denken der Griechen durch die Jahrhunderte erhielt. Die zehn Discours, in denen sich René Descartes mit den Mitteln der aufstrebenden mathematischen Naturwissenschaft der Meteorologie zuwandte (Les Météores, 1637), sind ein eindrucksvolles Zeugnis für die Kraft der arist. Konzeption, als Mittler zwischen den Zeiten zu wirken.

3

Dem heutigen Bemühen um die Meteorologie kommen die vorzügliche Herstellung ihres Textes durch F. H. Fobes (1919) und die großzügige Gesamtschau zugute, die in den Aristotelesbüchern Solmsens und Dürings vorliegt. Aber der Einzelerklärung der schwierigen Pragmatie wurde seit langem nur wenig Hilfe zuteil, während den noch schwierigeren Büchern Über den Himmel sich neuerdings ein außerordentliches Interesse der Forscher zugewandt hat. Man ist etwas betroffen, bei dem verdienstvollen neuesten Herausgeber, H. D. P. Lee (1952), als Begründung hierfür 'the intrinsical lack of interest of its contents' angegeben zu finden (p. xxv). Seine Frage nach dem, was denn, nach modernen Maßstäben, in dieser Naturkunde überhaupt richtig sei, ist legitim, aber ihr gegenüber schneidet das kosmologische Werk weit schlechter ab. Der einseitige, aber kraftvoll und scharfsinnig unternommene Versuch, mit Hilfe der Anathymiasenlehre die sublunare Welt einer einheitlichen Physik einzufügen, ist im Altertum differenziert, aber anscheinend nie übertroffen worden. Überdies berechtigt die geschichtliche Stellung dieser Meteorologica zu dem Urteil, daß ihre Erhaltung wichtiger ist als der Verlust irgendeiner der themengleichen hellenistischen Schriften, die des Poseidonios ausgenommen. Die unter folgenschweren Opfern errungene Überwindung der vorsokratischen Kosmos-Konzeptionen durch die athenische Klassik spiegelt sich hier womöglich noch deutlicher ab als in De caelo; wobei wir in den Besitz wichtiger Nachrichten über die alten Physiker kommen. Für die Kenntnis des Philosophiehistorikers Aristoteles sind diese Bücher unentbehrlich. Bis zum Ausgang des Altertums und, durch das Interesse der Araber und Syrer weitergetragen, darüber hinaus, steht alles, was als Meteorologie bezeichnet werden kann, auf dem aristotelischen Fundament. – Es ist wohl die verwirrende Vielseitigkeit der behandelten Stoffe, was uns die rechte Auffassung des merkwürdigen Ganzen erschwert. Desto mehr muß man sich der vereinheitlichenden Prinzipien zu bemächtigen suchen, die durchzusetzen der Philosoph sich fortwährend bemüht. Dies Bemühen muß sich polemisch äußern, denn sein Erfolg hängt von der Widerlegung des Prinzips ab, auf das die alten Physiker die Einheit der Welt gründeten – der Kosmogenese. An den Spuren des Bahnbrechers Anaximander fasziniert uns Heutige, wie er das Vorhandene als Gewordenes versteht. Der Eindruck des Aristoteles war ein völlig anderer. Wir sehen es an der spöttischen Schärfe, mit der er die Auffassung abwehrt, das Weltmeer sei einmal entstanden (II 1, 353 b 6), werde einmal austrocknen (II 3, 356 b 7). Für ihn ist es ein völliges Verkennen der Natur, irgendeine ihrer Erscheinungen als Relikt einer früheren Phase des Weltenwerdens zu nehmen, etwa die Winde vom Austrocknen des Urmeers herstammen zu lassen (II 1, 353 b 8) oder mit dessen Überrest die heutige Salzflut gleichzusetzen. Das Bild eines Kosmos, der aus einer fernen Werdestunde stammt und seinem fernen, aber gewissen Untergang entgegeneilt, scheint ihm nicht großartig, sondern leichtfertig entworfen (353 b 2, Phys. III 6, 207 a 19: auf die Feierlichkeit gewisser vorsokratischer Aussagen reagiert er gereizt). Aristoteles lehrt, Platon treu, die Ewigkeit der Welt. Dabei sieht er die Naturdinge nicht aus einer Zeittiefe hervorkommen, sondern er trägt sie, wie sie sich im ewigen Werden und Vergehen die Waage halten, auf einem hell beleuchteten Vordergrund ein, während für Demokrit das wahre Wesen der Dinge, 'die Atome und das Leere', hinter der Sichtbarkeit liegt. Die bekannte, von Solmsen (420ff.) für den meteorologischen Bereich feinsinnig gewürdigte Grundtatsache, daß des Stagiriten Begriff vom Werden zyklisch ist, stellt das Fundament dieser Lehrschrift dar. Nicht als ob den Kreislauf des Feuchten im Naturleben erst Aristoteles entdeckt hätte; aber erst er hat den Mut gehabt, dem absoluten Werden und Vergehen abzusagen und dem Physiker die Aufgabe zu stellen, das stete Neuentstehen jedes Naturphänomens zu begründen. Eine Erklärung des Salzgehalts im Meer überzeugt nicht, wenn er nur einmal so produziert werden konnte (II 3, 357 b 15); die Aitiologie der Winde gelingt nur, wenn man sie mit einer kontinuierlichen Erscheinung, der Ausdünstung der Landmassen verknüpfen kann (II 4, 359 b 34ff.); und die Gewitterphänomene verlangen es nicht minder, daß man sie nicht als ein Abströmen latenten Feuers aus der Wolke, sondern wiederum als Folge eines ewigen Prozesses, eben jener irdischen Wärmestrahlung, auffaßt (II 9, 369 b 19ff.). Dies ist für unseren Meteorologen unabdingbar: was heute entsteht, ist einst so geworden und wird künftig auf gleiche Weise entstehen. Es ist unverkennbar, wie hier das Naturgemäße als das Rechte und Richtige charakterisiert ist (vgl. H. Diller, Der griechische Naturbegriff, N. Jbb. 1939, 253), wie hinter der scheinbar nüchternen Ursachenforschung ein inniges 'Vertrauen auf die Natur' (F. Solmsen) deutlich wird. – Erst der Naturforscher, der im Erweis der ewigen Wiederholung seine Aufgabe erkannt hat, kann zu wirklicher Exaktheit vordringen. Es ist oberflächlich, sich mit der Definition zu begnügen, Wind sei bewegte Luft (I 13, 349 a 14); es hält nicht der einfachsten Überlegung stand, wenn man sich die Flüsse aus einem unterirdischen Reservoir herstammen denkt. Den Sinneseindruck muß das begründende Denken vertiefen; dann gelangt man – so überraschend dies zunächst klingen mag – nicht zum nur ewig Gleichen, sondern auch zum Individuellen – weil die Frage *διὰ τί* auf die Struktur zielt (vgl. Düring 99). „Jede Naturerscheinung muß ihre spezielle, klar abgegrenzte Erklärung finden" heißt es 369 b 28. Mag auch materiell die Ursache zahlloser Vorgänge die gleiche sein, so werden diese doch durch Antriebskraft, Richtung, Zeit und Ort des Auftretens differenziert. So trennt Aristoteles die Physis von Wind und Regen, (360 a 18ff.), um sie dann durch das übergreifende Motiv der Jahreszeiten wieder zu verbinden, so werden die bei Gewitter und Sturmwind auftretenden Pneumaphänomene (370 b 4ff.) unter einer ganzen Reihe von Gesichtspunkten modifiziert, so daß sich eine lebensvolle, sachnahe Witterungskunde ergibt. – Neben dem Weltewigkeitsdogma beeinflußt auch die Lehre von dem übernatürlichen Ersten Körper die Anlage der Aitiologien. Zwar erhalten wir über das Wie der Beeinflussung unserer Erdenwelt von den benachbarten Gestirnsphären her nur wenige – und durchweg sehr problematische – Detailauskünfte; aber allein schon die Neuerung, daß das Himmelselement aus dem Erklärungszusammenhang herausgenommen ist, also nicht mehr wie bei Anaxagoras mit der Feuerzone identifiziert wird, ist folgenreich genug. Der Raum der Meteora ist jetzt der Dunstkreis der Erde, fortwährend durchzogen von den beiden mächtigen Strömen des Warmtrockenen und des Feuchten. An ihrer Grenze endet die Natur, beginnt das Reich des Wandellosen; und Aristoteles ist durchaus nicht der Meinung, daß mit einer solchen Grenzziehung der Physiker gewissermaßen aus der Rolle gefallen sei. Er hält eine solche Gliederung der Elementbereiche für eine notwendige Folge „der neuen mathematischen Nachweise" (339 b 32), die auf eine bisher ungeahnte Ausdehnung des Gestirnraumes führten. –

Der in den Meteorologica stark spürbaren methodischen Bewußtheit des Autors mögen noch einige Beobachtungen dienen. Wer von der arist. Physik oder den Büchern Über den Himmel herkommt und sich dort über Ordnung und Ungeordnetes belehren ließ (vgl. De cael. 301 a 4f.), kann eigentlich im sublunaren Bereich keine Regel, also auch keine Methode erwarten; weist doch der Meteorologe selbst darauf hin, daß er es hier mit einer Physis zu tun habe, „die ungeordneter ist als die des Ersten Körpers“ (338 b 20). Kann es denn, strenggenommen, ein Mehr oder Weniger an Ordnung geben? Das Problem löst sich durch den in der peripatetischen Naturlehre so wichtigen Rekurs vom Teil aufs Ganze. Im ganzen stellt sich der Wechsel zwischen Verlandungserscheinungen und Einbrüchen des Merees als *τάξις τις καὶ περίοδος* (351 a 25) dar; im ganzen stehen hinter dem Wettergeschehen – gemeinhin Inbegriff des Irrationalen – strenge Gesetze; Ar. wird nicht müde, die Notwendigkeit der atmosphärischen Vorgänge, wie er sie seiner Windlehre zugrunde legt, einzuschärfen (360 a 8ff.; zu *ἀναγκαῖον* s. G. Patzig, Abh. Ak. d. Wiss. Göttingen III 42, 1959, 25f.). Das Notwendige aber ist „das, was sich nicht anders verhalten kann“, weil es – und damit übersetzen wir die Metaphysikstelle (III 5, 1015 a 34) sozusagen ins Meteorologische – auf der Ewigkeit des Naturlaufs ruht. Erklärungen, die diesen Ankergrund nicht erreichen, sind 'zufällig' (vgl. 349 a 16). – Zwei gleichwertige Hilfen führen den Meteorologen zur notwendigen Erklärung, *λόγος* und *αἴσθησις* (vgl. Düring, 1943, 22). Es entspricht ganz unserer Erwartung, daß wir den Vorwurf des *ἄλογον* gegen die alten Physiker genau bei den beiden Brennpunkten des Kampfes erhoben sehen, anläßlich der Kosmogenese (355 a 21) und der überholten, weil statischen Auffassung des Feuerelements (369 b 19). Überlegung und schlichte Feststellung der Fakten lassen z. B. Platons Theorie über Flüsse und Weltmeere (Phaid. 111C) als bare Unmöglichkeit erkennen (356 a 15ff.); *κατὰ τὰ φαινόμενα καὶ κατὰ τὸν λόγον* kann man die alte Lehre von der kreisrunden Oikumene nicht mehr ernstnehmen (362 b 12ff.). Der Augenschein vermag auch zu richtigem Urteil über *τὰ ἀφανῆ* anzuleiten (344 a 5), er verleitet freilich auch manchmal zu vorschnell geäußerten, der Prüfung nicht standhaltenden Sätzen – so hält es der Kritiker seinen Vorgängern vor (354 b 33ff.), ohne zu bedenken, daß ihm an vitalen Punkten seiner Lehre das Gleiche widerfährt (das ominöse *ὁρῶμεν* 341 a 17!). – Prüft man diese zahlreichen Berufungen auf das, was jedermann an alltäglichen Naturvorgängen vor Augen hat, so fallen die Bezugnahmen auf Dinge des organischen Lebens auf. Das ist nun ein wohlbekanntes vorsokratisches Motiv; aber seine Verwendung bei den Vorgängern – wir müssen wohl vor allem an Empedokles und Diogenes von Apollonia denken – befriedigt den Philosophen nicht. Es dient der Klärung nicht, wenn Empedokles den Salzgehalt im Meer als 'Schweiß der Erde' bezeichnete (357 a 25ff.); man ist zunächst betroffen, da Ar., wie sich sogleich ergibt, die nach seiner Meinung wahre Ursache, die warmtrockene Erdausdünstung, als salzigen Rückstand auffaßt, wie es auch der Schweiß ist (vgl. 358 a 8ff.). Aber auch hier ist es nicht der Lösungsgedanke als solcher, was für den Meteorologen zählt, sondern seine Funktion innerhalb einer geschlossenen Theorie des Naturlebens. Das Empedokleswort ist bloß eine Metapher (für die Naturforscherleistung in solcher Metaphorik, wie sie Bruno Snell gewürdigt hat, Entdeckung des Geistes, 1946, 186ff., besaß Ar. keine Einstellung); Naturerkenntnis wird daraus, wenn man den Sachverhalt aitiologisch durchdenkt. Dann ergibt sich, daß das Meersalz Ausscheidungsprodukt eines organischen Prozesses ist, ebenso wie Asche, Schweiß, Urin. Es handelt sich also nicht um Vergleiche, Analogien, die dem Forscher von einem anderen Fachgebiet, etwa der Zoologie, her einfallen; vielmehr manifestiert sich in den verschiedenen Phänomenen hier und dort das eine ewige Werden und Vergehen. So können Großes und Kleines (z. B. 369 a 30 — Lieblingsausdruck) nebeneinandertreten und sich gegenseitig erhellen. Der Donner muß auf dieselbe Weise erklärt werden wie das Knistern eines Holzfeuers (369 a 31); die Pneumawirkungen, die der Mensch vom eigenen Organismus her kennt, zeigen sich im großen beim Beben und Zittern des Erdkörpers (366 b 15); und die Teile der Erde haben, nicht bildlich, sondern real, ihre verschiedenen Lebensaltersstufen, „wie die Pflanzen und Lebewesen“ (351 a 27). — Die Fülle der in den Meteor. verarbeiteten Daten — eigene Beobachtungen und, wohl weit überwiegend, Lesefrüchte — hat die Meinung aufkommen lassen, es übernehme hier der reine Empiriker, von seinen spekulativen Voraussetzungen weitgehend gelöst, das Wort (in diesem Sinn übertreibend auch Verf., 1935). Hier mußten wir, vor allem auf Grund der Mahnungen Ingemar Dürings und Franz Dirlmeiers, umlernen. Unser Durchblick hat es wohl gezeigt, daß die naturphilosophischen Grundthesen für alle und jede Einzelerklärung richtungweisend bleiben. Andererseits geht man offensichtlich einen falschen Weg, wenn man neuerdings den Entwicklungsbegriff in der Ar.-Forschung geradezu verpönt. In den Meteor. sind auf einzelnen besonders intensiv durchgearbeiteten Sachgebieten Erklärungen mehr spekulativer Art, die auf dem übernatürlichen Himmelselement und seiner Kreisbewegung aufbauen, zu unterscheiden von solchen, die der Eigenart des Phänomens angepaßt sind, ohne unmittelbar einer transzendenten Ursache zu bedürfen (lehrreiches Nebeneinander in der Sternschnuppenbeschreibung, I 4, 341 b 35 ff.). Aitiologien der letzteren Art drängen sich in der Physik der Atmosphäre in den Vordergrund; daß sie genau auf die Punkte abzielen, an denen Theophrast mit einer noch betonteren empirischen Haltung ansetzte (vgl. die gute Charakteristik bei Gottschalk, 81), läßt die Richtung erkennen, in der sich Ar.s Haltung als Meteorologe nicht augenfällig, aber doch bedeutsam gewandelt hat. Wenn Theophrast, wie bekannt, es liebt, das Zustandekommen eines Phänomens an ein, wie er es nennt, „symmetrisches“ Übereinkommen von Ursachen zu binden, so lassen sich hierfür in den Meteor. — wir dürfen sagen, in ihren späten Teilen — deutlich Vorstufen finden.

4

Einige Beobachtungen zur Form der Pragmatie, so wie sie uns vorliegt, und zu einschlägigen chronologischen Fragen mögen diese Erwägungen abschließen. Es ist wohl noch nicht allgemein erkannt, was für ein kostbares Stück arist. Geistesarbeit uns in den Meteor. vorliegt. Ein formal verwirrender Text, der fast alle Möglichkeiten wissenschaftlicher Aufzeichnung zeigt: den sorgfältig auf lange Sicht angelegten Beweisgang, das 'Stenogramm' der sich allmählich entwickelnden Gedankenarbeit (vgl. Dürings Beschreibung des 'note-book-style', 1943, 68), die rasche Niederschrift von Aporien ohne Lösung, die 'Fußnote', die Randnotiz — und dazwischen Stücke fein ausgearbeiteter Vorträge. Wohl verspricht der Autor in dem berühmten Proömium sich an eine bestimmte Abfolge der Materien zu binden; aber die Durchführung wächst über das Gerüst hinaus, auf die Schlußkapitel war der Leser nicht vorbereitet, so wenig wie auf die breit ausgebaute Hydrologie der Erdoberfläche, die sich in I 13 unversehens aus den Anfängen der sorgfältig vorbereiteten Windlehre ergibt. Eindringlich wird die Welt des Hörsaals deutlich – gegen die überraschende These Dürings, der ausgerechnet dieses typische Gelehrtenmanuskript zu den wenigen Schriften zählt, die „direkt für Leser" (33, vgl. 352), nicht für die Vorlesung bestimmt seien, spricht so gut wie alles – wobei wir freilich (wie lange bekannt) nicht an einen Kollegentwurf denken dürfen. Mit größter Geduld wird immer wieder von neuem das leitende Prinzip – die doppelte tellurische Ausscheidung – eingeprägt. Der Professor hat sich erstaunlicherweise wörtlich aufgeschrieben, was er zu den astronomischen Tafeln in seinem Hörsaal zu sagen hat (346 a 31, 362 a 26 – allein schon diese Stellen scheinen mir übrigens den 'Leser' fernzuhalten); und die nette äsopische Geschichte, die er am Anfang von II 3 als Bosheit gegenüber dem berühmten Kollegen Demokrit erzählt, ist zwar gewiß akademischer Sphäre gemäß, aber dergleichen kann man sich eher improvisiert denken als für die Vorlesung ausführlich niedergelegt. Viele Hilfen gelten in diesem Werk dem Anfänger (reizend II 6, 363 a 28: „Der Deutlichkeit wegen ist hier der Horizontkreis gezeichnet – deswegen ist er auch rund"!), aber anderswo wird offenbar der eingeweihte Kenner als Hörer gedacht. Das Kapitel III 5 enthält die schwerste Mathematik im Corpus Aristotelicum, deren erst der große Sir Thomas Heath (1949) völlig Herr geworden ist, und die Anlage mancher sorgfältig bearbeiteter Partie (z. B. II 2/3: Salzgehalt des Meeres) ist derart, daß nach einer ausführlichen, umsichtig angeordneten Doxographie die eigene Lehre in einen einzigen Satz förmlich chiffriert wird (358 a 21 ff.). Und wiederum bei einer Materie, von der wir bestimmt wissen, daß die vorαristotelische Zeit ihr lebhaftes Interesse entgegenbrachte (Regen, Schnee, Reif, Hagel), fehlt fast jeder Hinweis auf die Arbeit der Vorgänger – offenbar wird deren Kenntnis vorausgesetzt. K. v. Fritz durfte durchaus mit Recht in diesem Sinn die Pragmatien doch wieder als esoterisch bezeichnen (SB München, 1964, H. 3, 21; vgl. auch die vortrefflichen Bemerkungen Olof Gigons, Mus. Helv. 23, 1966, 132). – Nun muß aber auch noch bedacht werden, daß diese reiche, auch disparate Vielfalt der schriftstellerischen Form nicht abzulösen ist von der Geschichte dieses Textes. Von ihr haben sich unverkennbare Spuren erhalten. Die gänzlich sachfremde Abteilung zwischen den Büchern 1 und 2, 2 und 3 beweist einen Eingriff in nacharist. Zeit, spätestens bei der Eingliederung in das Corpus Aristotelicum des Andronikos. Noch sprechender ist der Befund am Schluß der Meteor.: hier bereitet der Autor auf eine ganz andere Fortsetzung vor, als sie im folgenden Traktat (dem sog. Buch Meteor. IV) geboten wird. Die Verbindung mit dieser Schrift – deren Unechtheit nicht bewiesen, deren Authentizität nicht gesichert ist – stammt gewiß nicht vom Verfasser der ersten drei Bücher her. Daß sich gelegentlich, neben nicht ganz wenigen Doppelfassungen, ganz isolierte Stücke von Entwürfen finden (z. B. 376 b 22–28), läßt auf die Tätigkeit eines 'pietätvollen Redaktors' schließen, wie sie Düring, 1966, 35 geschildert hat. Wichtiger noch ist die zeitliche Stellung der Lehrstücke zueinander. Die Meteor. sind, wie bereits angedeutet, keinesfalls in einem Zuge in der uns vorliegenden Gestalt niedergeschrieben worden. Das betrifft nicht nur die erhebliche Anzahl erkennbarer nachträglicher Zusätze (zu denen ich auch den großen Exkurs I 13–II 3 rechnen möchte), sondern auch die in I 3 erhaltenen aufregenden Aporien, in denen nichts Geringeres als eine Grundlagenkrisis, das Feuerelement angehend, angedeutet ist. Das führt in recht frühe Zeit; scheint es doch sogar, als schwebe dem Meteorologen vorübergehend eine andere Beschaffenheit der Himmelsregion vor, als sie De cael. I 2 programmatisch vorgetragen wird (s. S. 140). Der Zeitpunkt der Niederschrift der Meteorologie (daß die chronologische Frage für I–III und IV getrennt zu stellen ist, mahnt Solmsen, Gnomon 133, mit Recht), dem gewiß Jahre des Sammelns vorausgegangen sind (Düring 51. 351), ist nicht zu fixieren. Daß nach der Rückkehr nach Athen im Proömium des I. Buches die Revision des gesammelten Materials überschaut wird, ist eine plausible Vermutung Dürings (351). Es führt natürlich nicht zu chronologischen Aussagen, wenn dort der Lehrschrift nach Phys, De cael., De gen. et corr. ihr systematischer Platz angewiesen wird. Zitate in anderen Schriften (außer Meteor. IV) liegen nicht vor. Zwei Fixpunkte (Tempelbrand zu Ephesos J. 356, Komet vom J. 341/40) lassen sich nicht schlüssig als Termini verwerten (das letztere Datum wird übrigens von Düring 44 und 351 verschieden beurteilt). Wichtig ist, daß die von Alexander erschlossene Kenntnis Vorderasiens in der arist. Geographie (I 13) keine Spuren hinterlassen hat; an diesem längst statuierten terminus ante quem möchte ich mit Düring (der die Einwendungen Jaegers und Capelles mit Recht zurückweist) festhalten. Übrigens verliert die Datierungsfrage erheblich an Bedeutung, wenn man sich die Tatsache vor Augen hält, daß wir hier ein Dokument gelehrter Arbeit vor uns haben, das offensichtlich mehrere Revisionen erfahren hat und nie eigentlich fertig geworden ist.

Nicht mit Glück erneuert H. D. P. Lee (XXVII) die alte Antithese zwischen dem antiken Naturphilosophen und dem modernen Naturwissenschaftler, um der arist. Meteorologie die wissenschaftliche Relevanz abzusprechen. Vergegenwärtigt man sich, welchem geistigen Aufschwung diese rationale Physik des Raums 'unter dem Monde' verdankt wurde, welcher Agnostizismus, welcher Aberglaube sie sehr bald wieder ablöste, dann wird man den Autor jedenfalls „auf der Suche nach der Wahrheit" finden, dort, wo er sich selber finden lassen wollte (II 3, 356 b 17: *οἱ τὴν ἀλήθειαν ζητοῦντες*).

Mit diesen Erwägungen ist auch die Absicht bezeichnet, mit der der folgende Grundriß eines Kommentars angelegt wurde. Neben der sachlichen Erläuterung, wie sie die Besonderheit der Meteorologie notwendig macht, wird versucht, den Denkstil des naturkundlichen Forschers und Lehrers zu erhellen und der Entstehungsgeschichte dieses seines Handexemplars (vgl. Düring, 1966, 36) nachzugehen.

5

Inhaltsübersicht

BUCH I

1–2 Einleitung
  1 Vorwort: Themen; Stellung der Meteor. innerhalb der Naturlehre
  2 Die fünf Elemente
3–8 Phänomene des oberen sublunaren Raums
  3 Vorerwägungen
  4–5 Sternschnuppen und Verwandtes
  6–7 Kometen
  8 Milchstraße
9–13 Phänomene der Atmosphäre
  9–12 Wolke, Regen, Schnee, Hagel
  13 Wind (Themastellung); Hydrologie der Erdoberfläche
14 Wechsel von Trocken und Feucht auf der Erde

BUCH II

1–3 Natur des Meeres
  1 Problem seiner 'Quellen'
  2–3 Salzgehalt
4–6 Windlehre (Durchführung)
  4 Ursachen
  5 Einzelwinde
  6 Windrose
7–8 Erdbeben
9 Gewitterphänomene: Donner und Blitz

BUCH III

1 Gewitterphänomene: Fortsetzung
2–6 Spiegelungserscheinungen
  2 Allgemeine Überschau
  3 Halo
  4–5 Regenbogen
  6 Nebensonnen. – Übergang zur Behandlung von Metallen und Mineralien

6

Zu Text, Ausgaben, Erklärung

Die hier vorgelegte Übersetzung hat die vortreffliche Textausgabe von F. H. Fobes (Cambridge/Mass. 1919) – 'one of the best editions of a Greek author existing', Düring, 1944, 27 –, sowie deren kompetente Retractatio durch H. D. P. Lee (Loeb Library 1952) zur Grundlage. Hinsichtlich der Verläßlichkeit der von Fobes musterhaft aufgearbeiteten Überlieferung (vgl. auch Cl. Phil. X, 1915, 188ff.) sind wir recht gut gestellt. Führend ist der berühmte (älteste) Ar. Codex Parisinus Bibl. Nat. 1853 (E), der von erster Hand (10.Jh.) die Vorlesungsreihe Phys. De cael. De gen. et corr. Meteor. De an. enthält. Ebenfalls von hoher Autorität ist der Wiener Codex Vindob. phil. 100 (J), den Bekker in seiner grundlegenden Ar.-Ausgabe (Berlin 1831) noch nicht herangezogen hatte. Die weiteren von Fobes benutzten 8 Handschriften stammen aus dem 12.–15. Jh. Der Editor hat die griechischen Kommentatoren der Meteor. genau verglichen, es sind dies (im Rahmen der Berliner Commentaria in Ar. Graeca):
Alexandros von Aphrodisias, In Ar. Meteora commentaria, ed. M. Hayduck, Bln. 1899 (vol. III 2); zit. Alex.
Olympiodoros, In Ar. Meteora Commentaria, ed. Guil. Stüve, Bln. 1900 (vol. XII 2); zit. Ol.
Joannes Philoponos, In Ar. Meteor. librum primum Commentaria, ed. M. Hayduck, Bln. 1901 (vol. XIV 1); zit. Phil.
Hinzuzunehmen ist (für Meteor. IV) Alex. De mixtione, ed. I. Bruns, Supplementum Arist., Bln. 1892.

Unter ihnen ragt der berühmte Aphrodisier (einflußreicher Aristoteliker unter Kaiser Septimius Severus) hervor; obschon dies Kommentarwerk nicht ganz auf der Höhe seiner anderen steht, kann sich der heutige Erklärer seiner oft mit Nutzen bedienen. Phil. (christlicher Gelehrter des 6. Jh.) und der sehr breit abhandelnde Ol. (5. Jh.) sind streckenweise für die Traditionsgeschichte der arist. Problemstellungen und Lösungen ergiebig.

Das Interesse der Früh- und der Hochscholastik (Albertus Magnus, Thomas v. Aquino, Roger Bacon) an den Meteor. wird durch Übersetzungen (erstmals Gerard von Cremona, gest. 1187, nach einer arabischen Vorlage des 9. Jh.), im 12. Jh. auch durch Erklärungen bekundet (vgl. F. H. Fobes, Cl. Phil. X, 1915, 297ff.). Albert verfaßte den ersten lateinischen Kommentar; aus der Lyoner Ausgabe von 1551 (seitdem Opera omnia, ed. A. Bourget, Paris 1890) teilt Ideler (II 536ff.) Exzerpte mit. Von der Editio princeps, der Aldina von 1498, an hat sich der Humanismus der Lehrschrift angenommen; bis zum Jahr 1619 verzeichnet Fobes noch 10 Neuausgaben (darunter von Erasmus, Sylburg, Casaubonus). Wichtiger noch sind die der italienischen Renaissancephilologie verdankten Beiträge zur Erklärung, wobei (vor Patrizzi, Zabarella) der scharfsinnige, urteilsklare Milanese Francesco Vimercati (Vicomercatus) an der Spitze steht; mit Recht läßt ihn Ideler immer wieder an entscheidenden Stellen zu Wort kommen. Den Höhepunkt der älteren Meteor.-Interpretation stellt ohne jeden Zweifel der mächtige Kommentar dieses hochverdienten Thüringer Gelehrten dar (Jul. Ludw. Ideler, I. II., Lips. 1834–1836), von dessen souveräner Sach- und Literaturkenntnis auch der heutige Erklärer bedeutenden Gewinn ziehen kann.

Von neueren Übersetzungen mit Anmerkungen seien folgende genannt:
E. W. Webster, Meteorologica (in: The Works of Aristotle, translated into English, ed. W. D. Ross), Oxford 1931 (vorzüglich)
H. D. P. Lee, Ar. Meteor., London 1952 (Loeb Library); s. o.
J. Tricot, Les Météorologiques, Paris ²1955
P. Gohlke, Meteorologie, Paderborn 1955

7

Literatur

(Im Kommentar werden nur die Verfassernamen, gegebenenfalls dazu auch die Jahre des Erscheinens, zitiert)

Berger, H., Geschichte der wissenschaftlichen Erdkunde der Griechen, Leipzig ²1903
Böker, R., u. a., 'Winde', Realenzyklopädie VIII A 2 (1958) Sp. 2215 ff.
Böker, R., 'Wetterzeichen', Realenzyklopädie, Suppl. IX (1962), Sp. 1609 ff.
Bonitz, H., Aristotelische Untersuchungen, Wien 1862–63
Burkert, W., Weisheit und Wissenschaft, Studien zu Pythagoras, Philolaos und Platon, Nürnberg 1962
Capelle, W., Das Proömium der Meteorologie, Hermes 47, 1912, 514 ff.
Capelle, W., *μετέωρος, μετεωρολογία*, Philol. 71, 1912, 414 ff.
Capelle, W., Zur Geschichte der meteorologischen Literatur, Hermes 48, 1913, 321 ff.
Capelle, W., Berges- und Wolkenhöhen bei griechischen Physikern, Leipzig 1916
Capelle, W., Anaxagoras, Neue Jahrbücher usw., 22, 1919, 98 ff.
Capelle, W., 'Erdbebenforschung', Realenzyklopädie, Suppl. IV (1924), Sp. 344 ff.
Cherniss, H., Aristotle's Criticism of Presocratic Philosophy, Baltimore 1935
Capelle, W., 'Meteorologie', Realenzyklopädie, Suppl. VI (1935), Sp. 315 ff.
Diels, H.,*Kranz, W.*, Die Fragmente der Vorsokratiker, I–III, ⁶1951/52 (zit. D.-Kr.)
Düring, I., Aristotle's De partibus animalium, Critical and Literary Commentaries, Göteborg 1943
Düring, I., Aristotle's Chemical Treatise, Göteborg 1944
Düring, I., Aristoteles, Darstellung und Interpretation seines Denkens, Heidelberg 1966 (zit.Düring)
Eichholz, D. E., Ar.s Theory of the Formation of Metals and Minerals; Class. Quart. 43, 19; 49, 141 ff.
Flashar, H., Ar., Problemata Physika (Ar., Werke in deutscher Übersetzung, hrsg. von E. Grumach, Bd. 19), Berlin 1962
Gilbert, W., Die meteorologischen Theorien des griechischen Altertums, Leipzig 1907
Gisinger, F., Die Erdbeschreibung des Eudoxos von Knidos, Leipzig 1921
Gottschalk, H. B., The Authorship of Meteor. Bk. IV; Class. Quart. 55, 1961, 67 ff.
Gottschalk, H. B., The De coloribus; Hermes 92, 1964, 59 ff.
Gundel, W., 'Kometen', Realenzyklopädie XXI (1921), Sp. 1143 ff.
Guthrie, W. K. C., A History of Greek Philosophy, Cambridge I 1965, II 1966

Hammer-Jensen, I., Das sog. IV. Buch der Meteorologie des Ar.; Hermes 50, 1915, 113ff.
Happ, H., Der chemische Traktat des Ar. In: Synusia (Festgabe für W. Schadewaldt), Pfullingen 1965, 289ff.
Heath, Sir Thomas, Mathematics in Aristotle, Oxford 1949
Jaeger, W., Aristoteles, Grundlegung einer Geschichte seiner Entwicklung, Berlin 1923
Kahn, Ch. H., Anaximander and the Origin of Greek Cosmology, New York 1960
Oder, E., Ein angebliches Bruchstück Demokrits usw. (Philol. Suppl. 7), Leipzig 1899, 229ff.
Rehm, A., 'Etesien', Realenzyklopädie VI[1] (1907), Sp. 713ff.
Rehm, A., Griechische Windrosen, Sitz.-Ber. München 1916
Rehm, A., Das siebente Buch der Nat. quaest. des Seneca usw., Sitz.-Ber. München 1922
Rehm, A., 'Nilschwelle', Realenzyklopädie XVII[1] (1936), Sp. 571ff.
Rehm, A., 'Episemasiai', Realenzyklopädie, Suppl. VII (1940), Sp. 183ff.
Reinhardt, K., Poseidonios, München 1921
Solmsen, F., Aristotle's System of the Physical World, Ithaca, N.-Y., 1960 (zit. Solmsen)
Solmsen, F., Besprechung der Meteor.-Ausgabe von H. D. P. Lee; Gnomon 29, 1957, 130ff. (Zit. Gnomon)
Steinmetz, P., Die Physik des Theophrastos von Eresos, Bad Homburg-Berlin-Zürich 1964
Strohm, H., Studien z. Entwicklungsgeschichte der arist. Meteor. (Philol. Suppl. 28), Leipzig 1935 (zit. Verf.)
Strohm, H., Zur Meteorologie des Theophrast, Philol. 92, 1937, 249ff., 403ff.
Thurot, F. G. C., Observations critiques sur les Météor. d'Aristote; Rev. archéol. 20, 1869, 415ff.; 21, 1870, 87ff., 249ff., 339ff., 396ff.
Zahlfleisch, J., Zur Meteorologie des Aristoteles, Wiener Studien 26, 1904, 43ff.

Weitere Literatur ist in den Anmerkungen genannt. Grundlegend für das Verständnis der Meteor. sind die Gesamtdarstellungen Solmsens und Dürings.

ANMERKUNGEN

BUCH I

Kapitel 1

9,4 (338 a 25) „früher dargestellt“. Die die Meteor. einleitende, innerhalb der Lehrschriften singuläre Übersicht über die Naturlehre galt dem antiken wie dem neueren Aristotelismus (bis zu Ideler I 317) als schlagender Beweis für Ar.s systematisches Denken; wird doch hier, wie es scheint, der Pragmatie innerhalb der bereits verfaßten Werke (Phys., De cael., De gen. et corr.) und der noch zu schreibenden (s. zu 339 a 7) deutlich ihr Platz angewiesen. Vertiefte Einsicht in das Wesen der arist. Lehrschriften, wie sie vor allem W. Jaegers Erstlingsarbeit (Studien z. Entstehungsgeschichte d. arist. Metaphysik, Bln. 1912) verdankt wird, läßt uns heute überzeugt sein, daß solche Übersichten bestenfalls den Aufbau des beabsichtigten Vortragskursus, nicht aber die Folge der Entstehung kennen lehren. Das alte Mißverständnis wurde geradezu drastisch erneuert von P. Thielscher, Philol. 97, 1948, 229ff. (speziell zu Meteor.: 240f., wo W. Capelles bekannte Nachweisungen ignoriert werden). – Daß Wendungen wie *εἴρηται*, *εἰρήσεται* wirklich auf den mündlichen Vortrag gehen, hat F. Dirlmeier, Merkwürdige Zitate in der Eudemischen Ethik des Ar., S. B. Heidelberg 1962, 14ff. klärend bemerkt.

9,6 (a 26) „Alle Früheren“: ungenau, insofern die Vorgänger mit einem anderen Begriff von meteoren Erscheinungen arbeiteten als Ar. (s. Einl. 122ff.); auch können wir die hier behauptete Ausdehnung des Wortgebrauchs nicht nachprüfen. Daß deswegen nicht an Athetese des Kapitels zu denken ist, bewies Capelle, Hermes 1912. – „Es umfaßt ...“: die Gliederung des Arbeitsgebiets entspricht im ganzen (ausdrückliche Nennung der atmosphärischen Spiegelung III 2–6 fehlt) der nachher im Werk (I–III) gebotenen; sie wirkt befremdlich und hat Verdächtigungen des Proömiums mitveranlaßt. Ar. hat offenbar die Scheidung dreier von oben nach unten sich folgender sublunarer Räume im Sinn (a gestirnnahe Zone, b Raum von Luft und Wasser, c *γῆς ὅσα μέρη*); aber dann schießen die Gewitterphänomene 339 a 3ff. über. Mit deren Umstellung verwischt Capelle (a. O. 533) die Tatsache, daß hier eben die Abfolge der Aitiologien, so wie sie uns überliefert sind, abgebildet wird; *ἐξ ὧν*, 338 b 25, geht auf diese Abfolge, nicht auf einen Kausalnexus, der zwischen Erdveränderungen und Pneuma-Erscheinungen völlig fehlt; anders freilich Solmsen, 399, n. 27. Aus der Gliederung nach Räumen tritt mit den Begriffen 'Entzündung' und 'Verdichtung' ein anderes Prinzip, die Zusammenfassung nach der bewirkenden Ursache, hervor. 'Verdichtung' (des Gewölks) aber, 339 a 4, geht auf das bei der Blitzgenese entscheidende Moment (vgl. 369 a 23). – Das wichtigste Erklärungsprinzip, die feuchte bzw. trockene Ausdünstung aus der Erde, bleibt allerdings ungenannt.

9,12 (b 24) „gemeinsame Vorgänge". Düring (der bei seiner Paraphrase des Proömiums 350f. leider seine Auffassung von dessen Komposition nicht mitteilt) lehnt diese allgemein übliche Übersetzung ab: „unter *κοιναὶ πράξεις, κοινὰ ἔργα* oder *πάθη* versteht er Prozesse oder Phänomene ... hier also Luftphänomene wie die Winde, Wasserphänomene wie Regen, strömendes Wasser usw." (Anm. 41). Abgesehen von Bedenken gegen die Gleichsetzung der Termini *ἔργα* und *πάθη* wäre doch wohl darauf hinzuweisen, daß hier eine Nennung der Winde, die ja nachher, b 26, genau am 'richtigen' Ort aufgeführt werden, die ohnehin nicht einfache Gliederung des Ganzen aus den Fugen geraten ließe. Läßt man dagegen den Grundsatz gelten, daß dieses Vorwort die uns vorliegende Folge der Lehrstücke fast durchweg getreu wiedergibt, dann wird man die Beziehung der 'gemeinsamen Vorgänge' in der Atmosphäre auf die *ἀτμίς*-Phänomene, I 9–12, nicht verkennen. Und hier, 346 b 17f., findet man ja auch gleich zu Beginn den Beweis: *οὗτος γὰρ κοινὸς ὕδατός τε τόπος καὶ ἀέρος.*

9,12f. (b 25) „Im Hinblick auf die Erde". In der arist. Hydrologie spielt das am Erdkörper zu beobachtende Werden und Vergehen eine große Rolle (vgl. bes. I 14). Daß damit der meteor. Rahmen gesprengt war, machte Alex. Not, der verkehrt in die *πάθη τῶν μερῶν* (*π.* wie bei Plat. Phaed. 96 C 1) die Anathymiasenlehre hineindeutete, 2,34ff. (ebenso Ol. 11,23ff.).

9,23f. (339 a 7) „Tiere und Pflanzen". Für die gesamte hiermit abgeschlossene Reihe von Naturphänomenen schwebt ein letztlich durch die Sonne gestifteter Lebenszusammenhang vor, in dessen Darstellung (nach Alex. 3,34ff.) auch 'Über die Seele' und die Kleinen Naturschriften gehören. Ar.s Werk 'Über die Pflanzen' – dessen Existenz O. Regenbogen, Hermes 72, 1937, 469ff., gegen Zweifel gesichert hat – ist verloren. Dem im 1. Kap. entwickelten Plan physikalischer Untersuchungen folgte Theophrast in den *Φυσικῶν δόξαι*, vgl. Charles H. Kahn 25.

Kapitel 2

9,29 (a 11) „Elementarkörper". Es ist der von Ar. gründlich durchgearbeitete *σῶμα*-Begriff zugrunde zu legen, wie er z. B. De cael. I 1 mit dem Moment der stetigen Teilbarkeit, also des Kontinuums der Natur, und mit der Ablehnung des Leeren verknüpft ist; auch sein nach Ar.s eigenen Worten (Phys. II 2, 201 b 33) nicht leicht zu fassender *κίνησις*-Begriff ist hinzuzunehmen, für den die Physik, vor allem das großartige VIII. Buch, das Hauptdokument darstellt (zu *κίνησις* erhellend H. Herter, der, Bonner Jbb. 158, 1958, 113, bei Wege bemerkt, daß für die Griechen dieser Zeit „ein Körper mit einem ersten Anstoß nicht für immer in Gang gesetzt (sei), sondern nur so lange, wie die ihm mitgeteilte Kraft vorhielt, und so bedurfte er eines stets erneuten Impulses"). Die Ewigkeit des Naturprozesses, von der der Philosoph überzeugt ist, bedingt eine ewig vorhaltende Bewegungsquelle, für die es zwischen Körpern grundsätzlich nur eine körperliche Übertragung gibt. Für die – in neuerer Zeit von Vimercato, Ideler erkannten, aber harmonisierten – Schwierigkeiten, in die sich Ar. mit der Annahme einer *συνέχεια* zwischen himmlischer und irdischer Welt hineinbegibt, ist bezeichnend, daß Alex. und Ol. die abschwächende La. *συνεχής πως* (a 22) aufnehmen (so noch Bekker); *συνεχής* Fobes.

9,30 (a 13) „der vier Elementarprinzipien wegen": σώματα und ἀρχαί so, wie hier übersetzt, zu trennen, rät F. Solmsen, Gnomon 29, 130 (gegen Lee, der unter ἀρχαί die Grundqualitäten Heiß Kalt Trocken Feucht versteht).

10,11 (a 25) „Das Himmelselement ewig". Zu Ar.s sog. Ätherhypothese vgl. P. Moraux, RE XXIV 1963, Sp. 1196ff., s. v. quinta essentia. Über die philosophischen Konsequenzen der Abtrennung einer eigenen Himmelsphysik zuletzt H. Happ, in: Parusia, Festgabe f. J. Hirschberger, 1965, 155ff.

10,11 f. (a 25) „kommt ... nirgends an ein Ende". Die im irdischen Raum vorfindbare geradlinige Bewegung kommt im reinen Oben bzw. im reinen Unten an ein Ende. Unübersetzbares Wortspiel: τέλος 'Ende, Vollendung, Ziel', aber auch 'Vollzug eines Dienstes', ἐν τέλει 'im Dienst, im Amt'; ein hohes Wort (Soph. Ai. 1352, Phil. 385) – vortreffliche Monographie von D. Holwerda, Mnemosyne, 16, 1963, 337ff. – wie das ebenfalls für das Himmelselement gebrauchte 'steuern' (κυβερνᾶν, 339 a 23, im echten Ar. – Phys. III 4, 203 b 11 ist Anaximander-Zitat – singulär). In Theophrasts Referat über Philolaos 44 A 16 Diels-Kranz[2] ist der Gegensatz 'vollendet' – 'nirgends ein Ende' mit dem früheren (Meteor. I 1, 338 b 20) 'Ordnung' – 'gestörte Ordnung' verknüpft, d. h. Philolaos wird vom Proömium der Meteor. und von De cael. II 1, 284 a 2ff. aus interpretiert.

10,15 (a29) „materielle Ursache". Die klassische Darstellung der Ursachenlehre findet sich in der Physik, II 3.

Kapitel 3

10,24 (a 36) „Feuer Luft Wasser Erde" –: hier reißt der glatte Verlauf der Darlegung ab. Nach der Ankündigung des speziellen Themas kommen diese Überlegungen zur Elementtheorie unerwartet; es war ja soeben in Kap. 2 über die Elemente knapp und schlüssig gehandelt worden. Und dieser Neuansatz greift weit aus; was am Anfang von 3 erwartet wird, nimmt der Autor erst in 4 in Angriff; dort wird zu Beginn als neu erklärt, was im 3. Kap. als selbstverständlich bei Wege berührt worden war. Den Thesenstil der ersten Kapitel lösen mühsame Untersuchungen ab, die nicht davor zurückschrecken, das Himmelselement von neuem in Frage zu stellen, mit so erstaunlichen Erwägungen wie 340 a 28 (wo unterstellt wird, daß die Gestirne heiß seien) und 340 b 8 (wo Ar. feststellt, daß in den Gestirnraum irdische πάθη hineinreichen). Einer der interessantesten Texte aus Ar.s naturwissenschaftlicher Zetematik.

10,29 (b 3) „sogenannte Luft": gleich nachher die 'sogenannten Elemente'; der zurückhaltende Ausdruck nur in Meteor. und De cael. II 7), weil Ar. eine neue Auffassung von diesen Körpern im Sinn hat. Der Meteorologe findet sich unter einem gewissen Zwang von seiten seines kosmologischen Systems. a) Alle Bewegung stammt letztlich von der des Himmelselements her, b) die vier sublunaren Elemente vermögen sich ineinander zu wandeln: wie ist der Raum zwischen Himmel und Erde konkret-stofflich zu denken, wenn bei der Erklärung der meteoren Erscheinungen in ihm diesen beiden Systemgedanken Rechnung getragen werden soll? Was den Gestirnraum betrifft, so erreicht die temperamentvolle Darlegung ihr Ziel;

340 a 18 betrachtet Ar. die Lehre des Anaxagoras von der Feuernatur dieses Raumes als erledigt. Aber mit der Gliederung des Zwischenraumes zwischen Erde und Sternenwelt geht es nicht rein auf; ein Stratum realen Feuers würde sich zerstörend auf den ganzen Bau auswirken, hingegen den Raum sich mit Luft erfüllt vorzustellen, widerspräche der 'Gleichheit' (340 a 15) der elementaren Körper – ein Grundsatz, ohne den ihre Umwandlung ineinander nicht denkbar wäre. Die ganze Untersuchung, in mehreren, keineswegs aufeinander abgestimmten Ansätzen geführt, endet (340 b 4), ohne daß die Fragen gelöst sind.

10,33 (b 8) „durch astronomische Forschungen" – des Eudoxos von Knidos und des Philippos von Opus (auf sie auch 345 b 1 bezüglich); vgl. Jaeger 157f., Burkert 308f. u. Anm.

11,8 (b 20) „ein alter Glaube". Die Hochschätzung uralter Überlieferung und das Ausdeuten von Worten, in denen sich Erkenntnisse früherer Epochen konzentriert haben, sind für Ar. charakteristisch, Jaeger 130ff., der die thematisch verwandte Äußerung De cael. I 10, 279 b 4ff. für den Dialog 'Über die Philosophie' in Anspruch nimmt. An der vorliegenden Stelle hebt sich die gewählte Sprache ohne Bruch aus der Umgebung heraus. – Ar. braucht hier so wenig wie sonst – was immer wieder behauptet wird – für sein eigenes Himmelselement den Namen Äther (Phys. IV 5, 212 b 21 heißt dies Feuer, vgl. Solmsen 301); wohl aber ist dieser Name, recht verstanden (Anaxagoras machte es falsch: De cael. I 3, 270 b 24), ein Beweis für das uralte Recht seiner eigenen Auffassung. – Zur Lehre von der in Intervallen wiederkehrenden Wahrheit s. Jaeger 138f. und namentlich Solmsen 431ff., Düring 218f.

11,25 (b 34) „von geringer Größe". Daß der Augenschein sich durch Beweise widerlegen läßt, betont auch der Verfasser der Epinomis, 983 A. – Wenn gleich anschließend die Kleinheit der Erde betont wird (340 a 6), so ist dies eine Spitze gegen Platon, der im 'Phaidon' das Bild einer gewaltig großen Erdkugel entwirft, 109 A 9.

11,26 (b 36) „Abhandlung über den oberen Raum". Die Parallele in De cael. II 7 (mit Guthries Bemerkungen) zeigt, daß die *ζητήματα* a) ob die Gestirne gleichen Stoffes seien wie ihre Umgebung, und b) wie die Tageswärme von der Sonne herabkommt, in der Diskussion miteinander verbunden sind. Ar. ist immer noch mit der Sonderstellung des Himmelselements und der riesigen Ausdehnung des Gestirnraums beschäftigt; letztere verbietet es, auf Grund der zu fordernden Analogie der vier Elemente, eines von diesen für den Stoff des 'Himmels' anzusetzen (die Widerlegung wird für 'Feuer' und 'Luft' durchgeführt). Das Beweisziel des ganzen Abschnitts aber (von 339 b 13 an) ist, nachdem der Gestirnbereich den irdischen Elementen entzogen ist, die Gliederung des sublunaren *μεταξὺ τόπος*, für den Vorgänger die Luft als Stoff beansprucht hatten, b 31. Am Ende wird dies zurückgewiesen; als 'Zwischenraum' ist 340 a 18 der sublunare Raum gemeint, wie auch die unmittelbare Fortsetzung zeigt.

12,5 (340 a 15) „an Wirkungskraft gleich". Den Vergleich von Elementen nicht hinsichtlich ihres Quantums, sondern ihrer Wirkungskraft zieht Ar. auch in De gen. et corr. II 6, 333 a 16ff., im Zusammenhang einer Polemik gegen Empedokles.

12,17 (a 25) „Warum bilden sich . . . keine Wolken?" An die noch offene Frage der Raumgliederung tritt Ar. mit einer Hilfsfrage heran: die Grenze der Luft muß da gesucht werden, wo sie die Fähigkeit der Wolkenbildung verliert. Das ‚rein aporetische' Stück (Webster z. St.), das den Forscher im Ringen mit den Problemen zeigt (was die Kommentatoren verwischen wollen, Alex. 12, 31, 01. 23,30), mutet befremdlich an. Dieser erdferne, aber auch gestirnferne ‚obere Ort' ist doch wohl der obere Luftraum; aber dann müßte er entweder mit der Feuerzone identisch oder dieser benachbart sein und könnte auf keinen Fall ‚relativ kalt' genannt werden. Die ganze Partie scheint ein Fragment zu sein, das auf einer den Meteor. sonst fremden Kosmologie basiert.

13,2 (b 8) „reinere und weniger unvermischte Stellen". Ein überraschendes Zugeständnis und, wie so manches in diesen einleitenden Kapiteln, singulär innerhalb der arist. Kosmologie. *Ἴσως . . . οὐδὲ πάντῃ ἀπαθὲς τὸ θεῖον σῶμα*', räumt Alex. ein (18,28), und Philop. zieht die Konsequenz, daß dann eben auch am Himmel Werden und Vergehen herrscht, '*ὡς καὶ ἐν τοῖς ἡμετέροις σώμασιν*' (50,29). Diese Feststellung nimmt voraus, was Galilei und Scheiner im Jahr 1610 mit der Entdeckung der Sonnenflecken durch Beobachtung bewiesen. — Das Lehrstück bringt zwar die lange erwartete Lösung, aber in befremdlicher Kürze (*διὰ τὸ ἀτμίζειν τε καὶ ἀναθυμίασιν ἔχειν γῆς* ist nur von der ausführlichen Darstellung des Kap. 4 Anf. her verständlich). Das Motiv der *διάκρισις* stellt eine rein mechanistische Erklärung dar, ist jedoch hier durch die Verbindung mit dem Begriffspaar Potenz — Akt dem arist. Denken angepaßt. Die 340 b 18 zitierte frühere Erwähnung steht De gen. et corr. II 10. — Die beiden *ζητήματα* sind von 340 a 24 an bis zum Kapitelschluß recht eigentlich ineinander geschoben. Die Herabkunft der Wärme wird am Ende ohne Beziehung auf die frühere Behandlung noch einmal besprochen, um die — von der antiken Naturphilosophie so überschätzte — Beobachtung anzubringen, daß rasch durch die Luft fliegende Gegenstände glühend würden, sodann um als Hauptursache der Erwärmung die Bewegung der Sonne nachzutragen. Die versprochene Besprechung des Problems an anderem Ort findet sich in den erhaltenen Lehrschriften nicht.

13,20 (b 27) „feucht und warm": *θερμόν* von Fobes befürwortet. Angesichts der lehrgeschichtlichen Besonderheit des Kapitels, die den Vergleich mit 360 a 23 nicht zuläßt, verbietet sich die Aufnahme von *ψυχρόν* (aus E_1, W), empfohlen von Lee, nach Ross, auch Düring 386; man übersah, daß kurz vorher mit einer warmen erdnahen Wasserdampfschicht gerechnet wird, 340 a 29ff. (wie auch De gen. et corr. 330 b 4).

13,30 f. (b 33) „die ganze Luft ringsum im Strömen". Die Luft ist bis tief herab der siderischen Kreisbewegung ausgesetzt (was zu 344 a 12ff., 347 a 34f., 361 a 24f. stimmt). Aber dieser kosmische Luftzug auf den höchsten Gipfeln ist keineswegs das, was Ar. Wind nennt; den Standpunkt seiner Windtheorie (vgl. Meteor. II 4) gibt der — in der Übersetzung eingeklammerte — Satz wieder, der sichtlich eine spätere Zufügung darstellt. Es lag dem Autor daran, den Unterschied jenes Luftzugs zu dem in seiner Substanz von der Erde stammenden Wind einzuschärfen. Capelle, 1916, 14f., hat den Sachverhalt nicht richtig beurteilt. Die von Ar. entwickelte Windgenese hängt mit dem originellen Lösungsgedanken zusammen, den er der Tradition entgegenstellt; mit einem „weitverbreiteten Volksglauben" hat sie nichts zu tun. — Zu der von den antiken Erklärern gestifteten Verwirrung s. Verf. 66f.

14,18 (341 a 20) „auch der Umschwung der Sonne allein“ (vgl. De cael. II 7, 289 a 31). Die besondere Beziehung des Phänomens auf die Sonne macht die heillose Aporetik der arist. Wärmelehre erst recht deutlich. Die griechischen Kommentatoren widmen sich ihr mit besorgtem Eifer. Philop. entwickelt auf Grund der arist. Voraussetzungen, daß die Gestirnsphären nicht weniger als die Gestirnkörper selbst ein *στερεόν* darstellen (42,1 ff.); dann müßte aber jene Reibungswärme ja auch von der Sphäre verursacht werden, und wir hätten Tageswärme bei Nacht (vgl. Ol. 32,8 ff.). Die Sonderstellung des Tagesgestirns ist vor allem deswegen unerklärbar, weil seine Sphäre von der irdischen Welt durch die Mondbahn geschieden ist und eine unmittelbare Einwirkung (*παρεκτρίβεσθαι*, De cael. II 7, 289 a 20) nicht wohl vorgestellt werden kann. Die Schwierigkeit, die von den Neueren zuerst Accoramboni (bei Ideler I 346 ff.) erkannte, wird von den antiken Kommentatoren mit Gedanken zu beheben versucht, die über die arist. Positionen hinausführen; denkwürdig vor allem Alex. im (verlorenen) Kommentar zu De cael., wo er die Mondsphäre als elektrischen Leiter auffaßt (bei Simplik. in De cael., 440,27 f.) – ein Motiv bei Straton, vgl. H. Diels, S.-B. Berlin 1893, 113; jetzt in: Kl. Schr., usw., herausg. v. W. Burkert, 1969, 251).

14,32 (a 31) „ein sicheres Zeichen“. Eine an den Kapitelschluß angehängte Fußnote, sicheres Zeichen des disparaten Charakters, den Kap. 3 aufweist. Hier ist mit dem ‘oberen Ort’ wieder der Gestirnraum gemeint; die Behauptung seiner Nichtfeurigkeit, die den schroffsten Bruch mit der vorsokratischen Physik bedeutet, lag also, wie noch einmal deutlich wird, allen diesen neuen nicht-anaxagoreischen Thesen zur Weltraumgliederung zugrunde. – Für die Entstehung des merkwürdigen Abschnitts scheint sich noch etwas gewinnen zu lassen. Es wird von einem Nebenmotiv durchzogen, das auf die subtile Zusammenordnung von Gestirnbewegung und einer entsprechend anregbaren obersten Luftzone gar keine Rücksicht nimmt. Die Kreisbewegung der Gestirnwelt – so heißt es 340 b 32 – reißt den obersten Teil der Luft mit: schon dies verhindert, daß sich in ihm Wolken bilden; nur zu Ansätzen kann es kommen (341 a 5–9). Gleichzeitig gibt der Erklärer für den oberen Weltraum die Abfolge ‘Erster Körper – Feuer – Luft’ an, obwohl doch soeben die Feuerzone ausdrücklich eliminiert worden war. Und am Ende des Kapitels liest man eine abgerissene Notiz gleichen Sinnes. Das die Luft umgebende Feuer zerstäubt unter dem Einfluß der kosmischen Bewegung und läßt die Tageswärme nach unten gelangen. Schwebt nicht an beiden Stellen dem Autor eine reale Feuerzone vor? Mit dem ‘Rauch’, dem ‘Zunder’ (b 19,22) kann ja dieser Vorgang des *διαρραίνεσθαι* unmöglich etwas zu tun haben. Es ist mir nicht zweifelhaft, daß wir in Kap. 3 Reste von Erklärungen vor uns haben, die die radikale Umdeutung des Feuerelements noch nicht voraussetzen. – Wenn P. Moraux, RE XXIII 1963, 1205 s. v. quinta essentia mit der Möglichkeit rechnet, daß die arist. Erklärung ganz ohne Rücksicht auf eine Sphärentheorie entstanden sei, so führt das ebenfalls auf eine frühe Zeit. Einer solchen Vermutung steht freilich eine Wendung wie 341 a 20 (*καὶ ἡ τοῦ ἡλίου φορὰ μόνον*) entgegen, wo ja deutlich ein Unterschied zwischen der allgemeinen Himmelsbewegung und der der Sonne bezeichnet wird.

Kapitel 4

14,39 (b 2) „die brennenden Flammen". Diese nächtlichen Feuererscheinungen mit den seltsamen Namen spielen in der antiken Meteorologie eine gewisse Rolle (Seneca, Nat. quaest. VII 4; Plin., Nat. Hist. II 89f.); es wird sich um Meteor-Phänomene gehandelt haben.

15,6 (b 7) „nicht eine einfache Ausdünstung". Das Prinzip, welches Ar. ohne Rücksicht auf 340 b 25 völlig neu vorträgt, bedeutet eine Veränderung der üblichen Elementenreihe durch eine Art Streckung des Wassers und der Luft, so daß die Feuerzone überflüssig wird (am klarsten dargestellt von H. J. Lulofs, Aristoteles en Seneca over atmospherischen Neerslag, Tijdschr. van het Koninglijk Nederl. Aardrijkskundig Gen., XXIV, Leiden 1917). Die Stelle und ihre Parallelen in Meteor. spielten in allen Übersichten über die arist. Kosmologie eine Rolle, insofern zu Unrecht, als die hier vorgetragene Lösung ausschließlich für bestimmte meteorologische Zwecke erdacht ist; wie sie denn auch im gesamten Corpus, die mehrfach zitierte meteorologische Stelle in De cael. II 7 ausgenommen, nicht berücksichtigt ist. — Zu der doppelten tellurischen Ausscheidung im allgemeinen s. u. S. 181 f. und Solmsen 407ff. „Das Wort Anathymiasis kommt nur in Schriften vor, die nach Meteor. I—III geschrieben worden sind, und ist vielleicht eine Neuschöpfung des Ar.", Düring 386. In De sens. 5 findet sich bei Wege die ausgebildete Lehre von der doppelten Anathymiase, 443 a 21—31.

15,20 (b 20) „unter einem kleinen Bewegungsanstoß". Die Qualifizierung der Stellen in der warmtrockenen Luft wird mit *εὐκαίρως*, später mit *εὔκρατος*, *εὐφυΐα* gegeben. Da tendiert nicht — der gemeingriechischen Auffassung des Feuers gemäß — die Verdünnung der Luft bereits zum Feuer hin, sonst würde nicht *πύκνωσις*, 344 a 16, dafür gesetzt sein; es sind eben hochentzündliche Punkte, die eines auslösenden Funkens bedürfen — und tatsächlich lesen wir an der letztgenannten Stelle die verräterische Wendung 'feuriges Movens' (*ἀρχὴ πυρώδης*; daß der Ausdruck durch 341 b 20ff. zu deuten ist, hat Alb. Rehm erkannt, 1921, 36). Das Beispiel b 26 f. („wie wenn Stoppeln brennen") deutet in die gleiche Richtung, nicht minder die Wendung „wie wenn man einen Funken in einen Haufen Spreu werfen wollte", 344 a 25 (aus der Kometenlehre). Auf die Frage, woher dieser auslösende Funke stamme, gibt Ar. keine Auskunft. Es liegt auf der Hand, daß er die Motivierung von sublunaren Feuererscheinungen durch ein nichtfeuriges Aition (*θερμαίνει τὸ μὴ θερμαινόμενον*: Ol. 33,8) nicht durchhalten, daß der Erklärer von der Vorstellung einer realen Feuerzone (und heißer Gestirne? 340 a 27!) noch nicht ganz loskommen konnte (*τῶν ἄστρων θερμῶν ὄντων*: eine alarmierende — obschon von den Erklärern nicht beachtete — Wendung, die hier, im kosmologischen Zusammenhang, natürlich nicht verglichen werden kann mit harmlosem Reden von der Sonnenwärme wie z. B. 361 b 16, 370 a 3). — Lehrreich wird bei Philop. — dem Verfasser von sechs Büchern 'Gegen Aristoteles über die Ewigkeit der Welt' — sichtbar, daß man zur Feuernatur der Gestirne gelangt, wenn man die Probleme des Meisters zu Ende denkt (vgl. 49,26ff.). Der Kommentator nimmt Motive voraus, mit denen in der

Renaissance der Aristotelismus siegreich bestritten wurde (vgl. E. Goldbeck, Der Mensch und sein Weltbild, 1922, 46ff.).

15,26 (b 24) „Unterschiede gibt es". Das eine Lösungsmotiv wird auf die verschiedensten Feuer- und Lichterscheinungen am Himmel angewandt. Mit bewundernswerter Umsicht und Erfindsamkeit widmet sich Ar. in den Kap. 4–8 der Differenzierung seiner Aitiologie, ohne doch verhindern zu können, daß sein Prinzip am Ende als heillos überanstrengt erscheint. Sorgfältige, plastisch formulierte Naturbeobachtung kommt dabei zu Wort (Sternschnuppen: bes. ab 341 b 25), die leider im Dienst völlig verfehlter Spekulation steht.

15,30 (b 28) „Sternschnuppen". Die in der Überlieferung angehängte Wortgruppe („wenn die Längenerstreckung des Zunders seine Breite übertrifft") ist mit Lee als Glossem zu tilgen; dann 341 b 29 mit Hs. N *οὖν* (*οἷον* Fobes).

15,39 (b 36f.) „durch Abkühlung bewirkte Kontraktion". Neben die transzendente Motivierung stellt Ar., wie bereits mehrfach, eine den Kräften des sublunaren Kosmos immanente, die der Eigenart der Sternschnuppen angepaßt ist. Das Beispiel mit den zwei Lampen ist eine Bestätigung der Theorie, diese ist nicht etwa aus der Naturbeobachtung abgeleitet. – Näheres über die *πῆξις*-Phänomene s. zu S. II 9.

16,4 (342 a 3) „Beobachtung an den zwei Lampen". Die Stelle ist korrupt (Solmsen, Gnomon 29, 130), wohl durch Ausfall einer Wortgruppe. Die Übersetzung sucht – wie es ähnlich Lee unternimmt – den Sinn aus dem Folgenden zu ergänzen.

16,19 (a 17) „eher am oberen Ort". *μᾶλλον* (nicht in E) mit Fobes; Ar. nimmt die Verteilung auf *ἔκκαυσις* und *ῥίψις*, auf den oberen und den unteren Teil des Luftraums mit der für ihn charakteristischen Vorsicht vor. *ἄνω* mit E, Lee; *ἀνωτάτω* Bekker, Fobes.

Kapitel 5

17,1 (a 35) „Anblick von mannigfachen Erscheinungen". Seit Ideler (I 374) überwiegt die Meinung, daß sich in diesem Kapitel Beobachtungen des Nordlichts (aurora borealis) niederschlagen (vgl. Heath 243, Lee z. St.). Aber es ist schwer vorstellbar, daß Ar. keine bezeugten Beobachtungen (wie in Kap. 6) angeführt, nicht auf die Seltenheit des Phänomens hingewiesen haben sollte, für dessen Sichtbarkeit in Griechenland wir sonst keine ausdrückliche Nachricht haben und das mit der Seltenheit der Kometen, die zu den klassischen Themen der Himmelsbeobachtung gehören, nicht verglichen werden darf. Ich schließe mich also Webster an ('phenomena of cloud coloration'). – „Klüfte und Gruben": Ol. 43,25ff. trennt sie als bloße Trugbilder von den real begründeten Phänomenen ab (gebilligt von Zahlfleisch 45f.) und biegt damit in die in hellenistischer Zeit geläufige Unterscheidung von Erscheinungen *κατ' ἔμφασιν* und *καθ' ὑπόστασιν* ein (vgl. z. B. De mundo 395 a 30f.); geschickt zieht er den von Ar. III 4, 375 a 7ff. verwandten Lösungsgedanken des Farbkontrasts heran: ein heller Rand läßt eine dunkle Mitte als tief erscheinen (45,6 ff.). Auf 374 a 3 ff. bezieht sich hier Ar. selbst, b 7 ff. – αἱματώδη χρώματα (a 36): das Abendrot? So Düring 388; aber dann hätte doch – von dem ausdrücklichen νύκτωρ abgesehen – Ar. unmöglich die Sonne als unmittelbare Ursache (und zwar einer Spiegelungserscheinung) ignorieren können.

17,3 (a 36) „die gleiche Ursache". Die Differenzierung der hier wie durchweg zugrunde liegenden Theorie der Feuergenese wird diesmal durch die Annahme von Verdichtungen (συστάσεις) der brennbaren Materie erreicht; was die Problematik der Lehre freilich nur verschärft. Denn trotz der Versicherung φανερός ἐστι συνιστάμενος ὁ ἄνω ἀήρ liegt hier ein Widerspruch zu der bisherigen Motivierung des sublunaren Feuers vor, bei der eben nicht ein συνίστασθαι, συγκρίνειν, συνιέναι der obersten Luftschicht angenommen wurde, sondern im Gegenteil ein διακρίνειν stattfand (341 a 17; σύστασις b 23 heißt nicht 'Verdichtung', 'Ballung', sondern 'stuff', Webster, 'composition', Lee). Der von den griech. Kommentatoren angebotenen Hilfe muß man sich mit Vorsicht bedienen. Die Überholtheit der arist. Feuertheorie ist ihnen bewußt; so deuten sie die Phänomene als Spiegelungserscheinungen (Alex. 23,26; Ol. 67,32 ff.), worin ihnen noch Gilbert 549 ff. – der der Lehrschrift kritisch öfters nicht gewachsen ist –, aber auch Webster folgen. Ar.s Text läßt jedoch keinen Zweifel darüber, daß hinter den verschiedenfarbigen Lichterscheinungen primär die reale Entzündung brennbaren Materials steht. Erst sekundär wird der Feuerschein von oben durch Luftmassen verschiedener Dichtigkeit alteriert (342 b 4 ff.).

17,7 (b 5) „mannigfache Farben". Vgl. die in III 4, ferner in [Ar.] De coloribus, bes. Kap. 2 vorgetragenen Farbenlehren (und zur letzteren Schrift Gottschalk, 1964, 62).

Kapitel 6

17,34 (b 27) „Anaxagoras und Demokrit"; für ihre Ansicht ist Ar. hier der älteste Berichterstatter, vgl. 59 A 81 bzw. 68 A 92 D.-Kr. Der optische Eindruck des 'Gesamtbilds' (über die antike Auffassung von σύμφασις s. Gilbert 645, Anm. 1) geht offenbar auf den Kometenschweif; der Kern war nach diesen beiden Physikern ein Stern (Cherniss 328).

17,37 (b 29) „einige der sogenannten Pythagoreer". Ar. spricht in den erhaltenen Schriften ausschließlich von Pythagoreern, nicht von Pythagoras; hierüber und über die hier (und 345 a 13) angedeutete Lehrverschiedenheit in der pyth. Schule umsichtig Burkert 27 f., 51, Anm. 26, 300. Wo man die Rückschrittlichkeit Ar.s, der den Kometen den Gestirncharakter absprach, tadelte (besonders lebhaft bei Gundel, Sp. 1143), pflegte man die Wissenschaftlichkeit der pythagoreischen Astronomie zu rühmen; einschränkend hierzu Burkert 300 u. ö., der übrigens auch die Möglichkeit ermittelt, daß Ar. einen Unterschied in der Kometentheorie des Demokrit und des Anaxagoras verwischt habe, 290, Anm. 74. Die uns am modernsten anmutende antike Lehre lernen wir bei Seneca kennen (Nat. quaest. VII 22 ff.). Die Pythagoreer sind durch die hellenistische Erneuerung der Lehre von der Gestirnnatur der Kometen – die der Römer übernimmt – überholt. Poseidonios jedoch hat sich der arist. Theorie angeschlossen (meisterliche Analyse von Senecas Kometenbuch durch A. Rehm, S.-B. München, 1921).

17,39 (b 33) „auch beim Merkur": ein Zusatz Ar.s, nicht zum Referat über die Pythagoreer gehörig (so auch Burkert 300, Anm. 140).

18,3 (b 36) „Hippokrates von Chios": zu diesem von Ar. zu den Pythagoreern gestellten Mathematiker und zu seinem Schüler s. Burkert 400ff., 427ff. Trotz seiner ablehnenden Haltung scheint Ar. ein Buch des Aischylos (eines Schülers des Hippokrates) über Kometen ausgiebig benutzt zu haben (Düring 388).

18,8 (343 a 4) „sein Zurückbleiben" muß sein seltenes Sichtbarwerden erklären, es kann also nicht an das bekannte Verhältnis der Planeten zu den Fixsternen gedacht sein (richtig Philop. 79,27), sondern an die Nähe des Komet-Planeten zur Sonne, die ihn meist unsichtbar sein läßt. So Lee z. St.; aber es muß doch beachtet werden, daß Ar. bei seiner Widerlegung selbst den retrograden Gang der Planeten zum Vergleich heranzieht (343 a 24, wo Webster '*ὑπολείπεσθαι*' nicht mit 'appear' übersetzen durfte). Zu dem Terminus vgl. Zahlfleisch 51f.

18,25 (a 21) „Unmöglichkeiten". Ar.s Kritik der Vorgänger geht nicht, wie sonst oft, von den in der eigenen Lehre angelegten Gesichtspunkten aus, sondern ist – wenigstens nach Meinung des Autors – durch empirisch gewonnene Daten bestimmt (Cherniss 328). Grundsätzlich freilich spricht Ar. im Sinn seines geschlossenen, mit fünf Planeten fixierten Kosmos, im Gegensatz etwa zu der offenen Welt der Atomisten. Dazu tritt ein charakteristischer Systemgedanke: Ar. fühlt sich von der Zufälligkeit der früheren Erklärungen abgestoßen, während seine eigene Lösung die Naturerscheinung mit den ewig regen *πάθη* des Erdkörpers in Zusammenhang bringt und damit ihrer Notwendigkeit (vgl. z. B. 343 b 27f.!) und Zweckmäßigkeit gerecht wird.

18,30 (a 25) „oft mehrere zusammen": für diese Behauptung fand Plin., Nat. hist. II 23 keinen Beleg. Ol. 52,31 tritt wenig überzeugend für den Meister ein, wenn er ein solches Ereignis aus der Zeit Diokletians behauptet.

19,3 (b 2) „zur Zeit der Flutwelle": die Erinnerung an das furchtbare Erd- und Seebeben, dem im Jahr 373/72 die achäischen Städte Helike und Bura zum Opfer fielen, hat sich in der Antike dauernd erhalten; vgl. z. B. Schrift von der Welt 4, 396 a 21, Sen., Nat. quaest. VII 5, Pausan. VII 24,7. – Sturmflut, nicht 'tidal wave' (irrig Webster, Lee): Ideler I 389f. – Ar. macht hier dem (im Altertum die Ursachenforschung weit überwiegenden) Aberglauben, als seien Kometen Zeichen oder gar Ursachen von Katastrophen, nicht die mindeste Konzession. Eine meteorologische Verbindung zwischen den atmosphärischen Verhältnissen des Unglückstages und dem Kometen wird später angedeutet, 344 b 34ff.

19,11 (b 9) „auch manche Fixsterne". Die erstaunliche Lehre, die ein Phänomen der potentiellen Feuerregion mit der Fixsternsphäre räumlich verbindet, wird von neueren Erklärern allzu willig hingenommen (Düring 388 u. Anm. 284; früher

Gundel, RE XXI, 1921: „Die Dünste . . . können auch zu einem Planeten oder Fixstern emporgerissen werden"). Ar. geht so weit, bestimmte Kometen an der Gestirnbewegung teilnehmen zu lassen, 344 b 8–10 (dazu Alex. 35,2 ff.: *ἡ κόμη . . . συμπεριάγεται αὐτοῖς*). Ein irdischer Körper, *βίᾳ* im überirdischen Element festgehalten, gefährdet Ar.s kosmologische Grundlagen nicht weniger als jene 'Unreinheiten' in der himmlischen Region, die 340 b 8 zugegeben wurden.

19,25 (b 23) „wie ein Band": *ἅμμα*, die Variante zu Bekkers Text *ἅλμα*, der nicht recht zu deuten ist.

19,35 (b 32) „auch aus logischem Grund". Die folgende Vermischung von Argumenten *κατὰ λόγον* und *κατ' αἴσθησιν* ist schwer erträglich. Der geometrische Punkt ist für Ar. unteilbar, ausdehnungslos (vgl. hiezu De cael. I 1): es lassen sich mit solchen Punkten keine Größen bilden oder vermehren. Unmöglich durfte Ar. diesen logischen Sachverhalt in die prekäre Parallele mit einem rein physikalischen bringen, der mit dem Wort *φαίνεσθαι*, d. h. einer Gestirnbeobachtung unweigerlich gegeben ist. Nach Ar. kann z. B. sehr wohl ein Gestirnkörper *κατὰ τὸ ποσόν* mit dem Erdkörper verglichen werden (339 b 9); es steht dies, ob man es *κατὰ λόγον* oder *κατ' αἴσθησιν* verstehen will, eindeutig der vorliegenden Stelle entgegen. '*ἴδοι δ' ἄν τις καὶ ἐκ τούτων ὅσον διαφέρουσιν οἱ φυσικῶς καὶ λογικῶς σκοποῦντες*' – heißt es einmal spitzig (auf die Platoniker gemünzt), De gen. et corr. I 2, 316 a 10: hier, Demokrit gegenüber, scheint für einen Augenblick die Grenze zu verschwimmen.

Kapitel 7

20,6 (344 a 5) „der Sinneswahrnehmung nicht offen". Ar. spielt auf den 'vorsokratischen' Grundsatz '*ὄψις ἀδήλων τὰ φαινόμενα*' an (hierzu H. Dillers klassische Studie Hermes 67, 1932, 14 ff.), auf den auch Phys. II 1, 193 a 3 ff. ein (ironischer) Blick fällt. Der Philosoph hat soeben den größten Autoritäten der alten Zeit so scharf wie knapp widersprochen (*αἰτίαι ψευδεῖς οὖσαι*); die neue Epoche der Forschung kennzeichnet es, daß nicht *ἀφανῆ*, *ἄδηλα* zugrunde gelegt werden, sondern, wie es De cael. III 7, 306 a 16 eindrucksvoll formuliert wird, *τὸ φαινόμενον* (so erhält auch das *νῦν* Relief) – und da darf mehr erwartet werden als bloß eine 'mögliche' Erklärung.

20,12 (a 8) „Unser Ausgangspunkt". Gerade auf der uns so problematisch dünkenden Einheitlichkeit der Erklärung von Sternschnuppen, Kometen, Milchstraße gründet Ar.s Sicherheit. Er zitiert hier 341 b 6 ff. und wiederholt dann, nun schon zum dritten Male, daß alle diese Naturerscheinungen Folgen von Reibungswärme sind. Nur zeigt sich hier die Kompliziertheit der Vorstellung besonders deutlich. Den 'Feuerkeim' (344 a 17) soll man sich wohl als erstes Produkt der siderischen Reibung denken, welches dann im 'Zunder' die Stellen 'richtiger Mischung' (344 a 14) entzündet (vgl. 345 b 33 ff.). Gewiß war der Erklärer nicht berechtigt, dies unter '*φαινόμενα*' zu subsumieren. Zwei Anliegen seiner Aitiologie werden deutlich. Wie soll sich die Seltenheit des Auftauchens eines Kometen vereinigen mit einem *αἴτιον*, das grundsätzlich mit dem des Tageslichts identisch ist? Er differenziert, in dem oben angedeuteten

Sinn, sein Erklärungsprinzip und stellt zugleich, die Seltenheit des Phänomens zu begründen, sein Zustandekommen unter sorgfältig überlegte Bedingungen, die die Menge, die Lagerung und die Dichtigkeit des brennbaren Stoffs betreffen. In diesem Zusammenhang werden die Kometen nach dem Entstehungsort in gestirnnahe und erdnahe geschieden; an den subtilen Einteilungen, denen sich das Altertum mit wunderlichem Eifer ergeben hat (s. Gundel, Sp. 1178ff.), war dem Physiker nicht gelegen. – Zum zweiten ist es Ar. wichtig, die Naturerscheinung von Spiegelungsphänomenen fernzuhalten. Die Kometenbildung hat substantielle Grundlagen, sie vollzieht sich, mit dem später beliebten Ausdruck, *καθ' ὑπόστασιν*. Wie zu erwarten, wird dies auch anläßlich der Milchstraßen-Erklärung unterstrichen (345 b 9ff.).

21,19 (b 15) „nach hippokratischer Lehre": 'Ar. is meeting a possible modification of Hippocrates' theory', Lee z. St., der auch richtig die Bemerkung als eine 'Fußnote' bezeichnet. Ebenso ist der abrupt wirkende Nachtrag zur Kometenlehre zu beurteilen, der sich am Ende des Milchstraßen-Kapitels (8) findet, und, am Schluß unseres Kapitels, ein Zusatz, 345 a 5ff., der die Hauptsorge des Aitiologen, Gründe für die Seltenheit des Phänomens zu finden, noch einmal hervortreten läßt.

21,20 (b 14) „rein und hell". In solchem Stoff ist eine Spiegelung unmöglich, wie denn auch ein 'Hof' stets eine dunkle Dunstmasse voraussetzt (so Phil. 98,31).

21,27 (b 19) „anzeigt". Ar. zieht keineswegs den Volksglauben heran (irreführend Gundel, Sp. 1164), zu dessen Wesen es ja gehört, daß zwischen Komet und Witterung eine Kausalverbindung gestiftet wird. Für den Physiker ist die Naturerscheinung ein Anzeichen bestimmter Vorgänge beim Elementenaustausch; seine Lehre gibt der notorischen Tatsache (*ἐπιδήλως*, b 28), daß Kometenjahre trocken und windig sind – Ol. 61,3 zitiert den Aratvers '*Πολλοὶ γὰρ κομόωσιν ἐν αὐχμηρῷ ἐνιαυτῷ*' (Phaen. 1093) – ihren wissenschaftlichen Sinn.

22,5 (345 a 2) „Nikomachos": im Jahre 341/40. – Das Kapitel gehört zu denen, die besonders deutlich die Spuren wiederholter Durcharbeitung zeigen; so ist auch dieser ganze Abschnitt (344 b 26–345 a 5) sachlich eine Wiederholung des vorigen, dem er drei neue empirische Daten zufügt. – Anders urteilt Capelle, RE Suppl. VI, 1935, Sp. 339.

Kapitel 8

22,18 (a 14) „Pythagoreer". Vgl. Diels-Kranz 58 B 37c und 41 A 10 (Oinopides als Vertreter der zweiten hier aufgeführten Doxa); Burkert 300f. – Auf die Bloßstellung, die sich die in alter und neuer Zeit vielbewunderte pythagoreische Himmelskunde gefallen lassen muß, kam es Ar. wohl deswegen an, weil in mythischer Form sich ihm hier das genaue Gegenbild zur eigenen Grundüberzeugung bot, nämlich der jähe Eingriff in das Naturleben, mochte dieser sich als Katastrophe oder als Genesis in der Gestalt unvermittelten Neubeginns darstellen. Wieder ist es der Augenschein, der den Gedanken an solche Eingriffe widerlegt (a 23, a 36).

22,29 (a 25) „Anaxagoras und Demokrit". Ar. identifiziert ihre Anschauungen durchaus zu Unrecht (Diels-Kranz 59 A 42,10; 68 A 91; vgl. Alex. 37,23ff.); Demokrits geniale Einsicht – die Milchstraße das Licht vieler einander benachbarter Sterne, Aët. III 1,6 – kommt überdies gar nicht zur rechten Geltung. Die Wiedergabe der anaxagoreischen Lehre ist so angelegt, daß der Widerspruch zum Augenschein, daneben die Widerlegung durch die moderne Astronomie (wie in Kap. 3, 339 b 8. 33) hervortritt. Es wird heute allgemein anerkannt, daß Ar. sich hier auf die Forschungen des Eudoxos bezieht, vgl. z. B. J. Mittelstraß, Die Rettung der Phänomene, 1962, 145ff., Düring 365ff., 389.

22,36 (a 33) „größter Kreis", wie 346 a 17, b 6. Der Ausdruck ist unklar, sein Wortlaut in der Überlieferung gestört. Schwerlich kann an etwas anderes als an die äußerste Himmelssphäre (der Fixsterne) gedacht werden (Lee z. St.).

23,11 (b 9) „eine dritte Theorie" – wohl des Hippokrates von Chios, s. Burkert 301 Anm. 141 („Lichtreflexion ist ein Lieblingsgedanke der *φυσικοί* im 5. Jh. v. Chr.", ebd. Anm. 139). Dagegen ist es für Ar.s eigene Lösung entscheidend wichtig, daß es sich dabei um wirkliche stoffliche Veränderungen handelt, um „eine eben diesen Stellen am Himmel eigentümliche Affizierung", b 25.

23,35 (b 31) „eine Begründung": sie ist identisch mit der Kometenerklärung, zu der der vorliegende Abschnitt einige Ergänzungen liefert. Das Milchstraßen-Phänomen wiederholt im großen, was sich am (siderisch bewirkten) Haarstern im kleinen zeigte (346 b 3), oder auch: der Hof um die Sonne bildet im kleinen das große galaktische Phänomen vor (346 a 3ff.). So verweisen die Erscheinungsbilder von Tau und Reif in klarer Analogie aufeinander, wie auf das parallele Paar Regen und Schnee (I 10 Anf., 11 Anf.). Dem Philosophen liegt daran, solche Entsprechungen im Naturleben aufzufinden; sie unterstützen sein Streben, die Zahl der eigentlichen Lösungsgedanken möglichst zu beschränken, sie bestärken vor allem seine Überzeugung, daß die Natur von 'Ordnung' durchwirkt sei (vgl. z. B. 347 a 5). Man muß sich dies vor Augen halten, um einigermaßen zu verstehen, wie Ar. auf die geringschätzige Abfertigung der Vorgänger eine Lehre folgen lassen konnte, die – ungeachtet einer Reihe richtiger Beobachtungen – seinen eklatantesten kosmologischen Irrtum darstellt. Ein Ptolemäus, ein Galilei folgten noch Ar. darin, die Kometen als atmosphärische Erscheinungen aufzufassen (was allerdings Descartes 1644 als Zeichen einer 'nimis rudis antiquitas' fassen durfte, Principia philosophiae III 42); aber die Theorie, die Milchstraße bestehe aus irdischen Dünsten, hatte schon im späteren Altertum jeden Kredit eingebüßt (vgl. Ol. 75,24ff. und die umfassende Widerlegung durch Philoponos, 113,33–118,26, der die Lehre des Meisters als *μυθῶδες* zu bezeichnen wagt, 115,24). Eben die Instanzen, die Ar. in seiner Aitiologie des *ἄνω τόπος* immer wieder anrief, werden nun gegen ihn gewandt: der Augenschein widerlegt Ar.s Meinung (die Milchstraße ist unveränderlich, Ol. a. a. O., nach Ammonios) wie auch der Fortschritt der Astronomie (Ol. 75,29ff., z. T. nach Ptolemäus; Philop. 114,30ff.). Ar. verweist wohl gelegentlich auf die zeitgenössische Himmelskunde und die von ihr ermittelten riesigen Distanzen im All, ist aber doch viel mehr an der Überschaubarkeit des Kosmos interessiert. Er will dessen höchste (sublunare) Zone gewissermaßen im Griff behalten, indem er sie mit der Erdoberfläche durch Stoffaustausch verbunden sein läßt. Nicht im Sinn der arist. Welt, sondern weit eher der eines Demokrit sind Fernrohr und Mikroskop erfunden worden.

23,37 (b 33) „potentiell Feuer". Der erneute Appell an die vielberufene Friktionswirkung legt es nahe, nochmals zusammenzufassen, wie sich Ar. an dieser exponierten Stelle seines Systems die Einwirkung der oberen Welt auf die untere denkt. Wir haben die Umgestaltung beobachtet, die aus der obersten Luftschicht eine potentielle Feuerzone ('Zunder', 'Rauch') machte, 340 b 10ff.; sieht man einmal von der grundsätzlichen, in der Entzündung durch Reibung gelegenen Schwierigkeit ab, dann ergibt sich einleuchtend, daß der beständige Himmelsumschwung beständig dort oben 'Luft' in Feuer wandelt (*διακρίνεσθαι* — *ἐκπυροῦσθαι*); so denkt sich Ar. die Entstehung der Tageswärme (340 b 13). Wie soll aber dies Prinzip der Erklärung okkasioneller Naturerscheinungen — Sternschnuppen, Kometen — dienen können? Der Physiker hilft sich, indem er (von 341 b 18 an) mit Ballungen (*σύστασις*, *πύκνωσις*, *ἔκκρισις*) rechnet, die von der Kreisbewegung herbeigeführt werden und unter besonderen Umständen entzündlich sind; und zwar ist es jene problematische *ἀρχὴ πυρώδης* (s. o. S. 141), die die — aus potentiellem Feuer, aber auch eigentlicher Luft stammenden (344 b 4 f.) — Verdichtungen in Brand setzt. Im Licht dieser früheren Verwendungen des Lösungsprinzips läßt sich die Milchstraßenerklärung erst richtig lesen. Hier, 345 b 33ff., werden die kinetisch bewirkten Ballungen der oberen 'Luft' in den Vordergrund gerückt, ihre Entzündung dagegen entzieht sich energischem Nachfragen (*διακρινομένου τοῦ ἀέρος*, 345 b 34, ist im Zusammenhang undeutlich). Der Vergleich mit dem 'Hof' der Sonne bringt keine Klärung, da ja dort die *σύστασις τοῦ ἀέρος καὶ τῆς ἀτμίδος* (III 3, 372 b 16) nichts mit dem kosmischen Umschwung zu tun hat und bei der Milchstraße ja keinesfalls an Lichtbrechung (*ἀνάκλασις*, 346 a 5) gedacht werden darf. Deutlich sieht man, wie Ar. das okkasionelle Vorkommen der früher besprochenen Phänomene gleichsam potenziert, indem er die Wirkung des einzelnen Gestirns, durch die sich etwa ein Haarstern bildet, überhöht durch diejenige des mächtigen Lichtbandes mit seinen vielen großen Sternen (346 a 20). Das ergibt, unter den arist. Voraussetzungen, in der Tat eine schlüssige Aitiologie a) für die gehäuften 'Ballungen' (*ἀθροίζεσθαι*, 346 a 22) bei den Sternen der Milchstraße, b) für die durch viele Sterne vermittelte Entzündung der 'Luft' (346 a 9). Aber die entscheidende Frage, wie das Zusammenwirken von *διακρίνειν* einerseits, von *ἀποκρίνεσθαι*, *ἔκκρισις* andererseits zu denken sei, wird nicht präzise beantwortet. — Auch von den eigenen Voraussetzungen Ar.s her ist es „unbegreiflich" (Gilbert 569), wie sich der Meteorologe vorstellen konnte, daß die irdische Anathymiase in die Welt der Planeten und Fixsterne aufsteige und dort affiziert werde. Der Versuch, Ar. zu entlasten, indem man die ominöse Reibungswirkung allgemein dem kreisenden Himmelselement, nicht einzelnen Gestirnkörpern zuschreibt (W. Capelle, RE Suppl. VI, 1935, 347), scheitert an der Gesamthaltung wie am Detail dieser Kap. 7 und 8.

24,13 (346 a 9) „wegen der Größe". Die Wortgruppe *ἀέρα τε καὶ διακρίνειν διὰ τὸ τοῦ κύκλου μέγεθος* ist nicht sicher bezeugt, aber doch wohl mit Fobes und Lee zu halten. Was Fobes weiter aus zwei Lemmata Ol.s in den arist. Text übernimmt, hat sonst keine hss. Gewähr; ich schließe mich Webster, Lee an, die den Passus ausschalten.

24,15 (a 11) „der Tierkreis". Im folgenden werden sorgfältig die Bedingungen ermittelt, unter denen allein das Phänomen vor sich gehen kann; es wird hier — wie auch 344 a 16ff. (Kometenerklärung) – geradezu als eine *μεσότης* zwischen zwei Extremen festgestellt. Das ist charakteristisch für Ar.s Naturerklärung; die Kapitel, in denen er die eigene Meinung darlegt, sind in ganzen Reihen durchzogen von Sätzen mit „wenn", „falls" und „dort, wo", in denen das Eintreten der prätendierten Lösung beschränkt und eben dadurch schlüssiger gemacht wird. An seinem Ort entfaltet das Phänomen ein Maximum teleologischer Notwendigkeit. – Daß diese großgedachte Naturlehre hier durch einen verfehlten spekulativen Rahmen um das Entscheidende, um die von Ar. so dringend angestrebte Richtigkeit gebracht wird, ist für die Problemlage bezeichnend genug.

24,35 (a 32) „in der Zeichnung". Als man sich die arist. Pragmatien noch als Literaturwerke wie andere vorstellte, war es möglich, daß man hier an die Marginalzeichnung eines Lesers dachte, deren Beischrift in den Text geraten sei (Ideler I 420f.); für uns bestätigt der Hinweis auf die Wandkarte, auf den Himmelsglobus die Verwurzelung der Meteor. im Vorlesungsbetrieb (vgl. Lee z. St.).

25,3 (b 1f.) „sachlich richtig". ‘agnosce Aristotelis modestiam, quam ubique in eius modi explicationibus prae se ferre solet’, Ideler z. St., wohl nicht ganz richtig. Die Wendung, die bei Platon recht häufig ist, wird von Ar. noch mehr als dort versachlicht; *μετρίως* geht auf das, was ‘gerade richtig’ ist, wie 359 a 9, 360 b 10; den zugrunde liegenden Mesotes-Gedanken weisen die *μέτριος*-Stellen bei Bonitz deutlich aus.

Kapitel 9

25,20 (b 16) „die gemeinsame Region". Sowie sich Ar. von dem problematischen ‘oberen Ort’ entfernt, steigt der sachliche Wert seiner Naturerklärung ganz erheblich. Ihr kommt für das Gebiet der Atmosphäre eine Reihe von Beobachtungen und Deutungen aus dem 5. Jh. mit seinen großen Physikern zugute (vgl. Gilbert 439ff.), ebenso aber auch Ar.s eigene Fähigkeit des systematischen Ordnens, die hier ihre Überzeugungskraft aus dem einleuchtendsten Stück der griechischen Elementtheorie zieht, aus der Lehre vom Austausch zwischen Luft und Wasser.

25,25 (b 21) „die Sonne". Sie garantiert auch für die der Erde näheren Regionen jenes *κυβερνᾶσθαι ἐκεῖθεν*, auf welche Stelle (339 a 23) ebenso Bezug genommen wird wie auf 340 b 18 und De gen. et corr. II 10 pass. Die ‘konzentrierende’ Wirkung der Sonne hat nichts mit jener *σύστασις*, *σύγκρισις* (z. B. 346 a 16) im obersten Luftraum zu tun; hier ist der Zusammenschluß der Luftfeuchtigkeit zu Regen gemeint, der bei fehlender Sonneneinstrahlung einsetzt. – Anaxagoras war es, der die beherrschende Rolle der Sonne im meteoren Geschehen mit voller Klarheit erkannt hat (vgl. Capelle, 1919, 98).

25,32 (b 29) „Wasserdampf". Von dieser feuchten Ausdünstung hatte bereits Kap. 3 ein Bild gegeben. Das speziell meteorologische Fachwort *ἀτμίς* repräsentiert peripatetischen Sprachgebrauch und ist in die theophrastischen Berichte über Anaximander (A 11 D.-Kr.) und Xenophanes (A 1) eingegangen. Der Verfasser der hippokratischen Schrift von der Umwelt, der den Verdunstungsprozeß ausgezeichnet beschreibt, kennt das Wort nicht, jedoch ἰκμάς, das vielleicht bei Anaximenes original ist (A 7).

25,39 (b 35) „unproduktiv". Die Wolke müßte eigentlich zu Regen führen, um ihr Telos zu erreichen, vgl. die ἀτέλεια der unreifen Frucht, oder der Wirbelwind, der gegenüber der Sturmbö einen Zustand des Noch - nicht - Garen (ἄπεπτος) darstellt, 371 a 3. Nicht nur im Großen, auch im Detail ist das Naturleben von Finalität durchwirkt. Zu Pepsis s. IV 2 u. Erl.

26,9 (347 a 6) „Okeanos". Das ist nicht nur eine geistreiche Metapher (zu ᾐνίττοντο 347 a 6 vgl. μεταφοραὶ αἰνίττονται: Rhet. III 2, 1405 b 5); Ar. erwägt, ob nicht in dem uralten Wort die Vorzeit unbewußt das Wahre — den Kreislauf von Verdunstung und Niederschlägen — angedeutet habe, das seine Lehre nunmehr ans Licht hebt. Von ihr wird für einen Augenblick nichts Geringeres als der Mittelpunkt, der Weltewigkeits-Glaube, sichtbar. Diese Ewigkeit (τοῦτ' ἐνδελεχὲς ἐθέλει γίγνεσθαι: ἐθέλειν idem fere ac πεφυκέναι, Bonitz, Index 216 b 6) ist von Ordnung (τάξις) durchwirkt, weil sie zyklisch ist. Das kostbare Wort ἐνδελεχής, bei Ar. nur noch an einem ausgesprochenen Höhepunkt, De gen. et corr. II 10, 336 a 17, aufscheinend, ist ein Platonicum (Tim. 43 C, 58 C), auf das einzige Timaioszitat in den Meteor. führend (vgl. 58 B: πάντ' ἄνω κάτω μεταφέρεται πρὸς τοὺς ἑαυτῶν τόπους κτλ., eine Stelle, wo auch, in spätplatonischer Sprache, jenes Kapitel der Bücher Vom Werden und Vergehen deutlich vorgebildet ist).

26,14 (a 10) „Bezeichnungen". Daß es Ar., wo er ein Einzelnes fassen will, auf die Verbindung zu den von der Alltagssprache gebotenen Namen ankommt, hängt mit dem soeben (s. v. Okeanos) besprochenen Sachverhalt zusammen; richtig philosophieren heißt vielfach, den alten Namen nachgehen. Dabei gibt es vom System geforderte Stellen, wo ein Name für eine bestimmte Sache noch nicht vorhanden ist, vgl. II 4, 359 b 30 (und die Nachweise für die ethische Terminologie bei Bonitz, Ind. 69 b 20 ff.); es kann kein Zufall sein, daß eben solche Erwägungen an der zit. Timaios-Stelle vorkommen (ἀνώνυμα bei Luftarten, 58 D, bei Flüssigkeiten, 60 A). — Feine Bemerkungen zum Unterschied der Betrachtungsweisen Platons an dieser Stelle und Ar.s bietet Solmsen 415 f.

26,16 (a 12) „man spricht von Regen". Wir können Ar.s knapp gefaßte Theorie der Niederschläge nicht mehr mit einer der vermutlich zahlreichen Darstellungen vergleichen, die die Verdunstungserscheinungen erfahren haben (vgl. Solmsen 407 ff, der auch bemerkt, daß Ar. die Lehre vom Zyklus des Feuchten ohne Dank für die Vorgänger nutzt, 427), doch auf das vielbeachtete Stück altjonischer Naturbeobachtung, das in der auf Hippokrates' Namen gestellten Schrift von der Umwelt (π. ἀ. ὑ. τ. 8) vorliegt, soll auch hier ein Blick geworfen werden (Capelle 336 f.; M. Pohlenz, Hippokrates, 1938, 9, der die Zurückführung der Lehre auf Diogenes von Apollonia begründet). „Das Trübe und Dunkle (der Verdunstung aus Gewässern) wird ausgeschieden und zu Luft oder Nebel verdichtet; was besonders hell und leicht ist, wird von der Sonne gesüßt und gekocht. Diese Teilchen bleiben in der Schwebe und werden (vom Wind) dahingetragen, solange sie verstreut sind und keine Verdichtung stattfindet; sobald sie sich aber unter der Einwirkung einander entgegenwehender Winde zusammengeballt und verfestigt haben, stürzen sie vom Ort der stärksten Verdichtung als Regen herab" (p. 62,28ff. Heiberg; worauf die Abfolge Wind, Wolken, Platzregen nochmals mit anschaulichem Detail geschildert wird). Auch der Jonier ist Aitiologe, er hält für die einzelnen Charakteristika des Vorgangs je eine Ursache bereit. Aber sein Interesse gehört doch vor allem dem Prozeß als solchem, für dessen Schilderung er auf knappstem Raum ein ganzes Dutzend kräftig vergegenwärtigender Verba einsetzt. Was ist demgegenüber das Aristotelische in der Beschreibung der *ἀτμίς*-Phänomene? Zunächst ist in den Meteor. Wasserdampf im Entstehen eng verbunden mit der warmtrockenen tellurischen Ausscheidung, die durch ihr Verschwinden (*διὰ τὴν ἀπόλειψιν τοῦ θερμοῦ*, 346 b 30) die Regengenese auslöst; mit dieser Abkühlung ist ein neues zutreffendes Aition gewonnen. Sodann ist das Verhältnis der *ἀτμίς*-Phänomene (Regen Tau Reif Schnee Hagel) untereinander neu durchdacht, so daß sich ihr Auftreten aitiologisch viel präziser fassen läßt (s. gleich unt.). Wie sich bei der Vertiefung in dieses Detail der Erklärer doch stets des kosmischen Zusammenhangs (*τάξις*) bewußt ist, so zieht er andrerseits als Zoologe an lehrreicher Stelle, wo von der Ausdünstung der Nahrung und ihrer Abkühlung im Gehirn die Rede ist, unbefangen die Verdichtung der *ἀτμίς* zu Regen heran – „um Kleines mit Großem zu vergleichen", De part. an. II 7,653 a 3.

Kapitel 10

26,21 (a 16) „Reif – Tau". Die Aitiologie kann (wie auch die in Kap. 11 vorgetragene) als Beispiel für die Behandlung von Phänomenen dienen, die wir „einigermaßen in den Griff bekommen" können (wie es zu Beginn geheißen hatte, 339 a 2), als Beispiel dafür, wie sich bei Ar. *λόγος* und *αἴσθησις* ineinanderfügen. Die beiden Naturerscheinungen werden von drei wohlüberlegten Gesichtspunkten aus anein-

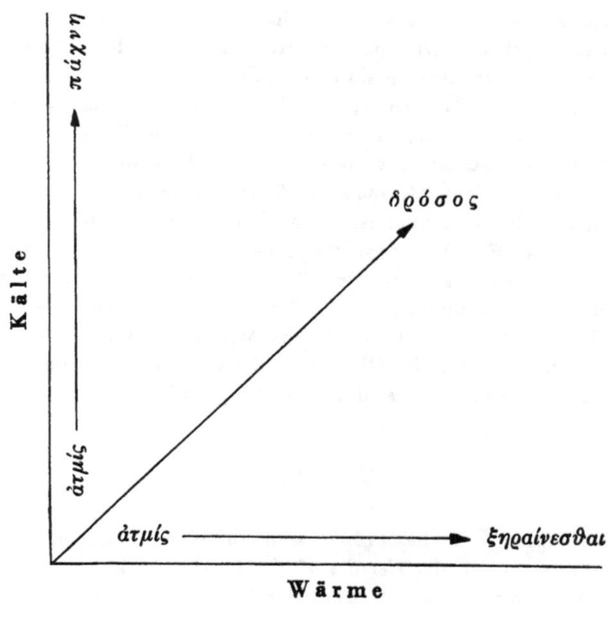

ander abgeklärt: das Quantum der Anathymiase, die Temperatur, der Zeitpunkt des Auftretens. In diesem Netz fängt sich das individuelle Phänomen, ohne daß deswegen von einem Exercitium barer Begrifflichkeit gesprochen werden darf. Eine Betrachtung des Details ist lehrreich. Mit Tau und Reif kommt die erdnahe Atmosphäre in den Blick (die obere wird durch *μετεωρίζεσθαι*, a 14, kraft stärkerer Wärmewirkung erreicht, s. Kap. 11); es sind Modifikationen der *ἀτμίς*, die sich von selbst in ein Koordinatensystem ordnen.
Die einfache Systematik wird lebensnah dadurch, daß die Berücksichtigung von Landesnatur und Tages-, Jahreszeit Differenzierungen anzubringen erlaubt. Für dies Streben, das Zustandekommen eines Naturvorgangs vom Zusammentreffen verschiedener Faktoren abhängig zu machen, deren *συμμετρία* abzupassen (vgl. 362 a 4), wird uns noch öfter begegnen. Es ist freilich auch nicht zu übersehen, daß innerhalb der folgenden langen Kette von Beobachtungen und jeweils hinzutretenden Begründungen (*γίγνεται δέ — αἴτιον δέ*) gerade einer sachlich eklatant falschen Feststellung zentrale Bedeutung zukommt ('kein Reif auf Berghöhen', a 29).

27,1 (a 34) „besonders lebhafte Luftbewegung". Über ihr Verhältnis zu der scheinbar widerstrebenden Stelle 341 a 1 s. S. 139.

27,11 (b 6) „konzentrierende Wirkung". *ἀντιπερίστασις* ist eine besonders auf die Grundqualitäten Warm-Kalt bezügliche 'Konzentration als Reaktion', mehr als bloßer Platztausch (*ἀντιπερίστασις*: IV, 386 a 25; Phys. IV 2, 209 b 25); doch enthält die Definition des Simplikios zu Ar., De cael. II 8, p. 1350f. Diels dies in bestimmten Fällen hinzukommende Moment mit Recht. Der Gedanke (nicht das Wort) stammt aus Plat. Tim., wo 59 A, 79 C die *περίωσις* ('circular thrust', Cornford 315 ff. entwickelt wird. Wohin weicht z. B., in einer Natur ohne Leeres, das Warme aus, wenn es vom Kalten verdrängt wird? Diesem Problem — eines der peinlichen, die der Atomismus stellte — hat sich Ar. Phys. IV 7f. gründlich gewidmet; ihm soll auch das *ἀντιπερίστασις*-Motiv abhelfen; begreiflich, daß sich dagegen außer Epikur auch Straton wandte, s. Simplik. zu De cael. 277 b 1. Für den meteoren Bereich bietet Ar. wenige, jedoch sprechende Aussagen, z. B. I 12, 348 b 15 ff. (Konzentration der Kälte beim Entstehen des Hagels; der umgekehrte Vorgang erklärt, warum Quellen winters wärmer sind als sommers, Plut., Aet. phys. 13, 915 B, vgl. Ar. Problem. 24, 936 b 16: Temperatur in Bädern); II 4, 360 b 25 (Platztausch der beiden Anathymiasen nach Landschaften); 361 a 1 (Regengenese), vgl. 348 b 1 ff., 349 a 8 ff. — Dies dem Peripatos werte aitiologische Denkmodell, das, vermittelt durch die oben zitierte Simplik.-Stelle, noch die vielverhandelte Wurftheorie der Scholastik beeinflußt hat (A. Maier, Die Impetustheorie der Scholastik, Wien 1940, 8, Anm. 6; die Verf. kennt die Meteor.-Stellen nicht), verdient eine Monographie. Vgl. Alex. 50,23 ff., Ol. 81,1 ff. (der das Motiv vergeblich gegen Theophrasts richtige Erklärung der äthiopischen Regengüsse wendet); Lee z. 348 b 2, Solmsen 413 ff.

Kapitel 11

27,33 (b 23) „Schnee". Ar. beschränkt sich auf einen Satz, der das (nach Entstehung und Farbe, s. Capelle, Hermes 45, 1910, 332f., schon von alten Physikern untersuchte) Phänomen in sein System der Niederschläge einordnet (zu dem wir übrigens bei Stob. I 31,8 p. 246f. W. unter dem Namen Arrians ein wertvolles späthellenistisches Gegenstück lesen). Doch hat diese Formel stark gewirkt, vgl. Gilbert 507f. und meinen Kommentar zu De mundo 4, 394 a 32ff.

27,35 (b 26) „noch viel Wärme“: die Übersetzung will dem Charakter einer Fußnote (des Autors) entsprechen, der hier besonders deutlich ist.

28,2 (b 29) „kein Gegenstück“. Der Hagel entzieht sich auf den ersten Blick der straffen Ordnung, die der Erklärer aus den Phänomenen herauszulesen vermag; so wird er zum Problem. Wir sehen, daß es eben die Antiperistasislehre ist, die Ar. befähigt, das Hagelwetter sogar einer besonders zwingenden Ordnung zu unterstellen.

Kapitel 12

28,9 (b 35) „die unbegreiflich scheinenden“. Im Gegensatz zu der fragmentarischen Problementwicklung in Kap. 3 wird hier über die Aufgabe, über den wichtigsten bisherigen Erklärungsversuch und die eigene Lösung in einem wohlabgerundeten Lehrstück gehandelt. Sieht man näher zu, so ergibt sich, daß diese drei Teile über das von Cherniss 331 kurz Bemerkte hinaus eng aufeinander bezogen sind, genauer, daß Ar. sowohl die Problemstellung wie die Doxographie auf die eigene Aitiologie hin orientiert (s. u.). „Unbegreiflich“ auf den ersten Blick sind bei diesem Eisphänomen (347 b 36, 348 a 32: gegen Plat. Tim., an jener meteorologische Stelle, wo Hagel und Eis getrennt werden, 59 E) Jahreszeit und Örtlichkeit des Entstehens, sowie dessen Einordnung in der Atmosphäre.

28,28 (348 a 14) „Einige“. Niemand anders als Anaxagoras ist gemeint, dessen Name erst später, in einer Art Fußnote, fällt (348 b 12). Seiner von W. Capelle, 1919, 98 historisch gewürdigten Lehre, daß die Verfestigung der Dunstwolke zu Hagel in einer oberen, kalten Schicht der Atmosphäre vor sich gehe, stellt Ar. Naturbeobachtungen – falsche und richtige – entgegen, obwohl jene Lehre ebenfalls auf die richtig erkannten ersten beiden *παράλογα* des Hagelphänomens abgestimmt ist. Der Widerspruch gegen Anaxagoras führt bereits auf Ar.s eigene Lösung: in geringer Höhe dahinziehende Hagelwolken einerseits, die Form der Schlossen andererseits beweisen, daß die Bildung der Eiskörner in Erdnähe stattfinden muß.

29,14 (b 1) „kalte Zone“. Hier wohl wie an der gleichzeitig in Erinnerung gerufenen Stelle 348 a 16 gehört sie dem Referat über Anaxagoras an. Nachdem letztere Wendung fast wörtlich mit dem aporetischen Stück 3,340 a 26ff. übereinstimmt, liegt die Annahme nahe, daß auch dort anaxagoreische Voraussetzungen erwogen werden. Für Alex. 44,25 sind natürlich alle drei Stellen arist. *δόξα*, sicher deutet auf eine kalte Zone aber nur 346 b 30 (*καὶ τὸν τόπον*). Dem Meteorologen liegt nichts an sozusagen statischen Schichten, ihre Zusammensetzung und ihre Temperatur ist von der Dynamik charakterisiert, wie sie etwa 3, 341 a 5ff. beschrieben wird, letztlich vom Auf- und Abstieg der tellurischen Ausscheidungen. Hier (b 2ff.) kommt es lediglich darauf an, daß die erdnahe Luft relativ warm ist. – Richtig weist Capelle die eigentliche Lehre von einer kalten „mittleren“ Luftschicht einer späteren Zeit zu, 1916, 13, Anm. 3.

29,21 (b 6) „die sich konzentrierende Kälte". Ar. kann nun die Fäden zusammenziehen. Quanten von Wasser, in der Schwebe befindlich, d. h. durch augenblicklichen starken Frost noch vorm Fall verfestigt: so spielt es sich also in der erdnahen Atmosphäre ab. Der Befund ist, möchte man sagen, geschaffen, um das Antiperistasis-Prinzip in Dienst zu stellen. Das augenblickliche Gefrieren ist hier der entscheidende Punkt; wenn dem Referat Alexanders zu trauen ist, hat aber bereits der Klazomenier dies Motiv eingeführt! (49,33 *τὸ νέφος ... μεταβάλλον εἰς ὕδωρ εὐθέως πήγνυται*). Seine Theorie ist in der Tat der Ar.s eng verwandt, an Identität ist jedoch nicht zu denken (gegen R. Böker, a. O. 2237 u. a.). Unserem Meteorologen kommt es auf noch größere Nähe zu den Naturgegebenheiten an (z. B. führt die Form der Hagelkiörner auf einen energischeren Gefrierprozeß, als ihn die traditionelle 'Abkühlung im oberen Luftraum' leistet). Nicht minder gründet sich Ar.s Zuversicht auf die feste Stellung im System der atmosphärischen Niederschläge, die er dem Hagelwetter sichern kann. Es ist den starken Regengüssen analog, die ebenfalls ein Antiperistasis-Phänomen sind, 348 b 22 ff. Das Wiederaufgreifen der Regengenese sprengt den Zusammenhang der Hageltheorie (der Passus b 8—b 15 richtig beurteilt von Webster). — Den Naturbeobachtungen zollt Düring hohes Lob (390); man darf immerhin darauf hinweisen, daß Ar. zwar nicht seinen grundsätzlichen Irrtum zu erkennen imstande war (Hagel entsteht in größeren Höhen, vgl. Capelle, 1916, 2, Anm. 5), daß er aber Hagelbildung im Hochgebirge eigentlich hätte in Erfahrung bringen können (348 a 21). Daß zum Hagelwetter Sturmböen gehören, hat die stoische Physik mit Recht in die Definition aufgenommen (Gilbert 507); in den Meteor. ist dies bloß eine gelegentliche Begleiterscheinung.

30,10 (b 32) „vorher erwärmt". Dem Antiperistasis-Prinzip, wie es bisher entwickelt wurde, entspricht es durchaus nicht, daß *τὸ ἐντὸς ψυχρόν* (b 16) erwärmt wird (richtig Gilbert 506). Ar. zog wohl den pontischen Fischerbrauch (zu ihm Chr. M. Danoff, RE s. v. Pontos Euxeinos, 1962,. 966 f.) wegen des Motivs der 'falschen' (b 32) Abkühlung in den eigenen Zusammenhang. Das warme Wasser auf der Angelrute schafft sozusagen ein Gefälle zwischen 'Innen' und 'Außen' und beschleunigt so den Platztausch — auch dies ist ja *ἀντιπερίστασις*.

30,19 (349 a 5) „in Äthiopien". Das berühmte *παράλογον* (sommerliche Regengüsse im heißen Südland) gehört in die Diskussionen über die Ursache der Nilschwelle (vgl. Alb. Rehm, RE, XVII 1923, 571 ff.), an denen der Peripatos hervorragend beteiligt war. Die Kunde von tropischen Regen in Äthiopien geht, im Dienst physikalischer Theorie, hoch ins 5. Jh. hinauf (Thrasyalkes v. Thasos als Vorgänger Ar.s an der vielzitierten Strabonstelle XVII p. 790 genannt; Demokrit wohl von ihm abhängig: Rehm a. O. 583); für Ar. war der Befund — den zur Zeit von Alexanders Zug nach Ägypten neue Erkundungen bestätigten — der gegebene Ansatzpunkt für seine Antiperistasis-Theorie. Daß sie auch in der Monographie 'Über das Steigen des Nil' (allein erhalten eine verkürzte, schwer verständliche lateinische Übersetzung des 13. Jh., vorzüglich bearbeitet von J. Partsch, Sächs. Ges. d. Wiss., Phil. Hist. Kl. 27, 1909, 553 ff.) zugrunde liegt, steht nicht im Text — was freilich bei dessen Verstümmelung nicht viel besagen muß —, doch bezeugt es Alex. (53,25). Das sinnreiche Denkmodell, nach dem sich das Verhältnis von Warm und Kalt reguliert, war jedoch nicht das letzte Wort des Peripatos zur Regengenese. „Theophrast sagt, daß sie nicht nur durch Abkühlung zustande kommt, sondern auch durch Verdichtung“ (der ἀτμίς bzw. der Regenwolken). Das hört sich wie eine milde Differenz zwischen befreundeten Gelehrten an, es bezeichnet aber doch den Schritt von barer Spekulation zu einer (später glänzend gerechtfertigten) Hypothese, die sich genau den Naturgegebenheiten anpaßt. Daß sich die sommerlichen Regen am abessinischen Hochgebirge (εἰς ἃ τὰ νέφη προσπταίουσι, Ol. 80,34) entladen, hat Theophrast – der sich sonst des ἀντιπερίστασις-Motivs gerne bediente – als erster klar erkannt. Eindrucksvoll gibt den Sinn seiner Lehre die ἔκφρασις der Regenentstehung wieder, die wir in den Berner Lucanscholien z. IV 70 ff. lesen. – Rehms Aufarbeitung der verwickelten Tradition über die Nilschwelle läßt doch einen entscheidenden Punkt im unklaren. ‘Alexander weiß von πίλησις nichts’, Sp. 574,26; aber es steht doch da, daß die Dunstmassen aus der Ferne gegen die äthiopischen Berge herangeführt werden (klärlich theophrastische Lehre), und andererseits bietet der Text des lateinischen Nilbuchs (= Ar. fr. 248 Rose[3]) die klare Parallele ‘quibus (scil. nebulis) offendentibus (wie Rose das unverständliche ostendentibus hergestellt hat) ad montes defluunt aque’, p. 197,9, etc. Und wenn Ar.s Neffe Kallisthenes, dessen Meinung samt seiner Doxographie bei dem ‘Anonymus Florentinus’ (FGHist 124 F 12 c) vorliegt, nach Rehm 574 ‘die Ansicht des Ar. übernimmt’, so darf doch nicht übersehen werden, daß An. Flor. für Kallisthenes gerade den Sachverhalt der πίλησις (nicht das Wort) bezeugt. Um es kurz zu sagen: Partschs Position in der Verfasserfrage ist m. E. nicht mehr haltbar. Ich bin seit längerem überzeugt, daß das uns erhaltene Nilbuch theophrastisches Gepräge aufweist, so wie es jetzt von Steinmetz (283 ff.) sehr wahrscheinlich gemacht wird.

Kapitel 13

30,26 f. (a 12 f.) „Winde ... sodann Flüsse und Meer“. So deutlich es im Zuge des bisher für den „zweiten Ort“ der kosmischen Gliederung Vorgetragenen gelegen ist, daß jetzt, nach Wolken und Regen, die Winde drankommen, so sehr muß den Leser der Kap. 2–12 hier die Einbeziehung der Flüsse und des Meeres überraschen. Bevor man entscheidet, ob die folgenden fünf hydrologischen Kapitel einen Exkurs (digression, Solmsen) oder einen textgeschichtlich zu beurteilenden Einschub darstellen (Ar. ‘unternimmt eine lange Irrfahrt’, unmutig Ol. 101,23), oder ob Ar., nach Cherniss 127 ff., die gemeinsame Behandlung der beiden Themen von Anfang an geplant hat, muß man zur Kenntnis nehmen, daß a) die methodische Überlegung, die dem Vergleich von Windentstehung und strömendem Wasser gilt, 349 b 2 wieder zur ersten Themastellung (περὶ ἀνέμων καὶ πάντων πνευμάτων) zurücklenkt, daß b) später in II 4, wie nun endlich die Windlehre einsetzt, der Forscher nicht ohne Mühe (s. u. S. 180) eine Anknüpfung an Kap. 13 Anf. erstrebt. Mühelos ließen sich das I 13, 349 b 2 aufgestellte aitiologische Programm und die II 4, 359 b 28 rekapitulierte Anthymiasenlehre zusammenfügen. Für keinen der in Buch II und III berührten Lehrzusammenhänge spielt die Hydrologie eine Rolle; am Buchschluß 370 a 25 ff., wo mit stillem Triumph die neu erreichte großartige Einheitlichkeit der Naturerklärung bezeichnet ist, wird sie nicht genannt. Die Erweiterung der Proposition am Kapitelanfang (13) durch „sodann“ (23,16), das (im Gegensatz zu ἔτι im Proömium, 338 b 25) der tatsächlichen Abfolge widerspricht, ist charakteristisch. Die Kapitel von I 13 bis II 3 sind ein Einschub, und der Autor läßt uns durchaus nicht im unklaren darüber, wie es zu ihm gekommen ist.

30,28 (a 14) „für uns selber". Der Zusammenhang zeigt, daß Ar. die bisherigen Erklärungen, die ihn nicht befriedigen, beiseite schiebt und den Problemen auf sich selber gestellt nachgehen will (*διαπορήσαντες πρὸς ἡμᾶς αὐτούς*). Es ist nicht abzusehen, inwiefern in dieser Wendung ein Argument liegt, Ar. habe die Meteor. nicht für Vorlesungen, sondern für Leser bestimmt (Düring 352, Anm. 49).

30,30 (a 16) „der Erstbeste". Das auf den ersten Blick geradezu erschreckende Verdikt ist geeignet, uns auf die methodische Bewußtheit aufmerksam zu machen, mit der Ar. an die Neubegründung eines der durchgearbeitetsten Themenkreise der vorsokratischen Naturkunde herantritt. Letztere vermag den Physiker nicht zu befriedigen, weil sie den steten Übergang der vier einfachen Körper ineinander nicht kennt und somit die Ewigkeit des Werdens und Vergehens, Ar.s naturphilosophische Grundüberzeugung, nicht zu garantieren vermag (s. Cherniss 127).

30,31 (a 16) „die Behauptung einiger". Alex. (53,28) nennt, aus De flat. 3, p. 92,22 Heib. zitierend (*ἄνεμος γάρ ἐστιν ἠέρος ῥεῦμα καὶ χεῦμα*), Hippokrates; ähnlich eine Notiz des Aëtius zu Anaximander, 12 A 22. Hierzu R. Böker, RE VIII A2, 1958, 2219, der aber die Schwierigkeiten, durch die Angaben der Doxographen zum originalen Sinn der Vorsokratiker vorzudringen, überall viel zu wenig in Rechnung stellt. Es darf hier bei Wege bemerkt werden, daß die Arbeit mit den von Böker zum Thema 'Winde' mit staunenswerter Gelehrsamkeit vorgelegten Materialmassen doch einen etwas zwiespältigen Eindruck vermittelt. Die antiken Primär- und Sekundärquellen werden durchweg – als sei dies ganz selbstverständlich – den Problemstellungen der modernen Geophysik zugeordnet und von hier aus analysiert und beurteilt. 'Richtig' und 'Falsch' in den Lehren der alten Pneumatologen tritt dabei so vollständig ans Licht, wie dies für kein anderes Sachgebiet bisher geleistet wurde; und natürlich ist es auch für den Ar. Ausleger wichtig, die moderne Auffassung der in Meteor. beschriebenen Vorgänge zu kennen. Aber leider hat das Verfahren des Geophysikers auch dies zur Folge, daß den Autoren Motive unterstellt werden, die ihnen fremd waren, und daß es zu haltlosen historischen Konstruktionen kommt, zumal von der neueren philologischen Behandlung der Texte dem Verf. zu wenig bekannt ist. Man darf die These 'Wind = bewegte Luft' wohl als damalige Gemeinanschauung ansehen; Düring 390, Anm. 299, verweist auf [Plat.] Defin. 411 C. Die hier, a 17, zitierte Formulierung der Gleichsetzung bezieht er auf Metrodoros von Chios, Verfasser eines Buches über Winde (die Formel wird Top. IV 5, 127 a 3 ff. aus logischen Gründen angefochten – nicht strikt abgelehnt: a 9 f. –, weil in ihr eine falsche Behandlung des Gattungsbegriffs vorliege, keineswegs von dem neuen arist. Windbegriff aus, wie Düring 83 versehentlich meint; umgekehrt wird Anal. post. II 8, 93 b 8 der Donner nach der älteren Anschauung, gegen die neue pneumatische Theorie, als 'Verlöschen des Feuers in der Wolke' bezeichnet – weil es hier, in der Lehre vom Mittel- und Oberbegriff, auf die Struktur, nicht eigentlich auf den Inhalt der Doxa ankommt).

31,7 (a 32) „Was ist der Wind". Diese Reihe von Themenfragen will bedacht sein, wenn man von der Tatsache betroffen ist, daß Ar. hier mit Nachdruck und verärgertem Spott die tatsächlich richtige Auffassung vom Wind bekämpft. Der aitiologische Grundzug und nicht nur der common sense (Düring 391) des Meteorologen kommt in dieser Polemik zu klarem Ausdruck. Was der Wind sei, vermag nur zu sagen, wer sein Entstehen an bestimmte aufweisbare Bedingungen knüpft. Die warmtrockene Ausscheidung aus dem Erdkörper ermöglicht es, solche Bedingungen anzusetzen, die den Wind gewissermaßen individuell bestimmen, ihn also auch in seiner Eigenart vom Regen abzusetzen erlauben. Sie verknüpft aber auch – und das ist das Wichtigste – das Phänomen mit dem ewigen Prozeß des Naturlebens. Von hier aus erscheint jene Gleichsetzung von Wind und Luft als unbrauchbar für eine Erklärung.

31,10 (a 33) „aus einem Behälter strömt". Gleichsam das Stichwort, welches nun die Hydrologie in den Vordergrund ruft und für eine Reihe von Kapiteln die Pneumatologie ablösen läßt. Der Gegensatz zu den Vorgängern ist dem Philosophen an nichts Geringerem als an seinem tiefsten Prinzip, der Weltewigkeitsthese, deutlich geworden; nun stößt er, von jener Analogie geleitet, auf die Tatsache, daß auch für das eigentlich 'strömende' Element, das Wasser auf und in der Erde, die Rückführung auf ein fortwährendes Werden und Vergehen noch nicht geleistet ist. Das vergleichsweise herangezogene Wort *ἀγγεῖον* (noch 349 b 15; *ὑποδοχή* b 16) kennzeichnet eine Naturbetrachtung, die keinen Sinn für das ewige Werden hat (dafür die Antithese *γιγνόμενον – ὄν*, 350 b 26 f.; es hat in der Grundwassertheorie des Anaxagoras seine reale Entsprechung (der Erdkörper hat Hohlräume, die Wasser enthalten, 59 A 42,5 D.-K.). Aber der Wortlaut bei Ar. wiederholt ein Urteil aus De cael. III 7, 305 b 1 ff., wo jenes Begriffspaar *γιγνόμενον – ἐνυπάρχον* auf Empedokles und Demokrit bezogen wird (dort auch *ἀγγεῖον*, b 4); Ar. stellt sich also den drei berühmtesten Physikern überhaupt entgegen. – Diesen Gegensatz von Statik und Dynamik denkt der Philosoph in die Systeme seiner Vorgänger hinein; wir sind gewiß nicht bereit, den Kosmos eines Empedokles unter solchem Aspekt zu sehen. Dies ändert jedoch nichts an der Bedeutsamkeit dieses naturphilosophischen Programms; es gehört viel Befangenheit dazu, in der Meteorologie des Poseidonios die Idee eines schöpferischen Naturlebens erfunden zu sehen und sie von Aristoteles abzuheben, indem diesem bare 'Klassifizierungen' überlassen werden (K. Reinhardt, 150 ff., 166 ff., 175). Das durch den posidonianischen Kraftbegriff bezeichnete Neue sei natürlich nicht geleugnet. – „Ar. steht in dem der Hydrologie gewidmeten Abschnitt seiner Meteor. auf der Höhe seines Schaffens. Große Gesichtspunkte, methodologische Schärfe der Behandlung schwieriger Probleme und eine souveräne Beherrschung der früheren Literatur zeigen ihn als Meister", Oder 277.

31,21 (b 4) „sammle sich". Die hier skizzierte Theorie – es ist grundsätzlich die der heutigen Geophysik – geradezu als anaxagoreisch zu bezeichnen (Lee), geht nicht an; in der ob. zitierten Mitteilung über den Klazomenier (aus Hippol. Refut. I 8,1 ff.) werden das Regenwasser einerseits, eigenes Süßwasser in den unterirdischen Hohlräumen andererseits deutlich unterschieden. Hier dagegen liegt die Auffassung zugrunde, daß der Erdkörper an sich völlig trocken sei (was an Anaximenes denken läßt: Oder 277, Anm. 58). Das Referat Ar.s über das Erdinnere nach Demokrit (im Zusammenhang mit dessen Erdbebenlehre), II 7, 365 b 1 ff., stimmt mit dem hier geschilderten Sachverhalt nicht genau überein (gegen Cherniss

129, n. 523). Der Kern der an unserer Stelle von Ar. referierten (und abgelehnten) Lehre ist die (richtige) Erkenntnis, daß alles Wasser in der Erde vom Regen stammt (Versickerungstheorie). Das läßt Ar. nur für einen geringen Teil gelten (die Berge *καὶ δέχονται ὕδωρ καὶ στέγουσι καὶ ποιοῦσι*, 352 b 8).

31,36 (b 18) „Erdball". Ar.s Einwand, daß der Regen nicht ausreiche, um die Flüsse zu speisen, beruht auf falscher Kalkulation (necesse enim erat, quod non animadvertit philosophus, cavere, ne quid ex adiacentibus locis posset adfluere', Ideler I 450). Daß es ihm bei seinem Widerspruch auf das 'Werden' im Erdinnern ankommt, zeigt die Rekapitulation 350 b 22ff.

31,41 (b 21) „die gleiche Ursache". Hier beginnt Ar.s eigene Lehre, deren Kerngedanke bereits in der vorausgeschickten Kritik anklang, 349 b 6 (aber auch schon 349 b 1: *ἐξ αὐτῶν τὴν ἀρχὴν ἀφιέντας*); es gelingt, einmal die Vorstellung von der Kondensation des Feuchten in der Erde zu klären, sodann die Rolle des meteoren Wassers zu verdeutlichen: der Erklärer wird auf die in diesem Zusammenhang ins Auge fallende Rolle des Gebirges aufmerksam; aus der Hydrologie wächst Ar.s Geographie hervor. – Inmitten von Ar.s origineller Lehre ist das Insistieren auf der Gleichheit der Verursachung in verschiedenen Bereichen der Welt ein echt 'vorsokratischer' Gedanke, der mit dem bedeutungsvoll den Abschnitt schließenden *συνεχῶς* (b 27) aber doch auf die arist. Position bezogen wird.

32,3 (b 25) „Neuentstehen". Klärend für die öfters mißverstandene Theorie Oder 279, Anm. 60 a. E.: „Seine Grundüberzeugung ist eben die, daß das aus der Erde quillende Wasser zum größten Teile dort nicht *ἐνεργείᾳ*, sondern nur *δυνάμει* vorhanden ist – wie es Ol. (103,19, vgl. 102,7) ausdrückt –, nämlich in Luftform". – Es beeinträchtigt unsere Dankbarkeit gegenüber der tiefgründigen Untersuchung nicht, daß Oder in einer Hauptsache doch irre ging; der von ihm analysierte und (301) letztlich auf Poseidonios zurückgeführte Anonymus Geopon. II 6 Beckh (besserer Text bei Oder 246ff.) repräsentiert klärlich die Versickerungstheorie, und zwar in nach-arist. (theophrastischer) Gestalt.

32,5 (b 27) „vorhandenes ... Wasser". Nur wenn man mit Alex. 55,29ff. unter *ὑπάρχον ὕδωρ* das Regenwasser versteht, dessen Versickerung im Boden Ar. natürlich nicht zu leugnen vorhat, wird der Widerspruch zum Tenor des bisherigen Lehrvortrags vermieden. Dann gehört *καθ' ἡμέραν* an seine Stelle ('the daily supply of water', Lee); Webster setzt es, Thurot folgend, stillschweigend hinter *γιγνόμενον*.

32,12 (b 34) „zusammenrinnen läßt". *πιδάω*, bei Ar. nur hier (*διαπιδάω* 350 a 8), machte den antiken Erklärern Mühe und ist in ihrer Tradition z. T. mit dem folgenden *ἰδίω* (und vv. ll.) konfundiert; vgl. Alex. 56,7, Ol. 103,8ff., Ideler I 451f. Das üblichere *πιδύω* ('lasse durchsintern', I. B. Hofmann, Etym. Wb. 1949) wie hier neben *συλλείβεσθαι* an der interessanten ausgesprochen technischen Stelle Plut. Vit. Aem. P. 14 (verglichen von Oder 236, Anm. 15). 'drip out' Webster, 'gush out' Lee, beide nehmen Austritt aus der Erde an. Das wird durch den Gesamtzusammenhang widerraten (der u. S. 161 von seinem Ende her, 350 b 31, überschaut werden soll). Ar. kommt es hier gerade nicht auf *φανεραὶ πηγαί* an, (wie er 350 b 33 sagt) sondern auf die ἀρχαί der später auf der Erdoberfläche fließenden Gewässer; er will zu der ihn fortwährend beschäftigenden (anaxagoreischen: 59 A 42,5) Vorstellung von unterirdischen wassergefüllten Cavernen ein Gegenbild schaffen und beschreibt den unaufhörlich regen Prozeß der Bildung und Verteilung von Wassertropfen in der Erdtiefe mit einer Reihe fein differenzierender — durchweg seltener — Termini (διαπιδᾶν, πιδᾶν, ἰδίειν, νοτίς, ῥανίς, συλλείβειν, συρρεῖν). Deutlich werden soll, daß solche kleinen, stets neuen Wasserquanten, nicht das einfache Abfließen aus Reservoirs die natürlichen Quellen speisen.

32,13 (b 35) „Brunnengräber". Wo es die natürlichen Quellen nicht gibt, wo menschliche Kunstfertigkeit nachhelfen muß (diese Zweiteilung geht in die peripatetische Systematik ein), da tun die ὑδραγωγοί sozusagen den letzten Schritt und fassen durch Gräben die anstehenden Wassertropfen zu einem Rinnsal zusammen. Aus ihrer technischen Sprache scheint der Ausdruck 'Schweiß der Erde' (ganz anders das gleichlautende Empedokleszitat 357 a 26) zu stammen, was Sen. Nat. quaest. III 15,7 bestätigt (saepe colligitur roris modo tenuis et dispersus liquor . . . sudorem aquileges vocant — also ein klares Peripateticum). Eben an der 'tropfenden' Erde erkennen die Quellensucher einen Ansatzpunkt für ihre Kunst; durchaus sinnvoll, daß Ol., unsere Stelle interpretierend, von ὑδροφάνται spricht, die aus dem 'Erdschweiß' schließen, „wo man die Erde aufgraben muß, um Quellen zu finden", 103,6. Quellensucher und Brunnengräber müssen nach antiker Auffassung nicht getrennt werden (vgl. Oder 235, Anm. 11). — Von 'Wasseradern', die Oders Geoponiker und Seneca wohlbekannt sind, auch in den pseudo-arist. Problemata vorkommen (935 b 10), spricht Ar. nicht.

32,21 (350 a 7) „Schwamm", d. h. die Berge gelten Ar. „als besonders gute Condensatoren der Luftfeuchtigkeit", Oder 279, Anm. 60. Von Wäldern ist überraschenderweise bei Ar. nicht die Rede, doch identifizieren sich für jene Zeit Wald und Bergwald (schon im 5. Jh., vgl. Wilamowitz zu Eur. Her. 240). Theophrast hat dann den Wasserreichtum des Hochwaldes gebucht und für seine von Ar. abweichende Versickerungstheorie genützt, vgl. Sen. Nat. quaest. III 11,2 f.

32,26 (a 11) „in beiden Fällen". Die schwammartige Aufwölbung eines Berges — mit seinen im Innern vorauszusetzenden Höhlungen — steht einer Eintiefung der Erde, wie sie ein See darstellt, an Wirkung gleich. Sowohl die innerirdische Dampfkondensation wie die Aufnahme der Feuchtigkeit aus der Atmosphäre findet im Gebirge besonders intensiv statt.

32,31 (a 16) „Erdkarten". Für Karten mit erläuterndem Text nennt Strabon als ersten Verfasser Hekataios von Milet (I c. 7, aus Eratosthenes). Ar. hat es im folgenden ausschließlich auf seine Hydrologie abgesehen; doch trifft der hier verfolgte Zweck mit der generellen Tendenz der hellenischen Geographen zusammen, die Gebirgs- und Flußsysteme eines Landes zur Grundlage zu nehmen. Der Abschnitt (bis b 18) bietet, in für uns erstmaliger Bezeugung, eine Reihe interessanter geographischer Nachrichten. Ktesias, ein älterer Zeitgenosse Xenophons, viele Jahre als Arzt am Perserhof tätig, als Verfasser eines Periplus Asiens genannt, wird Ar. s Gewährsmann sein (diese Vermutung K. J. Neumanns hat sein Schüler P. Bolchert geschickt verteidigt: Ar. Erdkunde von Asien und Libyen, 1908, 38 ff.). Daß für den

Westen und Norden Europas der Milesier Hekataios hinter Ktesias steht, hat Capelle, 1916, 5 ff. schlagend erwiesen. Es ist heute anerkannt, daß die Geographie der Meteor. den Kenntnisstand vor Alexander wiedergibt, Die Zeitstellung der Meteor. erfährt damit eine gewisse Erhellung, vgl. o. S. 130.

32,37 (a 19) „Parnassos", später als Parapamisos bekannt, der Hindukusch. Den Ausblick von ihm auf das äußere Meer, also den Indischen Ozean, erwartet Ar., weil er sich das östliche Ende der Oikumene viel zu nahe vorstellt – wie sein Schüler Alexander beim Marsch durch das Pendschab, Arrian. V 26,1. –

33,2 (a 23) „der Baktros", heute Balch-âb; über den Choaspes, als linken Nebenfluß des Kophen(-Kabul), gibt Strabon Genaueres, XV c. 697. – Der Ursprung des Araxes (= Oxus, heute Amu-Darja) war also Ar. bekannt; hinsichtlich seines Verlaufs erlag er einer folgenschweren Verwechslung mit dem Jaxartes (Syr-Darja), von dem hier eine erste Kunde vorzuliegen scheint. Ar. hielt offenbar den in die Mäotis (das Asowsche Meer) mündenden Tanais (Don) für den Unterlauf des Jaxartes (K. J. Neumann bei Bolchert 39). Über die Irrtümer, die solche Auffassungen beim Alexanderzug hervorriefen, handelt Herrmann, RE X 2 1919, s. v. Kaspisches Meer, 2278.

33,8 (a 30) „pontisches Tief": s. zu 351 a 12.

33,10 (a 31) „von der Sonne beschienen". Daß die Kaukasusgipfel nur ein Drittel der Nacht im Dunkel liegen, lesen Alex. 57,22 ff. und Ol. 104,34 ff. wohl mit Recht aus den wenig deutlichen Worten heraus; anders Lee. Ideler I 458 ff. hat sich die Mühe gemacht, trigonometrisch die ungeheure Höhe auszurechnen, die dem Gebirge hier zugeschrieben wird. Ar. hat sich die Folgen dieser aus der Literatur übernommenen Annahme rechnerisch nicht klargemacht (Capelle, 1916, 13).

33,14 (a 35) „und doch ...": diese Wortgruppe ist korrupt überliefert; Webster, Lee schalten sie aus.

33,17 (b 1) „Pyrene-Gebirge": die Pyrenäen, die Ar. für den Ursprungsort von Donau und Guadalquivir hält (er kennt für den spanischen Fluß, antik sonst Baetis, noch den alten Namen Tartessos, wie Stesichoros fr. 4 D.[2]). Unter dem Keltenland ist der ganze europäische Westen mit Frankreich und Spanien zu verstehen, unter 'herkynischem Gebirge' das vom Rhein zu den Karpaten reichende Mittelgebirge; beide Namen überliefert hier Ar. als erster. Er muß sich die hier entspringenden Ströme in ein nördliches Meer mündend gedacht haben; ist ihm doch die Oikumene eine Insel, vgl. noch 350 a 22, b 13. – Die Ozeanfrage ist historisch dargestellt bei Berger 308 ff.

33,23 (b 7) „Rhipäen": mit umfassender Gelehrsamkeit behandelt Kießling, RE I A 1 1914 s. v. Ῥίπαια ὄρη, dies fabelhafte Nordgebirge, dessen Rolle als Quellheimat mit der gleichen des gleichzeitig genannten Arkyniagebirges nicht ausgeglichen ist. Kießling denkt (Sp. 676) an zwei verschiedene geographische Vorlagen Ar.s.

33,28 (b 11) „äthiopische Berge“. Bolchert macht 61f. wahrscheinlich, daß es sich hier um Berge und Flüsse Westafrikas handelt (aus 362 b 20ff. ergibt sich, daß dem Autor der ganze Süden der Oikumene 'äthiopisches' Land war). Wenn der hier genannte Fluß Chremetes, wie anzunehmen, mit dem rätselhaften Chretes im berühmten Fahrtenbericht des Karthagers Hanno (ed. W. Aly, Hermes 67, 1927, 361ff.) identisch ist (vgl. auch Steinmetz 282), müßte er ebenfalls im Westen Libyens zu suchen sein; dann kann aber das 'Silbergebirge' unmöglich in Ost- oder Zentralafrika gefunden werden (so Lee). – Über die lange herrschende Meinung, ein Quellfluß des Nil entspringe im Westen, s. Berger 228ff.

33,34 (b 17) „Skombros“: dies thrakische Gebirge nur noch bei Thuk. II, 96,4 erwähnt, wo Hekataios als Quelle gesichert ist (Capelle, 1916, 7f.).

34,12 (b 31) „Wasseransammlungen“. Die wohlgerundete Darstellung 349 b 19–350 b 36 läßt erkennen, wie Ar., auch als Meteorologe Dialektiker, beim Entwickeln der eigenen Ansicht fortwährend mit der von Anfang vorschwebenden Gegenposition verhandelt; erst im Hinblick auf diese klärt sich die eigene Lösung vollends heraus. Dem 'statischen' Abfließen aus einem Reservoir (vgl. 349 b 15 *κενουμένου τοῦ ἀγγείου*) wird zu Beginn die Tropfenbildung im Erdinnern (349 b 24) gegenübergestellt, wobei im Wort *ἀποκεκριμένας* (b 26. 29) sich die beiden Gegensätze treffen: Ar. meint die feinverteilte Feuchtigkeit in der Erde, Anaxagoras seine unterirdischen Bassins. Die Tropfenbildung, die sich ja von oben nach unten vollzieht, führt auf das Gebirge als den Ursprung des rieselnden Feuchten überhaupt; doch bezieht Ar., wie Anaxagoras, in seine Überlegungen ein, daß auch Wasser aus der Atmosphäre ins Berginnere eindringe; der Vergleich mit dem Schwamm hilft dabei (350 a 7). Für die Wichtigkeit der Gebirge in der Grundwassertheorie zeugt der Augenschein; dabei können auch die Autoren von Erdkarten als *αὐτόπται* gelten (350 a 17). Die geographische Einlage ist also nichts anderes als ein ausgeführtes *τεκμήριον* für einen Angelpunkt der arist. Grundwasserlehre. Am Schluß wird die Ringkomposition deutlich; wie zu Beginn hebt der Forscher die Tropfenbildung hervor, hat aber nun die Lehre um eine neue Begründung bereichert (*τὸ ὑπὸ τοῖς ὄρεσιν ἔχειν τὰς πηγάς*, scil *τοὺς ποταμούς*, 350 b 27); auch die Beziehung auf die als Muster vorschwebende Kondensation in der Atmosphäre wird noch einmal aufgegriffen (350 b 25). So werden am Ende sogar die wassergefüllten Cavernen des Anaxagoras anerkannt; sie können der arist. Hydrologie nicht mehr gefährlich werden (350 b 30). – Durchweg hat Ar. das weitausgreifende Gesamtphänomen ins Nahe, Nachprüfbare übersetzt.

34,27 (351 a 8) „den See“. Ar. hat anscheinend selbst nicht bemerkt, daß dieser See das Kaspische Meer ist, das er 354 a 3 nennt (so Herrmann, RE X 2, 1919 s. v. Kaspisches Meer, 2277). – Den notizenhaft abgerissenen Satz ergänzt Thurot, ohne Not (. . . *θάλατταν*, ⟨*μεγάλη*⟩).

34,30 (a 12) „Pontostief“: an der Kaukasusküste. Zu Ar.s Vorstellungen über Meerestiefen s. u. II 1; über Taucher und Tauchgeräte Problem. 32,2–5. Bathymetrische Daten zum Schwarzen Meer bei Chr. M. Danoff, RE Suppl. IX 1962 s. v. Pontos Euxeinos, 900ff.

34,35 (a 17) „ein Fluß". Man pflegt hier den Po zu nennen, nach des Plinius fabulöser Nachricht, III 117 (condens se cuniculo et in Forovibiorum agro iterum exoriens), wozu freilich die Notiz über die Poquelle nicht genau paßt, II 223. Vgl. H. Philipp, RE XVIII 2,1942 s. v. Padus, 2186f. (die Meteor.-Stelle nicht berücksichtigt.).

Kapitel 14

34,39 (a 20) „Entstehen und Versiegen". Ar. hat die Frage nach dem Wie der Windentstehung (*γίγνεται πῶς*, 349 a 32) mit einer Grundsätzlichkeit aufgegriffen, die über den eigentlich meteoren Raum hinausführt und die genetische Fragestellung sich auf Flüsse, Landschaften, Weltmeer ausdehnen läßt. Innerhalb dieses Zusammenhangs ist Kap. 14 mit seiner berühmten erdgeschichtlichen Skizze (vgl. H. J. Lulofs, Permanente Veränderung van het Aardoppervlak, Utrecht 1932, 11ff.; Solmsen 420ff.) mit dem vorausgehenden deutlich verbunden; die Besprechung der Flüsse wird fortgesetzt, sie bezeichnen auch weiterhin die Leitlinie der Darlegung; die in 13 vorgetragene Lehre wird organisch durch die Einbeziehung der *ἀπολείψεις* der Flüsse – dieses in Hellas auffälligen Phänomens – erweitert. Daß der dadurch bedingte Wechsel von Feuchtigkeit und Trockenheit der Landschaften einem kosmischen Rhythmus untersteht, entspricht Gedanken der Kap. 9 und 12 (*ἥλιος*: 351 a 32, 346 b 36). *κατά τινα τάξιν . . . καὶ περίοδον* ist Zitat aus 9, wo die bedeutungsvolle Wendung (347 a 5) sich mit vorsokratischen Beobachtungen verbinden ließ. Mit der Hypothese eines periodischen Wechsels von Land und Meer hatte Ar. in Xenophanes einen Vorgänger (21 A 33,6 D.-Kr.), noch näher stehen einige von Solmsen 429ff. untersuchte Lehren Heraklits (B 30f., B 90), und mit der biologischen Deutung der Erdveränderungen (a 27 f.) scheint eine arist. Leitlinie bezeichnet, die geradewegs auf den sonst so vielbefehdeten Empedokles hinführt („Seine Physik ist im Grunde eine Biologie", U. Hölscher, Hermes 93, 1965, 32). Tatsächlich aber hat die arist. Zyklustheorie in 14 gegenüber 9 eine eigene Note, und was das Verhältnis zu den Vorsokratikern betrifft, so stellt die Gruppe I 14—II 3 das Dokument einer besonders unversöhnlichen Auseinandersetzung dar.

35,6 (a 28) „Lebensblüte". Weder als poetisches Bild noch im 'vitalistischen' Sinn der Stoa gemeint (z. B. Sen., Nat. quaest. III 15; das Erdtier: V 4,2), sondern Ausdruck des Biologen, der nachher diese Betrachtungsweise auch auf das Meer anwendet, 357 b 1ff. Allerdings sind sonst Jugend und Alter der Organismen an ihre Teilnahme am Warmen gebunden, De iuv. 469 b 6 ff.; hier, dem hydrologischen Zusammenhang entsprechend, von dem wir herkommen, bringt Feuchtigkeit Leben, Trockenheit Tod. Ein Widerspruch liegt nicht vor; *ζωτικόν* können sowohl Trocken wie Feucht sein (De gen. an. II 1, 733 a 11), vor allem ist es ja die Sonne, die als die beeinflussende Kraft hinter der Erdfeuchtigkeit zu denken ist. Vom Sonnenlauf hängt, wie seit 9, 347 a 5 bekannt, die stets neue Kondensierung des Feuchten und damit – dieser weitere Horizont wurde soeben in 14 eröffnet – das Leben der Quellen und Flüsse ab; daß in diese *τάξις* gleichzeitig ein anderer, weiter ausschwingender Rhythmus eingelegt ist, eine Folge der Schiefe der Ekliptik, glaubt Ar. in dem fundamentalen Kap. 10 des 2. Buches Vom Werden und Vergehen bewiesen zu haben (336 b 2ff.; *τάξις* auch dies: b 12). „Es liegt ja am Tage: Werden, wenn die Sonne näherkommt, Vergehen, wenn sie sich entfernt", b 17, womit Solmsens besorgte Frage zu ψύξις, Meteor. 351 a 31, doch wohl beantwortet ist (vgl. φθίνειν a 30). Genau genommen ist auch damit noch nicht erklärt, warum das Werden der Quellen einer Landschaft aussetzt; es muß auch noch die wichtige Bemerkung De gen. et corr. II 10, 336 b 21 hinzugenommen werden: „Die Materie ist in sich ungleichmäßig, ist nicht in sich überall dasselbe" – was eben den Wechsel von Werden und Vergehen zur Folge hat. – Wirklich nachrechenbar wird Ar.s τάξις damit trotzdem nicht (Solmsen 437), was für Kap. 9 wie 14 gilt. Der Philosoph hat dies vorausgesehen und gleich zu Beginn für den meteoren Raum auf eine im Vergleich mit der Regelmäßigkeit der Gestirne „weniger in Ordnung gefaßte Natur" vorbereitet, 338 b 20. – U. Häußler, Vom Ursprung und Wandel des Lebensaltervergleichs, Hermes 92, 1964, 313 ff., hat eine Würdigung unserer Meteor.-Stelle versäumt.

35,21 (b 5) „unter dem Druck". Die Überlieferung von b 6/7 differiert stark; Websters Erklärung dürfte die Herstellung durch Fobes gesichert haben. Entscheidend ist die Einsicht, daß von zwei Stationen ein und desselben Prozesses die Rede ist. Tritt bei A Verlandung ein, so wird das Meer dadurch bei B zu einer Überflutung genötigt; diese wird rückgängig gemacht, wenn bei A die Anschwemmungen aussetzen und das Meer zurückkehrt. Diese Interpretation involviert aber m. E. (anders Lee) Websters Konjektur πληθύουσι b 7 (πληθύουσα codd.); πληθύειν im Sinn von „auffüllen", „Meer durch Land verdrängen" – was bereits zweimal ausgedrückt ist – scheint nicht zu belegen.

35,28 (b 11) „Verderben". Bevor Ar. eine weitere 'Ordnung' als nochmals erweiterten Kreis um das geophysische Geschehen legt ('Großer Winter', 352 a 30), geht er von der Erde zu ihren Bewohnern über, deren Geschichte, nicht anders als das Naturreich, der Formel Werden – Vergehen unterstellt ist. Eingepaßt ist dieser Gedankengang unter dem Gesichtspunkt der Disproportionalität von Menschheitsgeschichte und geophysischen Zeiträumen (ὥστε μηδένα μνημονεύειν), wobei für die 2. Kapitelhälfte sich der Gewinn ergibt, daß nun auch von Erdgeschichte gesprochen werden kann, was im Taxisgedanken noch nicht lag. Ahnherr solcher großzügigen Historie ist Anaximander; eine eigene Linie wird durch die sophistische Urgeschichtsschreibung (mit Xenophanes im Hintergrund) repräsentiert. Für Ar. kommt vor allem der Eingang des 3. Buches der platonischen Gesetze in Betracht (vgl. Tim. 22A–E). Platon kommt es auf den Ursprung des Gemeinwesens und seine frühesten politischen Tugenden an (676B–702A) – wie Dikaiarch in π. ἀνθρώπων φθορᾶς (fr. 24 Wehrli) –, Ar. auf die zeitliche und sachliche Struktur der μεταβολαί (Leitwort: Pl. 676 A 6, B 1 ~ Ar. b 36). Ihre Momente sind die die Bevölkerung mobilisierenden Unglücksfälle (Pl. 677 A ~ Ar. b 14), Gebirge als Ausgangsgebiet neuer Kulturen (Pl. 677 B1 ff. ~ Ar. 352 a2), das Vergessen früherer Zustände (Pl. 677 C 1, vgl. Criti. 109D ~ Ar. 351 b 26), der langsame Schritt der Zeit bei solchen Veränderungen (ἐπὶ σμικρόν: Pl. 678 B 9 ~ Ar. b 25, b 30 u. ö.; vgl. Isokr. Paneg. 32 f., 38, aus sophistischer Quelle). – Völkerwanderung als Kulturgeschichte bleibt ein peripatetisches Thema, vgl. Ocellus Luc. 43 Harder.

36,6 (b 26) „keine Überlieferung". Es lohnt sich, rückblickend zu bedenken, wie diese Partie b 8–28 schriftstellerisch gearbeitet ist. Naturprozeß und Menschheitsgeschichte gehen bei Ar. fortwährend parallel; beide sind gleich ewig, aber auch ewig in Disproportion zueinander (dies wird durch λανθάνειν, οὐ μνημονεύεσθαι bezeichnet, mit Ringkomposition: b 10/12 ~ b 23/26). Der Philosoph untersucht diese Phasenverschiedenheit und stellt eine Reihe auf, in der sich die Ursachen der Entvölkerung einer Landschaft nach ihrem Tempo einordnen. Dabei ist ihm nicht an den Katastrophen, sondern an dem langsamen Verfallsprozeß gelegen; so erreicht er (b 20) mit den langsam sich auswirkenden Folgen von Mißwachs (ξηραίνεσθαι ist eines der beiden Hauptthemen in Kap. 14) genau den Modellfall, auf den schon anfangs (b 12) mit den zunächst als müßiger Zusatz anmutenden Worten ἐξ ἀρχῆς εἰς τέλος abgehoben worden war. Das Vergehen (φθορά, zusammen mit γένεσις den Pulsschlag des Naturlebens bezeichnend) dauert so lange, daß die letzten in dem sterbenden Land (vgl. γηράσκει a 34) Ausharrenden den Anfang des Prozesses nicht mehr zu datieren vermögen. Diese ganze Entwicklung hat aber nun ihr genaues Gegenstück (b 22 ff.), dem Verlassen des Landes entspricht die Neubesiedlung eines anderen, und auf dieses Analogon — bei dem sich die Leitworte κατὰ μικρόν und μνημονεύειν wiederholen — hat es der Erklärer eigentlich abgesehen. Das Einzelne ist nicht Selbstzweck — wie es etwa in altjonischer Ethnographie vorgeführt werden könnte —, sondern dient einem vorgeplanten Ganzen.

36,12 (b 30) „allmähliche Austrocknung": ihr geht die allmähliche Kultivierung Ägyptens (als bereits berühmtes Beispiel gewählt, s. Herod. II 5,1) parallel. Die Trockenlegung des Landes führt zu einem bestimmten Optimum (εὔκρασεῖς τόποι, 352 a 7), dann zum ὑπερξηραίνεσθαι, nötig, um neuem Werden den Weg freizumachen. Der echt arist. Dreischritt dieser Entwicklung (ἐπίδοσις: auch im biologischen, De gen. anim. 744 b 36, im ethischen Bereich, M M 1200 a 21) erhellt aus dem Gegenbild der Verfallsschilderung, die Platon im 'Kritias' von der Landesnatur Altattikas entwirft, 111B—D. — Ar. setzt in die bekannte Wendung Herodots (Ägypten 'ein Geschenk des Stroms') das aitiologisch richtige Wort πρόσχωσις ein; die — durchaus nicht selbstverständliche: Drossaart Lulofs 14 — Einsicht in den Sachverhalt bereits bei Hekataios F GrHist. 1, 301.

36,17 (b 35) „Homer". In der kulturgeschichtlichen Auswertung des Epos treffen sich Thukydides, Platon, Ar. Es scheint für Platon geradezu eine Entdeckung bedeutet zu haben (vgl. das Elogium des Dichters Leg. 682A), einen Angelpunkt der eigenen Konzeption, die Entstehung der Kultur im Bergland, in der Ilias, XX 218, bestätigt zu finden (Ilios ursprünglich nicht in der Flußebene, sondern ἔθ' ὑπωρείας ᾤκεον πολυπίδακος Ἴδης, worauf Ar. 352 a 2 anspielt). Theben, nicht Memphis bei Homer: Il. IX 381 ff.

36,30 (352a 10) „Troischer Krieg". Während der politische Historiker in großem Maßstab die Vergangenheit als τεκμήριον für die überragende Bedeutung der Gegenwart herausstellt (Thuk. I 1 ff.), bezeugt für Ar. das Epos den ewig gleichen Wechsel von Feuchte und Dürre, Siedlungstauglichkeit und -untauglichkeit. — a 12. Mykene in der Gegenwart verödet: in anderer Beleuchtung bei Thuk. I 10,1. — Die tellurischen und politischen Veränderungen Griechenlands seit Homer waren ein Grundmotiv im I. Buch von Apollodors Kommentar zum Schiffskatalog, s. Strab VIII 370, IX 406.

37,1 (a 19) „im Werden". Ar.s tiefste Überzeugung, das Dogma von der Ewigkeit und Ungewordenheit der Welt, ist berührt, und sofort hört man wieder jenen Ton erregter und zugleich mokanter Abwehr (*γελοῖον*, a 26) wie Kap. 3, 339 b 33 (*παιδικὴ δόξα*), wo ebenfalls die neuen (eudoxischen) Erkenntnisse hinsichtlich der riesigen Ausmaße des Kosmos ins Spiel gebracht wurden. Die uns genial erscheinenden Gedanken eines Anaximander, Empedokles, Demokrit, die der sichtbaren Welt, oder gar einer Vielzahl von Welten, ein faszinierendes Stirb und Werde zusprechen, sind für Ar. Äußerungen von Leuten, die 'nur eine kurze Strecke überblicken' (a 17)! Nicht die weltumfassende Geste zählt (das können sie alle, von den Pythagoreern bis zu den Jungstoikern), sondern die richtige Grundeinstellung, die des Aitiologen. Es hat den Philosophen doch wohl auch der Umstand verärgert, daß ihm weit weniger Tatsachen über Einbrüche des Meers ins Land als über Verlandungserscheinungen zur Verfügung standen. Zu letzteren gab es im Altertum eine reiche Literatur. Des Poseidonios Lehre von Erdveränderungen und Meeresdurchbrüchen wurde, vor allem aus Strabon und Plinius, glänzend rekonstruiert von K. Reinhardt, Pos., 1921, 87ff. Auf Meteor. I 14 fällt ein geringschätziger Blick (94, Anm. 1), auf Polybios' einschlägiges Referat, Schwarzes und Asowsches Meer betreffend, gar keiner. R. v. Scala, Die Studien des Pol., 1890, 190ff., erwies die wichtige Partie, IV 39—42, als peripatetisch. Im wesentlichen bestätigt wurde der Nachweis von F. W. Walbank in: Studies presented to D. M. Robinson I 469ff.

37,14 (a 30) „Großer Winter". Man sieht also, daß Ar. bei der Aufzählung der *φθοραί* der Menschheit Platons Große Flut (Kataklysmos: Legg. 677 A 4, auch Tim. 22 A, wo Deukalion genannt, hier Ar. a 32) nur ausgespart hat, um sie als eine eigene 'Periode' in den zyklischen Gang des sublunaren Geschehens einzufügen. Der Gedanke eines 'Großen Jahres' (von B. L. van der Waerden als ursprünglich babylonisch erwiesen, Hermes 80, 1952, 129ff.) ist im 'Timaios' ausgesprochen, 39 D (scharfsinnige Analyse durch Ch. Mugler, Deux Thèmes de la Cosmologie grecque, 1953, 104ff., 148f., 134ff.); man würdigt dies Platonicum in den Meteor. — die doch der Zeit von Ar.s reifster Selbständigkeit entstammen — erst recht, wenn man bedenkt, daß diese Periodos von der Taxis der atmosphärischen Niederschläge weit entfernt ist (der Unterschied fein gewürdigt bei Solmsen 427). Ar. scheut sich nicht, das jeder Aitiologie spottende, bei ihm höchst seltene Wort 'schicksalsbestimmt' zu brauchen (*εἱμαρμένοι χρόνοι*, bei Bonitz, Ind., übersehen). Das Gegenstück eines Großen Sommers (vgl. Mugler a. a. O. 127) hat Ol. 121,1ff. unbedenklich, als sei es ein Aristotelicum, hinzugefügt, aber Censorins Zeugnis (De die nat. 18,11 = fr. 25 Rose[3]) hat keine Gewähr (ablehnend Düring). van der Waerden berücksichtigt nur Censorin, nicht die Meteor.-Stelle. — Hinsichtlich der Frage, ob und in welchem Sinn die Katastrophentheorie im Dialog über die Philosophie vorkam, teile ich Solmsens Zurückhaltung (434).

37,19 (a 35) „Acheloos". „Schlechthin der Fluß Griechenlands", E. Kirsten, der beste Landeskenner, NJbb. 1940, 300. Ach. im Hinblick auf seine Anschwemmungen (die Echinaden-Inseln) das klassische Gegenstück zum Nil: Schol. Pind. Ol. 5,9 Drachm. (aus Aristarchs Kommentar). Die Meteor.-Stelle spiegelt das Epos und Thukydides gleichermaßen wider: Thuk. II 102,3ff. verbindet eine sachkundige Erläuterung der landbildenden Tätigkeit des Flusses mit der Alkmeon-Sage, die das hohe Alter solcher Naturbeobachtungen beweist). – Die Il. XVI 234f. genannten Selloi waren Priester des Zeus im epirotischen Dodone; das Heiligtum, bildlos, mit seinem heiligen Eichenhain, galt als das älteste in Griechenland. Es kommt Ar. hier – wie nachher beim nochmaligen Aufgreifen der Landesnatur Ägyptens – auf das besonders hohe Alter der Ortsüberlieferung an, die doch längst nicht an die Zeit der Deukalionischen Flut heranreicht.

37,33 (b 14) „der letztgenannten Art". b 13 ist *μᾶλλον* mit Webster zu tilgen, b 14 *γιγνόμενα* mit Ideler. Die b 8/9 unterschiedenen Landschaften sind mit *ταῦτα – θάτερα* gemeint: dies der Vorschlag von Webster-Lee (nach Vimercato). Gegen ihn spricht freilich, daß eine Beziehung auf den unmittelbar vorhergehenden Satz dann völlig ausfällt. Thurot hat dies erkannt, aber sein Besserungsversuch ist zu gewaltsam.

37,35 (b 16) „eine gewisse Veränderung". Der Mythus im platonischen 'Politikos' schwebt vor, wo von 269A an das Leitwort „Veränderung" (*μεταβολή*) wiederholt wird, mit dem Höhepunkt 272D: „als die Zeit erfüllt war und eine Veränderung eintreten mußte" . . . (weiterhin *εἱμαρμένη* (*ἐπιθυμία*) ~ Ar. 352 a 29, *φθορά* ~ Ar. 351 b 12). Auch das Motiv 'Teile' und 'Ganzes' (der Welt) ist bei Platon angelegt, vgl. 271D. Es klang bereits 351 a 28ff. an und bietet jetzt die Möglichkeit, den unablässig bewegten Vordergrund des Naturlebens, wie Ar. es sieht, – das an Dramatik hinter den Konzeptionen der vorsokratischen Evolutionisten nicht zurücksteht – mit der Weltewigkeitslehre sinnvoll zu verbinden. Die Natur hat unendlich viel Zeit (darauf laufen die aus Beobachtung gewonnenen Argumente des 14. Kap. sämtlich hinaus; die Entgegenstellung der kurzlebigen Überlieferung durch menschliche Geschlechter ist an spätplatonischer Philosophie orientiert, Solmsen 432) – wie im Kosmos der Atomisten, aber der des Ar. ist eben zyklisch gegliedert, von Taxis durchwirkt. Und den unendlichen Raum gewinnt der Philosoph eben durch den Gedanken der Metabolē. Die These, daß der Untergang der 'Teile' unweigerlich auf das Vergehen auch des Ganzen schließen lasse, war damit nicht aus dem Felde geschlagen; ihre Verteidigung führten Zenon (gegen ihn Theophrast bei Philo De aet. mund. 117–149) und Epikur (vgl. Lucr. V 338ff.), diesmal in der gleichen Front, gegen den Peripatos. Der berühmte Gelehrtenstreit ist umfassend dargestellt bei E. Bignone, L'Ar. perduto e la formazione filosofica di Epicuro, II, 1936, 335ff., 446ff., 475ff.

38,5 (b 25) „Kanal". Seine schließliche Fertigstellung (unter Ptolemäus II.), die einen Handelsweg von der Nilmündung bei Pelusium bis zum Roten Meer ergab, war eine der großen Leistungen hellenistischer Ingenieurkunst. Vgl. Diod. I 33, 11; Strab. XVII, S. 1156 D. Ar. will darauf hinweisen, daß die Landbrücke zwischen Suez und dem Mittelmeer erdgeschichtlich jung ist und daß hier einst Asien und Afrika durch einen Meeresarm getrennt waren.

38,24 (353 a 8) „Folge der Anschwemmungen". *λέγει δὲ τὸ ἀεὶ ῥεῖν διὰ τὸ ἐστενῶσθαι*, Alex. 64,6. Starke Strömung in Meeresengen: 354 a 5.

39,4 (a 24) „alles wandelt sich mit der Zeit". Ar.s ungemeine Rezeptivität, aber auch seine prägende Kraft werden in dem hier endenden Kapitel deutlich. Ionische

Naturkunde, thukydideische Technik der Vergangenheitserhellung, spätplatonische Zusammenschau von Erd- und Menschheitsgeschichte haben hier Spuren hinterlassen. Daß es eine Einheit geworden ist, wird man vielleicht angesichts der spekulativen Kataklysmostheorie bezweifeln. Aber während der Mythos des 'Politikos' zum Ausdruck bringt, daß das Heil der Welt an Gottes Führung liegt, so fenlt bei Ar. ein theologischer Aspekt; die zur Großen Flut führenden Regengüsse sind nicht — wie schon in Il. XVI 384ff. — ein göttliches Strafgericht. Sie gehören — wenn auch nicht mehr aufweisbar mit dem 351 a 32 bezeichneten Motiv zusammenzubringen (*διὰ τὸν ἥλιον καὶ τὴν περιφοράν*) — zum Leben der Natur.

BUCH II

Kapitel 1

40,1 (353 a 32) „die Fragen“. Sie sind alle drei (was Ol. 126,8ff. gut erkannte) auf das eine Thema: Werden oder Ungewordenheit bezogen. So war es nach dem Vorhergehenden zu erwarten, wo das ‘Sichändern’ auch des Meeres bedeutungsvoll Anfang, Mitte (352 a 19) und Schluß des Kapitels gekennzeichnet hatte. Ar. hat es hier, wie durchweg in der Meteor., mit einem alten, literarisch lebhaft diskutierten Problem zu tun; aber er bietet von einem originellen Gesichtspunkt aus der Tradition Trotz. Dies kennzeichnet seine Pragmatie; kennzeichnend freilich auch die selbstsichere Energie, mit der er sich in der Sache für das Falsche entscheidet.

40,4 (a 34) „die Alten“. Ar. tritt den *ἀρχαῖοι* mit Ehrfurcht gegenüber, wenn er in ihren Denkweisen, ihren Namensgebungen Vorahnungen der wahren, der eigenen Lehre zu vernehmen glaubt (339 b 19: Aither; De cael. 279 b 22: Aion); anderswo distanziert er sich mit Verachtung von ihrer Rückständigkeit. Wo es nicht um die Prinzipien geht, kann sein Urteil milde sein, wie z. B. über Kleidemos, 370 a 16: man kannte sich eben damals in der Theorie der Lichtbrechung noch nicht aus. An der vorliegenden Stelle ist beinahe jedes Wort mit Abschätzigkeit gesagt: diese Leute mit ihren Göttergeschichten, ihrer primitiven Verkennung der kosmischen Größenverhältnisse! Derlei heißt, vom Standpunkt der „modernen astronomischen Nachweise“ aus (345 b 1), ‘lächerlich’, ‘kindisch’ (352 a 26, 339 b 33). — Ar. unterscheidet drei Epochen bzw. philosophische Ansätze: die *ἀρχαῖοι*, die Leute der ‘menschlichen Klugheit’, die moderne, d. h. arist. Lehre.

40,4 (a 35) „Götterdichtungen“. *θεολογία* bei Ar. auf die alte Poesie bezüglich: R. P. Festugière, Le Dieu cosmique, II, 1949, Appendix III (wo auch auf die wichtige Neuwertung des Begriffs *θεολογική* im Sinn der eigenen Metaphysik hingewiesen ist, vgl. Metaph. E, 1026 a 19). „Ursprünge“ und „Wurzeln“ hat Solmsen 425, n. 131 richtig auf Hesiod, Th. 736ff. (oder 807ff.) und 727ff. bezogen. — Dieser Kapitelanfang legt es recht nahe, wie die Kritik des Meteorologen und Kosmologen Ar. an den ‘Vorsokratikern’ im Grunde darauf beruht, daß er das Verhältnis von Teilen und Ganzem neu sieht. Ar., der das ‘geozentrische Weltbild’ in der bekannt folgenschweren Weise fixiert hat, schreibt dem Erd-Wasserkörper durchaus keine besondere ‘Ehre’ zu; *τιμιώτατον* ist das Ganze — das auch mit dem Wort für ‘Himmel’ bezeichnet werden kann (vgl. De cael. I 9, 278 a 10ff.).

40,11 (b 6) „menschliche Klugheit“. Ar. hat dem Wort *ἀνθρώπινος* besonders in der Nikomachischen Ethik ein Gepräge gegeben, bei dem sich — man darf dies wohl einen klassischen Wesenszug nennen — Rang- und Grenzbewußtsein vereinigen: bloß menschlich, aber eben doch — menschlich; so sind seine ‘Ethik’, seine ‘Politik’ philosophische Bemühungen *περὶ τὰ ἀνθρώπινα*, EN X 10, 1181 b 15. Hier in Meteor. stimmt Ar. den Vertretern einer solchen ‘menschlichen Klugheit’ durchaus nicht zu; aber (so wäre zu paraphrasieren) 'wenigstens haben diese Leute nicht die Geschmacklosigkeit, als Weltschöpfer zu posieren' (vgl. *κινεῖν τὸ πᾶν*, 352 a 27, mit ebenso mokanter Abwehr). — Die Positionen der Vorgänger werden in leider allzu großzügiger Weise bezeichnet (zu b 6ff. ist die dasselbe Thema betreffende etwas genauere Darstellung 355 a 21ff. heranzuziehen). Nirgends kommt es ja dem Autor auf Doxographie als solche an, er fixiert immer nur die von der eigenen Lösung her interessanten Punkte; begreiflich, daß sich keine den Historiker befriedigende Klassifizierung ergibt (Cherniss 132, n. 533). Für die Verbindung von Meeresentstehung und Kosmogenese, b 6ff., gibt Alex. (67,11), unter Berufung auf Theophrast (Phys. op. fr. 23), Anaximander und Diogenes von Apollonia als Autoren an; Meerwasser als 'Schweiß der Erde' ist nach 357 a 26 Lehre des Empedokles (auch Antiphons, B 32, worauf Cherniss 131, n. 530 verweist). Damit ist die Frage nach dem Salzgehalt der See gestellt; daß eine Beimischung von Erde zugrunde liege, stellt Alex. 67,21 auf die Namen des Metrodoros und des Anaxagoras.

40,15 (b 8) „Umwendungen". Statt *τροπάς* sei hier und 355 a 25 *τροφάς* zu lesen, erklärt Böker, gefolgt von Düring 387, n. 273. Beide schweigen über 355 a 1, wo *τροπαί* neben *τροφή* von niemand bezweifelt wird. Es ist dies aber die Schlüsselstelle, wo die allgemein geglaubte 'Ernährung' der Sonne durch das aufsteigende Feuchte geschildert wird. Weil sie außerhalb keine 'Nahrung' finden, müssen sich Sonne und Mond auf den Tierkreis beschränken, vor den Sperren im Norden und Süden 'umkehren' (s. Gilbert 686): Ar. läßt sich den breiten Nachweis des Adynaton nicht entgehen, 355 a 8ff. *Τροπαί* und *τρέφεσθαι* hängen somit eng zusammen; es darf ruhig 353 b 8 das letztere Wort, 355 a 29 (*τρεφομένων τῶν ἄνωθεν*, von Düring als Stütze von Bökers Konjektur betrachtet) das erstere fehlen. Der einfache Sachverhalt war weder für Alex. (und Theophrast, wie man nach Alex. 67,11 annehmen darf) noch für Ideler ein Problem.

40,26 (b 19) „fließende und stehende". Ar. nimmt jene 'Theologen' mit ihrer mythischen Rede von Meeresquellen beim Wort, wobei sich wieder in charakteristischer Weise *λόγος* und *αἴσθησις* verknüpfen. Eine Systematik der Gewässerarten auf der Erdoberfläche wird vorgelegt, die auf das bereits altjonische Begriffspaar 'fließend' und 'stehend' zurückgeht (Hippocr.(?), Schrift von der Umwelt, 7; daß der Arzt zum Begriff 'Quellwasser' eine Zweiteilung (gesund — ungesund) vornimmt, hat bei Ar. keine Parallele, wohl aber die Gruppe *ἑλώδεα, λιμναῖα* (vgl. b 24). Für diese Systematik gilt nun: zu 'fließend' (*ῥυτά*) gehört 'aus Quellen kommend' (*πηγαῖα*, was auch *αὐτόματα* heißen kann) und natürlich auch 'abfließend' (*ἀπόρρυτα*); zu 'stehend' tritt u. U. auch *πηγαῖα*, aber ein Abfluß kann dann nur durch Eingreifen des Menschen, durch Brunnenbau erfolgen. Nun aber passen 'Meeresquellen' auf keine Weise in diese Gruppierung; das Meer müßte ja die einander ausschließenden Merkmale von 'fließen' und 'stehen' vereinigen: *πηγαῖον* kommt entweder als *ἀπόρρυτον* vor oder als *χειροποίητον*. Beim Meer ist aber das eine so wenig der Fall wie das andere. — Die Flüsse stellen in dem hier von Ar. wie von seinen Gegnern gemeinten Sinn natürlich keine 'Quellen' des Meeres dar, weil sie für den Griechen nichts Kontinuierliches sind: *οἱ δὲ ποταμοὶ οὐ συνεχεῖς· οὐ γὰρ ἔχουσιν ὕδωρ ἀθρόον*, Ol. 133,22 (unter Beziehung auf 354 b 13).

41,13 (b 35) „Reihe von Meeren". Ein Blick auf die Erdkarte (vgl. 350 a 16) mag dieses Argument gegen die Annahme von Quellen des Meeres nahegelegt haben.

Mit den Namen 'Kaspisches', 'Hyrkanisches Meer' ist ein kompliziertes Kapitel der Entdeckungsgeschichte bezeichnet, mit Fortschritten und Rückschlägen (gut dargestellt von Herrmann, RE X 2, 1919, s. v. Kaspisches Meer. 2275ff.). Eindeutig vertritt Ar. die richtige herodoteische (I 202f.) Ansicht vom Binnenmeercharakter des K. M. gegen die – in Altertum und Mittelalter erstaunlich einflußreiche – Lehre der altionischen Geographen, es sei eine Ausbuchtung die Erde umfließenden Okeanos; allerdings hat sein Irrtum, der Tanais sei ein in die Maiotis führender Mündungsarm des ins Kaspische Meer fallenden Araxes (350 a 24), in der Folgezeit verwirrend gewirkt (Herrmann, Sp. 2278). – Das Nebeneinander der beiden Namen nötigt uns nicht zu der ganz unglaubhaften Meinung, Ar. habe von dem Aralsee gewußt (übrigens steht Hyrcanum öfters für Caspium mare); er hat wohl mit ihnen irrtümlich zwei besondere Seenbecken unterscheiden wollen (Herrmann, 2277). – b 35: *ἐπεί* mit Bonitz, Webster zu streichen.

41,19 (354 a 5) „in Strömung". Ar. erkennt, daß der Augenschein, den er unermüdlich als Zeugnis anzurufen pflegt, hier einmal für die Gegner sprechen könnte: muß man angesichts einer eindeutigen Meeresströmung nicht doch auf Quellen schließen? Aber was sich in Engstellen als Strömung dartut, ist nur ein Sonderfall der dauernden leisen Bewegung der Meeresoberfläche überhaupt (*ταλαντεύεσθαι* – nur noch De gen. an. 708 b 14 – ein 'Timaios'-Wort, 52E). Auf deren Ursache geht Ar. nicht ein (an die Gezeiten, deren Gesetzmäßigkeit er noch nicht kannte, ist hier nicht zu denken); daß es sich um ein *ἴδιον* des gewaltigen Wasserkörpers handelt, bemerkt Theophrast mit Worten, die die Meteor.-Stelle explizieren, De vent. 35f. (*προωθεῖται συνεχῶς, ἀλλὰ κατὰ μικρόν*, vgl. dazu Verf., Hermes 81, 1953, 294).

41,28 (a 12) „Meeresbecken". In der sinnreichen Theorie, daß sich die Meeresböden vom Asowschen Meer (Maiotis) bis zum Atlantischen Ozean hin abtreppen, die man mit dem Gedanken von der nordsüdlich sich absenkenden Erdoberfläche zusammennehmen muß (354 a 23ff.), lebt noch etwas von der Freude an Symmetrien, wie sie die Schöpfer des altjonischen Erdbilds kennzeichnet. In der Ausgestaltung durch Straton, den Schüler Theophrasts, wie sie uns – über Eratosthenes – bei Strabon I 49ff. erhalten ist, stellt diese Theorie eine imponierende Konzeption der hellenistischen Naturwissenschaft dar. Die posidonianische Lehre von den Erdveränderungen wird von K. Reinhardt (Poseidonios, 1921, 89ff.) ohne Dank für die Vorarbeit des Peripatos rekonstruiert (zu Polyb. IV 39–42 s. o. S. 165). – Die Frage der Meerestiefe und der Strömungsverhältnisse ist freilich viel komplizierter, als es die Alte Welt wissen konnte; für das Schwarze Meer vgl. Danoff, a. O., 901, 935ff. (s. ob. S. 161).

41,37 (a 22) „außerhalb der Säulen". 'Suspicious sentence', Webster, mit Recht. Der Äußere Ozean gehört nicht in die Abfolge der nach Westen immer tiefer werdenden Becken; der Satz könnte ohne Schaden für den Zusammenhang fehlen, so daß der Gedanke an Interpolation naheliegt. Meer jenseits der Enge von Gibraltar seicht: Plat. Tim. 25D. Die später mit dieser Überlieferung verbundene Nachricht von schwimmenden Tangmassen im Westen (Sargassomeer) als botanische Merkwürdigkeit von Theophrast gebucht, Hist. plant. IV 7,1.

42,4 (a 26) „wenig tief": das begründende διὰ τὴν ἔκχυσιν kann nach dem sonstigen Wortgebrauch (Erguß von Flüssigkeiten: 368 a 32, Ps, Ar. Probl. XXX,953 b 39; Sturmwind: XXVI 941 b 36) kaum die Anschwemmungen der Flüsse bezeichnen (so Webster), sondern das Leeren von Bassins (Lee; vgl. H. J. Lulofs, Ar. over de zee, Utrecht 1930, 15).

42,5 (a 28) „der Norden". Bereits in jenem geographischen Exkurs I 13, 350 b 6ff. hatte Ar. die Rhipäen als Heimat der größten dortigen Ströme genannt (s. d.). Wie er sich dort von dem „allzu Mythischen" der umlaufenden Nachrichten distanziert, so zitiert er hier die absurde Astronomie der alten Meteorologen natürlich nicht, um sich ihr anzuschließen; vielmehr nimmt er die mythische Rede als Andeutung eines für die eigene Hydrographie wichtigen Faktums, der Gebirgsnatur des europäisch-asiatischen Nordens. Ar. denkt hier wohl an Anaximenes und vielleicht Xenophanes; die gleichlautende Lehre eines Anonymus noch aus dem 6. Jh. hat Kießling, (s. zu 350 b 7) 852 ff. bei Avien., or. marit. 649 ff. ermittelt. – Die Meteor.-Stelle ist wissenschaftsgeschichtlich von Interesse, indem sie die Rückständigkeit der altjonischen Geographen auf mathematisch-astronomischem Gebiet gegen Hugo Bergers allzu deduktiv gewonnene Auffassung der geschichtlichen Entwicklung erwies (Lortzing, Kießling).

Kapitel 2

42,12 f. (b 1) „Entstehung" – „Geschmack". Der Salzgehalt erregte, wie andere meereskundliche Fragen, im ganzen Altertum Interesse; Ps. Ar. Problem. XXIII, Plut. Aet. phys. 8 ff. z. B. – manche feine Naturbeobachtung neben viel nutzlosem Tifteln – vergegenwärtigen es. Der Philosoph entfernt die Betrachtung von allem Paradoxographischen, indem er die Frage nach dem Ursprung des Salzgeschmacks verbindet mit der umfassenderen, ob und in welchem Sinn das Meer eine Geschichte habe. Das erdgeschichtliche Kapitel I 14 hatte das Ergebnis erbracht, daß zyklische Veränderungen die πάθη τῆς γῆς regulieren, daß sie aber nicht linear einem endgültigen Vergehen zustreben, wie es die alten Physiker vorsahen. 'This creates a presumption against the evolutionary approach' (Solmsen 424) auch hinsichtlich eines Werdens (und Schwindens) des Meeres. – Das Lehrstück (II 2. 3), in dem sich Doxographie und Systematik durchdringen, ist nicht leicht zu überschauen. Die einleitende, von den bisherigen Forschungsergebnissen ausgehende Problementwicklung wird unterbrochen von einer Abwehr der primitiven Meinung, die Sonne nähre sich vom Feuchten (354 b 33–55 a 32). Nach Überlegungen, die das Salzwasserproblem mit dem Verdunstungsprozeß in Verbindung bringen, folgt unvermittelt, obschon in sich abgerundet, eine Stellungnahme zu Platons Lehre von Flüssen und Meer, 355 b 32 ff. Das 3. Kap. sodann bringt eine kritische, von eigenen systematischen Aufstellungen durchsetzte Doxographie und Ar.s eigene Lösung (357 b 23 ff.). – Förderlich H. J. Lulofs' o. S. 162 genannte Analyse.

42,14 (b 3) „Ursprung und Hauptmasse" – was sich fortsetzt in dem Schluß (b 17), alles Wasser auf der Erde, einschließlich der Flüsse, stamme aus dem Weltmeer.

Das trifft mit dem einen erhaltenen Fragment des Hippon zusammen (38 B 1), den Theophrast zur Schule des Thales (vgl. 11 A 13 D.-Kr.) stellte; Ar. gibt nachher selbst an, daß diese Anschauung zur Filtrationstheorie führt, b 17 (*διηθούμενον γίγνεσθαι τὸ ἁλμυρὸν πότιμον*). Daß ebd. mit *τινές* keine neue physikalische Theorie eingeführt wird, stellt Cherniss mit Recht fest, 132f., n. 536. 539. – Die für Ar. nicht gerade typische rücksichtsvolle Art, mit der hier die Anschauungen der Vorgänger entwickelt werden (b 4–11 Muster eines arist. Anakoluths, von Bonitz III 103 besprochen), hat wohl einen besonderen Grund. Hippon (-Thales) konnte sich auf den Augenschein berufen (so ausdrücklich hier b 11. 14 und Theophrast a. a. O.: *ἐκ τῶν φαινομένων . . . ἐς τοῦτο προαχθέντες*), dem Ar. diesmal zuwider handeln muß. Man kann es verstehen – so meint es der Meteorologe –, daß die alten Erklärer unter dem Eindruck des gewaltigen Elementarkörpers hier die arché alles Feuchten überhaupt statuieren zu müssen meinten. Aber sie haben nicht bedacht – das 'genaue Zusehen' fehlt den Vorsokratikern, vgl. *ἐπιβλέψαντα*, 355 b 24 –, daß dann zum normalen, d. h. natürlichen Charakter des Elements Wasser seine Untrinkbarkeit gehört (b 18–21) – eine für Ar.s teleologisches Denken unzumutbare Vorstellung. Es wird hier deutlich, daß die Frage nach der Entstehung für den Salzgehalt mit gleicher Dringlichkeit gestellt werden muß wie für das Meer als solches, und daß beide Fragen konvergieren.

43,1 (b 26) „unser Lehrbegriff": er sieht als fünftes Element den kreisenden Himmelskörper vor; doch geht es hier ja um die vier (sublunaren) geradlinig bewegten Körper. So Alex. 72,4ff.

43,4 (b 29) „emporgeführt". Vom Meersalz-Thema scheint diese Bekanntes aus I 9 wiederholende Darlegung der Verdunstung wegzuführen. Ein Urteil wird dadurch erschwert, daß diese Darlegung in zwei Teile zerlegt ist durch eine Digression (354 b 33 – 355 a 32), deren Recht man umso mehr bestreiten möchte, als diese Teile fugenlos zusammenpassen. Rückt man sie nebeneinander, dann ergibt sich, daß diese Erinnerung an den Zyklus des Feuchten zwei seiner Wirkungen hervorheben will: Salz ist, was im Meer unten bleibt – 'Salz' ist, was im Regen von oben ins Meer sinkt. Um letzteres festzustellen, muß man freilich weiter nach vorne greifen, wo nach langen, verwickelten Erwägungen Ar. kurz und knapp die eigene Lösung gibt, 3,358 a 21ff, auf die bereits 354 b 22 hingeblickt wird. Längst vor ihrer Formulierung ist die entscheidende Weichenstellung erfolgt: an sich ist im Meer Wasser schlechthin vorhanden; aber durch die Abfolge von Verdunstung und Niederschlag – ein Teil des Naturprozesses überhaupt, 354 b 32 – erscheint faktisch das Meer als Rückstand, der sich während dieses Prozesses ergibt. Mit schmaler, aber scharfer Linie wird die Anschauung abgegrenzt, daß das Meer die Station einer kosmischen Entwicklung bezeichne, die auf Schrumpfen und Schwinden des Wasserkörpers hinauslaufe. Dieser gefährlichsten Gegenposition ist der Hauptteil von Kap. 3 gewidmet; in den Blick kommt sie also bereits hier.

43,8 (b 33) „alle früheren Anschauungen". Es fällt nachher, a 14, der Name Heraklits (22 B 6 D.-Kr.); daß überhaupt nur er und seine Nachfolger gemeint sind, macht Cherniss 133, n. 541 wahrscheinlich. Dann ist allerdings – gegen Webster, s. u. – bei 355 a 22 (*οἱ φάσκοντες*) eine neue Gruppe von Philosophen anzunehmen. – Die

Bemerkung über die Sonnenwenden, 354 b 34 – 355 a 5, hat den Charakter einer Parenthese (Thurot, Webster, Fobes). – Bei der Abwehr der (später von der Stoa erneuerten) Lehre, die Sonne 'nähre sich' vom Feuchten, beruft sich Ar. nicht auf den eigenen Glauben an die Zugehörigkeit der Gestirne zum *θεῖον σῶμα*, er zieht auch nicht ausdrücklich die modernen Erkenntnisse über die kosmischen Entfernungen heran es kommt ihm vielmehr hier auf den Umstand an, daß der Weg, den die alten Physiker für die Verdunstungsmasse annehmen, einläufig ist, die Rückkehr der Anathymiase zur Erde nicht zu sichern vermag, von deren Zyklus doch die Ewigkeit des Naturlebens abhängt (wobei dieser Zyklus 'Nachahmung' des kontinuierlichen Kreisens der Gestirne ist, De gen. et corr. II 10, 337 a 1ff.). Das Taxis-Motiv im Nehmen und Wiedererstatten innerhalb des sublunaren Kosmos ist Ziel der ganzen Digression, die also, entgegen dem ersten Anschein, innerlich so gut in den Zusammenhang des Kapitels paßt, wie sie ihm äußerlich widerstrebt. Die Stellungnahme hat der Autor wohl bei einer Revision angemerkt.

43,33 (355 a 22) „Behauptung". Daß sie dem Referat 353 b 6ff. entspricht, also auf Anaximander zu beziehen ist, zeigt Cherniss 135, n. 544. Alex. fügt noch Diogenes v. Apollonia hinzu, 73,22. Webster (zu 355 a 21) vermißt mit Recht eine Klärung der Frage, ob die 'Umwendungen' der Sonnenbahn durch Mangel an 'Nahrung' oder durch komprimierte Luft (vgl. a 24f.) herbeigeführt werden. Doch bleibt im Text diese Lehrdifferenz verwischt (ein Umstand, der übrigens von der o. S. 169 besprochenen textkritischen Frage getrennt zu halten ist). Eindringend hierzu Charles H. Kahn, Anaximander etc., 1960, 66f.

44,3 (a 29) „auch ist es nicht so". Offensichtlich haben doch auch die hier bekämpften Physiker die Rückkehr wenigstens eines Teiles der emporgestiegenen Anathymiase in Rechnung gestellt, was Ar. bei seinem Tadel 355 a 21ff. zu Unrecht in den Hintergrund drängt – milde kritisiert von Solmsen 427, n. 139, schärfer von Cherniss (135, n. 545, 136, n. 546), der auch Heraklit, im Hinblick auf dessen *κάτω ὁδός*, schützt.

44,16 (b 6) „wie in den organischen Körpern". Der Rekurs auf die *ζῷα* – dem (s. o. S. 127f.) keineswegs die Vorstellung eines Welt-Organismus zugrunde liegt, wie ihn das von Kräften durchströmte All des Hellenismus repräsentiert – kehrt in Kap. 2f. noch mehrmals wieder, jedesmal den einen Begriff *ὑπόστασις* („Rückstand") hervorhebend, der auf Makro- wie Mikrokosmisches anwendbar ist. Wie so oft bei Ar.s kritischen Stellungnahmen wirkt hier die vorläufig noch zurückgehaltene eigene Lösung bereits als Richtpunkt mit; denn für den Meteorologen ist der umstrittene Salzgehalt ja nichts anderes als eben ein solcher 'Rückstand' (357 b 8, 358 a 8). Die Beflissenheit, mit der er auf die Parallele zwischen hydrologischem und biologischem Sachverhalt zurückkommt (noch 356 b 1, 357 a 32, 358 a 5, 357 b 1) – keine andere Partie der Schrift ist so reich an Wiederholungen wie diese beiden Kapitel –, wird durch den Umstand zu erklären sein, daß Empedokles eine scheinbar ähnliche Lösung anbietet (s. zu 357 a 26) und somit eine systematisch begründete Grenzziehung notwendig war.

45,7 (b 33) „im 'Phaidon'". Platons eigenartige, sorgfältig durchdachte Theorie (111C–112E) – als solche im neuesten Kommentar (R. S. Bluck, 1955, 200) unterschätzt – wird von Ar. stark verkürzt und mit veränderter Akzentsetzung wiedergegeben. Sokrates hat es durchaus nicht bloß auf „Flüsse und Meer" abgesehen (wie Ar., b 33); aber seine eindrucksvolle Veranschaulichung der unterirdisch in einem mächtigen Gebläse zusammenwirkenden Elementendreiheit Wasser Feuer Luft wird hier ignoriert. Dem platonischen Text wird die hydrologische Blickweise aufgenötigt: dort schreibt der Autor die 'Verbindung durch Kanäle' den subterranen Höhlungen, Becken (*τόποι*, 111 C 5) zu, in der Meteor. kommt es ausschließlich auf die Wasseradern an, deren Lauf dem Kritiker höchst irrational vorkommen muß, zumal er die sinnreiche 'Schwinge' (*αἰώρα*) absichtlich im Unbestimmten läßt, mit der Platon doch von vornherein dem unbilligen Vorwurf begegnet, daß an ein absurdes 'Aufwärtsfließen der Flüsse' gedacht sei (vgl. 356 a 19). Bezeichnend, wie Ar. in das gleichzeitig präzise und geheimnisvolle platonische Bild Ordnung zu bringen sucht, indem er den 'Tartarus' am Erdmittelpunkt lokalisiert (bei Plat. taucht *τὸ μέσον* erst ganz am Schluß auf, 112 E 1) – um nämlich von hier aus seine Widerlegung zu beginnen, a 15. In dieser Absicht interpretiert er auch Plat.s Ausdrücke (112 D 5) *καταντικρύ* – *κατὰ τὸ αὐτὸ μέρος* mit *κάτωθεν* – *ἄνωθεν* (s. Burnet, Phd. Kommentar, 1911, 137).

45,12 (356 a 3) „nach beiden Seiten hin": '*ἐφ' ἕκαστα* means *ἐπ' ἐκεῖνα καὶ ἐπὶ τάδε*' Burnet, 136f. (zu 112 C 2). Lee verbindet *ἕκαστα τῶν ῥευμάτων* ('various rivers'), kaum richtig.

45,31 (a 19) „aufwärts fließende Flüsse". Das von Euripides an bekannter Stelle (Med. 410) zitierte Sprichwort liegt zugrunde, kaum die Eur. Stelle selbst. – In einem seiner schönsten Kapitel (I 9) spricht Ar. ganz unbefangen von dem aufwärts strömenden Fluß des Feuchten.

45,32 (a 20) „das Wasser". Von dem im 'Phaidon' geschilderten Wasserhaushalt aus gesehen, ist das meteore Wasser überzählig: Ar. befragt Sokrates von Positionen aus, die diesem ganz fern liegen. Der Mythos will ja so wenig eine Physik der Atmosphäre wie eine spezielle Theorie des Salzgehalts geben. Mit der Behauptung, bei Plat. bekämen die Gewässer Geschmack und Farbe von der durchflossenen Erde (a 13), überschärft Ar. die Andeutung der Vorlage (112 A 6) erheblich. – Die Flüsse sind es, die dem Meer als ihrem eigentlichen Zielpunkt (*τελευτή* a 35) zustreben, somit seine 'Quelle' darstellen: von dieser Feststellung (355 b 30) leitete sich der Platon gewidmete Exkurs ab, zu ihm, als einem Ergebnis klaren Augenscheins (*φαίνονται* 356 a 23), kehrt die Darlegung zurück.

Kapitel 3

46,18 (b 4) „Salzgehalt". Ar. hat bereits zu Beginn von Kap. 2 das spezielle Salinitätsproblem mit der allgemeinen Frage nach der Entstehung des Weltmeeres verbunden, doch ließ ihn die Abwehr der Meinung, es sei Ursprung (arché) des Wassers insgesamt, bisher nicht zu der umfassenderen Fragestellung kommen, wohl aber zum Offenlegen eines Teils der eigenen Lehre: Arché-Charakter eignet dem Meer, wenn man das Salz wegdenkt. Obwohl es sich der Wahrnehmung aufdrängt, ist es doch ein Fremdkörper. Die Frage, wie er ins Meerwasser gekommen sei, ist also in dem

Augenblick dringlich geworden, wo ihre Verbindung mit der Kosmogenese offenkundig wird, d. h. wo die Auseinandersetzung mit Demokrit und Anaximander nicht mehr aufgeschoben werden kann. Eine geradezu spannende Situation: ist nicht jetzt auch Ar. selbst genötigt, ein — von ihm sonst so entschieden abgelehntes — Früher und Später im kosmischen Prozeß anzuerkennen? Die Spannung wird auf eine sinnreiche Weise gelöst.

46,39 f. (b 22) „Wiederkehr des Wassers". Entgegen dem angeblichen die Zeiten überspannenden Austrocknungsprozeß hält sich der Meteorologe an den täglich zu beobachtenden Wechsel von Verdunstung und Kondensation des Feuchten — auf den er in diesen beiden Kapiteln immer wieder aufmerksam gemacht hat — und nimmt ihn kühn (was geradezu eristisch formuliert wird, b 22 ff.) als Gewähr für die Ewigkeit des Naturprozesses, in dem es kein 'Erstes' gibt: einmal ist hier so viel wie immer (b 27!). F. Solmsens schönes und wahres Wort von Ar.s 'Vertrauen in die Physis' findet hier eine Stütze. Die bedeutende vorsokratische Entdeckung, die den Kreislauf des Wassers als Erkenntnis sicherte, wird also in akademisch-pythagoreischem Sinn, und ganz gegen den Geist der alten Physiker, als Beleg für das Weltewigkeitsdogma genommen. So selbstbewußt der Autor spricht (man wird den mokanten Ton angesichts der Gegner nicht verkennen, die die ewige Sonne ja doch wohl weiter kreisen lassen müssen, b 27), es ist nur allzu klar, zumal nach Solmsens Darlegungen (420 ff.: Eternity and cyclical Regularity), wie schwach Ar.s Gründe sind. Wer das allmähliche Auftrocknen des Feuchten auf der Erde lehrt, kann nur überwunden werden durch den Nachweis, daß der stete Feuchtigkeitsverlust vollständig kompensiert wird — und dies leisten die arist. Bemerkungen 355 a 26 ff., 356 b 28 ff. gewiß nicht. Mag der Verlust noch so winzig sein, er ist eine Vorstufe des totalen Schwundes; so meint es Lukrez (V 338 ff.) und so geht es durch die Weltewigkeitsdiskussion des Hellenismus.

47,15 (b 33) „schon dargelegt": o. S. 37. Es liegt bereits jetzt klar zutage, daß Ar.s schließliche Lösung des Salinitätsproblems mit der 'Taxis' im Naturleben zusammenhängen wird, nicht aber mit einem spektakulären Eingriff, bedeute er Anfang oder Ende.

47,25 (357 a 6) „bringen es nicht fertig". Ar. ist so fixiert in seinem 'statischen' Denken, daß er ein hic et nunc wirksames Moment — wie die Salinität des Meeres — nicht anders denn als immer schon wirksam fassen und erklären kann (Stichwort *τὸ πρῶτον* a 12/13, in verwandtem Zusammenhang bereits 356 b 18). So distanziert er sich aufs entschiedenste von der 'Art eines epischen Poems mit Anfang, Mitte und Ende', wie sie Anaximander in die Kosmosphilosophie eingebracht hat (Charles H. Kahn, 199); er blickt daran vorbei, daß auch bei den alten Physikern der Entwicklungsgedanke eingefügt war in eine Ewige Wiederkehr (wie für Xenophanes sicher, für Anaximander mit Wahrscheinlichkeit anzunehmen), also in ein Höchstmaß von Ordnung, wie sie Ar. so intensiv im Zyklus des Wassers festzuhalten strebt.

47,26 (a 7) „denn ob nun". Den Weg durch das mit Bedingungssätzen überladene Satzgebilde haben Thurot und Lee gewiesen (zustimmend Solmsen 424, n. 128).

47,31 (a 11) „gleichgeblieben". Das Gleichgewichtsmotiv war bereits im Zusammenhang elementtheoretischer Überlegungen aufgetaucht (3, 340 a 4. 15), vgl. Phys.

III 5, 204 b 13f. und die Empedokles-Interpretation De gen. et corr. II 6, 333 a 16ff. In der Kritik des 'Phaidon' hatte es ein Argument gegen den Philosophen geliefert, 356 a 21. Hier, in der Lehre von der Verdunstung, bedeutet es die Basis, die Ar. ermutigt, sämtlichen Vorgängern entgegenzutreten. Und doch befindet sich unter diesen Vorgängern der eigentliche Vater des Gedankens: 'In Ar.s eternal Cosmos exhalation must be balanced by precipitation. This important idea of cosmic balance Ar. owes to Heraclitus' great intuition', Solmsen 453.

47,37 (a 15) „Die Lehre". Die bisher besprochene Verbindung des Salinitätsproblems mit einer Kosmogenese schreibt Alex. 67,12 Diogenes zu, nach Theophrast (Anaximander betrachtete nicht einfach das nichtverdunstete Wasser als salzig, sondern nahm eine eigene *ἔκκαυσις* durch die Sonne an, die diesen Zustand herbeiführte, Aët. III, 16,1). Die Hypothese der Erdbeimischung als Ursache des Salzgehalts wird von Alex. auf Anaxagoras und Metrodoros zurückgeführt (67,21; doch eröffnet Xenophanes die Reihe, vgl. 21 A 33,4f. D.-Kr.). Ar. kritisiert hier nur eine bestimmte Anwendung der vielseitig verwertbaren Lehre. – (a 26) „Empedokles". Der scharfe Tadel seines Ausdrucks (vgl. 31 A 66 D.-Kr.) zielt nicht darauf, daß er eine Analogie aus dem Leben der organischen Körper heranzieht, sondern daß diese aitiologisch wertlos ist. Um den Salzgehalt zu erklären, müßte vom Schweiß so gesprochen werden, daß das *διὰ τί* (vgl. Alex. 81,5) der Umwandlung trinkbarer Flüssigkeit in die salzige Ausscheidung hervortritt. Die beiden von Ar. hier genannten Möglichkeiten entsprechen genau den vorher besprochenen vorsokratischen Lehren (a 6ff., 8ff.); ein Zeichen, daß der Kritiker trotz seiner Einwände sie – oder eine von ihnen – noch zu nutzen gedenkt! – Wie man mit Erfolg biologische Gesichtspunkte in der Meteorologie geltend macht, zeigt Ar. anschließend (a 32) selbst, indem er neben das Phänomen 'Schweiß' das schon früher herangezogene des Urins rückt. Dabei erreicht er zum zweiten Mal (vgl. 355 b 8) den Begriff „Rückstand" (*ὑπόστασις, περίττωμα*) als Rahmen für die endgültige Lösung des Problems.

48,32 (b 10) „überhaupt". Statt der erwarteten Lehre, deren Einsatz sorgfältig vorbereitet ist (*λεκτέον* ist eindeutig), kommt überraschend eine Wiederaufnahme der Polemik gegen Empedokles (-b 22) von einem anderen Standpunkt aus (jenes 'Schwitzen' wird für den Erdkörper praktisch durchgedacht und ad absurdum geführt). Die Argumentation mit *τότε – νῦν* erinnert an die gleiche 357 a 14f. Erstaunlich, daß die vorhin besprochene und abgewiesene Lehre (Salzwasser als Rückstand nach der Verdunstung des trinkbaren Wassers) als völlig neu vorgebracht und sogar mit einer gewissen Billigung bedacht wird. Wir haben es mit dem Schulbeispiel einer unorganisch eingefügten Arbeitsnotiz zu tun, die m. E. älter ist als der vorausgehende Text. – Die Wortgruppe b 14 'Denn Feuchtigkeit ... bitter' gibt keinen Sinn und wird mit Webster zu tilgen sein. Geistreich Thurot: *ἰδίει, [ἡ γὰρ ὑγρότης] καὶ ... πικρός.*

49,12 (b 25) „die letztere als Ursache". Hier treffen also endlich die drei immer wieder ins Auge gefaßten und aus dem Auge verlorenen Beweisgänge zusammen: a) die Salinitätsfrage erfährt von der Hypothese eines einmal entstandenen und weiter im Werden befindlichen Kosmos keine Förderung, sie kann nur unter der Annahme eines ewigen Naturprozesses gelöst werden, b) dieser ewige Prozeß liegt im Kreislauf des Wassers als irdisch-atmosphärisches Geschehen zutage, c) das Salzige im Meerwasser muß irgendwie von außen kommen, dem Meer, Ziel und gleichsam Heimat aller Gewässer auf der Erde, eignet es von Natur keineswegs. Jetzt also gibt der Philosoph die (längst erwartete) Aufklärung über jenes 'irgendwie': die unaufhörlich auf Land und Meer niedergehende, zurückkehrende trockene Anathymiase (vgl. 341 b 6ff.) führt dem Meerwasser den Salzgeschmack zu. Dies muß nun ausgeführt werden – aber nochmals bringt der Text eine Überraschung. Die elementtheoretische Überlegung b 26–a 3 zum Thema 'Dauer im Wechsel' bezieht den im ganzen Kapitel stets gegenwärtigen Hintergrund der Weltewigkeitsthese ein, zerreißt aber hier den Zusammenhang völlig; von einer 'notwendigen Vorüberlegung' (b 26) zugunsten der folgenden Aitiologie kann keine Rede sein. Also eine versprengte Notiz (deren wesentlicher Inhalt später ganz neu dargeboten wird, 358 b 27ff.), unübersichtlich geformt; erst Bonitz gab die richtige Interpunktion an (II 425). Mit ihm ist b 31 *καὶ τὸ πλῆθος* (*τοῦ πλήθους* codd.) zu lesen.

49,29 (358 a 5) „bestimmte Beimischung". Daß dies die warmtrockene Anathymiase ist, wurde zwar schon kurz ausgesprochen, doch hält es Ar. für notwendig, den bereits besprochenen biologischen Sachverhalt – keine 'Metapher', wie bei Empedokles, sondern eine echte Sachparallele – nochmals danebenzustellen. Die Veranschaulichung des Salzigen hatte der Hinweis auf Urin und Schweiß geleistet; jetzt lenkt der Erklärer die Aufmerksamkeit auf den erdigen Charakter der Beimischung und greift auf *τέφρα*, a 31, *κονία*, b 1, zurück. So kommt es jetzt erst richtig heraus, daß es sich bei diesem Erdigen um ein Verbrennungsprodukt handelt. Die entscheidende Definition ist also aufs beste vorbereitet. – a 20 ist *ἀναθυμιάσει* zu lesen (mit Thurot, Webster), *ἀναθυμίασιν* codd.

50,10 (a 21) „mit der trockenen gemischt". Die wesentlichen Momente der arist. Anathymiasenlehre treten gut hervor: a) feuchte und trockene Ausscheidung sind untrennbar miteinander verbunden, b) die atmosphärischen Niederschläge repräsentieren 'Ordnung' (so schon 354 b 32 angedeutet); freilich verbindet der Philosoph mit Taxis einen höheren Sinn als ihn die irdische Welt zu realisieren vermag (a 26). – Am Ende des langen, mühsamen Weges wird deutlich, daß Ar.s Lösung, die mit einem fortwährenden Nein gegen alle Vorgänger entwickelt wurde, in weitem Umfang 'vorsokratisch' ist. Es gilt dies für den zentralen Gedanken der Regularität im Naturgeschehen, aber auch für die spezielle Erklärung, daß der Salzgehalt im Meer von einer erdigen Beimischung herstamme (vgl. 357 a 8ff.). Die originelle Wendung besteht in der Identifizierung der letzteren mit der Anathymiase des Erdkörpers, wodurch der Anschluß an den ewigen Naturprozeß gewonnen wird: das Meer ergänzt sich, wie die Flüsse, immer von neuem (358 b 27). – Theophrast ist dieser Konstruktion nicht gefolgt; seine Lehre, *ὅτι ἡ ὑποκειμένη γῆ αἰτία ὑπάρχει τῆς ἁλμυρότητος*, referiert Olymp. 156,28.

50,16 (a 28) „Salzgeschmack". Fast bizarr zu nennen (und für die Künstlichkeit der Lösung bezeichnend), daß Ar. den Salzgeschmack der Meereswinde – um die es hier ja geht – durch eine vermeintliche erdige Beimischung erklärt. „Ein Beispiel dafür, wie er aus richtigen Erfahrungstatsachen falsche, aber für seine Theorie passende Schlüsse zieht", Düring 395, Anm. 330. Die im Zusammenhang unverständliche Wortgruppe *καὶ τῷ μεγέθει καὶ τῷ πνεύματι* (neben *νότος*) muß fallen (Webster).

50,19 (a 30) „wärmster Wind". Zu den folgenden witterungskundlichen Notizen und ihrer Differenz gegenüber der arist. Winddefinition vgl. die Anmerkungen zu 364 a 22.

50,36 (b 9) „Lebewesen". Wenn Ar. immer wieder sich der lebenskundlichen Parallelen versichert, so hängt dies mit der Schwierigkeit zusammen, das Phänomen des Salzmeeres teleologisch zu meistern. Das Salzige steht als einziger Geschmack außerhalb des Organischen, hat keine nährende Wirkung (Plut. aet. phys. 1,911 DE, aus peripatetischer Quelle; vgl. vom Meerwasser Is. Osir. 353 E: *ἀIIῖοον περίττωμα διεφθορὸς καὶ νοσῶδες*); es ist ein 'Fremdkörper': Theophr. fr. 9,2 Wi. (vom Schweiß), wie Probl. II 2. Da ist die Zuordnung des *ἁλμυρόν* zu anderen natürlichen Restprodukten ein Erweis des Sinnes. – Späterer Spekulation war das Salzmeer ein Argument gegen die Vorsehung, Philo, De prov. II 61.

51,3 (b 14) „zurücktritt". Ar. will den Eindruck vermeiden, als wirke seine Verdunstungstheorie der These vom character indelebilis des Meerwassers entgegen: das evtl. mitemporsteigende Salzige fällt im Ganzen nicht ins Gewicht (Lee). Weil die alten Physiker die Beobachtung der Verdunstung gern zur These des Schwindens und Vergehens überhaupt ausweiteten, wird anschließend die arist. (aus I 14 bekannte) Lehre noch einmal grundsätzlich formuliert, b 27–34 („von Land und Meer . . .": Klammern von Lee, ebenso die Beziehung von *τὰ μὲν – τὰ δέ* b 31f. auf das Meer). – b 18 muß nach Solmsen 424, n. 129, die Variante *λέγομεν* statt *λέγωμεν* (Fobes) stehen. Der hier behauptete Übergang in Wasser trifft für Wein nicht zu.

51,26 (b 35) „Versuch". Zu den Reflexen in der antiken Fachliteratur s. H. Diels, Hermes 40, 1905, 310. Das Experiment – das Ar. aus der Literatur übernommen (auch Hist. anim. 590 a 24) und nicht nachgeprüft haben wird, Düring 385 – ist falsch, ob man ein 'wächsernes' Gefäß oder eines aus Ton verwendet (es wurde *κεράμιον* für *κήρινον* vermutet; daß Leiten in Tonröhren Seewasser entsalzt, wird bei Plut. aet. phys. 5, 913 C behauptet.

51,33 (359 a 6) „schwerer als Süßwasser". Peripatetische Naturkunde kann sich später gar nicht genug tun in der Hervorhebung des 'Erdigen', 'Schweren', 'Körperhaften' (*σωματῶδες*) des Meerwassers (vgl. z. B. Probl. XXIII). Wenn Theophrast von einem Wasser im Pangaiongebirge erzählt, das winters doppelt so schwer sei wie sommers (fr. 159, aus *Π. ὑδάτων*), dann leitet dies schon zu Mirabilienliteratur hinüber, in der die Gewässer bekanntlich ganz besonders beachtet werden. Auch Ar. gibt sich, nach den mühsamen Begriffsentwicklungen, im Schlußteil des Kapitels entspannt, sammel- und erzählfreudig.

52,6 (a 17) „in Palästina". Das Tote Meer ist gemeint. Ps. Ar., De plant. II 2, 824 a 26: *οὕτω φυσικῶς ἐν τῇ νεκρᾷ θαλάσσῃ οὔτε καταδύεται ζῷον οὔτε γεννᾶται.* Der Ausdruck *ν. θ.* sonst nicht gesichert, doch mag ihn Ael. Arist. 30,88 (*ἄγονος θάλασσα*) gekannt haben. Vgl. Bolchert (o. zu 350 a 16) 26ff., der Ktesias als Ar.s Quelle vermutet. – Chaonien (a 25): Landschaft in Epirus.

52,35 (b 10) „Verbrennungsprozeß". Die Stelle wird von Eichholz 145 besprochen, der aus 378 a 21 (*ἡ ξηρὰ ἀναθυμίασις . . . ἐκπυροῦσα*) das Subjekt des „Verbrennens" gewinnt und mit Wahrscheinlichkeit die dort erzeugten Farbnuancen mit den Geschmacksverschiedenheiten, hier b 12, in Parallele setzt.

53,7 (b 21) „anderswo". Eine solche Ausführung – wie auch die 358 b 23 versprochene – ist nicht nachzuweisen.

Kapitel 4

53,11 (b 27) „von den Winden". Das Kapitel mit der problemgeschichtlich besonders ergiebigen Windlehre stellt auch entstehungsgeschichtlich gesehen einen Markstein dar. Es ist keineswegs so, daß Ar. zu der in I 13 begonnenen und abgebrochenen Diskussion 'zurückkehrt', 'quam cum antegressis ea ratione coniungit, quod eandem subesse originem dicat, quam maris salsedini', Ideler I 541. Wenn der Meteorologe die Dinge so hätte lenken wollen, daß aus der Hydrologie organisch die *ξηρὰ ἀναθυμίασις* hervorginge, als 'Ursprung und Wesen aller Winde' (360 a 13), dann hätte er gewiß nicht die Anathymiase mit jenen 'schweren', 'erdartigen' salzigen Bestandteilen aus Kap. 3 Ende als identisch (!) zusammenprallen lassen mit der warmtrockenen 'rauchartigen' (b 32) – also nach oben strebenden – Ausscheidung in Kap. 4 Anfang. So wie der Text der Pragmatie jetzt vor uns liegt, zeigt er mit diesem Nebeneinander zweier extremer Fassungen ein und derselben Anathymiase, wie sehr Ar. diese seine Konzeption überanstrengt hat.

53,12 (b 29) „bereits dargestellt". Das Zitat geht nicht auf den Ansatz der Pneumatologie in I 13, sondern auf I 4, 341 b 6 ff.; die folgende Darlegung der doppelten tellurischen Ausscheidung ist so gehalten, daß sie als grundsätzlich neue in das atmosphärische Geschehen einzuführen vermag. Dabei wird als Richtpunkt ins Auge gefaßt, daß a) die wasserdampfartige und die rauchartige Ausdünstung aufeinander angewiesen sind, daß b) sie gattungsmäßig geschieden sind (360 a 18). Wie wichtig das Lehrstück dem Autor war, zeigt die starke Durcharbeitung des Textes.

53,23 (360 a 2) „im Winter". Die Klammern nach Ideler, Bonitz. Man kann sich schwer vorstellen, daß diese wetterkundliche Nebenbemerkung von Anfang an im Text stand.

53,33 (a 14) „Notwendigkeit": auffällig stark betont (von a 10 an viermal); die philosophische Bedeutung (= *τὸ μὴ ἐνδεχόμενον ἄλλως ἔχειν*) erläutert Metaph. IV, 1015 a 20 ff. (hierzu N. Hartmann, Möglichkeit und Wirklichkeit, 1926, 20 ff.). Der Zwang dessen, was wir Naturgesetz nennen – aber eben in aristotelischem, also teleologischem Sinn – ist gemeint (Werden und Vergehen: 351 a 30, 357 a 2 u. ö.), überraschend häufig eben die Verursachung der Ausdünstungen durch den Sonnenlauf, 340 b 34, 341 b 7, 344 b 22, 358 a 23, 361 a 18, 364 a 11, 365 b 21. Hier sieht Ar. auf terminologische Exaktheit; daß z. B. die Wendung *ἀνάγκη* die relative, *ἐξ ἀνάγκης* die absolute Notwendigkeit besagt, hat G. Patzig, Die arist. Syllogistik (Abh. Ak. d. Wiss. Göttingen, III, 42, 1959, 25 ff.), gezeigt.

53,34 (a 15) „Tatsachen". Sie folgen aber nicht; man versteht, daß Thurot nach *δῆλον* (a 15) eine Lücke statuieren wollte. Es muß wohl anders vorgegangen werden, und zwar im Hinblick auf die unbestreitbare Tatsache, daß die *ἔργα* etwas später, von a 33 an, aufgeführt werden. Mit dem dort unmittelbar Vorhergehenden (a 17–33) haben diese *μαρτύρια* nicht das mindeste zu tun; was sie bezeugen, ist der Sinn der Verschiedenheit der beiden Anathymiaseformen, also die Absicht, die Ar. mit seiner Windlehre zu Beginn verfolgt hatte. Sobald die Abgrenzung erkannt ist, tritt auch der Grund des Einschubs hervor.

53,39 f. (a 18) „nicht dieselbe". An das Stichwort 'Verschiedenheit' knüpft Ar. die gleiche kritische Stellungnahme, mit der er, jenseits der fünf hydrologischen Kapitel, die Windlehre eröffnet hatte, nämlich die Abwehr der Meinung, Wind sei bewegte Luft. Ohne daß hier auf das Frühere verwiesen wird, ist doch die Entsprechung von a 17–33 zu I 13, 349 a 16–26 unverkennbar (Berufung auf *τινές*, die angebliche Identität von *ἄνεμος* und *ὕδωρ*, vor allem das Motiv des *πηγαῖον*, 360 a 31–33 ~ 349 a 28). Das Dazwischentreten jener Kapitel hat den Forscher genötigt, hier eine wiederholende Partie einzulegen, die die Position des Einsatzes in I 13 erneuern sollte (vgl. o. S. 155 f.). – Daß innerhalb dieser Partie die Satzgruppe a 21 (*ὁ μὲν οὖν κτλ.* ~ a 27 (*θερμός*) einen klaren Zusammenhang zerreißt, hat Ideler gesehen, I 548; er stellt sie nach a 17 (besser Thurot: nach a 33; ihm folgt Lee). Aber es ist eine Randnotiz, in der sich Ar. des Zusammenhangs von Luft und Wasserdampf versichern will. *ἀτμίς* steht zwischen Wasser und Luft und kann darum bald als warm' bald als kalt betrachtet werden (W. D. Roß, Aristotle, 1923, 190,4). – *εὐόριστον* a 23: so einhellig die Überlieferung; Webster und Lee scheinen ihrer Übersetzung ein Wort wie *εὔρους* zugrunde zu legen.

54,9 (a 26) „Faktoren". *καθάπερ ἐκ συμβόλων*: eigentlich sind die zwei Hälften eines Erkennungszeichens gemeint, die zusammengepaßt wieder das Ganze ergeben. Mit leichter Umgestaltung macht sich das Ar. in bezug auf die Grundqualitäten zunutze, um De gen. et corr. II 4, 331 a 23 ff. den Übergang der Einfachen Körper ineinander zu erklären. Joachims Note z. St. (Ar. meint 'a part of one whole, which is capable of fitting in with a complementary part so as to constitute another whole') erklärt auch diese Meteor.-Stelle treffend. Sehr unglücklich vergleicht Böker a. O. 2242 den Vorgang mit einem 'Verrühren' von Wasser und Öl.

54,16 (a 33) „Fall". Ein Schwall von Luft, wie ihn eine einstürzende Wand, ein niederbrechender Baum hervorrufen – das Beispiel verdeutlicht Ar.s Absicht glücklich. Wer 'Wind' in dieser Weise aus dem Ungefähren, Zufälligen stammen läßt, der erklärt ihn nicht. Daß mit dem Begriff 'Quelle' (a 31) der unmittelbare Rekurs auf den letzten und höchsten Erklärungsgrund gemeint ist – die Sonnenbahn, die die Ewigkeit des Naturprozesses verbürgt –, wird im folgenden besonders deutlich.

54,18 (a 34) „diese Lehre": die Theorie von der Doppelnatur der tellurischen Ausdünstung (speziell der Satz, daß „das Feuchte nicht ohne das Trockene" vorkomme usw., 359 b 32; übrigens ist gerade dieser zentrale Gedanke Ar.s unrichtig: der Ein- und Rückstrom der solaren Wärme und der Kreislauf des Wassers sind voneinander unabhängig). Die Theorie wird durch die Naturbeobachtungen „bestätigt", nicht aus ihnen entwickelt. Gleichzeitig gewinnt aber die Lehre doch auch an Farbe und Prägnanz, weitet sich aus zu einer großzügigen Wetterkunde (a 34–b 29).

Der Naturblick erinnert an I 14; wie dort, so ist auch hier der Grundgedanke, daß der Wechsel von Feuchtigkeit und Trockenheit einen natürlichen, also ewigen Lebensprozeß, mit ganz bestimmtem 'Bewegungsanstoß' (vgl. a 28) repräsentiert.

55,8 (b 25) „Konzentration": s. zu ἀντιπερίστασις o. S. 152. Die aus dem Leben der Organismen genommene Analogie beruht darauf, daß in beiden Bereichen die gleichen Gesetze herrschen.

55,25 (361 a 6) „Nord- und Südwinde". Vgl. Gilbert 527ff. (wo die Phasenabfolge Sonnenwirkung – dann feuchte – dann trockene Ausscheidung, auf die es Ar. hier ankommt, gut verdeutlicht wird). Die überragende Rolle, die die beiden Hauptwinde im griechischen Fachschrifttum spielen, entspricht dem Klima des Landes „im großen und ganzen" (Böker, a.O. 2335, der 2327ff. Diagramme aus Windstatistiken gegenwärtiger Wetterstationen bietet). Begründet wurde die Zweiwindtheorie in Jonien (Rehm, Windrosen, 24ff., Böker 2334). – a 21–23: „Die Winde von Norden heißen Boreai, die von Süden Notoi". Der Satz ist, nach Webster, 'singularly pointless even for a gloss', und zu tilgen. Die Mehrzahl βορέαι – νότοι ist übrigens gut arist. (z. B. 363 a 6). „Ar. und seine Vorgänger [meinen], wenn sie Punkte am Horizont bezeichnen, von denen her die Winde wehen, doch damit nur die Mittelpunkte von Horizontbögen", Rehm, Windrosen, 46. – So naturnah die hier skizzierte Theorie anmutet, so deduktiv ist doch wieder, bei näherem Zusehen, ihr Charakter. Angesichts der Erfahrungstatsache, daß die Winde zumeist von Nord oder Süd wehen, werden alle dazu stimmenden Momente der arist. Lehre von der doppelten Anathymiase zusammengestellt (a 14ff.); dann (a 20): „mit gutem Grund also entstehen doch wohl die Winde zumeist dort". Ähnlich etwas früher, 360 b 29ff.: Nach Regengüssen tritt gewöhnlich Wind auf; fällt dann wieder Regen, so legt sich der Wind – „das muß nach unserer Theorie so sein".

56,1 (a 22) „Richtung". Das in nacharist. Zeit vielverhandelte Thema wird hier nur kurz, doch prägnant, angesprochen. An diesem Punkt der Windlehre stellt sich dem Meteorologen das Problem, wie dem Augenschein sein Recht werden könne, mit besonderer Dringlichkeit. Augenscheinlich wehen die Winde über die Erdoberfläche hin; nun ist aber doch 'Wind', wie soeben festgestellt (a 19), mit der warmtrockenen, also von Natur nach oben strebenden Anathymiase identisch. Ar.s Lösung (die er durch ein Witterungszeichen, a 28, stützt, wie sie Ps. Theophrast in Fülle zusammengetragen hat, De sign. 2): die auf das gesamte Luftreich wirkende himmlische Kreisbewegung gibt den aufsteigenden Dünsten eine horizontale Richtung. Da ist natürlich Alex. Bedenken berechtigt (93,33); es dürfte ja dann nur eine Windrichtung geben! Die Kommentatoren (Al. 93,35; Ol. 175,1) lehren die einschlägige Doxa Theophrasts kennen, der Ar.s weithergeholtes Aition aufgab und die Windrichtung durch den Winderstreit des Warmen und des Kalten bei der Windbildung erklärt (s. Verf., Philol. 92, 1937, 50–55).

56,10f. (a 30) „Quantum trockener Ausscheidung". Die Stelle darf als Ar.s Winddefinition betrachtet werden; in ihr sind die Aussagen 360 a 12f., b 32, 361 a 19 zusammengefaßt (später besonders prägnant noch 362 a 10). Die warmtrockene Ausdünstung 'ist Wind' – dies ist gemeint, wenn sie mit ὕλη, σῶμα des Windes identifiziert wird. Hier treffen wir also die berühmte physikalische Konstruktion, die bereits der Meteorologie des ἄνω τόπος gedient hatte, gewissermaßen in isolierter

Reinheit an. Gern würde man diesen arist. Zentralbegriff historisch aufhellen. Seit langem hat man an Heraklit gedacht; aber die vorzüglichen Untersuchungen von Jula Kerschensteiner (Hermes 83, 1955, 400ff.) legen es nahe, daß Theophrast bei Diog. L. IX 8 fin. (τὴν μεταβολὴν [καλεῖσθαι] ὁδὸν ἄνω κάτω), 9, Sätze wie B 12.60 (ἀναθυμίασις echt?) 31,76 interpretierend, die arist. Lehre von der doppelten tellurischen Ausscheidung in sie hineingelesen hat. Wohl allzu kurz und bündig G. S. Kirk (Heraclitus, The Cosmic Fragments, 1954, 274): 'The two-exhalation theory is his own (= Ar.s) development, subsequently attributed also to Her.' Die umsichtige Prüfung Solmsens 409f. (mit n. 62) läßt die Möglichkeit offen, daß Ar. an Heraklit anknüpfte, d. h. daß Theophrasts peripatetisch gefärbtes Referat doch in etwa gerechtfertigt war. Die Neigung, durch ἔκκρισις, ἀπόκρισις der physischen Körper Verbindungen im All zu schaffen, wird von allen alten Physikern geteilt; es ist m. E. ganz unwahrscheinlich, daß die ξηρὰ ἀναθυμίασις erst von Ar., auf Grund einer eigenen Naturbeobachtung (wie es Düring 387, Anm. 280 anzunehmen geneigt ist) erfunden wurde. Entscheidend ist, daß die Art, wie dies Werkstück im arist. System steht, ganz Eigentum des Schöpfers ist. Es haftet an der Anathymiase ein allgemein physikalisches und ein speziell meteorologisches Interesse: a) es wird an ihr der ewige Naturprozeß aufweisbar, bei dem sie Oben und Unten wie mit einer Klammer verbindet; wie denn die Wärme des Erdkörpers selbst nicht weniger als die Sonnenwirkung diese Ausdünstung anregt (360 b 31f.). Die elementtheoretische Seite des Phänomens, das ja eine Umwandlung von Erde in Feuer darstellt, darf nicht vergessen werden. b) mit diesem Aition entspricht Ar. der Aufgabe, die er selbst zu Beginn der Windlehre gestellt hatte: δεῖ πηγαῖον εἶναι τὸ ῥέον (360 a 31). Der Wind ist keine irrationale Luftströmung mehr, sondern seine Entstehung ist an bestimmte Bedingungen gebunden (Jahreszeit, Kreislauf des Feuchten). Es war ein echt wissenschaftliches Streben, was Ar. veranlaßte, sich der gesamten Tradition entgegenzustellen, mit einer Lehre, die doch Theophrast sogleich wieder aufgab, zugunsten eben jener Gleichsetzung von Wind und bewegter Luft, einer Theorie von Luftmassenverschiebungen, die den heutigen Erkenntnissen einigermaßen nahekommt. – Ar.s Anathymiase erinnert an die in neuerer Zeit erforschte Wärmestrahlung, die von der Sonne kommt, von der Erdoberfläche und der Atmosphäre zurückgestrahlt wird – auch mit jener auf die ganze Erde bezogen ausgeglichenen Bilanz, wie sie Ar. für die Glieder seines Systems wünscht. Die Stellung eines Vorläufers gebührt ihm deswegen freilich nicht; hat er doch jene Ausdünstung durchaus als eine Ablösung erdiger Teilchen aufgefaßt. – Es wird sich nachher zeigen, daß in Ar.s Winddefinition nicht alles beschlossen ist, was der Meteorologe zur Sache zu sagen hat.

56,19 (b 1) „allmählich". Ar. erklärt die Quellentstehung durch Zusammensickern von Tropfen (ἐκ μικρῶν συλλείβεσθαι, 349 b 33), in Abwehr der mechanistischen ἀγγεῖον-Theorie; genau so denkt er sich das Zusammentreten warmtrockener Exhalationen zum allmählich erstarkenden Wind (ἐκ πολλῶν ἀναθυμιάσεων συνιουσῶν κατὰ μικρόν, b 1). Mit erstaunlicher Verkennung bezieht dies Böker (a. O. 2229f.) in die von Ar. unablässig bekämpfte Lehre ein, daß Wind bewegte Luft sei. Unbefangen werden Ar., Theophrast, die peripatetischen Problemata, Seneca, Plinius zusammengenommen und einer durch die Antike gehenden 'hydrodynamischen Windtheorie' subsumiert. Weil Böker die längst erwiesene tiefgehende Differenz der theophrastischen Pneumatologie gegenüber der arist. ignoriert (vgl. jetzt Steinmetz 25 ff.), liest er in die Definition 361 a 30 f. die ganz andersartige Windauffassung des Schülers hinein (keine Rede kann davon sein, daß dort πλῆθος sich auf ein 'Abfließen nach tiefer gelegenen Gegenden' beziehe). Verblüffend ist Bökers Behandlung des kurzen auf die Windrichtung bezüglichen Textes (s. o. S. 181) 361 a 24: die nach oben strebende rauchartige Anathymiase wird seitwärts, zu einer λοξῇ φορά, abgedrängt, weil die Luft rings um die Erde – von der die Anathymiase ja umschlossen bleibt – der siderischen Kreisbewegung folgt. Daraus wird: „Die aufsteigende Luft" (Sperrung Bökers; aber bei Ar. steigt sie gerade nicht auf!) „(empfängt) einen Bewegungsimpuls anläßlich eines Rückstoßes am umlaufenden Apogeion", a. O. 2235. Die Rückstoßgewalt „ist so groß, daß die Luft in ihre beiden Komponenten, die schwere ἀτμίς und den leichten καπνός, zerfällt und daß beide nach unten – nunmehr als Wolke und Wind geformt – ihren Rücklauf nehmen . . . "; Wolke als Regenwolke genommen, Sp. 2243, Z. 36. Daß Ar. 346 b 23–31 eine gänzlich andere Theorie der Wolken- und Regengenese vorträgt, stört den Verf. nicht. Gegen die – Bökers gesamte Darstellung durchziehende – Hypothese einer „mechanischen Zerfällung der Luft durch Stoß", Sp. 2243, hat bereits Düring 391, Anm. 306, Widerspruch erhoben.

Kapitel 5

56,33 (b 14) „die Sonne". Sie hatte in der bisher vorgetragenen Lehre lediglich die Aufgabe, die tellurische Ausscheidung überhaupt anzuregen; jetzt erscheint sie als bestimmend für das atmosphärische Geschehen, insofern sie die Anathymiasen auch vollständig hemmen, also Windstille hervorrufen kann. Der Blick des Erklärers geht auf die 'Großwetterlagen'; die Hörer werden gewiß durch Erdkarten oder Globus unterstützt worden sein. Dieses umfassende Bild läßt von neuem das Überwiegen der beiden Hauptwinde in der Welt des östlichen Mittelmeeres hervortreten; das Kapitel mündet also wieder in die Zweiwindetheorie ein (vgl. 361 a 6 ff.)

57,5 (b 23) „Windstille". Hier ist der Frühaufgang des Orion (erste Julihälfte) gemeint. Bezeichnend, daß Theophrast hier wieder ohne die rauchartige Anathymiase auskommt; er erklärt Windstille – wenigstens für bestimmte Fälle – durch einen zentralen Gedanken seiner Pneumatologie, den Einfluß des Geländes (De vent. 32 ff.; vgl. Steinmetz 46).

57,13 (b 30) „Orion". Sein Frühuntergang Mitte November. Über wechselhaftes Wetter zu dem genannten Zeitpunkt s. auch Probl. XXVI 13; dies Problembuch – vorzüglich übersetzt und erläutert von H. Flashar, 672 ff. – macht die nacharist. Entwicklung sehr anschaulich. Die alten Ärzte heben die gesundheitlichen Gefahren der Übergangszeiten öfters hervor, z. B. Von der Umwelt 10,48; 11,52 Heib., u. ö. – Daß das Sternbild hier mit stürmischem Wetter, b 23 mit Windstille in Zusammenhang gebracht wird, ist, wie schon Alex. sah, kein Widerspruch; die vorhergehende Angabe kann gut auf einen etwas früheren Zeitpunkt gehen (Webster). – Die Zeile b 33, auch schon die vage Angabe θέρους ἢ χειμῶνος erwecken Verdacht (Webster). Der Hinweis, daß Auf- und Untergang des Orion διὰ τὸ μέγεθος jeweils lange dauert und ebenso die unruhige Witterung, zielt nicht auf den σημεῖον - Charakter des Sternbilds, sondern auf seine *δύναμις* – und von der Pragmatie sollte doch alles ferngehalten werden, was nach Astrometeorologie aussieht (die an der Parallelstelle Theophr. De vent. 55 völlig fehlt). Syntaktisch ließe sich mit Idelers Konjektur glätten (*διότι διὰ τὸ μ.*); besser wird der Satz entfernt. b 32 (*ἀνατολήν*) und b 34 (*αἱ δὲ μεταβολαί*) schließen fugenlos aneinander an.

57,19 (b 35) „Etesien": „eine Strömung, die ihre Entstehung den oft tagelang über dem zentralen Mittelmeer gelegenen Hochdruckgebieten verdankt" (G. Schmidt, RE VIII A2, 1958 s. v. Winde, 2214), die eindrucksvollen 'Sonnenstürme' aus Norden, die vom Juli bis September wehen. Als jährlich wiederkehrende Winde repräsentieren sie Taxis – soweit sie in der Atmosphäre zu verwirklichen ist – und sind darum ein Schulfall für den Aitiologen, der hier noch einmal der Zusammengehörigkeit der beiden Anathymiasen kräftig Ausdruck verleiht (362 a 9–11). Wenn er dabei das Motiv einer notwendigen *συμμετρία* zwischen Anathymiase und Strahlungswärme der Sonne (auf ihrem Jahreslauf) einführt (362 a 4), so ist dies, wie man im Sinn Solmsens (412) sagen könnte, eine 'auxiliary hypothesis', die bei Theophrast geradezu systemtragend geworden ist. – Zum Etesienproblem (und zu den 'Vorläufern', *πρόδρομοι*) s. Rehm, RE VI 1 1907, 713–717; Böker 2258ff. (zu 362a 1f.)

57,33 (362 a 11) „warum". Flashar bemerkt treffend, daß hier die typische Frageform der Problemata vorliege, 690f. Bei Ar.s Lösung schwebt wieder ein 'symmetrischer' Zusammenhang zwischen der Wärmeenergie und ihrem Objekt, Eis und Schnee, vor. Der Erklärer will betonen: es gibt tatsächlich von Süden wehende winterliche Etesien, die aber schwächer und weniger regelmäßig sind (zu *συνεχής* in dieser Bedeutung Flashar 678), die Schönwetterwinde, eigtl. „weiße Südwinde", 15 Tage nach der Wintersonnenwende auftretend (Probl. XXVI 32, dazu Flashar 686). Alex. 93,11 und Ol. 177,23 fassen die 'Vogelwinde', a 23, ebenfalls als solche Südwinde auf, wozu die Ausdrucksweise Ar.s (*ὁμοίως δέ*) verleiten könnte; ihren Nordwindcharakter hat Rehm, Etesien, a. O. 716, sichergestellt; vgl. auch Böker 2311f. Zu ihrer Zeit (beginnendes Frühjahr) kehren die Zugvögel zurück.

57,39 (a 16) „Grund dafür". Die Stelle ist, bis *ἐγγύς* a 22, eine klare Doppelfassung zu a 2ff.

58,17 (a 31) „Südwind". Die hier abgewiesene Anschauung, er komme vom Südpol (dem jonischen Erdbild entsprechend, vgl. Hipp. De vict. 38, Z. 30 Jones) hatte überraschenderweise sich Ar. kurz vorher selbst zu eigen gemacht, 361 a 5 (hierzu Berger 280,2). Zu der folgenden Lehre von der zwischen den Wendekreisen unbewohnbaren Zone (unbewohnbar, weil es dort keinen Schatten gibt, b 6ff.) paßt ein in unserer Oikumene fühlbarer Wind der Südhalbkugel nicht.

58,19 (a 32) „Erdzonen". Man wird das Wort Zone (für arist. *ἔκτμημα*) brauchen dürfen (*ζώνη* erst bei Autolykos, dem Lehrer des Arkesilaos, II 5, p. 114,10 Hultsch). „Die Zoneneinteilung der Erde geht sicher auf Eudoxos zurück", Düring 398; zurückhaltender Böker 2345. Auf der von Ar. benutzten Karte waren also die zwei bewohnbaren Zonen als Kegelschnitte gezeichnet.

58,24 (b 3) „stets sichtbar". Der Ausdruck führt auf die zirkumpolaren Sterne, die sich doch für eine Fixierung von Zonen keineswegs eignen (Webster). Daß Ar. nicht den Polarkreis in unserem Sinn gemeint haben kann, zeigt Rehm, Windrosen, 38,1. „Ar. und noch Polybios (Strab. II p. 97) begnügen sich eben inkonsequenterweise mit einem sozusagen an den Himmel und von da wieder auf die Erde zurückprojizierten Polarkreis, der . . . nur konventionell ist." Berechtigte Kritik des Poseidonios an der arist. Auffassung bei Strab. II p. 94f.

58,32 (b 9) „Sternbild". Wenn schon diese 'gelehrte Interpolation' (Webster) Ar. selbst zum Autor haben könnte (Düring 351, Anm. 46), so entspricht doch gewiß die Stelle, die die Bemerkung hier einnimmt, nicht der Absicht, die Ar. verfolgt. Man wird einen redaktionellen Einschub anzunehmen haben.

58,35 (b 12) „Erdkarten". Mit der 'gegenwärtigen' Kartographie sind die immer noch im Gebrauch befindlichen jonischen Entwürfe in der Nachfolge Anaximanders gemeint, bei denen noch nicht mit der Kugelgestalt der Erde gerechnet wurde. Für Ar. ist die neue Lehre (zu deren Zentren bekanntlich die Akademie gehörte) eine Selbstverständlichkeit; wenn er I 13, 350 b 1 unbefangen die alte Horizontteilung zu Orientierungszwecken benutzt (⟨ἡ *Πυρήνη*⟩ *ἐστὶν ὄρος πρὸς δυσμὴν ἰσημερινὴν ἐν τῇ Κελτικῇ*), so muß ihm dies nicht (mit Rehm 40) als Rückfall in die hier geringschätzig abgewiesene alte Theorie angekreidet werden. Böker zeigt (a. O. 2346), daß Ar. die jonischen termini technici *ἀνατολή* und *δύσις*, im besonderen die *θερινή* und *χειμερινή*, „zur Definierung der Schnittpunkte der auf dem Welthorizont senkrecht stehenden Wendekreise mit diesem" beibehält. „Wir dürfen uns durch eine schon zu seiner Zeit konventionell gewordene Beschriftungsform der Horizontteilung bei einer rein geometrischen Konstruktion nicht irre machen lassen: die Ausdrücke *ἀνατολή* und *δύσις* sind durchaus vorstellungsleer". Diese Beurteilung ist auch für die Interpretation von II 6 wichtig.

59,9 (b 23) „5 : 3". Mit einer solchen Schätzung der Oikumene soll sich zuerst Demokrit gegen die runde Erdkarte gewandt haben; seine Proportion 3 : 2 nahm später Dikaiarchos wieder auf, fr. 109 Wehrli. Vgl. Berger 325f. (über das erstaunlich lange Nachwirken des alten Kartenbildes).

59,15 (b 28) „des Meeres wegen". Es ist also nicht das Klima, was eine Besiedlung rund um die Erdkugel verhindert (Webster). An der berühmten geographischen Stelle De cael. II 14, 298 a 6ff. (wo die direkte Seeverbindung zwischen Gibraltar und Indien als plausibel bezeichnet wird, was zu den bahnbrechenden Entdeckungsfahrten ermutigte), spricht Ar. von einer *σφαῖρα οὐ μεγάλη*.

59,18 (b 30) „gleiches Verhältnis". Wie die jonische Erdkarte durch ihren Schematismus gekennzeichnet war, so entwickelte sich auch in der Erdkugelgeographie eine auf Symmetrien abzielende Betrachtungsweise. „Der Äquator ist . . . eine Art Spiegelungsachse der geophysischen Vorgänge", Böker 2349.

59,24 (363 a 1) „Landwind" (*ἀπόγειον πνεῦμα*), hat keine große Eindringtiefe (Alex. 106,12; sachlich nicht richtig, s. Böker 2261). *ἡ ἀπογεία* (*αὖρα*) bei Theophrast, der solche lokalen Winde genau studiert hat. a 1 ist ἐστίν mit E_1, Webster, Lee zu tilgen; leicht kann διέχει oder διήκει (διήκειν Nebenüberlieferung b 35) auch zum Satzschluß bezogen werden. In der Glosse a 2 ἕως ὁ βορέας οὗτος εἰς τὴν ἐνταῦθα οἰκουμένην πνεῖ (getilgt von Fobes, Webster, Lee) ist der Sinn von 'Landwind' nicht verstanden.

59,38 (a 15) „beim Tauen". So die codd. (τῆξις); πῆξις nahm Fobes aus den Kommentatoren auf, nicht mit Recht. 'ὥστε τὰ πεπηγότα ὕδατα τήκεσθαι', 362 a 4 (in der Etesien-Genese). Im gleichen Satz ist νομάς a 14 durch χιόνας zu ersetzen (mit Webster, nach Partsch; vgl. 362 a 18, 364 a 8ff.).

Kapitel 6

60,5 (a 21) „Windrose". Für die Kenntnis des arist. Windsystems bedeuteten die tiefschürfenden Untersuchungen Rehms und die sehr kompetente Retractatio durch Böker einen großen Gewinn. – Ar. setzt bei seinem Vortrag eine bildliche Veranschaulichung voraus (a 26 ὑπογραφή, wozu Dirlmeier, S.B. Heidelberg 1962, 18); ebenso verfuhren die antiken Kommentatoren (eine der beiden Zeichnungen in cod. V bei Ol. 186). – Zu Kap. 6 ist außer Problem. XXVI die kleine pseudo-arist. Schrift Über Lage und Benennung der Winde zu vergleichen (ein Auszug aus Ps. Theophrast De signis: Steinmetz 353f., der aber die sorgfältige Behandlung durch Rehm, Windrosen, 94ff., übersah: kein Peripateticum).

60,8 (a 24) „Einzelprobleme". Dieser Hinweis auf die (verlorenen) Problemata physica ist, wie Flashar 303ff. zeigt, für die Beurteilung des (im ganzen nachtheophrastischen) 26. Problembuches wichtig.

60,12 (a 28) „Man muß". Übersetzung des Satzes nach Rehm, Windrosen, 37, der a 28 αὐτόν codd. F_1 HN (αὐτοῦ cett.) sichert; so auch Lee. „der andere Ausschnitt": vgl. 362 a 32ff. Ar. will dem Leser mitteilen, „daß der Horizontkreis, den er nun mit Winden ausstattet, nur für die nördliche gemäßigte Zone gilt"; aber natürlich ist der Ausdruck, dieser Kreis sei die Zone (unklar das δεῖ δὲ νοεῖν), schief (Rehm 40).

60,20 (a 34) „Es sei". Bei der folgenden Horizontteilung nach den Solstitialpunkten wird eindringlich (und in einer in den Meteor. seltenen syllogistischen Form) betont, daß die Gegenwinde einander κατὰ διάμετρον entgegenwehen müssen. „Er kannte wohl eine Theorie, welche Euros und Lips, Kaikias und Argestes als Gegenwinde bezeichnete", Rehm, Windrosen, 41, Anm. 2 (vgl. Böker 2342).

60,31 (b 11) „Namen". Acht als Solstitial- bzw. Nord- und Südpunkte systematisierte Ausgangsorte am Horizont (b 12–27) werden einer jüngeren Namensgruppe (b 27–364 a 4) vorangestellt. Die erste Reihe geht hoch ins 5. Jh. hinauf; bereits die Vorlage des Verf. Π. ἑβδομάδων im Corpus Hippocraticum wird so ausgesehen haben (ed. W. H. Roscher 1913). Den Argestes hat der Hebdomadiker wohl dem System zuliebe gestrichen (so Boll, Rehm); der Boreas ist bei ihm nach Osten versetzt) (hiezu Rehm, Windrosen, 33f.). – b 14 β. ὁ καὶ ἀπαρκτίας (nur in F_{rec}) gebilligt von Rehm 41. Zu ἄρκτος in der Theorie der Himmelsrichtungen Böker 2340.

60,38 (b 17) „Kaikias“. Ein Schlechtwetterwind aus Nordost (Ursprung des Namens vom Kaikostal in Mysien nicht zu trennen), dessen Eigentümlichkeit (s. 364 b 12ff.) im Altertum viel Interesse gefunden hat. Vgl. Rehm, RE X 2 1919, 1498 f. s. v.; Böker 2252 f. – Kaikias, Apeliotes, Aparktias alte jonische Namen: Rehm, Windrosen, 23f.

61,6 (b 24) „Olympias“ – „Skiron“. Wir finden mit Ol. verschiedene Winde aus Nordwesten bezeichnet, natürlich nach dem häufigen Bergnamen, Böker 2309f. Skiron ein Lokalname für einen von den Skironischen Felsen kommenden Nordwest, Strab. IX, c. 391.

61,10 (b 27) „andere“. Die Zufügung eines NNO- und eines NNW-Windes (und ihrer Gegenwinde) läßt die charakteristische arist. Rose entstehen. Rehm bringt (36ff.) das Hinzutreten des Meses und des Thraskias mit der von ihm angenommenen Inhomogenität der arist. Windrose in Verbindung: neben die älteren Namen, die noch mit der jonischen Erdkarte und ihren geographisch gemeinten Horizontteilungen zusammenhingen, seien unorganisch vier ‘neue’ Bezeichnungen gestellt; diese Ansetzung entstamme der Meridianprojektion, als einer Leistung der neuen Erdkugelgeographie. So scharfsinnig dies dargelegt wird, kann doch die Belastung Ar.s mit einer so starken Anomalie seines Systems nicht als wahrscheinlich gelten. Böker (2346) folgt Ideler (I 575f.) und Müllenhoff (Deutsche Altertumskunde I 257), indem er den Abstand der Solstitialpunkte vom Ost- bzw. Westpunkt mit 24° ansetzt (nicht 30°: Rehm u. a.) und annimmt, daß Ar. durch Halbierung der Bogenweiten zwischen Solstitialpunkten und Polen (also z. B. in der genauen Mitte zwischen Aparktias und Kaikias) die vier neuen Kreisteilungspunkte fand, welche zwei – als ‘konventionell’ zu nehmenden (vgl. die Bemerkung 363 b 31f.) – ‘Polarkreisen’ von 66 Bogengrad entsprechen.

61,11 ff. (b 29) „Thraskias“ – „Meses“. Der erstere dieser Lokalnamen (bisher unerklärt) war nach dem Fragment *π. ἀνέμ. θέσ.* (fr. 250 Rose) so weit verbreitet, daß Bökers Vermutung viel für sich hat (2251), es sei ein böenartig einfallender nördlicher Wind an vielen Hafenorten der Oikumene so genannt worden. In Kaunos (Karien) heiße der Nordwind Meses, lehrt das gen. Fg. *ἀν. θέσ.* 1. Schifferjargon für *ἄνεμος ἐκ μέσου Ἑλλησπόντου*? so Böker 2309. Von den Gegenwinden des Thraskias und Meses, mit denen Ar. seine Rose bereichert hat, ist nur zu einem (SSO) ein – ausdrücklich als ortsgebunden zitierter – Name beigegeben (364 a 3): *ὃν καλοῦσιν οἱ περὶ τὸν τόπον ἐκεῖνον φοινικίαν*. Vermutungen zum Sinn des Namens bei Böker 2315f.

61,23 (364 a 5) „Es wehen“. Eine Gruppe recht locker zusammengestellter Notizen füllt, so scheint es, die zweite Kapitelhälfte, die Temperatur der einzelnen Winde, ihre Bindung an die Jahreszeiten, ihre Wirkungen auf die Wetterlage betreffend. Doch entbehrt das Ganze nicht eines zusammenhaltenden Moments; es ist eben das Studium der Windrose, das den Autor zu seinen Feststellungen veranlaßt. Zunächst regt die Zeichnung (*ὑπογραφή*, 363 a 26) eine Vereinfachung an; aus der Zwölfzahl treten wieder, den vier Hauptwinden entsprechend, einzelne Windgruppen hervor (zu ihrer Unterscheidung nach der Temperatur s. u. S. 188), 364 a 13ff. Dann liest er aus der Windrose Gesetze ab, die er mit der praktischen Wetterkunde in Übereinstimmung bringt: entgegengesetzte Winde können nicht gleichzeitig wehen (a 27ff.) – in entgegengesetzten Jahreszeiten treten entgegengesetzte Winde auf (a 32) – die Winde lösen einander gewöhnlich im Uhrzeigersinn ab (b 14ff.; Böker 2263 findet gute meteorologische Beobachtung zugrunde liegend). Besonders charakteristisch, wie die Wirkung gewisser nördlicher Winde beschrieben wird, b 30ff. Sie kommen für uns, in der nördlichgemäßigten Zone, „aus der Nähe"; darum sind sie kalt, „und vom Kalten her entsteht der Blitz"; so sind sie besonders oft von Blitzen begleitet. Dies wäre in sich stimmig, auch ohne daß der Aitiologe einen Blick in die Natur hinaus täte. – Während bei Theophrast (De vent. fin.), Seneca (Nat. quaest. V 16f.) die *θέσις ἀνέμων* nur im Anhang notiert wird, gehört die hier sich ausdrückende Taxis in den Mittelpunkt von Ar.s Naturauffassung.

61,30 (a 13) „Boreas". Wenn man ihn allgemein als Nord und Aparktias genauer als 'the true north wind' (Webster, zu 363 b 15) faßt, wird man wohl Ar.s etwas schillerndem Sprachgebrauch gerecht.

62,1 f. (a 22) „Kalt, Warm und Heiß". Hier muß auf den problemgeschichtlich interessantesten Aspekt des 6. Kap. aufmerksam gemacht werden. 'Wind' war bisher nach allgemeiner Entstehung und Richtung betrachtet worden; eben mit dieser Betrachtungsweise war Ar. zu einer klaren begrifflichen Fassung des Phänomens gekommen. Er hat es gewiß vorher nicht absichtlich vermieden, von der Temperatur der Winde zu sprechen; vielmehr war die Aufgabe, letztere zu erklären, gegeben, sobald ihre Herkunft aus den verschiedenen Himmelsrichtungen bzw. Klimazonen in den Blick gekommen war. Wird man auf das fraglose Auseinanderklaffen jener Bestimmung des Windes als einer Masse warmtrockenen Hauches (361 a 30) und des Aparktias als kalt (364 b 21 u. ö.), des Lips als feucht (b 18) aufmerksam, so liegt es natürlich nahe, hieraus eben die selbstverständliche Anerkennung des täglich Wahrgenommenen abzulesen: es gibt viele einzelne Winde, und sie machen sich in sehr verschiedener Weise fühlbar; gerade solches Differenzieren entspricht ja dem Grundsatz, daß 'alles, was strömt, eine Quelle haben muß' (360 a 31). Wie solche Empirie mit der von Ar. statuierten systematischen Stellung des Windes zu vereinen ist, ist gleichwohl eine legitime Frage. Der Meteorologe weicht ihr nicht aus, er bringt während des Einzelreferats ausdrücklich seine allgemeine Windauffassung in Erinnerung (vgl. 364 a 10 z. B. mit 362 a 3ff.). Wir sind also berechtigt, die Aussagen, die er als Empiriker macht, nicht nur im Sinn 'jonischer' Deskription zu fassen, sondern sie systematisch ernstzunehmen. Praktisch heißt das, nach der Rolle des systemtragenden Faktors, der *ξηρὰ ἀναθυμίασις*, zu fragen. Die Antwort, die Kap. 6 gibt, ist überraschend genug. Der Kaikias, soweit er als Ostwind aufzufassen ist, „führt viel Wasserdampf als Material (*πολλὴν ὕλην καὶ ἀτμίδα*, 364 b 28) mit sich und treibt es vor sich her" (*προωθεῖ*, auch 364 b 11). *ὕλη* und in gleichem Sinn *σῶμα* des 'Windes' war bisher die warmtrockene Ausscheidung gewesen, 361 a 32, 360 b 32. Hierhergehörig sind die (bisher von uns ausgesparten) Beschreibungen im Schlußkapitel der Hydrologie (II 3). Der Boreas ist reich an Wasserdampf (*ἀτμίς*) und darum kalt; „in unserer Zone macht er den Himmel heiter, weil er ⟨die Wolken⟩ wegschiebt" (*ἀπωθεῖ*), 358 a 35. Die warmtrockene Anathymiase scheint verdrängt; wir lernen, daß es Fälle gibt, wo Winde warm sind nicht kraft der *θερμὴ ἀναθυμίασις*, sondern weil die Sonne die Luft erwärmt, 364 a 24. Der rauchartigen Ausscheidung wird bloß noch die Rolle eines 'Motors' der Luftmassen belassen. Das *ἀπωθεῖν*, *προωθεῖν* in diesem Sinn zu interpretieren, wird gesichert durch II 8,

367 a 34 (aus der Seismologie); die wichtige Stelle muß hier vorweg interpretiert werden. Die Anathymiase sammelt sich vor gewissen Erdbeben im Erdinnern; „den Winden aber“ (zum Anschluß dieses Gedankens s. die Anm. z. St.) „merkt man es nicht an, daß sie warm sind, weil sie die Luft in Bewegung setzen müssen, die mit viel kaltem Wasserdampf erfüllt ist“. Das in der Winddefinition genannte Aition wird hier also nicht etwa eines Einzelphänomens wegen beiseite gestellt, sondern es wird mit methodischer Bewußtheit zum Träger einer im System neuen Aufgabe gemacht. Ar. hat eigens eine Exemplifizierung erdacht, deren Nachwirkung in der peripatetischen Naturwissenschaft wir noch beobachten können (Theophr. De vent. 19; vgl. Verf., Philol. 92 1937, 252): bei der ausgehauchten Atemluft ist die Wärme nur unmittelbar am Munde, nicht mehr in weiterer Entfernung fühlbar (367 b 1–4). Es ist dem Meteorologen beim Durcharbeiten der empirischen Daten entgangen, daß ein solches Gleichnis die Pneumatologie in bedenkliche Nähe zu der früher (I 13) so lebhaft bekämpften Gleichsetzung von Wind und Luft rückt. Wie stark Ar. durch das Eingehen auf die Einzelwinde über seine prinzipiellen Voraussetzungen hinausgedrängt wird, ersieht man aus der Notos-Beschreibung in der Hydrologie. Hier (358 a 31 ff.) wird die Möglichkeit unterstellt, daß der Südwind in seinem Ursprungsland kalt beginnt; aber schließlich ist er doch warm, „weil er im Fortwehen viel trockene Anathymiase aus den benachbarten Gegenden in sich aufnimmt“. Die Auffassung, die in ihr die *ὕλη* des Windes sah, scheint hier denkbar weit entfernt. Der problemgeschichtliche Abstand betrifft vor allem die Doppelnatur der tellurischen Ausscheidung; mit der energisch betonten (vgl. 360 a 9) wechselseitigen Abhängigkeit des Feuchten und des Trockenen in ihr – wie es in Kap. 4 entwickelt worden war – ist das Auseinanderklaffen dieser Qualitäten und der eindeutige Vorrang der *ἀτμίς* nicht zu vereinbaren, jedenfalls nicht in dem Sinn, daß man meinen könnte, diese beiden Positionen seien gleichzeitig erdacht. Es ist 'späte' Lehre, was uns Kap. 6 vor Augen stellt. Daß es um einen geschichtlichen Verlauf geht, beweist die Tatsache, daß hier Theophrast, dessen Position von Kap. 4 weit entfernt ist, unmittelbar an Ar.s Lehre von den wasserdampfhaltigen Winden anknüpfen konnte (z. B. seine Etesien-Aitiologie, De vent. 11 f.: Wasserdampf, der Schneeschmelze im Norden entstammend, ist Stoff dieser Winde). 'Spät' also auch, und damit den großen Exkurs relativ datierend, sind die Bemerkungen über Boreas und Notos am Schluß der Hydrologie (II 3). Man überblicke noch einmal die Abfolge: in I 13 werden Anstalten zur Gewinnung eines neuen Windbegriffs getroffen; vorbereitend soll der Gleichsetzung von Wind und Luft umfassend begegnet werden, was sich dann aber als weitausgreifende Lehre vom Feuchten fortsetzt. An ihren Schluß, die Theorie der Salinität, hängt Ar. Notizen über einige Einzelwinde, in denen die populäre Rede vom 'kalten', 'feuchten', 'warmen', von der Landesnatur und -temperatur abhängigen Wind wiederholt wird, als habe es jenen Neuansatz nie gegeben (schlagend, wie verschieden mit dem Begriff *τόποι* 349 a 24 und 358 a 30 argumentiert wird). Und ohne jede Beziehung auf diese Windlehre im Vorgriff wird dann in II 4 der klassische arist. Windbegriff entwickelt, von dem sich die Einzelwindtheorie wieder im Sinn jener Boreas-Aitiologie entfernt. Diesem Befund kann nur eine problemgeschichtliche Betrachtungsweise gerecht werden.

62,4 (a 25) „längere Zeit“. Die für einen Vertreter der Erdkugellehre primitiv anmutende Wendung ('deplorable', Webster) zeigt, wie Ar. manchmal in Formulierungsweisen befangen ist, die einem von ihm überholten Weltbild zugehören; mit diesem Urteil haben Rehm, Windrosen, 41,1 u. ö., (der 25,2 die Theorie, Ostwinde seien wärmer als Westwinde, mit Thrasyalkes von Thasos in Zusammenhang bringt), und Kahn 91 n. 2 durchaus recht. Als merkwürdigstes Beispiel darf wohl 361 a 5 gelten, wo vom Notos „unbestreitbar und allen Ernstes als von einem Winde der südlichen Hemisphäre" geredet wird, Berger 280,2. Interessant, wie Alex., der die Sache natürlich durchschaut, vorsichtig mit der Möglichkeit rechnet, *εἰ καὶ ἴσον χρόνον τις ὑποθοῖτο ἡλιοῦσθαι τά τε ἀνατολικὰ καὶ τὰ δυσμικά*, 111,22. Bei seinem Beschwichtigungsversuch scheint er mit dem Neigungswinkel des Sonneneinfalls zu rechnen, was dem älteren Peripatos fremd ist (posidonianisch: Steinmetz 48,3 Anm. 3).

63,15 (b 32) „Blitz". Noch knapper als hier, mit dem Stichwort *πῆξις*, wird seine Entstehung im Proömium, 339 a 4, bezeichnet. Zur Blitzlehre s. u. II 9. 'Sturmböen' (eigtl. 'Wind aus Wolken'), 365 a 1, werden später, 369 a 19, neben Blitzschlag (*κεραυνός*) genannt; sie sind ein Pneuma- und zugleich Feuerphänomen; was hier zu ihrer Genesis angegeben wird, will also keineswegs erschöpfend sein.

63,25 (365 a 8) „Zephyros". Der Text ist durch die Glosse *ὁ γὰρ ἀπαρκτίας ζέφυρός ἐστιν* (mit vv. ll.) geschädigt, der Idelers Konjektur Sinn gibt (*ὁ γὰρ ζέφυρος ἀρκτικός ἐστιν*: im Hinblick auf 364 a 20, wo die Westwinde zum 'Norden' gerechnet werden). Thurot, Fobes, Lee setzen in der interpolierten Wortgruppe eine Lücke hinter *ἀπαρκτίας* an.

63,28 (a 11) „die Winde". Wie die Theorie der doppelten tellurischen Ausscheidung das tragende Gerüst der arist. Meteorologie darstellt, so ist die Windlehre das Zentrum dieser Theorie. Sie ist mit betonter methodischer Bewußtheit als Neubeginn gedacht; urteilt ihr Urheber doch, nichts finde sich in der Tradition, was nicht 'der Erstbeste hätte äußern können', 349 a 16. Das scharfe Verdikt bezieht sich auf das eigentliche Aition des Windes, wobei aber Ar. der Tatsache nicht gerecht wird, daß Motive wie die allbeherrschende Wirkung der Sonne, oder das Aufdünsten von Partikeln von Land und Meer ausgesprochen 'vorsokratisch' sind (s. o. S. 182). In der Einzelwinddarstellung vollends sind trotz des im ganzen spärlichen Materials die traditionellen Problemstellungen unverkennbar, die auch in die Lehre des meteorologischen Neuerers eindringen. Kap. 6 gründet sich auf viele überlieferte Beobachtungen zum Thema 'Wind und Witterung', auf generationenlange Bemühungen um die *θέσις ἀνέμων*, nicht zuletzt auf eine moderne durchdachte Zonenlehre; es läßt zugleich die schon von Hugo Berger (280) bemerkte Schwierigkeit Ar.s erkennen, „die Auffassung seiner Vorgänger von der Natur der Luft und des Windes von seiner eigenen abweichenden immer getrennt zu halten". Gleichwohl behauptet sich auch hier das Prinzip differenzierender, ja individualisierender Erklärung und das unabdingbar zugrunde liegende Anknüpfen an den ewigen Prozeß des Naturlebens. Das Eigene der Meteor. wird aber auch, außerhalb der eigentlichen Lehre, im Argumentationsstil sichtbar, den hier, beim Rückblick auf die Windlehre, der Vergleich mit einem der lebensvollen Berichte im Corpus Hippocraticum vielleicht erkennen läßt. Dort geht es, De morb. sacr. 16 (p. 170 Jones), um die Gegensätzlichkeit von Boreas und Notos.

„Sie sind die stärksten unter den Winden und einander ganz besonders entgegengesetzt, was ihre Position, aber auch, was ihre Wirkung betrifft. Der Boreas verdichtet die Luft, scheidet dabei aus, was an ihr trüb und feucht ist, und macht sie hell und durchsichtig; ebenso wirkt er auf alles, was aus dem Meer und aus den Gewässern überhaupt aufsteigt: überall scheidet er das Feuchte und Trübe aus, auch aus den Menschen, und ist darum der gesündeste Wind. Der Südwind aber wirkt als sein Widerpart: zunächst beginnt er die verdichtete Luft zum Schmelzen und Sichergießen zu bringen, dadurch daß er nicht sofort kräftig bläst, sondern sanft weht, weil er die Luft nicht augenblicks in seine Gewalt bekommt, die zuvor dicht und konzentriert war, sie vielmehr erst allmählich auflöst. Genau so wirkt er auf Erde, Meer, Flüsse, Quellen, Brunnen, auf alles, was wächst und was irgend Feuchtigkeit enthält; und Feuchtigkeit ist in jedem Ding, hier mehr, dort weniger. All diese Dinge spüren diesen Wind und werden aus hell trübe, aus kalt warm, aus trocken feucht. . . . Sonne, Mond und die anderen Gestirne macht er viel kraftloser, als sie normalerweise sind. Da er also so große, mächtige Körper dermaßen in seiner Gewalt hat und bewirkt, daß der menschliche Organismus ihn spürt und mit den Veränderungen dieses Windes sich selber ändert, geschieht es mit Notwendigkeit, daß bei Südwind das Gehirn sich lockert und schlaff wird und die Venen sich erweitern, bei Nordwind hingegen der gesündeste Teil des Gehirns sich strafft, während, was besonders krank und feucht in ihm ist, abgesondert und herausgewaschen wird; so treten bei den Veränderungen dieser Winde die Katarrhe auf". – Ein Themawort (*ἐναντιώτατα*) steht an der Spitze und wird expliziert. Der Autor beschreibt den Wirkungsbereich erst des Boreas, dann des Notos, indem er die Begriffspaare trüb/hell – feucht/trocken – warm/kalt sowie die gegensätzlichen Verbalbegriffe 'Verdichten' – 'Auflösen' als Richtpunkte nimmt. Den Bereich stellen beidemal der Kosmos und der menschliche Organismus, zumal das Gehirn, dar; an ihm läßt der Arzt die Gegensätzlichkeit der beiden Winde kräftig sichtbar werden, wobei er sich dem ungesunden Notos mit besonderer Ausführlichkeit widmet. Die durch überlegte Wortwiederholungen sinnfällig gemachte Symmetrie ist also auch durch eine Wertsetzung verstärkt; dem Verfasser kommt es ja nicht nur auf Ursachenforschung, sondern auch auf Therapie an (im Schlußkapitel bezeichnet er ihr Verhältnis, 31, Z. 10 Jones: *ἀκεστά τε τὰ πλεῖστα* ⟨scil. *νοσήματα*⟩ *ἐστὶ τοῖς αὐτοῖσι τούτοισιν ἀφ' ὧν καὶ γίνεται*). Das mit einfachen Mitteln meisterhaft durchgearbeitete Ganze ist umfaßt von dem Wort 'Veränderung' (Z. 1 ~ Z. 42 Jones). Im Naturprozeß, der in den 'rastlos wechselnden Winden' (*πνευμάτων μεταβαλλομένων τε καὶ οὐδέποτε ἀτρεμιζόντων*, 21, Z. 4) besonders anschaulich ist, ist die Krankheit gleichsam einheimisch, aber nicht minder in die Welt gehörig und dem Kundigen zur Verfügung stehend sind die Veränderungen im Bereich von 'Trocken und Feucht, Kalt und Warm', mit denen der Arzt zum Erfolg kommen kann, *εἰ τοὺς καιροὺς διαγινώσκει τῶν συμφερόντων*. Das für Ar. so kennzeichnende Vertrauen in die Natur (F. Solmsen) könnte gar wohl von ärztlicher Haltung beeinflußt sein. – Auf die beiden griechischen Hauptwinde war Ar. im 5. Kap. des Etesienproblems wegen zu sprechen gekommen. Der umfängliche Zusammenhang (362 a 11–363 a 18, S. 57ff. der Übersetzung) ist von der Übersichtlichkeit jenes jonischen Beziehungsgefüges weit entfernt. Aber der Schluß ist genau auf den Anfang bezogen, eine Leitlinie wird, wenn auch nicht immer gleich deutlich, festgehalten. Warum gibt es zu den sommerlichen Jahreswinden kein Gegenstück in Form von winterlichen Südetesien? Das scheint keine ergiebige Frage; der Autor kann kurz darauf verweisen, daß sie, obschon nur als schwaches Wehen, doch vorkommen (die Leukonotoi). Die Zetematik kommt nun dadurch in Gang, daß Ar. auf dem Umweg über die 'Vogelwinde' – jene schwachen winterlichen 'Etesien' von Norden – veranlaßt wird, seine neue Theorie von der Genesis des Windes überhaupt erneut (wie zuletzt 362 a 2 ff.) einzusetzen: diese sinnreiche Abstimmung zwischen Stand der Sonne (während ihres Jahreslaufs) und Landschaftscharakters (Schnee im hohen Norden) wird durch die Eigenart der Ornithiai (*ἀσθενεῖς, διαλείποντες*) bestätigt. Wendet man aber nun diese Wind-Aitiologie auf die zu Beginn gestellte Frage an (*διὰ τί νότοι ... οὕτως οὐ γίγνονται*), dann ergibt sich sogleich für ihre Lösung ein neuer, der entscheidende Aspekt. Schneemassen am Südpol, wie sie analog zu unseren Verhältnisses mit Fug gefordert werden dürfen, können Veranlassung nur von solchen Winden sein, die nicht bis in unsere Oikumene dringen. Das steht hinter dem etwas abrupt wirkenden Satz 'Der Notos weht von der sommerlichen Wende her, nicht vom Südpol' (362 a 31); d. h. hinter der Antwort, die der Forscher im Sinn hat, steht die Zonenlehre, und so wird sie jetzt breit entfaltet. Man erkennt jetzt, daß sowohl Problemstellung wie Lösung von der Betrachtung der Erdkarte (oder eines Erdglobus?) angeregt worden sind; speziell der in ihr sich ausweisende Symmetriegedanke hat das Problem der fehlenden Südetesien wichtig werden lassen. Die Analogie, die ihm die Zoneneinteilung an die Hand gibt, vermitteln dem Meteorologen ein solches Selbstvertrauen, daß er zum Schluß (von 362 b 30 an) geradezu auf logischem Weg die Notwendigkeit der empirisch faßbaren Windpositionen zu erweisen unternimmt. Hübsch, wie sich am Ende ein Ring schließt, indem mit dem Hinweis auf das Fehlen von Schnee und Schneeschmelze (363 a 13 ff.) an die konzentrierte Fassung der Windgenese im 4. Kap. (361 a 6 ff.) erinnert wird, wo das Thema des Vorherrschens von Nord- und Südwind zum erstenmal angegriffen worden war.

Kapitel 7

63,30 (a 14) „Beben“. Die Seismologie gehört zu den durchgearbeitetsten Gebieten der griechischen Naturlehre (vgl. Capelle, RE Suppl. IV 1924, 344 ff. s. v. Erdbebenforschung; Gilbert 298 ff.); wir müssen annehmen, daß Ar. durchweg in enger Fühlung mit alter und neuer Forschung steht, nicht nur in den drei doxographischen – und somit polemischen – Hinweisen dieses Kapitelanfangs. Die eigene Theorie des Meteorologen (Kap. 8) ist die einzige von Rang, die uns aus dem Altertum im Wortlaut des Autors selbst vorliegt (Capelle a. a. O. 367).

63,35 (a 19) „Anaxagoras“. Wichtig ist das Wort *αἰθήρ*, für das in anderer Überlieferung (59 A 1, § 9; A 42, § 12, aus Theophrast) *ἀήρ* vorliegt. Capelle a. a. O. 364 (ebenso u. a. die englischen Übersetzer) nimmt daher die Luft als das Movens an und macht Anaxagoras (über seinen Schüler Archelaos) zum Begründer der von Ar. zum Siege geführten pneumatischen Erdbebentheorie. Daß letzterer einen alten Physiker, der nicht ohne Einfluß auf ihn geblieben ist, ablehnt, kann sehr wohl als Möglichkeit gelten; es ist ja auffallend, daß Ar. auf den eigentlichen aitiologischen Einfall des Vorgängers gar nicht eingeht (s. u.) – weil er seiner eigenen Lösung zu ähnlich war? Doch sind wir zu solchem Verdacht nicht berechtigt, nicht nur, weil der Meteorologe durchaus auf dem Unterschied zwischen Luft und seiner ξηρὰ ἀναθυμίασις insistieren durfte, sondern vor allem, weil ihm genau bekannt war, daß Anaxagoras mit αἰθήρ das Feuer bezeichnete (9, 369 b 14; De cael. I 3, 270 b 25); und einen arist. Gebrauch des Wortes für 'Luft' gibt es nicht. K. Ringshausen, Poseidonios-Asklepiodot-Seneca usw., Diss. München 1929, 34 ff., legt jene Nebenüberlieferung einer Fehlinterpretation Theophrasts zur Last. Mit Recht entschließt sich Guthrie 310 f., an unserer Stelle αἰθήρ im anaxagoreischen Sinn zu nehmen, also in der von Ar. referierten Lehre das Feuer beteiligt sein zu lassen (im Sinn von Senecas Bericht, Nat. quaest. VI 9,1, wo das Erdbeben als eine Art unterirdischen Gewitters beschrieben wird). Dann hat also Anaxagoras auch an die vulkanischen Erscheinungen gedacht, die bei Ar. fast ganz (vgl. 367 a 4 ff.) zurücktreten (so richtig Gilbert 302,1). Es befremdet, daß Ar. gegen diese sinnreiche Theorie nichts Spezielleres — vom mokanten Ton abgesehen (λίαν ἁπλῶς, εὔηθες) — aufbietet als den Anspruch der Überlegenheit der Erdkugel (σφαῖρα a 23 unachtsam im Referat über Anaxag. gebraucht) und ihres beweglichen Horizontes gegenüber der altjonischen Scheibe (Cherniss behauptet, Ar. werfe seinem Vorgänger vor, daß er das Feuer nach unten wirken lasse, πεφυκότα φέρεσθαι ἄνω; doch ist damit der Sinn von 365 a 20 f. verkannt). — Die Kritik am Ende, die auf das Erfassen der je besonderen Ursache des Phänomens dringt (peripatetisch gesprochen: der ἴδια), entspricht Ar.s zentralem Anliegen.

64,16 (b 1) „Demokrit". Seine neptunistische Theorie wird hier sehr knapp referiert; es bleibt ein Zweifel hinsichtlich des ἀποβιάζεσθαι: bahnen sich die überschüssigen Wassermassen einen Weg ins Erdinnere (Webster, Cherniss 332) oder nach außen (Capelle, Erdbebenforschung 365, Lee)? Wie ein Abströmen von Wasser ins Freie subterrane Erschütterungen hervorrufen soll, ist nicht recht einzusehen, abgesehen davon, daß Ar. es kaum unterlassen hätte, auf den Widerspruch einer solchen Lehre mit den Phänomenen aufmerksam zu machen. Richtig deutet Gilbert Ar.s Referat, 303 (die innen vorhandenen und die eindringenden Gewässer kämpfen gleichsam um den Platz; so wird ἀποβιάζεσθαι auch 368 b 10 verwandt).

64,23 (b 6) „Anaximenes". Die Beziehung, die Demokrit zwischen Witterung (Feuchtigkeit, Trockenheit) und Erdbeben stiftete — und die Ar. bei Anaxagoras vermißte, a 35 — wird von dem alten Milesier angeregt worden sein, der das Aition der Einsturzbeben erdacht hat. Ar. ist wie alle Geophysiker des Altertums (Gilbert 303) von der Höhlennatur des Erdinnern überzeugt, aber er ist, ausschließlich auf die pneumatische Theorie fixiert, nicht offen genug für eine andersartige (tatsächlich ja richtige) Erklärung, wie er sich auch den Blick für die Rolle des Vulkanismus bei dem seismischen Geschehen verstellt hat. In beiden Fällen lenkte die nacharist. Meteorologie zu vorsokratischen Motiven zurück (Einsturzbeben in Theoiphrasts Seismologie: Verf., Philol. 92, 1937, 410; Rolle des Feuers bei Poseidonios: Renhardt, Pos. 94 ff.). — Bei seiner Kritik an Anaximenes geht der Autor so vor, daß er die Lehre des Gegners zu einer notwendigen Folgerung führt, die vom Augenschein nicht bestätigt wird (Typ διὰ τί οὐ . . .; καίτοι ἐχρῆν, 365 b 13–16). H. Diller hat in einer grundlegenden Abhandlung diese Argumentationsweise untersucht und als eristisch bezeichnet, Hermes 67, 1932, 25 f.; sie begegnete uns zuletzt Kap. 5, 363 a 9–13, und wird auch sogleich zur Begründung der eigenen Lehre eingesetzt, Kap. 8. Ar.s treffender Hinweis auf besondere Erdbebengebiete (ausgeführt 366 a 23 ff.) ist in der Folgezeit aufgegriffen und von Poseidonios zu einer großzügigen seismologischen Länderkunde entwickelt worden. – Der letzte Einwand (b 16 ff.), mit nicht geringerer Sicherheit als die voraufgehenden Naturbeobachtungen geäußert, ist spekulativ, von der prätendierten Ewigkeit des Naturprozesses hergeleitet.

Kapitel 8

64,39 f. (b 23) „so müssen die Erdbeben entstehen". Die arist. Naturerklärung strebt unermüdlich nach dem Aufweis von Notwendigkeit; diese ist – wie sich uns schon mehrmals ergab – gesichert, wenn die Ursache eines Phänomens an die *συνέχεια* der Bewegung angeknüpft werden kann. Das Bindeglied ist, wie erstmals I 4, 341 b 6 ff. dargestellt worden war, die doppelte tellurische Ausscheidung, die, von Sonne und Erdwärme in Aktion gehalten, unaufhörlich (366 a 6 *συνεχής*) als Aition zur Verfügung steht – '*τὸ πῦρ ἄνω φύσει φέρεται καὶ οὐχ ὁτὲ μὲν ὁτὲ δ'οὔ*' (Phys. VIII 1, 252 a 18, in bedeutsamer Nachbarschaft zum Taxisgedanken). Mit der Anathymiasenlehre wird also nicht ein neuer Lösungsgedanke als *εὔλογον* neben frühere Lösungen gestellt, sondern der wahre Gang der Natur bezeichnet (*ἀδύνατον ἄλλως ἔχειν*, b 29).

65,8 (b 29) „die Frage". Sie zielt auf das Prinzipielle. Welcher natürliche Körper ist *κινητικώτατον*? Mit dem Begriff wird logisch, unter Zerlegung in *σφοδρότατον* und *τάχιστον*, operiert: wenn nun (*εἴπερ*) dem Wind diese Eigenschaften zukommen, dann ist obige Frage beantwortet. Was sich wie der Anlauf zu einem Syllogismus gibt, hat den Zweck, die seismologische Lehre in ihrer ganzen Ausdehnung dem *ἀναγκαῖον* zu unterstellen. Jenes *εἴπερ* repräsentiert gleichsam eine ausgesparte Stelle: jeder der zahlreichen folgenden Berichte über Erdbeben, der deren pneumatischen Charakter nahelegt, füllt diese Stelle und rechtfertigt die Gleichsetzung von *κινητικώτατον* und Pneuma, rechtfertigt zugleich die neue Lehre gegen Anaximenes und Demokrit (auf die 366 a 3 zielt: „nicht Wasser noch Erde").

65,17 (366 a 4) „Wind". Obschon mit programmatischer Deutlichkeit das Movens der Erdbeben mit der wohlbekannten *ξηρὰ ἀναθυμίασις* gleichgesetzt wird, ist es doch nicht minder deutlich, daß Ar. das Wort Pneuma bevorzugt, um den 'Wind' speziell innerhalb des seismischen Geschehens zu bezeichnen (doch 366 b 14,33 dafür *ἄνεμος*). Im Inhalt des griffigen Wortes, das den anschaulichen Erdbebenschilderungen des Kap. 8 dient, steckt als Plus gegenüber der warmtrockenen Anathymiase klärlich die Vorstellung einer lebendigen Kraft (*δύναμις*, *δύνασθαι*: 366 b 22.24, vgl. auch 368 a 3, a 21 ff.; doch ist es einigermaßen schwierig, dies in Begriffen der alten Physik zu fassen. Die Formulierung Capelles (Erdbebenforschung 367) „Ar. stellt sich das *πν.* etwa wie komprimierten Wasserdampf vor, nur daß er es für warm und trocken hält", verrät doch wohl eine gewisse Verlegenheit; daß die Schubkraft auf Verdichtung beruht, wird bei Ar. nicht explizit (für einen Sonderfall des Bebens angedeutet 366 a 29 ff.) – begreiflich genug: er wollte diesen Gedanken für eine Verwendung in der Gewitterlehre aufsparen (s. d.). Am besten knüpfen wir das Pneuma, an dem der Meteorologe das *κινητικώτατον* so stark hervorhebt (365 b 30), an das *προωθεῖν* an, das *κινεῖν τὸν ἀέρα πλήρη ψυχρᾶς ὄντα καὶ πολλῆς ἀτμίδος* – 367 a 33 –, Wendungen, in denen sich diejenige Form der arist. Windlehre zu erkennen gab, wo die Anathymiase als Motor hinter den Luftmassen erschien und der Begriff von Wind stärker, als es die klassische Definition sichtbar machte, den empirischen Phänomenen angepaßt war. In diesem Sinn fortentwickelt mutet es (beim Besprechen des Zusammenhangs von Erdbeben und Finsternissen) an, wie 367 b 30 ein Übergang von Luft zu Wind statuiert wird (*ὁ ἀὴρ . . . γίγνεται πνεῦμα*). Der Unterschied gegenüber der in I 13 so temperamentvoll behaupteten Position ist groß; es drängt sich auf, daß sie sich bei der Vertiefung in die Einzelphänomene gewandelt hat.

65,20 (a 5) „bei Windstille". Erster Punkt einer bis 366 b 30 reichenden wohlüberlegten Gruppierung; es schließt sich, vom Aition des Windes her eng verbunden, die tageszeitliche Bindung der Beben an (*νηνεμώτατον γάρ ἐστιν . . . ἡ μεσημβρία*, a 14), es folgt – um sie mit arist. Ausdrücken zu bestimmen (365 a 35) – die Betrachtung der *χῶραι* und *ὧραι*, d. h. der Erdbebenzonen und der Jahreszeiten (Witterungsperioden). Eine in ihrem Typus dem Leser bereits vertraute Analogie aus dem organischen Leben schließt ab. Den Beginn des nächsten Abschnittes (b 30) zeigt das Stichwort *σημεῖα* („auf Beobachtung beruhende Belege der Theorie") an; das Ende ist nicht mit gleicher Sicherheit anzugeben, doch ist die Tatsache, daß die Beschreibung der historischen Beben und ihre Interpretation an einer Stelle beendet wird, wo ein neuer Zusammenhang beginnt, der ein neues *σημεῖον τῆς εἰρημένης αἰτίας* liefern soll (367 a 22), ein deutlicher Hinweis. Die folgende, zweite Hälfte des Kapitels bringt Bestätigungen und Erweiterungen, so für das Thema 'Tageszeit der Erdbeben' (a 27 mit ausdrücklichem Zitat zu *νηνεμία* 366 a 14). Die Parallele zu krampfhaften Erschütterungen des menschlichen Körpers taucht nochmals auf, 368 a 6, vgl. 366 b 25; die Mitteilungen über unterirdische Geräusche 368 a 14ff. ergänzen die Schilderung des Seebebens *μετὰ ψόφου*, 367 a 4; dazu die Nachricht a 18; das ebendort berührte Thema 'Erdbeben auf Inseln' wird am Kapitelschluß in einen allgemeinen Zusammenhang gerückt.

65,35 (a 19) „Ebbe". Der hübsche Vergleich des Anathymiasenstroms mit dem Meer auch 367 b 16ff. Sowohl Ebbe und Flut wie Euripus sind hier nur als Analogien zum 'Umschlagen' gemeint (mißverstehend Gilbert 307,2).

66,6 (a 29) „Aidepsos". Nord-Euböa. Strabon berichtet I c. 60 (nach Demetrios v. Kallatis, der Nachrichten über Erdbeben in Griechenland gesammelt hatte) über die Katastrophe (von 426? Capelle, Erdbebenforschung, Sp. 348), die die vorhandenen heißen Quellen zeitweise unterbrach und neue eröffnete. Vgl. Alex. 117,33ff. – Die enorme Häufigkeit der seismischen Gefahren im griechischen Raum legt Capelles wertvolle Zusammenstellung, 346ff., klar. – a 31: [*καί*] mit F corr. m. 1 und Ideler I 600.

66,28 (b 15) „Schüttelkrämpfe". Auch das organische Pneuma geht auf eine Anathymiase, nämlich der blutbildenden Säfte, zurück; vgl. W. Jaeger, Hermes 48, 1913, 51, 54; M. Wellmann, Fragmente der pneumatischen Ärzte, bes. 69ff.

67,7 (367 a 1) „unlängst". „Das νεωστί des Ar. ist ein dehnbarer Begriff", Capelle, a. a. O., Sp. 352, der aber dann doch vom ähnlichen νῦν 371 a 31 aus (wo das Datum J. 356 gemeint ist) hier auf etwa J. 360 schließen möchte. – Heilige Insel: „ἐν ταύτῃ γὰρ ἀνῴδει τι τῆς γῆς, καὶ ἀνῄει οἷον λοφώδης ὄγκος μετὰ ψόφου· τέλος δὲ ῥαγέντος ἐξῆλθεν πνεῦμα πολὺ καὶ τὸν φέψαλον καὶ τὴν τέφραν ἀνῆκεν καὶ τήν τε Λιπαραίων πόλιν οὖσαν οὐ πόρρω πᾶσαν κατετέφρωσε καὶ εἰς ἐνίας τῶν ἐν Ἰταλίᾳ πόλεων ἦλθεν· καὶ νῦν ὅπου τὸ ἀναφύσημα τοῦτο ἐγένετο, δῆλόν ἐστιν". Es ist durchaus Ar.s Art, mitten in seiner Tätigkeit als Sammler und nüchterner Interpret einmal als Gestalter zuzugreifen. Seine Beschreibung dieses Bebens auf einer der Liparischen Inseln bedient sich fast ausschließlich technischer Worte, kann sich aber in ihrer Plastik und Präzision, mit ihren sparsam, aber genau gesetzten Farben mit den berühmten posidonianischen Schilderungen seismischer und vulkanischer Vorgänge messen. a 3ff.: die Aufhöhung der Erdoberfläche, dann die Hügelbildung werden in zwei Kola gefaßt, das zweite länger als das erste; dieses Gesetz der wachsenden Glieder, dem Sichausbreiten des Phänomens entsprechend, wirkt sich sodann in einem feinen Trikolon aus, das in dem raren κατετέφρωσεν gipfelt; ein kürzeres Schlußkolon führt mit ἦλθεν wieder zu ἐξῆλθεν zurück – schlichtester Reihenstil in der Hand eines Meisters, der dabei durchaus im Stil des Genos bleibt: der Geograph gibt am Ende die Spur des Naturereignisses im Gelände an (a 8). – Die Wirkung der beiden Reflexe aus Poseidonios (Strab. I c. 57, VI c. 277), Naturkatastrophen, die Bildung neuer vulkanischer Inseln betreffend (interpretiert von K. Reinhardt, Pos., 95f.), beruht doch wohl vor allem auf einem Mehr an Staffage.

67,15 (a 9) „Ursache der Feuerentstehung". Ein schwieriger, spröde gefügter Satz; κοπτόμενον, mit seinem Bezugswort 'Feuer', gehört zu einem Zustand, der dem Feuer-Sein, dem ἐκπρησθῆναι, ja vorausliegt (Thurot, erfindsam wie immer, schlug τὸ πνεῦμα κοπτόμενον vor); peinlicher noch, daß die Syntax eine sofort einleuchtende Beziehung zwischen πῦρ und ἀήρ nicht hergibt. Festzuhalten ist a), daß es sich hier um eine Beschreibung der Feuergenese handelt, als Nachtrag zu „Asche" und „Schlacke", b) daß das dabei angenommene 'Zerstäuben' der Luft ganz der o. S. 140f. behandelten arist. Auffassung des Feuers entspricht. Es besteht also keine Notwendigkeit, a 11 für eine der Stellen zu halten (zu a 20 s. u.), wo ἀήρ im Sinn von Pneuma gebraucht sei (so Webster, Lee). Ar. gibt die Übergänge zwischen Luft (in der die ξηρὰ ἀναθυμίασις das Feinteiligste ist, 354 b 28, 365 b 33ff.), Pneuma, Feuer nicht im einzelnen an, doch schwebt ihm diese Reihe offensichtlich vor. Zu ἐκπρησθῇ a 10 stimmt 371 a 15f., wo eine weitere Verfeinerung des Pneuma zum Glutwind, πρηστήρ, führt (vorher wird seismisches Pneuma mit einem anderen Gewitterwind, ἐκνεφίας, gleichgesetzt, 366 b 33). καὶ γὰρ τὸ πῦρ οἷον πνεύματός τις φύσις, sagt Theophrast, De ign. 30, durchaus im Sinn seines Lehrers. – Als Subjekt des κόπτειν a 10 nimmt Alex. 119,4 die στενοχωρία der unterirdischen Cavernen an, richtig, wie der Vergleich mit den Folgen der εὐρυχωρία a 18 zeigt.

67,20 (a 15) „Eruption". ἀναφύσημα (wie a 18, daneben ἀναφυσᾶν) ist der peripatetische Ausdruck für Ausbrüche aus dem Erdinnern, vgl. Mirab. ausc. 105, 840 a 3 (die Vulkanzone beiderseits der Meerenge von Messina). Der peripatetisch geschulte Polybios hat den Terminus in einer eben auf die Liparischen Inseln bezogenen Schilderung (mit der hier a 20ff. genannten Nebelbildung), bei Strab. VI p. 427;

die lateinische Entsprechung efflare rahmt Lukrezens machtvolle Verse vom Ätna, VI 681. 699; daß hier (über Epikur) Theophrast zugrunde liegt, hat nach E. Reitzenstein Steinmetz, 213f. weiter gesichert (auf efflare – ἀναφυσᾶν wurde er nicht aufmerksam.) „ἀναφύσημα ist ein Terminus Poseidonischer Geophysik, zur Charakteristik vulkanischer Phänomene", Karl Reinhardt, innerhalb einer glänzenden Rekonstruktion zu Poseidonios' Beschreibung des Toten Meeres aus Strab. XVI p. 779 (Pos. über Ursprung und Entartung, 1928, 62). Der Peripatos hätte nicht ignoriert zu werden brauchen. „Die Wasserfläche wölbt sich alsdann wie ein Hügel: κυρτουμένη δ' ἡ ἐπιφάνεια λόφου φαντασίαν παρέχει" (Reinhardt, a. a. O., 63) – : wir haben das Urbild, hier a 4, soeben zitiert.

67,23 (a 18) „nur ein Getöse". Das μύκημα γῆς (vgl. 368 a 25) als Abschluß der Seismologie De mundo 4, 396 a 12; hier geht es einer bis 367 b 32 reichenden Darlegung von Erdbebenprognosen voraus (b 19ff.: Erdbeben als Vorzeichen einer Mondfinsternis). Für das Verständnis der stark gerafften Angaben a 17ff. zieht man mit Nutzen die Neufassung des Themas 368 a 14ff. heran (dort kein Bezug auf unsere Stelle). Die unterirdische εὐρυχωρία läßt die im Erdinnern entstehende warmtrockene Anathymiase sich spannungslos nach außen verströmen (ὑπερχεῖσθαι, gleichen Sinnes τὸ ῥᾳδίως διηθεῖσθαι, 368 a 22: durch Öffnungen 'filtert' sich der entstehende Wind ins Freie, während er sonst Kraft gewinnt, διὰ τὸ πολὺ εἰς ὀλίγον πιληθῆναι, 366 b 13. Zwar könnte auch das vom andrängenden Meer verursachte Zurückdrängen des 'Windes' ins Erdinnere ein Beben hervorrufen, wie es 366 a 30f. angenommen wird; aber dazu ist im hier gedachten Fall die Masse des Pneuma zu gering. – Eben deswegen, weil die Anathymiase keine Stoßkraft hat, vermeidet hier Ar. den Namen Pneuma.

67,27 (a 20) „verschleiert und trübe". Trübe Luft und Kälte sind die Folgen, wenn die Anathymiase (a 32, dafür πνεῦμα b 24) sich ins Erdinnere zieht (dieser Richtungswechsel beschäftigt, nach 366 a 19ff., den Autor immer noch, vgl. μεταρροία a 28, μετάστασις b 12). Das wird zweimal gesagt, a 23ff., b 21ff., einmal mit einer etwas befremdlichen Doppelführung des Aition, das zweite Mal in geschlossenem Zusammenhang, weil dabei die auslösende Ursache für jene μεταρροία angegeben wird, nämlich der Licht- und Wärmeverlust, den die Atmosphäre vor einer Mondfinsternis erleidet. Zwischen diesen beiden Berichten steht der Hinweis auf ein Wolkenphänomen, das ebenfalls den pneumatischen Charakter der Beben belegt.

68,2 (a 33) „die Winde warm". Das Atemluftexempel (s. o. S. 189) ist eine mit etwas schleppender Wiederholung in den Text eingepaßte Nebenbemerkung.

68,9 (b 6) „der feuchte Dunststrom", die ἀτμίς. δι' ὑγρότητα b 5 ist mit Webster als Glosse zu betrachten.

68,18 (b 15) „schmal und gerade". Vorher im Text „weil nur eine geringe Ausdünstung entsteht" (διά τὸ μικρὰν ποιεῖσθαι τὴν ἔκκρισιν); was im Zusammenhang unverständlich ist. Webster, Lee tilgen.

68,24 (b 22) „Licht und Wärme": wie sie der Mond von der Sonne übernimmt und an die Luft weitergibt, Alex. 120,24. Die modernen Erklärer leisten ihm Gefolgschaft (obwohl eine schwache Wärmewirkung der Mondbahn durchaus im arist. System liegt, vgl. 341 a 22), sie übersahen, daß Alex. gleichzeitig auf eine seltsame Unstimmigkeit im Text aufmerksam macht. Eben war das Bevorstehen einer Mondfinsternis als Ursache einer Windstille begründet worden, jetzt (b 25) ist sie auf einmal der Anlaß von Winden. Alex. harmonisiert geschickt; von seinen Versuchen interessiert die Erklärung des *γάρ*, die zu Dennistons 'appositional use' (wie er gerade bei Ar. nicht selten ist) stimmt (Greek Particles, ²1954, 67): man muß wissen, daß Winde vor Finsternissen auftreten, auf die dann der kosmische Vorgang (Abkühlung) sich auswirkt (121,17). Aber so geht es nicht; die Aitiologien, die hier zu *ἄνεμοι*, 21 f. zu *νηνεμία* führen, sind völlig parallel; auch auf einen Zeitabstand (erst Bildung, dann Erliegen der Winde) hat es der Meteorologe offensichtlich nicht abgesehen. Der Text nötigt uns, zwei Positionen zu unterscheiden: Wind als warmtrockene Anathymiase und, unmittelbar daneben gerückt, Wind als bewegte Luft! Diese war von der Gestirnwärme in Ruhe gehalten worden; die Abkühlung setzt die Luft frei, *καὶ γίγνεται πνεῦμα*. Das stimmt zu den bisherigen Beobachtungen zu dem problemgeschichtlich 'späten' Charakter der Seismologie (s. o. S. 194 f.). Theophrast hat diesen Gedanken aufgenommen, De vent. 47: *ὅταν ὁ ἥλιος ἕλκων μηκέτι κρατῇ, τότε ἀφιέμενος* (Ar. b 30: *ἀνιεμένου*) *ὁ ἀὴρ ῥεῖ*. Die ganz ohne Rücksicht auf die Erdbeben niedergeschriebene (mühelos aus dem Zusammenhang ablösbare) Nebenbemerkung b 25–32 wertet das kosmische Phänomen in seiner Wirkung auf die Atmosphäre. Sie ist fast wörtlich in Problem. XXVI 18 zu finden.

68,32 (b 29) „auf seiner Bahn". *φορά* hier für Sphäre, wie 338 a 22, 339 b 18; De cael. 279 a 20, 292 a 14 u. ö. „Der Punkt, an dem die Verfinsterung eintritt, wenn der Mond und seine Sphäre ihn erreichen" (die Erklärung des durch Gedrängtheit dunklen Satzes fand Koenigmann bei Ideler I 609).

68,39 f. (368 a 1) „läßt sich merken". *ἐπισημαίνει* (hier in der typischen impersonalen Verwendung) meint eigentlich: bei einer Sternphase (oder in Verbindung mit einem Jahrespunkt) gibt es ein Zeichen durch Witterungswechsel (A. Rehm, RE Suppl. VII, 1940, Sp. 183). Hier tritt der Sinn des kalendarischen Notats zurück; man darf bei solchen *σημεῖα* an Veränderungen der Atmosphäre, oder an jene unterirdischen Geräusche denken.

69,2 (a 3) „die Form der Räume". Auch hier arbeitet Ar. seinem Schüler vor, in dessen Lehre die Austrittsstelle des Windes und sein Verhalten in Engstellen eine Rolle spielt (De vent. 3. 19.29), wie nachher bei Ar. 368 a 22 ff.

69,9 f. (a 10) „verbraucht . . . den Stoff". Unbefangen verwendet Ar. das Motiv des mechanischen Abströmens aus einem Vorrat, das er zu Beginn der Windlehre aufs entschiedenste abgelehnt hatte (I 13,349 a 33: *ὥσπερ ἐξ ἀγγείου*). Es ist die Besonderheit des Phänomens (wiederholtes Beben am selben Ort), was ihn zu dieser mechanistischen Erklärung veranlaßt.

69,15 (a 14) „Getöse"; s. o. S. 197. Der Abschnitt läßt erkennen, wie nahe sich hier wieder Luft und Pneuma kommen. Eine „Wundergeschichte" (a 25) vom Brüllen heiliger Stiere (Poseidon-Mythos? Flashar 666) liegt dem Problem XXV 2 zugrunde; die dort gebotene Erklärung (Luftbewegungen in unterirdischen Höhlen) wird seit

Ideler I 610f. – der Sen., Nat. quaest. VI 19,1 heranzog – plausibel auf Metrodor v. Chios zurückgeführt (70 A 21 D.-Kr.).

69,31 (a 27) „nicht Wasser": gegen Demokrit, vgl. 7, 365 b 1ff. a 27 ἤ (Bekker, Fobes, Lee) muß hinter dem schon von Ideler geforderten, von Webster aufgenommenen ἦ zurückstehen. Die Scheidung in horizontal und vertikal verlaufende Stöße wird b 22ff. besprochen; an unserer Stelle ist als Objekt des βιάζεσθαι einmal die Meeresoberfläche, sodann Wasser aus der Erdtiefe gemeint (Alex. 123,7ff.). – Die Stelle läßt den hauptsächlichen Irrtum der alten Physiker hervortreten, die den Ursprung der Beben nahe der Erdoberfläche vermuteten; während tatsächlich die weitaus häufigsten (tektonischen) Erdbeben in sehr großen Tiefen verursacht werden.

70,9 (b 6) „über dem Land". Die überlieferten Richtungsangaben müssen, mit Webster, umgestellt werden. Zur Katastrophe von Helike und Bura s. o. S. 144.

70,16 (b 12) „örtlich begrenzt". Einer der dunkelsten Stellen im II. Buch. κατὰ μέρος μέν b 14 (eine Entsprechung mit δέ fehlt): geht der Satz auf ein lokales Auftreten auch von Winden oder auf örtliche Begrenztheit der Erdbeben? Man wird sich am besten der verständigen Führung durch Alex. anvertrauen (124,19ff.), der von Ar.s Zitat (ἔφαμεν b 16) der Stelle 360 b 17 ausgeht. Dort war von (feuchten oder warmtrockenen) Anathymiasen die Rede gewesen, die sich den Ausdünstungen eines Nachbargebietes anschließen; besonders große Trockenheit oder Feuchtigkeit in einer bestimmten Landschaft ist die Folge. So sammelt sich das Pneuma verschiedener Provenienz an einer Stelle unter der Erde; das anschließende Gebiet ist dann pneuma- und erdbebenfrei. – b 18 τὰ μέν: Erdbeben, Trockenheit, Regen; insofern ihre ἀρχή aus der Erde stammt, kann die Sonne weniger stören, wenn sich die Anathymiasen (= ἁπάσας, b 19) gebietsweise konzentrieren, während sie die Dünste in der freien Atmosphäre durch ihr διακρίνειν (Alex. 125,8) beherrscht. – Die geschickte Harmonisierung, wie sie der Kommentator vornimmt, kann den Eindruck nicht verwischen, daß der Passus zumindest durch einige Auslassungen geschädigt ist. b 20 ὁμοίως ⟨κρατεῖν αὐτάς⟩ vermutete Capelle.

70,29 (b 23) „eine Art von Zittern". Ar.s Einteilung der Beben geht vom Aition aus (geringe – große Masse von Anathymiase); spätere Systematik beschäftigte sich mit dem Erscheinungsbild und kam zu starken Differenzierungen, vgl. De mund. 4, 395 b 36ff. Sipylos (b 31): am Hermos, in dessen oberem Tal die Steintrümmerlandschaft der Katakekaumene; die Phlegräischen Felder: bei Neapel, Reste eines alten großen Vulkans. Ligurischer Landstrich: der bekannte Crau d'Arles östlich der Rhonemündung, mit dem sich auch Poseidonios beschäftigt hat, Strab. IV c. 182.

Kapitel 9

71,15 (369 a 10) „Blitz und Donner". Die Lehre von den Gewitterphänomenen gehört wie die Seismologie zu den Hauptstücken der antiken Meteor.; sie repräsentiert in besonders eindrucksvoller Weise den Übergang von der mythischen Weltsicht zur naturwissenschaftlichen Erklärung. Auch hier müssen wir eine reiche Fachliteratur voraussetzen, der Ar. weit enger verbunden gewesen sein muß, als es nach der überlieferungskritischen Partie 369 b 11 ff. erscheint. – Ar. nutzt es, daß sein Aition bereits das vorhergehende Lehrstück trug; so beginnt er das Kapitel gleich mit der Lösung des Problems und blickt am Ende auf den durch die pneumatische Theorie garantierten Zusammenhang der Naturvorgänge zurück; die Doxographie steht dazwischen. So ist Kap. 9 in sich gerundet und doch organisch mit III 1, das die letzten Pneumaphänomene vorführt, verbunden. Die Buchteilung ist ebenso unangebracht wie nach Meteor. I; wahrscheinlich haben die zusammenfassenden Worte 370 a 25 ff. sie einem Redaktor nahegelegt.

71,18 (a 12) „von doppelter Art". Der umfängliche Satz – dessen Struktur Bonitz, Ar. Stud. 3,65 f. aufgehellt hat – exemplifiziert den arist. Denkstil. Es werden, in der Form partizipialer Genitive, Aussagen gereiht, die den Zusammenhang mit dem meteor. System sicherstellen, aber auch zu einem Einzelzug daraus eine Ergänzung bringen (Wolkenbildung: größere Dichtigkeit der oberen Rinde). Dieses Neue ist auf weite Sicht geplant, für Donner und Blitz ist es noch nicht wichtig. Aber hier ist eben sorgsames Bedenken und Abklären der Nebenfragen unabdingbar, bei geringer Rücksicht auf den Satzbau, der durch eine Parenthese aufs äußerste gedehnt wird, damit ja nicht die Ursache jener *πυκνότης* am Wolkenrand im Unklaren bleibe. Auf diesem Nebenweg taucht der Begriff des *διακρίνεσθαι εἰς τὸν ἄνω τόπον* auf, der vermittelst des Denkmodells der Antiperistasis mit jener Wolkenverdichtung verknüpft ist; auch dieser Nebenweg wird zu Ende gegangen, indem der Erklärer die Phänomene vorführt, die diesem Aition zufolge auftreten (*βίᾳ κάτω φερόμενα*). Der Begriff *ἄνω τόπος* (a 25 ~ 18) ermöglicht eine Rückkehr zur 'Abzweigung', und jetzt erst hebt sich dasjenige Verhalten der Anathymiase heraus, das für die Erklärung von Blitz und Donner allein in Frage kommt (b 25–29). Eine wunderlich anmutende Gedankenführung, der man aber zugestehen muß, daß am Ende die drei Aktionsarten der warmtrockenen Ausscheidung (hier auch als *θερμόν*, *θερμότης* erscheinend, wie 346 b 25 ff.) klar profiliert nebeneinander stehen: wie sie in den 'oberen Raum' entweicht – gewaltsam als Sturmbö usw. nach unten geschleudert wird – als Materie für Donner und Blitz sich in den Wolken fängt (*ἐμπεριλαμβάνεσθαι*: vgl. *ἐναπολαμβάνεσθαι* des seismischen Pneumas, 366 b 10. 16).

71,26 (a 21 f.) „Auspressung in Gegenrichtung". Die interessante Theorie, die auch in die Erklärung der Sternschnuppen eingedrungen ist (o. S. 15 f.), wird zu III 1 besprochen. Der die Wurfbewegung veranschaulichende Vergleich mit den fortgeschnellten Obstkernen a 22 f. ist nicht gerade glücklich; gerade mit ihnen verbindet man nicht wohl den Begriff 'Schwere', und vor allem: so kann doch nicht eine von Natur nach oben, durch gewaltsame Einwirkung nach unten gerichtete Bewegung illustriert werden.

71,31 f. (a 27) „beim Kondensieren". An der Parallelstelle steht für die Wolkenverdichtung, 342 a 30, *πῆξις*, ein Ausdruck, den das im Proömium umstrittene Wort eindeutig festlegt (vgl. 339 a 4). Gewittererscheinungen sind *πῆξις*-Phänomene.

71,34 (a 30) „Kleines mit Großem". Der von Ar. gern gebrauchte, seiner Naturanschauung gemäße Gedanke ist gut 'vorsokratisch'; wie er der Komödie einen Ansatzpunkt bot, die neue Wissenschaft zu persiflieren, zeigt Aristoph. Nub. 386 ff., 404 bis 411 (Blitzschlag), 160 ff. (Donner).

71,37 (a 32) „Drohen". Der Donner gelte den Bewohnern des Tartaros als Drohung, „damit sie erschrecken", besagt ein pythagoreisches Akusma bei Ar. Anal. post. II 8, 94 b 33 (dazu Burkert 155).

72,3 (b 1) „Ungleichartigkeit der Wolken". Vgl. die der Wände unterirdischer Höhlen, 368 a 23, die Donnerrollen hervorrufen; die Erklärung der pneumatischen Phänomene ist aufeinander abgestimmt. – Die ältere nichtpneumatische Donnererklärung bei Ar. selbst Anal. post. 93 b 8 (ob. S. 156). Daß es sich um einen Reflex von Ar.s früherer Ansicht handelt (Gohlke 15), kann nicht ausgeschlossen werden.

72,7 (b 6) „Blitz". Vgl. die erste angeführte Stelle der 'Wolken': „Wenn in diesen ein trockener Wind sich verfängt, der empor in die Lüfte gewirbelt, / Dann schwellt er sie auf, wie Blasen, und fest zusammengepreßt durch die Spannung / Zersprengt er sie plötzlich und drängt mit Gewalt sich heraus aus der platzenden Masse, / Und vom Stoß und der heftigen Reibung entflammt, mit Sausen und Zischen verglüht er." (Übersetzung v. L. Seeger). Sokrates' Worte (zur Deutung der Szene H. Erbse, Hermes 82, 1954, 416f.) sollen wohl an anaxagoreische Lehre erinnern, s. 59 A 1, § 9; 42, § 11. '*ἄνεμος ξηρὸς μετεωρισθείς* . . . *ῥήξας* ⟨*τὰ νέφη*⟩ . . . *αὐτὸς ἑαυτὸν κατακαίων*': damit ist, bei Aristophanes, mehr als hundert Jahre vor Ar., das Anliegen seiner Blitzlehre vortrefflich wiedergegeben; wovon die anschließende arist. Polemik freilich nichts erkennen läßt. – Wie bekannt, ist unter *ἀστραπή* das Blitzleuchten, unter *κεραυνός* der einschlagende Blitz zu verstehen.

72,10 (b 9) „unser Sehen". Bei Wege macht die Wendung auf den durchaus anthropozentrischen Charakter der antiken Naturbetrachtung aufmerksam. Wir sprechen von Licht- und Schallgeschwindigkeit. Doch vergleicht Ar. die Schnelligkeit von 'Bewegung' und 'Schall' 368 a 19f. objektiv, ohne Beziehung auf das menschliche Sensorium. Ar. übersieht, daß seine Beobachtung über unser 'langsameres' Hören auch zu der (hier ignorierten) Möglichkeit stimmt, daß Blitz und Donner gleichzeitig entstehen, weil für ihn das Nacheinander von Entstehung und Entzündung des 'Windes' systematisch begründet ist, d. h. ein *ἀναγκαῖον* darstellt.

72,14f. (b 12) „Empedokles . . . Anaxagoras". Die Doxa des ersteren noch bei Aët. III 3,7 (A 63 D.-Kr.); weitere Zeugen für Anaxagoras noch 59 A 84. Bis auf b 12–15 gilt Ar.s Besprechung den beiden Physikern – deren Blitztheorien doch jedenfalls in sehr verschiedenen systematischen Zusammenhängen standen – gemeinsam. Sie treten zu e i n e r Position zusammen, wenn man sie auf arist. Weise befragt, d. h. mit der uns bereits bekannten Alternative des *γίγνεσθαι* oder des *ἐνυπάρχειν* konfrontiert. Mit ihr hatte Ar. die Darlegung seiner Windlehre begonnen (I 13); weil nur diese die Anknüpfung an den stetigen Naturprozeß garantiert – und zwar durch den jeweiligen Nachweis einer *ἀρχή* des Wehens (349 a 32, vgl. 369 b 28) –, hatte er die gesamte Lehrtradition abgelehnt; kein Zufall, daß seine kritischen Worte hier (b 24. 27) und dort (349 a 15) sich so ähnlich sind. Mit dem statischen Enthaltensein des Feuers in den Wolken bringt Ar. auch die gegnerische Ansicht, der Blitz sei früher als der Donner, zusammen. Auf den 'Wind' gegründete Gewittertheorien der Vorgänger, wie eine solche schon für Anaximander recht sicher bezeugt ist (Kahn 64f., 100ff.), würdigt der Philosoph keines Wortes; schwer begreiflich, daß auch Heraklit ignoriert wird (wenn wir schon über seine einschlägige Lehre nicht mehr so zuversichtlich urteilen können wie Gilbert, 629f.).

72,18 (b 16) „zischendes Geräusch". Fast wörtlich so auch Anal. post. 94 b 32f. (*εἰ βροντᾷ, ἀποσβεννυμένου . . . τοῦ πυρὸς ἀνάγκη σίζειν καὶ ψοφεῖν*).

72,23 (b 20) „Feuer nach unten gezogen". Ebenso war in der Seismologie das Eindringen des anaxagoreischen Feuers (*αἰθήρ*) von oben nach unten notiert worden, 365 a 19ff. Es ist stetes Anliegen des Erklärers, daß ein Aition elementtheoretisch – hier also in bezug auf die Physis des Warmen – begründbar sei; so legt er in seine Gewittertheorie die Konstruktion einer Wolkenbarre ein (a 16ff.), die das Aufsteigen der warmen Anathymiase teilweise zu verhindern vermag.

73,7 (370 a 5) „wie jene behaupten". Das die griechische Naturphilosophie durchziehende Schema, „Großes mit Kleinem zu vergleichen", auf das wir immer wieder stießen, dient hier, zusammen mit der Verteidigung des *γίγνεσθαι* gegenüber dem *ἐνυπάρχειν*, dazu, die Lehre der Gegner als in sich widerspruchsvoll zu erweisen: sie können sich eben nicht – wie sie es offenbar taten – auf die Analogie des Verhaltens von kochendem Wasser berufen. – Websters Textbehandlung stellt einen Fortschritt gegenüber Fobes dar: a 5 zu interpungieren *λέγουσιν* mit Semikolon, dann *τοῦ μεγέθους. τὴν δὲ ζέσιν ποιεῖ* (*ποιεῖ* wohl versehentlich von Lee nicht übernommen).

73,15 (a 11) „Kleidemos". Von Theophrast, De sens. 38, als Schriftsteller *περὶ τῆς ὄψεως* genannt (62 A 2 D.-Kr.); zu Ar.s Urteil über ihn s. o. S. 168.

73,29 (a 24) „dabei wird vorausgesetzt". Diese Unterstellung trifft die Tatsache nicht, daß die beiden Systeme offenbar gar wohl einen dynamischen Zusammenhang des Naturlebens repräsentieren wollen; sie verfallen Ar.s Verdikt, weil er allen Vorgängern die richtige Auffassung des Werdens abspricht (De gen. et corr. I 1).

73,31 (a 26) „ein und dieselbe". Die eine Seite von Ar.s aitiologischer Leistung ist deren Einheitlichkeit, in der Berücksichtigung der individuellen Besonderheit der Phänomene stellt sich die andere dar. Beide Motive sind vom Erbe der altjonischen Kosmologie und *ἱστορίη* nicht abzulösen; beide gewinnen aber in der Durcharbeitung und spekulativen Überformung durch Ar. ein neues Gepräge. a 25ff.: das Wort *πνεῦμα* fällt nicht, dafür steht *ἀναθυμίασις ξηρά*, die doch den Umkreis der Pneumaphänomene weit überschreitet. Die Überzeugungskraft der Überschau wird arg geschmälert, wenn man sich vergegenwärtigt, daß die warmtrockene Ausscheidung auch der Erklärung des Meersalzes und der Sternschnuppen dienen muß. – a 30: *μεταβάλλουσιν* nach Thurots Vorschlag.

BUCH III

Kapitel 1

74,5 (b 5) „ausgeschieden“. Der Begriff ἔκκρισις (ἐκκρίνεσθαι, sinngleich διακρίνεσθαι a 30), bis b 32 gehäuft verwendet, bezieht sich auf den Austritt des Pneuma aus der Wolke (die nach Alex. 134,15 auch mit „Stoff“, b 13, gemeint ist). Um die folgenden vier Naturerscheinungen zu erklären, bedient sich Ar. jener Differenzierungen der Anathymiase, die aus der Behandlung des ἄνω τόπος bekannt ist (s. S. 14 ff.); hier in III 1 hat er allerdings damit keine volle Klarheit erreicht. Ideler sieht gut (II 248), daß Ar. zu seinen Aitiologien kommt, indem er Menge, Wucht (ἰσχύς), Raschheit, Kontinuität der ἔκκρισις unterscheidet. Ein solches Zusammenwirken verschiedener Faktoren wurde für Theophrasts Windlehre konstitutiv, vgl. z. B. De vent. 26 ff. und Steinmetz 44 ff.

74,14 (b 13) „potentiell“. Die hier behauptete enge Nachbarschaft der beiden so verschiedenen Phänomene scheint mit I 13, 349 a 16 ff., wo der prätendierten Gleichheit der 'Quelle' von Wind und Regen scharf widersprochen wird, unvereinbar zu sein. Aber hier kommt dem Erklärer das Begriffspaar δύναμις — ἐνέργεια zugute, das ihm bereits bei der Neufassung der kosmischen Feuerzone gedient hatte (δυνάμει οἷον πῦρ, 340 b 29); je nach dem überwiegenden Vorhandensein aktualisiert sich die feuchte oder die warmtrockene Anathymiase.

74,21 (b 18) „in einer Enge“. Gerade durch ihre Präzision und Plastik legt die Darstellung — man darf sagen: gegen die Absicht des Meteorologen, vgl. 371 a 5 — unmißverständlich die Gleichsetzung von Wind und Luft nahe. Es ist kein Zufall, daß eben da, wo Theophrast von scharfem Luftzug in Engstellen, vom 'Ziehen' (ἕλκειν) bei Türen spricht, diese Gleichsetzung als Winddefinition festgestellt wird, De vent. 29.

74,31 (b 27) „so also entstehen“. Nach anakoluthisch verlaufendem Vordersatz (b 19 wäre dem Sinn nach ein πνεύματος δίνη γίνεται zu ergänzen, mit Ideler II 252) setzt Ar., zusammenfassend, neu an. Er hat sich zu Beginn des charakteristischen Satzgebildes einen Vergleich vorgenommen, der der Erklärung bestimmter Gewitterwinde dienen soll; das ὥσπερ ὅταν-Glied (b 18) verselbständigt sich aber, da sich der Autor ins Detail des Übergangs vom einzelnen Bewegungsmoment (τὸ μέν — τὸ δέ) zum 'Kreis' vertieft (κύκλος nicht im Sinn der mathematischen Formel gemeint, sondern als „in sich geschlossene Linie“, vgl. Ol. 205,12 ff. und Problem. XVII, 3 (916 a 33), mit dem für die Akademie wichtigen Alkmaion-Zitat 24 B 2 D.-Kr.). Doch drängt sich dem Meteorologen, wie er zwischen den Wirbelbildungen auf der Erde und im Gewölk Entsprechungen setzen will, sogleich die Besonderheit der letzteren auf (b 28 ff.), so daß, ehe noch der Name Typhon fällt, auf den Ar. eigentlich hinzielt, wir auf Eknephias geführt werden; der Typhon hat mit ihm die Kontinuität des Austritts aus der Wolke gemeinsam, nicht aber die Abwärtsbewegung. Soweit kam bereits die Interpretation des trefflichen Vimercati (bei Ideler II 252ff.), doch scheinen auch die Vorschläge Thurots unentbehrlich: b 30 τὸ ⟨νέφος⟩ συνεχές, b 31 [τοῦ νέφους]; b 29 übernehme ich mit Webster, Lee die Teilüberlieferung τοῦ νέφους (τὸ νέφος Fobes). Die Stelle ist also textlich noch nicht gesichert; befremdlich, daß die notwendigste Klärung — daß nämlich nur der Typhon, nicht die Sturmbö ein Wirbelwind ist — erst 371 a 9ff. geboten wird. Dafür, daß die Griechen Windwirbel mit vertikaler und mit horizontaler Achse unterschieden hätten (Böker 2259), bietet die arist. Typhonbeschreibung keine Stütze (bei Theophr. De vent. 27 ist von ἀντιπνεῖν, nicht von Windwirbel die Rede).

75,5 (b 33) „die Ursache": richtig erfaßt von Ol. 206,9 (das Pneuma prallt hier gegen die Innenwände des Gewölks, wodurch die b 17ff. beschriebene Entwicklung in Gang gesetzt wird).

75,6 (371 a 1) „die Wolkenwand verdichtet". Die Motivation der für die warmtrockene Anathymiase 'unnatürlichen' Bewegung nach unten benutzt eine an verstreuten Stellen der Meteor. I—III angedeutete, in sich jedoch durchaus geschlossene Erfindung (vgl. auch die Noten zu 369 a 12, b 20f.). Die Sternschnuppentheorie, wie sie I 4, 341 b 36—342 a 24 vorgetragen wird, die Erklärung von Donner und Blitz, II 9, 369 a 25ff., und die des Blitzschlags, III 1, 371 a 17ff., sind durch das Motiv der gewaltsamen Abstoßung 'des Warmen' (369 a 17), 'des Pneuma' (369 b 4) miteinander verknüpft; wobei das Gewitter als eine Art Verdoppelung des Vorgangs vorgestellt wird (das aus den Wolken ausgeschiedene 'Feuer' gelangt noch nicht sofort ins Freie, sondern wirbelt zwischen den Wolkenwänden). An den zitierten Stellen, also auch schon in I 4, wird jedesmal der Blitzschlag genannt; für ihn sowohl wie für die Sternschnuppen der Wolkenregion (wo sich ja allein die nach oben abschirmende Barriere bilden kann werden die technischen Worte συνίστασθαι (der feuchten Anathymiase), ἔκκρισις, ἐκθλίβεσθαι, ἔκθλιψις verwandt. Erst von hier, III 1, aus läßt sich ein Urteil über das frappierende Nebeneinander zweier völlig verschiedener Aitiologien in I 4 gewinnen. Dort hatte Ar. sein Programm, für den sublunaren Raum die 'Steuerung von oben' nachzuweisen (vgl. I 2, 339 a 23), sehr bemüht durchzuführen versucht, indem er die Phänomene des ἄνω τόπος unmittelbar, durch 'Entzündung', mit der himmlischen Kreisbewegung zusammenbrachte (341 b 22ff.). Aber dem widersprach das Erscheinungsbild der 'durchschießenden Sterne' allzu sehr; so kehrte der Erklärer, im Besitz der voll ausgebildeten Pneumalehre, zu I 4 zurück, um ein sachgemäßeres Aition anzufügen, das keiner transzendenten Verursachung bedarf. Man darf es so, im Sinn einer relativen Chronologie, ausdrücken; in der 341 b 36 angefügten Begründung fehlt jede Angabe über eine Entzündung des Feuerstoffes, die ihn als Sternschnuppe sichtbar werden lassen könnte, man darf und muß also die Blitztheorie hier unterstellen: 'τὸ πνεῦμα τὸ ἐκθλιβόμενον ... ἐκπυροῦται' (369 b 4).

75,8 (a 3) „nicht reif geworden". ἄπεπτος ist zunächst ein Begriff der 'organischen Chemie', vgl. IV 2, 380 a 6, wo aber bereits die Finalität hinzuzudenken ist (ἀπεψία δὲ ἀτέλεια δι' ἔνδειαν τῆς οἰκείας θερμότητος). Alex. 136,6ff.:

Diese Form des Pneuma hat noch nicht die 'Reife' erreicht, sich von der Wolke loslösen zu können.

75,10 (a 4) „Schneefall". *νιφετῶν ὄντων*, ratsamer als *νιπτικῶς ἐχόντων*, was Fobes auf unsicherer hss. Grundlage als Hapax legomenon in den Text setzt.

75,31 (a 21) „die eine Art". Ar. legt im Hinblick auf die Materie der *κεραυνοί* zwei Gruppen an, mit sehr feinem bzw. gröberem Blitzpneuma; nur das letztere setzt das getroffene Objekt in Brand. Daß zu 'feinteilig' 'schnell', zu 'gröber' 'langsamer' gehört, begreift sich leicht (a 22 scheint vor *φέρεται* eine adverbiale Wendung wie *διὰ τάχους* – was Thurot vorschlug – ausgefallen zu sein); aber der Erklärer kompliziert jetzt selbst den Sachverhalt, indem er, von jener verschiedenen 'Schnelligkeit' ausgehend, die Wirkungen des Blitzschlags in ein System zu fassen unternimmt: der erste Blitztyp ist zu schnell, um entflammend oder rußend zu wirken, der zweite ist ebenfalls zu rasch für ein *ἐπικαίειν*, aber eben langsam genug fürs *μελαίνειν* (auf solches Anstreben einer *συμμετρία* wurden wir bereits mehrfach aufmerksam). Dann gäbe es also überhaupt kein Entzünden durch Blitzschlag – obschon dies doch soeben (a 20f.) und nachher (a 25) für die zweite Gattung ausdrücklich bezeugt wird! Man muß auf Vimercato zurückgreifen (bei Ideler II 262f.), der mit a 21–24 richtig die angeschlossene Notiz über blitzgetroffene Gegentände in Verbindung brachte. Entzündend wirkt der 'langsamere' Blitz dann – so meint es Ar. –, wenn ihn ein resistenter Körper aufhält, noch über die Zeit hinaus, die es zum Rußigfärben bedarf (vgl. a 23). Es hängt also von der Struktur des Gegenstandes ab, ob der Blitzschlag des zweiten Typs entzündend wirkt oder nicht. Ar. hat wieder einmal Theorie und Beobachtung sehr gedrängt zusammengearbeitet. Die Vermutung einer Textverderbnis (Webster) dürfte sich erübrigen.

75,38 (a 26) „Metallbeschlag". Wie die Klassifizierung der Blitze in der nacharist. Meteorologie eifrig betrieben wurde (z. B. De mundo 4, 395 a 21ff.; Arrian bei Stob. I 29,2), so wurden die Paradoxa beim Blitzschlag (mira fulminis opera, Sen., Nat. quaest. II 31,1) zum populären Thema; seine wie bei Ar. so auch bei Theophrast rein wissenschaftliche Einbettung wurde durch das syrisch-arabische Exzerpt aus des letzteren Meteorologie bestätigt (jetzt Steinmetz 181f.).

76,6 (a 31) „Brand des Tempels": J. 356 v. Chr.; das *νῦν* bedeutet nicht, daß der 28jährige Ar. dies schrieb, und das *ἐθεωροῦμεν* (seltsam dafür das *συνέβαινε* der Nebenüberlieferung, die noch Bekker aufnahm) bezeugt ihn nicht als Augenzeugen des berühmten Brandunglücks, 'etsi accurata descriptio incendii talem suspicionem admittit', Ideler II 266. Die präzise Anschaulichkeit des Berichts führt keineswegs auf einen Beobachter, der sich der Gewalt des Geschehens hingibt, sondern läßt den überlegenden Meteorologen erkennen, dem es auf den Erweis der Wesensverwandtschaft von Feuer und Wind ankommt. Nach der unüberbietbar prägnant wiedergegebenen Sinneswahrnehmung (a 31f.) folgt die Mahnung, ans System zu denken ('Wind' gleich 'Rauch': 341 b 9f.), d. h. ein Selbstzitat des Professors. Das Aition der berühmten Katastrophe und das eines beliebigen kleinen Reisigfeuers sind identisch: die *ἐνάργεια* der Beschreibung stammt aus der physikalischen Exaktheit. Aus Holz, das in der Glut zerbricht, tritt die darin enthaltene Luft hervor (als Anathymiase, Rauch: 361 a 18f., vgl. 384 b 15, 388 a 2. 31); so war es in Ephesos (371 b 5 ἐκπνεῖν aus enger Öffnung, wie das Blitzpneuma aus der Wolke, διαπνέον 370 b 6; διεκπνεῖν De mundo. 394 b 35), die Entzündung des Windes folgte (zu πυροῦσθαι b 6 vgl. 369 b 5, aus der Blitzgenese), der Feuersturm bildete den Höhepunkt (b 6f.).

Kapitel 2

76,32 (b 18) „Halo-Erscheinungen": Beugungsphänomene, diffuse Lichtkreise, „die durch Brechung des Lichts in den kleinen Eiskristallen der Atmosphäre entstehen", Gilbert 601. – Das Lehrstück, im Proömium nicht berücksichtigt, beschließt die Pragmatie. Das überrascht zunächst; aber die stete Berücksichtigung der Rolle, die die genannten vier Phänomene als Wetterzeichen spielen, andererseits die Wichtigkeit der feuchten Anathymiase für die Regenbogentheorie machen die Spiegelungslehre doch als Teil der arist. Meteorologie verständlich (so auch Solmsen 401).

76,38 (b 22) „Hof". ἅλως eigtl. Dreschplatz, Tenne. Ar.s Angaben zur Häufigkeit werden von modernen Statistiken ungefähr bestätigt, Böker, RE Suppl. IX 1962 s. v. Wetterzeichen 1666. – Es wird im folgenden zunächst das Erscheinungsbild der Halo, Iris, Nebensonnen, Stäbe gegeben, dann schließt sich, nach der Feststellung der Erklärungsgrundlage („hier handelt es sich überall um Spiegelung", 372 a 18), ein erneuter, nun ins Detail dringender Überblick in der gleichen Reihenfolge an, wobei Genesis, Gestalt und Farbe dieser Phänomene **begründet** werden (Kap. 3–6, 378 a 14). Ein guter Aufbau, der von dem Passus 372 a 21–29 gestört wird, so daß die Belehrung über Anaklasis a 29 neu ansetzen muß; die Schlußwendung legt es nahe, daß es sich um einen an nicht ganz richtiger Stelle (der Sachzusammenhang endete bereits 372 a 10) eingearbeiteten späten Nachtrag handelt.

77,3 (b 26) „Regenbogen". Die folgende selbstsicher vorgetragene Datenreihe geht gewiß in weitem Maße auf die Fachliteratur zurück, in der das Phänomen (seit Anaximenes?) seinen festen Platz hatte; nachprüfende Beobachtung hätte leicht manchen Irrtum korrigieren können (z. B. den sogleich folgenden, daß der Regenbogen im Laufe des Tages seine Größe verändert).

77,10 (b 33) „drei Farben". Die Dreifarbigkeit der Iris geht durch die gesamte Tradition (Gilbert 606); bei Ar. ist es die Gruppe **Rot**-Orange, Gelb-**Grün**, **Blau**-Violett. Seltsamerweise übersah er (vgl. a 8), daß sich Grün durch Mischen von Gelb und Blau erzeugen läßt. – Die wichtigsten Texte zur arist. Farbenlehre stehen De an. II 7; De sens. 3; und besonders hier, 374 a 3ff.

77,20 (372 a 11) „stets zur Seite": also östlich oder westlich von ihr (Webster); so auch 377 b 27ff. – Die beiden angeblich am Bosporus beobachteten Nebensonnen soll schon **Anaxagoras** studiert haben, 59 A 86 D.-Kr. (τὰ καλούμενα παρήλια), dazu Strab. VII, c. 307, Plin. Nat. hist. II 99. R. Bökers Ansicht, „daß die ausgedehnte Literatur der Alten über die metarsischen Phänomene letzten Endes auf einige wenige berühmt gewordene Beschreibungen zurückzuführen ist“ (a. a. O., 1674), ist bisher nicht erwiesen, verdient aber sorgfältige Prüfung.

77,29 (a 18) „Strahlenbrechung“. Anaklasis ist ein gut vorsokratisches Erklärungsprinzip (Empedokles: 31 A 56, B 44; Anaxagoras: 59 A 42, § 10; A 86); auch die für Ar.s Optik hier kennzeichnende (für seine Farbenlehre in Kap. 4 wichtige) Auffassung, in einem feuchten Medium, z. B. einer Wolke, werde ein vom Auge ausgehender Sehstrahl zur Lichtquelle hin gebrochen, scheint bereits von Hippokrates v. Chios vertreten worden zu sein (42 A 6, vgl. Solmsen 419, n. 111, und oben 342 b 36ff.). Alex. kann diese Theorie – die auch De cael. 290 a 21 zugrunde liegt – als überholt betrachten, 143,12ff. (wie ihm auch ihre Divergenz zu De an. II 7, 419 a 17f. nicht entgangen ist). – Ar.s Selbstzitat b 9f. ist nicht sicher nachzuweisen.

78,11 (b 3) „Teilbarkeit“: als konstituierend für den *σῶμα*-Begriff dargelegt zu Beginn des 1. Buchs Über den Himmel.

Kapitel 3

78,22 (b 13) „Kreisform“. Das Phänomen wird von seinem Unterschied zum Regenbogen her erfaßt, bei dem die Kreisform ausgeschlossen ist; der Gesetzmäßigkeit dieser Umrißformen dienen die mathematischen Nachweise in Kap. 3 und 5. Diese Differenzierung hat der Erklärer auch im Sinn, wenn er die Halo vom Vorhandensein einer entsprechenden Dunstmasse abhängig macht; denn die Iris entsteht *ἀφ' ὕδατος*, 374 a 1. *σύστασις* b 18: der Hof ist gemeint (wie 373 a 28); *συνίστασθαι* vorher bezog sich auf die Wolkenbildung (Lee). Um strikte terminologische Abstimmung ist Ar. nicht immer bemüht.

7831 (b 22) „Regenzeichen“. Die physikalische Theorie ist so angelegt, daß von ihr eine Rechtfertigung in Geltung befindlicher (freilich verkehrter) Wetterregeln erwartet werden kann. Böker scheint anzunehmen, daß die Wetterprognosen frei aus der eigenen Aitiologie gefolgert seien, Sp. 1663.

79,12 (373 a 5) „müssen die Punkte“. Die petitio principii ist nicht zu verkennen (Lee). – Zu Ar.s geometrischem Beweis s. Abb. 1 (bei Alex. p. 145) und Heath 180f.

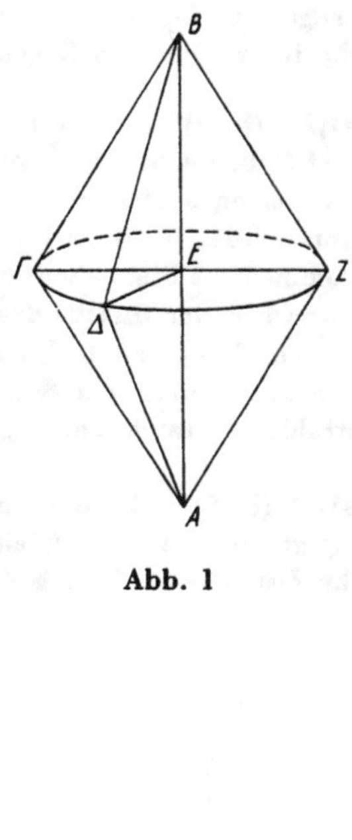

Abb. 1

79,27 (a 19) „Kontinuum“. Es scheint ein *συνεχές* vorzuliegen, d. h. ein räumlicher Zusammenhang, „wobei die sich berührenden Enden zweier Körper ein und dasselbe werden“ (Phys. V 3, 227 a 10ff.); tatsächlich aber folgen die winzigen Spiegel im Sinn eines *ἐφεξῆς* aufeinander (ebd. 226 b 34f.). – Die Farblosigkeit der Sonnen-Halo hätte Ar. nicht, seinem Differenzierungsstreben zuliebe, strikt behaupten dürfen (a 26, vgl. 374 a 15).

79,38 (a 23) „mehr in Erdnähe“. Die Bemerkung kann im überlieferten Zusammenhang, wo sie nicht einmal grammatisch haltbar ist, nicht geduldet werden; sie wird von Vimercati-Ideler nach a 26 *μελαντέρα*, von Webster richtiger nach a 29 *τοῦ ἀέρος* untergebracht. Aber es bleibt die peinliche Frage, wo eigentlich Ar. die Halo lokalisiert. Wir hatten mehrmals festzustellen, wie unvorsichtig er formulieren kann, wo er die Einwirkung der oberen Welt auf die untere bespricht (vgl. o. S. 139 f.); aber hier lastet es ihm Böker (a. O. 1666f.) ganz zu Unrecht an, er lasse die Halo sich an den Wassertropfen „einer das Gestirn umgebenden Nebelwand" bilden, was natürlich zu den ärgsten kosmologischen Ungereimtheiten führen würde. Wendungen wie *περὶ τὴν σελήνην* entsprechen offensichtlich dem Eindruck des Betrachters auf der Erde. Aber wo liegt die Wolkenregion, an die das Phänomen gebunden ist (z. B. 373 a 18)? Seit Vimercati bedienen sich die Erklärer des Hinweises a 24, daß es eine relativ windfreie Zone sein muß, und der große Mailänder Aristoteliker trifft es wohl auch, wenn er an den Bereich zwischen den Winden unterhalb der höchsten Berggipfel und der erdnahen Dunstschicht denkt (bei Ideler II 281). Unter *πνεῦμα* a 24 jenen kosmischen Luftzug aus 341 a 1 zu verstehen (Webster u. a.), erscheint mir abwegig.

Kapitel 4

80,10 (b 3) „Sehschwäche". Die folgende etwas abenteuerliche Geschichte (auch bei Sen., Nat. quaest. I 3,7) vergleicht Ideler II 287 hübsch mit dem als 'Brockengespenst' bekanntgewordenen Spiegelungsphänomen an Nebelwänden. — b 9 *ἀπωθεῖν*: die o. 207 besprochene Sehstrahl-Theorie liegt zugrunde. Vgl. H. B. Gottschalk 79. Die ungewöhnlich lose Struktur der Wortfolge b 8—10 ließe sich korrigieren (Thurot: *οὐκ ἐδύνατο ἀπωθεῖν καί* vor *ἔνοπτρον* b 8), aber die von *διόπερ* b 10 täuschend gedeckte Gedankenlücke bleibt; die Notiz über scheinbar vergrößerte Umrisse ist nach oben unverbunden. Ideler nahm eine Lücke nach *πυκνός* b 10 an, erwog auch Ausschaltung des Passus b 10—13 (*μεσουρανοῦντα*).

80,29 (b 18) „bloß die Farbe". Es wird an 372 a 32 erinnert; auch die hellglänzenden Partikelchen der Halo bestätigten den Satz. Wiederum wird von dem optisch überzeugenden Eindruck der *συνέχεια* gesprochen, b 24ff., den auch die Tröpfchen der die Iris ergebenden Regenwolke machen.

81,1 f. (b 29) „theoretisch möglich". Denkwürdig auch hier, wie sich Spekulation und Naturbeobachtung verknüpfen: der Meteorologe stellt sich eine bestimmte, rein aus seinen systematischen Voraussetzungen stammende Situation vor (die *ὅταν*-Sätze, b 19, b 29), er formuliert von hier aus die Bedingungen für das Zustandekommen des Phänomens und wird schließlich vom Augenschein bestätigt, b 31. Dem entspricht der Duktus des ganzen 4. Kapitels: den Regenbogen erklären, heißt beweisen, daß er dreifarbig sein m u ß (375 a 28 f.). Eine Folge dieses Argumentationsstils ist es, wenn ein Beweis, daß überhaupt die Iris durch Brechung der Sonnenstrahlen zustande kommt, hier ganz ausfällt (Ideler II 292).

81,11 (b 35) „die bunten Farben". Während die Genesis des Regenbogens klargelegt wird, erreicht zugleich die sorgfältig überlegte Abhebung vom Halo-Phänomen ihr Ziel. Die Darlegung der Farbenlehre wird bald, 374 a 20, durch das Eingehen auf Irisphänomene nichtmeteorer Art abgelenkt; 374 b 7 setzt sie neu ein, indem der Autor ein entscheidendes Denkmittel aus seinen unermüdlich betriebenen, offenbar nie abgeschlossenen Studien zur Sinneswahrnehmung hereinholt. Dem folgenden Kapitel bleibt noch der Erweis der Gesetzmäßigkeit, der die Gestalt des Bogens folgt.

81,16 (374 a 3) „leuchtendes Weiß". Ar. hat die Primärfarben – alle Farben sind Mischungen aus Schwarz und Weiß, De sens. 440 a 12 (vgl. 342 b 18) – nicht mit den Elementen in strikte Verbindung gebracht, wie es der Autor von De coloribus tut (1, 791 a 1), doch gilt ihm das Sonnenfeuer als weiß (auch 341 a 36), Wasser als schwarz, 372 b 25, 374 a 18. Die physikalischen *αἴτια* – Sonne und Regenwolke – führen nun zur ersten Mischfarbe, zum ersten farbtheoretischen Satz (Weiß in Schwarz erscheint rot: auch De sens. 440 a 10), dessen 'Sitz im Leben' sogleich genannt wird (a 4). Warum ist dann aber die Sonnen-Halo nicht rot, die doch auf den gleichen dunklen Wasserpartikeln (vgl. a 9) beruht? „Aristoteles ist nie ratlos, sondern erfindet rasch ein neues Prinzip" (Düring 355); hier bringt er den Zeitunterschied ins Spiel, der der Iris die farbige Brechung verschafft – ein Gedanke, der freilich nähere Prüfung nicht verträgt. – Zu den 'Stäben' (a 17) s. u. S. 213.

81,35 (a 20) „Licht einer Lampe". Das Gegenstück zu der Frage 'Warum keine farbige Halo?' heißt natürlich 'Warum keine Iris als Vollkreis?' Dies gibt es aber, *περὶ τοὺς λύχνους* – die Analoga aus Haus, Küche, Garten belegen einen der 'jonischen' Züge bei Ar. Die Beschreibung wird voll erst von der später (374 b 11) entwickelten Abstufung der 'Stärke' des Sehstrahls aus verständlich. Entscheidend, daß beim Lampenphänomen sowohl Licht wie Dunkel gemindert sind; so entsteht nicht Hochrot (*φοινικοῦν*), sondern Purpur, *πορφυροῦν* (dafür bei der Parallelstelle De color. 2, 792 a 4 ff. das nahverwandte *ἁλουργές*, das Plat. Tim. 68 C 1 als Mischung von Rot, Weiß, Schwarz erscheint). a 25: es käme dem Satzbau zugute, wenn man mit Thurot, Webster *τότε* ... *ἔνοπτρον* in Klammern setzt. – a 21 „Südwind": bei seinem Wehen neigt die Luft (!) besonders dazu, in Regen überzugehen, 6, 377 b 26 f.

82,7 (a 29) „Ruderblätter". Die drei a 20–b 7 gebotenen Veranschaulichungen lassen erkennen, wie gut Ar. zu trennen und zu verknüpfen weiß. Die Faktoren beim Regenbogen, wie ihn der Ruderschlag hervorruft, entsprechen den Positionen, wie sie am Himmel vorkommen, aber die Tropfenbildung ist bereits eine Phase weiter (vgl. 373 b 19–21!), die Farben gleichen dem Lampenphänomen; und der Wassersprenger zeigt schließlich, wie man die himmlische Erscheinung ohne Instrument selber hervorrufen kann.

82,28 (b 11) „unser Sehen". Schwarz wird im Peripatos als Negation (*ἀπόφασις*, *στέρησις*), durch das Ausbleiben des Lichtes, definiert (außer b 13 s. De an. 418 b 18 f.; De col. 791 a 12, mit Gottschalks Behandlung, 60 ff.); für die Farbentheorie wird dies dadurch wichtig, daß Ar. eine Hypothese seiner Sinnesphysiologie einbringt, derzufolge Schwarz als Ergebnis des Versagens unseres Sehens erscheint. Geschwächt wird es einmal durch die weite Entfernung von Objekten (b 14), dann aber auch eben durch den Brechungsvorgang (b 29), der ja den Weg des Sehstrahls verlängert (Webster zu b 22). So ergibt sich eine Skala: mit zunehmender Schwäche der *ὄψις* gelangt man von Hochrot über Lauchgrün (*πράσινον*, wogegen *χλωρόν*, z. B. 374 a 5, das Gelbgrün frischen Holzes ist) zu Violett, b 31f.

83,14 (b 33) „mit der Dreizahl": gleiche Hochschätzung in der sehr konzentriert geschriebenen Einleitung zu Buch I Über den Himmel, 268 a 11ff. – Das Streben, Taxis und Logos in der Natur zu finden, kann auch zu wirklicher Verbohrtheit führen; seine Dreier-Staffelung beherrscht Ar. so, daß er hinsichtlich des ersten und größten Irisbandes mit ganz unzulässig quantitativer Auffassung von *πλείστη ὄψις* spricht, 375 a 3 ('nonsense', Webster).

83,23 f. (375 a 7) „Zwischenstellung". Das Auftreten von Orangegelb im Regenbogen bedroht die schöne Dreiergruppe; Ar. verteidigt sie, indem er die neue Farbe einem anderen Aition unterstellt. Der Eindruck von Gelb beruht auf einer Kontrastwirkung; starke Wolkenschwärze hellt das rote Band auf (a 10). Lee in guter Note z. St. zeigt, daß der Meteorologe beim Verblassen des Bogens eine weitere Möglichkeit, das Gelb zu rechtfertigen, entdeckt und – recht unübersichtlich – eingearbeitet hat. – a 11: der den Zusammenhang störende, von den Erklärern verschiedentlich umgestellte Satz *ἔστι . . . χρώματος* scheint mir eine echte, an eine frühere Nennung der Farbe (372 a 10) erinnernde Marginalnotiz des Autors zu sein. a 15 *ἐγγύτατα* tilgt Lee (fehlt in einem Teil der Überlieferung).

83,33 (a 18) „Mondregenbogen". Die besondere Kontrastwirkung zur Nachtzeit läßt das mattrote Band weiß wirken (*τοῦτο . . . φοινικοῦν*, a 21, ist mit Lee gegen Webster zu halten.)

84,1 (a 26) „Beleuchtung". *αὐγαί*: vgl. Eur. Hek. 1154 *ὑπ' αὐγὰς τούσδε λεύσσουσα πέπλους*.

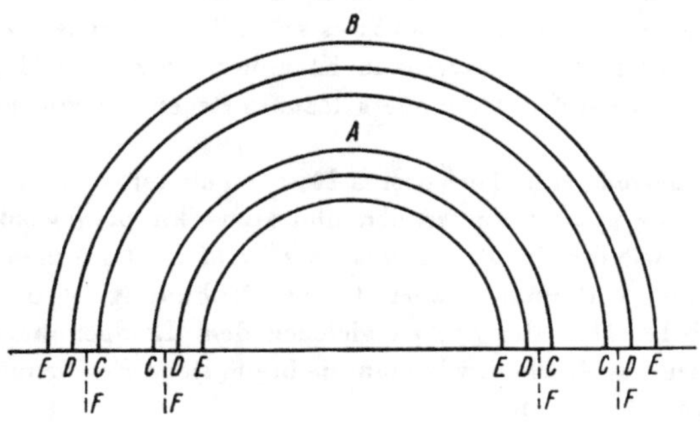

Abb. 2

Kapitel 5

84,24 (b 16) „weder einen Vollkreis". Den Nichtmathematiker muß begreiflicherweise die Widersprüchlichkeit beunruhigen, mit der man die folgenden geometrisch optischen Beweisführungen beurteilt hat. Die sehr scharfe Ablehnung durch Fr. Poske (Zs. f. Math. u. Phys., 27, 1883, hist. lit. Abt., 134ff.) wurde von Gilbert neuerdings von Böker wiederholt; andrerseits fanden hier P. Gohlke Spuren eines genialen Mathematikers (Übersetzung 188, Anm. 80), Düring souveräne Beherrschung der zeitgenössischen Mathematik (393). Was Sir Thomas Heath längst entdeckt (Euklid-Übersetz., II, [2]1926, 198 ff.) und 1949 nochmals mitgeteilt hat, ist offenbar zu wenig bekannt geworden: Ar.s Beweis 375 b 16–376 b 12 stimmt sehr genau mit einem auf den Namen des Apollonios von Perge gestellten Theorem zusammen (Apollonios, II, 180 ff. Heiberg); der 376 a 5 bezeichnete Kreis (MN) ist die als 'Kreis des Apollonios' bekannte Konstruktion, die also bereits zur Zeit Ar.s gefunden war. Schwerlich wird man überschätzen können, mit welcher Intensität im Athen der Mitte des 4. Jh. an der Erweiterung der Grenzen von Geometrie, Astronomie, Optik (vgl. z. B. die Andeutungen 370 a 16) gearbeitet wurde; mit Grund hat man neuerdings oft in diesem Zusammenhang den Namen des Eudoxos genannt. Ein Specimen aus dieser Arbeit mag sich in Meteor. III 5 darstellen. – Der Gegensatz zwischen dem recht anspruchsvollen mathematischen Aufwand und der durchaus nur partiellen Wichtigkeit des Themas (wie es b 16 formuliert wird) ist immer aufgefallen. Wenn sich der Philosoph hier als Mathematiker zeigt, so gibt er damit nichts von der Haltung auf, die ihn mißtrauisch darüber wachen läßt, „daß nur ja nicht das Physikalische mit dem Bloßmathematischen (Bloßgeometrischen) verwechselt und damit verkannt werde" (H. Wagner, Ar. Physik-Vorlesung, Bln. 1966, 550). – Das Folgende ist ganz und gar ein Text zu einigen geometrischen Zeichnungen, bei dessen Übersetzung ich mich an Heath (dessen postumes Werk Lee anscheinend noch nicht vorgelegen hat) anschließe. Auf seine sorgfältige Vergleichung (186 ff.) des arist. Verfahrens mit der für Apollonios überlieferten Konstruktion sei besonders hingewiesen. – Gohlke bietet in den Anm. 74 ff. einige kompetente Erläuterungen.

84,33 (b 24) „stumpfer Winkel". Wörtl. „über den größeren Winkel", scil. bei *K* (wo der Beobachter gedacht werden soll). Abb. 3: Heath bietet ein Diagramm, das die (hier wiedergegebene) Figur bei Alex. p. 171 verdeutlichend umordnet. Ich habe im Einklang mit den englischen Kommentatoren die griechische Beschriftung wiederhergestellt. Mit *H* ist der aufsteigende Himmelskörper (Sonne, Mond), mit *M* ein Punkt in der Wolke bezeichnet, mit *H M Π* ein Halbkreis in einer Ebene, die man sich am besten senkrecht zum Horizont vorstellt (vgl. 375 b 33 *διοίσει οὐδέν*); *O* ergibt sich am Ende des Beweises (376 b 20) als Mittelpunkt des Kreises, von dem ein Halbkreis den Regenbogen repräsentiert. Um das Verhältnis der Strahlen Auge–Wolke und Wolke–Sonne geht es; Ar. ist inständig bemüht zu zeigen, daß dies Verhältnis auf einen und nur einen Punkt auf dem Kreis *M N* führt, auf *M* nämlich, den Ort des spiegelnden Tropfens bei dem Phänomen. Der Regenbogen ist „der Ort sämtlicher Punkte, deren Abstände vom Beobachter und von der Sonne ein bestimmtes Abstandsverhältnis haben, soweit diese zugleich auf der

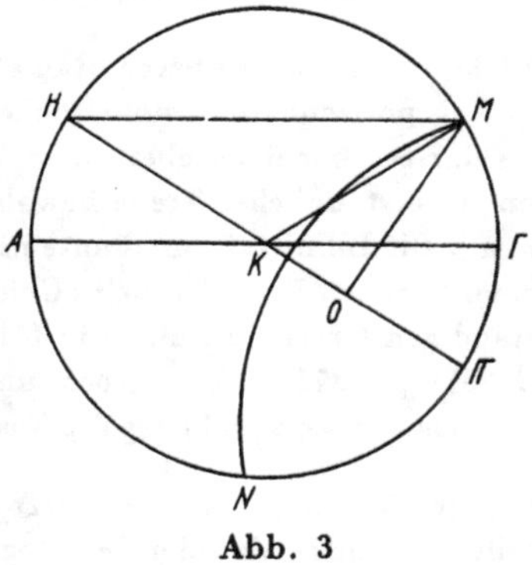

Abb. 3

Himmelskugel liegen", Gohlke 187. – Heath hat übrigens gegen Webster sichergestellt, daß *M N* und *H M Π* in der gleichen Ebene liegen (186).

85,2 (b 31) „die Ebene *A*". *A*, zuerst eine Halbkugel, wird jetzt für einen großen Kreis (der Vollkugel) gebraucht, genauer für seine über dem Horizont befindliche Hälfte (Webster; Lee dagegen tilgt *ἐν ᾧ ἡ*.A).

85,17 (376 a 10) „eine Strecke *Δ B*": s. Abb. 4.

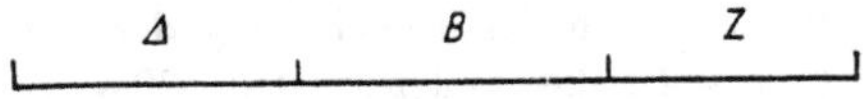

Abb. 4

85,23 (a 14) „also ist *Δ* . . .": von Fobes, Lee gestrichen.

86,5 (a 31) „*Π P*: *Π K*": also sind die Dreiecke *H Π P*, *P Π K* ähnlich (Heath 184)

86,5 (a 31) „*H P*: *K P*": die codd. haben links fehlerhaft *Π P*; das Richtige schon bei Alex., Ol., Webster.

86,11 (b 4) „in dem genannten Verhältnis" – nämlich *Z*: *KH* = *B*: *KP*. Der sich hier schließende Gedankengang war in unserer Bezeichnung ein 'Eindeutigkeitsbeweis'.

86,17 (b 7) „und schließlich auch". Von Fobes, Lee wohl mit Recht getilgt; anders Heath. – b 10: ich lese *ἀπὸ τοῦ H καὶ K* (mit Webster, Lee).

86,25 (b 12) „läßt man . . . rotieren". Zu dem hier beginnenden Beweisgang vgl. Heath 189. Es wird gezeigt, daß bei dem gedachten Rotieren der Figur die Linie *Π M* einen Kegelmantel umschreibt, dessen Basis, ein Kreis mit *O* als Zentrum, nichts anderes repräsentiert als den über dem Horizont sichtbaren Regenbogen. *τὸ περὶ τὴν M N* (b 21) wird mit Webster, Heath als Glosse zu tilgen sein.

86,35 (b 22) „den oberen Raum". Die Nichtzugehörigkeit des abgerissenen, auch in sich notizenhaft uneinheitlichen Textstücks ist seit Ideler allgemein anerkannt. Es dürfte aber doch eher ein Schnitzel aus der arist. Werkstatt sein – wie sie ja mit so erstaunlicher Treue bewahrt worden sind – als eine Interpolation (Webster u. a.). Die Infinitivform könnte nahelegen, daß es sich um die formlose Aufzeichnung einer fremden Doxa handelt (Gohlke). Die angedeutete Begründung für den unvollständigen Kreis läuft allem in III 5 Abgehandelten zuwider. Zum Mondregenbogen (b 25) vgl. 375 a 17. – Noch ungeheilt die schwere Korruptel b 23 † *προσπτεριζομένων* † (*πρὸς τῇ γῇ στηριζομένων*: J_{rec} E_{var} Ol.).

87,6 (b 30) „die Achse sei jetzt *H Π*". Der Beweis wird jetzt auf den (normalen) Fall angewandt, daß der den Regenbogen verursachende Himmelskörper sich oberhalb des Horizontes befindet. Das Diagramm (Abb. 5) nach Heath 190.

87,11 (377 a 3) „der Kreis *H Π*". Die Gerade (in der Zeichnung) *H Π* wird als Projektion eines zur Zeichenebene senkrecht stehenden Kreises aufgefaßt, hier als

'Horizont' bezeichnet. „Hiernach heißt also Horizont eines Sterns derjenige größte Kreis, der den Stern enthält und auf seinem Vertikalkreis senkrecht steht", Gohlke. *ἀνατολή* 'Höhe' eines Gestirns: astronomische Fachsprache (ebd.).

Kapitel 6

88,3 (a 32) „früher dargelegt". Vgl. 372 a 10ff., 374 a 16ff., wo diese Phänomene unter dem Gesichtspunkt ihrer Differenzierung vom Regenbogen kurz besprochen worden waren; Wiederholungen geht Ar. nicht aus dem Wege. b 8 „wegen der Kleinheit . . .:" Fobes streicht die nicht einhellig überlieferte Wortgruppe (vgl. 373 b 25).

88,22 f. (b 14f.) „Stäbe . . . Nebensonne". Letztere ein Halophänomen, erstere wohl den Wasser- oder Regengallen gleichzusetzen, also Stücken eines nicht ausgebildeten Regenbogens (Gilbert 617). Mit dem strengen Tadel Bökers (Wetterzeichen a. O. 1672), daß Ar. die beiden verschiedenen Phänomene konfundiert habe (was fortan durch die Tradition geht), kann der Ar. Leser wenig anfangen. Zuzugeben ist, daß der Meteorologe schlechter Beobachtung vertraut hat (b 16 'weiße Farbe'; Nebensonnen können so farbenprächtig sein wie die Iris, Böker a.O. 1673).

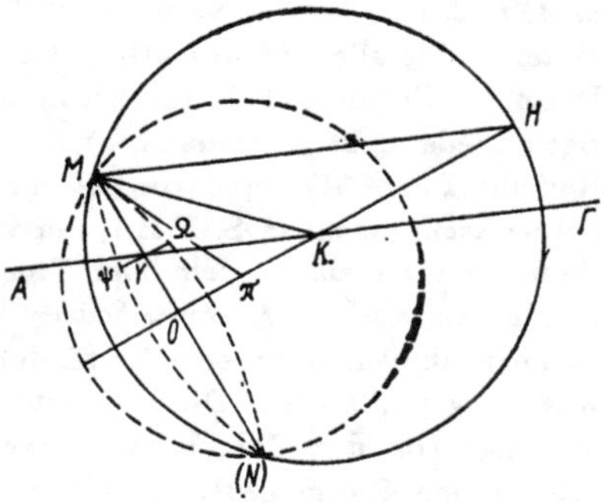

Abb. 5

88,37 (b 28) „wie dargelegt": vgl. 372 a 10. – Im folgenden läßt der Erklärer wieder einmal den ihm so werten Symmetriegedanken in liebevoller Ausführlichkeit hervortreten: nur bei einem ganz bestimmten Verhältnis zwischen der Kraft des Sehstrahls, der dunstauflösenden Kraft der Sonnenstrahlung und ihrer Entfernung vom Luftgebilde kommt die Naturerscheinung zustande. So steht das letzte Lehrstück der eigentlichen Meteorologie in Beziehung zu einem tragenden Gedanken in der atmosphärischen Physik Theophrasts.

89,19 (378 a 12) „Wirkungen der Ausdünstung". Es ist lange her, daß wir zum letzten Mal von der Anathymiase hörten, 372 b 32; daß zu ihren *ἔργα* die Spiegelungsphänomene gehören, trat ganz zurück, vielmehr waren es eindeutig Luftgebilde (z. B. 374 a 12, 377 b 5. 32), deren der Erklärer für die Brechung des 'Sehstrahls' bedurfte, oder auch Wasserdampf. Hier aber wird unter *ἔκκρισις* mit Betonung die doppelte Ausscheidung verstanden. Der Übergang zu den subterranen Stoffen, dem neuen Sachgebiet, das wenigstens anvisiert wird – als Forschungsprogramm für die Schüler? Solmsen 402 – ist unleugbar etwas gewaltsam. Noch überraschender ist, daß Ar. sich so ausdrückt (b 13. 15), als habe er bei seiner bisherigen Darstellung ein lokales Prinzip – von oben nach unten – befolgt (zu diesem s. o. S. 135) –: da ist die Abhandlung über das Meersalz (das doch ein *ἔργον* der Anathymiase sein soll) ignoriert; der Exkurs wird noch nicht vorgelegen haben.

89,28 (a 21) „durch ihre Hitze“. Eichholz hat sichergestellt (144), daß die Anathymiase nicht die stoffliche, sondern die bewirkende Ursache der Mineralien ist (als Objekt zu *ἐκπυροῦν* ist doch wohl Erde zu denken). Die meisten der hier genannten Mineralien waren als Farben im praktischen Gebrauch der Maler, vgl. Theophr. De lap. 50, 51, 58. – „Metalle“: die Übersetzung wird erlaubt sein, obschon *μέταλλα* in vorchristlicher Zeit 'Bergwerk', 'Gruben' heißt.

89,31 (a 25) „Staub“. Aber als Verbrennungsprodukt eben staubfeine Asche, daher neben *τέφρα* 357 a 31; beides als Reinigungsmittel benutzt (Eichholz 145). *κονία* sonst noch 'Lauge' und 'ungelöschter Kalk'.

89,34 (a 28) „sie alle verursacht“. Hier bildet die Ausscheidung wirklich das Material; Metalle sind wesentlich Wasser: Plat. Tim. 59 B, Theophr. De lap. 1 u. ö. Darin hat Eichholz (142f.) recht; im übrigen kann ich seiner Auslegung der schwierigen Stelle nicht zustimmen. a) Der Wert des Hinweises auf die Entstehung von Reif und Tau (a 31) liegt darin, daß er auf das dort gemeinte Antiperistasis-Phänomen aufmerksam macht (s. S. 151f.); nur von hier aus wird – was Eichholz entging – der Sinn verständlich, in dem hier Trockenheit den Wasserdampf konzentriert. Die Ausdrucksweise *εἰς ἓν συνθλιβομένη* ist eindeutig und macht es unmöglich, mit E. anzunehmen, es sei eine Verbindung von feuchter und trockener Anathymiase, was da gepreßt wird. Die bekannte Lehre, daß die beiden Ausdünstungen immer vereinigt von der Erdoberfläche nach oben steigen, durfte hier, wo es um den subterranen Raum geht, nicht herangezogen werden; zudem ist es von a 16 an ganz deutlich die Absicht des Autors (dreimaliges *δύο*!), die beiden getrennt zu behandeln. b) Was bedeutet *ἀποκριθῆναι* a 31f.? Ich halte es für unmöglich, mit Alex. 177, 27ff. und E. dies im Sinn des zu Beginn von I 10 beschriebenen Vorgangs zu verstehen, wo sich 'Feuer' und *ἀτμίς* voneinander trennen; von einem 'Sichabscheiden' des Feuchten vom Trocken-Warmen ist dort gar nicht die Rede (anders 372 b 32). Läßt man sich von Ar.s Rekurs auf I 10 führen, dann erkennt man, daß mit *πρὶν ἀποκριθῆναι* (a 32) der Satz *ὅταν ἡ ἀτμὶς παγῇ πρὶν εἰς ὕδωρ συγκριθῆναι* (347 a 16) geradezu zitiert wird: das *ἀποκριθῆναι* kommt eben einem *συγκριθῆναι* gleich, hier praktisch einem 'zu Wasser werden'. 'Bevor' – das entscheidende punctum comparationis!. – bevor Wasserdampf dort zu Tau, hier zu Wasser werden kann, „vollzieht sich das Werden der Metalle“, a 32. c) Man darf weiterfragen: gilt dann also das Modell der Reif-Entstehung? Aber dann müßte ja die Verfestigung des Wasserdampfs im Erdinnern zu Eis führen! Aber dem Bergmann tritt Metall nicht nur, insoweit man es zum Fließen bringen kann (a 27), in seiner Wassernatur entgegen, sondern mit seiner Festigkeit auch in seiner Erdnatur (wenn auch über die Verbindung von Wasser und Erde kein Aufschluß gegeben wird). '*γῆν ἔχει*' (b3): erkennbar ist dies an der durch den Erdbestandteil vermittelten 'trockenen' Anathymiase – und diese ist erkennbar an der Brennbarkeit der Erze. Der Erdcharakter, nicht der *ἀτμίς*-Charakter (wie E. meint) ist Ursache des Innewohnens der warmtrockenen Ausscheidung. Dieser Sachverhalt stellt auch – und darauf kommt es dem Autor schließlich besonders an – das entscheidende Differenzierungsmoment dar einerseits gegenüber der Entstehung von Reif und Tau, andererseits der Genese der Erdsäfte (b 1).

90,8 (b 1) „Säfte“. Bereits vorsokratisch: *χυμός* 1. Saft. 2. Geschmack eines solchen, 3. Geschmack als Sinnesempfindung. Hauptstelle De sens. 4, wo ihre Siebenzahl festgestellt, wird übernommen von Theophrast, De caus. pl. VI 4 (*'ὁ δὲ ἀριθμὸς ὁ τῶν ἑπτὰ κυριώτατος καὶ φυσικώτατος'*!). Ar. läßt die Geschmacksarten aus Bitter und Süß hervorgehen wie die Farben aus Dunkel und Hell, a. a. O., 442 a 12f. Platons Geschmackstheorie Tim. 65 B–66 C wird besprochen von Theophr. De sens. 84. Dem Streben der peripatetischen Naturkunde, dem Einfluß des Bodens auf das Wachstum der Pflanzen differenzierend nachzugehen, kam die Thematik *Π. χυμῶν* besonders entgegen; man darf heute den Mut haben, in berühmten Naturbildern des Poseidonios (Strab. VI, p. 268f., Vitruv. VIII 3,12f.) das theophrastische Gut anzuerkennen. Reinhardt 109ff.; Steinmetz 250ff.; vgl. auch des hochverdienten W. Capelle letzte Arbeit, Rh. Mus. 104, 1961, 47ff.

90,11 (b 5) „weitere Prüfung". Daß sie, auf der soeben angegebenen Grundlage, im 4. Buch nicht erfolgt, darin sind sich Verteidiger und Bestreiter von dessen Echtheit einig, s. Düring, 1966, 350; Gottschalk 68.

BUCH IV

Alexander von Aphrodisias eröffnet seinen Kommentar zu diesem Buch mit dem Urteil, es gehöre nicht zu der Thematik der drei voraufgegangenen Bücher, sondern schließe sich eher dem Lehrgang Über Werden und Vergehen an; aristotelisch sei es aber (was also zu seiner Zeit nicht unbestritten war). Diese Feststellungen sind auch für uns durchaus brauchbar: wir müssen uns von der überlieferten Anordnung des Traktats freimachen, wir müssen für ihn einen anderen geistigen Umkreis innerhalb der arist. Naturschriften suchen; der Blickpunkt für die Echtheitsfrage ergibt sich dabei von selbst. Zunächst freilich gilt es, den richtigen Blickpunkt für das Werkchen selbst zu finden mit seinem fragwürdig scheinenden Nebeneinander der spekulativen Dynamis- und Stoicheia-Lehre und einer Fülle von empirischen Einzeldaten aus der Alltagswelt, aus Wohnhaus, Küche und Garten, den Lebensbereichen des Bauern, des Köhlers, des Eisenhüttenarbeiters. Was andere Lehrschriften nicht nahelegen, das zu bedenken fordert Meteor. IV auf jeder Seite auf, nämlich sich zu erinnern, daß Ar. in einer Welt ohne Industrie in unserem Sinne, ohne Technik lebte, ohne jene durch Apparate aller Art gestiftete Distanz zu den Naturdingen, die uns selbstverständlich geworden ist, aber auch in einem Nahverhältnis zu den Werken der *τέχνη*, der menschlichen Handgeschicklichkeit, das uns verlorengegangen ist. In Meteor. IV liegt ein Versuch vor, mit den Materialien und Denkmitteln des frühen Peripatos die täglich erfahrbaren Naturprozesse 'von oben' her zu erfassen, mit der Begrifflichkeit, die uns aus den älteren Physikbüchern, aus De gen. et corr. und De cael. bekannt ist. Die Kühnheit, einen solchen Versuch auf die Innenstruktur der Naturdinge zielen zu lassen, war bereits dem größten Biologen unter den 'Vorsokratikern', Empedokles, eigen; könnten wir nur sein Naturgedicht neben die grandiose Prosadichtung legen, die uns erhalten ist – Platons Timaios! Beide Werke bilden den unmittelbaren Hintergrund der eben genannten Aristotelica und wirken auch in das Opusculum hinein, dessen Titel 'Chemischer Traktat' (Düring) wohl das Feld behalten wird. Der Name der modernen Wissenschaft lenkt uns Heutige auf das Universum hinter der Erscheinung als den Bereich des Eigentlichen und Wirklichen hin; demgegenüber gilt es festzuhalten, daß für die griechische Zeit, die ohne Mikroskop, ohne die Möglichkeit des genauen Messens und Wägens Naturforschung trieb, das innere Wesen der Dinge und Prozesse von ihrem Anschaubaren keineswegs durch eine Kluft getrennt war. Dies mag die Unbefangenheit erklären, mit der in Meteor. IV komplizierte Reaktionen der Stoffe mit den Elementarkräften in einen ursächlichen Zusammenhang gebracht werden. Mit dem beobachtenden Auge, der betastenden Hand, dem scharf unterscheidenden Geschmackssinn glaubt dieser Physiker wirklich dem Wesen der Dinge, nicht nur ihrer irreführenden Außenseite, nahezukommen. Freilich ist diese Unbefangenheit nicht mehr die der Reisenden und Schreibenden des frühen Jonien, die ihrer freudigen Wißbegierde keine andere Schranke setzten als die, die für sie eben ihre hellenische

Frageweise bedeutete. Das Streben (in dem sich die athenische Klassik mit den 'Vorsokratikern' einig ist), „das Naturgeschehen intellegibel zu machen" (so drückt es Düring einmal aus, 1966, 51) schlägt sich in diesem Traktat unleugbar in einem voreiligen Dogmatisieren nieder, das den Weg versperrt zu schlichten Fragen nach dem, was sich eigentlich beim Brennen des Töpfertons, beim Gerinnen der Milch, beim Reifen einer Frucht feststellen läßt.

Das Problem der historischen Stellung von Meteor. IV führte von selbst zur Untersuchung der Echtheit. Ihre Bestreitung durch Ingeborg Hammer-Jensen (1915) war unzulänglich begründet; sie hatte Dürings Kommentar zur Folge, der die Zugehörigkeit des Traktats zu Sprache und Begriffsschatz des Ar. abschließend bewiesen hat. Aber ein Kenner wie F. Solmsen (1960) blieb skeptisch, und in der Tat müssen gewisse Lehrdifferenzen ernstgenommen werden. Den Abstand zwischen der teleologischen Haltung des Schlußkapitels und dem anders gestimmten Hauptteil vermochte H. Happ (1964) wenigstens zum guten Teil zu überbrücken; hinsichtlich der Porentheorie sind Harmonisierungsversuche mißlungen. In einer von De gen. et corr. her gesehen unerwarteten Weise rechnet der Autor der Schrift mit feinen Kanälen in organischen wie anorganischen Körpern, die das Einwirken äußerer Faktoren ermöglichen (unter Umständen auch verhindern). Ar.' Theorie der Elemente und Qualitäten sieht dergleichen sonst nicht vor, ist auch nicht darauf angewiesen. Düring konnte zwar zeigen, daß die empedokleische bzw. atomistische Vorstellung von *πόροι* auch in Meteor. IV fernsteht (74ff.), doch wies Gottschalk (1961) mit Recht darauf hin, daß die Verwendung der Poren in dem umstrittenen Buch eine eigengeprägte, durchdachte Theorie 'chemischer', also zu Strukturänderungen führender Veränderungen ergibt. Das bedeutet unleugbar einen Widerspruch zu Ar.' eindeutiger Ablehnung aller Strukturauffassungen, die seinen Vorstellungen vom Kontinuum in der Körperwelt zuwiderlaufen (Gottschalk 68ff.). Andererseits ist es auf Grund von Dürings und Happs Nachweisen unmöglich, das Buch (dessen Autor im folgenden mit Ar. bezeichnet wird) einfach zu athetieren.

Wer den verwirrenden Sachverhalt deuten wollte, müßte für das unarist. Anmutende einen anderen Peripatetiker als Verfasser bereitstellen. Ich halte es durch die Untersuchungen von Düring und Happ für erwiesen, daß Theophrast als Autor nicht in Frage kommt, obwohl bei ihm das Poren-Aition eine gewisse Rolle spielt. Seiner anschauungsgesättigten Empirie, seiner umsichtigen, nicht selten skeptischen Art, verschiedene Lösungsmöglichkeiten zu bedenken, steht der in Meteor. IV aufscheinende hart-deduktive Argumentationsstil und die Freude seines Autors an Klassifizierungen ganz fern.

Doch sollte vielleicht die Suche nach einem anderen Autor, als ihn die Überlieferung bietet, nicht in die erste Linie gerückt werden. Hier ist auf ein Verfahren Dürings aufmerksam zu machen, der der lehrgeschichtlichen Stellung des Traktats innerhalb des Corpus Aristotelicum nachging. Es gelang ihm m. E. mit Sicherheit, Meteor. IV gegenüber I–III als älter zu erweisen. Hier kann man wohl noch etwas weiterkommen. Zu einer Stufe, auf der die Anathymiasenlehre noch nicht entwickelt, die Windlehre (s. zu 387 a 29) noch nicht reformiert, die Feuerauffassung noch nicht auf die meteorologischen Bedürfnisse umgestellt ist, paßt es, daß – wie in De cael. – die Naturlehre der späten Akademie noch stark hereinwirkt; Berührungen mit dem Timaios, wie sie der Kommentar nachweist, legen dies nahe. Allerdings muß dann die Stellung zu De gen. et corr. neu überlegt werden. Es ist mir unbegreiflich, daß man diese Bücher — "this fascinating and masterly little treatise" (Joachim) — zeitlich vor die chemische Abhandlung rücken will. Die Abfolge De gen. et corr. — Meteor. IV — De part. anim. — De respir. überzeugt nicht, wenn sie eine allmähliche Vertiefung von Ar.' Naturblick und stärkeres Hervortreten der Empirie belegen soll (Düring 66). Bei unserem 'Chemiker' ist viel stärker als in den Büchern Über Werden und Vergehen ein konstruierender Schematismus am Werk, der die Tiefgründigkeit der dort gebotenen Distinktionen nirgends erreicht. In immer neuen Anläufen, die verwunderlichsten Wiederholungen nicht scheuend, ringt hier der Autor um Gruppenbildungen, die gelegentlich bare Listenform annehmen; von jenem Hauptwerk *Περὶ στοιχείων* aus müßte das wahrscheinlich als ein befremdlicher Rückschritt erscheinen. Dabei darf das überhöhende Schlußkapitel nicht zu der Auffassung verleiten, es liege ein zielbewußter Aufbau dieser zwölf Kapitel vor; vielmehr muß man beherzt beim Wort nehmen, was Düring gelegentlich (23) andeutet: diese Lehrschrift ist keine Einheit, sie zerfällt in sich nur zum Teil ergänzende, zum Teil aber parallel gelegte Stücke (wenn auch in den Kapitelüberschriften der neueren Interpreten ein überlegter Aufbau suggeriert wird).

Was wir haben, könnte eine Vorstudie zu De gen. et corr. sein und zu Ar.' älteren Versuchen auf diesem Gebiet gehören; er hat sich dabei von der im Timaios niedergelegten Strukturlehre, mit ihren *ὄγκοι* und *διάκενα*, anregen lassen, um später wieder auf dies Denkmittel zu verzichten. Daß der nacharist. Peripatos dann wieder auf eine Vorstufe des Systems zurückgriff, ist — wie etwa die Windlehre zeigt — nicht ohne Parallele. Die andere Möglichkeit, die Bearbeitung eines arist. Entwurfs durch einen (uns unbekannten) Peripatetiker anzunehmen, scheint sich nicht recht bündig machen zu lassen.

Erläuterungen zu Meteor. IV vermögen nur eine Nachlese darzustellen zu Dürings bewunderungswürdigem Werk (1944), das zusammen mit dem Kommentar von 1943 (De part. anim.) unsere Kenntnis der arist. Naturlehre entscheidend vertieft hat.

Kapitel 1

91,1 (378 b 10) „es wurden statuiert", usf. Im Original ein Riesensatz, dessen Aufbau Bonitz geklärt hat (3,66); es wird in ihm eine gedrängte Übersicht der fürs erste wichtigsten Lehrbegriffe geboten, wie es oft die Aufgabe solcher mit *ἐπεί* eröffneten Perioden ist (recht genaue Parallele der Anfangssatz von De gen. anim.). Das Stichwort *διώρισται* (auf alles bezüglich, was anschließend zu Elementen und Qualitäten gesagt wird, nicht nur auf *τέτταρα αἴτια*) kehrt genau an der Stelle wieder, wo — nachdem die Übersicht als knappe Formel wiederholt ist — das neue Thema anvisiert wird (*ληπτέον ἂν εἴη*). b 13—b 25 ist Parenthese: vom Kurzreferat der Lehre springt der Autor, recht bezeichnend, ab, um die Thesen, so bekannt sie sind, doch auch hier nochmals zu begründen, und zwar gut aristotelisch auf Augenschein (b 14) und *λόγοι* (b 20). Die eigenen Lehrbegriffe als objektive Instanz: das ist nicht ungewöhnlich; Meteor. II 4, 360 b 29: 'dies muß sich so (in der Natur) vollziehen, unserer Theorie zufolge'; umgekehrt kann es keine Meeresquellen geben, weil ein solches Eidos von Gewässer im System keine Stelle hätte, II 1, 353 b 23—35. — Die *λόγοι* b 20 auf eine bestimmte Stelle der Pragmatien zu beziehen, scheint nicht notwendig (abwegig, mit Lee an Meteor. I 2 zu denken); es handelt sich um elementare Begriffe, wie sie zum Gerüst in De gen. et corr. gehören. Vgl. Düring, 1943, 125ff.; 1944, 26.

91,4 (b 14) „methodische Erfahrung". Genau die gleiche Wendung (mit *πίστις*) auch Phys. V 1, 224 b 30; Met. XI 11, 1067 b 14. Man hat 'Evidenz durch Beispiele' vorgeschlagen, und Ar. scheint zuzustimmen: 'Das Beispiel ist der Epagogé ähnlich', Rhet. II 20, 1393 a 26 u. ö. Aber 'Beispiele' folgen ja hier gerade nicht, wie denn auch an der soeben zitierten Stelle Epagogé nur als 'Ausgangspunkt' (arché) herangezogen wird. Der Begriff ist eben von recht schwieriger Struktur (Wagner zu Phys. I 1, 185 a 14); (nach ihm meine Übers.). Hier kommt es auf seine – bei Ar. mehrfach belegte – Austauschbarkeit mit *αἴσθησις* (vgl. *φαίνεται* b 14) gegenüber *λόγος* an, z. B. EN I 7, 1098 b 3, Anal. post. I 13, 78 a 34. Vgl. die Analyse durch K. v. Fritz (in der o. S. 129 zitierten lichtvollen Akademie-Abhandlung, 24. 51), der das Moment des Augenscheins, der 'beobachtbaren, erprobbaren Tatsache' hervorhebt.

91,6 (b 15) „die Form bestimmen". *ὅρος* ist die im äußeren Umriß faßbare Gestalt, neben Morphé und Eidos De gen. et corr. 335 a 21 („Grenzlinie", a 20), *εὐόριστος* /*δυσόριστος* neben *μεταβάλλειν* (hier b 16) und *συγκρίνειν* (hier b 22), 329 b 26–32. Vgl. Düring 65f. Hübsch das mediale *ὁρίζεσθαι* b 21 gegenüber dem unpersönlichen *ὁρίζειν* b 15.

91,19 (b 27) „Tätigkeiten ausüben". Zu lesen *ἃς ἐργάζονται* mit H N (Düring).

91,29 (b 33) „richtiges Verhältnis". Es ist gegeben, wenn sich die aktiven Qualitäten – wie es im nächsten Satz heißt – 'in der Materie durchsetzen', vgl. 379 b 33–35 (lehrreich *κρατεῖν* neben *ὁρίζεσθαι*, *φύσις* und *λόγος*) und 390 a 5. Die Herausarbeitung von Logos als 'Proportion' wird Joachim verdankt (zu De gen. et corr., p. 64. 70f. u. ö.); Düring (69) erkannte die Zusammengehörigkeit mit dem Symmetriebegriff, der uns in Meteor. I–III mehrmals begegnete.

92,3 (379 a 5) „das Ende all dieser Dinge". Nach Dürings Rat ist *τέλος γὰρ τούτων ἁπάντων* zu lesen (mit E_{corr}, Alex., Henricus Aristippus, der 1162 das IV. Buch aus dem Griechischen übersetzte).

92,12 (a 12) „Umgebung". *τὸ περιέχον* ist später der bekannte hellenistische Terminus für 'Luftraum', 'Atmosphäre', vgl. z. B. Sext. adv. math. VII 130 (die von Reinhardt, Kosmos und Sympathie, 1926, 194ff. erschlossene Erkenntnislehre des Poseidonios), Polyb. IV 21,1f. (Einwirkung der Atmosphäre auf Wesensart und Gestalt der Menschen); diese vielfach in die Doxographie der Vorsokratiker eingedrungene Bedeutung ist bei Ar. gut bezeugt (etwa Phys. VIII 2, 253 a 11ff. (ebenfalls mit dem Gegensatz 'Innen'–'Außen'), 6, 259 b 11) und sollte auch hier angenommen werden, wo es vor allem um die Temperatur der 'Außenluft' geht (anders Düring: 'some external agent'). Gleich nachher *ἐν τῷ περιέχοντι ἀέρι καὶ ὕδατι*, a 27, *τὰς ἐν τῷ περιεστῶτι δυνάμεις*, b 4.

92,15 (a 15) „mit Ausnahme des Feuers". Physiologische und kosmologische Spekulation und – in sehr viel geringerem Maße – Beobachtung stehen in bezeichnender Weise nebeneinander. Feuer ist Eidos gegenüber Erde Wasser Luft, „weil es von Natur πρὸς τὸν ὅρον (= nach oben) strebt“ (hier ist Ar. einmal auch mit Vorgängern einig, a 18), De gen. et corr. II 8, 335 a 19. Feuer fault nicht: das ergibt sich eigentlich schon aus diesem Wertvorsprung, ist aber auch volkstümliche Anschauung, steht auch in dem empiriegesättigten 13. Problembuch (4: Trockenes und Warmes – also Feuer, θερμόν gegen Flashar nicht zu streichen – ist unfaulbar, 908 a 15; dort auch, daß am Ende des Faulens Trockenheit steht, 907 b 24, an unserer Stelle a 22).

92,17 (a 16) „Fäulnis“. Die Auffassung des Vorgangs ist mit der Lehre von der ‘wesenseigenen Wärme’ verbunden, die bei Ar. seit langem (M. Wellmann 1901) als Erbe der sizilischen Ärzte, also indirekt des Empedokles gilt. Vorausgesetzt wird, daß eine größere Wärme von außen die dem Organismus eigene kleinere ‘überwältigt’ (klassische Stelle De juv. 5, 469 b 21 ff., wo auch der Unterschied zwischen Verwelken und gewaltsamer Vernichtung gemacht wird, wie hier a 5f.); genau so bei Theophr. fr. 10,1 Wi., De igne 1,10. Dem Wärmeverlust beim Faulen geht aber (a 24) das Schwinden der innewohnenden natürlichen Feuchtigkeit parallel, deren Bestand an die Anziehungskraft der θερμότης gebunden ist (a 25, mit der genauen Parallele Meteor. II 2, 355 b 9f.).

92,27 (a 26) „bei Kälte“. Vgl. ἡ ἀλέα ... σήπει,, Hist. anim. V 16, 570 a 23. Angesichts der behaupteten Beziehungen von Meteor. IV zu Theophrast ist es nicht uninteressant, daß für den Ar.-Schüler die gegenteilige Ansicht bezeugt ist; Fischernetze faulen mehr winters als sommers, ‘wie Theophrast glaubt’, Plut. aet. phys. 13, 915 B (fr. 163 Wi.), weil sich gerade zur kalten Zeit die innere Wärme gegenüber der Kälte von außen konzentriert, ‘συνηθροισμένον δὲ πᾶν ἰσχυρόν’, De igne 12. Also die Antiperistasis-Lösung, die zwar nicht im Traktat (s. zu 382 a 12), aber hier beim Sepsisproblem fehlt. – Die Reihe von im ganzen fünf Beobachtungen (bis b 6) ist am Symmetriegedanken orientiert, d. h. hier an einem mechanischen Kräftespiel zwischen ‘Innen’ und ‘Außen’ – dies allerdings, wie bekannt, ein ebenso theophrastisches wie arist. Motiv.

93,6 (b 6) „es entstehen Lebewesen“. An hochberühmter Stelle, wo Platon einige naturwissenschaftliche Zeitprobleme aufzählt, Phaed. 96B, fehlt auch die Frage nicht, ob Urzeugung stattfinde, wenn das Warme und das Feuchte (ψυχρόν codd., ὑγρόν Sprengel, vgl. F. Vogel, Sokrates 72, 1916, 10) von einer Art von Fäulnis (σηπεδών) betroffen würden. Ar. unterscheidet – soweit Sepsis beteiligt ist (gewisse Insekten entstehen dagegen aus dem Tau) – Hist. anim. V 1, 539 a 17 ff. eine solche Entstehung von Lebewesen 550 b 32 a) aus faulender Erde, faulenden Pflanzen, b) aus den Exkrementen von Organismen; genauere Differenzierung ebd. 19, 551 a 4 ff. Interessant Theophr. fr. 174, 1 Wi. (der mit bekannter Vorsicht das Phänomen einschränkt). – Anläßlich des Ausdrucks συνίστησι (συνιστάναι ‘organisieren’) hebt Düring 67f. Ar.s Anschauungen von der Lehre des Empedokles und des Anaxagoras ab. – Ideler II 409f. bietet zur αὐτόματος γένεσις (auch De an. 415 a 27) aus der antiken Literatur reiches Material.

93,9 (b 8) „das Wesen von Werden und Vergehen". In Kap. 1 werden gegenübergestellt als

aktive Qualitäten		passive Qualitäten	
Warm	Kalt	Feucht	Trocken

Das erste Paar führt das Werden, durch 'chemische' Veränderung, herbei (*γεννῶσι*, 379 a 1); Vergehen wird als Verlust der *οἰκεία θερμότης* definiert. Praktisch überwiegt die Größe 'Warm (Heiß)' ganz bedeutend; in Kap. 11 wird gelehrt, daß die Kälte eigentlich zum *παθητικόν*, zur Hyle gehört (als *συγκριτικόν* wirkt allerdings das Kalte deutlich aktiv, 378 b 23). Kälte kann hier als *ἔνδεια θερμοῦ* (a 19f.), also als *στέρησις*, durchaus als positiv vorgestellt werden; Düring (1943, 136) hat festgestellt, daß in De part. anim. 649 a 18 diese Ansicht ausdrücklich revidiert wird: *τὸ ψυχρόν . . . οὐ στέρησις*.

Kapitel 2

93,10 (b 10) „Arten der Wirkungen". Das Thema war in Kap. 1 gestellt und auch bereits begonnen worden, wenn es 379 a 2 hieß, daß das Versagen der aktiven Qualitäten zu *ἀπεψία* führen könne (wie *μώλυσις* – nicht *μόλυνσις*: Düring z. St. – ein zunächst rätselhaftes Wort). Dort aber war dies teilweise Nichtdurchdringen (in Lees Übersetzung ist das wichtige *κατὰ μέρος* übergangen) nur nebenbei berührt worden, weil es dem Autor dort um *ἁπλῆ γένεσις* ~ *σῆψις* (ebenfalls als umfassender Begriff genommen) gegangen war. Wir müssen also die jetzt aufgeführten, mit 'Pepsis' überschriebenen Einzelerfolge des Faktors 'Warm' als Untergliederung des 'Werdens im absoluten Sinn' auffassen. In diesem Sinn Alex. 185,32.

93,16 (b 14) „diese Namen".

Garmachen (Garzustand)			Ungarer Zustand		
Reifmachen	Sieden	Rösten	Roh	Halbgar	Angesengt

'Starres Schema': Düring 69, Happ 311 (u. Anm. 166) – richtig, aber der Verfasser durfte annehmen, daß er damit Grade auf einer durch die Sache selbst – die Meisterung der Hyle durch das Warme, 380 a 3 – angedeuteten Skala bezeichne. Auf eine solche genaue begriffliche Differenzierung sind freilich die Ausdrücke der Umgangssprache 'aus Küche und Garten' (Lee, Introd. p. xxvii) nicht angelegt; in ihnen findet der naturwissenschaftliche Sinn nur einen ungefähren Ausdruck (*οὐ ταῦτα, ἀλλὰ τοιαῦτα* b 16). Ar. empfindet es öfters (z. B. Meteor. 341 b 15, 359 b 30; in IV noch 381 b 6. 15), daß ihm die Sprache für einen im System definierten Sachverhalt kein Wort liefert. Daß diese Haltung speziell arist., nicht allgemein peripatetisch ist, hat Happ 368ff. herausgestellt. Der Übersetzer steht vor einer ähnlichen Schwierigkeit; ungern möchte man (mit Düring) sich ihr durch Belassung des griechischen Wortes entziehen. Pepsis eigtl. 'Verdauung'; unser 'Garmachen' will auf die hier vorwaltende Zielgerichtetheit (s. u.) führen. Der Leser möge – z. B. bei *τελείωσις* – den Blick gleichzeitig auf den Vorgang und den Zustand richten.

93,25 (b 18) „Fertigsein". Gleich dreimal noch wird die Finalität hervorgehoben, die freilich schwer zu erfassen ist (die Ausführungen über 'Reifen', am Beginn von

Kap. 3, helfen zum Verständnis). Das vielangestrengte Wort Physis, die richtige Mischung der Qualitäten bezeichnend und gleichzeitig *λόγος* als Formel hierfür, b 35, erscheint hier als Ziel eines 'Garwerdens', als Telos, mit dem das Fertigsein einer neuen chemischen Natur (Düring) angesprochen werden kann. Wenn z. B. ein Lebewesen verdaut (vgl. b 23), dann ist Ausdruck des dabei erreichten 'Ziels' die Gesundheit des Organismus, wie sie u. a. an den natürlichen Ausscheidungen deutlich wird (*δηλοῖ* 380 a 2 unpers., Düring 76); diese selbst sind andererseits ein Zeichen, daß die wirkende Wärme – wie an der Parallelstelle Meteor. 358 a 12f. formuliert – mit ihnen nicht 'fertiggeworden' ist (*πέττειν* entspricht ja auch unserem Jargonwort 'etwas verkraften'; der Physiker unterstreicht das mit seinem *κρατεῖν*). – Die b 26ff. berührten Prozesse sind als final insofern verständlich, als sie ein 'Brauchbares' verwirklichen (b 29), aber dies trifft für *πύον* und *λήμη* gewiß nicht zu. Düring wird recht haben, wenn er die Umwandlung des Feuchten in Richtung auf neue 'physikalische' Eigenschaften bezeichnet findet (65; die Verwendung dieser modernen Termini, in definierter Interpretation, kann nicht getadelt werden; anders Happ Anm. 69).

93,23 (b 19) „innewohnende Wärme". Sepsis und Pepsis konkurrieren in gewisser Weise (mit *κρατεῖν τῆς ὕλης* wird ihrer beider Wirken beschrieben); darum ist Ar. bestrebt, für erstere die Wärme von außen, für letztere die innere als Agens einzusetzen (aus dieser betonten Trennung ergibt sich zwingend, daß *σηπόμενον* b 28 codd. nicht gehalten werden kann; *πεπαινόμενον* Thurot). In der relativ späten Schrift De gen. anim. wird das Verhältnis der beiden Vorgänge exakt definiert: *ἡ εἰσιοῦσα ὑγρότης . . . τῆς οἰκείας θερμότητος ἀδυνατούσης πέττειν σήπεται*, 784 b 4f. Das trifft die Lehre in Meteor. IV; der folgende, diese Beziehung geflissentlich einschärfende Satz wurde – wahrscheinlich zu Unrecht – als redaktioneller Einschub verdächtigt.

Kapitel 3

94,23f. (380 a 14) „von gleicher Art". De an. 416 b 24 spricht Ar. von dem Ziel (Telos) aller Lebewesen, 'etwas hervorzubringen, was ihnen gleich sei'; vgl. Pol. 1252 a 29f. Dahinter steht platonische Unsterblichkeitslehre (Symp. 207 Dff.), und natürlich Ar.s zyklisch gefaßte Weltewigkeit, vgl. De gen. et corr. II 11. Alle Belege hat bereits Ideler (II 425) zusammengestellt, auch den speziell botanischen zu unserer Stelle, Theophr. De caus. pl. I 16,1.

94,33 (a 22) „was die Materie überwältigt". Es handelt sich um nichts Geringeres als um den eigentlichen Naturprozeß, wie er durch *γεννᾶν/γίγνεσθαι* (379 a 1–3) bzw. *φθορά* (a 11) repräsentiert ist. Daß dies Wirken/Erleiden durch *κρατεῖν/κρατεῖσθαι* beschrieben wird, verdient Aufmerksamkeit. Das 'Überwältigen' wird eindeutig mit Hauptbegriffen der arist. Lehre vom Wirken unter natürlichen Körpern in Beziehung gesetzt, mit *κινεῖν* (*τὸ δὲ κινοῦν κρατεῖ* 379 a 30 (Lee richtig 'what causes change', also qualitatives Verändern)) und *μεταβάλλειν* (379 b 1, neben *κινεῖν*). Dabei muß nun aber sogleich festgestellt werden, daß in der Haupturkunde für das Aufeinanderwirken der Dinge dies κρατεῖν so gut wie keine Rolle spielt, so wenig wie ὁρίζειν, das in Meteor. IV oft mit κρατεῖν verbunden wird. G. A. Seeck hat scharfsinnig gezeigt (Über die Elemente in der Kosmologie des Ar., 1964, 47 ff.), daß das Gegensatzpaar Wirken/Leiden, mit dem realistischen 'besiegen' und 'überwältigt werden' im Grunde der arist. Physik ungemäß ist. Die Zentralstellung des Hylebegriffs in dieser Physik ist bekannt; in Meteor. IV fehlt sie, wie längst gesehen, zugleich werden hier die Elemente weitgehend durch die vier Qualitäten bzw. ihre Paare (συζυγίαι 378 b 11: vgl. συζεύξεις, De gen. et corr. 330 a 30. 34) ersetzt. Das 'victory-motif', wie es Solmsen dargestellt hat (356 ff.), ist ein klares Platonicum (Tim. 56 C 8–57 C 6: μάχεσθαι, νικᾶσθαι, κρατεῖν); dahinter die Vorstellungsweise der alten Ärzte (mit Solmsen ist besonders 'De prisca medicina', Kap. 22 ff., heranzuziehen). Die Nähe von Meteor. IV zu einer medizinisch-biologischen Ausdrucksweise wird von Happ 292 ff. gebührend hervorgehoben. Hier hat auch κρατεῖν im bekannten althellenischen Sinn des 'Überwiegens' vielfache Verwendung gefunden (besonders sprechend De gen. anim. 766 a 14–21, neben πέττειν und κινεῖν), wie auch in der meteorologischen Sprache, wo es z. B. die Übermacht der Sonne, des Kalten, des Pneuma bezeichnet (Meteor. 366 a 15–17, 371 a 6–9 u. ö., ein ganzes Nest bei Theophr. De vent. 18). κρατεῖν ist in der Sprache der Naturkunde zu Hause; aber dem anspruchsvollen Begriff der 'chemical transformation', wie er in De gen. et corr. tiefgründig und vielseitig entwickelt ist, vermag das Wort nicht entfernt Genüge zu tun, so wenig wie der im 4. Buch stark verkümmerte Begriff der Materie, die hier durch die zwei passiven Qualitäten repräsentiert ist.

95,8 (a 32) „Mißverhältnis". Das Gegenstück ist die richtige Proportion zwischen aktiven und passiven Qualitäten, die eine Formbestimmung der letzteren durch die ersteren ermöglicht. συμμετρία ist hier also im Sinn eines Herrschaftsverhältnisses (vgl. ὁρίζειν als κρατεῖν) gemeint, anders an Stellen, wo eine harmonische Verbindung vorschwebt (von Warm und Kalt: Phys. 246 b 5; Männlich und Weiblich: De gen. anim. 723 a 29). – Zu b 33 „Es reift aber nichts . . .": der Satz gehört gewiß nicht an diese Stelle (vgl. unten b 10 f.), wird aber eine arist. Notiz sein. „im eigentlichen Sinn": αὐτὸ καθ' αὑτό synonym mit κυρίως (Bonitz Ind. 416 b 4), dies gleich b 14.

95,14 f. (b 3) „spricht man". Gehäuftes λέγεται in diesem Kapitel; der Autor läßt sich seine Differenzierungen vom Sprachgebrauch bestätigen, findet ihn freilich für diesen Zweck nicht ausreichend (b 30!); vor allem muß er, der allgemeinen Formel zustrebend, immer wieder die Enge des usuellen Bedeutungsumfangs bemängeln (b 14).

95,29 (b 15) „das ergibt". Nur Dürings Auffassung, daß sich τοῦτο summarisch auf den Prozeß des 'Siedens' und sein Ergebnis bezieht, kann richtig scin.

96,8 (b 30) „metaphorischer Sprachgebrauch". 'Es gibt bei den Pepsis-Phänomenen viele Fälle, wo man von 'Reifen' spricht, im Hinblick auf einen gleichartigen Vorgang, jedoch in einem übertragenen Sinn': so 380 a 17 (κατὰ μὲν τὴν αὐτὴν ἰδέαν, μεταφοραῖς δέ); so wörtlich auch hier, bloß schießt die Verneinung über; Thurot, Webster, Düring waren sich ihrer Tilgung sicher (Lee hält das οὐ). Aber die beiden Gedankengänge sind verschieden aufgebaut. 380 a 17: Vom Reifen der Frucht her — einem *κυρίως λεγόμενον* — das 'Reifen' eines Abszesses anzusprechen, verfehlt nicht die *ἰδέα* solcher Prozesse, denn tatsächlich ist die Formel beidemal die gleiche (*ἡ . . . πέψις*, b 21f.); aber die Ausdrucksweise ist 'metaphorisch' (gut vergleicht Ideler II 412 ff. die Gegenüberstellung von *κυρίως* und *κατὰ μεταφοράν* Top. 154b 11). 380 b 30: hier steht die Formel (in diesem Fall für Siedeprozesse) am Anfang, dann heißt es 'man verwendet mit übertragenem Ausdruck auch bei vielen anderen Vorgängen das Wort 'Sieden', aber die Art (*ἰδέα*) des Prozesses ist nicht die gleiche ('nicht unter dem gleichen Gesichtspunkt', Gohlke, akzeptabel); der Sprachgebrauch läßt den Fehler nicht erkennen, den man mit der Bezeichnung 'Sieden von Gold' macht. Denn es ist ja keine Rede davon, daß man dem Gold im Sinn der Siedeformel durch Hitze Feuchtigkeit (wie sie in Metallen latent ist, 378 b 2, 389 a 9) zu entziehen vermag; man kann es weich machen, 389 a 9, und ebenso Holz: was die Leute 'Sieden' nennen, ist das bekannte 'Dämpfen' (von Schiffsbauholz: Düring zu 384 b 16). — In den Ausführungen Happs zu 'eigentlicher' und 'uneigentlicher' Bedeutung scheint der vom Text gewiesene Blickpunkt nicht getroffen zu sein. Es ist keineswegs so, daß unser Physiker „für *ὄπτησις* (s. u.) und *ἕψησις* genaue Entsprechungen in der Natur ausgrenzen . . . und sie *ὄπτησις* (*ἕψησις*) benennen darf" (309). Umgekehrt, er ist im Grunde ein Opfer 'of the fatal power of language' (Düring, mit Hinweis auf seine wichtige Note 1943, 105); „er versucht zu erklären, warum eine bestimmte Gruppe von Vorgängen *ἕψησις* heißt (und verfehlt dabei völlig ihre wirkliche Natur)". Bei dieser Prüfung des Wortschatzes — die sich, echt arist., nicht weniger im Bann der eigenen Grundthese als der Sprache vollzieht — kann ein Vorgang, konventionell und uneigentlich als 'Reifwerden', 'Sieden' bezeichnet, der Auffassung des Physikers unterstellt oder von diesem (z. B. bei Gold) als falsch erkannt werden. In beiden Fällen ist der konventionelle Name 'metaphorisch'. — Zur 'Ähnlichkeit' zwischen 'eigentlich' und 'uneigentlich' benannten Prozessen s. u. (zu 381 b 3ff.).

96,14 (381 a 1) „der Zweck". Ar. hat die Differenz zwischen dem e i n e n Namen 'sieden' und der Vielheit der so bezeichneten Vorgänge entdeckt und erweitert — mit Rückblick auch auf die Pepsis-Phänomene — diese Beobachtung: es gibt auch eine Vielheit von Anwendungen der 'gesottenen' Dinge. Mit Recht beläßt Düring den angefochtenen Satz an seiner Stelle.

96,29 (a 12) „unvollständiges Kochen "(*μώλυσις*). Der Gegenbegriff zu 'Sieden' erinnert uns daran, daß wir aus letzterem Ausdruck ein Fertig-, Vollkommensein heraushören sollen (aus 'Verbrühen', Düring, 1966,384, Anm. 251 hören wir das Unvollständig sein wohl kaum heraus). Die künstlich anmutenden Unvollkommenheits-Begriffe *μώλυσις* und *στάθευσις* (b 16) werden von der Vorstellung einer Symmetrie (zu 380 a 32) zwischen Innen- und Außentemperatur getragen. Da *μώλυσις* ein Unterbegriff von *ἀπεψία* ist, trifft für sie grundsätzlich die Kennzeichnung der letzteren zu; speziell kann ferner Halbgarkochen durch Fehlen der Hitze im Kochwasser verschuldet sein. Dürings Textbehandlung macht den Passus verständlicher (*ἥ τε πρώτη λεχθεῖσα ἀπεψία* ⟨*καὶ ἡ ἀπεψία*⟩ . . .;die Wortfolge *ἡ δ' ἔνδεια* a 14 — *πέττουσα* a 16 als Parenthese zu fassen); gleichwohl bleibt der Eindruck einer erstaunlich schwerfälligen, wiederholungsreichen Ausdrucksweise.

97,16 (b 1) „Poren“, s. o. S. 217.

97,19 f. (b 4) „Vorgänge gleicher Art“. Bereits a 10 f. war festgestellt worden, daß die Phänomene den Unterschied zwischen Physis und Techne übergreifen; die ‘Chemie’ in der Küche, die zuletzt vorgeführt wurde, gehört auch zum Erfahrungsbereich des Biologen. Die Prozesse haben die gleiche Art, Struktur (*εἴδη* wie *ἰδέα* 380 b 30), weil (und soweit) sie die gleichen Ursachen haben. So hatte es bei der ersten Erwähnung von Physis-Techne geheißen (*διὰ τὴν αὐτὴν αἰτίαν πάντα ἔσται*), so ist es hier bei der zweiten zu ergänzen (dies Moment fehlt bei Happ 309). – Zu dem Satz von der Nachahmung der Natur durch die Kunst vgl. Phys. 194 a 21, 199 a 8 ff., überhaupt das ganze II. Buch. Ideler zitierte Theophr., De lapid. 60 (‘zum Teil schafft die Kunst auch Eigenes’); der gleiche Optimismus bereits Phys. 199 a 15 f. (vgl. Protrept. B 13 Düring). Wenn H. Wagner (Physikvorlesung 456) im Physis-Techne-Satz die „Wiederkehr der Struktur der Natur in der Struktur des menschlichen Herstellens und Arbeitens“ ausgedrückt findet, so entspricht dies genau der hier begründeten Auffassung von *ἰδέα/εἴδη*.

97,26 (b 9) „kein Lebewesen“. Es ist an Wurmkrankheiten gedacht. ‘Totus hic locus mancus nobis esse videtur’, Ideler (II 445). Der Abschnitt b 9–13 macht den Eindruck einer selbständigen, hier redigierten Notiz. Webster vermutet, daß der Zusammenhang eine Abgrenzung zwischen Verdauung und *σῆψις* notwendig gemacht habe. „andernorts“: Alex. 197, 18 nennt die Problemata; im erhaltenen Buch XX 12 wird aber die Sache nur kurz, ohne Begründung, erwähnt. Man hat auch an das nicht erhaltene Werk *Π. τροφῆς* gedacht.

97,34 (b 15) „weniger leicht ein Name“. Hier liegt eine der ‘Leerstellen’ (Happ 309 f.) vor, die der Systematiker im konventionellen Sprachbereich oft feststellen muß. Instruktiv die ‘Skala’ der Wärmewirkung, die b 19 vorschwebt.

Kapitel 4

98,4 (b 23) „Feucht und Trocken“. Es sind die elementaren Quellen (*ἀρχαί*: ‘originative sources’, Joachim zu De gen. et cor. 329 a 5) der „Eindrucksfähigkeit der Körper“, (wie Gohlke 147 übersetzt); in diesem Sinn *ἀρχὴ τῆς κινήσεως*’, u. ö. 390 b 19 – Über Feucht und Trocken belehrt das Kapitel (aus späterer Zeit: Düring 1943, 136) De part. anim. II 3, mit Einbeziehung des Potenz-Akt-Begriffes, weit ausführlicher und klarer, als es hier geschieht. Es geht also, wie man von dort zu übernehmen hat, weiterhin um Lebewesen, bei denen Nahrung und Verdauung (vgl. 381 b 8, 650 a 3) an dies Qualitätenpaar (und natürlich an das aktive Warme) gebunden sind; in diesem Sinn also ‘alle natürlichen Körper sind Zusammensetzungen aus ihnen’. b 29 *εὐόριστον*: Wasser läßt sich leicht in eine Form fassen, Pulver oder Mehl (s. u.) schwer (vgl. 378 b 24).

98,17 (b 32) „Empedokles“. 31 B 34 D.-Kr.; die arist. Zitate aus ihm – der ja auch der Ahnherr der hier betriebenen ‘chemischen’ Studien genannt werden muß –

halten in etwa sämtlichen anderen aus den Vorsokratikern gezogenen die Waage (G. A. Seeck, Hermes 95, 1967, 30, Anm. 1); wie öfters, wird hier ein einprägsamer Vergleich (aus der Bäckerei) herangezogen.

98,22 (382 a 5) „Erde und Wasser". Die in Meteor. IV auf weite Strecken zurücktretende Verbindung zwischen Element und Qualität wird hier (wie nachher in Kap. 5) deutlich, obschon in knappster Formulierung, weil der Blick allein auf die *παθητικά* gerichtet ist (alle gemischten Körper bestehen, nach der klassischen Lehre De gen. et corr. 334 b 31, aus allen vier Elementen; es war natürlich voreilig, auf diese scheinbare Diskrepanz einen Verdacht gegen Ar.s Autorschaft zu gründen (vgl. I. Hammer-Jensen 116; dagegen mit Recht Düring 107). Die besondere Wichtigkeit von Feucht und Trocken für die Konsistenz der Körper wird gerade auch in De gen. et corr. hervorgehoben (II 2, II 8). – Das Problem, welche bindende Kraft die Erde zusammenhält – die der Erde? die des Wassers? –, ist durch Poseidonios berühmt und folgenreich geworden (Reinhardt, Kosmos und Sympathie, 1926, 387, wo u. a. das durchgehende Motivwort *κολλᾶν* ⟨hier a 1⟩ ~ alligare aufscheint). Erkannt und gelöst ist es De gen. et corr. 335 a 1 (*τὴν γῆν ἄνευ τοῦ ὑγροῦ μὴ δύνασθαι συμμένειν*).

98,27 (a 9) „Härte – Weichheit". Eine Überraschung; das Begriffspaar kommt hier zum ersten Mal in Meteor. (I–IV) vor; doch ist sein Einsatz – wie sich zeigen wird – wohlüberlegt. Wenn hier von ihm als primären Eigenschaften die Rede ist, so darf nicht vergessen werden, daß ja das durch Feucht Trocken konstituierte *ὡρισμένον σῶμα* (382 a 2) vorgegeben ist; an ihm sind dann tatsächlich Weich/Hart *πρῶτα*, a 8, die absolut genommen natürlich sekundär sind. Übrigens ist der Ausdruck Qualitäten – auch die Übersetzung durch 'Feucht', 'Trocken', 'Warm' usf., wie Joachim an wichtiger Stelle (zu De gen. et corr. 329 b 7 ff.) dartut – im Grunde unzulänglich; auch bei den 'passiven' soll man heraushören, daß Ar. sie als *δυνάμεις* bezeichnen kann, 378 b 29. 34, 379 b 11 u. ö.

98,32 (a 14) „Platzwechsel". An der Parallelstelle De gen. et corr. 330 a 8 ff. fehlt der Fachausdruck *ἀντιπερίστασις*, doch gibt das dort verwandte *μεθίστασθαι* genau wieder, was an unserer Stelle bezeichnet werden soll. Das heißt also, daß *ἀντιπερίστασις* hier nicht im Vollsinn des für Meteor. I–III wichtigen Lösungsgedankens steht, sondern der älteren platonischen Auffassung gemäß (Tim. 79 B – E; vgl. o. S. 152).

99,1 (a 19) „Tastsinn". 'Wir forschen nach den Ursprüngen des wahrnehmbaren Körpers, d. h. also des tastbaren' (De gen. et corr. II 2, Anf.): so könnte auch dies 4. Kapitel eröffnet werden. Ein Vergleich des Aufbaus hier und dort (wo Joachims Kommentar für Meteor. IV wertvolle Fingerzeige gibt) ist lehrreich. Zu Beginn des 2. Buches vom Werden und Vergehen hat Ar. seine Gegensatzlehre ins Feld geführt. Es können nun diejenigen Gegensätzlichkeiten ermittelt werden, die die tastbaren Körper konstituieren; es ergibt sich ein System primärer (in sich wieder als aktiv-passiv geschiedener) und abgeleiteter Qualitäten, wobei auch Weich und Hart – als von Feucht bzw. Trocken abgeleitet – ihre Einordnung finden. Am Schluß versichert sich der Autor nochmals des primären Charakters jener Vierergruppe Warm Kalt Feucht Trocken. – In Meteor. IV geht der Verfasser – der die aktiven Qualitäten vorher bereits in Aktion vorgeführt hat – mit engerem Ausblick, in weniger geformter, ruckweise vorgehender Darlegung dem Aufweis einer Linie nach: Feucht und Trocken konstituieren die Körper, und sie 'müssen' (ἀνάγκη, 382 a 10) hart oder weich sein. Was 330 a 8 ff. als sinnreiche Zuordnung gegeben ist (Weich abgeleitet von Feucht/Flüssig, Hart von Trocken), wird definitorisch festgestellt: 'Hart ist, was Antiperistasis erkennen läßt...' (a 12 muß man eine Gedankenlücke geradezu aus 330 a 9 ergänzen: 'ὅπερ ποιεῖ τὸ ὑγρόν'). – Der Kapitelschluß erhält Licht von De an. 424 a 2 ff., wo – nach einem Hinweis auf De gen. et corr. – die Bedeutung von μεσότης erläutert wird: „Die Wahrnehmung ist gleichsam die Mitte zwischen den Gegensätzlichkeiten im Wahrnehmbaren" („zwischen denen die Wahrnehmung oszilliert", Theiler z. St.).

Kapitel 5

99,4 (a 22) „hart oder weich". Bei diesem Gegensatzpaar war am Kapitelschluß die Darlegung auf einen Seitenweg geraten (Überlegungen zur αἴσθησις); jetzt greift Verf. auf a 8 f. zurück und strebt in robuster Zusammenraffung dem πῆξις – Begriff zu. De gen. et corr. a. O. spielte diese Größe innerhalb des Nachweises des sekundären Charakters bestimmter Qualitäten eine untergeordnete Rolle; jetzt wird 'Verfestigung', 'Konkretion' und ihr Partner 'Auflösung', 'Schmelzen' auf eine weite Strecke hin der Richtpunkt des Traktats. Man kann sich mit dem weitausholenden Anfang 382 a 27 einen eigenen Lehrvortrag eröffnet denken (Kap. 5–7), dem zur Herstellung des Zusammenhangs der Satz a 22 ff. vorgeschaltet ist (amüsant, wie sich in ihm der Gedanke pseudosyllogistisch gravitätisch im Kreise dreht!). a 23 οἰκείῳ ὅρῳ: der Fachausdruck ist durch nichts vorbereitet, nur durch De gen. et corr. 329 b 31 zu erhellen. In der Chiffre 381 b 29 war das Gemeinte angedeutet: Wasser läßt sich gut in irgend eine Form fassen, weil es eben keine 'ihm eigene' hat.

99,14 (a 32) „wie dargelegt". Das IV. Buch ist von zahlreichen Rückverweisen durchzogen (zusammengestellt bei Düring 26, der dieses Zitat – wie auch das b 7 folgende – summarisch auf Kap. 1 bezieht). So geordnet, wie es danach scheinen könnte, ist der Traktat freilich nicht. Die Beobachtungen des unbefangen urteilenden Webster sollten nicht beiseite gelassen werden; es sind vielmehr ihre Folgen zu entwickeln. Die im doppelten δυσί (a 31/2) – die vier Grundqualitäten betreffend – behauptete Symmetrie wird durch die unerwartete Wortfolge a 33–b 2 (τὸ δὲ πάθος – πρῶτον) gestört; der zweite Satz, mit seiner deplacierten Ankündigung (382 b 1), befremdet an sich schon. Mit Websters Umstellung (ἐπεὶ ... πρῶτον nach ὑγραίνεσθαι, a 31) ist dem im ganzen ungeordneten, fahrigen Gedankengang nicht abgeholfen. Verteidigt wird er von Düring 81.

99,18 (b 1) „Verfestigung eine Art von Austrocknung". Innerhalb der Systematik, wie sie De gen. et corr. 329 b 32 ff. entwickelt wird, ist die Verbindung zwischen 'Fest' (πεπηγός), 'Hart' (σκληρόν) und 'Trocken' (ξηρόν) eindeutig; Verfestigung ist nur eine Hilfsvorstellung, um Trocken und Hart in die richtige Beziehung zu setzen. Hier in Kap. 5 soll dagegen πῆξις den Orientierungspunkt darstellen, a 27, und 'Trockenwerden' ist die Hilfsvorstellung. Da muß es zu einer Schiefheit führen, wenn b 10ff. reine Verdunstungsprozesse, bei denen nichts Festes (Hartes) als Rest bleibt, b 13f., subsumiert werden. Dafür rückt bei dem Autor das aktive Paar Warm/Kalt und seine trocknende Wirkung in den Vordergrund (b 16ff.). – Düring durfte wohl kaum Pexis als eine 'Form des Verdunstens oder Auftrocknens' paraphrasieren, 42.

99,25 (b 6) „gelten uns als kalt". Damit wird die Charakterisierung der beiden Elemente als trocken bzw. feucht ergänzt; vgl. De gen. et corr. II 3, wo entwickelt wird, wie die dem Augenschein nach einfachen Elementarkörper je durch ein Paar von Eigenschaften gekennzeichnet sind.

100,12 (b 26) „Wegfall". *ἀφαιρεθέντος* – scil. *τοῦ ἐκτὸς θερμοῦ*, Düring, der dem vertrackten Satz mit Recht 'condensed note-book Style' zuspricht.

Kapitel 6

100,16 (b 28) „Kondensation zu Wasser". Regen; in *ψυχόμενον* steckt der meteorologische Fachausdruck für Verdichtung des Wasserdampfs durch Abkühlung, *ψύξις* (vgl. 347 b 13, u. ö.). „Pneuma" (b 30) muß jedoch überraschen. De sens. 443 b 3 wird von Düring (82) als Parallele beigebracht; sie stimmt nicht ganz. Dort ist Pneuma die als Hauch fühlbare Luft („man schmeckt im Wehen die Feuchte", es ist dabei an salzig schmeckende Meereswinde gedacht); hier im 6. Kap. verblüfft der Ausdruck deswegen, weil er völlig mit der Vorstufe des Regens, also Wasserdunst, gleichgesetzt wird (Dürings Beleg *πνευματοῦσθαι*, De gen. anim. 755 a 19, steht ferne, weil dort, umgekehrt, Verdunstung gemeint ist). In De sens. a. O. ist dagegen *ἀτμίς* mit aller Deutlichkeit (von 443 a 24 an liegt bereits die ausgebildete Anathymiasenlehre vor) von Luft und 'Rauch' getrennt gehalten. – Die lexikalische Einzelheit bezeichnet den Abstand von Meteor. IV gegenüber den Meteorologica.

100,20 (b 31) „alles, was sich verfestigt". Die Phänomene der 'Verfestigung', wie sie in Meteor. IV begriffen wird, sind so verschiedenartig, daß sie vom Trocknungsprozeß aus nicht vollständig zu erfassen waren. Weiteres kommt vom Korrelat, dem 'Schmelzen' oder 'Flüssigwerden' (beides in *τήκεσθαι*) aus, in Sicht. *πῆξις* und *τῆξις* erhellen sich gegenseitig (z. B. bei der 'Verflüssigung' von Wasserdampf und dessen 'Verfestigung' im Hagel); sie sind ja konvertierbar. Was verbindet sie überhaupt mit jenen Trocknungsvorgängen? Ar. beantwortet dies im folgenden mit dem Hinweis auf die bewirkenden Qualitäten Warm und Kalt, die ihm eine beängstigend spekulative Aitiologie an die Hand geben. Die Ausführungen Platons über Schmelzen, Gefrieren, Hartbrennen und Verwandtes, Tim. 58 D–61 B (die auch eine Fundgrube der einschlägigen Fachsprache darstellen), sind demgegenüber trotz hochspekulativer Grundlage anschauungsgesättigt (so auch Ar.: 'Das Wesen vieler Naturdinge führt (den Betrachter) zurück auf diese beiden ursprünglichen Quellen: Warm und Kalt', De part. anim. 648 a 23; es folgt eine Fülle feinsinnig differenzierender Beobachtungen). – Die vorsichtige Erwägung Theophrasts deutet eine neue, nacharist. Epoche der Forschung an: „Nimmt man 'Warm' und 'Kalt' so, dann scheinen sie bloß die Affiziertheit bestimmter Körper zu bedeuten, nicht 'ursprüngliche Quellen' (ἀρχαί) und 'wirkende Qualitäten'" (De igne 8).

100,38 (383 a 12) „reines Wasser". 'Wässerige Flüssigkeiten nehmen nicht an Konsistenz zu', Webster-Lee, um dem verwunderlichen Text einen Sinn abzugewinnen (dabei *ὕδωρ* = *ὕδατος εἴδη*, 382 b 13). Richtiger wohl Düring: reines Wasser hinterläßt keinen Bodensatz. Hiebei wäre also wieder *πήγνυσθαι* = *ξηραίνεσθαι*: und '*τὸ ξηρὸν συνίσταται*', a 12.

101,24 f. (a 33) „Schmiedeeisen – Stahlbereitung". Besonders hilfreich für diese vielbehandelte Stelle ist Lee, p. 324—329 (vgl. auch R. J. Forbes, Metallurgy in Antiquity, Leiden 1950). Die Anpassung unserer Fachausdrücke an die Verfahren des Altertums, dem die Herstellung reinen Stahls (also fast ganz karbonfreien Eisens) aus technischen Gründen fremd bleiben mußte, kann nicht ganz gelingen. Eine völlige Verflüssigung des Erzes war in den griechischen Eisenhütten mit ihren Holzkohlenfeuern nicht möglich; *ὑγρός* wird 'geschmeidig', 'formbar' meinen. *στόμωμα* bedeutet wohl den Vorgang des Eisenhärtens, genauer des Erzielens einer 'stählernen' Schneide durch Abkühlen (letztere Maßnahme wird allerdings hier nicht erwähnt). *ὑφίστασθαι* zu *ὑπόστασις*: in den unvollkommen arbeitenden antiken Schmelzen bildete die Schlacke tatsächlich den 'Bodensatz'.

101,33 (b 7) „Mühlsteine", mit der schwarzen Farbe, b 8, werden Lavasteine sein, vgl. Plat. Tim. 60 D (mit Cornfords Anmerkung) und Theophr. De lapid. 11 f. Lavagestein und der 'feuerfeste' Pyrimachos scheinen als Bodenbelag im Schmelzofen gebraucht worden zu sein. – b 9: *τήκεται . . . γῇ* wird von den Interpreten seit Thurot getilgt (auch von Düring); es sei immerhin darauf hingewiesen, daß in dem parallelen Zusammenhang des 'Timaios' die Löslichkeit von Erde knapp und präzise besprochen wird (Schlamm käme der 'nicht komprimierten Erde', 61A 1, gleich); möglich, daß die Worte den Rest einer solchen Behandlung enthalten.

102,7 (b 16) „Ursachen – Wirkungen". Damit wird auf den Anfang des Kapitels verwiesen (*τοῖς ἐναντίοις*, 382 b 33). Von seiner Systematik sich rückblickend ein Bild zu machen, ist auch für das Verständnis des Folgenden wichtig. Zunächst wird – *μύλαι* b 7 und *μυλίαι* b 12 sind, der verschieden begründeten *πῆξις* wegen, nicht gleichzusetzen (Lee) – eine strenge und scheinbar eindeutige Ordnung angegeben:

	Verfestigen	
	von	
Wasser		Wasser/Erde
	durch	
trockene Hitze	↓	Kälte
Wasser	↑	Hitze
	durch	
	Verflüssigen	

Es folgt eine Reihe präzisierender bzw. einschränkender Bestimmungen 1): nicht alle so wie oben angegeben verfestigten Körper sind löslich (382 b 33 f.) – 2) Flüssigkeiten sind nie durch Feuer zu verfestigen, 383 a 6 (die Begriffe 'Wasser' und 'Kälte' sind also – s. ob. – übers Kreuz zu verbinden) – 3) Stoffe der rechten Kolumne (Wasser/Erde) lassen sich sowohl durch Hitze wie Kälte verfestigen, a 13 – 4) Stoffe der rechten Kolumne sind z. T. löslich, z. T. unlöslich, a 28 ff. – Eine wichtige weitere Differenzierung wird durch die Unterscheidung von 'Verfestigen' und 'Verdicken' geschaffen.

Kapitel 7

102,12 (b 21) „Olivenöl". Das Erfassen seiner Wesensart war ein berühmtes *ζήτημα* der antiken Physiker; vgl. Ar. De gen. anim. 735 b 13 ff.; Plut. quaest. Symp. VI 9. Öl paßt nicht in das bisher skizzierte System, auch nicht an der für klebrige Stoffe vorgesehenen Stelle (vgl. 382 b 16), weil es Luft enthält (b 24, 384 a 1).

102,28 (384 a 1) „Öl": als Subjekt des Satzes ist *τὸ ὕδωρ* überliefert, was Webster, Lee als Glossem tilgten; Dürings Bemühungen (86) entkräften dies m. E. nicht. *τὸ ἔλαιον* FHN.

102,30 (a 4) „ordnet man richtig ein". Die im Folgenden aufgebotene Fülle von Einzeldaten war bereits besprochen und eingeordnet worden; auch die systematischen Gesichtspunkte sind wohlbekannt (Verdicken – Verfestigen: 383 a 10 ff.; Übergewicht einer Qualität: 383 a 27; doppelte Wirkung der Kälte: 384 a 9 f.). Am überraschendsten wohl, daß die Rolle der *ἐναντία*, die als Ziel von Kap. 6 formuliert worden war, völlig neu gelehrt wird, 384 b 2. Gelegentlich wird auf das Frühere verwiesen, oder ein Einzelpunkt neu beigebracht (das Thema 'Blut', 384 a 16. 25 ff.); das Ganze läßt sich weder als Retractatio fassen noch aus der Neigung des Autors zu Wiederholungen begründen; es liegt uns eine Doppelfassung vor (besonders deutlich die Gleichläufigkeit bei dem Thema *τηκτά – ἄλυτα*, 383 a 26 ff. bzw. 384 a 33 ff.).

103,31 f. (a 34) „löslich – unlöslich". Der Timaios'-Parallelen hat man sich zu wenig bedient. Der Schluß des vorigen Kapitels hatte sich bereits der platonischen Darlegung der *γῆς εἴδη* (60 B ff.) – Salze, Soda, bestimmte Steine betreffend – genähert; hier am Ende von Kap. 7 berührt sich nicht nur das allgemeine Thema, 'Verbindungen von Erde und Wasser', mit Platon (*κοινὰ ἐξ ἀμφοῖν*, 60 E 2), sondern auch der spezielle Lösungsgedanke: der zusammengepreßte Körper – etwa bei gebranntem Ton (*συνθλίβεσθαι* 384 b 9, vgl. *συμπεπιλημένα* 61 B 1) – bietet dem Wasser keinen Zutritt (*δίοδος* b 10. 21 – *εἴσοδος* 61 A 2. B 2). Daß von hier der Porenbegriff in Meteor. IV herstammt, ist mir nicht zweifelhaft. – Wenn Düring unter den 'Steinen' 384 a 18, b 2 Kristalle versteht, so wird dies durch Tim. 60 C 5 ff. (mit Cornfords Note) bekräftigt.

Kapitel 8

104,29 (b 30) „die homogenen Körper". So darf man mit Düring Ar.'s *ὁμοιομερῆ* umschreiben, organische Gewebe (dies steht voran, doch sind auch Knochen, Steine zugehörig, 385 a 9, 389 b 24), bei denen auch der kleinste Teil den Charakter des Ganzen repräsentiert. Vgl. Solmsen 403, Düring 14 (und 1943, 125f.), Happ 295; lichtvoll handelt über sie Joachim im Kommentar zu De gen. et corr., passim. Sie sind für Ar. der eigentliche Schauplatz des Werdens und Vergehens, da sie die Kombinationen der vier Einfachen Körper bzw. der vier Elementarqualitäten darstellen; so rücken sie denn auch gleich im 1. Kapitel dieses Traktats in den Vordergrund (vgl. Joachim p. 64f.). Das Besondere des hier gebotenen Aspekts der Homoemerienlehre besteht darin, daß die Unterschiede der einschlägigen Substanzen mit besonderer Beziehung auf den Tastsinn entwickelt werden.

104,32f. (b 33) „eingeschlossene Ausdünstung". Die Nennung der Anathymiase ist in Meteor. IV ganz isoliert; auch Düring betrachtet die auf III 6, 378 a 15ff. bezogenen Worte mit Solmsen jetzt (1966, 386, Anm. 272) als redaktionellen Zusatz.

105,28 (385 a 19) „Verhaltensweisen". Sie zeigen ein noch unmittelbar sinnenhaftes, nicht durch Apparate vom Objekt distanziertes Erfahren der Außenwelt an. Der Bedeutungsbereich dieser Worte kann durch e i n e Vokabel nicht getroffen werden, z. B. bedeutet *τέγγεσθαι* 'benetzt werden', aber auch 'durch Feuchtigkeit weich werden' (Düring).

106,3 (a 28) „verfestigt". Immer wieder kehrt der Autor zu den Pexis-Phänomenen zurück, diesmal mit der seit dem Schluß von Kap. 7 nicht mehr überraschenden Abzweckung, daß die Verfestigung – die ja vom Verhalten der passiven Qualitäten Feucht/Trocken bestimmt ist, – mit der porösen Struktur der Körper (*πόροι* a 29, früher *δίοδος*, *εἴσοδος*) in Zusammenhang gebracht wird. Die 'Poren' werden als ganz selbstverständlich unterstellt, weder begründet noch gegen andere Auffassungen verteidigt. Daß die Haut Poren hat, bedarf allerdings für den Biologen keiner Begründung; wie denn ja das Wort ein breites Stratum seiner Sprache bezeichnet (vgl. Bonitz Ind. 622 a 19ff.). Aber hier, in Kap. 8/9, haben wir es mit einem für das Wirken und Leiden der Qualitäten schlechthin tragenden Begriff zu tun, es geht um tiefgreifende, also 'chemische' Veränderungen (so bereits Kap. 3, 381 b 1ff.; die Auffassung der Kapp. 8/9 als eines herauslösbaren Fremdkörpers ist m. E. abwegig). Hier den uns aus Ar. bekannten Porenbegriff einzusetzen, steht dem fundamentalen Satz, daß der natürliche Körper ein Kontinuum sei (*συνεχές*), strikt entgegen (Gottschalk 68ff.). – „Poren zu klein" ... Tim. 60E wird beschrieben, wie die Feuerteilchen ohne Schaden für die Struktur eines Quantums Erde durch deren Leerstellen (*διάκενα*) hindurchgehen können, während die größeren Wasserpartikel diese Poren sprengen und so die Erde auflösen. Genau das Gleiche schwebt nachher, 385 b 19, vor. Von dort wird auch der hier, a 30, verwandte Begriff von *τήκεσθαι* erhellt.

Kapitel 9

106,18f. (b 8) „weder – noch". Die Möglichkeit des 'Erweichens' wird durch Bedingungen eingekreist, die auf die jeweilige Innenstruktur der Körper (Erde/Wasser, bzw. Feucht/Trocken) bezogen sind; die Proportionen der Qualitäten s. zu 378 b33) differenzieren die Homoiomere. Ein solches Unterscheidungsstreben wird bei einer ganzen Reihe der in Kap. 9 besprochenen Paare deutlich; und jedesmal, wo 'chemische' Veränderung im Spiel ist (es stehen ja auch mechanische Vorgänge auf dem Programm), bedient sich der Autor der Porentheorie (beim Schmelzen, Aufweichen, Pressen, Verbrennen), aber auch beim Spalten (*θραύειν*) hängt die Erklärung an der supponierten Innenstruktur.

108,20 (386 b 2) „Poren, die leer sind": man soll sie sich mit Luft gefüllt vorstellen, Düring z. St., so wie die Löcher des nassen Schwamms voll Wasser sind, b 5. „Es handelt sich nicht um den leeren Raum der Atomisten", Düring, 1966, 350; aber mit der heute von niemand mehr bestrittenen Feststellung, daß in Meteor. IV der arist. Ablehnung der Atomisten (Phys. 217 a 20ff., De gen. et corr. 326 b 25 u. ö.) nicht widersprochen wird, sind die Poren hier in Kap. 3, Kap. 8, 9 noch nicht aristotelisch geworden. – Vgl. die Definitionen von *σκληρόν* und *μαλακόν*, 382 a 11ff.; für das dortige *ἀντιπερΐστασθαι* steht hier *μεθίστασθαι*. Es finden sich hier also zwei für den nacharist. Peripatos wichtig gewordene ätiologische Gedanken zusammen, Poren und Antiperistasis; insofern lag die Theophrast-Hypothese nahe. Angesichts der durchgehenden schematisch-spekulativen Denkweise ist sie freilich doch wieder schwer begreiflich (richtig Happ 306) – man denke an die absurde Haarspalterei 385 b 29ff.

110,1 (387 a 17) „brennbar – nicht brennbar". Bis zum Kapitelschluß wird ein verwirrendes Netz ineinandergreifender definitorischer Bestimmungen ausgebreitet, das doch zu keinem geschlossenem System führen kann, obwohl der Verfasser unermüdlich um Gruppenbildung bemüht ist. Die 'Definitionen' gehen bald von dem supponierten Erklärungsgedanken aus („brennbar ist, was Poren hat..."), bald von einzelnen Beobachtungen („entzündlich ist, was a) Rauch erzeugt, b) nicht feucht ist..."). Dazu steht der Physiker natürlich im Banne der Sprache, die ihm (z. B. bei Rauch und Verw. 387 a 23ff.) entsprechende Begriffsbestimmungen suggeriert. Das Fundament der Erklärungen liefern einmal die Grundbegriffe Erde/Wasser bzw. Trocken/Feucht, sodann der bekannte 'Symmetrie'-Gedanke (Erz 387 b 28: genug Feuchtigkeit für den Verbrennungsprozeß, zu wenig für Flammenbildung).

110,4 (a 21) „von Feuer überwältigt". Hier wird deutlich, daß für die zu 380 a 22 gekennzeichnete Vorstellung '*κρατεῖν*' – die hier in *ἀσθενεστέραν πυρός* anklingt –, die Porentheorie das zu erwartende Korrelat darstellt (es wird kein Zufall sein, daß im Paralleltext, Tim. 60 E–61 B, die Ausdrücke *βία*, *βιάζεσθαι* gehäuft stehen).

110,16 (a 29) „Wind ist...". Die Begriffsbestimmung ist geradezu alarmierend, wenn man sich an ihre temperamentvoll bemühte Widerlegung durch Ar. in Meteor. I 13 erinnert. Dürings Abwehr ('hat nichts mit der Lehre vom Wind zu tun', 1966, 350, Anm. 37) ist nicht leicht zu verstehen. Auf eben dieser Seite läßt unser Chemiker erkennen, daß ihm an einer klaren Scheidung der atmosphärischen Strömungen liegt, er definiert, so präzise er nur kann, *ἀτμίς*, *καπνός*, *θυμίασις* (von Duftstoffen aller Art aufsteigend); so ist denn auch dies eine richtige Winddefinition (die bei Sen., Nat. quaest. V 1, 1 wörtlich wiederkehrt). Bei der Wichtigkeit, die die Frage für den Meteorologen Ar. hatte, ist die Stelle für die 'Echtheitsfrage' nicht ohne Bedeutung.

Kapitel 10

112,1 f. (388 a 18) „nichthomogen". Es sind die Organe (Auge, Hand), oder auch organische Ganzheiten, die jeweils einen Komplex von Homoiomeren darstellen. Vgl. Düring, 1943, 126; 1944, 97. In dieser Partie a 13 – a 20 scheint mit der Einordnung von Holz und Rinde als ἀνομοιομερῆ ein flagranter Widerspruch zu 385 a 9 vorzuliegen, wo die selben Stoffe als ὁμοιομερῆ geführt werden. Hilfreich war hier der Beitrag von H. J. Drossaart Lulofs (Mnemos. S. IV, vol. I, 1948, 294 – 296); er erkannte, daß der Autor ἐν φυτοῖς (a 19) eine Zweiteilung vornimmt: homogen sind Holz und Rinde, nichthomogen Blatt, Wurzel usw. Ohne Kenntnis des Vorgängers kam Lee auf den gleichen Lösungsgedanken (z. St.).

112,10 (a 25) „wir wollen feststellen". Man hat den Eindruck, daß mit der Vorstellung der homogenen Körper – mit denen sich der Autor eben erst ausführlich befaßt hatte – ihre erstmalige Behandlung vorbereitet werden soll. Die Tatsache der verblüffenden Iterationen in Kap. 10 wird allzu geduldig hingenommen. Der seit Kap. 8 verfügbare Titel 'Homoiomere' ändert nichts daran, daß hier die folgende Statistik über γῆς, ὕδατος εἴδη κοινά Altbekanntes aus der Pexis-Texis-Lehre wiederholt, unter gelegentlichem Rückgriff auf die in Kap. 9 beschriebenen Verhaltensweisen (388 a 29 ~ 387 b 8); Verfestigen und Verdicken stellen ebenso wie früher das Leitwort dar, und die Beispiele kehren zum Teil wieder. Es sind sozusagen lediglich die Glieder der Gleichung umgestellt. „Was sich von festen Körpern unter der Einwirkung von Kälte verfestigt hat, gehört stofflich zu 'Wasser'", 388 b 10; „was stofflich zu 'Wasser' gehört, wird nicht durch Hitze verfestigt" (sondern durch Kälte: 383 a 3); die selbe Gleichläufigkeit, mit identischen Beispielen, zeigen 389 a 11 und 384 a 12. „Was von beiden (Wasser, Feuer) verfestigt wurde, gehört stofflich zu beiden", 388 b 13 ~ 383 a 14 – usf. Der Verfestigungsprozeß, bei dem mit der Wärme auch die Feuchtigkeit den Körper verläßt, 388 b 27, ist längst vorher eingeprägt worden, 383 a 18. 30. Für die Theorie der Körper ergibt sich, wenn man vom Extensiven absieht (es wird mehr Material vorgelegt als sonst) nichts – wenn man nicht die Aufteilung von Naturdingen und -vorgängen auf die Elementbereiche Erde, Wasser und deren Mischung bereits als einen Gewinn an Lehre ansehen will. Daß kein einziges Beispiel einer tatsächlich entwickelten 'Mischungsformel' geboten wird, gibt auch Happ zu. Gewiß hängt der Unterschied des Verdichtens vom Verdicken von der Andersartigkeit der Struktur ab (ersteres beruht auf dem Übergewicht des erdigen Bestandteils im gemischten Körper) – nur war dieser Unterschied bereits zu Beginn des 7. Kapitels bezeichnet, wo von Homöomeren noch nicht die Rede war.

112,17 (a 30) „zu Erde und Wasser". Sehr glücklich Dürings Tilgung von ἢ γῆς ἤ. – a 31 ist μέλι statt ξύλον zu lesen, mit Vimercati, Ideler.

113,23 (b 31) „Weihrauch". In der Anzweiflung dieser auf jeden Fall an falscher Stelle eingereihten Notiz stimmen die Kritiker überein.

113,37 (389 a 9) „die Natur des Wassers". Kaum durfte Lee diese abschließende Liste als 'Bestimmung der Proportionen' der homogenen Körper überschreiben. Die z. T. ganz vage Zurechnung ('rechnen eher zur Erde...') liefert eben keine Proportion.

Kapitel 11

114,28 (a 29) „in gewissem Sinn als kalt". 'Kalt' gehört zu den aktiven Qualitäten, wie gleich zu Beginn des Traktats gelehrt wird. Aber mit dieser Auffassung des aktiven Prinzips Kalt stößt sich, wie Düring 15 treffend ausführt, seine Rolle als passive Qualität, ein Widerstreit, der aus dem bedenklichen Dualismus von Element und Qualität im arist. System resultiert.

Kapitel 12

115,16 f. (b 24) „was ... ein gleichteiliger Körper sei". Es ist die Frage, die der Leser bisher mit einiger Ungeduld zu stellen hatte. Letztere wird nicht von dem 'Chemiker' Ar. befriedigt, sondern von dem teleologisch orientierten Naturphilosophen. Für die Erkenntnis dieses Aspekts ist in Happs an wertvollen Gesichtspunkten reichem Aufsatz viel getan (bes. 299 ff.); ich kann mich allerdings des Eindrucks nicht erwehren, daß die in Meteor. IV repräsentierte geistige Leistung stark überschätzt ist.

115,24 (b 29) „hinsichtlich ihres Wesens". Düring zeigt (13–15) meisterhaft ,aus welchen logischen und materiellen Elementen sich ein Naturding in Ar.s System zusammensetzt. Für einen Teil dieser Begrifflichkeit ist dies 12. Kapitel ein gutes kleines Kompendium; mit Nutzen zieht man Metaph. VII 1 heran (Düring).

115,25 (b 29) „desto klarer, je höher". Der Philosoph spricht mit gewohnter Terminologie von den 'späteren' (Naturdingen), '*ὕστερα τῇ γενέσει*, aber '*τῷ εἴδει καὶ τῇ οὐσίᾳ πρότερα*; Metaph. 1050 a 5. Die Abstufung des Telos in den einzelnen (sogleich aufgeführten) Schichten und deren deswegen graduell verschiedene Erkennbarkeit stehen im folgenden gleichzeitig im Vordergrund (Happ 300) — was die Gedankenführung etwas verunklärt. Höher steht, was das Ziel (*ἕνεκά του*, b 30) klarer erkennen läßt. Völliger Wegfall der Funktionsfähigkeit besagt nichts anderes als daß der Körper überhaupt nicht mehr 'ist'; zu Ar.s Beispiel von der Hand eines Toten, die bloß noch homonym 'Hand' 'ist' (b 31), finden sich Parallelen in der großen Abrechnung mit der telosfeindlichen Naturerklärung der Alten im Eingangskapitel von De part. anim. — Dem anderen Ende der Skala stehen die einzelnen konkreten Gegenstände der Naturforschung nahe (Homoiomere: 390 a 2; Elemente: a 3), die teleologisch schwer zu durchschauen sind, a 4–a 20. *τὰ ἔσχατα* a 5 für die beiden Skalenenden: 'pure matter and pure teleological conception', Düring 104.

116,20 (390 b 3) „Hitze und Kälte". Hinsichtlich der besonderen Weise, wie hier die 'aktiven Qualitäten' als *αἴτια* auftreten, besteht zwischen Düring und

Happ eine Differenz der Auffassungen, desgleichen hinsichtlich der Steuerung der inhomogenen Körper (s. u.). Ersterer unterstreicht, daß diese beiden Faktoren bei all ihrer Wichtigkeit doch 'auxiliary forces' seien, insofern sie *ἐξ ἀνάγκης* wirken; die causa efficiens und causa finalis treten dabei zurück. Happ, dem es sehr um die Finalität als gedankliche Basis des ganzen Traktats zu tun ist, sucht für die *ποιητικά* die bewirkende Verursachung zu retten. Dabei steht ihm freilich die Tatsache im Wege, daß der Wortlaut des knappen Kapitels hiefür nur wenige Andeutungen (wie b 10 ff.) hergibt. – „Bewegungsanstöße": Feuer strebt von Natur nach oben, Erde nach unten.

Es ist darauf hinzuweisen, daß das Manuskript dieser Bearbeitung der Meteorologica im Jahr 1967 abgeschlossen wurde; Literatur der folgenden Jahre konnte nur gelegentlich eingearbeitet werden. Genannt sei hier die Monographie, die Ingemar Düring in R E Suppl. XI, 1968, 149–336 s. v. Ar. vorlegt, sowie der von dem gleichen Gelehrten edierte Sammelband 'Naturphilosophie bei Aristoteles und Theophrast' (Verhandl. des 4. Symposium Aristotelicum, veranstaltet in Göteborg, August 1966), Heidelberg 1969. Hier untersucht P. Steinmetz einige Aspekte der arist. Elementtheorie in verschiedenen Pragmatien, u. a. in Meteor. I–III (233ff.). Seiner Beurteilung insbes. des Kap. I 3 kann ich nicht zustimmen.

TEIL II

ÜBER DIE WELT

ÜBER DIE WELT

1. Oft kam mir der Gedanke, Alexander, es sei etwas wahrhaft 391 Göttliches und Übernatürliches um die Philosophie, besonders dort, wo sie allein sich aufgeschwungen hat zur Schau des Alls und sich um die Erkenntnis der Wahrheit in ihm gemüht hat. Während die anderen (Wissenschaften) zurückwichen vor der Höhe und Größe dieser Wahrheitserforschung, erschrak sie nicht vor der Aufgabe und hielt sich nicht für unwürdig des Herrlichsten, sondern glaubte vielmehr, gar sehr verwandt und besonders geziemend sei ihr die Erkundung jener Dinge. Denn da es nicht möglich war, leiblich an den himmlischen Ort zu gelangen und, die Erde verlassend, jene heilige Stätte zu beschauen, wie es einst die unsinnigen Aloaden im Sinn hatten, unternahm die Seele, indem sie den Geist als Führer nahm, mit Hilfe der Philosophie die Überfahrt und wanderte aus, nachdem sie so einen Weg gefunden, der sie nicht ermatten ließ. Was räumlich am weitesten voneinander absteht, nahm sie im Denken zusammen, weil sie gar leicht, meine ich, das Verwandte erkannte und mit dem göttlichen Seelenauge das Göttliche erfaßte, um es den Menschen zu offenbaren. Dies erfuhr sie, weil sie willens war, soweit als möglich alle teilnehmen zu lassen an den ihr eigenen Kostbarkeiten und sie ihnen nicht zu mißgönnen.

Daher möchte man auch die, die uns mit Eifer die Beschaffenheit einer einzigen Landschaft, die Anlage einer einzigen Stadt, die Größe eines Flusses, die Schönheit eines Berges abschildern -- wie schon manche getan haben, indem die einen die Ossa, andere Nysa, andere die korykische Grotte oder irgend sonst ein zufälliges Einzelnes beschrieben –, bedauern ob ihrer kleinlichen Seele; lassen sie sich doch vom Zufälligen beeindrucken und bilden sich Großes ein bei einem geringen Anblick. So geht es ihnen, weil sie nicht die Schau des Höheren kennen, das Weltall meine ich und das, was im Weltall das Größte ist. Hätten sie dem einmal echte Aufmerksamkeit geschenkt, | 391 b so würden sie nie etwas anderes bewundern, vielmehr erschiene ihnen alles andere klein und wertlos vor dem überragenden Rang jener

Dinge. So wollen wir denn reden und, soweit erreichbar, als Theologen über diese Dinge in ihrer Gesamtheit sprechen, wie sich ein jedes verhält nach Wesenheit, Lage und Bewegung. Ich denke doch, es ziemt sich auch für dich, der du der Edelste der Fürsten bist, der Kunde des Größten nachzugehen, wie es sich auch für die Philosophie geziemt, auf nichts Geringes den Sinn zu richten, sondern mit solchen Geschenken die Edelsten zu grüßen.

2. Welt ist nun ein Gefüge aus Himmel und Erde und den Wesenheiten, die in ihnen umfaßt werden. Welt wird aber auch noch auf andere Weise verstanden, als Ordnung und Einrichtung des Alls, die von Gott und durch Gott bewahrt wird. Ihren Mittelpunkt nimmt, unbeweglich und ruhend, die lebenspendende Erde ein, für Wesen von vielfältiger Art Herdstatt und Mutter. Der oberste Raum im All ist völlig und allseitig abgeschlossen; seine höchste Region, der Götter Wohnung, wird Himmel genannt. Erfüllt mit göttlichen Körpern, die wir Gestirne zu nennen pflegen, sich bewegend in ewiger Bewegung, tanzt er zusammen mit ihnen allen in einem kreisenden Umschwung, rastlos in Ewigkeit. Da aber der gesamte Himmel wie auch das Weltall kugelförmig ist und sich, wie gesagt, unablässig bewegt, muß es zwei unbewegliche Punkte geben, die einander entgegengesetzt sind, wie bei der im Drechslereisen sich drehenden Kugel, Fixpunkte, die die Kugel zusammenhalten und um die sich der ganze Weltkörper im Kreise dreht; man nennt sie Pole. Denken wir uns durch sie eine Gerade gezogen – von einigen Achse genannt –, so wird diese den Durchmesser
92 a des Weltalls bilden, der die Erde | als Mittelpunkt hat, die beiden Pole aber als Enden. Von diesen beiden unbeweglichen Polen ist der eine immerfort sichtbar, da er uns zu Häupten in der nördlichen Himmelsgegend steht; er heißt der arktische. Der andere aber birgt sich immerfort unter der Erde, in südlicher Richtung; er heißt der antarktische.

Der Substanz des Himmels und der Sterne geben wir den Namen Äther, nicht weil er 'feurig' glüht (aithesthai), wie einige meinen, die seine dem Feuer gänzlich fernstehende Natur verkennen, sondern weil er, im Kreis umgeschwungen, 'immerfort läuft' (aei thein), ein Element, das von anderer Art ist als die vier (bekannten), nämlich unvergänglich und göttlich. Von den in ihm rings umfangenen Gestirnen aber kreisen die einen als Fixsterne gemeinsam mit dem ganzen Himmel und nehmen immer den nämlichen Platz ein; in ihrer Mitte ist der sogenannte Tierkreis schräg durch die Wendekreise als Gürtel gespannt, in Teile gegliedert nach den Orten der zwölf Tiere des Kreises. Die anderen, die Irrsterne, sind von Natur an Schnelligkeit der Bewegung weder den vorhergenannten noch untereinander gleich, sondern jeder bewegt sich in einer eigenen Kreisbahn, sodaß sie der Erde teils näher sind, teils ferner. Was nun die Fixsterne betrifft, so ist ihre Menge für die Menschen unausforschlich, obwohl sie sich auf einer einzigen Oberfläche, der des gesamten Himmelsgewölbes, bewegen. Die Planeten hingegen, im ganzen sieben an der Zahl, sind in ebenso vielen Kreisbahnen angeordnet, in der Weise, daß jeweils die obere größer ist als die untere und die sieben Sphären (konzentrisch) ineinander liegen, alle zusammen aber von der Fixsternsphäre umschlossen sind. Folgende Positionen, jeweils nacheinander, haben die Planeten inne: zuerst kommt der nach dem 'Leuchtenden' und zugleich nach Kronos benannte Kreis, anschließend der mit dem Namen des Phaëthon und des Zeus, dann der 'Feurige', nach Herakles wie auch nach Ares zubenannt, hierauf der 'Glänzende', den manche dem Hermes heilig nennen, andere dem Apollon; nach ihm kommt die Kreisbahn des 'Lichtbringers', von den einen mit Aphrodites, von den anderen mit Heras Namen bezeichnet; sodann die Bahn der Sonne, und schließlich die des Mondes, bis zu der der Äther reicht, der die göttlichen Körper in sich faßt und auch die Ordnung ihrer Bewegung.

An die ätherische und göttliche Natur, die wir für geordnet, ferner für unwandelbar, unveränderlich, unbeeinflußbar erklären, schließt sich die durch und durch wandelbare und veränderliche – um es kurz zu sagen, die vergängliche und todgeweihte. Das erste in ihr ist die feinteilige, feurige Wesenheit, die | von der ätherischen Substanz infolge deren Aus- 392 b
dehnung und reißendschnellen Bewegung entzündet wird. In der Region, die man die feurige, der Ordnung bare nennt, schießen die bekannten glänzenden Lichter vorbei, werden 'Fackeln' geschleudert, und sogenannte 'Balken', 'Gruben' und 'Haarsterne' richten sich oftmals auf und verlöschen dann wieder. Dieser Region zunächst, unterhalb, ist die Luft ausgegossen, dunkel und eisig ihrer Natur nach; jedoch von jener Sphäre her durchleuchtet zugleich und durchglüht, wird sie hell und warm. In der Luft, die ebenfalls dem wandelbaren Wesen zugehört und vielfältig veränderlich ist, bilden sich Wolken, prasseln Regengüsse herab, gibt es Schnee, Reif und Hagel, sausende Winde und Wirbelstürme, dazu Donner, Blitzschein, Niederfahren von Wetterstrahlen und unermeßlichen Dunkelgewölks schmetterndes Zusammenschlagen.

3. Dem Luftelement benachbart sind, fest gegründet, Erde und Meer, in Fülle hervorsprießen lassend Pflanzen und Tiere, Quellen und Flüsse, die teils in Windungen durchs Land ziehen, teils sich ins Meer ergießen. Dazu ist die Erde bunt geschmückt mit tausendfältigem Grün, mit hohen Bergen und dichtem Gehölz, mit Städten, die das kluge Geschöpf, der Mensch, gebaut hat, mit Inseln in der Salzflut und Festländern. Nun scheidet der gemeine Verstand die bewohnte Erde in Inseln und Festländer, ohne Ahnung davon, daß auch sie ja ganz und gar eine einzige Insel ist, vom sogenannten Atlantischen Meer umflossen. Wahrscheinlich liegen ihr aber in der Ferne noch viele andere gegenüber, die teils größer sind als sie, teils kleiner, aber allesamt mit Ausnahme unserer Landfeste unseren Blicken entzogen. In dem Verhältnis unserer Inseln zu den bekannten einzelnen Meeren steht nämlich die bewohnte Erde zum Atlantischen Meer und viele andere Kontinente zum Meer als Ganzem; denn auch diese sind gewissermaßen große Inseln, umrauscht von großen Meeren. Das feuchte Element als Ganzes, das die Oberfläche der Kugel bedeckt und hier als klippenartige Erderhebungen die sogenannten 'bewohnten Erdteile' hervortreten läßt, mag der Nachbar vor allem des Luftelements genannt werden. Nach der Region des Feuchten ruht in den Tiefen, in der Mitte des Weltalls, geballt und fest die Erdmasse, unbeweglich und unerschütterlich. Dies ist der Inbegriff all dessen, was im Weltall 'Unten' heißt.

393 a Diese fünf Grundelemente also, | die in fünf Örtern sphärisch gelagert sind, wobei der jeweils kleinere Ring vom größeren umfaßt wird – ich meine: Erde vom Wasser, Wasser von Luft, Luft vom Feuer, Feuer vom Äther – haben das Weltall auferbaut und den ganzen oberen Bereich für Götter zur Wohnung gemacht, den unteren für Eintagswesen. Von eben diesem Unten aber ist ein Teil feucht, den wir Flüsse Quellen Meere zu nennen gewohnt sind, einer trocken, den wir Erde Festländer Inseln heißen.

Die Inseln sind zum Teil groß, wie dies von unserer bewohnten Erde als Ganzem gesagt wurde und von vielen anderen (Kontinenten), die von großen Meeren umströmt werden, teils sind sie kleiner und in unserem Gesichtskreis, im inneren Meer gelegen. Die bemerkenswerten unter diesen sind Sizilien, Sardinien, Korsika, Kreta, Euböa, Zypern und Lesbos; zu den weniger bedeutenden gehören die Sporaden, die Kykladen und Inseln mit sonstigen Namen.

Das Meer außerhalb der bewohnten Erde heißt das Atlantische, oder der Okeanos, der uns rings umfließt. Er öffnet im Westen sich nach

innen zu in einer schmalen Wasserstraße und strömt bei den sogenannten Säulen des Herakles ins innere Meer wie in einen Hafen. Allmählich verbreitert er sich und ergießt sich weithin, indem er große miteinander zusammenhängende Buchten umfaßt, bald in schmale Meeresstraßen einmündend, bald sich wiederum weitend. Zunächst nun buchtet sich das Meer, wie man erzählt, zur Rechten für den, der durch die Heraklessäulen hereinfährt, doppelt aus, zu den sogenannten Syrten, von denen man eine große und eine kleine unterscheidet. Auf der anderen Seite bildet es nicht in gleicher Weise Buchten, sondern drei Meere, das sardinische und das keltische, dazu die Adria. Dann kommen, quer zu ihnen sich erstreckend, das sizilische Meer, nach ihm das kretische und mit ihm verbunden auf der einen Seite das ägyptische, pamphylische und syrische, auf der anderen das ägäische und myrtoische. Den genannten Einzelmeeren entgegen erstreckt sich der starkgegliederte Pontus, dessen innerster Winkel Mäotis heißt, während er außen | zum Hellespont hin mündet, zusammen 393 b
mit der sogenannten Propontis (Marmarameer). In der Gegend des Sonnenaufgangs jedoch strömt wieder der Ozean herein, eröffnet den Indischen und den Persischen Golf und läßt ihren Zusammenhang mit dem Roten Meer deutlich werden, indem er sie (alle drei) umfaßt. Am anderen (nördlichen) Landvorsprung (Asiens) reicht er durch einen schmalen, langen Meeresarm herein und verbreitert sich dann wieder, indem er Hyrkanien und Kaspien begrenzt; jenseits davon aber nimmt er den weiten Raum nördlich des Mäotissumpfes ein. Dann, jenseits der Skythen und des Keltenlandes, schnürt das Weltmeer allmählich die bewohnte Erde ein, wo es mit dem Keltischen Golf und bei den vorerwähnten Säulen des Herakles an sie herantritt. Außerhalb der Säulen umfließt der Ozean die Erde. – Zwei sehr große Inseln liegen in ihm, die britannischen genannt, Albion und Ierne, größer als die, von denen früher erzählt wurde; sie liegen jenseits des Keltenlandes. Nicht kleiner als sie sind Taprobane, über Indien hinaus, schräg zur bewohnten Erde gelegen, und die Phebol genannte Insel im Arabischen Golf. Viele andere kleine Inseln in der Umgebung der Britannischen und des Iberischen Landes liegen wie im Kranze um die bewohnte Erde, die nach unserer Bezeichnung selbst schon eine Insel ist. Ihre Breite beträgt, über die Hauptmasse des Festlandes gemessen, nach der Behauptung guter Geographen knapp vierzigtausend Stadien, die Länge höchstens siebzigtausend. Eingeteilt wird sie in Europa, Asien, Libyen.

Europa nun ist das Land, dessen Grenzen ringsherum bestimmt werden einerseits durch die Säulen des Herakles, andrerseits durch die innersten Buchten des Pontus und das Hyrkanische Meer, dort wo die Landbrücke zum Pontus herüber am schmalsten ist. Einige haben jedoch an ihrer Stelle den Fluß Tanais (als Grenze) genannt. Asien aber ist das Land, das sich von dem genannten Isthmus zwischen dem Schwarzen und dem Hyrkanischen Meer bis zu der anderen Landenge erstreckt, die zwischen dem Arabischen Golf und dem Inneren Meer liegt, umfangen von diesem und dem Ozean ringsum. Einige ziehen jedoch die Grenze Asiens vom Tanais bis zu den Nilmündungen. Libyen dagegen reicht von der arabischen Landenge bis zu den Säulen
394 a des Herakles, oder von diesen bis | zum Nil, wie es andere annehmen. Ägypten aber, soweit es von den Nilmündungen umströmt wird, rechnen die einen zu Asien, die anderen zu Libyen; dabei nimmt man teils die Inseln aus, teils weist man sie den jeweils benachbarten Gebieten zu.

Von der Art etwa sind also nach unserer Erkundung Natur und Lage von Land und Meer beschaffen, die wir die bewohnte Welt zu nennen pflegen.

4. Jetzt wollen wir von den bemerkenswertesten Naturerscheinungen auf der Erde und um sie herum sprechen, indem wir nur die notwendigsten Dinge zusammenfassen.

Da gibt es nun zwei bestimmte Ausdünstungen, die unablässig von ihr in den über uns liegenden Luftraum emporsteigen, feinteilig und völlig unsichtbar, nur daß sie manchmal am frühen Morgen beobachtet werden können, wenn sie von Flüssen und Quellen aufsteigen. Von ihnen ist die eine rauchartig-trocken, weil sie der Erde entströmt; die andere ist Wasserdampf, der aus dem feuchten Element empordünstet. Aus ihm entstehen Nebel, Tau, die verschiedenen Arten der Frostphänomene, Wolken, Regen, Schnee und Hagel; aus der trockenen dagegen Winde und die verschiedenen Arten des Wehens, Donner, Blitzleuchten, Glutwinde, Blitzschläge und alle anderen damit verwandten Erscheinungen.

Was nun den Nebel betrifft, so ist er eine dampfartige Ausscheidung, aus der kein Wasser hervorgeht, dicker als Luft, aber dünner als Wolke; er entsteht entweder aus einer beginnenden Wolke oder aus deren Überrest. Das Gegenstück zu ihm heißt und ist 'klarer Himmel', d. h. nichts anderes als Luft ohne Wolken und Nebel. Tau ist ein feinteiliger, feuchter Niederschlag aus klarem Himmel. Eis ist Wasser,

das als Masse nach Aufklaren gefroren ist; Reif ist gefrorener, 'Taureif' halbgefrorener Tau. Wolke ist eine zusammengeballte Dunstmasse, die Wasser erzeugt. Regen aber entsteht dann, wenn eine sehr fest geballte Wolke ausgepreßt wird. Seine Arten variieren entsprechend den Graden der Wolkenverdichtung; ist diese sanft, so sprüht er nur weiche Tropfen, ist die Verdichtung stark, fallen die Tropfen in dichterer Folge; wir sprechen dann von einem Platzregen, der kräftiger als ein Regen ist und Wasserballungen in ununterbrochenem Zusammenhang auf die Erde schüttet. Schnee aber entsteht beim Zerspringen festgeballter Wolken, die vor ihrem völligen Übergang in Wasser schlagartig gehemmt werden; es bewirkt dieser plötzliche Gegenschlag das Schaumige und die hellweiße Farbe, während das Gefrieren der Feuchtigkeit innen, die noch nicht ausgetreten und verteilt ist, die Kälte des Schnees zur Folge hat. Fällt er stark | und 394 b
massenhaft, so heißt er Schneesturm. Hagel aber entsteht, wenn dichtfallende Schneeflocken sich ballen und infolge der Verdichtung Schwere zu schnellerem Fall gewinnen. Je nach der Größe der abgesprungenen Bruchstücke (der Wolke) ist ihr Gewicht erheblicher und ihr Fall gewaltsamer.

Dies also sind die Naturerscheinungen, die sich aus der feuchten Ausdünstung ergeben.

Aus der trockenen aber, wenn sie durch den Anstoß von Kälte ins Strömen gebracht wird, entsteht der Wind. Denn dieser ist nichts anderes als Luft, die in konzentrierter Masse strömt; er wird auch gespannter Hauch (Pneuma) genannt. In anderem Sinn nennt man Pneuma die in Pflanzen und lebendigen Wesen vorhandene alldurchdringende, beseelte und zeugungskräftige Wesenheit, über die jetzt nicht gesprochen zu werden braucht. Die Pneumaströmungen im Luftreich nennen wir Winde, Brisen dagegen die vom Feuchten aufsteigenden Dünste. Von den Brisen heißen die von angefeuchteter Erde her wehenden Landwinde, die von Buchten herströmenden Buchtwinde; diesen entsprechen etwa die Winde von Flüssen und Seen. Winde, die beim Platzen einer Wolke entstehen und deren Ballung in die eigene Masse auflösen, heißen Wolkenwinde (Windhosen); stürzen sie zusammen mit einem starken Wasserausbruch (aus der Wolke), so spricht man von einer Wasserhose.

Die beständig von Sonnenaufgang kommenden Winde heißen Ostwinde (Euros), Boreas die Nordwinde, Zephyr die Westwinde, Notos die Winde von Mittag her. Unter den Ostwinden heißt Kaikias der vom Ort des hochsommerlichen Sonnenaufgangs herwehende, Apeliotes der vom Ort der Tagundnachtgleiche, Euros der vom winterlichen Aufgang herkommende Wind. Unter den entgegengesetzten, westlichen Winden weht der Argestes vom sommerlichen Untergang her; manche nennen ihn Olympias, andere Iapyx. Zephyr heißt der vom Untergangsort zur Tagundnachtgleiche, Lips der vom winterlichen Untergang herkommende Wind. Unter den Nordwinden heißt speziell Boreas der auf den Kaikias folgende, anschließend kommt Aparktias, der vom Pol nach Süden weht, dann als Nachbar des Argestes der Thraskias, den einige Kirkias nennen. Unter den Südwinden heißt der als Gegenstück des Aparktias vom unsichtbaren Pol herkommende Wind Notos, Euronotos der Wind zwischen Euros und Notos. Den entsprechenden auf der anderen Seite, zwischen Lips und Notos, nennen die einen Libonotos, andere Libophoinix.

Die Winde sind teils Geradausweher – alle, die in gerader Bahn nach
95 a vorn wehen – teils Kehrwinde, wie | der Kaikias; die einen führen winters ihr Regiment, wie die Südwinde, die anderen sommers, wie die sogenannten Jahreswinde (Passatwinde), die eine Mischung zwischen den von Norden kommenden und den Westwinden darstellen. Die sogenannten Vogelwinde, eine Art von Frühlingswinden, gehören zur Gattung des Boreas.

Unter den gewaltsamen Luftströmungen ist der Fallwind ein plötzlich aus der Höhe herunterfahrender Windstoß, Bö ein mit Wucht unversehens anspringender Wind; Wirbelwind und 'Kreisel' sind Luftmassen, die sich drehend von unten nach oben bewegen. Erdwind heißt der Luftstrom, wie er an der Öffnung eines tiefen Loches oder einer Erdspalte nach oben zieht; kommt er als wirbelnde Masse, dann ist es ein unterirdischer Sturm.

Wenn aber Pneuma, in einer dichten, feuchten Wolke wirbelnd, von dieser gewaltsam ausgestoßen wird, so bewirkt es beim Zerreißen der zusammenhängenden Wolkenmasse gewaltiges Krachen und Tosen, welches Donner genannt wird, ähnlich der Wirkung von Pneuma, das in Wasser gewaltsam umgetrieben wird. Gerät es an der Rißstelle der Wolke ins Glühen und Leuchten, heißt es Blitz. Bekanntlich wird er eher wahrnehmbar als der Donner, obwohl der Blitz später entsteht. Denn naturgemäß wird das Hörbare vom Sichtbaren überholt, da das letztere schon von ferne wahrgenommen wird, das erstere dagegen erst, nachdem es sich dem Gehör genähert hat. Besonders gilt das, wenn es sich einerseits um das rascheste der seienden Dinge, das

Feurige, handelt, andrerseits um das langsamere Luftartigere, das erst im Auftreffen zum Gehör gelangt. Das als Blitz entzündete Pneuma wird, wenn es gewaltsam bis zur Erde durchfährt, Wetterstrahl, 'Einschlagen' genannt; ist es nur halbfeurig, sonst aber wuchtig und dichtgeballt, heißt es Glutwind, ist es überhaupt nicht feurig, hat man dafür den Namen 'Qualmer' (Typhon). Alle diese Phänomene aber nennt man, wenn es zu einem Herunterschlagen auf die Erde kommt, Wetterschläge. Von den Blitzen wirken manche rußend und heißen 'Schwelblitze', andere zucken rasch vorbei, die 'Gleißer', 'Schlängler' sind die in Wellenlinien dahinfahrenden. Alle aber, die auf die Erde herunterschlagen, heißen Wetterschläge.

Die Erscheinungen im Luftbereich sind, zusammenfassend gesagt, teils bloße Spiegelung, teils haben sie wirkliches Wesen. Spiegelungen sind Regenbogen, 'Stäbe' und dergleichen, wirklich hingegen sind Himmelsleuchten, Sternschnuppen, Kometen und verwandte Phänomene am Himmel. Der Regenbogen nun (Iris) ist die Reflektion eines Abschnitts der Sonne oder des Mondes, gesehen wie in einem Spiegel auf einer feuchten, konkaven und dem Augenschein nach zusammenhängenden Wolke, und zwar als Kreislinie gesehen. Ein 'Stab' ist eine geradlinige Irisspiegelung, ein 'Hof' ist der optische Eindruck von Glanz rings um ein | 395 b Gestirn; er unterscheidet sich vom Regenbogen darin, daß dieser der Sonne und dem Mond gegenüber sichtbar wird, der Hof aber im Kreise um jedes Gestirn erscheinen kann. Himmelsleuchten ist die Entzündung einer feurigen Masse im Luftraum. Solche Lichter werden teils wie Geschosse geschleudert, teils sind sie auf ihrem Platz fest. Der Wurfbewegung liegt Feuerentstehung auf Grund von Reibung zugrunde; das Feuer bewegt sich rasch durch die Luft und erweckt durch die Schnelligkeit den Eindruck gestreckter Länge. Dagegen entspricht das Stillstehen des Lichtes einer langgestreckten Feuer bahn, ohne daß Ortsbewegung vorliegt; es sieht aus wie das Sichergießen eines Sterns. Verbreitert sich die Erscheinung auf der einen Seite, so heißt sie Haarstern (Komet). Von diesen Himmelslichtern dauern die einen oftmals längere Zeit, andere erlöschen augenblicklich. Man kann auch noch viele andere Arten von Lichtphänomenen (am Himmel) betrachten, sogenannte Fackeln, Balken, Fässer, Gruben, die nach der Ähnlichkeit mit diesen Gegenständen so heißen. Sie lassen sich teils im Westen, teils im Osten schauen, auch gleichzeitig in beiden Himmelsrichtungen, selten aber im Norden und Süden. Allesamt aber haben sie keinen festen Bestand; keine Überlieferung liegt vor, es sei jemals eines dieser Phänomene immerfort an einem festen Platz sichtbar gewesen.

Von solcher Art also sind die Erscheinungen im Luftraum. In ihrem Inneren umschließt aber auch die Erde zahlreiche Quellen wie von Wasser, so von Wind und Feuer. Von letzteren befinden sich manche unter der Erdoberfläche, den Blicken entzogen, viele aber haben Ventile und Ausbruchsstellen, wie (die Vulkane) Lipara, Ätna und die auf den äolischen Inseln; sie fließen, wie bekannt, oftmals stromgleich, werfen auch feurig glühende Massen in die Höhe. Manche Feuer befinden sich unter der Erde in der Nachbarschaft von Quellen und erwärmen diese Gewässer; so lassen sie Quellen teils lauwarm emporsprudeln, teils kochendheiß, teils angenehm temperiert. In gleicher Weise gibt es aber auch für die Winde (Gase) vielfach auf der Erde viele Öffnungen. Manche lassen die sich Nähernden in einen ekstatischen Zustand geraten, manche bewirken, daß sie hinsiechen, andere regen zum Wahrsagen an, wie es in Delphi und Lebadeia geschieht, wieder andere wirken auch schlechthin tödlich, wie die in Phrygien.

Oft bringt auch im Erdinnern entstandene komprimierte Luft (Pneuma), die die gehörige Mischung erreichte und dann in Höhlengänge abgedrängt wurde, infolge der Trennung vom Entstehungsort viele Teile (der Erdoberfläche) in Erschütterung. Oftmals verfängt sich auch eine Masse solchen Pneumas von außen in den Höhlungen der Erde, wird abgeschnitten und erschüttert sie bei der Suche nach einem Ausgang mit Gewalt; sie ruft so die Erscheinung hervor, die man Erdbeben zu nennen pflegt.

396 a Von den Erd|beben werden diejenigen, die in Querrichtung unter spitzem Winkel wirken, Neigungsbeben genannt; solche, die senkrechte Bewegungen auf und ab vollführen, heißen Rüttler, die ein Absacken in Hohlräume verursachen, Einsturzbeben; eröffnen sie Spalten und reißen sie die Erde auf, nennt man sie Zerreißer. Manche dieser Beben führen auch komprimierte Luft mit nach oben, andere aber Steine oder Schlamm; wieder andere lassen Quellen ans Licht treten, die es vorher nicht gab. Manche stürzen mit einem Stoß um; Stoßbeben heißen sie. Beben, die einen Rückprall hervorrufen, d. h. das von ihnen betroffene Objekt durch Neigung nach einer Seite und Zurückschwingen fortwährend in seiner Lage halten, bezeichnet man als Schwingbeben; ihre Wirkung ist eine Art von Zittern. Es gibt auch 'Brüller' unter den Erdbeben, die die Erde unter Donnergetöse er-

schüttern. Oft gibt es auch ohne Erdbeben ein unterirdisches Brüllen, wenn die gespannte Luft zwar zu Erschütterungen keine ausreichende Kraft besitzt, jedoch, in der Erde eingesperrt, sich mit dröhnender Gewalt bricht. – Übrigens werden die eindringenden Pneumamassen auch von den in der Erde verborgenen Gewässern her in ihrer Substanz verstärkt.

Vergleichbares vollzieht sich auch im Meere: es kommt oft vor, daß sich in ihm Schlünde öffnen, daß das Meer sich vom Land zurückzieht und sich andererseits Sturmfluten ereignen, die manchmal zurückprallen, manchmal bloß einen Vorstoß vollführen, wie es von Helike und Bura berichtet wird. Oftmals gibt es auch Feuereruptionen im Meer, Quellen sprudeln auf, Flüsse ergießen sich (in Mündungen), Bäume entsprießen aus den Fluten, Strömungen und Wirbel entstehen, die denen der Winde vergleichbar sind, teils auf hoher See, teils in engen Meeresstraßen und Kanälen. Vielfach auch, so heißt es, ereignen sich Ebbe und Flut, stets im Einklang mit dem Umlauf des Mondes zu gewissen bemessenen Zeiten.

Mit dem Blick auf das Ganze gesagt: da die Elemente miteinander vermischt sind, so entspricht es der Erwartung, daß die Naturvorgänge in der Luft, auf der Erde und im Meer einander ähnlich sind. Im einzelnen bringen sie Werden und Vergehen, das Ganze aber bewahren sie als etwas Unvergängliches und Ungewordenes.

5. Nun hat sich freilich mancher schon darüber verwundert, wie denn die Welt, die doch aus den bekannten gegensätzlichen Prinzipien – Trocken und Feucht, Kalt und Warm – zusammengefügt ist, nicht schon längst zerstört und | zugrunde gegangen sei; wie man wohl auch 396 b über eine Stadt sich verwundern mag, daß sie Bestand hat, obwohl sie aus den entgegengesetztesten Menschengruppen zusammengefügt ist, aus Arm und Reich, Jung und Alt, Schwach und Stark, Böse und Gut. Die Leute ahnen eben nicht, daß dies (immer schon) das größte Wunder der bürgerlichen Eintracht war: die Vielheit ist es, aus der sie einen einheitlichen, die Ungleichmäßigkeit, aus der sie einen gleichmäßigen Zustand schafft, der ein Fundament bietet für jegliche Wesensart und jegliche Lebenslage. Die Gegensätze sind es doch wohl, wonach die Natur strebt, aus ihnen schafft sie den Einklang, nicht aus dem Gleichartigen, wie sie ja fraglos das Männliche zum Weiblichen geführt hat und nicht jedes Geschlecht zu seinesgleichen, und also die ursprüngliche Einung durch Gegensätzliches zusammengeknüpft hat, nicht durch Gleichartiges. So scheint es auch die Kunst (Techne) zu machen,

die ja die Natur nachahmt. Indem nämlich die Malerei die Eigenschaften der schwarzen und weißen, gelben und roten Farbe ineinandermengt, erreicht sie die Übereinstimmung mit der Vorlage. Die Musik mischt hohe und tiefe, lange und kurze Töne innerhalb verschiedener Stimmen und bewirkt so eine einzige Harmonie, und die Schreibkunst stellt ihren ganzen Aufbau zusammen, indem sie eine Mischung von Vokalen und Konsonanten herbeiführt. Genau dies war auch der Sinn des Ausspruchs bei dem dunklen Heraklit: „Zusammenfassungen: – Ganzes und Nichtganzes, Einträchtig-Zwieträchtiges, Einklang Mißklang – aus allem Eins und aus Einem alles."

So ordnet nun auch den Aufbau des Ganzen, des Himmels, der Erde und der gesamten Welt vermittelst der Mischung der gegensätzlichsten Prinzipien eine einzige Harmonie. Es sind ja Trocken mit Feucht, Warm mit Kalt, Leicht mit Schwer, Gerade mit Krumm gemischt; so durchwaltet offenbar den gesamten Erdkreis und das Meer, Äther, Sonne und Mond und den ganzen Himmel ordnend eine einzige alldurchdringende Kraft. Aus dem Gesonderten und Verschiedenartigen, Luft Erde Feuer Wasser, hat sie das Weltganze erbaut; sie umschließt sie durch eine einzige Kugelschale, sie nötigt die einander feindlichsten im Weltall vorhandenen Wesenheiten, miteinander übereinzukommen und erwirkt so dem Ganzen Heil und Dauer. Ursache dafür ist die Übereinstimmung der Elemente, Ursache der Übereinstimmung aber ist, daß sie zueinander in gleichem Verhältnis stehen und kein Element | [397 a] das andere überwiegt. Denn Schwer und Leicht, Warm und sein Widerpart halten einander die Waage: so zeigt die Natur am Beispiel der großen Dinge in der Welt, daß, in gewissem Sinn, vom Gleichen die Erhaltung der Eintracht abhängt und von dieser die Erhaltung des alles erzeugenden, herrlich schönen Kosmos.

Welche Wesenheit gäbe es denn, die ihm überlegen wäre? Was man auch nennen mag, es ist nur ein Teil von ihm. Alles Schöne hat seinen Namen von ihm und alles Geordnete; kommt doch von „Kosmos" der Ausdruck „kekosmesthai" („Geschmückt-, Geordnetsein") her. Welches Einzelding aber vermöchte sich der Ordnung am Himmel zu vergleichen, dem Lauf der Gestirne, der Sonne und des Mondes, wie sie sich nach den genauesten Maßen bewegen von einer Weltzeit zur anderen? Wo gäbe es eine solche Untrüglichkeit, wie sie die schönen Jahreszeiten bewahren, die alle Dinge hervorbringen, die Sommer und Winter geordnet heraufführen, die Tage und die Nächte bis zur Vollendung des Monats und des Jahres? Vollends ist seine Größe über-

ragend, seine Bewegung die rascheste, sein Glanz der lichteste, seine Kraft alterslos und unvergänglich. Er ists, der die Naturen der Lebewesen im Wasser, auf der Erde und in der Luft geschieden und ihre Lebensdauer nach seinen Bewegungen bemessen hat. Er ists, von dem alle Lebewesen den Odem ziehen und Seele haben. Er ists, in dem auch die überraschendsten Seltsamkeiten sich nach einer Ordnung vollziehen: beim Zusammenprall mannigfacher Winde, beim Niederfahren von Blitzstrahlen aus dem Himmel, beim Losbrechen ungeheurer Unwetter. Durch diese Vorgänge wird das Feuchte ausgepreßt und das Feurige durchweht, sodaß das Ganze zu Eintracht und festgegründeter Ruhe gelangt. Und die Erde, in ihrem mannigfachen Pflanzenkleid, rings übersprudelt von Quellen und beschritten von Tieren, wie sie alles zu seiner Zeit aufsprießen läßt, nährt und wieder in sich birgt, und unzählige Formen und Wandlungen heraufführt – sie bewahrt in gleicher Weise ihre alterslose Natur, ob auch von Erdbeben erschüttert und von Sturmfluten überschwemmt oder zu Teilen von Feuersbrünsten in Flammen gesetzt. Dies alles scheint der Erde doch nur zum Besten zu dienen und ihre Behütung auf ewig zu sichern. Denn wenn sie bebt, so entweichen, wie früher dargestellt, die eingedrungenen Gase durch die Spalten nach oben, wenn Regengüsse sie reinigen, so werden ihr alle Krankheitsstoffe abgewaschen, und wehen die Morgenbrisen über sie hin, so klärt sich die Region unter und über ihr. Und | weiter: die Flammen lindern das Eisige, die Fröste mildern 397 b
die Flammen. Was die Einzelwesen betrifft, so entstehen die einen, die anderen sind reif, wieder andere vergehen. Das Werden tut dem Vergehen Einhalt und gleicht es aus, das Vergehen erleichtert neues Werden. Ein Heil aber erwirkt sich aus allem, indem beständig die Dinge einander ablösen und bald obsiegen, bald unterliegen; so bleibt das Ganze behütet in Ewigkeit.

6. Es bleibt nun noch die Aufgabe, über die das All zusammenhaltende Ursache zu sprechen, in großen Umrissen, wie über die bisherigen Themen; es wäre ja verkehrt, vom Weltall zu reden – wenn schon nicht im einzelnen, so doch als Belehrung über die Grundzüge – und dabei das Wichtigste des Weltalls beiseite zu lassen.

Nun gibt es bei allen Menschen ein uraltes, aus Väterzeiten stammendes Wort, daß alles von Gott her und durch Gott besteht und daß kein Wesen für sich allein, sich selbst genügend, existieren kann, wenn es der erhaltenden Kraft beraubt ist, die von der Gottheit ausgeht. Darum fühlten sich auch einige der Alten bewogen zu lehren, daß all

dies voll von Göttern sei, was uns sichtbar vor Augen steht, wie auch das, was wir durchs Gehör und jeglichen Sinn wahrnehmen. Aber was sie so als These aufstellten, entspricht zwar der göttlichen Kraft, nicht aber dem göttlichen Wesen. Denn es ist zwar wirklich Gott der Erhalter von allem und der Erzeuger all dessen, was, wie auch immer, in diesem unserem Kosmos zur Vollendung gebracht wird; jedoch ist es nicht so, daß er die Mühsal eines selber werkenden, geplagten Wesens auf sich nehmen muß, vielmehr kann er sich einer unermüdlichen Kraft bedienen, mit der er auch, was ferne von ihm zu sein scheint, beherrscht. Der oberste und der erste Platz ist ihm zuteil geworden und er heißt deswegen der Höchste, nach dem Dichterwort „auf dem ragendsten Gipfel“ des gesamten Himmels thronend. Am meisten lebt wohl das ihm benachbarte Element von seiner Kraft, dann das anschließende, und so immer weiter bis zu unserer Region. Deshalb scheinen die Erde und die Dinge auf ihr, weil ihr Abstand von der erhaltenden Kraft Gottes so sehr groß ist, kraftlos zu sein und nicht zu einander stimmend und voll von vieler Wirrnis. Nichtsdestoweniger, insofern es in der Natur des Göttlichen liegt, zu allem hindurchzudringen, wirkt es auch bei uns gleichermaßen wie in der Region über uns, die je nach ihrer Nähe oder Entfernung von Gott
398a mehr oder weniger seine | Hilfe erfährt. Besser also ist's, anzunehmen – wie es sich auch geziemt und am meisten zu Gott paßt –, daß die Kraft, die im Himmel ihren Sitz hat, auch für die am fernsten von ihr wohnenden Wesen, man darf sagen, für alle Wesen Erhaltung schafft, besser jedenfalls, als zu glauben, daß sie, dorthin kommend und dort verkehrend, wo es für sie weder schön noch geziemend ist, selber die Dinge auf Erden besorgt. Das steht ja auch den Herrschern über Menschen nicht an – z. B. einem Heerführer oder dem Oberhaupt einer Stadt oder eines Hauswesens –, daß sie jeder beliebigen Verrichtung persönlich vorstehen, wenn es etwa gilt, Bettzeug zu verpacken und einen womöglich noch geringeren Dienst zu verrichten, den auch der erstbeste Sklave tun könnte. Vielmehr (muß man sich Gottes Walten nach dem vorstellen), was vom Großkönig berichtet wird. Denn des Kambyses, des Xerxes und Darius Hofhaltung war einer feierlichen und überragenden Erhabenheit zuliebe prächtig ausgeschmückt; er selbst, so lautet die Kunde, thronte zu Susa oder Ekbatana, für jedermann unsichtbar, in einem wunderbaren, von Gold, Elektron und Elfenbein strahlenden Königsschloß und Palastbezirk; viele aufeinanderfolgende Torwege und Vorhallen, die eine Ent-

fernung von vielen Stadien trennte, waren durch eherne Türen und mächtige Mauern gesichert. Außerhalb aber standen geschmückt bereit die ersten und angesehensten Männer, teils für den Dienst um den König selbst bestimmt, als Leibgarde und Gefolge, teils als Wächter der einzelnen Höfe sogenannte Türhüter und Horcher, damit der König selbst, den man als Herrn und Gott anredete, alles sehe, alles höre. Außer ihnen waren andere aufgestellt als Verwalter der Einkünfte, als Heerführer in Kriegen und bei Jagdzügen, als Empfänger von Geschenken und als Besorger der jeweils notwendigen sonstigen Dienste. Das ganze Reich Asien aber, wie es begrenzt war vom Hellespont im Westen, vom Indus im Osten, hatten Feldherren, Satrapen und Fürsten nach Völkerschaften eingeteilt, Knechte des Großkönigs, (denen wiederum gehorchten) Tagläufer, Kundschafter, Boten und Beobachter von Feuersignalen. So umfassend war die kunstvolle Ordnung, am meisten bei den Posten der Feuersignale, die abwechselnd einander Feuerzeichen gaben von den Enden des Reiches bis nach Susa und Ekbatana, daß der König alles, was sich in Asien an Neuem begab, noch am selben Tag erfahren konnte.

| Man muß es sich dabei so vorstellen, daß der Rang des Großkönigs 398 b
dem der weltdurchwaltenden Gottheit um so viel nachsteht, wie dem seinigen der Rang des geringsten und schwächsten Lebewesens. Folglich, wenn es ein unwürdiger Gedanke war, daß Xerxes alles selber in die Hand genommen, selber seinen Willen verwirklicht und an jedem Ort selbst die Aufsicht und Leitung gehabt habe, ist das doch wohl für Gott noch viel unangemessener. Würdiger und geziemender ist die Vorstellung, daß er selbst zwar an höchster Stelle thront, daß seine Kraft aber, die durch den ganzen Kosmos dringt, Sonne und Mond bewegt, den ganzen Himmel herumführt und für alles auf Erden Ursache der Erhaltung wird. Denn es bedarf bei ihm keiner künstlichen Zurüstung und Dienstleistung von seiten anderer, so wie es bei unseren Herrschern der Fall ist, die wegen ihrer Schwäche einer Menge von Händen bedürfen; vielmehr ist dies an ihm das Göttlichste, daß er mit Leichtigkeit und mit einer einfachen Bewegung die verschiedensten Arten von Arbeit verrichten kann, so wie die Ingenieure durch einen einzigen Seilzug an einer Maschine vielfältige Kraftwirkungen auslösen. In gleicher Weise bringen es auch die Marionettenkünstler fertig, indem sie einen einzigen Faden ziehen, daß sich Nacken und Hand, Schulter und Auge der Figur, manchmal auch alle Glieder zusammen, wohlabgestimmt aufeinander bewegen. So also leitet auch die gött-

liche Wesenheit durch einfache Bewegung der nächstliegenden Region ihre Kraft weiter zur anschließenden und von da wiederum zur entfernteren, bis sie durch alle Bereiche hindurchgedrungen ist. Denn eins vom anderen in Bewegung gesetzt, bewegt auch selbst wieder ein anderes gemäß seiner Ordnung. Dabei wirken alle Teile auf individuelle Weise, entsprechend ihrer Eigenart, obwohl die Bahn nicht für alle ein und dieselbe ist, sondern für jeden verschieden und abweichend, manchmal sogar gegensätzlich, während doch die Bewegung, die gleichsam den ersten Auftakt darstellte, für sie alle einmal dieselbe gewesen ist. Es ist, wie wenn man aus einem Gefäß miteinander eine Kugel, einen Würfel, einen Kegel und einen Zylinder werfen wollte – es wird sich dann nämlich jeder Körper entsprechend seiner besonderen Gestalt bewegen – oder wenn jemand ein Wasser-, ein Landtier und einen Vogel im Gewandbausch beisammen hätte und losließe; klar ist nämlich, daß das zum Schwimmen geborene Tier in das ihm eigene Element springen und davonschwimmen, das Landtier zu seinen 'Wohnungen und Weideplätzen' davonkriechen wird, der Bewohner des Luftreichs aber sich von der Erde hochschwingen und davonfliegen wird, und doch ist es *eine* erste Ursache, die ihnen allen die individuelle Beweg-
399 a lichkeit freigegeben hat. So | ist es auch in der Welt. Denn durch des Himmelsganzen einfache Umdrehung, die sich in einem Tag und einer Nacht vollendet, kommt es zu den verschiedenen Bahnumläufen aller Himmelskörper, von denen sich, obwohl sie von *einer* Kugelschale umschlossen werden, die einen rascher, die anderen gemächlicher bewegen, entsprechend der Größe ihrer Abstände und ihren spezifischen Besonderheiten. Denn der Mond durchläuft in einem Monat seine Kreisbahn, wobei er wächst und wieder kleiner wird und dahinschwindet; die Sonne (tut es) in einem Jahr, wie die mit ihr gleichlaufenden Sterne Phosphoros (Venus) und Hermesgestirn (Merkur); der Feuerstern (Mars) braucht die doppelte Zeit, das Zeusgestirn (Jupiter) eine sechsmal so lange wie er, und als letztes durchmißt das sogenannte Kronosgestirn (Saturn) seine Bahn in der zweieinhalbfachen Zeit des Himmelskörpers unter ihm. Aus ihnen allen aber, wie sie gemeinsam singen und über den Himmel tanzen, ergibt sich *eine* Harmonie, die aus *einer* Ursache stammt, *einem* Zweck zustrebt und deshalb dem All in Wahrheit den Namen Kosmos (schmuckvolle Ordnung), aber, nicht Akosmia (Unordnung), gegeben hat. Wie aber bei einem Chor, nachdem der Chorführer angestimmt hat, die ganze Schar von Männern, manchmal auch von Frauen, mit gemeinsamem Gesang einfällt und

durch Mischung der verschiedenen, hohen und tiefen, Stimmen *eine* wohlklingende Harmonie entstehen läßt, so verhält es sich auch mit der Gottheit, die das All durchwaltet. Denn dem Auftakt entsprechend, der von oben stammt, von dem doch wohl treffend so genannten Chorführer her, bewegen sich die Gestirne immerfort und der gesamte Himmel, es zieht die alles erleuchtende Sonne ihre zwiefache Bahn, wobei sie auf der einen Tag und Nacht scheidet durch ihren Aufgang und Untergang, auf der anderen die vier Jahreszeiten heraufführt, vorwärts gegen Norden und rückwärts gegen Süden wandelnd. Dabei treten zu ihrer Zeit Regengüsse auf, Winde und Tau und überhaupt die Naturerscheinungen der Atmosphäre, alle auf Grund der ersten, uranfänglichen Ursache. Ihnen folgend vollziehen sich das Strömen von Flüssen, das regelmäßige Anschwellen des Meeres, Aufwachsen von Bäumen, Reifen von Früchten, Geburten von Lebewesen – Wachstum, Lebensblüte und Hinschwinden von Allem; wobei jeweils, wie ich schon sagte, auch die besondere Beschaffenheit eines jeden Wesens mitbestimmend ist.

Wenn also nun der Führer und Erzeuger aller Wesen, der unsichtbar ist und nur im Denken zu schauen, seinen Weckruf erschallen läßt für jegliche Wesenheit, die sich zwischen Himmel und Erde regt, so bewegt sich eine jede unablässig in ihren eigenen Kreisbahnen und Grenzen, bald verschwindend, bald wieder aufscheinend, unzählige Gestalten sichtbar machend und sie wieder bergend, aus *einem* Urgrund her. Es gleicht | das Geschehen so recht dem, was sich besonders 399 b
in Kriegszeiten begibt, wenn die Trompete das Lager wachruft. Dann nämlich nimmt, wenn ein jeder die Stimme vernommen, der eine Soldat den Schild auf, dort zieht ein anderer den Brustharnisch an, der legt Beinschienen oder Helm oder Gürtel um; der zäumt sein Roß, der besteigt den Streitwagen, der gibt die Parole weiter. Rasch tritt der Zugführer zu seinem Zug, der Hauptmann zu seiner Abteilung, der Reiter eilt auf den Flügel, der Leichtbewaffnete auf seinen besonderen Platz – alles aber beeifert sich, unter *einen* Befehl zu treten, nach dem Gebot des Führers, der die höchste Gewalt hat. Ebenso muß man sich's auch beim All vorstellen. Denn zufolge einer einzigen Kraftwirkung geschieht bei allen Wesen das ihnen Gemäße, obwohl doch diese Kraft unsichtbar und verborgen ist. Diese Verborgenheit hindert sie nicht daran, zu wirken, und uns ebensowenig, an sie zu glauben; es ist ja auch die Kraft der Seele, durch die wir leben, durch die wir in Häusern und Städten wohnen, unsichtbar und nur in ihren Wir-

kungen anschaulich, nämlich in der ganzen Ordnung des menschlichen Lebens, die von ihr erfunden und durchgeformt ist und von ihr zusammengehalten wird: das Pflügen und Bepflanzen des Erdbodens, die technischen Erfindungen, der Gebrauch der Gesetze, die Ordnung des Staates, Handel und Wandel im Innern, dazu im auswärtigen Bereich Krieg und Friede.

So muß man sich auch das Wirken der Gottheit vorstellen, die von gewaltiger Kraft ist, von majestätischer Schönheit, von unsterblichem Leben, von höchster Wertfülle, weil auch sie für jedes sterbliche Wesen unsichtbar und eben nur in ihren Werken zu erschauen ist. Denn alles, was (im Kosmos) geschieht, in der Luft, auf Erden und im Wasser, möchte man wahrlich Werke des weltüberwaltenden Gottes nennen. Aus ihm stammt, nach dem Naturphilosophen Empedokles,

„alles, was war, und alles, was ist und was künftighin sein wird,
Bäume wuchsen durch ihn und Menschen, Männer und Frauen,
Tiere der Erde, die Vögel der Luft und die Fische im Wasser".

Er ähnelt wirklich – mag es auch ein Vergleich mit Geringfügigem sein – den sogenannten Schlußsteinen in Gewölbebögen, die durch ihre Mittellage und dank ihrer Verbindung nach beiden Seiten hin das ganze Gebilde des Bogens in seiner Fügung halten, in Ordnung und Unerschütterlichkeit. Vom Bildhauer Phidias erzählt man, er habe bei der Arbeit an der Athenastatue auf der Akropolis – in der Mitte
0 a ihres Schildes – sein eigenes Porträt angebracht und es mit dem | Götterbild durch eine geheime Vorrichtung verbunden, so daß der, der es hätte beseitigen wollen, notwendigerweise das ganze Standbild zum völligen Einsturz gebracht hätte. Dies entspricht dem Verhältnis Gottes zur Welt: er sichert die Harmonie und die Dauer des Ganzen. Nur nimmt er nicht die Mitte ein, wo die Erde und diese unsere finstertrübe Stätte ist, sondern wohnt droben, rein an reinem Ort, den wir dem Wortsinn gemäß 'Himmel' (uranos) nennen, weil er die obere 'Grenze' (horos) bildet, und 'Olymp', weil er 'ganz und gar durchleuchtet' (hololampe) ist und fern von jeglichem Dunkel und aller ungeordneten Bewegung, wie sie bei uns herrscht durch die Gewalt von Sturm und Winden. So sagt ja auch der Dichter:

„Auf zum hohen Olymp, der Götter ewigem Wohnsitz,
Sagen sie, den kein Sturm erschüttert, nimmer ein Regen
Feuchtet, nie der Schnee bedeckt; beständige Heitre
Wölbt sich ohne Gewölk und deckt ihn mit schimmernder Helle".

Gleiches Zeugnis legt auch das tägliche Leben ab, wo man den oberen Ort Gott zuerkennt; denn wir Menschen alle strecken beim Beten die Hände zum Himmel. In diesem Sinn klingt denn auch das Wort gar wohl:

„Zeus ward der Himmel, der weite, zuteil, in Äther und Wolken".

Deshalb nehmen auch von den sichtbaren Körpern die köstlichsten den gleichen Platz ein, Sterne, Sonne und Mond; und deswegen sind auch allein die Himmelskörper so schön gefügt, daß sie ewig den gleichen Platz innehalten und, wandellos, niemals eine Veränderung ihres Laufs erfahren haben, wie die irdischen Dinge, die wandelbar sind und mannigfache Veränderungen und Schicksale haben erleiden müssen. Denn gewaltsame Erdbeben haben schon viele Teile des Erdkörpers aufgerissen, ungeheure Regengüsse haben ihn herabstürzend überschwemmt, herandringende und zurückweichende Meeresfluten haben oftmals festes Land in Meer und Meere in Festland verwandelt, die Gewalt eines Sturmes, einer Windhose hat manchmal ganze Städte zerstört, Feuersbrünste und Flammen, die vom Himmel kamen, haben der Sage nach vor alters, in Phaëthons Zeit, die östlichen Landstriche in Brand gesetzt und es ebenso im Westen getan, wo sie aus der Erde aufsprudelten und aushauchten, wie die Feuer, die aus den Kratern des Ätna aufbrachen und sich, einem Wildbach gleich, über das Erdreich ergossen. Dort erfuhr auch das Geschlecht der Frommen | eine 400 b außergewöhnliche Ehrung durch die Gottheit. Denn als sie von dem Lavastrom eingeschlossen wurden, weil sie ihre greisen Eltern auf den Schultern trugen, um sie zu retten, da teilte sich der feurige Fluß, wie er nahe herangekommen war, die Glut wurde zu beiden Seiten abgelenkt und ließ die Jünglinge mitsamt den Eltern unbeschädigt.

Zusammenfassend also: was auf dem Schiff der Steuermann, auf dem Wagen der Lenker, im Chor der Chorführer, im Staat der Gesetzgeber, im Lager der Heerführer, das ist Gott in der Welt, nur mit dem Unterschied, daß für jene das Führungsamt eine Mühsal ist und viele Bewegung und Sorgen erfordert, für ihn aber etwas Leid- und Müheloses, etwas, was bar ist aller körperlichen Schwäche. Denn an unbeweglicher Stätte thronend, bewegt er alles durch seine Kraft und führt es im Kreise, wo und wie er will, in verschiedenen Arten und Wesenheiten, wie ja auch das Staatsgesetz, in den Seelen derer, die sich seiner bedienen, unbeweglich ruhend, das ganze öffentliche Leben steuert. Denn offenbar in seiner Befolgung gehen die Beamten zu ihren Amtsräumen, die Thesmotheten in ihre besonderen Gerichtssäle, die

Ratsherren und die Besucher der Volksversammlungen in die entsprechenden Sitzungen, und mancher macht sich auf den Weg zum Prytaneion, um dort ein Ehrenmahl einzunehmen, mancher zum Gericht, um sich zu verteidigen, und ein anderer ins Gefängnis, um dort den Tod zu erleiden. Es finden auch dem Gesetz gemäß statt öffentliche Speisungen, alljährliche Festversammlungen, Opfer für die Götter, Heroendienste und Trankspenden für Verstorbene. Und indem immer wieder anderes auf verschiedene Weise vollzogen wird, entsprechend einer Vorschrift oder gesetzlichen Machtausübung, bewahrheitet sich das Wort des Dichters:

„Es ist die Stadt von Weihrauchdüften voll,
zugleich von Bittgesängen und von Klagelauten."

So muß man's sich auch bei der größeren Stadt vorstellen, ich meine bei der Welt. Denn ein Gesetz, und zwar ein gleichmäßig ausgewogenes, ist für uns Gott, ein Gesetz, das keine Verbesserung oder Veränderung annimmt, das aber, wie ich glaube, trefflicher ist und zuverlässiger als alles, was auf unseren Gesetzestafeln steht. Dadurch aber, daß er in unerschütterlicher Ruhe und Harmonie sein Führungsamt ausübt, wird der ganze aus Erde und Himmel bestehende Weltbau regiert, der gegliedert ist gemäß der Fülle von Wesenheiten, vermittelst der jeweils
401 a eigenen Keime, in Pflanzen und Tiere nach Gattung und Art. Denn Wein|stöcke, Dattelpalmen und Pfirsichbäume,

„Feigenbäume mit süßer Frucht, und Oliven",

wie der Dichter sagt; ferner solche, die zwar nicht Früchte tragen, aber sonstigem Gebrauch dienen, wie Platanen, Fichten, Buchsbäume, die

„Pappelweide und Erle und düftereiche Zypresse",

dazu Bäume, die zur Erntezeit süße, aber schwer aufzubewahrende Frucht bringen,

„Birnenbäume, Granaten und Bäume mit herrlichen Äpfeln";

dann von den Tieren die wilden und zahmen Arten, solche, die in der Luft, auf der Erde und im Wasser leben –: sie alle entstehen, reifen und vergehen Gottes Satzungen gehorsam; wird doch „alles, was da kreucht, von seinem Geißelschlag gehütet", wie Heraklit sagt.

7. EINER ist er, und trägt doch viele Namen, da er benannt wird nach all dem Geschehen, das er selbst immerfort erneut. Denn wir nennen ihn „Zeus" und 'Zen' (= leben), wobei wir die Namen nebeneinander gebrauchen, als wollten wir sagen: „der, durch den wir leben." Des Kronos Sohn, d. h. des Chronos (Zeit) heißt er, da er sich hindurcherstreckt von einer grenzenlosen Ewigkeit zu anderen. 'Blitz-

sender' und 'Donnerer', 'Herr der Himmelsklarheit', 'Herr des Äthers', 'der mit dem Donnerkeil', 'Regenspender' wird er genannt, nach den Regengüssen, Blitzschlägen und den anderen Naturerscheinungen. Und außerdem trägt er den Namen 'Fruchtspender' von den Feldfrüchten, 'Stadtschützer' von den Stadtgemeinden her, 'Sippenhort', 'Hausumfriediger', 'Familienschützer', 'Vätergott', weil er an den so benannten Gemeinschaften Anteil hat, 'Bundes- und Freundschaftsschützer', 'Herr des Gastrechts', 'Heeresschützer', 'Siegesherr', 'Reiniger', 'Bluträcher', 'Hort der Schutzflehenden', 'Herr der Sühneopfer', wie die Dichter sagen, 'Retter' und 'Befreier' in Wahrheit; um es zusammenfassend zu sagen, 'Herr des Himmels' ist er und 'Herr der Erde', namengebend für jegliche Wesenheit und jegliche Lebenslage, da er von Allem der Urheber ist. Darum heißt es auch in den Orphischen Gedichten gar wohl:

„Zeus ist der erste und Zeus ist der letzte, der Herrscher des Blitzes,
Zeus ist Haupt, Zeus Mitte, aus Zeus ist alles geschaffen.
| Zeus ist der Erde Grund und auch des sternfunkelnden Himmels, 401 b
Zeus ist Mann und Zeus ist auch unsterbliches Mädchen,
Zeus ist der Windhauch durchs All, Zeus Andrang rastlosen Feuers,
Zeus ist Wurzel des Meers, Zeus Sonne und Leuchte des Mondes.
Zeus ist Fürst, Zeus König des Alls, im Glanze des Blitzstrahles;
Alles ja birgt er in sich und bringt es zum heiteren Lichte
Wieder empor aus der Reine des Hauptes, wundersam wirkend".

Ich glaube aber, auch die Ananke (Notwendigkeit) bezeichnet nichts anderes als ihn, der den unbesieglichen (aniketon) Ursprung darstellt, ebenso die Heimarmene (Schicksal), weil er alles aneinanderreiht (eirein) und unaufhaltsam vorwärtsschreitet, die Pepromene (Bestimmung), weil innerhalb des Seienden alles fest begrenzt ist (peperatosthai) und nichts unbegrenzt, und Moira, vom Eingeteiltsein (memeristhai) in der Welt, Nemesis, von der Zuteilung (dianemesis) an jeden, Adrasteia, weil diese naturgemäß die unentfliehbare (anapodraston) Ursache ist, und Aisa, die ewig Seiende (aei ousa). Die Geschichte von den Moiren und ihrer Spindel deutet wohl in die gleiche Richtung; denn die Moiren sind ihrer drei, gemäß den Zeitstufen, auf die sie verteilt sind, der Faden der Spindel aber ist teils aufgearbeitet, teils steht er (für die Zukunft) heran, teils rollt er eben jetzt ab. Gesetzt über das Geschehene aber ist eine der Moiren, nämlich Atropos, weil alles Vergangene unwandelbar (atrepta) ist, über das Künftige Lachesis – denn auf alle wartet, was ihnen der Natur gemäß zugelost ist (lēxis) – und über das Gegenwärtige Klotho, die einem jeden sein Eigenes vollendet und zuspinnt (klothusa). So hat denn auch die Geschichte ihre wohlgeordnete Vollendung.

Dies alles aber ist nichts anderes als Gott; wie denn auch der edle Platon spricht: „Der Gott also, der, wie das alte Wort lautet, Anfang, Ende und Mitte alles Seienden in sich schließt, schafft Vollendung auf geradem Wege, da sein Weg der der Natur ist; ihm folgt immerfort nach das Recht, das die bestraft, die dem göttlichen Gesetz untreu werden. An dieses Recht möge sich, wer glückselig werden will, gleich von Anfang an halten.“

ERLÄUTERUNGEN

EINLEITUNG

1

Die kleine Schrift Von der Welt ist unter dem Namen des Aristoteles überliefert und gewann unter ihm im 2. Jh. n. Chr. beträchtliches Ansehen. Die Übersetzung des Apuleius – „rectius erat paraphrasis vel imitatio nuncupanda", W. L. Lorimer, Ausg. p. 20 – ist dafür ein Beleg (der die Mitte des genannten Jahrhunderts als terminus ante quem für die Entstehung des Traktats ergibt), ebenso die Benutzung durch den Platoniker Maximos v. Tyros (literarische Tätigkeit unter Kaiser Commodus, 180–192)[1]. Zweifel an der Verfasserschaft des Stagiriten werden bei Proklos (gest. 485) laut (Comm. in Plat. Tim. 322E); doch gilt den früh- und hochmittelalterlichen Übersetzern (s. u.) das Werkchen als aristotelisch. Nachdem Erasmus von Rotterdam auf Athetese erkannt hatte, ergab sich erst durch die Diskussionen des 19. Jh. eine gegründetere Beurteilung der hellenistisch-kaiserzeitlichen Philosophie, in der fiktive Philosophenbriefe, wie von De mundo repräsentiert, nicht ganz selten sind. Das Ergebnis für das Pseudepigraphon stellte Ed. Zeller in der genannten Spezialschrift und in seinem großen historischen Werk (Ph. d. Gr. III 1^3, 631ff.) fest: Der Anonymus, ein Eklektiker, der mit seiner Lehre vom weltfernen und doch in gewissem Sinn zugleich weltdurchdringenden Gott zwischen Aristoteles – dem er sich zugehörig fühlt – und der Stoa vermitteln will. Dies ließe als terminus post einerseits das Wirken des Jungstoikers Poseidonios (gest. gegen 51 v. Chr.), andererseits die Erneuerung der aristotelischen Schule nach der Werkausgabe des Andronikos (um 40 v. Chr.) vermuten. Die literaturgeschichtliche Stellung der Schrift wurde durch die These von Bernays, Über die fälschlich dem Ar. beigelegte Schrift *περὶ κόσμου*, Ges. Abhandl. II 278–282 (nach einer Anregung durch Bergk) berührt, daß Ps.-Ar. sich nicht an den Makedonenkönig, sondern an einen Zeitgenossen Tib. Julius Alexander, einen hohen Reichsbeamten unter Kaiser Nero, wende. Diese von Zeller abgelehnte Deutung wurde von M. Pohlenz energisch, aber ohne überzeugende Gründe erneuert[2]. – Die Epoche der Berühmtheit begann für Ps.-Ar. um die Jahrhundertwende im Zusammenhang mit der Poseidoniosfrage, die jahrzehntelang einen erheblichen Teil der Erforschung der nachklassischen Philosophie auf den großen

[1] Die von Ed. Zeller, Über den Ursprung der Schrift Von der Welt, Sitz.-Ber. Berlin 1885, 399–415, begründete Ansicht, daß De mundo Maximos bekannt war, wird von Lorimer, Notes 141f., und Pohlenz, Philon 480, überzeugend unterstützt. Zu Lukian s. u. S. 265, Anm. 4.

[2] *ἡγεμόνων ἄριστος* (c. 1 fin.) „blaß und nicht bezeichnend" (Philon 480) – aber gerade wenn der Eindruck eines authentischen 'Aristoteles an Alexander' erweckt werden soll, ist solche Knappheit ganz am Platze. Zudem entsprechen die beiden das Proömium umrahmenden Anreden der Gedankenbewegung des Kapitels: das höchste Wissen geziemt dem größten König. Es ist mir nicht zweifelhaft, daß der Autor – dessen Platonkenntnis sich herausstellen wird – an die Philosophenkönige des 'Staates' (473D) erinnern will.

Rhodier konzentrierte; sein Name mußte dabei nachgerade den Schlüssel für eine unwahrscheinliche Fülle von Quellenproblemen, von Cicero bis zur Spätantike, darstellen. Für Physik und Theologie des Poseidonios galt das Buch Von der Welt als eine Hauptquelle, besonders nachdem v. Wilamowitz in Begleitung eines neuen Auswahltextes (Griech. Lesebuch II, 1902) diese Deutung fixiert hatte. Sie fand in W. Capelles Studie (N. Jbb. 1905) ein durch die reiche Dokumentierung bestechendes Fundament, dessen Brüchigkeit freilich bei jedem Neuansatz auf dem Gebiet der einschlägigen Quellenanalyse zutage trat[3]. Daß es zu einem Neubeginn der kritischen Bemühungen kam, wird Karl Reinhardt verdankt, der in den bisherigen Rekonstruktionen zu dem Stoiker – von dem wir ja keine einzige Schrift besitzen – eine Fülle von Fragwürdigkeiten aufdeckte und neue Kriterien aufstellte (1921). Für den Interpreten von De mundo ergab dies eine schwierige Lage. Das Opusculum schien zu zerfallen; für Poseidonios wurde nur noch ein Teil beansprucht, der Rest einer eklektisch gestimmten, neuperipatetischen Richtung zugeschrieben; auch der Neupythagoreismus meldete seine Ansprüche an (Maguire 1939). Nur im 4. (meteorologischen) Kapitel erkannte Reinhardt (a. a. O. 174) Geist und Lehre seines Philosophen – obschon doch auch dieses fachwissenschaftlich fundierte Werkstück sich weder stilistisch noch in der Kosmosauffassung von der Umrahmung unterscheidet. Daran, daß der Übersetzer Apuleius im Vorwort seines Liber de mundo neben Aristoteles auch Theophrast als seinen 'auctor' nennt (p. 137,2 Thom.), dachte niemand. Ein Kenner wie M. Pohlenz sah in den Kapiteln 2–4 „im ganzen ... Poseidonios' Weltbild" (Philon 481), aber der Zusatz „allerdings durch Vermittlung von Handbüchern" berechtigt uns, Reinhardts eingedenk zu bleiben, zu dessen sichersten Ergebnissen die Erkenntnis gehört, kein 'Weltbild' könne durch Handbücher tradiert werden. In dem imponierenden, ebenso großzügig entworfenen wie im Detail genauen Textbuch zur antiken Kosmostheologie von R. P. Festugière (1949) hat unser Pseudaristotelicum eine vom Plan des Gesamtwerkes bestimmte Stelle; es wird auf sein Genos hin befragt und in das „genre d'Eisagogè" (486), des einführenden Schulwerks, eingeordnet; was zur Folge hat, daß De mundo im ganzen nur als Vermittler von Topoi für den großen, auf die spätantiken Hermetica abzielenden Zusammenhang in Frage kommt. Der Bruch mit dem Panposidonismus ist vollkommen. Dabei kommt die Schrift zwischen Cicero und Philon zu stehen; die Dimension des frühkaiserzeitlichen, vor allem durch Plutarch vertretenen Platonismus bleibt gänzlich fern, wie Ps.-Ar. auch – in dieser bisher umfänglichsten Behandlung des Pseudepigraphons – „als Individuum" (wie es Capelle 533 ausdrückte) nicht ernstgenommen wird. Die von Festugière unternommene ausführliche Vergleichung mit der *κυκλικὴ θεωρία* des Kleomedes ergibt für das Besondere von Ps.-Ar. nichts Wesentliches.

[3] Der große Kritiker, der sich um die Erforschung der griechischen *Φυσικά* bleibende Verdienste erworben hat, eröffnete in dieser einflußreichen Jugendarbeit mehr als einen Irrweg. Die Zahl der petitiones principii in seiner Interpretation ist erstaunlich hoch, beunruhigend ist die innere Widersprüchlichkeit, mit der einerseits große Teile als echter Poseidonios bewundert werden, während das Ganze doch in die Geschichte der 'Popularphilosophie' gehört, bzw. mit der dem Autor „philosophische Unwissenheit" (537) vorgeworfen, gleichzeitig aber die enorme Leistung zugetraut wird, aus posidonianischen Riesenwerken wie *Περὶ θεῶν* und *Περὶ Ὠκεανοῦ* eine „durchaus planvolle" (564) Summula hergestellt zu haben.

2

Eben hier dürfte anzusetzen sein. Die Formung des Ganzen ist individuell; sie verdient ein unbefangenes Studium, dem der Autor im Proömium den entscheidenden Orientierungspunkt liefert. Dort erhält ein Lobpreis der Philosophie die Pointe, daß es auf die Antithese von 'Teil' und 'Ganzem' gestellt wird. Auf das Große, Ganze, Überragende muß der Blick gerichtet werden (*ὑπεροχή* 391 b 3 wird später auf die Gottheit angewandt, 398 b 1). Es ist kein Widerspruch hierzu, wenn dann in den Kapiteln 2–4 der Autor auf das Detail eingeht (Kosmologie, Geographie, Meteorologie). Auch über diesen Teilen der Schrift steht das Programmwort *θεολογῶμεν* (391 b 4), d. h. der Weltvordergrund wird so betrachtet, daß immer wieder das Ganze in den Blick kommt. So ist das kosmologische Kapitel in der Weise angelegt, daß am Ende der Gegensatz des Ruhenden und des Ewigbewegten herauskommt, das meteorologische so, daß das Ruhende genauer als das Ganze und zugleich Heilbringende erkannt wird, das Bewegte als die Summe der vergänglichen Einzelheiten (vgl. 396 a 27ff.). Das 3. Kapitel, der Beschreibung des Wasser-Erd-Körpers gewidmet, lehrt eine Betrachtungsweise kennen, die mit diesem Streben, das Detail zu beleuchten und zugleich zu überhöhen, zusammenhängt; man kann sie den „Blick von oben" nennen. Der Autor faßt das Gewimmel auf der Erde, zugleich ihre fruchtbare Fülle in markante Naturbilder. Man hat an ihrer Wiederholung (392 b 14ff., 397 a 24ff., 399 a 26ff., vgl. Verf., Mus. Helv. 9, 1952, 143f.) Anstoß genommen, aber gerade sie dient dem Autor; er macht an ihnen – wie im Kommentar gezeigt werden kann – verschiedene Stufen des Gedankengangs sichtbar. Diese Bilder entwirft er gleichsam *πτηνὸς γενόμενος* wie es in einem der für diese Kosmosschau[4] fundamentalen Texte (Plat. Phaed. 109E, vgl. Theaet. 173E) heißt. Am nächsten steht den Naturbildern unseres Anonymus die schwungvolle Schilderung, die Philon (De aet. mund. 63f.) nach dem Peripatetiker Kritolaos entwirft. Was dabei Ps.-Ar. dem Leser vor allem vermitteln will, ist der Eindruck des 'Wunderbaren'. Wie bereits in c. 1 das vermeintliche *θαυμάσιον* mit dem wahren kontrastiert wurde (391 b 1), so wird in c. 2 die wahre Großartigkeit der Welt gegenüber der *ἄγνοια* des Laien erwiesen; im Harmoniekapitel (5) setzt sich dies, bereits *μετὰ τὰ φυσικά*, fort (396 b 4). In die hier skizzierten Formgedanken ordnet sich auch die Meteorologie ein. Die Phänomene im (Feuer-)Luftraum sind für das Anliegen des Verfassers besonders geeignet; er exzerpiert ein wertvolles fachwissenschaftliches Referat[5], um

[4] R. M. Jones' Prüfung der reichen Belege führt zu der überzeugenden Feststellung (Cl. Phil. 21, 1926), daß überall "strong Platonic colouring" – und nicht Poseidonios – vorliege, wenn schon der philosophische Sinn, der dem Motiv in den platonischen Mythen eignet und auch im kaiserzeitlichen Platonismus noch faßbar ist (Plut., De fac. orb. lun. 940 E; Max. Tyr. 11,9f.; 16,6; auf stoischer Seite: Kaiser Marcus 12,24,3), vielfach zur baren Floskel verblaßt. Auch Philons einschlägige Texte (bes. De opif. mund. 69ff.) beurteilt Jones als sachlich und sprachlich überwiegend platonisch. Lukian travestiert den „Blick von oben" im „Ikaromenippos" (passim), wo Berührungen mit De mundo 5 (Themen der concordia discors), 6 (*Σοφόκλειος πόλις*, s. zu 400 b 25) den Schluß nahelegen, daß der Verfasser unser Pseudaristotelicum kannte.

[5] Daß es Lehren Theophrasts wiedergibt, läßt sich, wie ich hoffe, nun endgültig zeigen. Die Verteidiger der Poseidonioshypothese konnten schließlich nur noch

die *παράδοξοι νεοχμώσεις* (397 a 20) in dieser kosmischen Zone mit den dahinterstehenden ewigen Gesetzen zu kontrastieren. Dieser rein peripatetisch gestimmte Kapitelschluß bezeichnet die Mitte des Buches und eine entscheidende Gelenkstelle. Denn mit c. 5 geht die Darstellung vom sichtbaren Kosmos zur bloß in Gedanken zu erfassenden Weltstruktur über – in einer ersten Annäherung, bei der aber doch schon die Integrierung der verwirrenden Gegensätzlichkeiten (die sichtbaren Naturvorgänge erscheinen hier abstrakt als *ἐναντιότητες*, scil. von Elementen und Qualitäten) in eine umgreifende Harmonie (396 b 25) gelingt. Was am Ende des 4. Kapitels nur erst anklang (mit dem Schlußwort *φυλάττουσαι*), wird jetzt (397 a 30ff.) entfaltet: Das Weltganze ist auf das Wohl, die Erhaltung seiner Glieder angelegt. Waren dort, am Ende der *ψυσικά*, die Phänomene noch genannt, so wird dies nun (c. 5 a. E.) von den Formeln *γένεσις* / *φθοραί* / *σωτηρία* überhöht. Wenn der Philosoph, der das 'Prophetenamt' übt (vgl. 391 a 16), nun den letzten Schritt tut, dann führt dieser vollends ins Unsichtbare hinein, zugleich aber an den eigentlichen Quellpunkt des kosmischen Lebens heran. Die Gotteslehre (c. 6) läßt den Gedanken der Welterhaltung voll hervortreten, indem sie die *σωτηρία* einem *σωτήρ* unterstellt (397 b 20). Die reiche hier eingesetzte Bildlichkeit beleuchtet von verschiedenen, sich ergänzenden Gesichtspunkten das größte *θαυμάσιον* in der Welt: wie der Eine in seiner „ragenden Höhe" (397 b 26) in alle Bereiche dieses gestuften Kosmos mit seiner Dynamis einwirkt (auch die Spannung zwischen Oben und Unten gehört, schon zu Beginn des 2. Kapitels als Thema gebracht, in dieses Weltbild). Von dieser Höhe aus gesehen, erscheint alles Irdische als *ἔργον θεοῦ*, die unzähligen Differenzierungen der Erscheinungswelt sind ebenso viele Individualisierungen der einen Kraftwirkung. Schließlich konzentriert sich die Theologie in einem Hymnus (c 7)[5a]; sinnreich wird die durchgehende Spannung zwischen 'Teil' und 'Ganzem' in die Gottheit selbst verlegt und damit gelöst: *εἷς δὲ ὢν πολυώνυμος*. – Der Durchblick auf Stoff und Form der Schrift sollte vor allem auf die Kunst des Transponierens aufmerksam machen, die der Autor bewährt. Dreimal tauchen jene laudes terrae (o. S. 265) auf, viermal eine Veranschaulichung des meteoren Raums (392 b 2ff., 397 a 19ff., 399 a 24ff., 400 a 25ff.); jedesmal ist der 'Stellenwert' etwas verändert. Es liegt ein eigentümliches Denken vor, das seine Positionen nicht argumentierend erreicht, sondern von Blickpunkt zu Blickpunkt, überraschend, fortschreitet. So weit der Autor von der methodischen Haltung Platons entfernt ist, so genau trifft er mit dem berühmten Programm in den „Gesetzen" überein: „Der Logos muß gehen, bis er bei dem Gott angelangt ist" (643 A). Plutarch wird dies im Sinn haben, wenn er zu Beginn des Dialogs Über das Aufhören der Orakel die interessante Figur eines philosophischen Weltwanderers vorstellt: *συνῆγεν ἱστορίαν οἷον ὕλην φιλοσοφίας*,

darauf verweisen, daß die Scheidung der atmosphärischen Erscheinungen nach 395 a 30 jedenfalls poseidonianisch sei, also auch – wie Pohlenz (Stoa II[2] 244) mit befremdendem Schluß fortfährt – das ganze meteorologische Kompendium. Nun erscheint jener Gliederungsgedanke (*κατ' ἔμφασιν – καθ' ὑπόστασιν*) aber als Doxa, die bloß ein Einzelgebiet betrifft, keinesfalls als struktiv für die Lehre. Inzwischen hat P. Steinmetz diese Scheidung als vorposeidonianisch erweisen können.

5a „Noch niemand hat die Herrlichkeit des überhimmlischen Orts genugsam gepriesen (*οὔτε τις ὕμνησέ πω . . .*): auch hier, Plat., Phdr. 247C, erscheint der Hymnus als Überhöhendes, Krönendes.

θεολογίαν (*ὥσπερ αὐτὸς ἐκάλει*) *τέλος ἐχούσης*, 410 B. Nicht anders meint es der Anonymus De mundo, wenn er seinen Aufruf *θεολογῶμεν* an den Anfang eines Buches stellt, das von den sichtbaren Dingen (400 a 20) und vom unsichtbaren Gott handelt.

3

Die Erinnerung an Spätplatonisches stellt sich nicht von ungefähr ein. Bei den Vorsokratikern wird der Begriff „Kosmos" im nüchternen Sinn von „Zurüstung", „Anordnung" der Einzeldinge, dann der „Ordnung" des Ganzen gebraucht[6], während bei Platon das Wort „in einem neuen Sinn zu erstehen scheint, der sich zugleich als eigentlichster, ursprünglichster Sinn enthüllt" (Burkert, Weisheit und Wissenschaft 70). Wenn aber im „Timaios" Schönheit und Lebendigkeit, Ordnung und Geist den Rang des Kosmos ausmachen (30B), so ist dies erst auf einem langen Wege errungen worden. Schon in der „Phaidon"-Zeit muß sich Platon angesichts der reichen 'vorsokratischen' Kosmosphilosophien die Alternative ergeben haben, Ordnung sei in den Phänomenen entweder immanent (*φύσει*) vorhanden oder irgendwie 'von außen' vermittelt zu denken. Der ersten Position, z. B. der wertfreien atomistischen Physik, mußte er ein Nein entgegensetzen, die zweite fand er bei Anaxagoras angestrebt, aber nicht erreicht (Phaed. 98B). Er selbst erreicht sie, indem er 'Natur' und 'Ordnung' in der Gottheit integriert; *διὰ τὴν τοῦ θεοῦ πρόνοιαν* treten (Tim., a. a. O.) jene Hochwerte zusammen. In diesem, die Steuerung des Kosmos 'von oben' betreffenden Punkt ist Aristoteles stets Platonschüler geblieben, so mokant er Platonikern sein *κομψῶς, ἀλλ' οὐ φυσικῶς* zurufen mochte. Er scheut die doppelte Physik – der siderischen und sublunaren Welt – nicht, läßt aber doch auch an wenigen, markanten Stellen (s. bes. De cael. 279 a 23ff.) die Theorie einer Weiterleitung des lebenzeugenden Bewegungsanstoßes sichtbar werden, der die ewige, weil göttliche Kreisbewegung in das Werden und Vergehen der Organismen sozusagen übersetzt Bei vielen Gemeinsamkeiten, sehr zahlreicher Entlehnungen wichen die Schöpfer des stoischen Weltgrundrisses in dem genannten zentralen Punkt ab; die Gottheit ist als 'denkendes Feuer', 'feuriger Geist' vorstellbar (Stoic. Vet. Fragm. I 157, II 1031), mit der Physis identisch (I 87, II 1041), ist der Welt immanent und wandelt sich selbst in alles. Als in der frühen Kaiserzeit Peripatos und Akademie wieder erstarkten, mußte sich – dies war jedenfalls Plutarchs Situationsdeutung – in gewissem Sinn jener Prozeß erneuern, den einst Platon gegen die überlieferte Naturphilosophie anhängig gemacht hatte. Der weltüberlegene, zugleich aber der Welt als *ποιητὴς καὶ πατήρ* (Tim. 28C) zugewandte Gott war nun gegen den stoischen Monismus zu erweisen. Schlagend tritt die Timaios-Renaissance bei Plutarch, in dem wichtigen, freilich recht komplexen Dialog Über das Mondgesicht, zutage. Welches ist die Rolle des Göttlichen bei der Ordnung des Alls? Pronoia (sowohl platonisch wie stoisch!) und Zeus wären ja unnötig, wenn die Elemente ihr Ordnungsgesetz bereits in sich selber trügen; vielmehr „steht Gott die Ordnung des Seins zu" (927 C), *βεβαιοτέρῳ τοῦ κατὰ φύσιν τῷ κατὰ λόγον δεσμῷ περιληφθεῖσαν* (scil. *γῆν, σελήνην*). Physis gegen Logos – das bedeutet Immanenz gegen Transzendenz

[6] H. Diller in: Festschrift Snell, 1956, 47ff.; Jula Kerschensteiner, Kosmos, usw., 1964.

der letzten Ursache. Den Einwänden von Aristotelikern steht dies zwar offen (vgl. die Abgrenzungen, zwischen *θεῖον* und *φύσις*, die Alexander von Aphrodisias gegenüber Platonikern entwickelt); gleichwohl lag es nahe, die beiden verwandten Positionen in antistoischem Sinn zu verbünden. Hier treffen wir den Autor De mundo an, einen Eklektiker, doch wohl von nicht ganz geringem Rang. Vom Einsatz der Kosmologie in c. 2 an bis zur Gotteslehre im 6. Kapitel zieht sich diese antistoische Tendenz durch, zweifach ausgeprägt, mit der Betonung der Weltewigkeitslehre einerseits, der *σεμνότης* Gottes, seiner erhabenen Distanz andererseits. Dabei werden gelegentlich stoische Formelwörter betont gegen ihre Urheber gewandt (s. Komm. zu 397 b 33). Für die Überwindung jener Distanz zwischen Gott, dem unbewegten Beweger in Aristoteles' Sinn – dessen *ἐπιμέλεια* im Sinn der spätplatonischen „Gesetze" bei Ps.-Ar. von c. 4 a. E. an immer stärker hervortritt – und der Welt bedient sich der Autor des peripatetischen Motivs der Weiterleitung, mit dem er sich ebenso auf Ar., De gen. et corr. II 10 (Sonnenbahn als 'Motor' des gesamten organischen Lebens) wie auf die Organon-Theorie des Platonismus beziehen konnte[7] (vgl. z. B. Plut., Pyth. diall. passim; Conv. sept. sap. 163 E; De Is. et Os. 76; Coriol. 38,3, V. Timol. 16,5; praec. ger. reip. 811 D, 867 D usf.)[8]. Der letztere lieferte dem Anonymus ein Denkmittel, das in der mantischen Theorie zu Hause ist und das erlaubte, die göttliche Kraftwirkung (*θεία δύναμις* auch Aristoteles nicht fremd, Pol. 1326 a 32) so einzusetzen, daß sowohl der Reichweite wie der Majestät des Urhebers Genüge getan wird. Hier sind die pythischen Dialoge Plutarchs, dazu Teile von De genio Socratis der beste Kommentar zu De mundo. Ps.-Ar. nützt die Lehre, daß die Gottheit den 'Anstoß gibt' (das wichtige *ἐνδόσιμον*-Motiv, s. zu 399 a 19), diesen aber von der Seele der Pythia 'individuell' verwerten läßt, dazu, die Individualisierung der weltregierenden Kraft zu zeigen.[9] Es war eine starke Verkennung, in De mundo die Adaptierung der stoischen Allkraft an den Unbewegten Beweger zu sehen (und dabei eben den Individualisierungsgedanken, um den es dem Autor so sehr zu tun ist, zu ignorieren). Der vielbesprochene Dynamisbegriff des Anonymus erklärt sich aus seiner Stellung zwischen dem Peripatos und dem Platonismus, der uns vor allem bei Plutarch kenntlich ist.[10] Zwischen der Plutarchzeit und Apuleius möchte das Buch Von der Welt wohl auch zu datieren sein.[11]

Seitdem Willy Theiler vor Jahrzehnten in einer Rezension (Gnomon 2, 1925, 595f.) die Probleme scharf bezeichnet hatte, ist er immer wieder bei Wege auf die Schrift eingegangen; sein Urteil, daß der Autor eine platonisierende Stoa vertrete (wobei

[7] Obwohl der Organon-Gedanke 398 a 30 („Diener des Großkönigs"!) zugrunde liegt, läßt ihn Ps.-Ar. nicht stark hervortreten; sein Gottesbegriff zielt auf eine göttliche Erhabenheit, die durch das notwendige Vorhandensein einer zahlreichen Dienerschaft schon geschmälert wäre; vgl. *πολυχειρία*, 398 b 12.

[8] *ὄργανον* und *εἰκών* (Vestafeuer *ἐν εἰκόνι τῆς τὰ πάντα κοσμούσης ἀιδίου δυνάμεως* Plut., Camill. 20,5) stammen von Plat., Phdr. 250B her.

[9] Vgl. Plut., De Pyth. or. 404 B; De gen. Socr. 582C, 588 F ff. (Seele ein Organon, fein abgestimmt auf den göttlichen 'Sender').

[10] Der Weiterleitungsgedanke in De mundo hat wieder stark auf Max. Tyr. gewirkt, vgl. bes. or. 8,9,13.

[11] Pohlenz (Stoa II^2, 244) wandte gegen meine Deutung der ps.-arist. Gotteslehre ein, Plutarch baue seine Theologie in dem entscheidenden Schlußabschnitt von De E apud Delphos ganz anders auf. Entscheidend ist doch wohl, daß Pohlenz

Poseidonios wieder bedeutsam wird), liegt in der tiefgründigen Studie 'Plotin zwischen Platon und Stoa' vor (jetzt in: Forschungen zum Neuplatonismus, 1966, 124 ff.). Ungern widerspricht man ihm, dem die Forschung seit langem so außerordentlich viel verdankt. Das Problem spitzt sich doch wohl auf die Frage zu, ob die eindeutig nichtstoischen Motive des Traktats eben nur den Eklektiker verraten oder ob sie eine durchwaltende Gesamtkonzeption tragen. Dieser Frage gelten die folgenden kommentierenden Bemerkungen.

Auf die schriftstellerische Form des Traktats wird an geeigneten Stellen der Kommentar eingehen. Zusammenfassend muß hier festgestellt werden, daß auch auf diesem Gebiet die Beurteilung nicht frei von Einseitigkeiten war; es muß wohl von einem doppelten Mißverständnis gesprochen werden. Man glaubte, auf das vielzitierte Urteil Strabons gestützt (III c.147), den Stil des Poseidonios auf Enthusiasmus und Hyperbolik festlegen zu sollen (dagegen treffend Reinhardt, Pos. 12 ff.) und fand dann diese 'Rhetorik' im 'posidonianischen' Buch Von der Welt wieder (vgl. Gunnar Rudberg, Forschungen zu Pos., 1918, 326 ff.). Doch ging es bei der Bestandsaufnahme nicht ohne Irrtümer ab. Die recht zahlreichen Hapax legomena bzw. Rarissima, die der Wortschatz von De mundo enthält, kennzeichnen ihn nicht ohne weiteres als 'poetisch' (man ist befremdet, bei Festugière 608 unter diesem Titel Bezeichnungen wie *δρόσος, καταιγίς, μήρινθος, μυχός, νιφετός* zu finden); es sind, wie Lorimer, Notes 64, zugibt, großenteils technische Termini, die diesen Eindruck machten. Die durchgehend gewählte, weitgehend hiatfreie (mit Synonymen allzu reichlich ausgestattete) Sprache will der Höhe des Gegenstandes gemäß sein; von dem oft mit quälender Monotonie durchgehaltenen Höhenstil Philons unterscheidet sie sich doch wohl zu ihren Gunsten. Bemerkenswert, wie geschickt der Autor im meteorologischen Exzerpt (c. 4) dessen Fachsprache mit dem Ideal des schmuckvollen Stils in eins zu bringen weiß.

4

Text, Übersetzung, Kommentar

1. Immanuel Bekkers Text von De mundo (im Berliner Corpus, 1831) stellte fü fast ein Jahrhundert die einzige vollständige Ausgabe dar. Doch kam der Schrift die Neubearbeitung der Anthologie des Stobaios (5. Jh. n. Chr.) zugute, der einen großen Teil erhalten hat (Kap. 2–5: Stob. I 255 ff. Wachsmuth, 6: I 43 f., 7 (teilweise): I 82). Einen bedeutenden Gewinn für die Textherstellung erzielten v. Wilamowitz-Wendland bei der Vorbereitung des „Griechischen Lesebuchs", das zentrale Stücke des Traktats erstmals einem größeren Leserkreis zugänglich machte (1903). Schließlich gelang nach gründlichen Vorarbeiten W. L. Lorimer eine Edition (1933), die zu den besten uns überhaupt zur Verfügung stehenden Textausgaben eines griechischen Prosaikers gehört; musterhaft die Klarheit, mit der der vollständige Conspectus

an der mantischen Theorie vorbeiblickt, die in den Pythischen Dialogen vorliegt und unverkennbar im Zentrum der Religiosität Plutarchs steht. „Die grundsätzliche Scheidung von *οὐσία* und *δύναμις* hat er so nicht": dieses alte theologische Schema (vorplatonisch, vgl. Symp. 195 A) ist weder, wenn es steht, noch wenn es fehlt, ein Quellenindiz.

von zwölf aus einer reichen Überlieferung ausgewählten Handschriften vorgelegt wird. Auch Stobaios und die alten Übersetzungen sind umfassend verwertet.

2. Wohl nicht lange nach dem Erscheinen des Buchs Von der Welt wurde es von Apuleius (Zweifel an seiner Autorschaft schlagen nicht durch; doch vgl. J. Redfors, Echtheitskrit. Unters. z. d. apul. Schriften De Platone und De mundo, Lund 1960) in freier Bearbeitung ins Lateinische übertragen (ed. P. Thomas, 1908). Für die Konstituierung des Originals wichtiger sind die Übersetzungen ins Syrische (durch Sergius, gest. 536; ed. Ryssel 1880/81) und ins Armenische (ed. Conybeare 1892, der den Armenier ins 8. oder 9. Jh. datiert). Die Kapitel 5–7 des Syrers, von Ed. König ins Deutsche übertragen, gab Lorimer seiner Ausgabe bei. Dort stellt er auch zwei ma. Übersetzungen vor, eine anonyme, wohl vom Anfang des 13. Jh., und die von Nicolaus Siculus vor 1240 verfaßte. – Eine wertvolle deutsche Übertragung wird W. Capelle verdankt (1907). Unentbehrlich ist die von H. L. Forster im Oxforder Aristoteles vorgelegte Übertragung (1913). Es folgten dann P. Gohlkes Versuch (1949; die Anmerkungen durch die absurde These, der Anonymus sei Aristoteles selbst, entstellt) und R. P. Festugières Übersetzung zentraler Stücke ins Französische (1949).

3. Das Fehlen eines durchlaufenden Kommentars (den W. Capelle geplant hatte) ersetzten zum Teil die zahlreichen Beiträge, die sich bei der Erforschung der hellenistisch-kaiserzeitlichen Philosophie für De mundo ergaben. Hier sind die Bemerkungen zu nennen, die v. Wilamowitz in seinem „Lesebuch" beisteuerte, dazu Capelle in seiner ob. S, 264, Anm. 3 genannten Untersuchung. Unter dem bescheidenen Titel von Lorimers „Some Notes" verbirgt sich eine Fülle wertvoller Fingerzeige zur Kommentierung, nicht nur auf textkritischem Gebiet. Das gleiche gilt für Festugières gelehrte Behandlung des Pseudepigraphon.

5

Literatur

Adriani, M., Note sul trattato περὶ κόσμου, Riv. Filol. Class. N. S. 30, 1952, 208 ff.

Berger, H., Geschichte der wiss. Erdkunde der Griechen, Lpz. ²1903.

Bergsträsser, G., Neue meteorologische Fragmente des Theophrast, Sitz.-Ber. Heidelberg 1918, Nr. 9.

Böker, R. (-Schmidt-Gundel), in: RE VIII A 2, 1958 s. v. Winde 2215 ff.

Burkert, W., Weisheit und Wissenschaft, Studien zu Pythagoras, Philolaos und Platon, Nürnberg 1962.

Capelle, W., Die Schrift von der Welt. Ein Beitrag zur Geschichte der Griech. Popularphilosophie, N. Jbb. XV, 1905, 527 ff.

Düring, I., Aristoteles, Darstellung und Interpretation seines Denkens, Heidelberg 1966 (geht auf De mundo nicht ein).

Festugière, R. P., La Rélévation d'Hermès Trismegiste, II; Le Dieu cosmique, Paris 1949, 460 ff. (mit Übersetzung des größten Teils von De Mundo).

Gohlke, P., Aristoteles an König Alexander Über die Welt (Übersetzung m. erkl. Anm.), Paderborn 1949 (vgl. dens. in: Neue Jbb. 1936, 323 ff.; er hielt die Schrift für echt arist.).

Harder, R., Ocellus Lucanus, Berlin 1926.

Jones, R. M., Posidonius and Cic. Tusc. Disp. I, 17–81, Class. Phil. 18, 1923, 202 ff.

Jones, R. M., Posidonius and the Flight of Mind through the Universe, Class. Phil. 21, 1926, 97 ff.

Kranz, W., Kosmos, Bonn 1955, 1957 (Archiv f. Begriffsgesch., II 1. 2).

Lorimer, W. L., The Text Tradition of Pseudo-Aristotle De Mundo, Oxford 1924.

Lorimer, W. L., Some Notes on the Text of Pseud.-Arist. De Mundo, Oxford 1925.

Maguire, J., The Sources of Ps.-Ar., De Mundo, Yale Class. Stud. 6, 1939, 111 ff.

Müller, S., Das Verhältnis von Apuleius De Mundo zu seiner Vorlage, Leipzig 1939 (Philol. Suppl. XXX2.)

Pohlenz, M., Die Stoa, Göttingen I² (1959), II² (1955).

Pohlenz, M., Philon von Alexandria, NGG 1942; jetzt in: Kleine Schriften, I, 1965, 305–383.

Rehm, A., Griechische Windrosen, Sitz.-Ber. München 1916.

Rehm, A., Das siebente Buch der Nat. Quaestiones des Seneca usw., Sitz.-Ber. München 1922.

Reinhardt, K., Poseidonios, München 1921.

Reinhardt, K., Kosmos und Sympathie, München 1928.

Reinhardt, K.. RE XXXII 1, 1953, s. v. Poseidonios, Sp. 558–826.

Reitzenstein, E., Theophrast bei Epikur u. Lukrez, Heidelberg 1924 (Orient u. Antike, H. 2).

Steinmetz, P., Die Physik des Theophrast v. Eresos, Saarbrücken 1964.

Strohm, H., Zur Meteorologie des Theophrast, Philol. 92, 1937, 249 ff., 403 ff.

Strohm, H., Studien zur Schrift von der Welt, Mus. Helv. 9, 1952, 137 ff.

Strohm, H., Theophrast u. Poseidonios, Hermes 81, 1953, 277 ff.

v. Wilamowitz-Moellendorff, Griech. Lesebuch, Text, II. Halbbd. (Berlin 1903), Erläuterungen, II. Halbbd. (Berlin ³1909).

Zeller, Ed., in: Kl. Schriften, I 327 ff.

Zeller, Ed., Die Philosophie der Griechen usw., III 1³, 631 ff.

Weitere Literatur ist in der Einleitung und den Anmerkungen aufgeführt.

ANMERKUNGEN

Kapitel 1

239,2 (391 a 1) „Göttliches – Übernatürliches". So für *δαιμόνιον* nach Festugière. *Θεῖον* und *δαιμόνιον* in mantischem Zusammenhang nebeneinander Plat., Apol. 31D (vgl. 27E); Plut. De def. or. 438 C. Bemerkenswert Ar. Über die Traummantik 463 b 13: *ἡ γὰρ φύσιζ δαιμονία, ἀλλ'οὐ θεία.* Neben *ἀψευδές* (vgl. *ἀλήθεια* a 4) stehen die beiden Worte b. Plat., Pol. II 382 E. Die Philosophie ein *θεῖον* und *ἄριστον*: in dieser Anschauung sind Anfang und Ende dieses Einleitungskapitels verbunden (nach Plat., Pol. VI 497B)·

239,3 (a 3) „Schau des Alls". Daß *ὄντων* nur in Z und der Aldina von 1497 erscheint (Apuleius' Übersetzung gibt für die Vorlage nichts Bündiges, anders Lorimer, Notes 35), würde die Lesart nicht entkräften. Den Wert der Überlieferung Z hat Lorimer erwiesen, und die konvergierenden Begriffe Wahrheit und Sein haben die bekannte große Tradition, aus der neben Plat., Phaed. 99 E; Phdr. 248 B an die loci classici im 6. Politeia-Buch und über Ar., Protrept. B 32 (Düring) an Ar., Phys. I 8, 191 a 25 (Ziel der alten Philosophen, durchaus in Ar.s eigenem Sinn, *ζητεῖν τὴν ἀλήθειαν καὶ τὴν φύσιν τὴν τῶν ὄντων*) und an den Schluß von Plutarchs Schrift *Περὶ εὐθυμίας* (*ἡ τῶν ὄντων ἀλήθεια*) erinnert sei (recht formelhaft dagegen die Verwendung Kleomed. II 1, p. 158,10 Ziegl.). Aber die Tatsache, daß das ganze Kapitel – und in dem S. 265 erörterten Sinn die ganze Schrift – auf den Wertgegensatz Ganzes–Teil gestellt ist, wird stärker ins Gewicht fallen müssen, als es Lorimer, Notes 36, zugesteht, zumal *τὰ ὅλα* = 'Kosmos' natürlich ebenfalls klassisch ist, Plat., Legg. X 903B; Ar., De part. an. II 10, 656 a 12; auch Kaiser Marcus bringt *ἡ τῶν ὅλων φύσις* und *ἀλήθεια* zusammen, 9,1,3. Wichtig, daß der Autor an bedeutsamer Stelle des 5. Kap. *τὴν τῶν ὅλων σύστασιν* ins Spiel bringt, 396 b 23. – „aufgeschwungen": zu *διαραμένη* vgl. Ps.-Plat., Axioch. 370 B 3, auch Herakl. D. Hr. I' 22 A 1, § 7.

239,4 (a 4) „die Wahrheit". Im hier vorliegenden kosmischen Sinn ausführlicher dargelegt 5, 397 a 11 (*ἀψεύδεια* der Gestirnbewegungen, die die Jahreszeiten hervorbringen; Wilamowitz, Leseb. II 2, 129 verweist auf Pindars Zeushymnus, fr. 30 Sn. *ἀλαθέας Ὧρας*: „die Horen halten immer Wort"). Wo Platon den Philosophen als *ἀληθείας φιλοθεάμων* heraushebt, Pol. V 475 E, kommt es ihm auf den in De mundo zugrunde liegenden Gegensatz zwischen den vielen einzelnen, zufälligen Studien und dem auf das Eine und Ganze gerichteten Mathema an (danach Ar., EN I 7, 1098 a 31 *θεατὴς τἀληθοῦς*). Mit platonischem Klang Poseidonios bei Cic., De div. I 125 ex omni aeternitate fluens veritas sempiterna, und in seiner bei Clem. Strom. II 129,4 (p. 183,10 Stähl.) überlieferten Telosformel *τὸ ζῆν θεωροῦντα τὴν τῶν ὅλων ἀλήθειαν καὶ τάξιν.*

239,5 (a 4) „zurückwichen". Ethos und Vokabular stammen aus Plat., Tim. 25C, wo Alt-Athen allein, *μονωθεῖσα, τῶν ἄλλων ἀποστάντων* eine Leistung hoher Areté

(Kampf gegen die Atlantiden) vollbringt, um die Früchte des Sieges ἀφθόνως den Hellenen zukommen zu lassen (vgl. unten a 17).

239,8 (a 6) „verwandt ... geziemend". Es wird gut sein, das Thema 'Himmelsverwandtschaft der Seele' nicht nur als den bekannten Gemeinplatz zu fassen. Der Zusammenhang mit Platon, bei dem dies 'Verwandtsein', das φιλεῖν καὶ ἀσπάζεσθαι den Ideen gegenüber mehr als ein bloßes Bild bedeutet, ist offenbar enger. Verwandtschaft (der Seele, des Nus) mit der 'Wahrheit' wird Pol. 487A, 494DE; Phil. 65C hervorgehoben (s. De mundo a 4); vgl. Plat., (?) ep. 2, 312 E. Diese Verwandtschaft mit dem Ewigen (so auch Pol. 611E) wird τῷ διανοίας λογισμῷ erfahren, Phaed. 79A (De mundo a 14). συγγένεια θεία erscheint in der Theologie der 'Gesetze' als Ursache des Gottesglaubens, 899 D, 900 A, ebenso im Mythos Prot. 322 A. Bei Ar. EN 1179 a 23 ist in den Augen der Gottheit der Nus τὸ ἄριστον καὶ συγγενέστατον in uns Menschen. – In der von Ed. Des Places S. J. vorgelegten Begriffsgeschichte (Syngeneia, La Parenté de l'Homme avec Dieu etc., 1964) ist außer De mundo auch das Theophrasteum nicht berücksichtigt, τῷ θειοτάτῳ γε τῶν ἐν ἡμῖν χαίροντα μάλιστα τὸν θεὸν διακειμένῳ καθαρῶς ἅτε συγγενεῖ πεφυκότι (Über die Frömmigkeit, fr. 9 Pötscher). „geziemend": zu πρέπον mit dem starken Wertakzent vgl. unten 391 b 5; Plat., Pol. 500 B 3, u. passim.

239,10 (a 9) „die Erde verlassend". Der oft mit dem Syngeneia-Thema verbundene Gedanke vom Aufschwung der Seele – zu dem auch das schriftstellerisch ergiebige Motiv des „Blicks von oben" gehört, o. S. 265 – hat platonische Wurzeln, die am markantesten wohl der Schluß des 'Timaios' bezeichnet (πρὸς τὴν ἐν οὐρανῷ συγγένειαν ἀπὸ γῆς ἡμᾶς αἴρειν, 90A). Der Topos hat als Kennzeichnung und Lobpreis des Forschers, der hinter die Schauseite der Natur zu blicken vermag, die Schulgrenzen überschritten, wofür z. B. Metrodor bei Clem. Strom. V 138,2 (= Sent. Vat. 10) und Sen., De otio. 5,6 (cogitatio nostra caeli munimenta perrumpit) mit der plutarchischen Interpretation von Euripid., fr. inc. 903 (Mor. 786D) verglichen werden kann. Horazens Archytasgedicht c. I 28 (aërias temptasse domos animoque rotundum percurrisse polum, 5f.) und die schönen Distichen des Ptolemaios A P IX 577 in ihrer lateinischen Fassung durch Kepler haben auf das Selbstverständnis der Naturforschung in der frühen Neuzeit gewirkt (Quotidie morior fateorque: sed inter Olympi / dum tenet assiduas me mea cura vias, / non pedibus terram contingo, sed ante Tonantem / nectare divina pascor et ambrosia).

239,10 (a 10) „heilige Stätte". Obwohl es auf den Vergleich zweier Bereiche, des irdischen und des himmlischen, ankommt, stört in dieser gepflegten Sprache nach τόπον das gleich folgende χῶρον, so daß vielleicht Saint-Hilaires Konjektur χορόν den Vorzug verdient, wie es auch Lorimer, Notes 139, erwägt.

239,11 (a 10) „Aloaden". Die uralte Sage von den himmelstürmenden Aloeuskindern Otos und Ephialtes (vielmehr Söhnen des Poseidon, vgl. Od. 11, 308ff., Hes., fr. 19 Merk.-W.) wurde Symbol für das falsche, gottlos zu Werke gehende Vordringen zum Naturgeheimnis. Auf dem Hintergrund der frühen ethischen Abwertung des Gigantensturms, im analogen Mythos (Bacchyl. XV fin.; Pind. P. VIII 8–18), liegt bei Platon diese Wendung zum philosophischen Motiv vor, Symp. 190B; Soph. 246A, besonders weitwirkend Legg. III 701C, wo die Haltung des Atheisten gekennzeichnet wird (*τὴν λεγομένην* [*παλαιὰν* del. Wil.] *Τιτανικὴν φύσιν ἐπιδεικνῦσι καὶ μιμουμένοις*). Hiernach nennt Cicero den Gesetzesverächter Titanum e genere, De leg. III 1, 5; Plutarch verarbeitet die Platonstelle mehrfach; in De fac. wird mit „titanisch" überhaupt blinde Leidenschaft bezeichnet, 942 A, 945 B, vgl. adv. Col. 1119 B (= Epic., fr. 558), De es. carn. 110 B und Is. Osir. 371 A. W. Theiler, das vis consili expers interpretierend (Das Musengedicht des H., 1936, jetzt in: Untersuchungen z. Lit., 1970, 416 f.), zieht Prokl. in Parm. IV 98 Cous. heran (*ὁ Τιτανικὸς πόλεμος ὄντως ἐν ταῖς ψυχαῖς ἡμῶν ἐστίν*). Speziell die Aloaden werden in diesem Zusammenhang bei Max. Tyr. 11,1 (p. 146,19 Hob.) und Plut., De fac. 935 E genannt. Doch fürchtet der Epikureer die Drohung mit der Hadespein der großen Frevler nicht, Diog. Oen. B XVI (22,4 ff. Will.). Vgl. E. Bignone, L'Aristotele perduto ecc., II, 1936, 449 ff. Die Übersetzung („unsinnig") sucht das Wortspiel *ἀνόητοι-ἐπενόουν* wiederzugeben; es stammt aus Plat., Tim. 30 B 2. Die 'Torheit' zeigt sich dem Platoniker im Überspringen der Schranke zwischen Himmel und Erde (ein *ἀβέλτερον*: Plut., Rom. 28,7; Is. Osir. 377 E). Kein *ἀνόητος* ist *θεοφιλής*, Plat., Pol. II 382E. — Sowohl jene Schranke wie das Aloadenmotiv hat Ovid im Auge: Fast. I 305 ff. (Erforscher des Kosmos: admovere oculis distantia sidera nostris ... sic petitur caelum: non ut ferat Ossan Olympus, etc.).

239,12 (a 11) „Seele — Geist als Führer". Eine der meistzitierten platonischen Passagen steht dahinter, Phdr. 247C (die göttliche Wesenheit *ψυχῆς κυβερνήτῃ μόνῳ θεατὴ νῷ*), wie auch hinter dem apokryphen Archytas p. 8, 22 ff. (Nolle). Angesichts der Bedeutung, die Maguire (116 f. u. Anm.) diesem Fragment De sapientia (auch bei Lorimer, Notes 139, abgedruckt) beimißt, sei bemerkt, daß es ein Konglomerat von sehr Verschiedenartigem darstellt: a) Nur wer Genus und Spezies unter eine Arché zu bringen weiß (platonistisch, vgl. Max. Tyr. 8, p. 90,11 Hob.), vermag Gott zu schauen (*τὸν θεὸν κατοψεῖσθαι*): unser Anonymus hütet sich vor so direkten Aussagen (vgl. a 10), die seiner Gottesanschauung nicht gemäß sind; b) der Aufschwung der Seele erscheint, anders als in De mundo, unter dem Bild einer Wagenfahrt, wo neben dem Phaidrosmythos auch das Proömium von Parmenides' Gedicht anklingt; c) das Alkmaion-Diktum von „Anknüpfen des Endes an den Anfang" (VS^6 24 B 2) als Garantie überirdischer Dauer, der orphische Zeushymnus (hier „Gott Anfang Ende Mitte"), dann die auch De mundo schließenden Platonworte —: das alles sind Lieblingszitate des Platonismus. Zur Statuierung einer neupythagoreischen Quelle für unseren Anonymus ist Ps.-Archytas m. E. ungeeignet.

239,14 (a 13) „räumlich ... absteht". Die Statuierung der *ἀπόστασις* der überirdischen Welt klassisch bei Plat., Phaed. 111B; Ar., De cael. I 2, 269 b 13 ff. (neben *τίμιον*, wie De mundo a 18). Weiteres s. zu 397 b 30.

239,15 (a 14) „... im Denken zusammen". Trotz des Pleonasmus (neben *διάνοια*) ist das gut bezeugte *συνεφρόνησε* (Ps.-Philolaos B 10: *συμφρόνησις*) vorzuziehen, ein Lieblingsausdruck Plutarchs, De mul. virt. 243 F, 248 C; De gen. Socr. 590 B, 593 C; Thes. 36,2; Them. 28,5; Brut. 10,1; Anton. 75,1 u. ö. Lorimers *συνεφόρησε* scheint nicht in das feingewählte Vokabular zu passen.

239,16 (a 15) „göttliches Seelenauge". Lange vor dem Absinken des Ausdrucks ins Unverbindliche übernimmt Platon „die Augen des Geistes" von Empedokles (B 17, 21,), Symp. 219 A (*ἡ τῆς διανοίας ὄψις*), und statuiert im Rahmen der Erkenntnislehre des 7. Politeia-Buches *ὄψις, ὄμμα, αὐγή* der Seele, 519 B, 533 D, 540 A. Oculi animi als epikureisches Spottwort gegen Platon: Cic., De nat. deor. I 19; anders Lucr. V 149 (mit Bezug auf die sedes deorum).– Poseidonios bei Sext., adv. math. VII 92, Plotin. IV 4,25 Br. – Weiteres zu 399 a 31.

239,17 (a 16) „zu offenbaren". Aus alter Poesie, nicht häufig (etwa Pind., Pae. 6,6; fr. 150 Schr., und danach Theokrit, wo er der Chorlyrik besonders verpflichtet ist, 16,29). Bei Max. Tyr. 11, p. 135,6 Hob. ist Platon *ὑποφήτης*. Physicorum oracula fundo, sagt der Skeptiker Cotta ironisch, Cic., De nat. deor. I 66; Plutarch läßt spöttisch '*τοὺς τοῦ Ἐπικούρου προφήτας*' anreden, Pyth. or. 397 C; dazu vgl. Dio v. Pr. 12,47; 7,100 f.; 36/42. Ernst wie Scherz findet sich beim Archegeten selbst, Phil. 28B – C; Pol. 617D, 619B.

239,19 (a 17) „nicht zu mißgönnen". *ἀφθόνως* trägt starken Ton. Die schlichte attische Redewendung *μὴ φθονήσῃς, οὐδεὶς φθόνος* (z. B. Plat., Prot. 320C; 327A – regelmäßig kommt dann ein Mitteilen, Anteilgeben) wird bei Platon Träger tiefer Bedeutung. Auf *οὐδεὶς φθόνος* Phaed. 61D folgt die Heilslehre von der Unsterblichkeit; an der berühmten Stelle Tim. 29E wird so das Motiv der Weltschöpfung angedeutet (danach Sen., ep. 65,10; Ps.-Apul., Asclep. 1, p. 36, 15 Th. 25, p. 62,19, u. ö.). Nicht minder häufig lebt in der Tradition Plat., Phdr. 247A fort (*φθόνος ἔξω θείου χοροῦ*). – Mit etwas anderer Wendung wird dem „nicht mißgönnen" der Begriff „sich friedlich einigen" zugeordnet, in den Ps.-Phocylidea, 72 ff., b. Eur., Phoen. 545; beidemal (es ist der friedliche Ausgleich der kosmischen Kräfte gemeint) denkt man an pythagoreischen Einfluß. Sophistisches ist nicht ausgeschlossen (H. Fuchs, Friedensgedanke, 1926, 109,4); erstaunlich an Platon und De mundo gemahnt Isokrates, Paneg. 29, wo er von den Heldenkämpfen Alt-Athens spricht (vgl. oben zu a 4): *τοσούτων ἀγαθῶν οὐκ ἐφθόνησεν τοῖς ἄλλοις, ἀλλ' ὧν ἔλαβεν, ἅπασι μετέδωκεν*. Wie schwer man es sich gemacht hat, der Sprache des Anonymus gerecht zu werden, wird z. B. bei Festugière ersichtlich, der Belegen aus dem Corpus Hermeticum und der Weisheit Salomos (7, 13) beiläufig die Timaios-Stelle anfügt. – „so weit als möglich" (vgl. 391 b 3) eine der platonischen Eulabeia gemäße Formel, z. B. Phdr. 277 A 3; Tim. 69 A 1; 90 C 2. Vgl. „soweit erreichbar" b 3.

239,19 (a 18) „Kostbarkeiten". Es sind die Details der Welt, insofern sie den Blick auf das Eine und Ganze freigeben – also der Inhalt der Schrift De mundo. *τίμιος* (auch 400 a 20) ist eine wichtige Wertbezeichnung im Vokabular der Platoniker, seit Pol. VII 508A (Licht als *τίμιον*, seine Beziehung zur Gottheit), 539D (Dialektik ein *τιμιώτατον*), 591 B (*τιμιότης* der Seele – vgl. Eur., Alk. 301 –, wiederholt von Theophrast bei Prokl., in Tim. III 135 Diehl), Phdr. 250B (Tugenden als *τίμια*). Bei Ar., De cael. 269 b 16; 288 a 4; 290 a 32 für die überirdische Welt, so wie De mundo 400 a 20 die Himmelskörper gemeint sind. Dementsprechend wird bei Albin., Isag. 180,3 Gott *πρῶτος καὶ τιμιώτατος* genannt, vgl. 165,29 *διὰ τὴν ἐν τῷ τιμίῳ ὑπεροχήν* (s. De mundo 391 b 3).

239,22 (a 19) „einzigen Landschaft". Der Wertgegensatz Teil–Ganzes steht dahinter, wie er im platon. Staat entwickelt wird, VI 475D–480A, dann 486A: *σμικρολογία* (vgl. De mundo a 23) wird entgegengesetzt *ψυχῇ μελλούσῃ τοῦ ὅλου καὶ παντὸς ἀεὶ ἐπορέξεσθαι θείου τε καὶ ἀνθρωπίνου*. W. Theilers Urteil, daß dies ein stoischer Gedanke sei (in der ob. S. 269 zitierten Studie, 138f.), kann nur als Hinweis darauf verstanden werden, daß auch die Stoiker so dachten. Vom Kosmos als dem schlechthin Ganzen und Umfassenden aus müssen die Naturdinge auf Grund ihres Teilcharakters (ein *ἀτελές* kann nicht *καλόν* sein) abgewertet werden, Tim. 30C. Polybios setzt dies fort, fr. IX 44: unmöglich kann man das schönste Schauspiel auf der Welt, nämlich *τὴν τῶν ὅλων οἰκονομίαν*, geistig als Ganzes erfassen auf Grund der Darstellungen von einzelnen Vorgängen. Vgl. Max. Tyr. 16, 6; 11, 9f. – In der hellenistischen Poetik spielt der Gegensatz des Großartigen, Umfassenden und des Details als Gegenständen schildernder Kunst eine wichtige Rolle; Horaz, ars poet. 18: flumen Rhenum describitur als Beispiel der Ekphrasis einer Einzelheit auf Kosten der Gesamtwirkung (De mundo „Größe eines Flusses", a 19). Dazu Hermog. II 11,22 Sp.; zu Auct. De sublim. 33,2 s. F. Wehrli in: Phyllobolia Peter von der Mühll, 1959, 32.

239,24 (a 21) „Ossa – Nysa". An die thessalische Ossa (1978 m), s. ö. vom Olymp, wurde der Leser bereits a 11 gemahnt; es sind die beiden Berge, die die Aloaden aufeinandertürmen wollten. Nysa wird als dionysischer Kultort an verschiedenen Gegenden der Alten Welt lokalisiert; daß hier an die euböische Stadt gedacht ist, wird durch das Nebeneinander der „korykischen Nymphen" und der „nysäischen Berge" bei Soph., Ant. 1127–1132 nahegelegt. – „Korykische Grotte": die berühmte, den Nymphen und Pan geweihte große Tropfsteinhöhle am Parnaß, in 1120 m Meereshöhe über Delphi (570 m) gelegen.

239,27 (a 23) „vom Zufälligen". Die Abwertung der *τυχόντα* gegenüber *τὰ κρείττονα* (a 25) gehört zur Haltung des Protreptikos. Aristoteles (Protrept. fr. 27 Dür.) stellt „das Gute und Wertvolle" der spekulativen Wissenschaften (vgl. *τίμιον* a 18) den *θεωρίαι τυχοῦσαι* gegenüber, so wie im fr. 29 das theoretische Leben auf der Gegenseite eines „zufälligen und wertarmen" steht. Nicht anders spricht der Epikureer (Metrodor?), Vol. Herc. X 71ff. (p. 571 Körte ff.), der *τὴν θέαν τῶν κυριωτάτων* (vgl. De mundo 397 b 12) von *τὰ περὶ τὰ τυχόντα σπουδάσματα* abhebt (vgl. E. Bignone, L'Aristotele perduto ecc, I, 1936, 152f.).

239,26 (a 23) „kleinliche Seele". Es ist die Smikrologie, von der Platon spricht (zu a 19), es ist aber auch die Kurzsichtigkeit, die Aristoteles in einem besonders wichtigen Kapitel seiner Naturlehre (Meteor. I 14) bei seinen Vorgängern feststellt (*οἱ βλέποντες ἐπὶ μικρόν*, 352 a 17). Dort ist der Unterschied zwischen Groß und Klein durch die Haltung des Erklärers bestimmt: jene Kosmogoniker – an der Spitze Anaximander –, die, um Veränderungen des Wasser-Erdkörpers zu erklären, das ganze Weltall in Bewegung setzen, „überblicken nur eine kurze Strecke", während Aristoteles jenes Werden und Vergehen auf dem Hintergrund der Weltewigkeit sieht. „Die Werthöhe des Erkennens" wird nicht durch die Großartigkeit des Gegenstandes garantiert, nicht durch dessen Geringfügigkeit in Frage gestellt: so entspricht es dem Programm der Schrift Über die Teile der Tiere, wo der Philosoph um Verständnis für die Kleinlebenforschung wirbt (I 5), deren Objekte keineswegs „zufällig" konstituiert sind. Mit *τιμιότης τοῦ γνωρίζειν* (644 b 33) bzw. *τῆς ἐπιστήμης* ὑπεροχή (645 a 2) und τυχόντως (645 a 3) werden Begriffe genannt, die auch unser Anonymus 'protreptisch' ins Spiel bringt (a 18. 23, b 3). Aber dieser kultivierte Epigone lädt nicht mehr zum Forschen ein, sondern zu staunendem Vernehmen vgl. προφητεύειν a 16).

239,28 (a 25) „nicht die Schau . . . kennen". Das seltene Wort ἀθέατος kann in der Zeit des Anonymus ein einfaches Äquivalent zu „unkundig" sein, Plut. Oth. 6, 1069 C, doch vgl. Max. Tyr. 8, p. 90,11. 15, und bereits Xen., Mem. II 1,31 (Herakles am Scheidewege), wo ἀθέατος mit hoher Areté in Verbindung gebracht ist. In platonistischem Zusammenhang Greg. Nyss., De an. et resurr. 185 C (neben μικροψυχία: De mundo a 23). – Die Vermutung Ernst Grumachs (brieflich), das Wort stamme aus der Mysteriensprache, läßt sich, soweit ich sehe, nicht verifizieren.

239,29 (a 25) „das Weltall". Gegen Schluß der Schrift Περὶ εὐθυμίας entwirft Plutarch ein eindrucksvolles Bild vom 'Fest des Lebens', περὶ κόσμου γράφων καὶ τῆς τῶν ὄντων ἀληθείας (oben zu a 3f.). Die Heraklitinterpretation, die sodann angeknüpft wird (Erkenntnis der Mischung von ἐσθλά und κακά soll zum Frieden mit dem Weltlauf führen, 474 A), entspricht der Haltung in De mundo 5.

240,1 (b 4) „als Theologen". Mit θεολογία, θεολογεῖν wird bei Platon (wo das Subst. erstmals steht, Pol. II 379A) und Aristoteles an die ältesten Dichter und Denker erinnert (Festugière 598ff.); vgl. z. B. Metaph. I 983 b 29 οἱ παμπάλαιοι καὶ πρῶτοι θεολογήσαντες. "Both in the Republic and the Laws Plato's philosophy appears, at its highest level, as theology", F. Solmsen, Pl.s Theology, 1947, 4. In Späthellenismus und Kaiserzeit wird, wie bekannt, diese religiöse Unterströmung stark betont (zu Plut. De def. or. 410 B s. ob. S. 266 f.). Mit seinem programmatischen θεολογῶμεν knüpft der Autor von De mundo unmittelbar an die Einleitung der 'Gesetze' an, indem er herausliest, der Logos müsse gehen, μέχριπερ ἂν πρὸς τὸν θεὸν ἀφίκηται (643 A). In der Einleitung (266 f.) ist gezeigt, daß diese Zielsetzung den Aufbau des ganzen Traktats bestimmt.

240,8 (b 7) „auf nichts Geringes". Die Vermutung Lorimers (ed. p. 120), daß Lukian die Stelle zitiert (Alex. 4 fin. „auf nichts Geringes sinnen, sondern stets den Geist auf die größten Dinge gerichtet halten"), halte ich für sicher. – „mit solchen Geschenken": in grundsätzlichen Äußerungen zur Paideia bezeichnet sie Platon als das erste der herrlichen Güter (τῶν καλλίστων, vgl. a 6), wie sie den trefflichsten Männern zuteil werden, Lg. 644 AB (kurz vorher die zu b 4 zitierte Stelle). Vielleicht schwebt dem Autor auch die beziehungsvolle Wendung vor, mit der der greise Isokrates dem jungen Alexander andeutet, welche Studien sich für einen Fürsten schicken (πρέπειν vgl. b 5), welche nicht, ep. 5, 3. – Die Platonismen dieses Einleitungskapitels waren für Capelle (534f.) nichts als ein Kriterium für Poseidonios und seine 'schwärmerische Bewunderung' der caelestia (womit übrigens die posidonianische Telosformel, s. ob. zu a 4, unzulänglich erfaßt ist). Doch geht es bei unserem Autor gar nicht um das admiratio-Thema, sondern um ein überlegtes Herausarbeiten des Wertabstandes von Ganzem und Teilen, wie es Seneca im 'platonischen' 65. Brief zur Begründung der Kosmosphilosophie als einer Lebensaufgabe durchführt (interdicis mihi inspectione naturae, a toto abductum redigis in partem? 19). – Maguire insistierte (116) auf "the utter triteness" aller Gedanken in De mundo 1. Doch durfte er wohl kaum die Frage außer acht lassen, ob nicht die Zusammenordnung des Übernommenen ein eigenes Gepräge trage, die Absicht eines Interpretierens erkennen lasse. Diese kommt durch ein bloßes Beischreiben 'neupythagoreischer' Parallelen nicht in Sicht. – Das Kapitel ist wohlabgerundet. Die besondere Aufgabe der Philosophie tritt hervor, indem der wahre und der falsche Weg des 'Aufschwungs' (*σῶμα – ψυχή*) bezeichnet, der richtige und der verkehrte Erkenntnisgegenstand genannt wird (*μικρά – μέγιστα*). Der Gedanke der inneren Übereinstimmung zwischen dem Philosophen und seinem Gegenstand (*πρέπον, συγγενές*) hält das Ganze zusammen (a 6f., b 5); er wird am Ende zu einer Huldigung für den zu Beginn genannten Adressaten.

Kapitel 2

240,9 (b 9) „Welt ein Gefüge". Dies ist die eine der beiden bei Diog. L. 7, 138 (vgl. Kleom. I 1,1; Comm. in Arat. Anon. II 127, 14 Maaß) überlieferten Kosmosformeln des Poseidonios, die aber von Areios Didymos bei Stob. I 21,5 (= fr. 31 Diels) auf den Namen des Chrysippos gestellt ist. Speziell stoisch klingt die sehr allgemeine Formulierung nicht (*σύστημα ἐξ οὐρανοῦ καὶ γῆς*); Aristoteles stellt bündig fest: *ἡ τοῦ ὅλου σύστασίς ἐστι κόσμος καὶ οὐρανός*, De cael. I 10, 280 a 21, nach Plat. Politic. 269 D; Ocellus verwendet die Formel unbefangen (§ 9), während seinem Gedankengang der Timaios zugrunde liegt (Harder 65), und hier, in der spätplatonischen Kosmologie, ist ja das „Umfaßtwerden" (b 10) der einzelnen Kosmosglieder durch ein überragendes Ganzes (*ὅδε ὁ κόσμος*) zu Hause, Tim. 30C–31B, wo *περιέχειν, περιλαμβάνειν* (ersteres wohl schon anaximandreisch, s. VS I[6], 12 A 11, p. 84,2, mit W. Kranz' Note) absichtsvoll gehäuft stehen. Charakteristisch, wie bei Max. Tyr. 13, 165,3 Hob. mitten im Platonisieren diese Definition anklingt. Von keiner der nichtatomistischen Kosmosauffassungen aus mußte gegen sie Widerspruch erhoben werden, sehr zum Unterschied gegenüber dem stoischen Kosmosgott, wie er bei Ar. Did. a. a. O., und bei Diog. L. 7, 137 (355, 21 Long) steht. Ihn ignoriert unser Autor, indem er in seiner zweiten Formel (b 10) auf das „Wachen", „Fürsorgen" Gottes, also auf die Timaios- und Nomoi-Theologie abhebt (z. B. X 907A: Götter die Wächter „der schönsten und größten Dinge", also des Kosmos). Vgl. zu 397 b 31 (*ἡ ἐκ θεοῦ ὠφέλεια*). Zu beachten, daß *κόσμος* noch für Xen., Mem. I 1,11 (*ὁ καλούμενος ὑπὸ σοφιστῶν κόσμος*) ein Gelehrtenwort ist; den populären Sinn „Himmel" belegen Isokr. IV 179 (die gesamte Erde unter dem Kosmos liegend) und mit gleicher Wendung Timaios bei Polyb. XII 25,7. Andererseits „die Menschen unter dem Himmel" (*οὐρανός*) Plat. ep. 7, 326C.

240,11 (b 11) „Einrichtung". Bevor es zum hellenistischen Fachterminus wurde, hatte das von Ar. fast ganz gemiedene Wort *διακόσμησις* bei Platon hohen Klang (Staats-, Rechtsordnung: Symp. 209A; Tim. 23E; Legg. IX 853A). Hier hat der Autor Tim. 24C vor Augen (menschenfreundliche Einrichtung der Welt durch die Gottheit). – „von Gott". Den Singular, für den sich schon Wil.-Wendl. mit Recht entschieden hatten, sicherte Lorimer (Belege für Textänderungen bei *θεός* : *θεοί* in der Überlieferung bei R. Harder, Ocell. Luc., 1926, 126). Der Präpositionengebrauch ist überlegt; der durch *ὑπό* suggerierten 'persönlichen' Auffassung tritt mit *διά* die sachliche zur Seite; zielt doch die Frage *διὰ τί;* auf *αἴτιον καὶ ἀρχή*, Ar., Met. I 3, 983 a 29.

240,12 (b 13) „die lebenspendende Erde . . . Herdstatt und Mutter". Die Wortwahl ist sehr erlesen, geht dabei über bloße „fleurs de rhétorique" (Festugière 497) hinaus. Erde als 'Hestia' im 'Triptolemos' des Sophokles, Mutter Erde neben Hestia bei Eur., fr. 944 präludieren dem von Plat., Menex. 237B–238A entwickelten attischen Autochthonenglauben (hier auch das *ἀφθόνως*-Motiv, 238 B 6). Für die Akademie sind die klassischen Stellen: Phdr. 247A; Pol. III 414E; Tim. 40B C; Legg. X 955a; dazu kommt Theophr. Über die Frömmigkeit fr. 19 Pötscher (*κοινὴ γάρ ἐστιν αὕτη καὶ θεῶν καὶ ἀνθρώπων ἑστία*). Altstoisch ist die „Herdstatt des Kosmos" bei Kleanthes, fr. 500 v. Arn. Die Erdtheologie des Poseidonios, wie sie W. Theiler, Die Vorbereitung des Neuplatonismus, Problemata 1, Berlin 1930, 76ff., 111 erschlossen hat, ist von De mundo dadurch geschieden, daß dort die Wirksamkeit der Erde als Nährerin durch einen unserem Anonymus fremden Kraftbegriff bestimmt wird, s. Kleom. I 11, 60 (p. 110,13 Ziegl.), Procl., Comm. in Pl., Tim. III 134, 13 D. „lebenspendend": zu *φερέσβιος* ist jetzt zu Hes., Theog. 693, H. Hymn. Ap. 341 u. ö. ein neues Aischylos-Fragment getreten, Prometheia fr. 343 Mette (p. 127,29), in hochstilisierter Kultsprache. – Lorimer nahm an (Notes 110), daß *φερέσβιος γῆ* nicht direkt aus der alten Dichtung, sondern aus dem (stoischen) allegorisierenden Homer-Handbuch stamme, wie es H. Diels erschlossen hat (Doxogr. 88ff.). Doch macht Maguire (123, n. 23) mit Recht darauf aufmerksam, daß De mundo mit den dort auf Empedokles angewandten Allegoresen nichts zu tun hat.

240,13 (b 14) „der oberste Raum": richtig Forster (the upper portion of the Universe); die Versuche, *αὐτῆς* auf das vorausgegangene Wort „Erde" zu beziehen, scheitern daran, daß der Raum über ihr unmöglich „Himmel" im Sinn von Götterwohnung und Gestirnreich heißen kann. *τὸ δὲ ὕπερθεν αὐτῆς* greift also zurück auf b 12 (*ταύτης τὸ μὲν μέσον*). Das schwach bezeugte, von Bekker aufgenommene *ἧς* (für *εἰς* b 15) entbehrt der klaren Beziehung. b 15 also „in bezug auf seine oberste Region".

240,14 (b 15) „der Götter Wohnung" (so auch 393 a 4), vgl. Plat. Phdr. 247 A. An einer entscheidenden Stelle, De cael. I 3, 270 b 1ff., lüftet Aristoteles sein von den Kritikern später unmutig hin und her gewendetes Geheimnis nicht: ist nun der 'Äther' Gott, oder ist Gott dort zu Hause (Cic., De nat. deor. I, 13,33), oder sind die Gestirne Götter (Theophrast nach Cic., a. a. O., 35)? Unser Anonymus läßt die Frage ebenfalls in der Schwebe, nicht um die Haltung des Meisters zu reproduzieren, sondern weil ihm daran liegt, die Gotteslehre stufenweise zu entwickeln, auch die Lehre von Gottes „Wohnort", für den mit Absicht erst später „Olymp" eingesetzt wird. An die Identifizierung der *θεοί* (schwächer bezeugt *θεοῦ οἰκ.*, wie Etym. Gud. s. v. Olympos) mit den Gestirnen b 16 ist nicht zu denken. Bloß topisch ist das „Götterhaus" nicht; die (später noch verstärkte) Beziehung auf den „obersten Raum" hebt die Wendung geflissentlich vom pantheistisch aufgefaßten Weltganzen ab.

240,17 (b 18) „kreisender Umschwung". Die *κυκλοφορία* wird im Vordergrund gehalten (dazu s. S. 289), noch im Sinn der klassischen Kosmosphilosophie (Plat. Phaed. 72AB., anders motivierend Ar., De cael. I 2, 269 a 18ff.), derzufolge die Kyklosvorstellung den ewigen Weltprozeß repräsentiert. Der fundamentale Erweis vom Vorrang der κυκλοφορία steht Ar., Phys. VIII 9. Das bei Ar. erarbeitete systematische Band zwischen κύκλος und ἀίδιος κίνησις wird freilich bei dem Spätling nicht mehr deutlich.

240,19 (b 20) „unablässig" (auch 399 a 33). Das recht seltene Wort (ἐνδελεχής, ἐνδελεχῶς), außerphilosophisch z. B. bei Isokr. 15, 156, hat seine Prägung in der platonisch-aristotelischen Literatur erhalten, wo es, rar, aber gewichtig verwandt, zur Bezeichnung der von Gott gesteuerten Unaufhörlichkeit des Weltlaufs dient (Ar., Meteor. I 5, 347 a 5, neben dem Taxis-Begriff; gottgestiftete Ewigkeit des Werdens, De gen. et corr. II, 10, 336 b 32; Ausgangspunkt dafür ist Plat. Tim. 58C und namentlich Legg. X 905E, wo die Götter als διοικήσοντας τὸν ἅπαντα ἐνδελεχῶς οὐρανόν angesprochen werden (ἐντελεχῶς codd.; Stobaios hat das Richtige bewahrt).

240,21 (b 22) „Drechslereisen". Der Vergleich, aus Plat., Tim. 33B, 69C, Legg. X 898AB stammend, wurde ein Gemeinplatz der Doxographie bis zu Euseb., Praep. Ev. XV 58; Greg. Nyss., De hom. opif. 128 C; weil ihn auch Vitruv. IX 1,2 bietet, der ja „in großem Umfang" aus Poseidonios abgeschrieben habe (Capelle 538, Anm. 1; doch vgl. Reinhardt, 1921, 204), galt die Wendung allen Ernstes lange als Quellenindiz für den Apameer. Dabei fehlen bei Vitruv gerade die entscheidenden Punkte, die Definition der Achse und die Namen der Pole (Maguire 125). – Die Bezeichnungen „arktischer", „antarktischer Pol" kommen hier zum ersten Mal in der Literatur vor. Aristoteles – bei dem das Wort überhaupt nicht sicher belegt ist – spricht von „oberem" und „unterem Pol".

240,23 (b 24) „Pole". πόλος, im 5. Jh. v. Chr. das sich drehende (πολεύειν) Himmelsgewölbe, den Himmelspol bezeichnend, ist auch für Weltachse das ältere Wort (so an berühmter Stelle Plat., Tim. $40C_1$, aber auch noch, archaisierend, Ocell. 37, p. 20,5 Harder (der auf Simpl., in Ar., De cael. 293 b 13 verweist, wo die Bedeutungen von πόλος zusammengestellt sind). ἄξων wird in kosmologischem Sinn erst um 300 v. Chr. von Sphärikern wie Autolykos und Eukleides gebraucht (E. Tièche, Mus. Helv. 2, 1946, 70). – Im Späthellenismus sind die in De mundo verwendeten Schultermini längst abgegriffen; eine Definition der Achse wie die bei Schol. Arat. p. 341,11f. (Maaß) muß der ebenso elementaren hier natürlich ähneln, ohne daß sich hieraus ein Quellenindiz ergäbe. Die Feierlichkeit, mit der solche Begriffe gleichsam als aufgedeckte Geheimnisse (vgl. 391 a 16) vorgetragen werden, ist für die schriftstellerische Art des Anonymus bezeichnend. Gleichwohl bleibt er durchaus bei der Sache, dem Erweis des ewigen kosmischen Kreisens, wenn er Pole und Weltachse so stark hervorhebt.

240,32 (392 a 5) „Äther". Das Verständnis für die berühmte arist. Hypothese eines übernatürlichen Himmelselementes (s. P. Moraux, RE XXIV 1, 1963 s. v. quinta essentia, Sp. 1196ff.) scheint schon im Hellenismus rasch geschwunden zu sein; ihr Dualismus widerstrebte einer Zeit, die gerade um ihres monistischen Weltbilds willen in erheblichem Maße wieder auf die großen vorplatonischen Physiker zurückgriff (vgl. die bei Aet. II 3,4 [338,8 D] überlieferte stoische Kritik). Das Wort αἰθήρ – das Ar. in den erhaltenen Lehrschriften für seine Himmelsregion selber nicht verwendet

(Ausnahme die recht rätselhafte Stelle Phys. IV 5, 212 b 21), ist ihm, wie auch *αἰών*, eine sinnreiche Namensschöpfung der Urzeit, die das „ewige Laufen" (*ἀεὶ θεῖν*) des Himmelselements habe ausdrücken wollen (dies nach Plat., Crat. 410B); Anaxagoras wird getadelt, weil er die falsche (in Wirklichkeit richtige) Deutung aus *αἴθεσθαι* 'brennen, glühen' aufgebracht habe (De cael. I 4, 270 b 22f.; III 3, 302 b 4; Meteor. I 3, 339 b 22ff., wo b 26 deutlich wird, daß Ar. auch *θεῖον* heraushört). Fein bemerkt R. Eucken, in einer noch immer lesenswerten Abhandlung: Beiträge zum Verständnis des Ar. (Fleckeisens Jbb. 15, 1869, 243), daß Ar. „sich ebenso wie Platon die Alten als Sprachbildner denkt" (dort wird eine vollständige Sammlung aller Etymologien bei Ar. gegeben). Der Autor De mundo bezieht mit der Statuierung des Ätherelements eine betont antistoische Position in der Frage des Weltzusammenhangs; es ist ja stoisch, und speziell posidonianisch (K. Reinhardt, Kosmos und Sympathie 103ff., 107ff.), daß Himmel und Erde nicht geschieden sind, vielmehr der Erd-Wasser-Körper durch seine Ausdünstungen die Gestirnwelt nährt.

240,35 (a 9) „unvergänglich und göttlich". *ἀκήρατος* hat seine Aufhöhung in der alten Lyrik erfahren, Ibyk. 6,4 (Garten, danach Eur., Hipp. 73. 76); Alkman 1,54 (Gold, danach Plat. Pol. 503A; Politic. 303E); Das Wort ist Platon wert, von Ar. wird es gemieden. — Es seien hier gleich (s. 396 a 31, 397 a 16. 27, b 7) die anderen Ewigkeitswörter in De mundo genannt, *ἀγήρως* und *ἀνώλεθρον* (wie überhaupt alle bei Plat., Phd. 105E—106D beziehungsvoll gehäuften Prädikate genutzt werden). Letzteres ist bereits anaximandreisch, wird dann stehend in den Paarungen mit *ἀθάνατον*, *ἄφθαρτον*, z. B. Plat., Phaed. 95C; Tim. 52A; Legg. X 904A; Ocell. 11,5; 15,11; 19,2. Ältester Poesie, wo sie das Verhältnis zwischen Gott und Mensch formuliert, eigen ist *ἀγήρως* (K. Deichgräber, Hermes 75, 1940, 15; vgl. Hom. Il. 8, 539; 12, 323; Od. 5, 136. 218); in kosmologischem Zusammenhang bei Anaximander 12 B 2 und in dem berühmten Frg. Eur. 910N.[2] (nach Anaxagoras: *ἀθανάτου καθορῶν φύσεως κόσμον ἀγήρω*). Ar. formuliert seinen Weltbegriff gewöhnlich mit *ἀγένητον καὶ ἄφθαρτον*, *ἀγήρατος* läßt er einmal, an wichtiger Stelle, zur Bezeichnung des Himmelselements zu, De cael. I, 3, 270 b 2 (auch dies eine vox tragica). „alterlos" gehört seit dem 4. Jh. zum festen Wortschatz der Kosmosreligion, wobei sich auch Xenophon beteiligt, Mem. IV 3,13; Cyrup. VIII 7,22. Für den Platonismus wichtig war auch Politic. 273E (zit. von Philo aet. mund. 26; Apul., De dogm. Pl. 8, 197, p. 90,18 Th.). Auch diese Ausdrücke verwendet der Verfasser von De mundo nicht als bloße Floskeln, sondern im Dienst der Weltewigkeitslehre.

240,37 (a 10) „Fixsterne". Was hier über sie gesagt wird, ist die Vulgata, nicht Poseidonios, der vielmehr aus Cic., De nat. deor. II 54 zu erkennen ist (nec habent aetherios cursus nec caelo inhaerentes); vgl. K. Reinhardt, Kosmos und Sympathie, 132, Anm. 1.

241,4 (a 15) „jeder in einer eigenen Kreisbahn". So elementar die folgende Übersicht ist, sie bezeugt doch die untypische, für den Verfasser charakteristische Absicht, ebenso die Individualität der einzelnen Kosmosteile wie ihr Umschlossensein von einer höchsten, ausgleichenden Instanz anzudeuten. Es wird das Harmoniekapitel (5) vorbereitet, wo „durch eine einzige Kugelschale" (396 b 31) die verschiedenartigsten Wesenheiten umschlossen und genötigt werden, miteinander über einzukommen, ebenso die beiden Gleichnisse von dem einen Bewegungsanstoß und den vielen individuellen Auswirkungen, 398 b 27 ff.

241,6 (a 17) „unausforschlich“. Charakteristisch der Unterschied gegenüber Ar., der die überraschende Zusammenordnung von unzähligen (ἀναρίθμητος) Fixsternen auf nur einer Sphäre sofort zum Anlaß einer Aitiologie nimmt, De cael. II 12, 292 a 10 ff., während hier auf das Wunderbare des kosmischen Bewegungszusammenhangs abgehoben wird.

241,8 (a 19) „im ganzen“. κεφαλαιοῦσθαι (auch 394 a 8) heißt „summieren“ (Wil.' Leseb. Erl. II 127), „zusammenfassen“, Magn. Mor. II 9, 1207 b 22.

241,11 (a 23) „folgende Positionen“. Die Überlieferung scheint gestört zu sein. Lorimer hat ἔχει ἀεί und ταύτῃ ὁ im Text, änderte aber, des schweren Hiats wegen, zu ἔχουσιν ('vel ἔχειν') ἀεὶ τὴν θέσιν ταύτην· πρῶτος μὲν κτλ. (Addenda 120); demgemäß die Übersetzung.

241,13 (a 23) „nach dem Leuchtenden“. Über die Stellung des Autors zur Anordnung der Planeten hat erst Lorimers Aufarbeitung der hss. Überlieferung Klarheit geschaffen, Notes 50 f. Die Planetenliste in De mundo ist die 'pythagoreisch-platonische' (Sonne an 6. Stelle, s. Tim. 38D). Sie trat seit dem späteren Hellenismus vollständig zugunsten des 'chaldäischen' Systems zurück (Zentralstellung der Sonne, so wohl auch Poseidonios, vgl. Reinhardt, Kosmos und Sympathie, 131 ff.), welches frühzeitig in den Text unseres Traktats einkorrigiert wurde (so in F Z und der syrischen Übersetzung). Auch das später zu besprechende Areiosfragment (31 Diels) ordnet platonisch. Daß demgegenüber in der nochmaligen Aufzählung 6, 399 a 6 ff. ein Selbstwiderspruch vorliege (Capelle 557, Anm. 4), hat Lorimer widerlegt, 127 f. Wenn in dieser zweiten Liste Merkur und Venus als isodrom gelten, so deutet dies keineswegs auf eine Zentralstellung der Sonne.

241,13 (a 24) „nach Kronos benannt“. Die Geschichte der Planetennamen wird F. Cumont verdankt (L'Antiquité Classique IV 1, 1935, 1 ff.). Die Hellenen gaben in früher Zeit nur dem Venusgestirn einen Götternamen bei (Hesperos, Heosphoros: Hom., Il. 22, 318; 23, 226 u. ö.). Das Bekanntwerden der übrigen der antiken Beobachtung zugänglichen Planeten (unter babylonischem Einfluß) führte zu der seit dem 4. Jh. v. Chr. eingewurzelten griechischen Namensreihe, die uns zuerst bei Plat., Tim. 38D vorliegt. Vgl. W. Gundel-H. Gundel, RE XX 2, 1950, s. v. Planeten, Sp. 2029 ff., 2114 ff.

241,19 (a 29) „bis zu der der Äther reicht“. Die Herstellung von μέχρις ἧς (nach Apuleius und der syr. Übersetzung) gegen μέχρι(ς) (τῆς) γῆς der sonstigen Tradition durch Lorimer war eine längst fällige Emendation. Keinesfalls kann vom κύκλος des Mondes (Sphäre, Zone, Region: die Synonyma bei Festugière 463, n. 2) gesagt werden, er grenze an „die Erde“. Letztere wird ja aus der Reihe der κύκλοι herausgenommen; der Erd-Luft-Raum kann nicht γῆ, μέχρι γῆς kann nur „bis zur Erdoberfläche“ heißen. Übrigens ist δέ (nach ὁ, mit dem man vor Lorimer einen neuen Satz beginnen ließ) keineswegs eindeutig gesichert; ὁ αἰθήρ wird die originale Lesart sein. Festugières Note geht m. E. am Wesentlichen vorbei.

241,21 (a 30) „Ordnung ihrer Bewegung". Gemeint die Verschiedenheit der Umlaufzeiten, s. 399 a ff.

241,24 (a 33) „durch und durch". *δι' ὅλων* (auch *δι' ὅλης*, etwa auf *οὐσία*, *φύσις* bezogen) hat sich von dem ursprünglich der stoischen Mischungslehre zugehörigen Terminus entfernt und bezeichnet hier wie Ocell. p. 14,6 H. die *φύσις* „in ihrer die Gesamtheit der Teile verkörpernden Ganzheit" (Harder).

241,25 (a 35) „feurige Wesenheit". *φλογώδης* nicht im echten Aristoteles (doch Theophr., De igne 21), wohl aber kann *πυρώδης* (b 2) „heiß, entzündlich" (daneben Farbbezeichnung) als Kennzeichnung der warmtrockenen Erdausdünstung, eines Hauptmerkmals in Ar.s atmosphärischer Physik, stehen, Meteor. III 3, 372 b 33. Der Verf. ist auch hier, wie in der Ätherfrage, bemüht orthodox; er setzt unterhalb der Gestirnsphäre keine Feuerzone an, sondern eine Region feinteiligen, entzündlichen Materials (feinteilig: *λεπτομερής* wie bei Theophr., De igne 46); seine Aktualisierung zu 'Feuer' (*πυροῦσθαι* b 1) wird durch die himmlische Kreisbewegung verursacht (vgl. Ar., Meteor. I 4, 341 b 13ff.). Der Autor läßt die befremdliche arist. Theorie der Feuerentstehung im obersten Luftraum, Meteor. I 3, 341 a 17ff. (durch Reibung, als ob der transzendente Gestirnraum einen massiven Körper in Aktion setzte und ihn auf die Luft wirken ließe, im Sinn von Ar., De cael. II 7), wohlweislich im Hintergrund.

241,26 (b 1) „in Folge von deren Ausdehnung". Usener wollte *μέγεθος* durch *ἐγγύθεν* ersetzen. Aber von der den irdischen Verhältnissen gegenüber überragenden Größe der Gestirne und ihrer Abstände leitet Ar. seinen kosmologischen Aufriß ab, den er Meteor. I 3, 339 b 7. 34ff. darlegt.

241,29 (b 3) „Lichter". Hierüber und über die im folgenden genannten Phänomene s. zu 395 b 3ff. Wenn es sich auch z. T. um meteorische Erscheinungen handeln wird, so lassen sich doch keineswegs die im Altertum beobachteten Meteoritenfälle damit zusammenbringen (so Wilamowitz, Leseb., Erl. II 127f.); für den Autor handelt es sich nach der von Aristoteles zur (nur allzu langen) Herrschaft geführten Lehre bei Kometen und verwandten Erscheinungen um pneumatische Phänomene.

241,32 (b 6) „die Luft . . . dunkel und eisig". In einer Zeit, da die Schulgegensätze immer mehr versteinerten, die *Φυσικά* immer naturferner studiert wurden, war die nicht gerade aufregende Lehrdifferenz hinsichtlich der Konstitution der Luft (feuchtwarm: Ar., De gen. et corr. II 3, 330 b 4; dunkel und kalt: Stoa, s. Chrysipp SVF II p. 141,5ff. Arn.; Sen., Nat. quaest. II 10,1) einer der stehenden Kontroverspunkte der beiden Schulen. Ar. war den Phänomenen viel zu nah, um sich hier starr festzulegen; das Wasserdampfelement der Luft kann er auch als „feucht und kalt" bezeichnen, Meteor. II 4, 360 a 23 (anders 340 b 25; der Unterschied darf nicht mit Ross und Lee wegkorrigiert werden); er hat im Zuge seiner z. T. aporetischen Überlegungen (vgl. meinen Kommentar zu 340 a 26ff.) an verschieden temperierte Schichten der Atmosphäre gedacht. In dem wenig beachteten Meteorologicum De part. an. II 7, 653 a 4ff. wird eindeutig mit einer oberen kalten Luftschicht gerechnet. Hier setzt Theophrast ein, für den arabische Quellen die Konstituierung einer Kaltluftzone erweisen (s. Verf., Philol. 92, 1938, 426), so wie der Traktat De igne lehrt, daß der atmosphärischen Luft ein immanentes 'kaltes' Element zugeschrieben wird, § 26 (vgl. 57 τὸ περιέχον ... ᾖ ψυχρόν). Nimmt man die bündige Feststellung ὁ γὰρ ἀὴρ φύσει μέλας (75) hinzu, dann wird man die allzu bequeme Meinung verabschieden, daß 'dunkel' und 'kalt' mit Sicherheit stoische Abkunft bezeichne, bzw. daß der Autor von De mundo versehentlich (Maguire 166) zur stoischen Physik hin ausgeglitten sei. – Seneca zeigt in exemplarisch klarer Darstellung (Nat. quaest. II 10) die Dreigliederung des Luftreichs, mit der kalten Mittelschicht, in der die Luft, unbeeinflußt durch Wärmestrahlungen von oben und unten, ihre eigentliche Natur behält: natura enim aeris gelida est. Das ist eine einheitliche Konzeption; erst so erklärt sich, wie ein Meteorologe auf eine solche Kaltluftzone verfallen konnte. Es ist mir nicht zweifelhaft, daß der Entwurf als Ganzes auf Theophrast zurückgeht. Er bezieht wie Seneca(§ 3) die von der Sonne stammende „lebenzeugende Wärme in den Lebewesen und Pflanzen" in seine Lehre ein, De igne 5, vgl. 44, und ebenso die bei dem Römer folgenden subterranen Feuer (Nat. quaest. § 4; De igne 1 fin., 3). – Der von P. Steinmetz gegebenen Zusammenfassung der theophrastischen Physik ist durchaus zuzustimmen: „Die Erde samt Wasser und umgebender Luft ist ihrer Natur nach kalt ... Einzige Wärmequelle ist die Sonne", 211.

241,33 (b 6) „von jener Sphäre her". ἐκείνης für Bekkers κινήσεως (so noch Forster 1913), mit Wil.-Wendl., Capelle, Lorimer. In der Anordnung der kosmischen Bereiche (οὐσία, φύσις, δύναμις) bezieht sich ταύτης (b 5) auf die zweite Region (von oben) in ihrem Verhältnis zur dritten, ἐκείνης auf die oberste in ihrem Verhältnis zur zweiten.

241,38 (b 13) „Zusammenschlagen". Wie bei der Feuerregion (a 34ff.) ist auch die Schilderung des Luftreichs auf mächtig-regellose Unruhe gestellt; dem dient ein erlesenes Vokabular (γνόφος, das lyrische δνόφος fortsetzend, Aesch., Cho. 52; Soph., El. 91 ⟨adj.⟩; Eur., Tro. 79; IT 1266; συμπληγάς ⟨adj.⟩ Eur., Med. 1263; IT 355, u. ö.). Wenn Festugière für unleugbar gekonnte hellenistische Ekphraseis, wie sie in De mundo stehen, die Urteile „mittelmäßigste", „platteste Rhetorik" bereithält (499; gemildert 506), so ist damit schwer zu rechten. Man verkennt leicht, daß mancher poetisch anmutende Ausdruck im Wortbestand der griechischen Naturbeschreibung Fachterminus ist; (s. ob. S. 269); so in den Schlußsätzen dieses Kapitels b4 στηρίζεσθαι (auch 395 b 4) von Gestirnphasen Gemin. p. 144,14 Manit. (anerkannt von Festugière, 498, n. 7), b 10 καταράσσειν von einem Fluß in den Alpen Strab. IV c. 205,5. Zu b 6 παγετώδης zeigt Wil. Leseb. Erl. II 128, daß das poetische Wort (Soph., Phil. 1082, lyr.) hier auch auf die größere Dichtigkeit (vgl. πήγνυσθαι) der Luft gegenüber der Feuerregion (a 35 λεπτομερής) zielt. Vor allem aber ist ja unverkennbar, daß der Schlußsatz nicht nur recht exakt die Auswirkungen der warmtrockenen und der feuchten Anathymiase im Luftraum angibt, sondern auch den bis dahin zielbewußt durchgeführten Zentralbegriff ‚Veränderlichkeit' für die sublunare Welt noch einmal energisch in den Vordergrund rückt. Es handelt sich also nicht um unverbindlichen Sprachschmuck.

Kapitel 3

242,2 (b 15) „in Fülle“: *βρύειν* hochdichterisch (Aesch., Ag. 169; Soph., OC 16; Eur., Ba. 107), wie die ganze Naturschilderung, die erste einer Dreiergruppe (ob. S. 265)

242,3 (b 16) „in Windungen“. Lorimer setzt, nur auf eine lat. Übersetzung (wohl des frühen 13. Jh.) gestützt (a terra sorbtis), *ἀναλισκομένοις* für *ἑλιττομένοις* (so auch Wil.-Wendl.) in den Text und muß dazu das einheitlich überlieferte *ἀνὰ γῆν* ändern, Notes 75ff. Gewiß ist der Gegensatz *ἀναλίσκεσθαι* — *ἀνερεύγεσθαι* überzeugender (obwohl der Logik noch besser *ἀνερευγομένοις* ⟨*εὐθύς*⟩ (b 16) diente, woran offenbar Capelle, in der Übersetzung, gedacht hat); aber die ‚sich in der Erde verlierenden‘ Wasserläufe geben ein flaues Bild, das nicht zu der *ποικιλία* stimmt (b 17 *πεποίκιλται*), wie sie dem Naturblick des Autors entspricht (flexus fluminum, b. Sen., De benef. IV 5,3, in ähnlicher Ekphrasis).

242,4 (b 17) „bunt geschmückt“. Das poetische Vokabular des Kapiteleingangs erfährt den herben Spott Festugières (497), der den Ausgangspunkt des Autors damit nicht weniger verfehlt als die ganz anders gestimmte ältere Forschung, die im ‚hymnischen‘ Stil ein sicheres Kriterium für Poseidonios begrüßte. Obwohl der Anonymus die geographische und die meteorologische Fachsprache — wie sich noch zeigen wird — beherrscht, ist ihm doch, im Sinn von Kap. 1, sachliche Belehrung nur ein Weg zur „Schau des Wertvolleren“ (391 a 25), und manchmal sucht er diesen eben vermittelst der Fachterminologie. *πεποίκιλται*: auch der nüchterne Strabon spricht, wo er einmal bei einem Lieblingsthema warm wird (dem Lobpreis der kulturgesättigten Oikumene), von dem „bunten Schmuck“ (*ποίκιλμα*), von dem die Erdkarte voll ist, II c. 120,17; er schaut, mit dem für den Hellenismus typischen ‚Blick von oben‘, auf „Flüsse und Gebirge . . . Festländer und Völkerschaften“. Hier auch „die Menge der übers Meer gestreuten Inseln“; so müssen die *νῆσοι ἐνάλιοι* (b 19) nicht „ridicül“ wirken (Festugière). Das meerumflossene Lemnos, Euböa (Soph., Phil. 1; fr. 255) entspricht, wie bekannt, hohem Stil; schwerlich erschienen dem griechischen Leser die „Inseln in der Salzflut“ als törichter Pleonasmus. Die „Städte“, b 18, als Schmuck des Gesamtbildes auch bei Strabon, a. a. O.

242,9 (b 21) „eine einzige Insel“. In grundsätzlichen Erörterungen seiner Meteorologie, I 3, 339 b 30ff., läßt Ar. den tiefen Eindruck erkennen, den ihm „die neuen mathematischen Nachweisungen “(des Eudoxos) über die Größe und die Abstände der Gestirne gemacht haben; ihnen gegenüber ist das Volumen des Erdkörpers „sozusagen ein Nichts“, 340 a 6. Das Charakteristikum dieses Weltbildes, die Statuierung eines enormen, nicht nur quantitativen, sondern auch wertmäßigen Abstandes zwischen der Erdregion und einer höheren Welt ist, wie bekannt, urplatonisch. Wie dem All gegenüber nur ein Punkt, so ist die bewohnte Landfläche auf dem Erd-Wasser-Körper nur ein bescheidener Partner vieler anderer, unbekannter Festländer: so ergibt es sich aus dem Schlußmythos des Phaidon, ebenfalls ausgelöst von einer neuen wissenschaftlichen Entdeckung, der Lehre von der Kugelgestalt der Erde (s. P. Friedländer, Platon I², 1954, 260ff., wo die mythischen und die physikalischen Elemente der Sokratesrede feinsinnig geschieden werden). Im Phaidon spielt der Gedanke von weiteren, uns unbekannten Festländern mit eigenen Binnenmeeren nur am Rande eine Rolle (109B); weit deutlicher wird die Oikumene-Insel am Anfang des Timaios, 24Eff. (Friedländer 272ff.). Neben Atlantis wird hier von anderen in der Urzeit erreichbaren Inseln gesprochen, und ebenso tritt die Inselnatur unserer kleinen, vertrauten Welt hervor; wenn dieser gegenüber ein „wahres Festland", ein „wahres Meer" wertmäßig abgehoben wird (25A), dann ist dies eben die Stimmung, die der Autor De mundo mit seiner Geste gegen die der wahren terrestrischen Verhältnisse Unkundigen vermitteln will („der gemeine Verstand ... ohne Ahnung"). Seine Art, das Motiv zu verwenden, ist also dessen Ursprung näher, als es bei Versuchen der Fall ist, den einprägsamen Insel-Gedanken zum Erweis der Nichtigkeit irdischen Ruhmes zu nutzen, Cic. Somn. 21f.; Kaiser Marcus 3,10; 6,36. Innerhalb der Erdkugelgeographie erscheint er wieder – außer dem noch zu besprechenden Chrysippreferat – bei Strabon, II 5,5: „unsere bewohnte Erde, festgegründet wie sie ist, wird vom Meer umspült und gleicht einer Insel", p. 226, 12Sb. (zur Begründung des letzteren vgl. I 1,8); übrigens deutet der Geograph bei Wege die Möglichkeit an, daß in der gemäßigten Zone noch eine oder mehrere Erdinseln liegen könnten, I 4,6. – Beste Zusammenfassung zur Geschichte der Oikumene bei F. Gisinger, RE XVII 2, 1937, s. v. Oikumene, Sp. 2123ff.

242,10 (b 23) „liegen ... gegenüber". In *ἀντίπορθμος* schwebt das Bild einer Meerenge vor, deren jenseitiges Ufer in diesem Fall aber in weiter Ferne liegt (*ἄπωθεν*), Festugière 464, n. 1 Das technische Wort ist *ἀντιπαρήκειν*, unten 393 a 31; Strab. II 5, 28 Sb. (Britanniens Küste der gallischen parallel).

242,13 (b 26) „Verhältnis". Mit der Proportion 'Oikumene: Atlantisches Meer = Atlantisches Meer: Meer als Ganzes' ist der zentrale Sinn jener Phaidon-Stelle 109 C–110A getroffen, wo H. Fränkel die zugrunde liegende heraklitische, von Platon aufgenommene Denkform dargelegt hat (jetzt in: Wege und Formen frühgriechischen Denkens, 1955, 280ff., bes. 281, Anm. 4).

242,16 (b 29) „umrauscht": *περικλύζεσθαι* braucht nicht auf den Index der „enjolivements" (Festugière) des Anonymus gesetzt zu werden; es ist bei Strabon ein nüchternes Fachwort, z. B. I 1,3, II 5,5; 5,20 (p. 249, 24 Sb.); in gleichem Sinn schon Thuk. VI 3,2 (Land von Wasser umspült).

242,17 (b 30) „die Oberfläche". Die Elementarordnung Erde Wasser Feuer Luft mit der Tatsache zu arrangieren, daß faktisch der Erdkörper das Meer überragt, gehört zu den klassischen Zetemata der antiken Naturlehre; noch Dante hat, in dieser Tradition stehend, eine Quaestio de aqua et terra verfaßt (um am Ende das Geheimnis der eccentricitas der Erdregion demütig Gott zu überlassen). Damit stand das durch die Erdkugelhypothese angeregte Problem in Verbindung, das mit der These von Zweiflern bezeichnet sei *μὴ δύνασθαι τὴν γῆν σφαιρικὴν εἶναι διά τε τὰς τῆς θαλάττης κοιλώματα καὶ τὰς τῶν ὀρῶν ἐξοχάς* (Kleom. I 10). Bemerkte Aristoteles nebenbei, daß eine Luftschicht die Erdkugel zur Vollkugel ergänzt (Meteor. I 3, 340 b 34ff.), so stellte Eratosthenes, nach Dikaiarch (fr. 105 W.), fest, daß die Unebenheiten der Erdoberfläche aufs Ganze gesehen unerheblich (Simplik., in Ar., De cael. II 14) seien. Auch Poseidonios, mit Polybios diskutierend, griff ein; die Höhen der Landfeste stören die Erdkugelgestalt nicht (b. Strab. II 3, p. 19 8, 4ff. Sb.). Das Motiv der 'Klippen' (De mundo b 30) hat also mit ihm nichts zu tun. So weit richtig Reinhardt 1921, 63, Anm. 1, der aber Ps. Ar. s Klippen nicht mit dem Topos von der Nichtigkeit des menschlichen Ruhms (vgl. Cic. Somn. 20, wo *σπίλοι* irrtümlich mit maculae übersetzt sind) zusammenbringen durfte. Auch Seneca sucht das Hinausragen der Erde über die Wassersphäre als geringfügig zu erweisen; doch liegt die teleologische Absicht, in der dies geschieht, unserem Autor ganz fern (s. Sen., Nat. quaest. III 28. 4f.; De prov. 1,2). Plutarch läßt in der Schrift Über das Mondgesicht gut erkennen, wie zwei Motive, die in De mundo am Eingang des Kapitels aufeinanderfolgen, innerlich zusammengehören: hier (938 D) wird der Charakter des wenigen Fruchtlands auf der Erdkugel (*γόνιμον ζῴων καὶ φυτῶν*, vgl. De mundo 392 b 15) eben mit der Klippennatur gleichgesetzt (*ἄκροις τισὶν ἢ χερρονήσοις ἀνέχουσιν ἐκ βυθοῦ.*) — Es sind also bestimmte kosmologische Implikationen gemeint, wenn der Anonymus, sehr überlegt, bemerkt, daß das Wasser auf der Erdkugel „die Oberfläche bildet" (*ἐπιπολάζουσα*) und „unmittelbarer Nachbar" des Luftelements genannt werden kann (b 31f.). So erscheint es dem Auge; wir erfahren sogleich, daß der spekulative Philosoph es anders sieht.

242,19 (b 32) „vor allem des Luftelements". *μάλιστα*: man kann weit eher sagen, daß das Wasser an die Luft grenzt als die Erde, weil letztere nur in unbedeutenden 'Klippen' in die Luft ragt, während ihre Hauptmasse unter dem Meer in der Tiefe ruht. Vgl. Ar., Pol. VIII 4, 1338 b 15 (*μάλιστα*) „gerade, besonders auf diese *ἕξις* hinblickend". Festugière bezieht *μάλιστα* auf *ἑξῆς*, unglaubhaft; das in *ἐπιπολάζουσα* (b 30) liegende kosmologische Problem war ihm entgangen.

242,22 (b 35) „im Weltall Unten". Nachdrücklich wird der Anschein abgewiesen, daß das Meer tiefer liege als das Land, indem die Begriffe „ruhende Weltmitte", „Erde", „Unten" konzentriert werden (nach bekannter arist. Lehre, z. B. Phys. IV 4, 212 a 21ff.; De cael. IV 1, 308 a 14ff.; Meteor. II 7, 365 a 26ff.); *τοῦτο* (b 34) geht gerade nicht, wie Forster meint, auf den Erd-Wasser-Körper, sondern auf das nicht empirisch vorliegende, aber elementartheoretisch postulierte *μεσαίτατον* (b 33), die Erde allein. — Der hier zu Ende geführte Kosmosaufriß ist seit langem mit einem bei Stobaios I 21,5 (= Doxogr. Gr. 465f.) erhaltenen Referat aus Areios Didymos (fr. 31 Diels) verglichen worden (s. o. zu 392 a 23). Hier braucht die Zuschreibung an Chrysipp nicht unbedingt auf etwas anderes als stoische Physik zu deuten. Die Hypothese, daß Areios aus Poseidonios' Meteorologie exzerpiert, aber den Namen des in der Vorlage zitierten Altstoikers stehen gelassen habe (Zeller-Diels), hat nichts für sich und die entscheidende Tatsache, daß in dem Referat (wie in De mundo) die Planeten 'pythagoreisch' geordnet sind (s. ob. zu 392 a 23), gegen sich. Überdies macht das Fragment ganz den Eindruck, daß Areios eine philosophiehistorische Schrift vor sich hatte (Maguire denkt an Antiochos, 122f.). Ähnlichkeiten und Abweichungen gegenüber De mundo möge ein kurzer Überblick über das Exzerpt vergegenwärtigen. Der Gedanke, der es gliedert, liegt klar zutage. Von der Erde als der Grundfeste des Alls (*ὑπέρεισμα*) geht es in dem Sinn aufwärts, daß die Verbundenheit der Elemente jeweils an ihrer Berührungsfläche deutlich wird: a) die

Ungleichmäßigkeit der Erdoberfläche (ἐξοχαί, ἀνώμαλοι) wird durch den Meeresspiegel ausgeglichen (ὁμαλωτέραν τὴν χύσιν (Usener, ἰσχύν codd.) διειληχός; hier hat die traditionelle 'Oikumene-Insel' ihren Platz. b) Die Anordnung der Luft nach der Wassersphäre (ἐξῆφθαι) wird physikalisch begründet; die Luft ist sozusagen eine Ausdünstung des Wassers. c) Die Abfolge von Erde (πυκνότατον) Wasser Luft (= ἀτμίς) dient dem Erweis der nach oben zunehmenden Feinteiligkeit der Stoicheia; so ist denn die anschließende Ätherregion „das Feinste und Dünnste". Der Autor betrachtet die ätherische Gestirnregion und gelangt, die Planeten untereinander anordnend und die Verbundenheit der Mondsphäre mit der Luft betonend, wieder zur Erde zurück, dem Allmittelpunkt, ὃ δὴ τοῦ παντός ἐστι κάτω (466, 16 D.). Es sind also, wie in De mundo, Anfangs- und Endpunkt der Übersicht identisch (vgl. 391 b 12; 392 b 32); ersichtlich ist außerdem, daß beide Texte zu Beginn um eine klare Scheidung des Oben und des Unten, des Kreisenden und des Ruhenden im Kosmos bemüht sind. Der Duktus im ganzen scheint hier wie dort der gleiche, und die wörtlichen Berührungen drängten sich bei jedem Vergleich, seit Krisches 'Theologischen Forschungen' (1840), auf: das Insel-Motiv, der Hinweis auf die 'Ahnungslosigkeit' (ἄγνοια auch De mundo 392 b 21), die in der Bezeichnung „Festländer" für Teile der Oikumene liegt, die Unzählbarkeit der Fixsterne (466,6 – De mundo 392 a 17). Der Fall scheint so klar, daß nur noch die übliche quellenkritische Frage zu stellen wäre, ob Ps.-Ar. sich des Areios bedient hat oder ob eine gemeinsame Quelle anzusetzen sei. Aber die Frage, wie sich denn überhaupt die Kosmosauffassung des Anonymus zu dem stoischen Referat stelle, hat doch wohl das Vorrecht. Sie scheint von Maguire (122f.) nicht unbefangen gestellt zu sein, wenn seine Antwort (123) lautet, der Aristotelismus des Autors beschränke sich in Kap. 2 auf einige beflissene Gesten. Tatsächlich aber hat dieser zu Beginn von den gängigen hellenistischen Kosmosdefinitionen die stoisch-pantheistische (bei Areios fr. 31, p. 465, 16 Diels) ausgeschaltet; dafür werden fortan geschickt, schon mit fast monoton wirkender Eindringlichkeit alle Momente zusammengetragen, die den Gegensatz von bewegtem Himmel und ruhender Erde als Gegensatz von Ewigem und Vergänglichem (wenn schon dabei sich ewig Wiederholendem) erscheinen lassen. Dem gibt der Anonymus in der Mitte der ganzen, bis c. 3, 393 a 8 reichenden Partie Ausdruck (nach der Planetenaufzählung, ab 392 a 31), stellt aber auch den Gesamtrahmen darauf ab („Götterhaus", 391 b 15, am Ende, mit der Antithese der „Eintagsmenschen", wiederholt, 393 a 5). Alles läuft auf die antistoische Weltewigkeitslehre hinaus, gerade auch das gegenüber Areios überschießende Detail (so gleich am Anfang die Weltachse, zu der in der ps.-arist. Darstellung das ἐνδελεχῶς κινεῖσθαι gehört, 391 b 20, während bei den in der Forschung immer wieder zitierten Parallelen der Aratscholien (Anon. II, p. 127,14 Maaß) und bei Hygin, De astr. 13 von Weltewigkeit nicht die Rede ist). Wie stark vor allem die arist. Ätherhypothese heraustritt, hat sich zu 392 a 5 ergeben. Deswegen ist freilich die Kosmologie in De mundo keineswegs völlig originaler Aristoteles. Das inständige Bemühen des Meisters, den Ersten Körper (= 'Äther' in De mundo) trotz seines überirdischen Charakters mit Erde Wasser Feuer Luft vermittels teiner neuen Kinetik (vertikale ~ Kreisbewegung) in einen systematischen Zusammenhang zu bringen (vgl. F. Solmsen, 1960, 294), ist dem Pseud-Epigraphon fremd; hier kommt es zunächst auf die Betonung eines schroffen Dualismus an – ohne daß doch dies des Autors letztes Wort wäre. Für die wenig relevante literarhistorische Frage, die oft an das

Fragment gestellt wurde, bietet sich die Annahme, daß Ps.-Ar. eben den Areios-Text bearbeitet hat – und zwar so überlegt wie energisch – als mindestens so wahrscheinlich an wie die Hypothese einer gemeinsamen Quelle.

242,23 (393 a 1) „sphärisch gelagert". Der Autor, mit seinem Sinn für abrundende Zusammenfassung, greift auf den Einleitungssatz von Kap. 2 zurück (*περιέχεσθαι*: 391 b 10; 393 a 1), er will aber wohl auch an die konzentrische Lagerung der sieben Planetensphären erinnern (392 a 21 *ἐν ἀλλήλοις περιέχεσθαι*) und auf die 'Homologie' der verschiedenen Elemente (396 b 34) vorausweisen.

242,31 (a 9) „Inseln". Den von Menschen bewohnten Teil des Erd-Wasser-Körpers pflegt der griechische Geograph vom Weltmeer her in den Blick zu nehmen; worauf unser Autor auch sogleich einbiegt, a 16. Aber zunächst benutzt er das soeben genannte Stichwort und zählt die größeren Mittelmeerinseln auf, geht also bei seiner Übersicht von innen nach außen; die Behandlung des Meeres schließt an, die der Erdteilfrage beendet das Kapitel. – Die sprichwörtlichen Sieben Inseln (*τὰς λεγομένας ἑπτά* Ps.-Ar., Mir. 88) weist Lorimer (Notes 79f.) zuerst bei dem Komiker Alexis nach (II 396 Kock); zugleich erweist er die bei Stob., Apul. und der syr. Übersetzung vorliegende Substituierung der Peloponnesos für Euboia als Interpolation.

242,38 (a 16) „das Meer". Die Geographie in De mundo ist wohl der am geringsten geschätzte Teil des Traktats; das Exzerpt aus einem Handbuch schien klar zutage zu liegen, und selbst die überzeugtesten Vertreter der Poseidonioshypothese mußten zugeben, daß hier nichts speziell auf den großen Jungstoiker deute (Capelle 540 oben); vielmehr erscheint überhaupt kein eigentlich stoisches Charakteristikum (Maguire 127). Doch ist die Partie 393 a 16–394 a 6 deswegen kaum ohne Interesse. Vielleicht kann gerade an einer solchen elementaren Darlegung, wo Schulwissen wiedergegeben werden muß, deutlich werden, daß der Autor eine bestimmte Orginalität – die nämlich, die seinem Gesamtprogramm entspricht – keineswegs vermissen läßt. Eine sachdienliche Partie Strabons, die für den ganzen Zusammenhang in De mundo verglichen werden muß, beginnt mit dem vielzitierten Wort „besonders aber macht das Meer zeichnerisch das Land deutlich (*γεωγραφεῖ*) und gibt ihm Gestalt (*σχηματίζει*)", II 5, 17 Sb., indem es Buchten (*κόλποι*), Einzelmeere (*πελάγη*), Meer- und Landengen (*ἰσθμοί, χερρόνησοι*) bildet. Das ist der wissenschaftliche Gesichtspunkt zumindest seit Eratosthenes geblieben (verwunderlich, daß Capelle 539 in De mundo, wo ebenso verfahren wird, die „sehr ungeschickt reproduzierten Rudimente eines Periplus" vor sich sah). – „Okeanos": die Bedeutungsgeschichte musterhaft aufgearbeitet von F. Gisinger, RE XVIII 2, 1937, s. v. Okeanos, Sp. 2320ff., mit gebührender Hervorhebung der durch die Erdkugellehre herbeigeführten Wendung des Problems (zu Platons Stellung hierbei s. o. zu 392 b 21; seine halbmythische Konzeption eines das Meer in äußerster Ferne umgebenden „Wahren Festlands" hatte begreiflicherweise in der geographischen Wissenschaft keine Folge). Nach Pytheas' Reisebericht und besonders seit Eratosthenes' Karte hat sich die Auffassung des Okeanos als des die Oikumene umfassenden Weltmeers überall durchgesetzt (für Poseidonios s. fr. 28, § 2 FGrHist), während sich Aristoteles in der Ozeanfrage noch recht reserviert verhalten hatte (Stellen bei Gisinger, a. a. O., 2327f.). – Manilius bietet im IV. Buch eine fesselnde Periegese der bewohnten Erde, 586–657;

man glaubte die Verse dem Kapitel De mundo 2 besonders nahe und schloß von beiden Autoren auf Poseidonios zurück, obschon der Duktus im ganzen und viele Einzelheiten der ps.-arist. Skizze fernstehen.

242,39 (a 17) „im Westen". Er ist, als die Richtung, in der ja die Hellenen des 'Weltmeeres' erstmals gewahr wurden, der gegebene Ausgangspunkt für eine Übersicht über das „Innere Meer" (vgl. b 12, 19), gefaßt als Ausbuchtung des Atlantischen (letztere Bezeichnung übrigens nicht im echten arist. Corpus, doch s. Theophr., De vent. 41). Die Bezeichnung des ganzen Äußeren Meeres (a 16) rund um die Oikumene als 'atlantisch' führt Gisinger, a. a. O., Sp. 2331, auf Eratosthenes zurück

243,2 (a 20) „Hafen". Ein Platonzitat, Tim. 25 A 3 (Gisinger, a. a. O., Sp. 2326); diese Stelle schwebte bereits bei der Wendung „in einer schmalen Wasserstraße", a 18, vor (*στενόν τινα ἔχων εἴσπλουν*, Plat., zufällig wörtlich bei Strab. II 5, 18, p. 245, 21).

243,3 (a 20) „ergießt sich": neben *ἐπιπλατυνόμενος* nicht tautologisch; *ἀναχεῖσθα* geht auf das Eindringen des Meeres ins Land (Strab. II 5,18, p. 245,10. 254,6 156,13), also die Bildung der Buchten, die es – mit Wechsel des Gesichtspunktes gesagt – gleichzeitig „umfaßt". Die Personifizierung des Meeres, wie es seine vielgestaltige Küstenlinie bildet, entspricht geographischem Usus; so die bekannte Wendung „für den, der . . . hereinfährt" a 24 (*εἰσπλέοντι*: Hdt. VI 33; Strab. II 5, 19. 26) und im wesentlichen auch das Vokabular; des Verfassers eigene Art, einen Begriff wie 'Bucht' zu umspielen, zu variieren, wird man daneben nicht verkennen (neben *ἐγκολποῦσθαι* – unüblich gegenüber *ἐγκολπίζειν* – steht das Rarissimum *ἀποκολποῦσθαι*; vgl. noch *κόλπον διανοίγειν* b 3; ähnlich das geläufige *πλατύνεσθαι* „sich erweitern" variiert durch *ἐπιπλατύνεσθαι* a 20, *ἀνευρύνεσθαι* b 6).

243,5 (a 22) „Meeresstraße". Ebenso kann *αὐχήν*, „Nacken" („schmale Verbindung zwischen zwei größeren Gebilden") auch eine Landbrücke bezeichnen (Sinope auf dem *αὐχήν* einer Halbinsel gelegen, Strab. XII 3,11), vgl. *ἐν πιτυώδει δείρᾳ* für den Korinthischen Isthmos, Bakchyl. 12, 40; die Doppelbedeutung schon bei Herodot, I 72; vgl. IV 85.

243,5 (a 22) „einmündend" – „opening into other seas", ergänzt Forster; präziser: die Wasserstraße ist eben der schmale Ausgang, *στόμα*, der in die nächste Bucht führt. Als Beispiel kann die Meerenge zwischen dem Tyrrhenischen und dem Sizilischen Meer dienen.

243,8 (a 25) „Syrten". Strab. II 5,33 (p. 264, 12ff.) sieht die Küste von Alexandria bis zu den Säulen als eine im wesentlichen gerade, nur von den S. unterbrochene Linie (als Große und Kleine S. erstmals bei Polyb. III 39,2 klar unterschieden); so auch die Anschauung in De mundo.

243,10 (a 27) „das keltische": das Meer bei Massalia und Narbon Strab. IV 1,1 (wogegen mit *Γαλατικὸς κόλπος*, b 9, die Bucht von Biskaya gemeint ist).

243,13f. (a 30) „das pamphylische – myrtoische Meer": ersteres die Bucht an der kleinasiatischen Südküste mit den zwei Hauptorten Attalia und Side, letzteres

„zwischen Kreta und dem argivischen und attischen Land gelegen", Strab. II 5,21 (p. 251,6); im einzelnen schwanken die antiken Umfangsangaben.

243,19 (b 3f.) „Indischer – Persischer Golf" – „Rotes Meer". Hinsichtlich der Randgebiete der Erdinsel ist der Autor wortkarg und undeutlich, wie besonders hier. Die enge Verbindung (*Ἰνδικόν τε καὶ Περσικόν*) legt nahe, daß mit dem „Indischen Golf" der zum arabisch-indischen Meerbusen sich öffnende Golf von Oman gemeint ist (die Enge von Ormus, *Ἁρμόζεια* s. Arrian. Indik. 33,2); dies entspricht der a 21 vorgestellten Situation: „große, miteinander in Verbindung stehende Buchten." An das Indische Meer (wohl schon von Eratosthenes im äußersten Südosten lokalisiert, Gisinger, RE s. v. Okeanos, 2343) ist natürlich nicht zu denken, m. E. auch nicht (mit Forster) an die weit jenseits der Indusmündung gelegenen Buchten von Katsch oder von Cambay. Die beiden Golfe gelten als Ausweitungen der *Ἐρυθρὰ θάλασσα*, des großen Südmeers (in die weitverzweigte Überlieferung hat soweit als möglich Gisinger Sp. 2341ff. Ordnung gebracht). Der noch weiter südlich strömende Ozean „umschließt" (*διειληφώς*, b 4, so mit Forster übersetzt) dies Meer und damit – so war a 21 *περιλαμβάνων* gemeint – jene zwei Buchten. Unser 'Rotes Meer' zwischen Suez und Aden findet sich hier also nicht. Vgl. zu b 15.

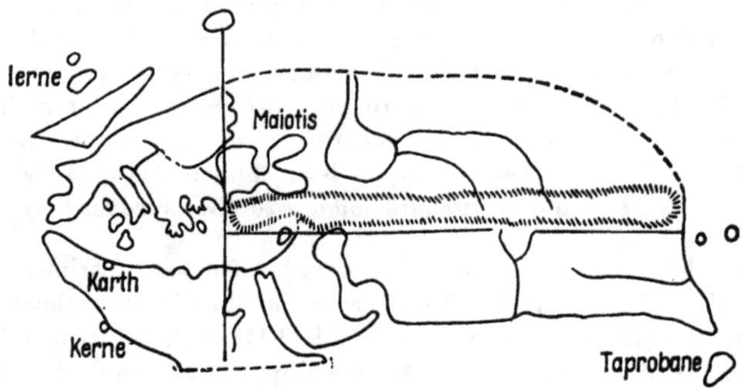

Abb. 6 Das Erdbild des Eratosthenes
(nach Berger [2]1903, 400)

243,21 (b 5) „Landvorsprung": Für diese Bedeutung von *κέρας* spricht sich Lorimer aus (Notes 80,3), der auch *κατὰ στενὸν διήκων* gegen die indirekte Überlieferung sicherte. „schmal – lang": zur Gestalt dieser fiktiven Wasserstraße vgl. Strab. XI c. 107 (nach Eratosthenes).

243,23 (b 6) „Hyrkanien – Kaspien". Diesen Landschaftsnamen entsprechen die beiden im Altertum häufigsten Bezeichnungen für den größten Binnensee der Erde, die oft nebeneinander vorkommen (z. B. Diod. XVII 75,3; Strab. XI 1,7; Arrian., Anab. VII 16,2; Plut., Alex. 44); daß es sich um ein Gewässer handelt, hatte der Alexanderzug sichergestellt (anders noch, wie es scheint, Ar., Meteor. II 1, 354 a 3). Wenn unser Autor hier das Kaspische Meer für einen Busen des äußeren Ozeans hält, macht er den verhängnisvollen Rückschritt mit, den die berühmte Küstenfahrt (zw. 285 und 282) des seleukidischen Admirals Patrokles zur Folge gehabt hatte. Dessen Anschauung, dies Meer sei eine Ausbuchtung des Weltmeeres, schlug sich in der Erdkarte des Eratosthenes nieder und wurde die herrschende Theorie (s. Herrmann, s. v. Kaspisches Meer, RE X 2, 1919, Sp. 2278ff.). Den Binnenseecharakter hatte bereits Herodot (gegen Hekataios) behauptet.

243,24 (b 7) „nördlich des Mäotissumpfes". Auf der eratosthenischen Karte (s. die Abb.) nähert sich die Mäotis (das Asowsche Meer) stark dem nördlichen Weltmeer. Man hatte im Altertum von der Größe dieses Binnensees ganz übertriebene Vorstellungen, s. Hdt. IV 86; Strab. II 5,23 (p. 253,16); Ptolem. Geogr. III 4,2. 14.

243,28 (b 11ff.) „zwei sehr große Inseln". Nähere Kenntnis von Britannia (*'Αλβίων*) und Irland/Hibernia (*'Ιέρνη*) lag seit Pytheas von Massilia vor, einem der vielen jahrhundertelang unbedankt Gebliebenen aus der Reihe der großen Entdecker (die Zeugnisse zuletzt gesammelt von H. J. Mette, Bln. 1952). Die Größenbezeichnung durch Vergleich bei geographischen Daten entspricht durchgehendem Brauch (viele Beispiele bei Lorimer, Notes 37ff.). Der Nordsüderstreckung Großbritanniens gab Pytheas in gewaltiger Überschätzung 20000 Stadien (Strab. I 4,3, p. 131,7)., fast 4000 km. Irland galt allgemein für etwas kleiner; am besten ließ sich Caesar informieren. Bell. G. V 13: dimidio minor, ut existimatur, quam Britannia (doch immer noch zu viel).

243,31 (b 14) „nicht kleiner ... Taprobane". Das *οὐκ* bieten nur der Paris. Z (s. XV) und die Aldina von 1497; Lorimer (an der zuletzt zitierten Stelle) rechtfertigt es mit einem besonders eindrucksvollen Beweis seiner umsichtigen Gelehrsamkeit (unter seinen Testimonien interessiert wegen der Nähe zu De mundo Strab. II 5, p. 263,12: *νῆσος οὐκ ἐλάττων τῆς Βρεττανικῆς ἡ T.*). Die Inselnatur vonT aprobane/Ceylon war seit der Fahrt des Nearchos und Onesikritos (s. Strab. XV 1,14f.) glaubhaft geworden, obschon Hipparch, gegen Eratosthenes argumentierend (bei Pompon. Mel. III 7,7, s. Berger^2, 462), in T. das Stück eines riesigen unbekannten Erdteils sah; die Größe überschätzte man allgemein bei weitem. — „schräg zur bewohnten Erde gelegen": die Oikumene ist hier „der das Mittelmeer umfangende Festlandsring", J. Partsch, in: Die Grenzen der Menschheit I, Sitz.-Ber. Leipzig, 1916, 25, Anm. 1).

243,32 (b 15) „Phebol". Die geheimnisvolle große Insel ist fiktiv; wenn Capelle an eine „dunkle Kunde von Madagaskar" denkt (535, Anm. 5), so streitet dies mit der Lokalisierung im Arabischen Golf, d. h. dem Roten Meer unserer Karten (die damit den wohl ursprünglichen, von Ptolemaios wiederholten Namen bieten), das in spät-hellenistischer Zeit recht gut bekannt war. Lorimer, Notes 37, n. 1, nimmt eine These Müllenhoffs auf: die Insel im abessinischen Tana-See (*Ψεβώ*, Strab. XVII 2,3) sei, magnified out of all recognition, in den Indischen Ozean versetzt worden. Aber von dem großen Südmeer ist hier ja eben nicht die Rede.

243,36 (b 18ff.) „Breite ... Länge". Diese Angaben haben zu einer bemerkenswerten Niederlage der Vertreter der Poseidonios-Hypothese geführt. „Rund 70000 Stadien" gibt Strabon als den poseidonianischen Ansatz für die Länge der Oikumene, II 3,6 fin.; so schien die Frage nach den „guten Geographen" gelöst, für Zeller, v. Wilamowitz, Capelle, "very probable" auch für Lorimer (41, n. 1), der aber sorgfältig genug war, darauf hinzuweisen, daß Ps.-Ar. ja die Breite der Oikumene auf jene ungenannten Autoritäten zurückführt (für diese Dimension haben wir keine Angabe über die Lehre des Stoikers), und daß Plin., Nat. hist. II 112 (vgl. Beaujeŭ z. St.) die Längenerstreckung nach Artemidoros auf 71560 Stadien beziffert. Damit kommt man in vorposidonianische Zeit; man kommt, mit Maguire 127, n. 35, bis zu Hipparch zurück, s. Strab. II 6 (p. 227,4ff.). – Zum bisherigen Gedankengang des 3. Kapitels (von 393 a 9 an): während Strabon in seiner Übersicht nach klarer, der Sache entnommener Systematik verfährt (gesamte Oikumene p. 220,6ff., Meere und Inseln 245,5ff., die drei Erdteile p. 256,3ff., das Gradnetz p. 267,3ff.), hält unser Autor an dem Gegensatz 'außen' – 'innen' fest (vgl. a 17), der vom Kapitelanfang stammt. Die Abfolge Oikumene-Insel–Inseln 'außen' und 'innen' wird am Schluß chiastisch wiedetholt (b 11–18). Die Tradition, bei den Heraklessäulen zu beginnen und dort aufzuhören (sie liegt ja auch Strabons 17 Büchern zugrunde), wird also, auf knappstem Raum, in untypischer Weise befolgt. Die Periegese, a 16–b 11, eine elementare Einführung in das Kartenstudium, ist ganz auf *ποικιλία* gestellt. Der Leser wird auf die Vielgestalt der Küstenlinien, den Wechsel von Verengung und Erweiterung des Meeresraumes geführt; quer schiebt sich das Sizilische Meer herein, frontal drängt der reichgegliederte Pontus entgegen (a 28, 31); eine Fülle von Namen wird ausgebreitet, vermischt große und kleinere Objekte bezeichnend (Strabon stellt die vier 'klassischen' Okeanosbuchten voran, Kaspimeer, Persischer, Arabischer Golf, Mittelmeer; hierzu jetzt die instruktive Karte in der Ausgabe von Aly-Kirsten-Lapp I, 1968). – Übrigens erscheint in der Wendung *γεωγραφήσαντες* b 20 Geographie im ursprünglichen Sinn des Terminus als Kartographie. Dieser Ursprung dürfte bei Eratosthenes liegen (F. Gisinger, s. v. Geographie, RE Suppl. IV, 1924, Sp. 523), der darum auch Anaximander als den „ersten Geographen" bezeichnen konnte (bei Strab. I 1, p. 11,17). Für die alte, reichentwickelte beschreibende Länder- und Völkerkunde liegt erstmals bei Polybios (34,1. 5) der Ausdruck *χωρογραφία* vor. Den Namen *γεωγραφία* dieser universalen Auffassung seiner Wissenschaft dienstbar zu machen, war das Anliegen Strabons, der damit schon im Titel seines Werkes gegen des Eratosthenes *Γεωγραφικά* (= Kartenwerk mit Kommentar) protestierte.

243,38 (b 21) „eingeteilt". Der Dreiteilung der bewohnten Welt ging eine Zweiteilung voraus und lange Zeit zur Seite (z. B. Soph.,, Trach. 101). Die Teilung in Europa Asien Libyen – von Herodot innerhalb der ausführlichen Diskussion II 15ff. den Joniern, wohl Hekataios, zugeschrieben – wurde die herrschende, seit Eudoxos auch im Rahmen der Erdkugelgeographie; *τὴν οὖσαν διαίρεσιν* nennt sie Strab. II 3, p. 207,6 (⟨*νῦν*⟩ *οὖσαν* Aly). Die wissenschaftliche Erdmessung legte natürlich eine Bestimmung der Oikumene-Regionen und ihrer Völkerschaften durch die Längen- und Breitengrade nahe. Poseidonios hat dies vorgeschlagen, aber nach dem Bericht Strabons (an der eben zit. Stelle) praktisch sich doch der Vulgata angeschlossen.

244,1 (b 23ff.) „Grenzen". Eratosthenes überblickte „viel Diskussion über die Erdteilfrage", wie Strab. I 4, p. 135,8 erzählt; er gibt auch die beiden üblichen Begrenzungsweisen, durch Flüsse oder durch Landengen, an. Wenn als Grenzflüsse (zwischen Asien/Libyen bzw. Europa/Asien) der Nil und der ins Schwarze Meer mündende Kaukasusstrom Phasis – den später der noch nördlichere Tanais-Don als Grenze verdrängte – wohl schon auf Anaximanders Erdkarte zu finden waren, so hängt dies, nach plausibler Vermutung, mit ihrer früh behaupteten Herkunft aus dem Okeanos zusammen (anders allerdings Berger[2] 93f.). Trotz der prinzipiellen Unzulänglichkeit von Flußgrenzen galt diese Rolle des Tanais noch zu Alexanders Zeit als völlig ausgemacht (Strab. XI 7,4), so wie für die West-Ost-Erstreckung der bewohnten Erde die Wendung 'von den Säulen bis zum Phasis' geläufig blieb (Plat. Phaed. 109B). In De mundo wird diese ältere Markierungsweise nur noch nebenbei erwähnt (*τινές*, b 25. 30. 32). Hier steht die Begrenzung nach Landengen im Vordergrund (schwer zu datieren; schon auf den alten jonischen Karten? Bergers Vermutung, 96f., der jedenfalls richtig erkennt, daß die These, die Enge zwischen Schwarzem und Kaspischem Meer stelle die nordöstliche Grenze zwischen Europa und Asien dar ⟨b 27⟩, dem Glauben an des letzteren ozeanischen Ursprung entspreche). Die zweite klassisch gewordene Marke ist die Landenge von Suez (b 28f.) als Grenze zwischen Asien und Afrika. – Beim Begriff 'Isthmos' muß man sich vergegenwärtigen, daß der antike Geograph ihn in weiterem Sinn braucht als heute üblich; die Landmasse z. B. zwischen der äußeren und inneren Galatischen Bucht (Biarritz–Perpignan) bzw. zwischen Tarent und Pästum, oder die Nord-Süd-Erstrekkung zwischen Issos und dem Schwarzen Meer bei Amisos galten ihm als 'Landengen' (Strab. IV 1,14; vgl. V 1,3; Ps.-Skymn. 961 Diller).

244,13 (394 a 1) „Ägypten". Der Streit darüber, ob es Asien oder Libyen zuzuteilen sei, ist alt; das Prinzip der Flußgrenze, auf das Nilland angewandt, zerstörte ja seine Geschlossenheit. Es war konsequent, daß manche das Nilland als vierten Erdteil rechneten (so noch Timosthenes, nach den Berner Lucanscholien zu IX 411). Aber das Thema, über das Herodot noch lebhaft polemisiert (II 16), findet bei Strabon nur noch mäßiges Interesse, I 2, p. 64,9; gerade in Ägypten lag der Vorteil des Landengen-Prinzips zutage.

244,15 (a 3) „die Inseln". Mit Inseln, Festländern und Meer hatte die Darstellung begonnen, 392 b 20ff., ebenso geht sie zu Ende. Dabei lenkt der Autor von der Oikumene, von „Land und Meer" (a 4) geschickt zur Erde als physikalischer Größe über; sie stellt im folgenden Kapitel den Ansatzpunkt der Meteorologie dar.

Kapitel 4

244,21 (a 7) „auf der Erde und um sie herum". Die Phänomene, die behandelt werden sollen, waren am Schluß des 2. Kap. bereits von oben her, im Abstieg von der Gestirnsphäre, kurz überschaut worden (392 b 8–13); jetzt tritt der Autor sozusagen von unten her an die Geschehnisse der Atmosphäre heran (bis 395 b 17), die der hellenistische Fachausdruck *τὸ περιέχον* nennt. Das Wort steht so nicht bei Aristoteles (dem *π.* als „Umgebung", „Umhüllung" vertraut ist; *ἐν τῷ περιέχοντι ἀέρι καὶ ὕδατι* vielleicht nicht zufällig in dem fragwürdigen 4. Meteor.-Buch, 379 a 28, vgl. a 18); aber den irdischen Standpunkt für die Betrachtung der Meteora hat doch recht eigentlich er gewonnen, im Dienst einer durchaus geozentrischen Physik, die den kosmologischen Entwürfen der Vorsokratiker gegenüber freilich als Rückschritt erscheinen mag. Die Erde sendet ihre mächtigen Wirkungen (*ἀναθυμιάσεις*, a 9) nach oben, bis an die Grenzen zur Gestirnregion, aber nicht in diese hinein; die entscheidende Trennungslinie, auch zwischen dem Peripatos und der Stoa (nach stoischer, Vorsokratisches erneuernder Physik nähren sich die Gestirne von den Ausdünstungen des Erdkörpers, vgl. SVF II 650. 659. 660. 663. 1145). Der Autor De mundo wahrt diese Grenze strikt; was nicht verhindert hat, daß sein 4. Kapitel als Quintessenz jungstoischer Naturlehre gedeutet wurde (den Gedanken der 'Ernährung' des Mondes bezeugt Diog. L. VII 145 ausdrücklich für Poseidonios, und zwar für das 6. Buch seines Physikos Logos). – Das Lehrstück repräsentiert in knappem, sorgfältig geplantem Abriß eine ungemein durchgearbeitete Disziplin (die folgende Übersicht entspricht der Hermes 81, 1953, 278f. vorgelegten; vgl. Capelle 540f., Festugière 465–467).

A. Die beiden Anathymiasen. Gemeinsames, Besonderheiten, kurzer Überblick über ihre Wirkungen

B. Luftreich

I. Feuchte Anathymiase

1. Nebel heiterer Himmel
2. Tau } bei heiterem Himmel
3. Eis – Reif – Wasserreif } bei heiterem Himmel
4. Wolke
5. Regen – Platzregen } auf Wolke basierend, Gradunterschiede
6. Schnee } auf Wolke basierend, Gradunterschiede
7. Hagel } auf Wolke basierend, Gradunterschiede (–394 b 6)

II. Trockene Anathymiase

a) Pneumatologie

1. Allgemeines über Winde (*ἄνεμοι – αὖραι*)
2. *ἀπόγειαι* } von unten entstehend
3. *ἐγκολπίαι* } von unten entstehend
4. *ἐκνεφίαι* von oben entstehend
5. *ἐξυδρίαι* auf Wolke basierend
6. Windrose
7. Gruppierung nach der Richtung
8. Gruppierung nach den Jahreszeiten
9. Fallwinde und Verwandtes
10. Donner, Blitz und Verwandtes
11. Wirkungsbild der Blitze

(–395 a 28)

b) Lichterscheinungen in der Luft

1. *ἶρις*
2. *ῥάβδος*
3. *ἅλως*
4. *σέλας* – Kometen (feststehend – bewegt)
5. Weitere Lichterscheinungen (Ort am Himmel)

C. Wasser-Erd-Körper
1. Vulkanismus
2. Warme Quellen
3. Aus der Erde ausströmendes Pneuma
4. Erdbeben
(Gruppierung nach den Erscheinungsformen)
5. Seebeben, Seevulkane, Flutphänomene

244,23 (a 9) „zwei bestimmte Ausdünstungen". Der Meteorologe bemüht sich, möglichst im Sinn des Meisters zu beginnen; die Lehre von den zwei tellurischen Ausscheidungen ist in der Tat ein kennzeichnendes Aristotelicum (Meteor. I 4, 341 b 7 u. ö.; vgl. F. Solmsen, Phys. Syst. 407ff., dazu unser Kommentar Einl. 126 und zu II 4, 361 a 30). Die wirkungsreiche Formel *διττὴ ἀναθυμίασις*, Meteor. 369 a 12, steht allerdings auch über Aitiologien, die der Meinung des Urhebers nicht entsprechen (s. u.).

244,23 (a 9) „unablässig". *συνεχῶς*, für die Stetigkeit des Naturprozesses bezeichnend, ist recht eigentlich im Peripatos zuhause, vgl. Ar., Meteor. 360 a 34 (auf die tellurischen Ausscheidungen bezogen), auch 346 b 8; 355 b 30 (Flüsse); Theophr., De vent. 2 fin. (Wind), 35 (Meer; falsch Wimmer ⟨*οὐ*⟩ *συνεχῶς*).

244,23 (a 10) „feinteilig – unsichtbar". Als *λεπτομερές* faßt Ar. nur das Pneuma (bei Gewitterphänomenen), Meteor. 368 a 19, 370 b 6; dafür auch *λεπτόν*, 370 b 8, u. ö. Die Scheidung von sichtbaren und unsichtbaren Anathymiasen begegnet sonst nicht (aber den Nebel hat ja jeder Meteorologe für sichtbar gehalten, und dieser ist nichts anderes als „dampfartige Anathymiase", a 19f.); andererseits fehlt hier die Unterscheidung des schwereren Wasserdampfs vom leichteren 'Rauch', auf die es Ar. ankommt, Meteor. 341 b 10f.

244,25 (a 11) „nur daß sie manchmal". Lorimer (Notes 82ff.) sichert die Tilgung des *εἰ* [*τι*] *μή* der Überlieferung sowie die Bedeutung 'Morgen' für *κατὰ τὰς ἑῴας* (die Wendung sonst nicht bezeugt; Lorimer vermutet Ausfall von ⟨*ὥρας*⟩).

244,28 (a 14) „Wasserdampf". Während die warmtrockene Erdausdünstung vor Ar. sicher nachzuweisen ist, haben sich der *ἀτμίς* und ihren Gestaltungen bereits altjonische Beobachter gewidmet (trefflich z. B. der Autor De aër. aqu. loc. 8,34, bes. p. 62,27ff. Heib.). Die entsprechende Übersicht bei Ar., Meteor. I 9–12 (wo anders als hier die Verbindung mit der Elementtheorie gewahrt bleibt, indem alle diese Vorgänge als Wandlungen des Wassers zu Luft und vice versa gefaßt werden) reiht aneinander Wolke Nebel Regen Tau Reif, dann mit neuem Ansatz (11,347 b 12) Regen Schnee Hagel.

244,34 (a 19) „Nebel". Die für die Wasserdampfphänomene besonders deutlich festgehaltene definitorische Form des Folgenden legt das Urteil nahe, daß hier der kompendiöse Charakter des Traktats zutage trete. Das ist, angesichts der bei den Doxographen erhaltenen Listen von Formeln (vgl. z. B. die stoische Physik der Atmosphäre b. Diog. L. VII 152–154), legitim; nur sollten das Definitorische und das 'Weltbildhafte' nicht in einen durchgehenden Gegensatz gebracht werden (so Reinhardt, Pos. 136). Auf einem Gebiet wie hier, wo das Aition, der Kreislauf des Wassers im Naturleben (schön hierzu Ar., Meteor. 347 a 2ff.), nicht strittig war, bestand die Aufgabe der Naturerklärung mit einer gewissen Notwendigkeit im Differenzieren der Phänomene und im inneren Verbinden solcher Differenzierungen. Es entspricht peripatetischer Betrachtungsweise, die umgangssprachlichen Bezeichnungen daraufhin zu untersuchen, ob sie zu den Vorgängen sinnvoll passen (*οἰκείως κεῖσθαι*: Meteor. 347 a 10). Reinhardt verwendet die „saftberaubten Trester" (a. a. O.) später unbefangen ob ihrer „bunten Fülle und doch straffen Ordnung" (174) als Hinweis auf Poseidonios. Die Prägnanz der Aussage und die Überlegtheit der Anordnung sind in der Tat bemerkenswert, auch wenn im Folgenden der große Stoiker nicht in den Vordergrund treten wird.

244,34 (a 19) „dampfartige Ausscheidung". a) Das Phänomen wird definiert, indem es in eine Dichtigkeitsskala eingeordnet wird: Luft Nebel Wolke; daneben hat der Nebel das Charakteristikum, daß er „nicht zeugungskräftig" ist (*ἄγονος ὕδατος*, b 20). So bei Ar., Meteor. 346 b 35 (*ἐστὶν ἡ ὁμίχλη νεφέλη ἄγονος* – und zwar als „Überbleibsel" der Wolke, die sich ausgeregnet hat, b 33; *περίττωμα* für *ὑπόλειμμα* in De mundo. b) Hier hat der in De mundo zu Wort kommende Meteorologe auf der arist. Basis behutsam geneuert, indem er die Möglichkeit einbezog, daß der Nebel nicht der Rest, sondern die Vorstufe einer Wolke ist, b 21. Die unscheinbare Differenz – eine wichtigere wird bald in den Blick kommen – blieb immerhin in der doxographischen Literatur als Kennzeichen theophrastischer Lehre stehen; dies darf mit Bestimmtheit gesagt werden, seitdem P. Steinmetz, 194ff., das dritte Fragment aus Arrians Meteorologie (Stob. I 246, 1ff. W.), ein in sich geschlossenes Stück über die Atmis-Erscheinungen, überzeugend auf den Aristotelesschüler zurückgeführt hat (De mundo wurde prinzipiell ⟨vgl. 357⟩ nicht in die Untersuchung einbezogen). Arrian fügt der Mitteilung über die doppelte Entstehung des Nebels noch eine Beobachtung über seine Struktur hinzu: es ist eben jener Mangel an Dichtigkeit, der die Nebelschwaden sich auf der Erde lagern und nicht zur Regengenese kommen läßt (246, 11ff. W.). Damit ist eng eine weitere feine Unterscheidung verbunden, welche besagt (246, 8f.), daß zwischen dem Regelfall des Nebels (das ist seine Rolle als *ἄγονος ὕδατος*) und der in etwas höherer Region sich bildenden Wolke ein Zwischenstadium einzuschalten ist. Etwas dichterer Nebel bzw. nur mäßig kondensierte Wolken können sich in feinen Sprühregen auflösen (*ψακάδες*: zu dieser Bedeutung b. Arr. vgl. Ar., Meteor. 347 a 11f. und 348 a 7). Die Texte b. Stobaios und in De mundo (zu denen bestätigend ein von P. Steinmetz aus Areios Didymos (fr. 11 Diels) gewonnenes Zeugnis tritt) ergänzen sich also zu einer ziemlich geschlossenen Lehre von der Nebelbildung, die auf den Namen Theophrasts zu stellen ist.

244,37 (a 22) „heißt und ist". Es ist zwar eine etwas peinliche Marotte von Ps.-Ar., bei Datenangaben mit einer gewissen Feierlichkeit auf die Namengebung (*λέγεσθαι, καλεῖσθαι*) zu rekurrieren (in Kap. 2 beispielsweise allein elfmal); aber hier geht es in dem soeben (zu a 19 „Nebel") besprochenen Sinn darum, daß der Volksmund mit *αἰθρία* „Himmelsheiterkeit" auch meteorologisch gesehen das Richtige trifft. An den Klarwetterhimmel knüpfen die folgenden drei Aitiologien an.

244,38 (a 23–26) „Tau-Eis-Reif". κρύσταλλος kommt bei Ar. nicht als eigene meteore Erscheinung vor (nur daß versichert wird, Hagel sei Eis, Meteor. 347 b 36, 348 a 32). Doch ist seit dem Bekanntwerden der von Bergsträsser herangezogenen arabischen Überlieferung die Trias für Theophrast gesichert. „Und Reif und Eis entstehen, wenn sich der Tau vor Kälte verfestigt": die hier angedeutete Ableitung des Reifs vom Tau findet sich also in De mundo („Reif gefrorener Tau", a 25); κρύσταλλος wird als Vereisung auf dem Erdreich („Glatteis" Steinmetz 193) aufzufassen sein. Trotz der zweifellos starken Verkürzung treten die Leitgedanken der Aitiologie deutlich heraus. Tau, Eis, Reif haben gemeinsam eine bestimmte Wetterlage, *αἰθρία*, zur Vorbedingung; was sie voneinander trennt, sind die subtil beobachteten Grade der Verdichtung des atmosphärischen Feuchten. Verdeutlichend lehrt Arrian vom Tau, daß ihm abgekühlter Wasserdampf zugrundeliege, 246, 24f. W.; dieser wird nach Gefrieren (*παγεῖσα*, vgl. De mundo a 26) zu Reif.

245,1 (a 25) „als Masse". *ἀθρόος* in diesem Sinn auch b 1.9; 395 a 23, b 3, oft bei Ar.; die verwandte Bedt. „auf einen Schlag" wohl 394 a 18 (*ἀθρόον ῥαγέντες*), wie Ar., Meteor. 348 b 22. Sprechend die mehrmalige Verwendung b. Theophr., De vent. 34 (am Schluß: *ὅταν ἐκραγῇ ⟨τὸ πνεῦμα⟩ καθάπερ πληγὴν ἐποίησεν*).

245,2 ff. (a 26ff.) „Wolke – Regen – Schnee". Alles atmosphärische Vorgänge bei bedecktem Himmel; die Analogie zur ersten Dreierreihe mit ihren Klarwetterphänomenen wird noch durch die Entsprechung *γόνιμον ὕδατος* a 27 – *ἄγονος ὕδατος* a 20 unterstrichen. Auch der gliedernde Gedanke 'Grade der jeweiligen Verdichtung' setzt sich fort (a 27: *συστρέφειν*, „zusammenballen", ist Fachwort, zuerst in der zu a14 zit. Schrift von der Umwelt, p. 62, 33 Heib.; Antiphon VS[6] 87 B 29 (*συστρέφεται τὸ ὕδωρ καὶ πυκνοῦται*, bei der Hagelentstehung), dann Ar., Meteor. 369 a 34 ⟨von der warmtrockenen Anathymiase⟩, Theophr., De vent. 34, De ign. 1 ⟨vom Pneuma⟩; unten a 32 ⟨vom Platzregen⟩, b 2 ⟨von der Hagelentstehung, wo Seneca alligare et praestringere braucht, Nat. quaest. IV b 5,4⟩). Der Begriff des Verdichtens überwiegt so stark (übrigens stehen neben *συστρέφειν* noch *⟨συμ⟩πηγνύναι, παχύνειν, πυκνοῦν*, dazu *θλῖψις, πίλημα*), daß man ein Programm vermutet. Es liegt in der Tat ein Sichabsetzen von der arist. Tradition vor, dessen Urheber wir zufällig kennen. Auf das Aition 'Abkühlung' sind die arist. Lehren Meteor. I 9–11 durchweg gestellt; die Nachricht über Theophrasts Sonderlehre gehört zu den wenigen der direkten Überlieferung, an denen vor einigen Jahrzehnten die Rekonstruktion der theophrastischen Meteorologie ansetzen konnte: *Θεόφραστος δὲ οὐ μόνον τὴν ψύξιν αἰτίαν φησὶ τῆς τοῦ ὕδατος γενέσεως, ἀλλὰ καὶ τὴν πίλησιν* (Olympiod., in Ar. Meteor. 80, 31 St.); es folgt das schlagende Beispiel von der nur durch Verdichtung, nicht durch Abkühlung erklärbaren Tropfenbildung an Kesselwänden (in Parallelquellen: in Badehäusern), das sich auch in arabischer Tradition hat nachweisen lassen (F. Dieterici, Die Naturanschauung und Naturphilosophie der Araber im 10. Jh., Bln. 1861 ⟨mit Auszügen aus den Schriften der Lauteren Brüder⟩)und das bei der Identifizierung von Bergsträssers Araber eine wichtige Rolle spielte (s. Verf., Philol. 92, 1938, 404f.). Übrigens lehrt der syrische Theophrast, daß die Verdichtung, also Druckwirkung nicht nur auf mechanischen Widerstand (Bergwände), sondern auch auf nachströmende Dunstmassen (Übersättigung: Steinmetz) zurückgeführt wird, 353 b 28ff. Daß der Syrer b 31 von Luft spricht, wo wir Wasserdampf erwarten, hat H. J. Drossaart Lulofs mit dem Hinweis auf das nicht seltene Eintreten von *ἀήρ* für *ἀτμίς* bündig erklärt; (The Syriac Translation of Theophrastus' Meteorology in: Autour d' Aristote [A. Mansion-Festschrift], Louvain 1955); zu seinen Belegen (440f.) könnte etwa noch Theophr., De vent. 22. 26; De sens. 44 (ὁ ἀπὸ τῆς γῆς ἀήρ) gestellt werden. — Mit dieser Neuerung konnte der Meteorologe — was für seine Ar. gegenüber viel flexiblere Systematik bezeichnend ist — erfolgreich in das Nilproblem eingreifen, wo die Annahme einer Abkühlung im heißen Äthiopien vermeintlich nicht in Frage kam (vgl. Olympiod. 94, 4ff.; Philopon., in Ar. De gen. et corr. 93, 14ff. Vit.): die sommerlichen Monsunwinde treiben die ἀτμίς gegen das Hochgebirge, was zur Dampfverdichtung und zum Niederschlag der Feuchtigkeit an Bergwänden führt (hierzu außer den ob. verwerteten Stellen s. auch Theophr., De vent. 5). Wenn bei Arrian „nicht allzu stark verdichtete Wolken" feinen Sprühregen ergeben (246, 6f. W.), muß auch von hier aus auf das πάχος ἀτμῶδες συνεστραμμένον als Vorbedingung des ὄμβρος, De mundo a 27, weitergeschlossen werden. Die Entsprechung zu a 29/30, wo die Stufen von schwacher zu starker Kompression angedeutet werden, ist also vollständig. Sprechend der Terminus für solche 'Grade', διαφοραί (a 29); eine hochentwickelte Kunst des Differenzierens, mit dem Blick auf alle nur denkbaren Faktoren eines Naturvorgangs, hat sich durch die neueren Forschungen als ein Hauptkennzeichen theophrastischer Physik ergeben (vgl. z. B. die Schrift Über die Winde, wo mit unermüdlicher Sorgfalt Querverbindungen zwischen Wind und Örtlichkeit, Jahreszeit, Pflanzenwuchs und menschlicher Gesundheit hergestellt werden, Materialien einer lebensvollen Wetterkunde, oder das hydrologische Kapitel, das P. Steinmetz, 274ff., untersuchte, vgl. auch seine Zusammenfassung 327). Eine schöne, anscheinend noch nicht beachtete Veranschaulichung hierzu bietet der arabische Kosmograph Kazwini (13. Jh.) die Wasserdampferschei, nungen behandelnd (ich gebe den Schluß, 193f., in der Übersetzung von H. Ethé Die Kosmographie des K., Lpz. 1868); der Partie geht ein 'Leitfossil' für Theophrast, eine Beobachtung zu Wolkenformen („Berge gekämmter Baumwolle": s. Hermes 81, 1953, 285, Anm. 5) voraus. „Tritt aber die Schwere zu ihnen (scil. den Tropfen der Regenwolke), so beginnen sie von der Höhe des Gewölks herabzustürzen, und in Folge ihrer Dichtigkeit schließen sich diese kleinen Tropfen eng aneinander an, so daß sie endlich . . . einen reichlichen Regenguß bilden" (folgt die Hagelgenese). „Dringen die Dämpfe gar nicht bis in die kalte Luftschicht, so werden sie, sind sie in zahlreicher Menge vorhanden, Nebel; sind sie in geringer und verdichten sich durch die Kälte der Nacht, so kommt dieser Nebel, falls er nicht gefriert, als Tau, falls er aber gefriert, als Reif herab." Hier wird also auf Quantum, Temperatur, Verdichtungsgrad geachtet, auch an die jeweilige Höhe der Entstehungszone gedacht; die ps.-arist. Formeln für Nebel, Regen, Tau, Reif liegen vor.

245,4 (a 28) „ausgepreßt". Daß es sich dabei um nichts anderes handelt als um den oben besprochenen Niederschlag der Wolken an Bergwänden, beweist ein bishier her noch nicht verwerteter Beleg, die eindrucksvolle Ekphrasis der Regengenese am Berg Calpe (dem Felsen von Gibraltar), Berner Lucanscholien zu IV 70ff. Die theophrastische Grundlage dieser Lehre vom congestus aëris ist mit Händen zu greifen, und zwar auch beim Dichter. Longos densantur in imbres spissataeque fluunt: wenn der Kommentator hierzu bemerkt, die Wolken würden „wie ein Schwamm" vorgestellt, so illustriert dies genau den ἐκπιεσμός in De mundo, a 28 (zu Lucans fluunt vgl. noch *διαλύονται* bei Arrian 246,9 W. in gleichem Zusammenhang).

245,9 (a 32) „Schnee". Diese Naturerscheinung hat von den jonischen Physikern bis zu Poseidonios und Seneca – bei dem die Entstehung des Schnees Schulbeispiel einer subtilen Fachfrage ist, Nat. quaest. IVb 13,2 – Interesse gefunden; unsere Stelle, mit ihrer weit über eine bloße Definition hinausgehenden Beschreibung (auch die Regenformen waren in ihrem Entstehen geschildert worden), zeichnet sich durch Prägnanz und Beobachtungsschärfe aus. Ausgangspunkt ist die zur Regengenese anstehende komprimierte Dampfwolke, die aber vor dem Moment der „Umwandlung" (*μεταβολή* a 34 wie Ar., Meteor. 369 a 26; Sen., Nat. quaest. III 9,2 mutatio aëris imbrem facit; Plut., De prim. frig. 950 D) von der Kältewirkung gleichsam abgefangen wird, so daß sie zerspringt (*κοπή* b 34 für den zersprengenden Schlag: ähnlich verwandt *κόπτεσθαι* b. Plat., Tim. 60 B 8, wodurch in De mundo das Wort gegen Useners *ἀνακοπή* geschützt wird). Damit ist Ar.s Lehre („wenn die Wolke gefriert, so ist das Schnee", Meteor. 347 b 23) bedeutend verfeinert. Arrian 247,5 W. entspricht genau: „bevor ⟨die Dampfwolke⟩ sich völlig zu Wasser verdichtet, gefriert sie zu Schnee" (*φθάνει παγῆναι*), und gleich darauf noch deutlicher: „vor der Umwandlung in Wasser gefriert ⟨die Schneewolke⟩ und zerspringt"). Es entsprechen auch die syrisch-arabischen Fragmente (die sich z. T. gegenseitig ergänzen, Steinmetz, 190f.), vgl. Wagner-Steinmetz 353 a 18f. („der Schnee entsteht, wenn eine Wolke sich vor Kälte verfestigt, bevor sie ihre Umwandlung vollzieht zu Wasser"). Besonders ergiebig ist Kazwini 193. „Ist aber die Kälte zu gewaltig, so läßt sie die Dämpfe in dem Gewölk gefrieren, und das gibt dann Schnee, weil die Kälte die Wasserteilchen gefrieren läßt, und diese sich mit den Luftteilchen vermischen; der fällt nun sanft herab, und deswegen hat er auch keinen so heftigen Aufschlag auf die Erde, wie der Regen und Hagel": der Schnee enthält also Luft; auf die Beobachtung waren bereits jonische Physiker gestoßen (W. Capelle, Hermes 45, 1910, 321ff.), bei Theophrast stellt sie einen markanten Punkt der Lehre dar. „Der Schnee ist weiß wegen der Menge der in ihm gefangenen Luft", der Araber § 39; in De mundo kehrt das wieder mit *ἀφρῶδες καὶ ἔκλευκον* a 35 (denn Schaum ist eine Mischung von Wasser und Luft, Ar., De gen. an. II 2, 735 b 9f., und Schnee ist Schaum, b 21; sprechend Theophr., C. Plant. V 13,7 „Schnee ist *οἷον ἀφρός τις ἐμπεριληφυῖα πνεῦμα*); ganz ähnlich Arrian 247,10 W. *ἔκλευκος* ist für Theophrasts Wolkenbeobachtungen gesichert im wörtlichen Zitat aus dem 4. Buch *Π. μεταρσίων* b. Plut. Aet. Gr. 7, 292 CD.

245,14 (a 36) „fällt er stark". Theophrast trennt wie beim Regen (a 30f.) die verschiedenen Formen nach der Art des – sanften oder heftigen – Fallens (vgl. *σφόδρα* a 31. 36); die vom leichten Schneetreiben bis zum Hagel reichende Skala am vollständigsten bei Kazwini 193. Die kombinierten syrisch-arabischen Fragmente lassen noch erkennen, daß Theophrast eine Zwischenstufe zwischen der eben durchgesprochenen Schneegenese und der Regenentstehung ansetzte, indem er das Eingreifen der Kälte in bestimmten Fällen nach jener 'Umwandlung' vor sich gehen ließ (beim Syrer 353 a 19f.); Steinmetz schlägt vor, dies auf großflockigen Schnee, die erste Erklärung auf Pulverschnee zu beziehen. Hierfür wird sich uns sogleich eine Bestätigung ergeben.

245,15 (b 1) „Hagel". Ar. hat sich dem Phänomen ausführlich gewidmet, Meteor. I 11–12, weil es sich mit seinen *παράλογα* (347 b 35) zunächst einer Einordnung in das System entzog. Der Meteorologe half sich mit dem allgegenwärtigen Antiperistasis-Prinzip (vgl. Meteor. 348 b 6–349 a 9 und meinen Kommentar); demzufolge läßt umgebende Wärme in der Atmosphäre schwebendes, tropfenweise konzentriertes Wasser gefrieren. So sehr Ar. in diesen Kapiteln bemüht ist, sich der Naturwirklichkeit anzupassen, so ist seine Lösung doch noch untragbar spekulativ, offenbar bereits für Theophrast, der die arist. Antiperistasis-Lehre wesentlich modifizierte und allem Anschein nach nicht für die Hagelerklärung einsetzte (Steinmetz 125f.). Für letztere ergibt der Wortlaut der syrisch-arabischen Fragmente nichts Bezeichnendes; ergiebiger ist Kazwini 193 (vgl. Lautere Brüder 80f.), den Steinmetz hier nicht verwertete. Wir finden hier zunächst die gleiche Reihe der eng aufeinander bezogenen Phänomene Regen–Schnee–Reif wie in De mundo (anders bei Ar.); dann ein wichtiges Detail: „Tritt aber die Schwere zu ihnen (d. h. den Regentropfen), so beginnen sie von der Höhe des Gewölks herabzustürzen" (folgt Genese des *ὑετός*). „Tritt ihnen nun eine übermäßige Kälte auf ihrem Wege entgegen, so gefrieren sie und werden zu Hagel, bevor sie die Erde erreichen." Schwere und entsprechend rascher Fall sind nun eben in De mundo vermerkt (b 2 *βρῖθος* – *ταχυτέρα καταφορά*); das Nebeneinander von *ὑετός* und *χάλαζα* findet sich bei Theophr., De vent. 50. Die Lehrdifferenz, daß bei Ps.-Ar. der Hagel durch Verfestigung von Schneeflocken, sonst gewöhnlich durch Gefrieren von Regentropfen begründet wird (doch vgl. Ovid., Met. IX 220ff. utque ferunt imbres gelidis concrescere ventis, / inde nives fieri, nivibus quoque molle rotatis / adstringi et spissa glomerari grandine corpus": auch die Reihenfolge erinnert an De mundo), kann nach den Aufschlüssen, die die syrischen Fragmente für Theophrast brachten, geklärt werden. Der großflockige Schnee (353 a 19f., b. Steinmetz-Wagner) beruht ja auf bereits formierten Regentropfen; beide Stationen innerhalb der *πάθη* der feuchten Erdausdünstung können als Grundlage der Hagelentstehung nach theophrastischer Lehre angesprochen werden. Es stimmen also De mundo, die zitierte Ovidstelle und Arrian zusammen (letzterer formuliert, 247,3 W., Reif verhalte sich zu Tau wie Schnee zu Regen, d. h. es kann synonym für Schnee „gefrorener Regen" eintreten ⟨eine Doxa über Hagel liegt hier nicht vor⟩). Ich vermute übrigens, daß der Aristotelesschüler wie bei Regen und Schnee, so auch bei Hagel zwei Erklärungen nebeneinander gestellt hat. – Düring rühmt in seinem großen Aristoteleswerk (1966, 390) die arist. Theorie als „besonders interessant und reich an richtigen Beobachtungen", um davon die Hageltheorie in De mundo als „ganz abweichende, unrichtige Erklärung" abzuwerten. Dem wird man nicht folgen können. Das äußerst knappe Exzerpt bei Ps.-Ar. ist selbstverständlich an dem in zwei Meteor.-Kapiteln ausgebreiteten Reichtum nicht zu messen, und was die Richtigkeit betrifft, so wird man angesichts der hochspekulativen arist. Lösung es wohl begreifen, daß die hellenistische Fachwissenschaft sich von ihr abwandte.

245,20 (b 5) „Naturerscheinungen aus der feuchten Ausdünstung." Man blickt heute erstaunt auf eine Epoche der Forschung zurück, in der allein schon der Vergleich der bei Ps.-Ar. vorliegenden *ἀτμίς*-Theorie mit einem einschlägigen Exzerpt *Περὶ μεταρσίων* in einem Aratkommentar (Anon. II Isag. I 8, 126f. M.) genügte, um diesen Teil von De mundo als posidonianisch zu erweisen. Die seit E. Maaß geltende

Rückführung des gute Tradition bietenden Kommentarstücks (das in den Definitionen einige wörtliche Berührungen mit De mundo bietet) auf das – evtl. in Poseidonios' Schülerkreis verfaßte – Kompendium *Μετεωρολογικὴ Στοιχείωσις* braucht hier nicht nachgeprüft zu werden (kritisch hierzu Maguire 129, n. 40); doch lohnt sich wohl ein Blick auf seine Gliederung. Vom gleichen Ausgangspunkt wie in unserem Traktat (Nebel) werden drei Definitionsfolgen vorgetragen (vom Entstehen der Phänomene ist, anders als in De mundo, hier nicht die Rede): Nebel, Wolke und Unterarten, Tau, Reif und Unterarten, dann Eis, Reif, Schnee – schließlich Hagel. Das ist eine erschöpfende Rubrizierung, während Ps. Ar. durch eine physikalische Blickweise gekennzeichnet ist. – Theophrasts Art, die Entstehungsbedingungen der Naturerscheinungen und ihre Eigenart subtil zu differenzieren, seine Vorsicht, meist mehrere Lösungen vorzuschlagen, kamen den späteren Exzerptoren nicht entgegen; kein Wunder, daß kein Träger seiner uns bisher bekannten Tradition mehr als jeweils einzelne Stücke dieser umsichtig erdachten Aitiologien aufbewahrt hat. Stellt man sich die Nachrichten etwa über das bisher besprochene meteorologische Lehrstück als Ensemble vor, so wird man ein reiches, sorgfältig organisiertes Ganzes vor sich sehen, das die Versenkung des Autors ins Detail ebenso erkennen läßt wie den Gestaltungswillen des Systematikers.

245,23 (b 7f.) „der Wind". Diesem Lieblingsgebiet der alten Meteorologen (deren Mühewaltung ein anziehendes Plinius-Kapitel schildert, II 46, 117f.) kamen die neuen Textfunde zu Theophrast besonders zugute. Leider ist die vorliegende Äußerung zur allgemeinen Windtheorie sehr wortkarg; auch die Verbindung zum zweiten Satz ist zunächst unklar. Den entscheidenden Fingerzeig gibt jedoch das Wort *ἄνεμος* selbst, das hier – wie sich sogleich zeigen wird – nicht im landläufigen Sinn, sondern als Terminus innerhalb einer zufällig noch genau zu bestimmenden Lehre steht. Zu beachten ist zunächst, daß *ἄνεμος* einerseits von der warmtrockenen Erdausdünstung abgeleitet wird, die in der Vorankündigung a 17–18 unmittelbar neben den Gewitterphänomenen erschienen war, daß andererseits die Bewegung dieser Anathymiase mit der Bewegung der Luft geradezu identifiziert erscheint. Man muß sich hier bereits der Hilfe von a 12f. bedienen: *ἄνεμοι* sind „in der Luft wehende Pneumaströmungen", von denen ein sehr großes anderes Gebiet – die Winde aus dem Feuchten – getrennt gehalten wird. Damit stehen wir vor der längst für Theophrast gesicherten Scheidung zweier Windentstehungen. „Die Winde entstehen entweder von oben oder von unten, und die von unten entstehen entweder vom Wasser oder vom Land (45): wir sehen nämlich, daß die Sturmwinde von den Wolken herabsteigen, und wir sehen die Winde vom Wasser und von den Bergen wehen" (Bergsträssers Araber §§ 44f.). Hilfreich ist wieder Kazwini (195/5), der die Winde „von oben" noch einmal trennt. „Wenn die Rauchdünste (es wird die *ξηρὰ ἀναθυμίασις* beschrieben) zu der kalten Luftschicht gelangen, so hört entweder ihre Hitze völlig auf, oder sie behalten ihre heiße Temperatur. Im ersteren Fall verdichten sie sich und streben danach sich niederzulassen; so gerät durch sie die Luft in wogende Bewegung, und es entsteht der Wind" (im zweiten Fall prallen die Dünste erst weiter oben, an der himmlischen Kreisbewegung, ab ⟨auch dies theophrastisch, s. Verf., Philol. 92, 1937, 264f.⟩, um als Sturmwinde in die Atmosphäre zurückzukehren). Damit läßt sich die Aussage b 7–9 entschlüsseln. Wie zu erwarten, ist von den subtil aufgefächerten Lösungsgedanken der theophrastischen Windlehre vgl. ihre vorzüglich zusammenfassende Bearbeitung bei Steinmetz, 25–80) bei den Benutzern – einschließlich der syrisch-arabischen Tradition – vieles weggebrochen und alles vereinfacht. Klar wird aber noch, daß die Formel unseres Autors für die Windentstehung an eine Windgruppe geheftet wird, wo der warmtrockene Charakter der Anathymiase noch etwas bedeutet, zwar nicht den „Körper" des Windes (so Ar., Meteor. 360 b 32), aber den Motor der Luftmassen (ähnlich bereits die 'Spätstufe' der arist. Windlehre, z. B. Meteor. 364 b 28, 367 a 34). Daneben kennt Theophrast (s. u.) noch Winde, also Luftströmungen, die dieses Motors nicht bedürfen, auf die also die Gleichsetzung von Wind und bewegter Luft weit besser zutrifft als auf die „von der Kälte ins Strömen gebrachte" Ausdünstung, „aus der" (b 7) der Wind hervorgeht. Die etwas linkische Zusammenordnung der beiden Sätze b 7–9 läßt den Exzerptcharakter deutlich werden. Der theophrastische Charakter des Anfangs dieser Windtheorie entscheidet also auch über die Herkunft der fast wörtlich übereinstimmenden Aitiologie bei dem Aratkommentator p. 127,5 ff. Maaß: *ἡ δὲ ξηρὰ ἀναθυμίασις ἐκ τοῦ ⟨ὕδατος?⟩ ὑπὸ ψύχους ὠσθεῖσ' ἀνέμους ἐμποιεῖ, ἐκπίπτουσα δὲ διάπυρος γενομένη κεραυνούς, κτλ.*

245,23 f. (b 8) „nichts anderes als Luft". Ar. bekämpft die in seinen Augen unwissenschaftliche Ansicht, Wind sei bewegte Luft, mit Leidenschaft (Meteor. 349 a 20 ff., 360 b 17 ff.); doch kehrte Theophrast, maßgebend für die Tradition, zu ihr zurück, De vent. 29 (und die Gesamthaltung dieser Schrift!); Ps.-Ar., Probl. 26,5; 30 ⟨*αὔρα*⟩ 33 init., 34 init. mit Flashars Kommentar (Bd. XIX 687); dazu die arabische Tradition).

245,25 (b 10) „in anderem Sinn". Zu dieser von den Interpreten seit langem mit Stillschweigen übergangenen Absage nicht nur an den posidonianischen 'Vitalismus', sondern an die stoische Pneumalehre überhaupt vgl. Einl. 267. *περὶ ὧν νῦν λέγειν οὐκ ἀναγκαῖον* zufällig bei Kleom. I 1,5.

245,28 f. (b 12 f.) „Pneumaströmungen–Brisen". Die Zweiteilung der Windentstehung – die als Theophrasteum übrigens an Hand der antiken Aristoteleserklärer ermittelt wurde – auch bei Plin., Nat. hist. II 114 f. (aurae), 131 ff. (flatus); sie liegt ebenso im 5. Buch von Senecas Naturales Quaestiones zugrunde, wenn schon die eigenwillige Art des Autors, die Themen und Lehrmeinungen ineinander zu verschachteln, die Analyse sehr erschwert. – Für ausgeschlossen muß es gelten, daß die soeben aufgestellte Gruppierung im nächsten Satz wieder zunichte gemacht wird. Nachdem die feuchten Land- und Buchtwinde klärlich zu den *αὖραι* gehören, ist b 14 *ἄνεμοι* schwer tragbar; die armenische Übersetzung (zu ihr s. Lorimer, praef. 20 ff.) scheint das einzig mögliche *αὐρῶν* zu beglaubigen. In der Überlieferung ist allerdings der Text bis b 16 auf *ἀνέμων* orientiert. An diese Gruppierung ist Galen, De semine I 4 (bei Lorimer, Notes 53, n. 2) nicht gebunden, der die gleichen Brisen unbefangen als *ἄνεμοι* bezeichnet; und natürlich hat Theophrast sowenig wie irgendein anderer Meteorologe es vermieden, von Winden allgemein als von *ἄνεμοι* zu sprechen (vgl. De mundo b 23. 35). Ähnlich ist, schon bei Ar., der Begriff Pneuma bald weit, bald terminologisch verengt zu nehmen, s. u. zu 394 a 15.

245,29 (b 13) „vom Feuchten aufsteigend". Es sind im Grunde sämtliche 'normalen' Winde der griechischen Meereslandschaft gemeint, die also alle von der warmtrockenen Erdausdünstung getrennt werden, jene zahlreichen Lokalwinde, wie sie sich unter dem Einfluß von Ortsnatur und Tageszeit bilden; Theophrast hat sie erstmals für eine wissenschaftliche Erklärung gewonnen. Auch hier folgte die Stoa (*αὖραι*: Achill. 33 p. 68 Maaß; Cic., De div. II 44). – Die anschließend besprochenen Einzelwinde (b 13–395 a 10) sind so geordnet, daß nach der Exemplifizierung der Winde 'von unten' und 'von oben' sie unter drei Gesichtspunkten erfaßt werden: nach ihrer Ursprungsrichtung (= Windrose), nach der Eigenart ihres Wehens ('Geradausweher' – 'Kehrwinde'), schließlich als Jahreszeitenwinde. Es folgen die *βίαια πνεύματα*, die zur Windentstehung von oben zurückführen.

245,31 (b 14f.) „Landwinde – Buchtwinde". Ihre Mechanik, der regelmäßige Austausch (*ἀνταπόδοσις*) der Luftströmungen von Land und See, spielt in Theophrasts Spezialschrift De ventis eine erhebliche Rolle (24. 26. 31. 53); dort heißt das Paar *ἀπόγειαι – τροπαῖαι*. *ἐγκολπίας* noch Achill. Isag. 33, p. 68,16 Maaß; Sen., Nat. quaest. V 8,1 (wo Steinmetz die theophrastische Antapodosislehre, die auf dem Prinzip des horror vacui beruht, erkannt hat, 71); vgl. 7,1 flatus . . . ex fluminibus aut ex convallibus aut aliquo sinu; bei Sen., Nat. quaest. V 3,1 sowie im Theophrasteum bei Prisc. Lyd. Solut. p. 102,12ff. Byw. (Steinmetz 76) werden ausdrücklich Flüsse und Seen, wie in De mundo (b 16), als Quellen der feuchten Ausdünstung genannt. – Zu Theophrast in Senecas Windbuch vgl. Verf., Hermes 81, 1953, 290ff.

245,33 (b 16f.) „beim Platzen einer Wolke." Der Eknephias gehört bei Ar., Meteor. 369 a 19, 370 b 8 u. ö. zu Blitz und Donner; Theophrast hat dagegen die Gewitterwinde in die eigentliche Windlehre eingereiht, wenn auch in ihrer Aufzählung De vent. 34 (diese Schrift berührt die Sturmwinde nur nebenbei) der übergreifende Name Eknephias fehlt. Der Aristotelesschüler kennt ihn gut; er gibt auch dem mit Wasserausbruch verbundenen Wolkenwind Exhydrias das Kennzeichen *ἀθρόον* wie in De mundo b 18f. Klärlich hat der arabische Theophrast die gleichen Phänomene vor sich, bei dem die 'Sturmwinde' „von den Wolken herabsteigen", § 45. – Steinmetz (72) findet Senecas einschlägige Darstellung (genera ventorum, quae ruptae nubes et in pronum solutae emittunt: hos Graeci *ἐκνεφίας* vocant, V 12,1) „schwerlich theophrastisch". Doch scheinen die Indizien gehäuft vorzuliegen: die *μικτὴ φορά* der beiden Anathymiasen (Philol. 92, 1937, 261; corpora für die Partikeln dieser Ausdünstungen hat nichts mit Atomismus zu tun, s. Sen. V 3,2; 10,3) – das Raumbedürfnis des Pneuma (spiritus, qui maius desiderat spatium, § 2) – ebd. die Bedeutung der Engstellen, in denen der Wind seine Wucht steigert, s. Theophr., De vent. 3, 19f. – schließlich der typisch theophrastische Pluralismus, mit dem § 5 drei verschiedene Gründe des 'Wolkenbruchs' entwickelt werden. Übrigens hat Ps.-Ar.s Formulierung b 17f. ihre genaue Parallele in der vom syrischen Theophrast überlieferten Aitiologie des Blitzstrahles (die Wolke reißt an der Unterseite und ergießt ihren Pneuma-Inhalt nach unten, 352 aff. Steinmetz-Wagner).

245,34 (b 18f.) „stürzen sie". Lorimer zitiert die Stelle Notes 52 in der Fassung *μεθ' ὕδατος ἀθρόως ῥαγέντος* (sc. *τοῦ νέφους*), während er – ohne besondere Begründung – die schwächer bezeugten La. *ἀθρόον* und *ῥαγέντες* in den Text seiner Ausgabe setzt. Gewiß ist *ῥαγέντες* richtig (es wäre eine Zumutung, stillschweigend *τοῦ νέφους* supplieren zu müssen); die fehlerhafte Angleichung an den Gen. *ὕδατος* lag nahe.

245,37 (b 20) „Ostwinde". In Albert Rehms bewundernswerter Abhandlung „Griechische Windrosen" (S.-B. München 1916) wird die Geschichte der – hier vorliegenden – zwölfstrichigen Windrose und der bedeutenden hellenistischen Neuschöpfung, des Achtwindesystems, dargestellt. Deutlich wird die durchgehend einflußreiche Vorarbeit des Aristoteles, bei dem ja im Grunde das Zwölfersystem 'potentiell' (Rehm, a. a. O., 48) bereits vorhanden ist (Meteor. II 6). Vollender dieses Systems war Timosthenes, Admiral des Ptolemaios Philadelphos, in dieser Fachfrage eine der großen Autoritäten des Altertums. Sie werden bei Strabon I 2, p. 57,9 nach der Beurteilung durch Poseidonios aufgezählt; der große Rhodier selbst, der in seine Lehre die zwölfstrichige Rose aufnahm, war nicht hier originell (Capelle 545; Rehm 92). Das hat nicht verhindert, daß die Partie De mundo 394 b 19–395 a 5 als Quellenindiz für Poseidonios aufgefaßt wurde. Sieht man von Capelles Beweisführung ab (daß nämlich Ps.-Ar. ja doch „im ganzen Kapitel Poseidonios abschreibt", 545) so beschränkt sich diese Vermutung auf eine sehr schmale Basis: „typisch ist ... das Ausgehen von den vier Kardinalwinden" (so in De mundo) „und der Verzicht auf den arktischen Kreis als Ort der Nebenwinde von N und S" (Rehm 89). Aber seitdem hat sich die Notwendigkeit ergeben, für jeden der in Anspruch genommenen Autoren (Aratkommentator Achilleus, Strabon, Manilius, Galen) die Poseidoniosfrage gesondert zu stellen. Unbegreiflich, wie R. Böker – im Anschluß an eine Bemerkung Rehms (87,2) – behaupten konnte, „die Gruppenbildungen in Pluralform *εὖροι* Ostwinde" seien „sicher poseidonisch" (s. v. Winde, RE VIII A 2, 1958, Sp. 2377); solche Pluralformen sind bei Ar., Meteor. II 4 und in den ps.-arist. Problemata geläufig. – Die Einarbeitung der Windrose in die Pneumatologie (s. auch Ar., Meteor.) ist nicht selbstverständlich; Timosthenes schuf sein System als Geograph, wir haben uns bei ihm die Winde am Rand einer Karte verzeichnet zu denken (Rehm 63). R. Bökers nützliche Karten, Sp. 2301 f., und 2317 f., veranschaulichen eine solche geographische Orientierung. – Über lokale Windnamen und mit ihnen verbundene Wetterregeln lagen im Peripatos offenbar reiche Sammlungen vor. Mit einer solchen Namensliste bricht Theophrasts Schrift De ventis ab; besonders sprechend der ps.-arist. Traktat *Ἀνέμων θέσεις* (= Frg. 250 R^2), wo zu den verbreiteten Windbezeichnungen eine Reihe von Lokalnamen tritt, wie sie in den Hafenorten der Levante üblich waren (Rehm 102 f. vermutet als Quelle einen Autor des 3. Jh. v. Chr.; Steinmetz denkt an einen Auszug aus dem (verlorenen) echten Theophrast *Περὶ σημείων*). Die Windanordnung in *Ἀνέμων θέσεις* ist mit der in De mundo fast identisch.

245,39 (b 22) „Kaikias". Dieser Ostnordostwind im Zwölfersystem zog wegen der von ihm behaupteten starken Wolkenbildung das Interesse der Meteorologen auf sich (z. B. Ar., Meteor. 364 b 12–29; Theophr., De vent. 37; Ps.-Ar., Probl. XXVI, 1. 29). Die oft überlieferte Bemerkung, der Kaikias ziehe die Wolken zu sich heran (vgl. auch b 36), regte R. Böker dazu an, ihn als „die vor dem Einsetzen des Hagelwetters aufbrausende rückläufige Bö" zu fassen, Sp. 2252 f.; freilich findet diese Verbindung mit dem Hagel in den Quellen keine unmittelbare Bestätigung. – Der Name K. wird doch wohl mit dem von Pergamon zum Meer herabziehenden Kaikostal (in Mysien) zusammenhängen.

246,1 (b 23) „Apeliotes". Er heiße in Sizilien Hellespontias, in Phönizien Karbas, am Pontos Berekythias, wird am Schluß von De ventis gesagt, was als theophrastisch

Alex. Aphr., in Ar., Meteor. 108,21 bestätigt (Steinmetz 353). Auch in De mundo ist etwas aus dieser Namenfülle in den Nebenbezeichnungen erhalten (b 26 ff.). – Da im folgenden nicht alle Windnamen besprochen werden, sei auf die entsprechenden Artikel der RE (von Capelle, Rehm u. a.) sowie auf die Liste bei R. Böker Sp. 2288 ff. verwiesen.

246,7 (b 28) „Nordwinde“. „Die häufigsten Winde sind die Boreas- und die Notoswinde“, Ar., Meteor. 361 a 6; die in Hellas einst wie heute überragende Stellung zumal der ersteren hat der Meteorologe in einen besonders engen Bezug zu seiner Windentstehungslehre gebracht (II 4 f.). Die Besprechung dieser Hauptwinde rückt Theophrast an den Anfang seiner Spezialschrift. Vgl. zu 395 a 2 (Etesien).

246,10 (b 31) „Kirkias“. So stellte Forster, nach V. Rose zu De vent. sit. 12, den Namen her (*καικίας* codd.). Die in dem genannten ps.-arist. Fragment gegebene Ableitung dieser Nebenbezeichnung des Argestes (NW) vom *Κιρκαῖον ὄρος* an der latinischen Küste wird von Böker Sp. 2306 f. ausführlich begründet. In die Windrose aufgenommen hat sie wohl Timosthenes, „gewiß nach seemännischer Erfahrung“, Rehm 48,2.

246,11 (b 33) „Euronotos“. Zusammen mit seinem Doppelnamen Phoinix von Timosthenes eingeführt; daß letztere Bezeichnung für die Vorlage von De mundo vorauszusetzen sei, schließt Rehm 48,2 aus dem sonst nicht belegten Nebennamen des Libonotos, Libophoinix (b 34), seines genauen ‘Gegenübers’. – Die hier besprochene Rose (s. die Abbildung) ist also die timosthenische, mit einigen Namensvarianten. Die des Theophrast – falls er eine solche entworfen hat – kennen wir nicht; er wird aber als Nordwind den Boreas, nicht den Aparktias, betrachtet haben; auch hat er (wie Poseidonios) den arist. Leukonotos gebraucht, statt Libonotos/Libophoinix. Es liegt auf der Hand, daß die Tradition der Windeinteilungen andere Wege geht als die der atmosphärischen Physik.

246,15 (b 35) „teils Geradausweher“. In dem kleinen Abschnitt liegt eine doppelte Differenzierung von Winden vor, nach der Richtung und nach der von ihnen charakterisierten Jahreszeit. „Jahreswinde“ (395 a 2): die Etesien, der bekannte eindrucksvolle Sonnensturm im Sommer, den Passatwinden vergleichbar, „eine Strömung, die ihre Entstehung den oft tagelang über dem zentralen Mittelmeer gelegenen Hochdruckgebieten verdankt“, Böker Sp. 2214. Die von Ps.-Ar. gegebene Richtungsbezeichnung stimmt genau zu neueren Erkenntnissen. Vgl. Rehm, Etesiai, RE VI 1, 1907, Sp. 713 ff. Die reichen Beobachtungen Theophrasts über die Etesien, De vent. 11 ff., hat Steinmetz 30 ff. gut besprochen.

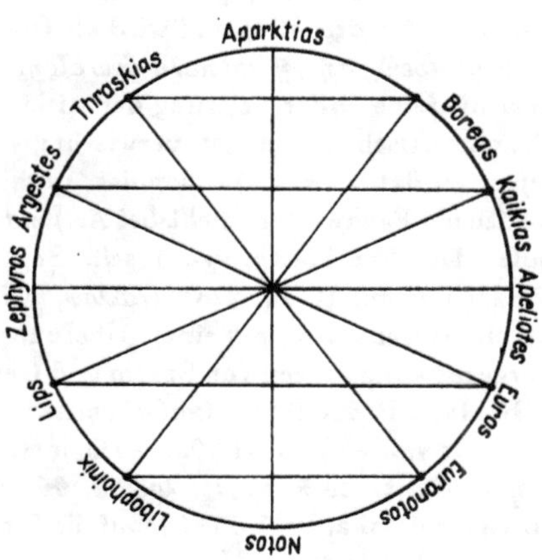

Abb. 7

246,20 (394 a 4) „Vogelwinde". Vgl. Ar., Meteor. 362a23, wo sie als „schwache Etesien" in deren Zusammenhang behandelt werden (eine Stelle mit dem Charakter einer Fußnote, die zu dem antiken Mißverständnis geführt hat, es handle sich um Südwinde; Näheres Rehm, a. a. O., 716). Die Verbindung dieser Frühlingswinde mit Vogelzügen (Wanderungen der Kraniche) ist auch nach heutigen Kenntnissen legitim (Böker, Sp. 2312).

246,22 (a 5) „gewaltsame Luftströmungen". Sie runden die eigentliche Windlehre ab und bilden zugleich den natürlichen Übergang zu den Gewittererscheinungen, denen sie als Pneuma-Phänomene nahestehen; auch letztere weisen ja *βίαιοι φοραί* auf, Theophr., De ign. 1 (das Stichwort durchzieht den ganzen Abschnitt bis zum Wetterstrahl, a 22). Verbindend ist natürlich vor allem, wie bei Ar., der Begriff *πνεῦμα* selbst, stoßkräftige, hochgespannte Luft (wie sich im folgenden zeigen wird); die warmtrockene Erdausdünstung, das charakteristische arist. Werkstück, ist nunmehr zurückgetreten.

246,22 (a 5) „Fallwind". Die Parallele im originalen Theophrast entspricht genau: „*καταιγίδες* entstehen in solchen Situationen" (wenn nämlich Pneuma eine Bergeshöhe überschreitet und plötzlich herabstürzt); „dabei gibt es Ballungen und Bildung von Massen", De vent. 34; das Moment des 'Einschlags' (*ἄνωθεν τύπτον* De mundo a 6) tritt stark hervor (*καθάπερ πληγὴν ἐποίησεν*, Theophr.).

246,23 f. (a 6f.) „Bö, Wirbelwind, 'Kreisel'". Nimmt man den Fallwind hinzu, so repräsentieren diese Naturvorgänge eine Klimax hinsichtlich ihrer Intensität, so wie später (a 21–25) die elektrischen Entladungen in der Atmosphäre in einer Antiklimax vorgeführt werden, von hoher Feurigkeit bis hin zu deren völligem Schwund. So können *τυφών* (eine heftige Pneuma-Entladung, *ἄπυρον παντελῶς* a 24) und *καταιγίς* zusammenrücken; *τυ.* ein *καταιγιδώδης ἄνεμος*, Schol. Soph. Ant. 418 (Papageorg. 239,1), wo es um die Erklärung der sophokleischen Ausdrücke *τυφώς* und *σκηπτός* geht; letzteres Wort (vgl. De mundo a 25) erscheint beim Scholiasten als Doppelname für den *στρόβιλος* und wird als Oberbegriff verwandt für *πᾶν πνεῦμα θυελλῶδες, ὅταν συνερείδῃ τῇ γῇ καὶ πάλιν ἄνω αἴρῃ*. Die Ähnlichkeit der Lehre ist unverkennbar, aber die feine Differenzierung der Aitia-Reihen, wie wir sie in De mundo als typisch theophrastisch trafen, ist verwischt; so auch bei Plin., Nat. hist. II 131f., wo als repentini flatus (= a 5) ecnephias, typhon, prester, Blitz erschienen. – Diese hellenistischen Fachwörter (nicht bei Ar.) entstammen bemerkenswerterweise dem Vokabular der alten Poesie, vgl. Aesch., Sept. 63 (*καταιγίζειν*); Ag. 819 (*θυέλλα*; Hik. 34); (*λαῖλαψ*) Hom. Il. IV 278; (*λαῖλαψ*, wie XI 306; Od. XXIV 42 u. ö.; zumeist ist ein Regensturm gemeint). Überhaupt müssen die so knappen wie großartigen Vergegenwärtigungen von Sturm und Gewitterwind im alten Epos verglichen werden, z. B. Hom. Il. XI 296ff. (*καθαλλομένη*: vgl. *προσαλλόμενον* De mundo a 7); 305ff. (*τύπτων*: vgl. a 6); XIII 795. – Die metrischen Etymologien des Johannes Mauropus von Euchaita zu *καταιγίς, λαῖλαψ, θύελλα* u. a. (bei R. Reitzenstein, Geschichte d. gr. Etymologika, 1907, 179f.), auf die Wendland bei Capelle 547 aufmerksam machte, geben nichts aus.

246,25 (a 8) „Erdwind". Er ist zwischen den atmosphärischen Vorgängen eingeschoben wie bei Ar., Meteor. 366 b 31. R. Böker setzt ihn irrtümlich mit dem λαῖλαψ gleich, den er infolgedessen als Vertikalwind aus Schluchten und Tälern auffaßte, Sp. 2307; dann mußte ihm freilich die Verbindung von λαῖλαψ und στρόβιλος als „sachlich irreführend" erscheinen (Sp. 2326). — „nach oben zieht": ἀναφύσημα, ἀναφυσᾶν (auch 396 a 21) sind Termini der peripatetischen Geophysik, vgl. meinen Kommentar zu Ar., Meteor. 367 a 15 (zu den Belegen ist noch Schol. Apoll. Rhod. IV 834 hinzuzufügen: Seevulkane, πυρὸς ἀναφυσήματα, in der Straße von Messina, nach Θεόφραστος ἐν ἱστορικοῖς ὑπομνήμασιν, die auch Ar. zugeschrieben werden, s. Frg. 634 R[3]).

246,29 (a 11) „Pneuma, in einer Wolke wirbelnd". Die Grundlinien für die Gewittertheorien des Hellenismus hat Aristoteles gezogen (Meteor. II 9—III 2); wir würden seiner auf strikte Einheit des bewirkenden Motivs gestellten Erklärung wohl auch dann eine bedeutende Originalität zusprechen, wenn von den Lehren seiner Vorgänger mehr erhalten wäre, als es der Fall ist. Zugleich ist es aber eben diese Materie gewesen, wo sich die behutsam, aber deutlich ändernde, neu ordnende Hand Theophrasts zuerst feststellen ließ. Den Ar.-Schüler rückten seit 1916 die Editionen der syrisch-arabischen Fragmente, in denen der Gewittertheorie ein besonders breiter Raum zur Verfügung steht, in den Vordergrund; die Schrift Von der Welt wurde dabei, z. T. noch im Bann der Poseidonioshypothese, kaum beachtet. Ich beschränke mich darauf, diese fehlenden Linien nachzuziehen; das reiche bisher erarbeitete Parallelenmaterial braucht hier nicht vorgeführt zu werden. Auf E. Reitzensteins Nachweise der Theophrast-Benutzung durch Lukrez (VI) sei besonders hingewiesen. — Der hauptsächliche Wert des neuen Materials liegt vielleicht darin, daß es die Unbefangenheit eines hervorragend instruierten Naturbeobachters sichtbar macht, der bestrebt ist, sich möglichst aller der Faktoren zu versichern, die einen Naturvorgang zustande kommen lassen. Wir dürfen es gewiß nicht wörtlich nehmen, wenn die syrisch-arabische Überlieferung sieben theophrastische Gründe des Donners anführt; Steinmetz hat gezeigt (185 u. ö.), wie die für den Autor typischen vielseitig ausgreifenden Vorerwägungen z. T. als wirkliche Doxai mißverstanden wurden. Aber daß diese Meteorologie um der Naturnähe willen auf einen gewissen Possibilismus gestellt ist, gehört allerdings zu ihren erwiesenen Zügen. Wieder wird der Exzerptcharakter der griechischen Tradition sichtbar; in De mundo liegt nur eine Erklärung vor, und zwar gerade eine, die Gemeingut der (ja bereits voraristotelischen) Pneumatheorie ist („Sechstens, wenn in hohlen Wolken viel Wind gefangen ist und sie sich spalten"; De mundo 395 a 11 bereits von Bergsträsser beigeschrieben). Ein individueller Zug (gegenüber Ar., Meteor. 369 a 25ff.) liegt darin, daß das Pneuma nicht zwischen den Wolken bzw. in deren Hohlräumen poltert, sondern den Donnerschlag beim Durchbruch durch die Wolkenverdickung hervorruft (dies entspricht dem Typ, wie er in Sen., Nat. quaest. II 27,3 beschrieben wird, wo auch der vom Araber überlieferte Vergleich mit der platzenden Blase steht; die Differenzierung nach dem Geräusch wird in der arabisch-syrischen Tradition ausführlich gebracht). Damit ist ein genauer Bezug zu den Gewitterwinden hergestellt, wo das Pneuma zwar nicht nach oben, aber nach unten freie Bahn hat. — Bei den Lauteren Brüdern (82) erscheint die „dichte, feuchte Wolke" wieder, ebenso die Entsprechung zu ῥηγνύον a 12; letzteres auch bei Kazwini 200.

246,33 (a 14) „in Wasser . . . umgetrieben". Es ist an die Geräusche bei kochendem Wasser gedacht, wie das Beispiel in Epikurs Pythoklesbrief 100 zeigt (wo bereits

Bergsträsser das Theophrasteum erkannte). Solche Exempel aus der uns umgebenden Alltagswelt sind bei Ar. nicht selten (für die Donnererklärung s. Meteor. 369 a 30ff.) und geradezu stehend bei seinem Schüler („bei uns ist es nämlich auch so", versichert der syrische Theophrast wiederholt, vgl. Theophr., De ign. 3).

246,33 (a 15) „gerät es ... ins Glühen". *ἀστραπή* ist also das Wetterleuchten (vgl. *λάμψαν*), ohne daß es zu der klaren Scheidung gegenüber *κεραυνός* kommt, wie sie z. B. bei Sen., Nat. quaest. II 12,6 vorliegt (in peripatetischer Umgebung). Daß eine Intensivierung gegenüber der Donnerentstehung vorliegt (auch dies ein Gemeingut der nacharist. Lehre), liegt im Begriff der Entzündung des Pneuma; denn „der Blitz ist entweder feuriger Wind oder windiges Feuer". Arab. § 19, vgl. § 25. Im Grunde so schon Ar., Meteor. 369 b 4f.; wenn sein Schüler, sehr erhellend, feststellt, Blitzfeuer entstehe in den Wolken „durch Ballung und Pressung *αὐτοῦ τοῦ ἀέρος*" (De ign. 1), so wird deutlich, daß Pneuma wesentlich eben Luft ist. So beruht auch der Unterschied zwischen dem „rascheren Sehen" und dem „langsameren Hören" (das Thema fand mindestens von Demokrit an (VS[6] 68 A 126a) bis in die Kaiserzeit und zu den Arabern Interesse) auf der Intensitätsdifferenz zwischen Feuer und Luft, vgl. a 20.

247,3 (a 22) „Wetterstrahl": Stufung der Vorgänge nach dem Grad der Feurigkeit, s. zu a 6. Von den zahlreichen Reihen differenzierter Aitiologien, wie sie Theophr. zu den *διαφοραὶ καὶ δυνάμεις* des (einschlagenden) Blitzes, *κεραυνός*, erdacht hat und wie sie vor allem der neue Syrer kennen lehrte, steht bei unserem Anonymus freilich fast nichts; es geht ihm ja keineswegs um Meteorologie um ihrer selbst willen. Immerhin liegen zwei Gruppen vor, die in der griechischen Tradition genaue Parallelen haben. Zur ersten (a 22–25) tritt ein Aratkommentator, Anon. II Isag. p.127,7ff. Maaß: *διάπυρος γενομένη* (Subjekt ist, aristotelisierend, *ἡ ξηρὰ ἀναθυμίασις*) *κεραυνούς, ἀθρόα δὲ φερομένη ἡμίπυρος οὖσα πρηστῆρας, ἀνειμένη δὲ ἡ αὐτὴ ἐκνεφίας ποιεῖ* (*ἀνειμένη*: d. h. nicht so intensiv geballt wie ein Wirbelwind, mit A. Brinkmann, Rh. Mus. 74, 1925, 38). Dies stimmt so gut zu unserer De mundo-Stelle, daß schon Maaß auf eine gemeinsame Quelle schloß; daß es Poseidonios sein mußte, war damals selbstverständlich (so auch Capelle 541,6). Die Betrachtung der zweiten Gruppe (Klassifizierung der *κεραυνοί*, a 25–28) weist jedoch in eine andere Richtung.

247,5 (a 24) „Glutwind". Die Trias *κερα υνός,τυφών, πρηστήρ* schon bei Ar., Meteor. 339 a 3f.; 369 a 10; 371 a 16; b 15, mit der gleichen Abstufung wie hier (*τυ.* Wirbelwind, *πρη.* entzündeter Wirbel) und wie bei Ps.-Ar. Gewittererscheinungen. Aber bei diesem tragen *τυφών* und *πρηστήρ* nicht den Charakter von Wirbelwinden; dieses Moment ist innerhalb der Pneumatologie der Gruppe a 7–10 zugewiesen. Ebenso steht es bei dem zitierten Aratkommentator; der Araber Bergsträssers (§ 52) bringt ebenfalls den Wirbelwind in diesem Zusammenhang, nennt ihn allerdings *πρηστήρ*, genau wie Sen., Nat. quaest. V (also im Windbuch), 12–13.

247,6 (a 24) „Typhon". Forster trennt mit Recht diesen Wetterschlag von dem „Taifun" in 400 a 29.

247,8 (a 26) „manche rußend“. Die Wetterstrahlen werden noch einmal, im Hinblick auf ihr Aussehen, betrachtet; das beschließt der Autor mit einer Zusammenfassung, die besser für die erste Gruppe paßt; doch wird die Tilgung dieser Wiederholung *σκηπτοί – γῆν* (a 28) durch Capelle kaum das Richtige treffen. Die Doppelnennung scheint nämlich der Überlieferung des De mundo-Textes vorauszuliegen; in einem bekannten, aber in unserem Zusammenhang noch nicht voll verwerteten Parallelbeleg taucht sie ebenfalls auf. Das von Stob. I 29,2 mitgeteilte Fragment des Physikers Arrian (dessen Identität mit dem Alexanderhistoriker Brinkmann in der ob. zit. Studie bewiesen hatte) war von Bergsträsser-Reitzenstein gelegentlich zur Illustrierung ihres Arabers, dann von Lorimer zur Konstitution des einschlägigen De mundo-Textes verwendet worden; P. Steinmetz, der in Fragment III so glücklich den theophrastischen Grundlinien nachgegangen war, streift die Gewitterlehre nur kurz 183 u. Anm. 3), da ja die Schrift Von der Welt außerhalb seines Untersuchungsbereichs lag. So ist bisher die Tatsache nicht recht zur Geltung gekommen, daß dies meteorologische Lehrstück Arrians in frappanter Weise unserem Ps.-Ar. nahesteht.

Trockene Dünste:

ἐκπίπτοντες δ' ἐπὶ μέγα διάπυροι μὲν κεραυνοί, ἀθρόοι δὲ καὶ ἡμίπυροι πρηστῆρες, ὅσοι δὲ ἔρημοι πυρὸς τυφῶνες, οἱ δὲ ἔτι ἀνειμένοι ἐκνεφίαι, κατασκήψαντα δὲ εἰς γῆν ξύμπαντα ταῦτα σκηπτοὶ κλήζονται (235,10–17 W.).	*τὸ δὲ ἀστράψαν ἀναπυρωθὲν* (scil. *πνεῦμα*) *βιαίως ἄχρι τῆς γῆς διεκθέον κεραυνὸς καλεῖται, ἐὰν δὲ ἡμίπυρον ᾖ, σφοδρὸν δὲ ἄλλως καὶ ἀθρόον, πρηστήρ, ἐὰν δὲ ἄπυρον παντελῶς, τυφών· ἕκαστον δὲ τούτων κατασκῆψαν εἰς τὴν γῆν σκηπτὸς ὀνομάζεται* (De mundo 395 a 21–25).

Zum Anfang bei Arrian hat die Parallele *ἄχρι – διεκθέον* Brinkmann selbst erkannt, auch auf Sen., Nat. quaest. II 57,1 (longius prosilire) hingewiesen. Aber auch der ‘Riß’, der zum ‘Aufleuchten’ der *ἀστραπή* führt, hat in De mundo seine genaue Entsprechung. Nun stimmt aber die Beschreibung sowohl des Wetterleuchtens wie des Wetterstrahls zu den arabisch-syrischen Fragmenten (Steinmetz 183), so wie sie den Angaben in De mundo gemäß ist. Der Wirbelwind bei Arrian, wie in De mundo den Eknephiai untergeordnet, entspricht – während auch Ar., Meteor. 371 a 11 f. nahesteht – der Schilderung des Arabers § 52; nur heißt er bei letzterem *πρηστήρ* (wie bei Sen., Nat. quaest. V 13,3, in welchem Kapitel Steinmetz 72 das Theophrasteum erkannte; die Wirkung dieses Windes auf Schiffe, 237,5 f. W. und beim Araber § 52), bei Arrian *τυφών*, in der Schrift Von der Welt *λαῖλαψ/στρόβιλος*: solche Ausgleichungen innerhalb der subtilen theophrastischen Unterscheidungen finden sich bei allen Traditionsträgern, bei denen doch stets der systematische Gedanke erhalten bleibt, daß es sich um Winde handelt, wenn auch immer die aus De mundo zu erhebende Tatsache festzuhalten ist, daß die Skalen der *βίαια πνεύματα* und der Gewitterwinde sich berühren: das *ἄπυρον παντελῶς*, das bei Ps.-Ar. *τυφών* heißt, a 24, ist der *καταιγίς*, der *θύελλα* praktisch gleich. Der stark zusammenraffende Ps.-Ar. findet bei dem gesprächigeren Arrian sein Gegenteil erst wieder 237,7 ff. W.:

κεραυνῶν δὲ πολλαὶ ἰδέαι τε καὶ ὀνόματά εἰσιν. οἱ μὲν αὐτῶν ψολόεντες, οἱ δὲ ἀργῆτες κληίζονται, σκηπτοί τε ὅσοι καταδκήπτουσι, καὶ αἰγίδες, ὅσοι ἐν συστροφῇ πνεύματος καταφέρονται, ἕλικες δὲ ὅσοι ἐς ἑλικοειδῆ γραμμὴν διᾴττουσι (237,7–10 W.).	*τῶν δὲ κεραυνῶν οἱ μὲν αἰθαλώδεις ψολόεντες λέγονται, οἱ δὲ ταχέως διᾴττοντες ἀργῆτες, ἑλικίαι δὲ οἱ γραμμοειδῶς φερόμενοι, σκηπτοὶ δὲ ὅσοι κατασκήπτουσιν εἰς τὴν γῆν* (De mundo 395 a 25–28).

Man erkennt, daß bei der Sonderart der *ἕλικες* Deutlichkeit nur bei Arrian zu finden ist; Ps.-Ar. spricht von 'Linien' statt von 'Wellenlinien'. Außerdem lehrt Arrian deutlicher als unser Anonymus, daß mit dem Begriff *σκηπτοί* der 'Wetterstrahl' noch einmal spezifiziert wird: es gibt Blitze, die durchaus nicht mit dem Wetterleuchten zu verwechseln sind, deren Einschlagen aber nicht beobachtbar ist, wie etwa jene *ἕλικες*. Dies ergibt sich mir aus Sen., Nat. quaest. II 58,1, wo der Philosoph die Frage beantwortet, quare fulmen subito appareat (= *κεραυνός*!) nec continuatur assiduus ignis. – Das Stobaiosfragment bringt noch Einzelheiten über die Arten des Niederfallens von Blitzen und ihres angeblichen Abprallens von der Erde (258,2 ff. W.; vgl. Sen., Nat. quaest. II 57,4), vor allem einige Berichte über die in der ganzen nacharist. Meteorologie interessierenden merkwürdigen Wirkungen des Blitzschlags auf Objekte von verschiedener Struktur (vgl. Steinmetz zum Syrer 352 b 23 ff.; der Araber § 27 f.). Es ist mir nicht zweifelhaft, daß die bei dem oben genannten Aratkommentator, bei Arrian und in De mundo überlieferten Gewittertheorien konvergierend auf eine theophrastische Vorlage weisen; mit mehreren Mittelgliedern wird zu rechnen sein.

247,13 (a 29) „teils bloße Spiegelung". Die Scheidung der Phänomene im Luftraum in solche, die bloße Spiegelung sind, und andere, die auf realer Stofflichkeit basieren, ist für die an dem Traktat geübte Quellenkritik von großer Bedeutung geworden; ist doch diese Lehre mit aller nur wünschbaren Evidenz als posidonianisch fixiert, s. Aët. III 5,1 ff.; Schol. Arat. ad v. 811 f., p. 488,14 ff. Maaß, und die Belege zu den gleich folgenden Einzel-Doxai. Wenn es allerdings eine Lehre war, mit deren Hilfe Poseidonios die atmosphärische Physik überhaupt gliederte (was Reinhardt, Pos. 162, anzunehmen scheint), dann paßt unsere De mundo-Stelle schlecht dazu; denn hier wird eine verhältnismäßig eng begrenzte Gruppe davon betroffen, und das Einleitungswort „zusammenfassend" (a 28) ist schief; der Gedankensprung ist seit langem bemerkt. Doch liegen die Dinge anders, seitdem, von Steinmetz vortrefflich interpretiert (198 ff.), der arabische Theophrast (§§ 57–61) zu uns spricht. Steinmetz ist der Nachweis gelungen (vor dem ich seinerzeit, Hermes 81, 1953, 286, resignierte), daß jenes berühmte Einteilungsprinzip ursprünglich dem Aristotelesschüler gehört und daß der große Stoiker auch hier in seiner Schuld steht. Ich verwerte hier nur, was zu den a 30–32 genannten einzelnen Naturerscheinungen gehört.

247,16 (a 32) „Regenbogen". Diese Definition steht im wesentlichen wörtlich bei Diog. Laert. VII 152 (p. 363,1 ff. Long) mit dem Zusatz *ὡς Ποσειδώνιός φησιν*. Man kennt die Folgen, die dieses scheinbar schlagende Zeugnis für die Charakterisierung der Schrift Von der Welt gehabt hat. Die nicht weniger schlagende Tatsache, daß Areios Didymos (fr. 14 Diels) in seiner Epitome „des Aristoteles und der übrigen

Peripatetiker" den gleichen Wortlaut ganz ähnlich bringt („wie in einem Spiegel": so nur in De mundo und Diog. L.), wurde pariert durch die ebenso schwache wie einflußreiche Ausflucht, daß dem Areios „seltsamer- oder vielmehr bezeichnenderweise in seine Aristotelesexzerpte die Definition des Poseidonios" geflossen sei (Capelle 548). Wir dürfen jedoch sicher sein, daß Areios hier die arist. Grundschrift durch Theophrast ergänzte; Steinmetz konnte zeigen, daß die Daten „feuchte, konkave Wolke" (die beiden letzteren sind nicht arist.; Ar. läßt die Spiegelung im schon fallenden Regentropfen vor sich gehen) klare Theophrastea sind. Auf De mundo fällt sein Blick nicht; trotzdem formuliert er genau unsere Stelle, wenn er (203) als theophrastisch zusammenfaßt: Der Regenbogen „ist die Spiegelung eines Ausschnitts der Sonne oder des Mondes in einer konkaven Wolke, die im Begriffe ist zu kondensieren, wobei nur die Peripherie sichtbar ist". Es muß übrigens mit aller Deutlichkeit ausgesprochen werden, daß es keines besonderen schöpferischen Aktes bedurfte, um auf jenes Prinzip *καθ' ὑπόστασιν — κατ' ἔμφασιν* zu kommen: es repräsentiert lediglich die Formel, die aus den weit voneinander getrennten Lehrgruppen Meteor. I 4–8 und III 2–6 unmittelbar abgelesen werden konnte. (in I 8 zeigt die Besprechung der Milchstraße, daß Ar. jene Unterscheidung geläufig war). Von einem auf des Poseidonios Namen zu stellenden lehrgeschichtlich epochalen Neuansatz kann nicht die Rede sein. – Vom Standpunkt der modernen Physik beurteilt R. Böker, s. v. Wetterzeichen, RE Suppl. IX, 1962, Sp. 1654ff., die antike Überlieferung.

247,19 (a 35) „Stab". Unter *ῥάβδοι* sind Regen- oder Wassergallen zu verstehen, also „kurze Stücke eines nicht ausgebildeten Regenbogens", Böker, a. a. O., Sp. 1685. Genau so Sen., Nat. quaest. I 9,1: nihil aliud sunt quam imperfecti arcus (wir kehren zu diesen Kapiteln sogleich zurück).

247,20 (a 36) „Hof". Halophänomene gehen auf die Beugung und Zerstreuung zurück, die das Licht von Gestirnen (Ar. denkt vorwiegend an Sonne und Mond, aber auch andere besonders glänzende Sterne, Meteor. 371 b 24) in der Atmosphäre – genauer in Nebeln von Eiskristallen – erfährt (nach R. Böker, a. a. O., Sp. 1654. 1672). Die Differenzierung zwischen Regenbogen und 'Hof' (395 b 1f.) steht ebenso bei Ar., Meteor. 373 b 34; Sen., Nat. quaest. I 10. Aber etwas Besonderes scheint, bei aller Wortkargheit des Exzerptors, doch noch vorzuliegen, wenn die Glanzerscheinung um das Gestirn *περίαυγος* (nicht arist.) genannt wird (b 1). Zu der Feststellung des arabischen Theophrast „Der Glanz des Mondes durchdringt die ihn umgebenden Dünste in gleichen Linien und endet so auf allen Seiten im Kreis" (§ 59) zog Steinmetz (189f.) den einzigen aus dem treuen Aristotelismus des Areios Didymos herausfallenden Satz heran, der mit der Definition schließt: *περιφανῆ γὰρ εἶναι καὶ σφαιρικὴν κατὰ τὴν ἔμφασιν τὴν ἅλω* (Doxogr. 455,2 Diels). Er hat auch gesehen, daß Theophrast zur Erklärung der Halo neben dem Prinzip *κατ' ἔμφασιν*, wie es Areios-De mundo erkennen lassen, den Gesichtspunkt *καθ' ὑπόστασιν* stellte, wie es, die genannten Texte genau ergänzend, Sen., Nat. quaest. I 2 zeigt. Dieses interessante, treffliche Beobachtungen verwertende Kapitel bringt mit Badhaus und Lampe bekannte meteorologische Exempla des Peripatos (§ 4); deutlich tritt die Auffassung des Windes als mechanischer Luftverschiebung hervor.

247,23 (b 3) „Himmelsleuchten". Fulgores quomodo fiunt, quos Graeci *σέλα* appellant? fragt Seneca, Nat. quaest. I 15,1; unter seinen beredten Antworten ist leider keine, die uns eine überzeugende deutsche Übersetzung für diese nächtlichen Lichterscheinungen der oberen Atmosphäre ermöglicht. Mit ihnen kommen reale, stoffliche Veränderungen in der Feuer-Luft-Region in den Blick. Es ist, wie alles, was wir bisher zu diesem Thema lasen, gut peripatetisch, wenn diese beiden Bereiche, die bei der ersten, zusammenfassenden Überschau getrennt gehalten waren (392 a 34 —b 13), nunmehr gemeinsam betrachtet werden; hat sich doch der Meister selbst in mühsamen und auch problematischen Untersuchungen (Meteor. I 4) die Möglichkeit hierzu erarbeitet. Und doch befinden wir uns hier in De mundo unverkennbar auf nacharist. Gelände. Nicht nur, daß der Ausdruck *σέλα* dem Archegeten fremd ist, der hier als Oberbegriff für Phänomene verwendet wird, unter denen die Kometen die bekanntesten sind (die Übersetzung „Funken", die Wil. Leseb. II Erl. 127 vorschlägt, empfiehlt sich also nicht); es hat sich vor allem die physikalische Grundlage geändert. Während Ar. für den Raum unterhalb der himmlischen Kreisbewegung eine neuartige, wesentlich die *ξηρὰ ἀναθυμίασις* der Erde repräsentierende Substanz erfindet, für die die vorsichtig umschreibenden Bezeichnungen Anathymiase, obere Luft, Mischung von beiden (344 a 11 ff.), sachlich aber am sprechendsten der Name 'Zunder' (341 b 19) gebraucht werden, liegt in De mundo nichts anderes vor als die in der erdnahen Atmosphäre und im Wolkenraum so bekannte Feuerentstehung aus Luft durch 'Reibung'; diese wird in einer uns nunmehr bekanntgewordenen umsichtigen Weise differenziert: springende Funken am Himmel, Sternschnuppen entstehen, cum ⟨aër⟩ levius collisus et, ut ita dicam, frictus est, wogegen aëre vehementius trito die mächtigeren Naturerscheinungen auftreten, trabes et globi et faces et ardores. Zum maius das maximum: eadem ratione fiunt ista (scil. die nächtlichen Lichterscheinungen am Himmel), qua fulmina, sed vi minore. Zu dieser Klimax (die Seneca, den wir hier zitieren ⟨Nat. quaest. I 1,5 f.⟩ übrigens in seiner eigenwilligen Weise verunklärt) stimmt Theophrasts Definition des Blitzfeuers, das, wie bereits bemerkt, „durch Zusammenballung und Pressung eben der Luft" entsteht, De ign. 1. Seneca bringt dies innerhalb eines umfänglichen Aristoteleszitats („seine Referate aus Ar. sind immer ungenau oder geradezu falsch", erklärt A. Rehm, S.-B. München 1, 1921, 18, Anm. 1) — er gibt eben die im Späthellenismus gängige peripatetische Lehre wieder, die theophrastische, die sich uns bei Ps.-Ar. durch b 5 *ἐκ παρατρίψεως* andeutet. Sehr bezeichnend, wie dann, in einem erneuten Meteorologie-Zitat (1,7 ff.) neben der Reibungstheorie die klassische arist. Lösung der Entzündung einer brennbaren Materie (*ὑπέκκαυμα* bei Ar.) auftaucht, § 8 — wobei das Movens des Aufflammens (einer der heikelsten Punkte des Systems, s. meinen Kommentar zu Meteor. 341 b 20) überraschenderweise in der Einwirkung von Sonnenstrahlen gesucht wird. — Angesichts der Einbettung dieser *σέλα*-Theorie in peripatetische Lehre kann das z. T. wörtliche Wiederkehren der Definition b 3—6 bei Diog. Laert. VII 153 (in einem der stoischen Physik gewidmeten Zusammenhang) m. E. nicht anders gewertet werden als beim Thema der Iris; die jungstoische Meteorologie (Poseidonios wird 152—154 genannt) hat Theophrasts Lehre in sich aufgenommen.

247,25 (b 4) „geschleudert". Die ganze Aitiologie (bis b 9) ist gemäß Ar.s Differenzierungen nach Länge und Breite (341 b 24 ff.) gearbeitet; vgl. z. B. mit b 5 *ἐξακοντισμός* die arist. *ῥῖψις*, 342 a 2 u. ö. Die Wendung De mundo b 6 *φαντασίαν ἐμφαίνειν* hat bei Ar., Meteor. 342 b 23 („macht den Eindruck schneller Bewegungen") ihr Gegenstück. Die Stelle wird von Seneca hübsch illustriert (es ist wie bei Ps.-Ar. – vgl. 392 b 3 διᾴττει – von Sternschnuppen die Rede): velut igne continuo totum iter signat, quia visus nostri tarditas non subsequitur momenta currentis, sed videt simul et unde exiluerit et quo pervenerit, I 14,4 („genau so ist es beim Blitz", heißt es dann, s. o.).

247,25 f. (b 4) „auf ihrem Platze fest". Die Zweiteilung der *σέλα* auch bei Seneca, Nat. quaest. I 15,2 (quaedam praeceps eunt similia prosilientibus stellis, quaedam certo loco permanent). So schon 14,1; die Gedankenführung dieser beiden Schlußkapitel wendet sich fast spielerisch hin und her; ganz am Ende (15,7) zeigt sich, daß der Schriftsteller das Prinzip *κατ' ἔμφασιν – καθ' ὑπόστασιν* gut kennt; aber er hat es als Kompositionsgrundlage verschmäht, wie er ja auch unbefangen die sachliche Zusammengehörigkeit der fulgores sprengt und die Haarsterne ausdrücklich (vgl. I 15,5) in einem eigenen Buch behandelt (dem siebten unserer Überlieferung).

247,32 (b 9) „Haarstern (Komet)". Er wird, mit einer ganz knappen Verbesonderung, unter die *σέλα* eingereiht, deren weitaus markantestes und berühmtestes Beispiel er doch darstellt, und nicht weiter besprochen; dem Autor kam es, nach den Gewitterphänomenen, nicht mehr auf einen zweiten Höhepunkt innerhalb der *ἀέρια* an. Dabei gehört die Kometenlehre zu den durchgearbeitetsten meteorologischen Theorien, wie – allein für die Zeit nach Ar., Meteor. I 6/7 – aus A. Rehms Studie (S.-B. München 1921) ersichtlich wird, in der er des Poseidonios Lehre aus Senecas Kometenbuch (VII) und parallelen Quellen rekonstruierte, dabei übrigens feststellte, daß der stoische Physiker weitgehend im Bereich der arist. Lehre geblieben ist (35 ff.).

247,32 (b 9) „dauern die einen". Der Autor eilt zum Schlusse; der Exzerptcharakter tritt (bis b 17) deutlich hervor. Die selbstverständliche Tatsache, daß gerade die Kometen zu den länger dauernden fulgores gehören, wird nicht recht klar (anders Sen. I 15,3f.). Die im Text von De mundo auf sämtliche *σέλα* bezogene Angabe über den Ort der Sichtbarkeit (b 14f.) hat man zu den Kometen stellen wollen, obwohl sie gerade nicht zu deren sonst allgemein anerkanntem Ort am Himmel – vorwiegend der Norden – stimmt (vgl. Rehm 19, Anm. 2), an Hand eines Paralleltextes, des Arrianfragments I (= Stob. I 227 ff. W.); aber gegen Capelles und Rehms Umstellungen im Wortlaut dieses Fragments hat Brinkmann, Rh. Mus. 74, 1925, 25, gewichtige Bedenken erhoben.

247,35 (b 11f.) „Fackeln, Balken . . .". Das in den hellenistischen Quellen ersichtliche „unerfreuliche Kapitel der Namen" (Rehm 31, Anm. 1) läßt sich natürlich nicht quellenkritisch, etwa zu einem Pro aut Contra in der Poseidoniosfrage, verwerten. Ar. kennt (außer den *φλόγες*, 392 b 3) nur die „Gruben" (hier b 12), mit den weiteren hier genannten treten Seneca, Arrian I, der Aratkommentator Achill. p. 69 Maaß hinzu (die Beschreibung bei Manilius I 835 ff. bleibt, so fesselnd sie ist, bei Differenzierungen solcher Art besser beiseite).

247,35 (b 13) „nach der Ähnlichkeit". Gleich dreimal auf knappem Raum wird bei Arrian der Name mit dem Wesensbild in Zusammenhang gebracht (229,15; 230,21; 231,4

W.). Die Bezeichnung *κατὰ τὴν ὁμοιότητα* entspricht noch dem altperipatetischen Bemühen, das vom Volksmund Angedeutete wissenschaftlich ins Bewußtsein zu rücken. Davon hebt sich die späthellenistische Künstelei ab, die Namen zu Gattungsangaben mit je einem eigenen Aition zu stempeln (wie dies z. B. ⟨bei Seneca⟩ die Kometenlehre des Chaldäerschülers Epigenes erkennen läßt, vgl. Rehm 11, Anm. 1).

247,39 (b 16) „keine Überlieferung". Es ist arist. Art, an astro- und geophysikalische Daten (zu letzteren s. Meteor. I 14) die geschichtliche Überlieferung heranzutragen, wie etwa, an berühmter Stelle, De cael. I 3, 270 b 13; auch II 12, 292 a 7ff.

248,3 (b 17) „die Erscheinungen im Luftraum". Das hier abgeschlossene Kapitel (gemeint sind die Themen de ignibus caelestibus und de cometis) läßt erkennen, wie rasch unsere Kenntnis der nacharist. Meteorologie versiegt, sobald eindeutige Nachrichten über Theophrasts (oder Poseidonios') Lehre fehlen. Natürlich gilt dies vor allem deswegen, weil unser Anonymus auf die Kometentheorie verzichtet, für die ein nicht unerhebliches Belegmaterial bereitstünde. Das bedeutet, daß – solange andere Quellen fehlen, wie sie uns sonst die Aristoteleskommentare und die arabische Tradition in etwa ersetzen – Senecas Traktat De ignibus caelestibus eine wesentliche Bedeutung zukommt. An seinem wesentlich peripatetischen Charakter ist m. E. kaum zu zweifeln; so möchte denn die Rede von multis ut aiunt modis (15,1) des Entstehens der fulgores gar wohl auf theophrastischen 'Pluralismus' deuten. Es ist zu vermuten, daß er für die Lehre von den *σέλα* so wenig eine ausschließlich pneumatische Lösung erdacht hat, wie er es bei der Blitzlehre tat (vgl. 351 a 27 Wagner-Steinmetz). Auch eine evtl. Einwirkung der himmlischen *κυκλοφορία* – wie sie sich für die Windlehre ja tatsächlich als theophrastisch herausgestellt hat (s. Verf., Philol. 92. 1937, 254ff.) –, ist nicht auszuschließen, wenn ich auch nicht mit Rehm 37,1 glauben kann, daß hier, De mundo b 14, eine Anspielung darauf vorliege (es darf hier erwähnt werden, daß Albert Rehm, für den damals De mundo mit Selbstverständlichkeit als posidonianisch beeinflußt galt, später von dieser Hypothese durchaus abgerückt ist). – Theophrasts Kometenauffassung kennen wir nicht; wenn in dem theophrastisch beeinflußten Fragment De signis von *κομῆται ἀστέρες* die Rede ist (eben „Haarsterne"), so beweist dies nichts für deren Gestirncharakter (irrig Steinmetz 217).

248,4 (b 18) „die Erde". Während bei Ar. den Zusammenhang zwischen Wind Erdbeben Gewitterphänomenen (in dieser Reihenfolge) die immer von neuem eingeschärfte eine Ursache – die warmtrockene Anathymiase – sichert (so auch an der Schwelle der Seismologie, Meteor. II 7), lenkt unser Exzerptor die Darstellung von einer anderen Seite auf die Erde zu. Nachdem im Gewitterkapitel Feuer und Luft das zentrale Thema gewesen waren, hat er die weiteren *ἀέρια* so geordnet, daß die Feuerphänomene (die Ar. an ganz anderer Stelle bespricht) den Schluß bilden. So ist der Leser auf die Elementendreiheit Pneuma Feuer Wasser (welch letzteres ja auf jeden Fall dem Erdkörper zugehört) und damit auf das neue Sachgebiet umsichtig vorbereitet.

248,4 (b 19) „Quellen". Natürlich weiß bereits Ar., daß der Erdkörper Wasser, Wind und Feuer enthält, Meteor. 360 a 5ff.; 365 b 24ff.; doch tritt hier die Gleichwertigkeit der Faktoren hervor (vom unterirdischen Feuer als Vulkanbedingung hatte Ar. nur wenig Notiz genommen, zu Meteor. 367 a 9ff.), dazu konvergieren ihre Wirkungen nach einem überlegten Plan.

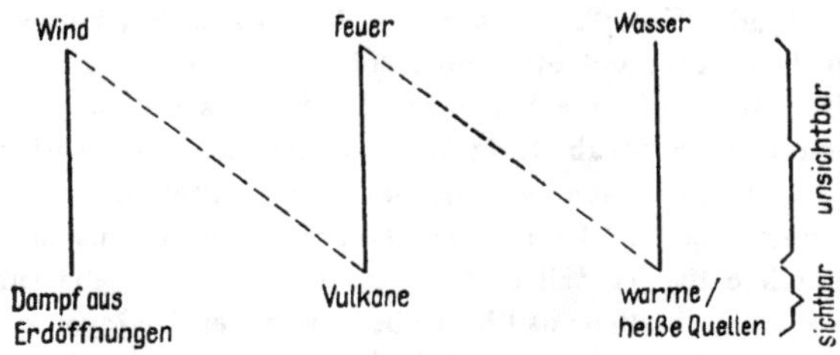

Abb. 8

248,6 (b 20f.) „Ventile – Ausbruchstellen". Zum Terminus *ἀναφύσησις* u. Verw. s. o. 309. Auf zwei hier einschlägigen Gebieten, dem Vulkanismus und der Hydrologie, war Theophrast der anerkannte Klassiker der hellenistischen Physik (vgl. die gründliche Aufarbeitung bei Steinmetz 211ff., 217ff.). Auf diese Bedeutung des Ar.-Schülers war bereits Hermes 1953, 284 hinzuweisen; in seiner Lehre wirkt jene Elementendreiheit im Erdinnern besonders innig zusammen. Über vulkanische *παράδοξα* des hier in De mundo bezeichneten Gebietes handelt ein fesselndes Strabonkapitel, V 4,9 (z. T. nach dem Historiker Timaios); zwei Splitter theophrastischer Lehre berichten ausdrücklich von den Äolischen Inseln (Frag. 164; 165 Wi.). Man hätte nie vergessen sollen – während man „das Groß-Systematische, das Ineinanderwirken zwischen Himmlischem und Irdischem" bei Poseidonios feierte (Reinhardt, Pos. 156) –, daß der Peripatetiker in seiner Spezialschrift Über das Feuer gleich zu Beginn (§§ 1. 3) das Irdische, Über- und Unterirdische als ein zusammenhängendes Forschungsgebiet deklariert, und daß Senecas markanter Satz crede infra, quicquid vides supra (Nat. quaest. III 16,4) in unmittelbarem Zusammenhang mit einem weittragenden Theophrastzitat steht (die Parallelstelle, II 22,1, legt eben die theophrastische Feuergenese dar!).

248.8 (b 22) „fließen stromgleich". Theophrast war (nach Diog. L. V 49) Verfasser einer Studie „Über die Lava in Sizilien". Daß seine vulkanologischen Anschauungen hinter der Ätna-Schilderung bei Lukrez (VI 680–702) stehen, hat E. Reitzenstein 61ff. gut gezeigt und Steinmetz erhärtet (213f.).

248,10f. (b 24) „erwärmen diese Gewässer". Das riesige Material der griechischen Naturkunde verfiel, wie bekannt, in späterer Zeit vorwiegend paradoxographischem Interesse; dies gilt in erheblichem Ausmaß für die merkwürdigen und wunderbaren Wirkungen, die man vielerorts in der Alten Welt Gewässern zuschrieb. Was Ovid im letzten Metamorphosenbuch in beredten Versen vorüberziehen läßt (308ff.), findet sich in mehr oder weniger gelehrter Manier z. B. bei Seneca, Nat. quaest. III 20ff., Vitruv VIII 2,8ff., in den umfänglichen Sammlungen des Plinius, Nat. Hist. XXXI 1ff., und einer Partie des Athenaios, II 13–25. Die arabische Kosmographie hat sich besonders für dergleichen interessiert, vgl. Kazwinis umfängliche Berichte 384ff. (eingeleitet von der gut peripatetischen Feststellung, „daß es im Bauch der Erde Durchzugskanäle gibt, und in diesen befindet sich entweder Wasser oder Luft"). Der Hintergrund der kurzen Bemerkung in De mundo ist also sehr reich. Vgl. Steinmetz 247ff., der die überall fundierenden Hydrologien des Theophrast und des Poseidonios zu sondern versucht.

248,13 (b 26) „Winde (Gase)". Die *θαυμάσια* über solche Wirkungen gehören zu der eben genannten Literatur; vgl. etwa über spiritus letales aus Erdhöhlen Plin., Nat. hist. II 95 (207f.), wo auch die berühmte Grotte aus im phrygischen Hierapolis (vgl. b 30) genannt ist, s. Strab. XIII 4,14. Im Adyton der delphischen Priesterin strömten, wie wir heute wissen (vgl. H. Berve, Gestalten und Kräfte der Antike, [2]1966, 23), niemals jene in Ekstase versetzenden Erdausdünstungen, wie es sich schon seit frühhellenistischer Zeit eine physikalisch-theologische Interpretation zurechtlegte, die wir einigermaßen aus Plutarchs Pythischen Dialogen kennen (s. u. 339). – Der Ruf des böotischen Lebadeia am Helikon beruhte auf der Orakelgrotte des Trophonios (vgl. Pausan. IX 39,5).

248,19 (b 31) „komprimierte Luft (Pneuma)". Ar.s Seismologie zeigt den Meteorologen auf der Höhe seines Könnens; mag uns auch das Fundament recht spekulativ anmuten, so wird doch in jenem Kapitel (II 8) vielseitig und scharfsinnig versucht, das Prinzip der allgegenwärtigen warmtrockenen Erdausdünstung den Naturvorgängen anzupassen, deren Formen und Ereigniszeiten mit der Eigenart der seismischen Zonen in Verbindung zu bringen und zu Prognosen vorzustoßen. Aber das Ensemble der vorarist. Lösungsgedanken – der „eigentlich schöpferischen Zeit" (W. Capelle), des 5. Jh. – müssen wir uns viel reicher vorstellen; vieles hat der streng auslesende Kritiker verworfen; auf manches griff die peripatetisch-stoische Physik später wieder zurück. – Die wenigen Sätze, die in De mundo die Erdbeben beschreiben, haben, obwohl nur eine der vielen pneumatologischen Definitionen darstellend, die wir kennen, doch ein eigenes Gepräge. Die Grundvoraussetzung allerdings, die Anschauung vom porösen Charakter des Erdkörpers (vgl. Platons – von Ar., Meteor. 355 b 32ff. kritisierten – Entwurf Phaed. 111Cff.), gehört zum althellenischen Bestand; Theophrast hat übrigens in seiner anti-aristotelischen Grundwassertheorie von einem weitverzweigten subterranen Kanalsystem besonders starken Gebrauch gemacht. Die b 30–36 skizzierte Genese ist – grundsätzlich wie bei Ar. – auf das Nebeneinander eines im Innern entstandenen und eines von außen eindringenden 'Windes' gestellt. Daß damit diese Seismologie für den Reinhardtschen Poseidonios, dem nur „Gewachsenes", nicht mechanisch „Hereingeführtes" (158 u. ö.) ziemt, verloren ist, wurde im Rekonstruktionsversuch von 1921 überraschenderweise übersehen. Es war ein befremdliches Unterfangen, hier den 'Vitalisten' retten zu wollen, wenn Reinhardt, mit der Angabe bei Diog. L. VII 154 konfrontiert, daß Poseidonios „im achten Physikbuch" die Erdbeben auf von außen einströmendes (p. 262, 20 Long ist sichere Ergänzung aus der Suda) oder im Inneren eingeschlossenes Pneuma gründe, das Zitat nur auf das letzte Wort *καθειρχθέντος πνεύματος* beziehen wollte; dagegen spricht a) für die bloße Binnenentstehung des 'Windes', also die communis opinio, brauchte Diogenes kein Zitat; b) die anschließende Einteilung der Erdbeben bezieht sich natürlich auf die ganze vorhergehende Definition. Die Konsequenzen dieses Sachverhalts werden unten zu ziehen sein. – Wie denkt sich der Autor die Entstehung des unterirdischen Windes? Dies beantwortet klar der als Nachtrag gegebene Schlußsatz des Abschnittes, 396 a 14–16: Wasserdampf bildet die Substanz, und seine Potenzierung zu Pneuma läßt ihn von einer bestimmten Spannungsstufe an (das wird unter *εὔκρατος* b 31 zu verstehen sein) wirkungsmächtig werden. So klar dies auf Theophrast deutet, bei dem *ἀναθυμίασις*, *ἀτμίς*, *ἀήρ*, wie in früheren Studien gezeigt, weitgehend synonym werden, so antiaristotelisch dies klingt (ist doch bei dem Archegeten die warmtrockene Erdausscheidung *ἀνέμου σῶμα*), so ist doch in den *Μετεωρολογικά* bereits vorgearbeitet; wie Ar. die weitere Steigerung des unterirdischen Windes zu Feuer beschreibt, braucht er — eine späte Stufe seines meteorologischen Nachforschens — den bezeichnenden Ausdruck *εἰς μικρὰ κατακερματισθέντος τοῦ ἀέρος*, 367 a 10f. Daß wir auf der richtigen Spur sind, beweist der Araber Bergsträssers (der bereits unsere De mundo-Stelle heranzog), § 65, und Steinmetz' Interpretation 206; wir müssen nur die Worte *ἐν γῇ παρεξωσθέν κτλ.* scharf fassen: durch enge Kanäle — von einem Hohlraum in den anderen (Steinmetz) — gepreßt (*σήραγγες*: so Plat., Tim. 70C; in anderem Sinn Phaed. 110A; die Erde ist *σηραγγώδης*, porös, bei Epikur, Aët. III 15,11), gewinnt das Pneuma an Kraft und verteilt sich gleichzeitig so, daß es auf 'viele Teile' der Erdoberfläche wirken kann. *παρεξωσθέν* und *ἔξεδρον γενόμενον* ergänzen also einander.

248,23 (b 33) „Pneuma von außen". Daß eine solche Alternative zu Theophrasts geophysikalischem System paßt, erkennt Steinmetz — noch ohne Berücksichtigung des ps.-arist. Traktats — an, 208. Aber so meint es ja auch Ar., der mit einströmendem Wind ganz unproblematisch rechnet, Meteor. 366 a 3ff. Man sollte aber auch an Sen., Nat. quaest. VI 14,3f. denken (die Stelle hat mit dem voraufgehenden vitalistischen Vergleich — den aber Reinhardt diesmal von seinem Philosophen fernhält, 160ff. — nichts zu tun, Reinhardt selbst setzt vorher eine Lücke an): vide ergo, ne quid intret in illam (sc. terram) ex circumfuso aëre, qui quamdiu habet exitum, sine iniuria labitur — es folgt die Kompression der Luft durch Engen und entgegenstehende Hindernisse, mit den Folgen, wie sie unsere De mundo-Stelle wiedergibt. Für die genaue Parallele Nat. quaest. VI 13,1 hat der Araber das retro ferri et in se revolvi des Pneumas als theophrastisch erwiesen. Ob dabei Senecas unmittelbare Vorlage Asklepiodot, der von den Quellenforschern nicht wenig strapazierte Poseidoniosschüler, war, ist für unser Untersuchungsziel unerheblich.

248,27 (b 36) „von den Erdbeben". Wir stehen vor der berüchtigten Frage der Erdbebenklassifizierung — problematisch deshalb, weil solche Schemata, quellenkritisch betrachtet, begreiflicherweise in besonderem Maße eine 'recensione aperta' erfahren haben. Hier bedarf es keiner umfassenden Bestandaufnahme; anzuknüpfen ist an Maguire 130ff. (mit verständiger Epikrise der nützlichen Münchener Dissertation K. W. Ringshausens, Poseidonios, Asklepiodot, Seneca und ihre Anschauungen über Erdbeben und Vulkane, 1929), vor allem aber an Lorimers Aufarbeitung der Hss. und der z. T. wörtlich übereinstimmenden Parallelfassung bei Joh. Lydus, De ost. 54 (gemeinsame Quelle?), dessen Akribie wieder einmal zu überzeugenden Ergebnissen geführt hat (Notes 53ff.). Das wichtigste ist zunächst, daß 396 a 4 *ἰζηματίαι* (nicht *χασματίαι*; Maguire wie Steinmetz — in der gleich zu zitierenden Studie — ignorieren Lorimers Beweisführung) zu lesen ist. Das hier folgende Diagramm soll nicht (wie das bei Ringshausen 26) der Quellenkritik dienen, sondern die in De mundo b 36—a 5 gegebene Übersicht deutlich machen.

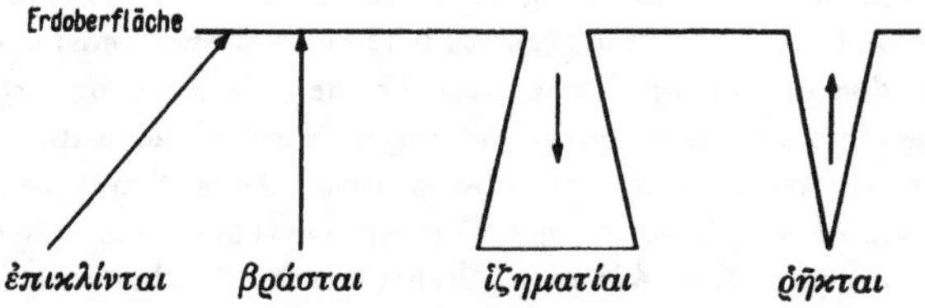

Abb. 9

Der Autor hat es m. E. auf eine Zweiteilung abgesehen: auf eine die Oberfläche bloß erschütternde und eine sie aufbrechende seismische Wirkung; im Hinblick auf Richtung und Dynamik sind die Gruppen benannt. Von ihnen haben die *βράσται* in der Forschung ein seltsames Schicksal gehabt (zu den *ἐπικλίνται* s. u.), obwohl Ar. alles so deutlich wie möglich gemacht hat. „Wo ein solches (sc. vertikales) Beben eingetreten ist, liegt eine Menge von Steinen an der Erdoberfläche, wie bei Gegenständen, die in einer Getreideschwinge emporgeschüttelt werden", Meteor. 368 b 28; gemeint ist ein wohlbekanntes Naturschauspiel, *τὰ περὶ τὴν Αἰγυπτικὴν χώραν*. Der Peripatetiker ist nicht schwer zu erraten, der das Nomen *βράσται* für diese seismische Wirkung hergestellt haben mag. Aber die Meteor.-Stelle wurde vergessen, v. Wilamowitz sah bei Strab. IV 1,7 das Steinfeld von Crau d'Arles als Wirkung einer Eruption geschildert (gerade dies wollte Ar. mit seiner Beschreibung vermeiden), Leseb. Erl. II 2, 142; und Karl Reinhardt widerfuhr es, das Strabozeugnis als Poseidonianum zu buchen („der unaristotelische, dem Pos. geläufige Terminus", s. v. Poseidonios, RE XXII 1, 1953, Sp. 684 – geläufig, weil in De mundo stehend?). Dabei werden *αἱ καλούμεναι βράσται* bei Strabon ausdrücklich als arist. Lehre (!) bezeichnet, und der Jungstoiker kommt unmittelbar anschließend mit einer ganz anderen, nichtseismischen Lösung zu Wort. Auch P. Steinmetz ließ sich täuschen, Rh. Mus. 105, 1962, 263.

248,30 (396 a 4) „Einsturzbeben". Ihr Auftauchen beim Araber (§ 67) war eine der großen Überraschungen, die der Neufund brachte („die einen ⟨Beben⟩ sind Erschütterungen, wenn etwas von dem Hohlraum der Erde einstürzt" (dazu § 62, wo Bergsträsser die Parallele Sen., Nat. quaest. VI 10,1 fand). Hinterher ist man klüger; wir hatten alle übersehen, daß bei Sen., Nat. quaest. III 16,4 – unmittelbar vor Theophr. 171,7 Wi. – von abrupti in infinitum hiatus die Rede ist, qui saepe illapsas urbes receperunt. An eine seismische Wirkung denkt hier Seneca offenbar nicht, wenn er auch erzählt, daß jene Erdschlüfte windig und wasserreich seien (§ 5). Andererseits sind in De mundo jene *ἱζηματίαι* dem Gesamttitel 'Pneumaphänomene' nicht ausdrücklich entnommen, doch trifft das Wesensbild mit den Einsturzbeben des Arabers eindeutig überein.

248,31 (a 5) „manche dieser Beben". Die Parallelstelle bei Jo. Lydus (s. zu b36) bezieht sich mit den dann genannten Eruptionen allein auf die 'Zerreißer'; so wird es richtig sein. Eröffnen neuer Quellen (a 6): schlagender Beleg Sen., Nat. quaest. III 11,2: hoc ait accidisse Theophrastus in Coryco monte, in quo post terrarum tremorem nova vis fontium emersit. – Daß für Reinhardt R E s. v. Poseidonios 684 Theophrast immer noch (1953!) „eine Unbekannte in unserer Rechnung“ war, ist schwer begreiflich.

248,34 (a 7) „manche stürzen um“. Die Erdbeben (sämtlicher Typen) werden nunmehr unter einem neuen Gesichtspunkt betrachtet, nämlich nach der Zahl der Stöße (Ringshausen); es ist ein Ordnungsgedanke *πρὸς τὴν ἡμετέραν αἴσθησιν*, wie Ar. sagen würde (vgl. Meteor. 366 b 30). Sowohl 'Umstürzen' wie 'Zittern' kommen bereits bei Ar. vor (368 a 31, b 23). Die als *ἔγκλισις* bezeichnete seismische Wirkung, die das Objekt sich bald nach der einen, bald nach der anderen Seite 'neigen' läßt (a 9), wird man mit jenen schräg wirkenden *ἐπικλίνται* (a 1) in Zusammenhang bringen dürfen.

248,38 (a 11) „es gibt auch 'Brüller'“. Eine im Hinblick auf besondere Begleiterscheinungen gebildete Gruppe schließt ab, gut theophrastisch, wie man in Erinnerung etwa an die Blitze (395 a 25 ff.) sagen möchte. Beben mit Getöse, unterirdisches Rollen ohne Beben: so schon Ar., Meteor. 368 a 14 f.; wie überhaupt auch auf diesem Sachgebiet die Grundlinien in jener erstaunlichen Pragmatie gezogen sind (Quer- und Vertikalbeben: 368 b 22 ff.; Erschütterungen, die die Oberfläche nicht sprengen: 368 a 3; dagegen *ἐκρήξας* 366 b 32). — Es wird sich ergeben haben, daß wir beim Durchmustern dieser Seismologie nirgends aus dem peripatetischen Bereich heraustreten müssen, daß sich andererseits unverkennbare Theophrastea als Richtpunkte zeigen. Unser Bild von Theophrasts Lehre hat Steinmetz glücklich durch eine sorgfältige Prüfung des Peripatetiker-Berichts bei Areios Didymos ergänzt (208 ff.). — Zum Schluß mag noch einmal der Anfang des Berichts (395 b 19 ff.: Vulkanismus) in den Blick kommen. Ich glaube, daß nun auch beim Ätna-Gedicht die Poseidonioshypothese fragwürdig geworden ist, wofür hier freilich nur ein Hinweis gegeben werden kann. Die hundert vor allem dem Pneuma als Antriebskraft gewidmeten Verse (283 ff., am Anfang Textlücke; ich lege Will Richters Ausgabe, Bln. 1963, zugrunde) stellen eine typisch hellenistische Fassung der Lehre dar. Wind/Luft — das ist ein wohlbekanntes, auch praktisch-technisch nutzbares (Vergleich mit der Wasserorgel, 294 ff.) Wirkungsgefüge. Die arist. warm-trockene Ausscheidung ist völlig verschwunden; an ihrer Stelle regiert kein 'Vitalismus', sondern das von Theophrast inaugurierte 'mechanistische' Denken, dem Luftzug, Luftdruck wichtig sind, und letzteren kann auch feuchter Wasserdampf (dies war Theophrasts Neuerung) vermitteln, 312 ff. Es stimmt dazu, daß subterrane Einstürze zu Luftverdichtungen zu führen vermögen (= ventos intendere, 281, animas impellere 311), 309 ff. credendum est etiam ventorum exsistere causas / sub terra similis harum quas cernimus extra (302): dies Prinzip ist dem Autor so gut bekannt wie Seneca und unserem Anonymus De mundo; es sei daran erinnert, daß dem Aristoteles die Leugnung dieses Gesetzes als *ἄτοπον* gilt, Meteor. 349 b 20 ff. — Mit ungewöhnlicher Emphase wird die Kontinuierlichkeit der Pneumabildung betont. Das Prinzip wird uns im Zusammenhang des Ps.-Aristotelicums alsbald begegnen.

249,7 (a 17) „auch im Meere“. Es bedeutet auch schriftstellerisch eine Steigerung, daß die bisher im Subterranen aufgesuchte Elementendreiheit Erde Wind Feuer nun ins Sichtbare tritt, in den Seebeben, über die bereits zu 395 b 19 f. Informationen zu geben waren. Ihren Zusammenhang mit den Erdbeben erkannte bereits Thukydides, III 89,5 (Hinweis W. Capelles, s. v. Erdbebenforschung, RE, Suppl. IV, 1924, Sp. 366f.). Die Eruptionen im Mittelmeer, die Theophrast interessierten, regten die naturforscherliche Phantasie und die Schilderungskunst des Poseidonios an (vgl. zu Strab. I 3, p. II 7,19ff. und VI 2,11 Reinhardt, Pos. 95ff., aber auch W. Capelle, NJbb 1920, 318ff.). – (a 21) Der Untergang der achäischen Städte Helike und Bura im J. 373 v. Chr. war in der antiken Literatur das Standardbeispiel für das unberechenbare Wirken der Naturkräfte, vgl. Ar., Meteor. 368 b 6ff.

249,12 (a 22) „Quellen sprudeln auf". Die Übersetzung kann den wuchtigen Nominalstil nicht nachahmen, den die hellenistische Kunstprosa letztlich einem platonischen – z. B. bereits im Axiochos (370 B E) nachgeahmten – Stilmuster verdankt: *ἀναψυσήματα γίνεται πυρὸς ἐν τῇ θαλάσσῃ καὶ πηγῶν ἀναβλύσεις καὶ ποταμῶν ἐκβολαὶ καὶ δένδρων ἐκύσεις ῥοαί τε καὶ δῖναι ταῖς τῶν πνευμάτων ἀνάλογον κτλ.*

249,16 (a 26) „Ebbe und Flut". Die Entdeckung ihres Zusammenhangs mit dem Umlauf des Mondes gebührt auf jeden Fall dem großartigen Massalioten Pytheas (vgl. die von H. J. Mette, Bln. 1952 vorgelegten Testimonia); die eigenartige Aneignung dieses Faktums im Weltbild des Poseidonios, dem wohl die ersten umfassenden Messungen verdankt werden, schildert Reinhardt Pos. 121ff. Das frühperipatetische Zeugnis „Die Flut im Meeresarm zwischen Sizilien und Italien steigt und fällt mit dem Mondumlauf" (Ps.-Ar., Mir. 55) ist wenig bekannt. Wichtiger ist eine beiläufige Feststellung b. Theophr. De caus. plant. II 19,4: „deutlich ist jedenfalls, daß nicht nur die Gewässer auf der Erde, sondern auch die subterranen mit ihren Bahnwendungen und Aufgängen (vorher war von *ἥλιος καὶ ἄστρα* die Rede) in Sympathie stehen" – merkwürdig, daß Capelle, der auf die Stelle hinwies (s. v. Gezeiten RE, Suppl. VII. 1940 Sp. 211) nicht die Verbindung zu dem gleich darauf ausführlich gewürdigten berühmten Strabonbericht herstellte, der die Mereesbewegung nach Poseidonios *συμπαθῶς τῇ σελήνῃ* schildert, III 5,8. Der Theophrastbeleg muß zu den Hermes 81,1953, 294f. aufgeführten gestellt werden, in denen sich peripatetische Vorstufen für den großen stoischen Vitalisten erkennen ließen. – Die Bemerkung über Ebbe und Flut ist keineswegs – wie man geurteilt hat – ungeschickt aus einem anderen Zusammenhang übernommen; vielmehr ist der Autor im Begriff, die Rolle des Meteorologen wieder mit der des philosophischen Weltbetrachters zu vertauschen, der den Lesern vom 2. zum 3. Kapitel hinübergeführt hatte. Wie dort in raschem Überblick die erregend bunte, vielgestaltige Schauseite der Welt, zumal des Erd-Wasserkörpers und seiner Atmosphäre, vorgestellt war (392 b 5–20), so wird hier, in bewußtem Hinüberblicken zu jenem Anfang, die nunmehr zu Ende betrachtete Elemententrias als ein vielfältiges Wechselspiel immer reger *θαυμάσια* gesehen. Es wird kein Zufall sein, daß die für den Verfasser charakteristischen Reihen mit *πολλάκις, πολλοί* bereits die letzten Teile der Meteorologie durchsetzten, s. 395 b 9ff.; b 18ff.; b 30ff.; 396 a 19ff. – Will man noch einmal die Reihenfolge der in Kap. 4 behandelten Materien überblicken, so bietet dazu die Zusammenstellung bei E. Reitzenstein 34f. eine Hilfe, wo die Anordnung bei Bergsträssers Theophrast mit der Abfolge bei Lukrez VI, den Vetusta Placita des Aëtius, dem epikureischen Pythokles-Brief und der arist. Lehrschrift verglichen wird (letztere scheidet aber angesichts ihrer besonderen, andernorts untersuchten Problementwicklung besser aus).

Es ergibt sich, daß in De mundo 4 die Materien genau so aufeinander folgen wie bei dem arabischen Theophrast, nur daß bei letzterem die Gewitterphänomene vor dem Komplex Regen/Wind zu stehen kommen, in De mundo nachher.

249,18 (a 27) „Blick auf das Ganze". Mit bewußter Kunst (wie man doch wohl sagen darf) bringt der Autor das aus dem Proömium bekannte Motiv 'Teil – Ganzes' gerade hier, als Abschluß und als Überleitung; ebenso bewußt wird er mit demselben, jedoch in einem wichtigen Punkt weiterentwickelten Gedanken das folgende Kapitel beenden. Es lag nahe, eine solche Peroratio jedesmal als unverbindliche Topik zu fassen – aber doch nur, wenn man von vornherein nichts anderes zu finden erwartet. Gewiß kann die Krasis der Elemente in verschiedenen Zusammenhängen vorkommen, auch außerhalb der Stoa, an die man natürlich zuerst denkt; man fand sie bei Empedokles B 21,13f.; B 22,7; dazu der theophrastische Bericht A 30 (p. 288,23), während die Ärzte Hippokrates für den Archegeten der Mischung der Stoicheia hielten, Galen., in Hipp. De nat. hom., CMG V 9,1 (p. 19,7). Aber daß hier am Schluß von Kap. 4 peripatetisch gesprochen wird, beweist das antistoisch die Weltewigkeit bezeugende Leitwort *ἀνώλεθρόν τε καὶ ἀγένητον* (Ar. selbst setzt *ἀγένητον* und *ἄφθαρτον* nebeneinander, De cael. 270 a 13; 284 a 13; Phys. 192 a 28 u. ö.) eindeutig. Innerhalb der Weltewigkeitskontroverse, die Theophrast gleichzeitig gegen Stoiker und Epikur zu führen hatte (Philo, De aet. mund. 143–149, dazu E. Bignone, L'Aristotele perduto etc., 1936, II 458ff.), bezeichnet es die peripatetische Position, daß der Untergang der Teile gleichzeitig geschehen müßte, wenn er zur Vernichtung des Alls führen sollte (Näheres s. Mus. Helv. 9,1952, 148). Wie es genauer zu verstehen ist, daß die Krasis zum Heil des Ganzen dient, wird der nächste Kapitelschluß lehren. – Der peripatetische Charakter von c. 4 fin. ist Maguire 132f. nicht entgangen.

Kapitel 5

249,23 (a 33) „verwundert". Die Naturvorgänge, die zuletzt zu schildern waren trugen zumeist den Charakter des Überraschenden, ja Gefährlichen. Demgegenüber war das Positive im allerletzten Wort *φυλάττουσαι* nur erst ganz leise angeklungen. So kann der Autor dahinter zurückgreifen und ein Erstaunen darüber suggerieren, daß die Welt, obwohl aus gegensätzlichen Prinzipien zusammengesetzt, immer noch besteht. An die Stelle der Stoicheia sind die Grundqualitäten getreten (a 34f.), und ihr Verhältnis zueinander ist das von Gegensätzen. Eine solche Verschiebung würde jeder dem Verfasser konzedieren, aber sie scheint in der Sache zu liegen; in Platons Gesetzen – deren X. Buch uns noch häufig beschäftigen wird – wehrt sich der Athener leidenschaftlich gegen den fragwürdigen Weltzusammenhang, den Pseudophilosophen aus Feuer Wasser Erde Luft, aus Warm Kalt, Trocken Feucht Weich Hart usw. stiften wollen – *τῶν ἐναντίων κράσει* (889 BC). Unser Anonymus will – gerade im Sinne Platons – der *κρᾶσις τῶν ἐναντιωτάτων* (396 b 24) einen positiven Sinn geben.

249,27 (b 1) „eine Stadt". „The real root of the comparison is in Aristotle, Pol. 1261 a 24 (*οὐ γὰρ γίνεται πόλις ἐξ ὁμοίων*); 1277 a 5ff. (*ἐξ ἀνομοίων ἡ πόλις*)", Maguire 134, der dahinter auch Platons Nachsinnen über das Problem dieser Ungleichheit erkennt, Politic. 308 C. Dem feinen, um den ps.-arist. Traktat sehr verdienten Gelehrten ergab sich leider nicht die Erkenntnis, daß die von ihm zitierten hellenistischen neupythagoreischen Texte von nichts anderem als von der akademischen Tradition herstammen. – b 2 ἔθνος „Stand", „Bevölkerungsgruppe": vgl. Ar., Metaph. 981 b 25; Plat., Leg. 776 D; Gorg. 455 B.

249,30 (b 4) „die Leute ahnen eben nicht". Zum dritten Mal die Geste gegen die Ahnungslosigkeit der Menge, nach 391 a 25; 392 b 21; an der Stelle im Proömium erscheint auch, wie hier, das *θαυμάζειν*. Auch der Leser soll hier noch nicht wissen, daß es bei dem abstrakten Subjekt *πολιτικὴ ὁμόνοια* nicht bleiben wird.

249,32 (b 6) „einheitlicher, gleichmäßiger Zustand". Wilamowitz, Leseb. Erl. II 2,128 schlägt „gleiche Stimmung" vor, die alles „vertragen" kann. Hier wird vielleicht doch der kosmische Aspekt verkannt, der hinter dem ganzen Kapitel zu denken ist. „Lebenslage": b 7 möchte ich als 'Stand', 'Lebensstellung' deuten, wie es bei Okellos 23,1 steht (wozu Harder 'Kallikratidas' bei Stob. IV 28,18 zitiert: *γαμίσκοντα δὲ δεῖ γαμὲν ποτὶ τὰν αὐτῷ τύχαν*).

249,34 (b 7) „die Gegensätze sind es". Wir haben bereits von der Tatsache Kenntnis genommen, daß am Ende (c. 5 fin.) wesentlich das Gleiche herauskommen wird wie zu Beginn (c. 4 fin.); man muß mit einer Darlegung rechnen, die nicht recht 'vorankommt'; sie zu verfolgen, ist auch deswegen nicht ganz leicht, weil sie sich einer langen Reihe traditionsbelasteter, weitgehend abgeschliffener Begriffe bedient. Trotz dieser Schwierigkeiten kann nur der Sinn der Gesamt-Anordnung das Untersuchungsziel sein, nicht die Häufung von Parallelen, die sich fast an jedes Wort anschließen ließen. Ein erster Durchblick ergibt, daß die heilsame, förderliche Wirkung der Gegensätzlichkeit nacheinander auf dem Gebiet der Natur, der *τέχναι*, des Kosmos (b 28 zum ersten Mal der bedeutsam nach vorn weisende Kraftbegriff!) aufgewiesen wird; genau in der Mitte des Ganzen geht die Belehrung über die *ἐναντία* in die entscheidende Formel *τὸ ἴσον σωστικόν* 397 a 3, über, die in einem schwungvollen Lobpreis des Kosmos ausgebreitet wird. Der Schluß lenkt mit wörtlicher Wiederholung zum Ausgangspunkt zurück (397 b 7 $\sim$ 396 a 31 f.). Aus der verwunderten Feststellung, daß die Welt trotz ihrer Gegensätze bestehe, geht also die weitere hervor, daß dies eben kraft dieser Gegensätze der Fall ist; aus der Aporie wird am Ende eine Eulogie.

249,35 (b 8) „nicht aus dem Gleichartigen". Das aus diesen Aufweisen hervorgehende Heraklitzitat (B 10 ist hier überliefert, b 20) bezeichnete für Wilamowitz den Kern des Ganzen: „das ganze Kapitel ist eine Ausführung seines Grundgedankens; die Stoiker haben ihn als den Ahnherrn ihrer Lehre betrachtet", Leseb. Er. II 2,129. Mit einem Schlage schienen damit Analyse sowohl wie Quellenkritik geleistet; tatsächlich waren sie durch diesen Machtspruch blockiert und zur Poseidonioshypothese hin abgelenkt (Capelle 554). Es war W. Theilers Verdienst, daß die Interpreten wieder nachdrücklich an den Mutterboden einer Gegensatzlehre, wie sie sich in De mundo dartut, erinnert wurden, an den Peripatos (vgl. seine Rezension von Harders Okellos, Gnomon 2, 1926, 585 ff.), den man für diese Aufgabe hätte nie vergessen dürfen. Der Schulgründer hat einen Teil seiner Lebensarbeit für den Nachweis *πάντα μεταβάλλει ἐξ ἐναντίου εἰς ἐναντίον* (Phys. 205 a 6) eingesetzt, wofür man als Beleg etwa De gen. et corr. II 4 vergleichen mag (wie denn auch z. B. das Naturleben in der Atmosphäre von dem stets präsenten Gegensatz der beiden tellurischen Ausscheidungen abhängt, Meteor. 369 a 12ff.). Der peripatetischen, auf ἐναντία gestellten Weltewigkeitslehre können wir zufällig weit in den Hellenismus hinein nachgehen, weil uns, etwa aus der Mitte des 2. Jh. v. Chr., die Schrift des 'Ocellus Lucanus' zur Verfügung steht (hervorragend ediert und kommentiert von R. Harder, Bln. 1926) und später Philon gelegentlich wertvolle peripatetische Vorlagen wiedergibt (s. o. zu a 27; ferner Opif. mund. 43f.; Quis. rer. div. her. 149ff.). Theiler ermittelte aus diesen Schriften – sowie Partien im letzten Metamorphosenbuch Ovids – einen ziemlich geschlossenen Zusammenhang jungperipatetischer Kosmosphysik, mit dem die Auffassung unseres Anonymus von Werden und Vergehen in Verbindung steht.

249,36 (b 9) „das Männliche zum Weiblichen". Ar., EE 1235 a 27 paraphrasiert Heraklit: es gebe keine Harmonie μὴ ὄντος ὀξέος καὶ βαρέος (= b 15), οὐδε τὰ ζῷα ἄνευ θήλεος καὶ ἄρρενος (= b 9) ἐναντίων ὄντων. Aber die Annahme, Heraklit sei von pythagoreischer Gegensatzlehre beeinflußt, vermag Maguire nur auf Vermutungen zu gründen, 135, n. 49.

249,37 (b 10) „die ursprüngliche Einung". Statt ὁμόνοια braucht Ar. ἡ πρώτη κοινωνία: τοῦτο δ' ἐστὶν οἰκία, Pol. 1257 a 20; vgl. 1252 b 10 (Haus, Heim, mit Frau und Knecht oder Pflugstier).

249,39 (b 12) „Kunst ... die ja die Natur nachahmt": hier wirklich nur nebenbei, als die bekannte gängige Floskel, gebraucht; doch gehört das Motiv 'Natur als Lehrmeisterin' zu den fruchtbarsten Gedanken der Sophistik, von der späten Akademie und von Ar. gründlich durchdacht (Plat., Legg. X 888E ff. – mit herber Kritik –, Ar., Protrept. 13 Düring; der gelassene Stolz, daß τέχνη, menschliche Erfindsamkeit, ἐπίνοια, notwendig sei, um die Physis zu ergänzen, auch sonst noch, so Phys. 199 a 15; Pol. 1337 a 1). Mit unserer Stelle zufällig fast im Wortlaut identisch Ar. (?), Meteor. IV, 381 b 6; Theophr., De caus. plant. II 18,2. Zeitlich am nächsten steht Ocell. Luc. 11,2.

250,1 (b 12) „die Malerei". Es werden die Elementarfarben des Empedokles genannt, 31 A 92 a. E. D.-Kr. – „Vorlage": nach v. Wilamowitz, Leseb. II 2, 128 (τὰ προηγούμενα).

250,4 (b 16) „innerhalb verschiedener Stimmen ... eine einzige Harmonie". Eine Polyphonie in unserem Sinn steht der ganzen Antike fern. – Zum ersten Mal erscheint, in seiner angestammten musikalischen Bedeutung, der Begriff 'Harmonie' („Verbindung verschiedener Töne zu einem Melos", Diels), der sogleich (b 25) auf das Kosmische und später, von 399 a 12 an, auf die Theologie übertragen werden wird.

250,6 (b 17) „Schreibkunst". Man muß sich hier daran erinnern, daß die Elementarlehre der altgriechischen Schule in einem – uns sehr mechanisch vorkommenden– Einüben von Buchstabenfolgen, von Vokalen (φωνήεντα) und Konsonanten (ἄφωνα), bestand; ein Beispiel unter mehreren bietet der von O. Guéraud-P. Jouget veröffentlichte Papyrus (Un Livre d'Écolier, Paris 1930, pl. II; freundlicher Hinweis von Egert Pöhlmann). Vgl. H.-J. Marrou, Histoire d'Éducation dans l'Antiquité, ^{2}1950, 211 ff.

250,8 (b 20) „der dunkle Heraklit". Der Verfasser zitiert ihn nicht als den Denker, der *σαφῶς οὐδὲν ἐκτίθεται* (Theophrasts Urteil über die Kosmologie, 22 A 1,8), sondern als den Stifter jenes Zwielichts „des Symbolischen und Bildlichen, das wohl erraten werden kann" (K. Reinhardt, Hermes 77, 1942, 240; jetzt in: Vermächtnis der Antike, 1960, 89, Anm. 26–). Reinhardt ordnet in diese Heraklitdeutung, die die coincidentia oppositorum in den Vordergrund rückt, kurz auch De mundo ein. Der These E. R. Goodenoughs (Yale Class. Stud. 3, 1932), der Philo, Quis heres 207 ff. und die hier untersuchte ps.-arist. Partie im Hinblick auf eine gemeinsame Quelle zusammenrückt, muß ich das Bedenken entgegensetzen, daß das Gegensatzprinzip bei unserem Autor in einen wesentlich anderen Zusammenhang eingebaut ist, dessen – von Philon keineswegs gedeckte – Einheitlichkeit sich uns noch zeigen wird. – Zur Herstellung des Textes von Herakl. B 10 s. Br. Snell, Hermes 76, 1941, 87 (in VS^6 für B 10 viel zu viel aus De mundo ausgehoben).

250,12 (b 24 f.) „vermittelst der Mischung ... eine einzige Harmonie". Das Heraklitzitat dient der Weltewigkeitsthese, wie sie auch Gedankenziel der oben genannten peripatetischen Texte gewesen war. Doch gibt ihr Ps.-Ar. nunmehr eine Wendung, die ein Nur-Aristoteliker nicht mehr akzeptieren kann, eben mit jener Ausweitung des Harmoniebegriffs. Für ihn, und für den der Krasis, haben die Ärzte den Naturphilosophen vorgearbeitet (W. Jaeger, Paideia II, 1944, 14; Greg. Vlastos, AJP 64, 1953, 363 f., der die Vorstellung einer 'Mischung' gleicher 'Kräfte' als Gemeinsamkeit der alten Medizin überhaupt, Alkmaions, der Hippokrateer und der Empedoklesschule beurteilt); vgl. etwa De vet. med. 16–19. Für unseren Zusammenhang tritt bestätigend die Heraklitinterpretation in der ps.-hippokr. Schrift De victu hinzu (ed. W. H. S. Jones, London 1953; das besonders Relevante auch in VS 22 C 1), der in den letzten Jahren ergebnisreiche Studien besonders H. Dillers (zuletzt Hermes 87, 1959, 39 ff.) gewidmet wurden. Hier findet sich außer dem Krasisgedanken die *σωτηρία* durch Gegensätze, die Nachahmung der Physis durch die Techne, *γραμματική*, selbst die Geste gegen die *ἄγνοια* der Menge wieder, und eben auch das Harmonie- bzw. Symphonie-Thema (§§ 8. 9. 18 u. ö.). Es ist nicht günstig für Maguires These, daß er diese Schrift für die Vorgeschichte von De mundo ganz ausklammern muß (denn mit Neupythagoreern hat dieser Iatrosophist gewiß nichts zu tun), 136. Aber natürlich läßt sich infolge unserer enormen Textverluste keine quellenmäßige Verbindung herstellen. Der Verfasser von De victu ist angelegentlich bemüht, für das Verhältnis von Ernährung und Tätigkeit beim Menschen diätetisch brauchbare Regeln zu finden; dazu dienen – und genügen – ihm die Faktoren 'Feuer' und 'Wasser', die es fortwährend zu beobachten gilt – eine Lehre von der Menschennatur, die Statik statt Kinetik bedeutet und deren Vertreter, vom Peripatos her gesehen, *ἀφύσικοι* sind (Ar.s Urteil über die Eleaten, VS 28 A 26). Zumindest für eine Seite des Philosophen De mundo vermag dies wohl den Blick zu schärfen.

250,13 (b 25) „Trocken und Feucht" etc. Mit Absicht läßt der Autor die Grundqualitäten aus dem Anfangssatz des Kapitels wiederkehren: es wird ja jetzt ihr tieferer Sinn sichtbar. Ihn soll ein riesiges, durch Wiederholungen überladen wirkendes Satzgebilde (b 25—34) darlegen, das aber doch nicht der Struktur ermangelt. Die syntaktischen Elemente des Thesensatzes (b 23 *τὴν σύστασιν* / *διὰ τῆς κράσεως* . . . / *διεκόσμησεν ἁρμονία*) werden nacheinander in mehreren Reprisen dargeboten: zuerst das Mittelstück, die Mischung des Widerstrebenden (*ξηρόν* . . . *περιφερεῖ*), anakoluthisch im Nominativ (Lorimer, Notes 60), dann das Objekt, jenes 'Gefüge des Ganzen' (*γῆν* . . . *οὐρανόν*), schließlich, beisammenstehend, Subjekt und Prädikat, mit der bedeutsamen Ablösung der *ἁρμονία* durch „eine alldurchdringende Kraft". Das Spiel beginnt b 29 von neuem, wieder mit den verschiedenen Elementen der Mischung (*ἀέρος* . . . *ὕδατος*) dann folgt, mit umschreibender Repetition (b 30 ∼ b 26), das Objekt; Subjekt und Prädikat erscheinen nun zusammengefaßt in einer Kette von vier Partizipien, b 31—33, in deren Ablauf sich nochmals, zum dritten Male, die 'Gegensätze' einschieben. Dies alles jedoch läuft zu auf das ebenfalls drittmalig gesetzte Objekt; das ist nun nicht mehr der Kosmos, sondern das, was für ihn durch diese Weltplanung erwirkt wird — *σωτηρίαν*. Dies Ganze ist doch wohl mehr als inhaltsleere Rhetorik (so Festugière, 491). — b 27: *χθών τε πᾶσα καὶ θάλασσα* heißt es in dem prachtvollen trochäischen Hymnus auf Pan (leider schwer bestimmbaren Alters), den Paul Maas kommentierte, Epidaurische Hymnen, Halle 1933. Der Einklang wird auf Zufall beruhen, Absicht ist doch wohl die Vorbereitung auf den hymnischen Stil, der 397 a 5 ff. mit vollen Tönen einsetzt. — Zu dem frappierenden und (dies nun gewiß absichtlich!) vorläufig singulär dastehenden Wort *δύναμις* b 33 s. Einl. 268. — *μηχανᾶσθαι* b 33 für göttliches Wirken Plat., Tim. 34C; 37E; 70C; u. ö.; Xen. Mem. IV 7,6 (wo Sokrates von der Erforschung der *μηχαναὶ τῶν θεῶν* abrät).

250,22 (b 35) „die Übereinstimmung der Elemente". Es wird eine Eigenschaft der kosmischen Struktur aufgedeckt, die vom Gegensatz zum Gleichheitsprinzip hinüberleitet, wobei der Gedanke des Gleichgewichts vermittelt. In diesem Sinn wird das Wort *ἰσομοιρία* gebraucht, das die Reihe der der alten Medizin entstammenden Begriffe fortsetzt, vgl. Ps.-Hippokr., De aëre etc. 12 (*ὁκόταν μηδὲν* — scil. hinsichtlich Wärme und Kälte — *ᾖ ἐπικρατοῦν βιαίως, ἀλλὰ παντὸς ἰσομοιρίη δυναστεύῃ*, was eine Folge der *κρᾶσις τῶν ὡρέων* ist). Eine Übersicht über das 'Equilibrium' bei den alten Ärzten bietet Loren MacKinney, in: Isonomia, Studien zur Gleichheitsvorstellung im griechischen Denken, hrsg. von J. Mau und E. G. Schmidt, Bln. 1964, 79ff. Aber der philosophierende Arzt, an den De mundo denken läßt, kommt an weit bekannterer Stelle zu Wort, in der Eryximachosrede des Symposion: Aufgabe des Arztes ist es, die *ἐναντιώτατα* im menschlichen Körper (Kalt, Warm, Bitter, Süß usw.) zu einem förderlichen gegenseitigen Eros zu bringen und *ὁμόνοια* zu stiften, 186d (es folgen, ebenfalls auf einen Ausgleich der Gegensätze zielend, Gymnastik, Landbau und Musik, also *τέχναι* wie in De mundo); der Ausdruck *κόσμιος ἔρως*, durch die wohlbekannten Begriffe *κρᾶσις* und *ἁρμονία* ausgedeutet, hat sein Gegenstück in *πλεονεξία καὶ ἀκοσμία*, 188 b 4, den Wirkungen des schädlichen Eros (in De mundo: *μηδὲν πλέον δύνασθαι*, b 35; *ἀκοσμία*, 399 a 14). „Die Rede des Er. ist nicht einfach 'pythagoreisch', sondern platonische Darstellungskunst; doch einige pythagoreische Motive scheinen aufgegriffen zu sein", W. Burkert, Weisheit und

Wissenschaft usw., 1962, 78, Anm. 24; die Reserviertheit dieses Urteils dürfte zu unterstreichen sein, denn z. B. die ausgesprochen pythagoreisch anmutende Stelle Pol. 432A, wo *ὁμόνοια* neben *συμφωνία* (dieser Begriff in De mundo 396 b 8), steht, wird durch die Heraklitinterpretation in De victu (s. o. zu b24f.) gedeckt. Mit Heraklit setzt sich auch Eryximachos auseinander, Symp. 187A; daß er die Harmonie als Krasis faßt, daß seine Gedankenfolge (*ἁρμονία — συμφωνία — ὁμολογία*) der in De mundo (*ὁμολογία — ἰσομοιρία — ὁμόνοια*) so ähnelt (in beiden Fällen wird übrigens eine festliegende Struktur beschrieben, keine begründende Ableitung vorgeführt), macht die Parallele vollkommen. Überführung der Gegensätze — die dabei vollgültig erhalten bleiben — in eine Harmonie: dieser Gedanke, der nicht mit der in der Kaiserzeit beliebten Floskel 'concordia discors' (Belege Mus. Helv. 9, 1952, 153, Anm. 54) identifiziert werden sollte, leitet zur Epoche unseres Anonymus hinüber, in die Zeit Plutarchs. In seiner Schrift Über das Urkalte (De prim. frig.) statuiert er, daß die Physis vermittelst der Gegensätzlichkeiten wirkt (951 D; vgl. De Is. et Os. 367 A, 373 D), dabei sich aber als Bewirkerin von *κοινωνία, συμφωνία, ἁρμονία* zeigt (vorher, 946 EF, werden als Objekt die verschiedenen *τέχναι* genannt). Die Rückführung der sehr komplexen Schrift auf Poseidonios (Capelle 553, Anm.; 555) ist unhaltbar, vgl. Mus. Helv. 9, 1952, 155, Anm. 61; Maguire 136, n. 51. — *ὁμολογία* a 35: Plat. Tim. 32C *τὸ τοῦ κόσμου σῶμα ἐγεννήθη δι' ἀναλογίας ὁμολογῆσαν.*

250,25 (397 a 1) „die Waage“. Der Gedanke wird später in dem bedeutsamen Bild vom Gewölbeschlußstein wieder aufgenommen, 399 b 29ff. Platons Isorrhopieprinzip, Phaed. 109A, steht nahe: der Kosmos ist auch ohne Unterstützung von außen in sich im Gleichgewicht.

250,26 (a 3) „am Beispiel der großen Dinge“. Die arist. Naturerklärung veranschaulicht 'Großes' gern durch 'Kleines', und umgekehrt, Meteor. 369 a 30 u. ö.; Hist. an. 490 a 5; De part. an. 653 a 3. In diesem Sinn unten 399 b 29.

250,26 (a 3) „vom Gleichen“. Hier, wo nicht von der äußerlichen Gleichheit (in der Sichtbarkeit sind sie ja *ἐναντιώτατα*), sondern von der Valenz der Kosmosglieder die Rede ist (vgl. *δύνασθαι*, a 1), ist die Option zwischen den bekannten beiden Gleichheiten, der arithmetischen und der geometrischen, zugunsten der letzteren vollzogen (die als *τὸ κατ' ἀναλογίαν ἴσον* von Aristoteles durchleuchtet wird, Pol. 5, 1301 a 25ff.). So geschieht es an berühmten Stellen bei Platon, zunächst Gorg. 508 A, wo von der weltdurchwaltenden *κοινωνία* gesprochen wird, die dann mit der Gleichheit identifiziert wird: *ἡ ἰσότης ἡ γεωμετρικὴ καὶ ἐν θεοῖς καὶ ἐν ἀνθρώποις μέγα δύναται.* Dies soll als Zitat gelten (*φασὶ δ' οἱ σοφοί*, 507 E); W. Burkert macht a. a. O. 69 und Anm. 156; 157 wieder substanzreiche Bedenken gegen die übliche Rückführung auf Pythagoreer geltend. Das Isotes-Motiv wird altsophistisch sein; vgl. Eur., Phoen. 535ff. (Lob der im Tag- und Jahreslauf der Gestirne herrschenden Gleichheit) und Isokr., Areop. 21 (die zwei Gleichheiten im staatstheoretischen Bereich). Burkert ist auf dem richtigen Wege, wenn er vermutet, daß es bereits Gedanken des platonischen Spätwerks sind, die im Gorgias zutage treten. „Es ist eine alte und wahre Rede“, heißt es in den Gesetzen, 757A, *ὡς ἰσότης φιλότητα ἀπεργάζεται*, von den beiden Gleichheiten aber liegt zwar die eine, die arithmetische, also mechanische, auf der Hand, *τὴν δὲ ἀληθεστάτην καὶ ἀρίστην ἰσότητα οὐκέτι ῥᾴδιον παντὶ ἰδεῖν· Διὸς γὰρ δὴ κρίσις ἐστίν* ... Wir lassen den theologischen Skopus zunächst noch beiseite, erinnern aber, angesichts des „nicht für jedermann leicht zu erschauen", an die schon in c. 1 erkennbare Grundhaltung unseres Anonymus, dem Welterklärung ja Offenbarung hintergründiger Dinge ist. Auch der Lobpreis der Gerechtigkeit und ihrer Mutter, der Isotes, den der so ungemein aufnahmefähige Philon anstimmt (Leg. spec. IV 231 ff.) und in der Abfolge, wie sie De mundo 397 a 5 ff. vorliegt, durchführt, gehört in die Geschichte des Platonismus; δικαιοσύνη stand an der eben zitierten Gorgiasstelle neben κοσμιότης 508 A 2. – Die beiden platonischen Gleichheiten werden von Plutarch interpretiert, Quaest. Symp. 8, 718 D–719 C.

250,28 (a 4) „des alles erzeugenden ... Kosmos". Anstatt die Partie isoliert zu betrachten (und dann etwa als zum Topos der admiratio mundi gehörig vorzeitig abzuwerten), wird man zunächst ihre Einbettung in das Kapitel bedenken, das von Anfang an auf das Leitwort Kosmos gestellt ist (396 a 34), aber jetzt erst den Punkt erreichen läßt, an dem der Blick auf das Ganze frei ist (die Entwicklung liegt zwischen πολιτικὴ ὁμόνοια, 396 b 4, und ὁμόνοια τοῦ ... κόσμου, 397 a 4). Der bisherige Zusammenhang hat die Begriffe der Ordnung und der Dauer hervortreten lassen; beide bleiben bis zum Kapitelschluß beherrschend (τάξις: a 7. 9. 13. 20; σωτηρία u. Verw.: nach 396 b 34 397 a 10. 16. 27. 31. b 7). Wie sich der Autor einerseits mit der Betonung der Weltewigkeit (bes. a 10. 30) der Stoa entgegenstellt, so sucht er gerade für das Thema des „alles erzeugenden" Kosmos Anschluß an Aristoteles, der in dem wirkungsreichen Kapitel De gen. et corr. II 10 die Grundlinien eines auf Taxis gegründeten kosmischen Vitalismus gezogen hat (s. zu a 17). – Die Hymnenform der Partie war nie zu verkennen (vgl. die anaphorisch gebrauchten Frage- und (ab a 17) Demonstrativpronomina). Die Bemerkung Festugières zu Hermet. V 4,6 (ed. Nock p. 65, n. 13), die Eulogie in Frageform sei „familier à la litterature judaique", wird wohl nicht als Quellenhinweis zu verstehen sein; sonst müßte man ihn am Ende noch auf Ciceros Lobpreis der Philosophie beziehen, Tusc. V 2,5 f. – Als Richtpunkt für eine rechte Würdigung des gottgestifteten Weltbaus bringt Plut., De fac. in orb. 927 A ausführlich die τάξις, dann (927 E) σωτηρία, κάλλος, δύναμις.

250,30 (a 6) „nur ein Teil von ihm". Vgl. die Scheidung von ζῷον τέλειον und τὰ ἐν μέρους εἴδει in der fundamentalen Kosmosbeschreibung Plat., Tim. 30C ff. Ps.-Ar. faßt seinen Gegenstand zuerst als Ganzes ins Auge, dann (a 8 ff.) unter einzelnen Gesichtspunkten, die von der Gestirnwelt (und ihren Wirkungen) zur Atmosphäre (a 19) und schließlich zum Erdkörper leiten; das Stichwort „Einzelteile" (a 8 ~ a 29) rahmt den Abschnitt. Der 'Hymnus' hat also Struktur.

250,31 (a 7) „von 'Kosmos' her". Mit καλόν und τεταγμένον gibt der Verfasser die beiden Bestandteile des älteren Kosmosbegriffs an („gefügte Schmuckordnung": s. W. Kranz, Philol. 93, 1939, 432), der der Anwendung auf das Weltall (durch Anaximander?) vorausging. Die beiden Platonbelege, die jene Theorie vom Ausgleich der Gegensätze enthielten (Gorg. 508 A; Symp. 188 A), bieten eine tief in den Kontext eingesenkte Begründung des Kosmosnamens bzw. den Gegenbegriff, der Akosmia und Pleonexia (s. zu 396 b 35 f.) zusammenrückt. – Festugière sieht an unserer Stelle nur „ein gänzlich abgegriffenes Wortspiel", 505, n. 4.

250,35 (a 10) „nach den genauesten Maßen" ἀκριβής (vgl. 397 b 11) in kosmologischem Zusammenhang Plat., Tim. 56 C 6 (neben ἀποτελεῖν; vgl. De mundo a 14);

es ist Platons Lieblingsausdruck für 'exakt'. – „Von Ewigkeit zu Ewigkeit": Capelle paraphrasiert „von der anfangslosen Ewigkeit der Vergangenheit zu der endlosen Ewigkeit der Zukunft" (Übersetzung 1907). – Den Klang des Ewigkeitswortes hat *αἰών* aus Plat., Tim. 37B–38C. *ἣν ὅδε ὁ κόσμος ἐξ αἰῶνος καὶ εἰς αἰῶνα διαμενεῖ*, und danach, an berühmten Stellen, Ar. De cael. 279 a 22 f., 283 b 26 ff. Vgl. 'Philolaos' VS 44 B 21, p. 417,10. 18; zur Unechtheit zuletzt W. Burkert, a. a. O. 225f.: „ein Zeugnis hellenistischer Kosmosfrömmigkeit ... geprägt vom hymnischen Schwung des 'Timaios' und der arist. Ewigkeit der Welt" – als ob er De mundo vor Augen hätte. Vgl. Cic., Tusc. V 70 ab aeterno tempore fluentibus (scil. causis) in aeternum.

250,37 (a 12). „Jahreszeiten". *γόνιμοι τῶν ὅλων*: angedeutet wird Heraklit B 100, zum geflügelten Wort geworden: *ὥρας ... αἳ πάντα φέρουσιν*, dazu die tiefdringende Analyse Karl Reinhardts, s. ob. zu 396 a 20ff. Seine Belege erhellen nebenbei – was für unseren Zusammenhang interessiert – die Heraklitinterpretation im plutarchischen Platonismus (Plutarch hat uns B 100 erhalten). Bemerkenswert die Nähe der in Plat., Legg. 889A aufgestellten Reihe 'Erde – Sonne, Gestirne – *τὰ τῶν ὡρῶν διακεκοσμημένα καλῶς* – Jahre, Monate' zu De mundo a 9–14. – Die Horen sind „ohne Trug" (a 11); man kann sich auf ihr Werk verlassen: Themis, als Gattin des Zeus, *τίκτεν ἀλαθέας Ὥρας*, Pind. fr. 30,5 Sn. Wilamowitz (Griech. Leseb. Erl. II 2, 129) hat die Parallele zu *ἀψεύδεια* in dem berühmten Hymnus erkannt, freilich nicht dem Autor De mundo zugute kommen lassen, der bewußt auf Pindars Lied anspielt; ein philosophisch gefaßter *Ζεὺς σωτήρ* steht im Mittelpunkt seiner Theologie

250,38 (a 14) „Tage, Nächte ...". Zeit wird, nach Plat., Tim. 37E, zählbar gemacht durch Aufgliedern in diskrete Einheiten; es sind „temporal yardsticks", die nicht das ewige Sichändern, sondern die Festigkeit der kosmischen Zeitmaße anzeigen (Greg. Vlastos, in: Studies in Pl.s Metaphysics, ed. R. E. Allen, London 1965, 411).

250,39 (a 15) „überragend": wie exsuperantissimus (vgl. Apul., De mund. 27; De Plat. I 12) eine Gottesprädikation hohen Stils; vgl. Orph. hymn. 4,8; 8,7; 12,6; 66,5. „Glanz" nach Plat., Tim. 40A, wo *λαμπρότης* ebenfalls auf die Gestirne zu beziehen ist. – „licht": *εὐαγής* (Lorimer trennt sich nicht mit Recht von der guten Überlieferung zugunsten von *εὐαυγής*), Eur., Bakch. 662; Parmenides B 10,2; auch ein Timaioswort, 58 D 2, auf den Äther bezogen (auch das dortige Gegenstück, *θολερός*, hat Ps.-Ar. aufgenommen, 400 a 5). Die Bedeutung 'heilig' (Soph., Ant. 521) wird mitschwingen, gerade nach Tim. 40A, wo ja das *θεῖον* im Kosmos gemeint ist.

251,2 (a 16) „alterslos": s. o. zu 392 a 9. Das homerische *ἀγήρως* vom Kosmos bei Plat., Tim. 33 A 2.

251,2 f. (a 17f.) „der die Naturen ... geschieden". Nach den eigentlichen laudes mundi wird nun die Welt als Wirkungszusammenhang betrachtet; dieser Abschnitt wird eröffnet (und beschlossen, s. zu b 6) mit peripatetischen Zitaten. Ar., De gen. et corr. II 10, 336 b 10: „Deshalb haben auch Zeitdauer und Leben eines jeden organischen Wesens ihre bestimmte Zahl und werden durch sie voneinander geschieden; für sie alle gibt es ja eine Ordnung (*τάξις*), und ein jedes Leben und jede Zeitdauer bemißt sich (*μετρεῖται*, vgl. hier *ἐμέτρησε* a 18) nach dem Umlauf (der Sonne)"; so haben z. B. Schwangerschaftszeiten ihre Ordnung, *μετρεῖσθαι βούλονται* *κατὰ φύσιν περιόδοις*. Zur De mundo-Stelle zog Harder Okell. § 13 heran: „Alles andere (die Kosmosglieder gemeint) wird von dem All geleitet, im Zusammenhang mit ihm empfängt es Erhaltung und Fügung (*συνήρμοσται*), hat Leben und Seele" (vgl. De mundo a 18f.). Der Wechsel sichert die Dauer (De gen. et corr. 337 a 10; Meteor. 351 a 19–26, mit *τάξις* und *περίοδος*); letztere wäre nur bedroht, wenn der Untergang der Teile gleichzeitig geschähe: dies die peripatetische, speziell theophrastische Position bei Philo, De aet. mund. 143–149. Den peripatetischen Zusammenhang bei Ps.-Ar. hat W. Theiler erkannt, Gnomon 2, 1926, 585ff. Maguire (dem Theilers Ausführungen unbekannt geblieben sind) hat sich ein klares Bild von der Einbettung des ps.-arist. Textes erarbeitet, deutet ihn aber schließlich – was hier besonders unglaubwürdig ist – wieder neupythagoreisch, 138ff. Dabei hat gerade er – was hier zu 396 b 34ff. nachgetragen sei – die letztlich platonische, aus dem Timaios herzuleitende Abkunft dieser Weltewigkeitslehre gesehen, auch die Verwendung des Gleichgewichts der Elemente durch Chrysipp (Aratkomm. Achill. p. 32,9 M. *αἴτιον δὲ τῆς μονῆς τούτων τὸ ἰσοβαρές*) richtig, als Entlehnung aus Platon, gedeutet (vgl. ob. 269).

251,6 (a 20ff.) „die überraschendsten Seltsamkeiten". *νεοχμός* hochdichterisch für *νέος* (Aesch., Pers. 693; Soph., Ant. 156; Phil. 751; Eur., Hipp. 866 u. ö.), effektvoll neben *τεταγμένως* gestellt. – „sich vollziehen": *ἀποτελεῖν* häufig für das Wirken des Demiurgen und der Untergottheiten, Tim. 37C, 46d, 68D, 73A, D, 84C. Vgl. a 14.

251,7 (a 20) „beim Zusammenprall". Für seine Peroratio hat der Wortkünstler nun freien Lauf (bis b 8). Dabei knüpft er überlegt an den Schluß des 4. und an den Anfang des 3. Kapitels ('Blick von oben' auf die Erde, s. Einl. 265) an. Von *συναραττόντων* bis *ἐξαισίων* (a 22) folgen sich drei fast völlig silbengleiche Kola, jeweils mit Reim am Anfang und Ende. – *ἐξαίσιος* (auch 400 a 26) ist seit dem späten Platon als Kennzeichnung gewaltiger Naturereignisse festgeprägt, ep. 7, 351D; Tim. 22E, 25C; Kriti. 112A; Ps.-Plat., Epinom. 979A; Axioch. 370C; Theophr., De vent. 32. Danach Poseidonios bei Strab. VI 2,11; Plut., Mar. 21 (p. 261,22 Ziegl.).

251,9 (a 23) „ausgepreßt". Man wird an den *ἐκπιεσμός* der Regenwolke 394 a 28, denken, der die Feuchtigkeit über das Land verbreitet, so wie es der Lufthauch mit der Sonnenwärme tut (*διαπνεόμενον κτλ.*). – „festgegründete Ruhe": *καθιστάναι* kann prägnanter Ordnungsbegriff sein, Plat., Tim. 34 B 5 (Weltseele), 44 B 3 (Gegensatz: Fluß des Werdens), 70 B 3 (Organisation des menschlichen Körpers); vgl. Symp. 193D. Danach Plut. De Pyth. or. 404 E, u. ö.

251,11 (a 24) „und die Erde". Das bis a 29 reichende Satzgebilde wird nicht von Isokola, sondern von kunstvoll instrumentierten Klängen gekennzeichnet; der Folge *κομῶσα, περιβλύζουσα – περιοχουμένη* korrespondiert genau *ἐκφύουσα, τρέφουσα – δεχομένη*, und von der anderen Seite rahmt die Reimfolge (mit der Silbenzahl 5–6–5) *τινασσομένη / ἐπικλυζομένη / φλογιζομένη*. Eingefaßt werden so die knappen, feierlichen Worte *τὴν ἀγήρω φύσιν τηρεῖ* – auf das einleitende Themawort *ἡ γῆ* bezogen, ist dies ein aristotelisch-platonisches Credo. Der Sinn kommt, bei so viel Musik, nicht zu kurz; die erste Hälfte, mit 'Strophe' und 'Gegenstrophe', hat die fruchtbare Fülle des Naturlebens zum Inhalt, die Coda veranschaulicht dessen schreckensvolle Seite.

251,14 (a 27) „Wandlungen". Diese Bedeutung liegt auch in πάθη, nicht nötig, mit Wachsmuth – der damit der falschen Überlieferung πόας Sinn geben wollte – τροπάς einzusetzen; vgl. etwa Ar., Meteor. 338 b 25 (γῆς εἴδη καὶ πάθη τῶν μερῶν).

251,17 (a 30) „dies alles scheint ... zum Besten zu dienen". Der seit 396 b 34 im Vordergrund befindliche σωτηρία-Gedanke, als Ausdruck der Weltewigkeitslehre (vgl. a 10), wird angesprochen, also gerade nicht die stoische Pronoia. Lange vor deren Konstituierung hat Platon die finale Bedeutung der kosmischen Ordnung herausgearbeitet; sie bezeichnet den bekannten Punkt, an dem sich Sokrates im Phaidon von der wertfreien alten Physik trennt, 96a ff., sie stellt einen der Zielpunkte im Timaios dar und erscheint in den Gesetzen als das hier in De mundo Gemeinte. Dort (903b) rät der Athener, den Gottesleugner zu überzeugen, ὡς τῷ τοῦ παντὸς ἐπιμελουμένῳ πρὸς τὴν σωτηρίαν καὶ ἀρετὴν τοῦ ὅλου. Hinsichtlich der 'Person' des ἐπιμελούμενος – das Wort 903 B 5 eröffnet einen bis 907 B reichenden Zusammenhang – hat sich Ps.-Ar. noch nicht festgelegt; beziehungsreiche Abstrakte, Harmonie, Dynamis, vertreten ihn vorerst. Oder ist es der 'lebenspendende Kosmos' selbst? Aber unter den laudes mundi a 5 ff. ist das Prädikat 'göttlich' ferngehalten. Die Lösung wird das 6. Kapitel bringen.

251,19 (a 31) „Wenn sie bebt". Die a 20 ff., a 28 ff. geschilderten erschreckenden Naturereignisse werden nochmals aufgegriffen und nach ihrem für das Ganze der Welt förderlichen Sinn interpretiert. – „wie früher dargestellt" wird mit Wendland-v. Wilamowitz zu tilgen sein, weil dem hohen Stil zuwider (wogegen das 'technische' Wort ἀναπνοάς a 32 – vgl. 395 b 20 – ihn nicht beeinträchtigt). Der Traktat ist geradezu angelegt auf beziehungsvolle Wiederholungen; eben dies spricht gegen den vereinzelten Rückverweis an dieser Stelle.

251,22 (a 35) „so klärt sich". Hinter den feierlichen Worten a 33–b 2 (εἰλικρινεῖν, ἠπιαίνειν sind ungebräuchliche Verba; zum ersteren: „man soll ... die ἕλη, Sonnenlicht und Sonnenwärme, darin empfinden", v. Wilamowitz, Gr. Leseb. Erl. II 2, 130) steht nichts anderes als die Qualitätenreihe Trocken Feucht, Kalt Warm, die das Kapitel eröffnete.

251,24 (b 2) „so entstehen die einen". Am Kapitelschluß wird also nochmals deutlich peripatetisch gesprochen. „Der Erde widerfährt dies (scil. das Reifen und Hinschwinden), von Teil zu Teil abwechselnd, infolge der Kälte und Wärme". Ar., Meteor. 351 a 30 f. Darum also war vor dem Satz b 2 f. von „Flammen" und „Frösten" die Rede. – b 3 ἐπαναστέλλουσι: compensant, Bonitz, Ind. 265 b 18; aber es wirkt doch die Grundbedeutung von ἀναστέλλειν „hemmen, zurückstoßen" mit. Das Verb ist wieder ein rarissimum.

251,28 (b 6) „einander ablösen" (ἀντιπεριισταμένων). Zu dem für den Peripatos wichtigen Fachwort (gemeint ist meist Konzentration, z. B. des Warmen, als Reaktion gegenüber einem umgebenden Kalten, evtl. mit Platztausch) vgl. Simplik. Comm. in Ar., Phys. 1350,31 Diels; mein Kommentar zu Ar., Meteor 347 b 6. Hier in De mundo ist das Wort weniger prägnant, nur ein Synonym zu den früheren Bezeichnungen des ewigen regelmäßigen Wechsels. – Zu κρατούντων – κρατουμένων verglich Theiler Okell. § 22 (μήτε κρατῶσι μήτε κρατῶνται).

251,29 (b 7) „behütet in Ewigkeit". "It is a singularly well-knit chapter", urteilt Maguire (140), und zwar im Hinblick auf die durchgehende, als Klimax verlaufende Orientierung auf die Weltewigkeitslehre. Die Art, wie dieser Lehre eine den Harmoniebegriff ergebende Heraklitinterpretation dienstbar gemacht wird, soll noch einmal in den Blick rücken. Vor langem machte K. Praechter (ohne auf den ps.-arist. Traktat einzugehen) auf Herakliteer aufmerksam (Philol. 88, 1933, 342 ff.), die gegen Ar. (Categ. 13,14 a 17ff.) die Lebensnotwendigkeit der Gegensatzfunktion verfochten: εἰ γάρ τι ἕτερον τῶν ἐναντίων ἐπιλείψει, οἴχοιτο ἂν πάντα ἀφανισθέντα (bei Simplik. Categ. 412,20 ff.). Sie fügen zur Kategorie πρός τι den Charakter der σωτηρία, und die Kommentatoren fassen demgemäß bei der Deutung des berühmten Bogen-Leier-Aphorismus (Heraklit B 51) die ἀντίθεσις als σωτηρία (Alexander bei Elias Comm. XVIII 1, 242,14 Busse; Philopon. Categ. 104,34 ff.). Es hat sich uns ergeben (s. o. zu 396 b 35, 397 a 12), daß im kaiserzeitlichen Platonismus die rechte Mischung der gegensätzlichen Qualitäten die Eintracht im Kosmos und seine Dauer garantiert; Plut., De prim. frig. 946 F (Forts. der o. zit. Stelle): es macht von den Gegensätzen Gebrauch πλεῖστα ... ἡ φύσις ἔν τε ταῖς ἄλλαις γενέσεσι καὶ ταῖς περὶ τὸν ἀέρα τροπαῖς, καὶ ὅσα διακοσμῶν καὶ βραβεύων ὁ θεὸς ἁρμονικός καλεῖται καὶ μουσικός (gleiche Formulierung in der Pelopidas-Vita, 19,2). ... Bestätigend tritt Max. Tyr. p. 101,3 Hob. hinzu, und bes. p. 102,18 ff., wo es ebenfalls um die vermittelnde Stellung der Luft geht, nachdem die „vollkommene Harmonie der Welt" als Abbild der musikalischen Harmonie gerühmt war: ἔδωκεν αὐτοῖς – scil. Physis den Elementen – ὥσπερ ἐκεχειροφόρον τὸν ἀέρα, ὃς . . . συνεκέρασεν αὐτῶν καὶ συνῆψεν (vgl. 396 b 11) τὰς ὁμιλίας . . . ἐναντία ἀλλήλοις ὄντα ὅμως . . . ἀνακίρνανται κτλ. Der spätplatonische Meson-Gedanke (Gott der Meister der Mesotes der Elemente, Tim. 32B) ist mit der Krasis der Elemente ineins gebracht, und gleich stellen sich auch die τέχναι ein, denn der Mesotes bedarf es ἐν φωναῖς, ἐν χρόαις, ἐν χυμοῖς, ἐν σώμασιν, ἐν ῥυθμοῖς, ἐν πάθεσιν, ἐν λόγοις.

Kapitel 6

251,30 (b 9) „die das All zusammenhaltende Ursache". „Stoische Terminologie" bemerkt Capelle kurz, mit Hinweis auf SVF II fr. 440 f. Der Ausdruck (einschl. συνέχειν) ist in einer Reihe von Schulen zu Hause; für die Stoa vgl. z. B. Plut., Stoic. repugn. 1035 B und M. Pohlenz, Grundfragen der stoischen Philosophie, 1940, 10 ff. Als Hinweis auf eine Quelle des Ps.-Ar. geht Capelles Urteil fehl. Ar., De an. 410 b 11 f. fragt nach dem κυριώτατον (= De mundo b 12), das die Elemente zusammenhält, statuiert eine θεία δύναμις (= De mundo b 19!), ἣ καὶ τόδε συνέχει τὸ πᾶν, Pol. 1326 a 32; daß Philia die Staaten zusammenhält, EN 1155 a 22, ist nach Plat., Gorg. 508A und Legg. 945D (mit Dike) gesagt. Plutarch spricht nicht stoisch, wo er von der zusammenhaltenden Wirkung des Feuchten handelt (τὸ ἐχέκολλον καὶ συνεκτικόν), Quaest. Conv. 8, 735 F, gleichen Sinnes De prim. frig. 946 C, am wenigsten, wo er über die Epikureer klagt: τοῦτο μέντοι τὸ συνεκτικὸν ἁπάσης κοινωνίας καὶ *νομοθεσίας ἔρεισμα καὶ βάθρον . . . τὴν πρώτην τῶν κυριωτάτων* (!) *δοξῶν . . . ἀνατρέπουσιν*, adv. Col. 1125 E. – Neupythagoreische Belege bei Maguire 148, n. 71.

251,34 (b 12) „das Wichtigste des Weltalls". Als Timaios-Wort (29 E 4; 41 B 5 – Gottes Kraft, Gottes Wille –, 87 C 7; 90 A 2 – die menschliche Seele, danach Plotin. II 1,4,7) dem Platonismus teuer, vgl. Plut., adv. Col. 1119 A und Conv. sept. sap. 163 D. („die größten und wichtigsten Teile des Kosmos"), auch Ar., De cael. 293 b 2 (*τὸ κυριώτατον τοῦ παντός*, Pythagoreer interpretierend) u. ö.

251,35 (b 13) „ein uraltes . . . Wort". „Altstoischer consensus gentium", Capelle 556,3; aber vorher echt aristotelisch (*ἃ γὰρ πᾶσι δοκεῖ, ταῦτ' εἶναι φαμέν*, EN 1172 b 36 Tradition war für Ar. „a real experience", W. J. Verdenius, Phronesis 5, 1960,56). Hier liegt das Ethos darin, daß der Gottesglaube angestammt, daß er Erbe ist. Das ist platonisch-aristotelische Geschichtsauffassung, wie sie De cael. 270 b 5; 284 a 2 (*τοὺς ἀρχαίους καὶ μάλιστα πατρίους λόγους* aus dem Dialog *Π. φιλοσοφίας*, Jaeger, Ar., 1923, 317 ff.) und Metaph. 1074 a 38ff. ebenso anklingt wie im Timaios-Proömium, sodann Legg. 881 A und in Theophrasts Ableitung des philosophischen Nachdenkens überhaupt (Cic. Tusc. I 45 patrita illa et avita philosophia; die Urgeschichtsauffassung in seiner Schrift Über die Frömmigkeit ist zu vergleichen). Von hier ist die urzeitliche Perspektive bei Poseidonios angeregt (s. K. Reinhardt, Pos. über Ursprung und Entartung, 1928, 15 ff.). – Eine eindrucksvolle Verteidigung der hellenischen Kultur, insofern sie den Gottesglauben aus Väterzeiten tradiert, gibt Plutarch in der Schrift Gegen Kolotes (zit. ob. zu b 9). – Um noch einmal zu dem Archegeten zurückzukehren: „Alt" und „Wahr" stehen nebeneinander Legg. 757 A: *παλαιὸς λόγος ἀληθὴς ὤν, ὡς ἰσότης φιλότητα ἀπεργάζεται* – wo also gleichzeitig ein Leitgedanke des 5. De mundo-Kapitels genannt wird; „Alt" und „Gottnah" sind parallelisiert Phileb. 16C (*οἱ παλαιοί, κρείττονες ἡμῶν καὶ ἐγγυτέρω θεῶν οἰκοῦντες*); der Gedanke hat Eindruck gemacht, vgl. Ar., De cael. 279 a 23 (*τοὔνομα* – scil. *αἰών*! – *θείως ἔφθεγκται παρὰ τῶν ἀρχαίων*); Cic., Tusc. I 12.

251,36 (b 14) „von Gott her und durch Gott". Es wird an 391 b 11 erinnert; dazwischen liegt der Umweg über die Kosmosphilosophie, Kap. 5, der sich jetzt als der gerade Weg zur Erkenntnis Gottes herausstellt. Das *συνιστάναι* der Welt und das *φυλάττειν* 391 b 12 gehören zusammen – wieder eine Timaios-Erinnerung.

251,37 (b 15) „kein Wesen . . . für sich allein". *αὐτάρκης* ist nur der gottgestiftete Kosmos selbst, Plat., Tim. 32 C 6ff.; 68 E 3; dazu Ar., De cael. 279 a 21; Chrysipp b. Plut., De Stoic. repugn. 1052 D. – „ beraubt": Sokrates nennt den Menschen dank der Mantik *οὐδέποτ' ἔρημον . . . συμβουλῆς θεῶν*, Xen. Mem. IV 7,10. Poseidonios scheint das Wort bei seiner Begründung des Gottesglaubens verwandt zu haben, s. Dio v. Pr. 3, 107 (*ὡς μηδαμοῦ μηδὲν ἔρημον ἀπολείπεσθαι τῆς ἐκείνου προνοίας*), dazu 12,28. *τῆς τοῦ . . δαίμονος ἀπερημωθέντες ἐπιμελείας*: die Urzeit im Politikos-Mythos, 274 B.

251,38 (b 16) „die von der Gottheit ausgeht". Die Wendung *τῆς ἐκ τούτου σωτηρίας* zeigt, daß die nunmehr in Angriff genommene Theologie auf das Harmoniekapitel bezogen ist. Die dort herausgearbeitete 'Erhaltung der Welt' hat jetzt ihren Urheber, nach Plat., Legg. 903 B 5 (Gott hat alles auf die *σωτηρία τοῦ ὅλου* eingerichtet); zu der zitierten Plut. Stelle De prim. frig. 946 F tritt De fac. in orb. lun. 926 EF, eine

Imitation jenes Zusammenhangs aus den Gesetzen, mit einem Timaioszitat (53 B) endend: die Kosmosteile verfielen ohne Gottes Hilfe einem Chaos, *ὡς ἔχει πᾶν, οὗ θεὸς ἄπεστι κατὰ Πλάτωνα.* So kann nun der Begriff *σωτηρία* durch *σωτήρ* ersetzt werden, b 20, wie *γενέτωρ* b 21 an die Stelle von *γενετὴρ πάντων κόσμος* tritt, a 4.

251,39 (b 17) „all dies voll von Göttern". Das berühmte, auf Thales zurückgeführte Wort b. Plat., Legg. 899 B (ohne den Namen), mehrmals b. Ar., vgl. VS 11 A 22 und 23; die Thalesinterpretation an dieser Stelle (= Aët. I 7,11) ist posidonianisch, s. Diels z. St. und K. Reinhardt, Kosmos und Sympathie 209.

252,1 (b 18) „was uns sichtbar vor Augen steht" usw. Man könnte geradezu von einem Zitat aus Poseidonios sprechen, der bei Dio v. Prusa im „Olympikos" vorliegt: „Wie hätten sie (scil. *οἱ παλαιοί*) Gottes unkundig sein können, da sie doch durch Auge und Ohr vom göttlichen Wesen erfüllt waren?" Daß diese Gottesauffassung – der Ps.-Ar. sogleich energisch widerspricht – innerhalb einer Vorsokratikerdeutung erschien, hat Reinhardt a. O. wahrscheinlich gemacht. – *ἰνδαλλόμενα*: wohl posidonianisches Wort (Dio 12,35.61), aber, ebenfalls in theologischem Zusammenhang, auch b. Plat. Pol. 381 E. Der allgegenwärtige, sichtbare, tastbare Gott bot sich vielen glänzenden Formulierungen in der Geschichte des Pantheismus an; erinnert sei an das Aratproömium (wo v. 7 der *σωτηρία-*, *ὠφέλεια-*Gedanke heraustritt); Act. apost. 17,27 b (Gott-'nicht fern' – mit umgeprägtem Sinn); Philo, De post. Cain. 20, De confus. ling. 136 (Gott nahe und fern zugleich), der Hermetiker XI 21 (Gott auf allen Straßen). Am kühnsten vielleicht Lucan. IX 580 Juppiter est, quodcumque vides, quodcumque moveris.

252,3 f. (b 19f.) „göttliche Kraft – göttliches Wesen". Das Schema *οὐσία–δύναμις*, auf die Götter angewandt (exemplarisch b. Xen., Mem. IV 3, 13, aber auch etwa der Rede Agathons im Symposion und an der programmatischen Stelle Legg. 885 B zugrundegelegt), wird von Plutarch mit der Spannung zwischen der Unsichtbarkeit Gottes und seiner Sichtbarkeit (in seinen Werken, vgl. unt. zu 399 a 31) parallelisiert; sprechend De Pyth. or. 400 D (*φαινόμενον–ὄν*: die Sonne – der Gott, den sie repräsentiert); De def. or. 414 D (*θεοί – τὰ θεῶν*); für den Platoniker stand der Gedanke an die in die Sichtbarkeit hineinwirkende Güte Gottes, nach Tim. 29E, nahe, aber auch das Höhlengleichnis. Auf Ar.s zu b 9 zitiertes, De mundo 6 so nahestehendes Wort sei nochmals hingewiesen. Platons eigene Rede von 'göttlicher Kraft' ist bekanntlich stets spürbar reserviert (zu dem markanten Wort Legg. 906 B 1f. s. zu 398 b 8 f.) – Das ganze Thema wird in Kap. 6 breit entfaltet.

252,6 (b 22) „jedoch ist es nicht so". Dieser Widerspruch gegen die stoische Immanenzlehre (wiederholt 398 b 9; 400 b 4) gibt der Gottesanschauung des Anonymus Relief, die das Hauptmerkmal der *σεμνότης* entwickelt und diese in Gottes Distanz von den irdischen Dingen findet, ohne daß dadurch seine Fürsorge für die Welt leidet. Der Gedanke wird weiterhin ausgebreitet; doch sei jetzt schon – da uns die Pythischen Dialoge, mit ihrer von dem delphischen Priester Plutarch so persönlich durchlebten Problematik, immer wieder nahetreten werden – die schlagende Paralle De def. or. 414 E (vor dem Kapitelschluß größere Lücke) zitiert: *⟨ὁ γὰρ θεὸν ἐγ⟩καταμιγνὺς* (suppl. Turnebus) *ἀνθρωπίναις χρείαις οὐ φείδεται τῆς σεμνότητος οὐδὲ τηρεῖ τὸ ἀξίωμα καὶ τὸ μέγεθος αὐτῷ τῆς ἀρετῆς.*

252,7 (b 23) „Mühsal“: die kaiserzeitliche, einem Deus exsuperantissimus zugewandte Religiosität – zu deren Dokumenten unsere Schrift gehört (vgl. Pohlenz, Philon, 483) – mußte sich durch den eindrucksvoll formulierten Widerspruch Ar.s gegen das ‘Ixionsschicksal’ der platonischen Weltseele (De cael. 284 a 34, aus dem Zusammenhang – zu ihm Jaeger, a. a. O., 320 ff. – wurde o. zu 397 b13 zitiert) bestätigt fühlen. *ἐπιπόνου* (b 22) bei Ar. a. a. O. a 17, dort (a 15) der Gegensatz *ἄπονον*, der in De mundo 400 b 10 erscheint. b 23 *ἄτρυτος* hochdichterisch, Aesch., Eum. 403; Soph., Ai. 788, und eben Ar., a. a. O. a 35.! In Ar.s das II. Buch von De cael. eröffnendem Kapitel wird auf „den Himmel und den oberen Ort“ abgehoben, den „die Alten den Göttern zugewiesen haben“ (284 a 12). Genau so fährt Ps.-Ar. fort (die Wendung 391 b 14–16 war also keine bloße Floskel).

252,10 (b 24) „der oberste und der erste Platz“. Die homerische Rede (Il. I 499) von dem Gott „auf dem höchsten Gipfel des Himmels“ ist nicht einfach „volkstümlich“ (Capelle 556). Es steht die Lehre vom göttlichen Ersten Körper dahinter (s. letzte Anm. a. E.); der Beiname *ὕπατος* (b 25) hat theologisches Gewicht. Vgl. Plut., Quaest. Plat. 9, 1007 F *τὸ γὰρ ἄνω καὶ πρῶτον ὕπατον* (!) *οἱ παλαιοὶ* (!) *προσηγόρευον· ᾗ καὶ Ξενοκράτης* (= fr. 165 Heinze) *Δία τὸν μὲν ἐν τοῖς κατὰ τὰ αὐτὰ καὶ ὡσαύτως ἔχουσιν ὕπατον καλεῖ*.

252,13 (b 28) „das ihm benachbarte Element“. Der wichtige Abstufungsgedanke – dem m. E. Maguire, Pohlenz und Festugière nicht gerecht werden – ist in einem der schönsten Dokumente der arist. Kosmosphilosophie formuliert, dessen Anfang bereits zu b 22 zu zitieren war; am Ende (De cael. 279 a 28) heißt es von der ‘Endgrenze des ganzen Kosmos’, dem Aion, der vom *ἀεὶ εἶναι* seinen Namen hat, daß an ihm „hängt Sein und Leben aller Wesen, das der einen in genauerer Verbindung, das der anderen nur noch dunkel spürbar“ (deutsch von W. Jaeger). Von einer solchen Abstufung wird im arist. Corpus selten gesprochen; das häufig in Erinnerung gerufene Wertgefälle zwischen der oberen und der sublunaren Welt (De cael. II 4, 286 b 20 f.; Meteor. 338 b 20 f.) ist nicht identisch. Die physikalische Aporie Meteor. 340 b 6 ff. (Unreinheiten im Ersten Körper, die einen Übergang zur Feuer-Luft-Region ergeben) ist hier fernzuhalten. Eine Abstufung von der Ruhe des Göttlichen herab zur Betriebsamkeit im irdischen Bereich wird De cael. 292 a 18 geschildert (eudoxisch? W. Schadewaldt, in: Satura, Festschrift O. Weinreich, Baden-Baden 1952, 120 (= Hellas u. Hesperien 464); auf jeden Fall steht Plat.s Kinesistheorie Tim. 89A–E dahinter). Eine Raumgliederung von unten nach oben, bis zur *θειοτάτη ἀρχή*, hat Ar., De cael. 292 b 20 ff. im Sinn. – b 28 *ἀπολαύειν*: die Menschen dürfen leben *ἀπολαύοντάς γε τοῦ θείου τοῦ φιλανθρώπου πανταχόσε νενεμημένου καὶ μηδαμοῦ προλείποντος ἐν χρείαις* (Gegensatz: *ἐρημία κηδεμόνος* vgl. b 16), Plut., Amat. 758 A, wo durch gehäufte Ausdrücke wie *φύλαξ* und *κηδεμών* der platonische Charakter gewahrt wird. – b 30 *ἀπόστασις*: Ar., De cael. 290 a 16; 292 a 16 (die mit diesem Wort bezeichnete Wertabstufung Plat., Phaed. 111 B 5 liegt zugrunde, der sich Ar., De cael. 269 b 15 mit sehr entschiedenen Worten anschließt: das Himmelselement *τοσούτῳ τιμιωτέραν ἔχον τὴν φύσιν ὅσῳπερ ἀφέστηκε τῶν ἐνταῦθα πλεῖον*. Ein locus classicus des Abstufungsgedankens: De gen. et corr. II 10,336 b 26 ff. (b 30: *τὸ πόρρω τῆς ἀρχῆς ἀφίστασθαι*).

252,18 (b 32) „insofern es in der Natur des Göttlichen liegt“ usw. Also Ausklammerung der Bereiche, „wo es ... weder schön noch geziemend ist“, 398 a 5. Die für den stoischen Weltzusammenhang häufig gebrauchten Termini διήκειν, διικνεῖσθαι (scil. des göttlichen Pneuma) werden hier antistoisch eingesetzt. Der zweite Ausdruck findet sich bei Theophrast in der kritischen Behandlung der Frage, warum der Erste Beweger nicht bis zur Erde reiche, Met. 5 b 13 Ross-Fobes.

252,22 (398 a 2) „die Kraft ... im Himmel". 397 b 25; 398 b 7 wird Gott selbst (*αὐτός*) von seiner Dynamis geschieden. Der Widerspruch zur vorliegenden Stelle (Lorimer, Notes 128,1) scheint einer im Gott-Welt-Problem prinzipiell vorhandenen Paradoxie zu entsprechen. So „hängen alle Wesen an der Dynamis Gottes", Plut., Conv. sept. sap. 163 E F: *ἐξηρτῆσθαι* (Plat., Ion 536A u. ö.) 'richtiger' verwandt an der o. zitierten arist. Stelle De cael. 279 a 29, wo die Kugelschale des Kosmos gemeint ist. Zunächst beläßt es der Autor noch bei den allgemeinen Wendungen *αἴτιος σωτηρίας*, a 4 (wie *ὠφέλεια* a 1), nach Plat., Legg. 905B ff.

252,26 (a 5) „selber die Dinge auf Erden besorgt". Vgl. Apul., De deo Socr. 7, 137 (p. 15,7) non est operae diis superis ad haec descendere; gleichen Sinnes der christliche Platoniker Clemens Alex., Protr. 50,24 Stähl.: *οὐδὲ μὴν τοὺς ἀπὸ τῆς Στοᾶς παρελεύσομαι διὰ πάσης ὕλης, καὶ διὰ τῆς ἀτιμοτάτης, τὸ θεῖον διήκειν λέγοντας, οἳ καταισχύνουσιν ἀτεχνῶς τὴν φιλοσοφίαν.*

252,30 (a 8) „Bettzeug zu verpacken". Wilamowitz, Griech. Leseb. Erl. II 311, zitiert passend Plat., Theaet. 175E, wo das Zusammenschnüren von Teppichen und Decken zu Rollen als typische Sklavenarbeit erscheint. — Der Übergang von der Einleitung des folgenden Gleichnisses zu diesem selbst ist in der Überlieferung anscheinend gestört. Das *καί* a 8 wird seit Wendl.-Wil. gestrichen. Die Ellipse *ἀλλ' οἷον ... ἱστορεῖται* ist stark; die Form des schließenden Verbs ist unsicher. Hier nach Lorimer: *ἱστορεῖται. Τὸ ⟨γὰρ⟩ Καμβύσου κτλ.*

252,33 (a 10) „was vom Großkönig berichtet wird". Das Perserkönigexempel (a 11—b 6; zu seiner literargeschichtlichen Einordnung s. u.) dient keineswegs einer bloß 'rhetorischen' Veranschaulichung (wie Festugière 506 meint); es hilft der Gedankenentwicklung des Kapitels entscheidend voran. Die bisherige hatte Gottes weltferne Erhabenheit herausgearbeitet; die These, daß er trotzdem mit seiner Kraft die Welt beherrscht (*τῶν πόρρω δοκούντων εἶναι περιγίνεται*, 397 b 24), blieb im einzelnen noch ungeklärt. Der Autor versichert sich, unmittelbar nach Darlegung des Gleichnisses, des zu Kapitelbeginn gebotenen Rahmens ('Sitz in der Höhe', *σωτηρία*-Motiv 397 b 16. 20. 31; 398 a 1. 4) und entwickelt dann (b 10 ff.) zwei neue Gedanken, die das Problem der Weiterleitung von Gottes Kraft klären. — Eine Absicht historischer Schilderung der persischen Reichsverwaltung liegt natürlich nicht vor (der Großkönig wurde auch nicht, a 23, 'Gott' genannt); es ist alles „frei nach allgemeiner Erinnerung entworfen", Wilamowitz, Griech. Leseb. Erl. II 131. Der Verfasser hat aber auch die Pflicht nicht empfunden, die Fiktion, daß hier Ar. zu seinem berühmten Schüler spricht, dadurch stimmend zu machen, daß er Alexanders eigene Großkönigrolle einbezogen hätte (wie es Wilamowitz, a. a. O. fordert). Das Ganze will ja nichts anderes als eine echte Parabel sein.

253,5 (a 21) „Horcher". Eine Nachricht von der Tatsache, daß es „in Susa oder Ekbatana" wirklich Hofbeamte gab, die „Auge" und „Ohr" des Großkönigs hießen, kann dem Autor gar wohl zugekommen sein (skeptisch Wilamowitz, a. a. O.); daß dies hohe Chargen, nicht mit 'Türhütern' gleichzustellen, waren, stört nicht, denn dem Philosophen kam es ja nur auf den Charakter als *δοῦλοι τοῦ μεγάλου βασιλέως* an, a 30. a 23 „alles sehe, alles höre": es wird auf den in philosophischem Zusammenhang (z. B. Xen., Mem. I 4,18; Plat., Legg. 901D) vielzitierten Homervers Od. 11, 109 angespielt. a 26 ff.: am Ende seines Vortrags über Platons Gotteslehre (11) setzt Maximos die Grenzen des Perserreichs ähnlich zu Gottes Weltreich in Antithese.

253,13 (a 30) „denen wiederum gehorchten": die Worte *οἷς πάλιν ὑπήκουον*, in Anlehnung an die armenische Übersetzung von Wendl.-Wil. (nicht von Lorimer) in den Text gesetzt, füllen sinnentsprechend eine Gedankenlücke.

253,14 (a 31) „Beobachter von Feuersignalen". Die Übersetzung kann zwischen *φρυκτωρία* (wo der syrische Übersetzer 'Feuertempel' [des Ormuzd] sagt) und *φρυκτωρός* nicht gut scheiden. Die diffuse Überlieferung wird von Lorimer im Sinn von *φρυκτωριῶν* a 31 und *φρυκτωρῶν* a 32 geklärt. Es handelt sich wieder um hochdichterische Worte (Aesch., Ag. 33. 490. 590), auch bei *ἐποπτής* (Aesch., Sept. 640).– Die Feuerzeichen sind auffällig hervorgehoben; ihnen entsprechen in der vom Bild gemeinten Wirklichkeit die Gestirne.

253,23 (b 5) „an jedem Ort": ⟨*ἑκασταχοῦ*⟩ fügte Lorimer ein.

253,25 (b 6) „Würdiger". Es setzt der o. zu a 10 bezeichnete Rückgriff ein (b 6–10). – „die durch den ganzen Kosmos dringt": dies kann nun nicht mehr im Sinn stoischer Immanenzlehre mißverstanden werden (wie sie z. B. bei Cornut. 11,21 f. mit den gleichen Worten angesprochen wird).

253,27 (b 8 f.) „Sonne und Mond bewegt". Was an der *φύσις κόσμου* gerühmt worden war (397 a 5), wird jetzt als Leistung der *θεία φύσις* (398 b 20) erkannt, und diesen auch stoischen Ausdruck (z. B. Dio v. Pr. 12,27) setzt der Autor gegen den stoischen Pantheismus ein. Vgl. Plut., De tranq. an. 20, 477 C–D: „Der göttliche Geist ließ Sonne, Mond und Gestirne in Erscheinung treten, Flüsse, die ewig neues Wasser verströmen, und die Erde, die den Pflanzen und Lebewesen Nahrung emporsendet." Wie bei Ps.-Ar. wird in diesem Credo des Platonikers das gestufte, ewig junge Leben der Welt auf die Fürsorge Gottes zurückgeführt. – Die Deutung, die der Anonymus seiner Rede vom Perserkönig zukommen läßt, wird auch unsere Interpretation leiten müssen; zuvor sei festgestellt, daß der Gott-König-Vergleich stoischer Popularphilosophie, die man früher mit Vorliebe heranzog, weit vorausliegt (auch abgesehen von der mythischen Rede vom König Zeus, zu der Demokrit B 30 zu vergleichen ist). *Νοῦς, ἀλήθεια* erhalten die Stellung eines 'Königs' bei Plat., Pol. 597E; Phileb. 28C (vgl. 30D), *βασιλεύς* heißt der Demiurg des Timaios in der Rekapitulation Legg. 904A, und kurz darauf taucht bereits die ganze hellenistische Vergleichsreihe zum Thema 'Führung' auf, 905E (Feldherr, Steuermann, Arzt usf.) – um übrigens zugunsten des urplatonischen Begriffs „Wächter" beiseite gelegt zu werden. Plutarch folgt also dem Archegeten genau, wenn er von Gott als dem „König des Kosmos" spricht, Praec. reip. ger. 811 B, und den Seelen (*ἐξηρτημ-*

έναις ἀπ' αὐτοῦ, vgl. Ar. De cael. 279 a 29) das Ziel ihres Sehnens nennt: *ἡγεμὼν ἐστι καὶ βασιλὺες ὁ θεὸς*, De Is. et Os. 383 A. Der Großkönig als Gegenexempel in ethischem Zusammenhang: Plat., Pol. 553C; danach in Aristoxenos' Archytas-Vita (fr. 50 Wehrli). — Ps.-Ar. hat es bei seiner Darlegung des Gleichnisses auf folgende theologisch relevante Momente abgesehen: 1. der unsichtbare Gott, 2. die Einheit (und Einfachheit) des Bewegungsanstoßes, 3. die Individualisierung der Auswirkungen. Die Themen Zwei und Drei führen, indem das eine auf die Gottheit in ihrer Höhe, das andere auf den bunten Weltvordergrund bezogen wird, einen geradezu musikalisch wirkenden Wechsel von Stimme und Gegenstimme vor (aufgewiesen am Schluß dieses Kapitels), während das erste von 399 a 31 an kurz ausgeführt wird, um im Schlußkapitel, sinnreich transponiert, erneut hervorzutreten. — Der Perserkönig und seine Reichsverwaltung sind als philosophisches Motiv in der kaiserzeitlichen Literatur zu Hause; der Großkönig ist *εἰκὼν θεοῦ τοῦ πάντα σῴζοντος*, wie Plut., Themist. 27, 125 C einen Perser sprechen läßt; genauer dem Anliegen von De mundo entspricht De gen. Socr. 593 C, wo es — bezeichnenderweise im Hinblick auf die Mantik, die das Gott-Welt-Problem besonders dringlich machte — heißt: „Wie den Willen der Könige und Feldherrn die Außenstehenden auf Grund von Feuersignalen, weitergegebenen Befehlen und Trompetenklängen wahrnehmen und erkennen, sie ihn den Getreuen aber und Vertrauten selber mitteilen, so begegnet auch das Göttliche in eigener Person nur wenigen und tut auch dies nur selten, der großen Menge aber gibt es Zeichen, aus denen die Mantik besteht." Plutarchs Deutung des Gleichnisses weicht nur insofern von De mundo ab, als hier nicht eine Wertstufung innerhalb der Mittelsmänner im Vordergrund steht, sondern die Vielzahl von deren Funktionen. Wohl schon unter dem Einfluß von Ps.-Ar. äußern sich in gleichem Sinn Max. Tyr. 11, p. 144,16 Hob. Bei Aristid., *Εἰς Δία* 19 ff. werden 'Satrapen' als *ὄργανα* Gottes den Untergöttern im Timaios verglichen. — Pohlenz vermutete, das Perserkönigexempel passe „viel besser zu der Vorstellung einer Vielzahl von Kräften" (*δυνάμεις*) und entstamme einem orientalisch-jüdischen Denken (Philon 484); so wollte er die Schrift Von der Welt auf ein literarisches Wechselverhältnis zwischen Griechen- und Judentum, d. h. zwischen dem Autor und Philon v. Alexandreia zurückführen. Aber es ist doch geradezu die Pointe des ps.-arist. Zusammenhangs, daß die Eine Kraft sich in eine Vielzahl von Aktionen umsetzt! Eben von hier aus gewinnt der Text seinen inneren Zusammenhang; kein unbefangener Leser wird den Eindruck haben, hier sei unpassend eine Vielzahl von Kräften auf die Einzahl zurückgeschraubt worden. Woher die Anspielung Philons auf den Perserkönig und seine Satrapen (De decal. 61. 178) stammen wird, legt die Stelle aus der Zeusrede des Aristides hinreichend nahe. Seltsam, daß der große Plutarchkenner für die Erklärung von De mundo in die Richtung dieses Platonikers nicht einen einzigen Blick getan hat. Plutarch kennt *δυνάμεις ὑπουργοί*, De Is. et Os. 378 A, wo orientalisch-jüdisches Denken so fern steht wie bei Platon an bedeutender Stelle, Legg. 906 b 1 f. (Dikaiosyne, Sophrosyne, Phronesis leben in manchen Menschenseelen, *ἐν ταῖς τῶν θεῶν ἐμψύχοις οἰκοῦσαι δυνάμεσιν*).

253,31 (b 12) „Menge von Händen". Die Auslegung durch den Autor korrigiert das Gleichnis, das eben dem inferioren Menschenbereich entstammte. Gottes Weltreich wird mit der größten Einfachheit regiert.

253,33 (b 13) „mit Leichtigkeit". Das deutsche Wort vermag der Feierlichkeit nicht zu entsprechen, die es an markanter, bereits zitierter Stelle Plat., Legg. 903 E 3/904 A 3 besitzt: Auch auf Ar., De cael. 284 a 32 war bereits hinzuweisen. – *τοῦτο ἦν τὸ θειότατον*: die in *ἦν* liegende gedankliche Verschiebung bespricht Luise Reinhard, Die Anakoluthe bei Platon, Berlin 1920, 1 ff. Das Zitat aus 396 b 4 (*τοῦτ' ἦν . . . τὸ θαυμασιώτατον*) ist gewiß beabsichtigt; was zunächst ein unverstandenes Wunder war, ist jetzt als göttliches Werk erkannt (hierzu vgl. 400 b 10). Die zu seiner Charakterisierung folgenden drei ausgeführten Vergleiche lassen eine Wendung des Gedankens erkennen. War vor dem Perserkönig-Exempel der riesige Abstand zwischen Gott und der untersten Weltregion betont worden, so wird jetzt versucht, die Verästelung der Ingangsetzung des Weltgetriebes anschaulich zu machen. Mit seiner Darstellung schließt Maximos v. T. seine 11., Platons Theologie gewidmete Rede (*διαδοχὴν ὁρᾷς καὶ τάξιν ἀρχῆς καταβαίνουσαν ἐκ τοῦ θεοῦ μέχρι γῆς*).

253,34 (b 14) „die Ingenieure". Gegen die Vulgata *μεγαλότεχνοι* wendet Lorimer, Notes 61 ff., Triftiges ein; eine Zusammensetzung mit *μηχανο-* wird durch Z *μηχανοποιοί* und Apuleius' machinatores fabricarum nahegelegt. So wird die Herstellung eines *ἅπαξ λεγόμενον* durch den Herausgeber plausibel: *μηχανοτέχναι*. – *σχάζειν*, das Loslassen eines gespannten Seils, kann vom 'Abfeuern' einer Wurfmaschine gebraucht werden (Joseph., Bell. Jud. V 6,3, zit. Lorimer), doch steht dies hier fern, wo es auf das Ingangsetzen verschiedener Bewegungen auf einen Schlag ankommt. – Die Welt ein Automat: ein Nachklang hellenistischer Technik, hier aber vereint mit hellenistischer Frömmigkeit (so wie im Zeitalter der barocken Weltharmonie der fromme Amos Comenius unbefangen die Natur als vollkommenes Uhrwerk schildert, Didact. Magn. XIV 6).

253,36 (b 16) „Marionettenkünstler". Ein berühmtes platonisches Bild liegt zugrunde, Legg. 644E (die Leidenschaften – aber auch der Logos – mit spannenden Fäden, *νεῦρα, σμήρινθοι*, verglichen). Das jonische *ἄρτημα* (Zugseil) ähnlich verwandt bei Demokrit 68 B 158 (wohl original). Automaten bewegen sich *μικρᾶς κινήσεως γενομένης*, Ar., De mot. an. 701 b 1 ff. *νευροσπαστεῖν* im Platonismus bei Plut., De gen. Socr. 588 F; Philo, De opif. mund. 117; Clem. Alex., Strom. II 11,1; Kaiser Marcus II 2 fin. u. ö.; Favorin. bei Gell. XIV 23 (neurospasta). – Zur Sache vgl. die anziehende Studie Hugo Blümners, Fahrendes Volk im Altertum, S.-B. München 1918, 23 u. Anm. 178.

254,1 (b 20) „durch einfache Bewegung". Der eine Faden (b 17), das eine auslösende Moment (*μία ῥοπή*, 399 b 11): immer mehr wird die Aktion des Bewegergottes zum Unräumlichen hin verschoben, bis zum Vergleich mit einer *ἔνδοσις* von oben (s. zu b 26) und der rein geistigen Wirkung des Gesetzgebers 400 b 8. Gleichen Sinnes wieder Plutarch, De gen. Socr. 588 F (kosmische Ingangsetzung mit der Fingerspitze). – Am Motiv der *ἁπλῆ κίνησις* wird der Gegensatz zwischen Descartes und Pascal sichtbar: D. wäre gern, in seiner ganzen Philosophie, Gott losgeworden; aber er konnte nicht umhin, ihn einen Nasenstüber (chiquenaude) geben zu lassen, um die Welt in Bewegung zu setzen; dann hat er Gott nicht mehr nötig (Pensées, ed. Brunschw. II 77).

254,5 (b 24) „auf individuelle Weise". Die Termini οἰκεῖος, ἴδιος und Verw. kehren fortan immer wieder, s. b 35; 399 a 5, a 33, b 8. 11, 400 b 13. 32f., 401 b 32; sie stellen die Pointe der meisten Vergleiche dieses Kapitels dar. Gemeint ist der spezifische Bewegungsapparat der Kosmosteile, mag es sich um ein Tier handeln oder um ein Gestirn in seiner Bahn. – „manchmal sogar gegensätzlich": es wird an die dem Fixsternhimmel gegenüber scheinbar gegensätzliche Bewegung der Planeten gedacht, von der in der alten Kosmologie oft die Rede ist.

254,8 (b 26) „gleichsam den ersten Auftakt". Vgl. a 19. ἔνδοσις, ἐνδόσιμον, ἐνδιδόναι gehören von Haus aus zur musikalischen Fachsprache; ἐνδόσιμον ist die 'Intonation' zum προαύλιον und νόμος, Ar., Rhet. 1414 b 19ff. (in der Rhetorik die zum Thema überleitende Wendung des Anfangs, s. F. Marx, jetzt in: Rhetorica, hrsg. von R. Stark, 1968, 121), bei Plutarch ein Lieblingsausdruck für 'anregen', 'einen Einsatz geben'. Πλάτων ... ἐνδίδωσι τοῖς ἕπεσθαι δυναμένοις, De ser. num. vind. 550D; De def. or. 420 E, 431 D, 436 F; besonders häufig ἀρχὴν ἐνδιδόναι adv. Col. 1115 B; Conv. sept. sap. 156 D; im Schlußmythos der Schrift Über das Mondgesicht 945 C (Atropos τὴν ἀρχὴν ἐνδίδωσι τῆς γενέσεως). Der individuellen Verbesonderung in De mundo ganz nahe steht De Pyth. or. 397 B C (Apollon spricht die Prophetensprüche nicht selbst, sondern er regt nur die Bewegung an, ὡς ἑκάστη πέφυκε κινεῖσθαι τῶν προφητίδων). Als musikalischer Einsatz Max. Tyr. 1, p. 12,7 Hob. Der christliche Platoniker führt wieder zur Theologie zurück (Clem. Alex., Protr. 8, p. 61,27 Stähl.): Gott τὸ σωτήριον ἐνδίδωσι μέλος, οἷον ἐμβατήριον ῥυθμόν.

254,10 (b 27) „aus einem Gefäß". Für ἐξ ἄγγους hat der Parisinus Z ἐξ ὄρους, per proclive Apuleius. Letzteres entspricht (vgl. Lorimer, Notes 63ff.) der schiefen Ebene in altstoischen Diskussionen zur Willensfreiheit (SVF II, p. 283. 285 (ἀπὸ ὕψους τινός) 290. 294 v. Arn.), dazu Kaiser Marcus 10, 33,3 (κατὰ πρανοῦς). ἄγγος wird durch die merkwürdige (von Lorimer übersehene) Parallele Vell. Paterc. I 16,2 gestützt (wo das „Gefäß", capsum, mit den animalia des folgenden Vergleichs zusammengestellt ist). Hier in De mundo fordert es der Sinn, daß die ungleichartigen Körper erst beisammen sind, bevor sie sich entsprechend ihrer je besonderen Gestalt fortbewegen. Damit reproduziert Ps.-Ar. den Ursprung des Gedankens, bei Plat., Tim. 52E–53A (Grundlegung der Vierkörperlehre durch Siebung der Stoicheia, nach dem Grundsatz Gleiches zu Gleichem); ebenso steht Plutarch Platon nahe, wenn er (in dem soeben berührten Zusammenhang zur Rechtfertigung der Mantik) dartut, daß der Geist des Gottes beim Eingehen in das menschliche Medium, die Seele der Pythia, sich deren individueller Besonderheit anpaßt; „man kann ja ein Gerät nicht gewaltsam gegen seine natürliche Beschaffenheit brauchen" noch „einen Zylinder sich nach Art einer Kugel bewegen lassen oder einen (Kegel?) nach Art eines Würfels" (Lücke zeigte Paton an), De Pyth. or. 404 F. In gleichem Gedankenzusammenhang interpretiert Plutarch, De def. or. 430 B, die Zusammenfassung Tim. 55 BC. – In anderem Sinn bespricht W. Theiler (in: Phyllobolia, Von der Mühll, 1946, 62ff). den Vierkörpervergleich.

254,13 (b 30) „ein Wasser-, ein Landtier". Poseidonios verwandte das Bild, wie Reinhardt, Poseidonios 388ff., aus der hermetischen Isisapokalypse bei Stob. I 385ff. W. ermittelt hat; das hier aufscheinende organische Aufeinanderbezogensein von Element und „Charakter“ des Lebewesens fehlt bei Ps.-Ar. ganz. Der Tiervergleich noch bei Galen., De us. part. 13,7; Philo, De plantat. 16f. – Hervorzuheben ist, daß diese drei Vergleiche die Linie der Perserkönig-Parabel fortsetzen, insofern auch sie auf die Wahrung von Gottes ὑπεροχή (vgl. 398 b 1, auch 391 b 3) Gottes ἀξίωμα (vgl. Plut., De Pyth. or. 414 E u. ö.) zielen. Denn indem in die ἔργα θεοῦ (399 b 15) das οἰκεῖον der einzelnen Wesenheiten eintritt, kommt mit der Besonderheit auch die irdische Unvollkommenheit herein; dieser Theodizee-Gedanke stellt das Hauptanliegen der Pythischen Diloge Plutarchs dar (besonders sprechend etwa De Pyth. or. 404 B–405 D), deren Religiosität der Autor De mundo offensichtlich nahesteht.

254,16 (b 33) „Wohnungen und Weideplätze“. ἤθη καὶ νόμοι altepisch nach Il. 6, 511; Hes., Erga 525.; Theog. 66, wo νόμοι die altjonische lokale Bedeutung festhält. So also auch der Anonymus (vgl. M. Pohlenz, Philol. 97, 1948, 139).

254,22 (399 a 3) „Bahnumläufe“. διέξοδος für Gestirnbahnen schon Eur., Androm. 1086, hochdichterisch bei Plat., Phaedr. 247 A 4; vgl. Ocell. Luc. p. 12,5; 14,10 Hard. – Im technischen Sinn (Kanäle innerhalb von Stoffen, Körperöffnungen) ist das Wort im Timaios häufig. Luftwege im Körper: Ps.-Hippokr., De flat. 4, VI 96,7 L, u. ö.; Wege im Erdinnern: Plat., Phaed. 111 D 4.

254,26 (a 6ff.) „denn der Mond“. In einer musterhaften Untersuchung „Poseidonius, the De mundo and the Planetary System“ (Notes 127ff.) wies Lorimer nach, daß der Passus den astronomischen Mitteilungen im 2. Kapitel (392 a 23ff.) sachlich nicht widerspricht. Wenn hier in dieser zweiten Liste Sonne, Merkur und Venus als isodrom gelten, so ist damit nicht im mindesten eine Zentralstellung der Sonne (so wohl posidonianisch) ausgesprochen. Was die Umlaufzeiten der Planeten betrifft, so stellen die Zahlen von Ps.-Ar., wie Lorimer zeigt, die Vulgata seit Eudoxos dar. Die Übersicht S. 129 stellt die antiken Angaben von Eudoxos bis Johannes Philoponos vor Augen.

254,27 (a 7) „wieder kleiner wird“. Man muß es Lorimer (Notes 96f.) zugeben, daß μειοῦσθαι und φθίνειν bedeutungsgleich sind, und daß die im peripatetischen Bereich so naheliegende Trias Werden Reife Vergehen (vgl. 399 a 28) hier den Übersetzer nicht beeinflussen darf. φθίνειν heißt gerade in diesem Bereich nicht ‘disappearing’ (Forster).

254,34 (a 12) „eine Harmonie“. Wohlüberlegt, daß gerade jetzt der Harmoniebegriff aus dem 5. Kapitel wiederkehrt. Es kehrten ja inzwischen auch die dort vorgeführten Gegensätzlichkeiten, vertieft und präzisiert, in den vielfältigen Besonderheiten der kosmischen Einzeldinge wieder, und ebenso hat die ποικιλία, die der Autor zu Beginn von Kap. 2 beim Eintritt in die Erdregion ausbreitete, nun ihre philosophische Deutung erfahren. Ein später Text kennzeichnet, De mundo 6 erstaunlich nahe, in der Sprache des Platonismus diese ‘Erleuchtung’ der Gegensätze von Gott her: „Das liebende Zusammenschmelzen (φιλία, σύγκρασις) der gegensätzlichen und ungleichen Dinge ist das Licht, das niederstrahlt von der Wirkungskraft Gottes her, des Erzeugers von allem Guten, des Herrschers über jegliche Ordnung, des Fürsten der Sieben im Weltall . . " (Corp. Hermet. XI 6f.). Gewiß kein Zufall, daß anschließend die verschiedenen Bewegungsarten aus dem platonischen Vierkörpergleichnis wiederkehren.

254,35 (a 13) „aus einer Ursache". *ἐξ οὗ* hat hier den Sinn von *ὑφ' οὗ*, das neben dem hier ebenfalls angesprochenen *οὗ ἕνεκα* (= *εἰς ἓν ἀπολήγει*) platonische Kategorienlehre ins Spiel bringt. Beides, Ziel und Ursprung, nennt Plutarch an einer für seine Platondeutung charakteristischen Stelle (De def. or. 435 F) als „die besseren Verursachungen" (Gegensatz: die mechanistische Welterklärung, hier, nach Phaed. 97C, die des Anaxagoras); wie denn *κρείττων αἰτία* u. Verw. plutarchische Leitworte sind (De def. or. 436 D, vgl. A: *κυριωτέρα ἀρχή*, Quaest. Plat. 1002 C, De Is. et Os. 373 E). Theophrast, bei Simplik. 26,5 Diels, stellt *ὕλη* und *αἴτιον/κινοῦν* (= *θεοῦ δύναμις*!) als platonische Prinzipien nebeneinander. Bei Plutarch vervollständigen Harmonia und Krasis, das Stichwort *ἐνδόσιμον*, dazu der orphische Allgott Zeus (436 D, vgl. De mundo 401 a 28) eine zusammenhängende Platoninterpretation, der das zentrale ps.-arist. Kapitel nahesteht.

254,36 (a 14) „Kosmos, aber nicht Akosmia". Zugrunde liegt Plat., Gorg. 508A (*τὸ ὅλον τοῦτο . . . κόσμον καλοῦσιν, οὐκ ἀκοσμίαν οὐδὲ ἀκολασίαν*); danach Ocell. Luc. fr. 1, Philo, De aet. mund. 54; de opif. m. 33 Plutarch fügt das Begriffspaar in der besonders in platonischen Denkformen gehaltenen Dion-Vita ein, 10,2.

254,38 (a 15) „nachdem der Chorführer angestim mthat". *κατάρχειν* nimmt *ἔνδοσις* (398 b 26) auf und bereitet *τὸ ἄνωθεν ἐνδόσιμον* a 19, *σημαίνειν* a 31 vor. Die folgenden Vergleiche halten ständig die beiden Punkte der individuellen Mannigfaltigkeit und des Einen Ursprungs fest. Dabei ist die Schilderung der Phänomene in die kosmische Struktur eingelegt; von a 20 an geht es wieder einmal von den Gestirnbahnen durch die Atmosphäre (a 24) zur Erde hinunter, wobei im Hinblick auf den Kapitelschluß (s. d.) deren fruchtbare Fülle hervorgehoben wird.

255,8 (a 23) „vorwärts gegen Norden". „Die Sonnenbahn liegt in der vorderen Reihe der Zeichen nördlich, in der hinteren südlich vom Himmelsäquator" (Wilamowitz, Griech. Leseb. Erl. II 131).

255,12 (a 27) „das Strömen von Flüssen". In der Ekphrasis will sich wieder der Stilkünstler zeigen; seine Pointe ist, Naturvorgänge nicht verbal, sondern nominal zu fixieren, wie 396 a 23ff., 397 a 24ff. (Partizipreihen), 399 b 17ff.; hellenistischer Höhenstil, vgl. Ps.-Plat., Axioch. 370 C, ebenfalls ein Blick in den Kosmos: *Πλειάδων χειμῶνας, καὶ θέρους ἀνέμους τε καὶ καταφορὰς ὄμβρων, καὶ πρηστήρων ἐξαισίους συρμούς, κτλ.*

255,18 f. (b 31) „unsichtbar . . . nur im Denken zu schauen". Für das bekannte, besonders wirkungsreiche Platonicum (s. Phdr. 247C *ψυχῆς κυβερνήτῃ μόνῳ θεατὴ νῷ* (vgl. 391 a 12!) vom höchsten Sein: Tim. 28A *νοήσει μετὰ λόγου περιληπτόν*) seien einige der nichttopischen Belege gegeben: Sen., ep. 58,16 (Platos Begriff vom Sein) nec visu nec tactu nec ullo sensu conprenditur: cogitabile est; Nat. quaest. VII 30,4 (deus) cogitatione visendus est; Plut., Num. 8,13 *οὔτ' ἐφάψασθαι τοῦ βελτίστου δυνα-*

τὸν ἄλλως ἢ νοήσει (von Theiler, Vorbereitung d. Neuplat., 1930, 102f. auf Poseidonios zurückgeführt); Albin., Isag. 165 Herm. ἄρρητος; Apul., De deo Socr. 4, p. 11,15 ceteri (scil. dei, abgesehen von den Gestirnen) solo intellectu neque prompto noscuntur; Asclep. 16 mente sola intellegibilis, summus qui dicitur deus. – Verwandt das Motiv ἀόρατος – ἔργοις ὁρᾶται; s. zu b 15. Daß der mente-sola-Gedanke der Gottesauffassung des Poseidonios entgegengesetzt ist, bemerkt Reinhardt, Ursprung und Entartung, 1928, 12, Anm. 1.

255,19 (a 31) „seinen Weckruf". ὅταν σημήνῃ heißt es, genau wie hier von Gott an einer Plat., Phaed. 62 BC nachempfundenen Stelle (dort σημήναντος, c 2) bei Epiktet. I 9,16.

255,21 (a 33) „unablässig". ἐνδελεχῶς (auch 391 b 20) entstammt akademischer Tradition. Für die Ewigkeit des Naturprozesses bei Ar., De gen. et corr. 336 a 17 und b 30 ff. (ὁ θεὸς ἐνδελεχῆ ποιήσας τὴν γένεσιν – als Zitat aus Περὶ φιλοσοφίας wahrscheinlich gemacht von Harder, Okellos 122 ff. (Tim. 37 D steht dahinter). Ebenso im Sinn der Weltewigkeitslehre Meteor. 347 a 5. Der Athener verweist im X. Buch der Gesetze auf die Götter, τούς γε διοικήσοντας τὸν ἅπαντα ἐνδελεχῶς οὐρανόν.

255,27 (b 3) „den Brustharnisch". Hier erweist sich der Wert der Vorlage von Z und der Aldina eindeutig; das Kolon ὁ δὲ θώρακα ἐνδύεται ist nur hier überliefert (dazu in den Übersetzungen des Apuleius und des Syrers greifbar), s. Lorimer 45 f.

255,36 (b 13) „hindert nicht ... an sie zu glauben" ἐμποδίζειν bei einem Glaubenshindernis: auch Xen. Mem. IV 3,9. Für die Frage nach der Geschichte der hier involvierten religiösen Bedeutung (von πίστις, πιστόν, πιστεύειν usf.) kann die Übersicht im Theol. WB VI, 1959, 174 ff. (Rud. Bultmann) als Grundlage dienen. Doch kommt es hier zu einem schwerwiegenden Irrtum, weil Platon ausschließlich vorhellenistisch eingeordnet (179), somit von der weiteren Entwicklung ausgeschlossen wird, die er doch maßgeblich beherrscht hat. Wenn Bultmann feststellt, der religiöse Sprachgebrauch entwickele sich „in der Diskussion gegen Skepsis und Atheismus", so durfte doch nicht verkannt werden, daß eine solche Diskussion in Platons Gesetzen, X und XII, eindrucksvoll genug vorliegt, so πίστις an hochgerühmter Stelle (über die Quellen des Gottesglaubens) 966D–967E, also am Schluß des Gesamtwerks; unmißverständlich wird Tim. 40D E der Glaube an die Götter von den εἰκότα, den ἀποδείξεις abgehoben. Bezeichnend, daß Bultmanns erster Beleg aus Plut., De superstit. stammt – welche Schrift doch ein Platonkommentar ist, so wie das Urteil, der Gesichtssinn, πυρὸς ἔξαμμα οὖσα, habe den Glauben an die Götter (scil. der Gestirnreligion) vermittelt, compar. aqu. et ign. 958 E, das Urteil über die göttliche Gabe der ὄψις reproduziert, nach Plat., Tim. 47A. Plutarchs Platonismus liegt Vit. Coriol. 38 vor ('Glauben' heißt, in mantischem Zusammenhang, das Erleben der göttlichen Dynamis als eines θαυμάσιον: kaum ein Beleg steht De mundo 6 näher). Vgl. De ser. num. vind. 549 B: das Säumen der göttlichen Fürsorge raubt dem unphilosophischen Menschen den Glauben; dagegen das Credo ἀρκεῖ ἡ πάτριος καὶ παλαιὰ πίστις, Amat. 756 B; daß Logos und Apodeixis für unnötig erachtet werden, zeigt an, daß an Tim. 40E gedacht wird. Hierher gehört Senecas bekannter, auf die vis caelestis (= *θεία δύναμις*) gestellter 41. Brief; das Erleben eines uralten Hochwaldes fidem tibi numinis faciet, § 3.

255,38 (b 14f.) „die Seele, durch die wir leben". Die Unsichtbarkeit der Seele, die doch durch ihre Tätigkeit sich zu erkennen gibt, wird in mantischem Zusammenhang hervorgehoben bei Xen., Mem. I 4,9; IV 3,14; Cyrup. VIII 7,17. Phronesis auch durch das schärfste Sinnesorgan nicht zu erkennen, nach Plat., Phdr. 250 D 3, dazu Legg. 897 D 10. Vgl. Ps.-Plat., Axioch. 370BC; Cic., Tusc. I 67ff. (zu den der Schrift Von der Welt nahestehenden Themen dieses Buches s. Mus. Helv. 9, 1952, 175); Max. Tyr. 143,16ff. Hob.

256,1 (b 16) „Ordnung des menschlichen Lebens". Wie in der Natur, so wird auch im Bios gottgesteuerte Mannigfaltigkeit sichtbar; der Verfasser greift damit einen Gedanken aus dem Anfang des 5. Kap. auf. Doch hat sich inzwischen die sinnvolle Ordnung der Gegensätze herausgestellt (b 16 *διατέτακται* erinnert an die kosmische Taxis 397 a 9, natürlich auch an den militärischen Vergleich 399 b 1ff.); die großen Ordnungsbegriffe des Buchschlusses werden vorbereitet.

256,9 (b 21) „von höchster Wertfülle". An den Lobpreis des Kosmos 397 a14ff. wird erinnert, nicht in dem Sinn, daß nun die Welt vergöttlicht würde, sondern mit der Absicht, sie als 'Werk Gottes' einsichtig zu machen, b 22. *ἀρετή* des göttlichen Kosmos bei Plat., Tim. 34 B 6, der Weltseele 34 C 4; Legg. 897 C 1; *ἀρετή* der für die Welt sorgenden Götter Legg. 900 D 2; 903 B 5, der Gestirnseelen 899 B 6. Es steht in De mundo aber doch auch schon die Auffassung des Hermetikers nahe, der es als *ἀρετή* Gottes ('Wunderkraft') feiert, *τὸ αὐτὸν φαίνεσθαι διὰ πάντων*, XI 21.

256,10 (b 22) „nur in ihren Werken". Nicht nur der Parallelismus 'Gott' – 'Seele' (beide unsichtbar), sondern auch das nunmehr deutliche Zusammentreten der Motive 'Gott selbst' und seine Dynamis – 'Gott und seine Werke' gehört in die Sokratik wie in Platons Spätzeit. An einer der wirkungsreichsten Stellen der Memorabilien (IV 3,13) rät Sokrates dem Freund, nicht zu warten, bis er die Gestalt (*τὰς μορφάς*) der Götter erschaue, sondern sich damit zu begnügen, ihre Werke zu betrachten, um dann ihnen in frommer Verehrung zu nahen. Wenn auch die Spannweite im Timaios eine ganz andere ist, wo vollendete Unsichtbarkeit ein unabdingbares Merkmal des Werthaften und Ewigen ist (28 A u. ö.) – in De mundo sind Xenophon und Platon nebeneinander da, nicht die Topoi, in die im stoischen Bereich die Gedankengruppe überführt wurde.

256,13 (b 25) „Empedokles". 31 B 21,9–11 D.-Kr. Ps.-Ar. zitiert „aus dem Gedächtnis", Diels z. St.; zur Überlieferung (zu der auch Ar., Metaph. 1000 a 29 gehört) Lorimer, Notes 46ff. Wenn nach der Apostrophierung des Heraklit und Thales sich nun gegen Schluß die Zitate aus alten Denkern und Dichtern häufen, so dient dies nicht nur dem Schmuck. Dem Anonymus sind, wie Plutarch, die *σφόδρα παλαιοὶ θεολόγοι καὶ ποιηταί* die eigentlichen Gewährsmänner seines Glaubens (vgl. De def. or. 436 D); man erstrebt das Eingehen in die Glaubenstradition, *τὴν εὐσεβῆ καὶ πάτριον πίστιν*, De Pyth. or. 402 E, vgl. De Is, et. Os. 369 B C. Empedokles, den Plutarch gegen epikureische Kritik schützt, erscheint in dieser Streitschrift als verehrter Ahnherr der Platoniker, die in ihn ihre Syndesmostheorie hineindeuten, adv.

Colot. 1112 A B. – Es sollte nicht unterschätzt werden, wie sinnreich Ps.-Ar. die Verse des Dichterphilosophen der Absicht, die Mannigfaltigkeit des Weltvordergrundes zu zeigen, dienstbar macht.

256,19 (b 30) „Schlußsteine in Gewölbebögen“. Daß mit ihnen Gott, nicht die Welt verglichen wird, liegt auf der Hand, obwohl erst Lorimer (Notes 98ff.) den Mut hatte, die einhellige hss. Überlieferung durch Tilgung von *παραβάλλειν τὸν κόσμον* zu heilen. Unseren Philosophen wird an dem Gleichnis angezogen haben, daß die Unentbehrlichkeit dieses Steines (was den *σωτηρία*-Gedanken enthält) verbunden ist mit seiner Ruhelage (Gott ist *ἀκίνητος*, 400 b 31); er nahm in Kauf, daß zu seiner Anschauung die Mittelstellung – wie auch im folgenden Bild – nicht paßt. Eine späte, aber sachkundige Verwendung des Schlußsteingleichnisses liegt bei Ausonius, De ratione librae (Opuscula, p. 94f. Peiper) vor. Die betreffenden Verse (denen übrigens, 10, ein entschuldigender Satz, an De mundo b 29 erinnernd, vorgeschaltet ist) lauten: ut, medium si qui vellat de fornice saxum, / incumbunt cui cuncta, simul devexa sequentur / cetera communemque trahent a vertice lapsum (vv. 15–17). E. G. Schmidt hat das kleine Gedicht sorgfältig untersucht (in dem o. zu 396 b 35 zitierten Sammelband, 116ff.; richtig erkennt er, daß das Gewölbegleichnis nicht auf den immanenten stoischen, sondern den transzendenten Gott des Peripatos und des kaiserlichen Platonismus zielt (124). Poseidonios scheint es benutzt zu haben, Sen., ep. 95,53 (hierzu Theiler, Vorbereitung 121); nur hat es dort einen ganz anderen Skopus: nicht der theologisch relevante *ὀμφαλός* (diese technische Bedeutung übrigens sonst nicht belegt), sondern die sich gegenseitig stützenden Steine des Gewölbes haben die Einbeziehung in den Kontext des Briefes herbeigeführt. Das Interesse des Stoikers an der Steinkonstruktion belegt Sen., ep. 90,32. Der Schlußstein bei Max. Tyr. 15, p. 188,8ff. ist E. G. Schmidt entgangen.

256,22 (b 33) „Phidias“. Die Geschichte steht auch in der Sammlung De mirabil. ausc. § 155, mit denselben Worten wie in De mundo; in § 154 ist die Legende von den Frommen am Ätna, 400 a 33–b 6, übernommen. Aus kaiserzeitlicher Literatur stammen auch §§ 152. 168 (Lorimer, Notes 100). Wilamowitz bemerkt, daß man, um den Porträtcharakter (inmitten der Darstellung einer Amazonenschlacht) zu tilgen, natürlich keine Zerstörung der Figur nötig hatte; „die Fabel ist also ohne Anschauung des Werkes ersonnen und weitergegeben“ (Griech. Leseb. Erl. II 132). Für die ps.-arist. Gotteslehre wird sie durch den Bezugspunkt der *ἀφανὴς δημιουργία*, 400 a 1, tauglich. Die Geschichte vom Selbstporträt des Bildhauers ist weitverbreitet; vgl. Plut., Perikl. 31; Cic., Tusc. I 34; Orat. 234; Val. Max. 8, 14, 16; Dion 12,6.

256,28 (400 a 4) „Harmonie und Dauer“. Die Auflösung des Rätsels der Harmonie (vgl. 396 b 4) durch ihre Unterstellung unter die Gottheit war bereits 399 a 12 erfolgt und wird nochmals eingeprägt. Plutarchs *θεὸς ἁρμονικός* (s. ob. zu 397 b 7) wird von Horaz vorausgenommen, carm. I 12, 13ff., inmitten feierlicher laudes Jovis.

256,29 (a 4) „nicht die Mitte“. Die, wie bereits bemerkt, nicht ‘volkstümliche’, sondern spekulative Frage nach dem ‘Ort’ des Göttlichen hat ihre Stelle in Ar.s Vortrag über den himmlischen Körper, De cael. I 2. Die Natur hat ihn aus dem Werden und Vergehen ‘herausgenommen’ (270 a 21); seine Ranghöhe ist Folge seiner Distanz vom Irdischen (269 b 13ff.), was seine Entfernung von der Mitte und die Lokalisierung 'am obersten Ort' (270 b 6) zur Folge hat.

256,29 (a 5) „finstertrübe Stätte". *θολερός* Plat., Tim. 58 D 2 (Gegensatz wie hier der strahlende Äther), Phaed. 113 B 1 (Unterweltstrom); eine besonders minderwertige Kosmosregion auch Tim. 92 B 5. Wenn aber Festugière (514) in De mundo eine Ankündigung des künftigen gnostischen, weltfeindlichen Dualismus sehen will, so wird verkannt, daß in diesem Stufenkosmos auch der Weltvordergrund, die fruchtbare Fülle der Erde etwa, an seiner Stelle voll bejaht wird.

256,31 (a 7) „'Himmel' (uranos) ... 'Olymp'". „Stoische Etymologie" bemerkt Capelle kurz, unter Hinweis auf Achill. Isag. p. 36,13ff. Maaß; Philo De opif. mund. 37; Cornut. 1. Aber die gelehrte Beschäftigung mit diesen Begriffen ist nicht an diese Schulgrenze gebunden. Aristarch, Il. 5, 749 (und 1, 497) auslegend, hat offenbar die Vorstellung 'Grenze', vor Augen: *πύλαι οὐρανοῦ τὰ νέφη . . . ὁ γὰρ ὑπὲρ ταῦτα τόπος ὁμωνύμως τῷ στερεμνίῳ οὐρανὸς καλεῖται* – der Olympgipfel befindet sich jenseits der Wolken, also im „Himmel" (der Erklärer versucht auf diese Weise seine These zu stützen, daß Homer mit „Olymp" immer den Berg meint, wenn schon dessen Gipfel über die Wolkengrenze hinausragen). Auch De mundo a 7 wird angedeutet, daß die Grenze zur irdischen Region hin bedeutet, 'Olympos' also ihn überhöht; so ausführlich Stob. I, p. 198,7f. W., mit der Etymologie *ὁλολαμπῆ*, die als Bezeichnung „der Alten" zitiert wird. Bei Ps.-Plut., Vit. Hom. II 95 findet sich die Ableitung *ὅλον λαμπρόν*, im Sinn der Ablehnung aller atmosphärischen Einflüsse auf den 'Olymp'. So meint es auch Stobaios, auch Ps.-Ar. mit Etymologie und Homerzitat (a 11 = Od. 6, 42ff.). Zum stoischen Weltgrundriß, demzufolge die Gestirne sich von den irdischen Anathymiasen nähren, stimmt dies nicht. Das gleiche Zitat, nach Lokalisierung Gottes im reinen Oben, b. Max. v. Tyr. 11 (*τίς ὁ θεὸς κατὰ Πλάτωνα*), p. 141,15. Reste eines kosmologischen Traktats auf einem Brüsseler Papyrus (Pap. Brux. Inv. E 7162, dazu Della Corte, Rev. Filol. 1939, 36) handeln von Olympos und Uranos, ebenfalls mit ausdrücklicher Trennung gegenüber den Anathymiasen. – *ὅρος* für das kosmologische Oben bereits bei Ar., De gen. et corr. 330 b 32 (= 335 a 20), worauf B. Rehm, Philol. 89, 1934, 385f. hinweist. – Daß *ὅλυμπος* altpythagoreischer Spekulation zugehört, hält W. Burkert, Weisheit und Wissenschaft 227 u. Anm. 35, für möglich.

257,2 (a 16) „wir Menschen alle". Dahinter steht, stillschweigend korrigiert, Demokrit B 30 („Von den denkenden Menschen erhoben wenige ihre Hände zu dem Ort, den wir Hellenen jetzt Luft nennen . . ."); Poseidonios knüpfte hier mit einer pantheistischen Interpretation an, s. Reinhardt, Kosmos und Sympathie 198.

257,5 (a 19ff.) „Zeus ward der Himmel . . .". Il. 15, 192; nach dem *ἀνέφελος*, a 14, kein ganz glückliches Zitat. Der Verfasser hat es hier auf das ruhige Thronen (*ἐν ἀκινήτῳ* b 11) abgesehen, dem er als Kontrast noch einmal – der Leser bedürfte dieser Perikope nicht – einen Blick auf die Wirrnis der Luft-Erdregion folgen läßt, b 25ff. Die Unveränderlichkeit der Gestirnwelt (*ἀναλλοίωτον* Ar., De cael. 270 a 14 u. ö.) gehört zu den akademisch-aristotelischen Grundüberzeugungen („Es hat sich nämlich in der ganzen Vergangenheit nach der fortlaufenden Überlieferung weder am Ganzen der äußersten Himmelssphäre etwas verändert noch an einzelnen ihr zugehörigen Stellen", De cael. 270 b 13ff.).

257,18 (a 31) „in Phaëthons Zeit". Die Erzählung vom Himmelssturz des Heliossohnes und den Folgen für Erde und Menschheit enthält, *μύθου σχῆμα ἔχον*, eine Andeutung darüber, wie es in Wahrheit einst war und wieder sein wird, Plat., Tim. 22C D. Auch Mythen *θείᾳ τινὶ τύχῃ ψαύουσι τἀληθοῦς*, Plut., Amat. 762 A (ebenso De gen. Socr. 589 F), auch sie können „zum Glauben" führen, 761 E F. Hier steht die spätplatonische (von Ar., Meteor. 352 a 25ff. übernommene) These von den zyklisch sich wiederholenden Naturkatastrophen dahinter.

257,22 (a 34) „das Geschlecht der Frommen". Zu den *Εὐσεβεῖς* am Ätna vgl. Lycurg. c. Leocr. 95; Sen., De benef. VI 37, 1f.; Ätna-Gedicht, am Ende; Wissowa in RE I, 1892, Sp. 1943. Die „Frommen" gehören zur Beschreibung der Gegend um Katania, wo Strab. VI 2, 3 knapp ihre Geschichte referiert (wie es wohl auch der anschließend zitierte Poseidonios tat). – Im Zusammenhang von De mundo wird die Legende den Autor als Erweis der göttlichen Fürsorge inmitten der Katastrophen angezogen haben.

257,28 (b 6ff.) „der Steuermann". Vergleiche wie die folgenden hatten in der frühen Kaiserzeit die Schulgrenzen längst überschritten; einem Versuch, die Quelle des Autors auszusondern, kommen sie nicht entgegen. Platoniker, Neupythagoreer, Stoiker (und also auch Philon) bedienen sich dieser Formeln. In bedeutender Prägung liegen sie in Spätschriften Platons vor (Steuermann: Polit. 272 E; Criti. 109 C; Wagenlenker, Feldherr, Chorführer: Phdr. 246 E–247 A); andrerseits werden sie Legg. 905 E–906A durchgesprochen, als seien es wohlbekannte Gedanken. Daß Platon dabei altpythagoreische Formulierungen benutzte, ist durchaus möglich; doch erweist dies die Neupythagoreer – zu deren beliebtem Ausdrucksschatz diese Vergleiche gehören – wohl kaum als Vorlage von Ps.-Ar. (so Maguire 159ff.).

257,29 (b 7) „im Staat der Gesetzgeber". Das Kolon *ἐν πόλει δὲ νόμος* tritt auffällig aus der Reihe der konkreten Substantiva heraus; zugleich zeigt sich, daß *νόμος* unmöglich hier auf *πολυκίνητον* (b 9), im nächsten Satz auf *ἀκίνητος* (b 14) bezogen werden kann. Dies hat Lorimer mit Recht hervorgehoben (115); man wird seinem Vorschlag *νομο⟨θέτη⟩ς* zustimmen, wenn er auch die gesamte Überlieferung gegen sich hat. Maguire will *νόμος* persönlich fassen, als neupythagoreische Chiffre für 'König', d. h. *ἔμψυχος νόμος*. Es ist nicht wahrscheinlich, daß Ps.-Ar. dies seinen Lesern zugemutet hat. – b 10: „Mühelosigkeit" im Walten der Gottheit schon in alter Dichtung, Hymn. in Diosc. 16 (ed. Humbert), Aesch. Hik. 98 (*πᾶν ἄπονον δαιμονίων*), Soph. Oed. R. 1585 (neben *θεῖος*).

257,34 (b 12) „bewegt er alles". Zu der Verbindung des arist. Urbewegers mit einem pointierten Dynamisbegriff s. Einl. 267 f.

257,37 (b 15) „das ganze öffentliche Leben". Man gewinnt den Eindruck, daß der Verfasser abrundend frühere Höhepunkte reproduzieren will, den Einsatz des 5. Kapitels mit der scheinbar ganz auf Widersprüche gestellten Polis und seine laudes terrae. Dabei erscheinen – unter jenem 'Blick von oben' – die Negativa des Menschenlebens als präsent (vgl. a 25ff.), wie zum Leben ja auch das Sterben gehört (b 19.22). Das folgende Dichterzitat ist also sinnvoll vorbereitet.

258,11 (b 25) „es ist die Stadt ...". *Ἡ Σοφόκλειος πόλις*: Oed. R. 4f. (die Verse werden hier nicht im Sinn des Kontexts zitiert), eine erlesene Floskel bei Plutarch, die V. Anton. 24,3 einer Landschaft, De superstit. 169 D einer verwirrten Seelenstimmung gilt; sie liegt auch V. Aem. Paul. 35 a. E. zugrunde.

258,13 (b 27) „bei der größeren Stadt". Es wäre doch wohl stumpfe Kritik, wollte man hier einen stoischen Gemeinplatz sehen, ohne die 396 b 1ff. angesprochene Polis zu bedenken, oder zu vergessen, daß die in Kap. 6 dargestellte, Menschenleben und Kosmos übergreifende Ordnung durchaus nicht in stoischem Sinn entworfen ist. – b 28 *ἰσοκλινής*: sonst nicht belegt, jedoch der (kosmischen) Isorrhopie entsprechend, Plat., Phaed. 109A.

258,20 (b 33) „vermittelst der jeweils eigenen Keime". Gewiß beherrscht auch den Kapitelschluß das durchgehende Thema der Weltewigkeit, speziell der ewig neuen Fruchtbarkeit der Erde, wie sie der Peripatetiker Kritolaos b. Philo, De aet. mund. 55ff. (bes. 59ff.) formuliert. Aber hier wird mit der Wendung *κατὰ τὰς φύσεις πάσας διὰ τῶν οἰκείων σπερμάτων* das Motiv der Individualisierung der göttlichen Kraft fortgeführt; Maguire (161, n. 106) hat bei seiner rein doxographischen Arbeitsweise diesen Baugedanken der Schrift gar nicht zu Gesicht bekommen.

258,23 (401 a 1) „Feigenbäume ...". Ein hübscher Gedanke des Schriftstellers, daß er die fruchtbare Mannigfaltigkeit des Erdlebens mit den berühmten mythischen Gärten (der Kalypso, Od. 5, 64, des Königs Alkinoos, 7, 115f.) andeutet.

258,33 (a 10) „Geißelschlag": Heraklit B 11 hier überliefert. „So dient auch der Prügel des göttlichen Hirten als Werkzeug pfleglicher Erhaltung", H. Fränkel, Dichtung und Philosophie des frühen Griechentums, 1951, 494, der auf Platons Kritik Criti. 109 C verweist (die Götter üben ihr Regentenamt nicht *πληγῇ*, sondern *πειθοῖ* aus; neben das Bild vom Hirten tritt unmittelbar das Steuermannsgleichnis). Die Struktur des Kapitels läßt sich – vom Marionettengleichnis 398 b 16 an – gewissermaßen als alternierender Rhythmus beschreiben; immer wieder geht es zwischen Bild und 'Gott (Gottes Werke)' hin und her, wobei neben die Grundform *ὥσπερ, καθάπερ – οὕτως* ein *ἔοικε – οὕτως*, ein *καὶ γάρ – ταῦτα*, ein *ὅπερ – τοῦτο* tritt. Ein nicht diskursives, sondern eher kreisendes Denken drückt sich so aus, das sich nachher in der Reihe der Kultbeinamen der Gottheit fortsetzt.

Kapitel 7

258,34 (a 12) „viele Namen". *πολυώνυμος* ist kennzeichnend für den Hymnenstil, von den homerischen (1, 82; 5, 18ff.) bis zu den orphischen (2,1; 10, 13; 11, 10 u. ö.) Liedern (reiche Belege bei K. Keyssner, Gottes- und Lebensanschauung im griech. Hymnus, 1931, 47). Daß die Gottheit unzählige Namen hat (Isis, b. Plut., De Is. et Os. 372 E F) oder keinen, als *ὀνόματος κρείττων* (Corp. Hermet. V 10, vgl. XIII 10) ist nicht hellenisch. – *πολυώνυμος* ist hier sehr bewußt gewählt; Kap. 7 stellt den abschließenden Hymnus dar, so wie das Werk mit einem Lobpreis der Philosophie begonnen hatte.

258,37 (a 15) „der, durch den wir leben". Die Etymologie ist für Chrysipp bezeugt, b. Areios Did., fr. 30 (Poseidonios riet – worauf Maguire hinweist, 162, n. 107 – auf *τὸν πάντα διοικοῦντα*, b. Lyd., De mens. 4,48). Nun hat Chrysipp das ganze Gebiet der kosmologischen und theologischen Namensderivationen bearbeitet; den stoischen Charakter eines nichtstoischen Zusammenhangs vermögen sie natürlich nicht zu begründen. Obwohl Maguire den durchaus gegen die stoische Immanenzlehre gerichteten Charakter des Kapitels richtig beurteilt (s. u.) und damit entscheidend über Capelle hinauskommt, nimmt er Chrysipp als letztliche (nicht als unmittelbare) Quelle von Kap. 7 an, mit der Zusatzhypothese, daß „ein Peripatetiker, Platoniker oder Neupythagoreer" (163) die stoische Vorlage umgearbeitet habe. Dies dürfte widerlegt sein, sobald sich zeigen läßt, daß von einer der drei genannten philosophischen Gruppen aus solche Etymologien in einen eigenen genuinen Zusammenhang integriert werden konnten.

258,38 (a 15) „Des Kronos Sohn". Die Epiklesenreihe (bis a 27) ist ein Hymnos im kleinen (zu dessen Form ja das Rühmen göttlicher Namen seit alters gehört). Er beginnt mit Zeus und kehrt zu ihm zurück (*πάντων αὐτὸς αἴτιος ὤν*, a 26). Dazwischen wird, wie schon mehrmals in dieser Schrift, der Weg von oben nach unten durchmessen anhand der *ἔργα θεοῦ*, wie sie jeweils in einem Beinamen gleichsam kristallisiert vorliegen. Sie umfassen die Atmosphäre mit ihren Erscheinungen (– a 18), das Fruchtland (a19), die menschlichen Gemeinschaften (Familie, Staat, Gastfreundschaft, Recht, Krieg, – a 24). Überall ergeben sich Namen für den Gott, ohne daß jenes orientalische, alle Grenzen verschwimmen lassende *μυριώνυμον* am Platze wäre: die Namen ergeben jedesmal einen genauen Bezugspunkt zur Wirklichkeit in Natur und Menschenleben, sie bezeichnen bestimmte Taten, Wohltaten des 'Zeus'. Die beiden letzten Beinamen greifen wieder ins Allgemeine und ergeben das allumfassende *οὐράνιός τε καὶ χθόνιος*. Keine der überlieferten Epiklesenreihen dürfte eine ähnlich sinnreiche Struktur aufweisen. – Nun hat es Maguire (wie auch die übrigen Interpreten) versäumt, davon Kenntnis zu nehmen, daß im Platonismus Plutarchs die Deutung göttlicher Namen und Beinamen zum Grundwesen seiner Religiosität gehört. Nach einer Kritik der chrysippischen Allegorese legt im Dialog „Erotikos" ein Sprecher den Wunsch dar, (758 D), daß im Sinn und in Fortsetzung der Götterbeinamen *φίλιος*, *ξένιος*, *ὁμόγνιος*, *πατρῷος* (alle in De mundo, a 21f.) auch das *ἐρωτικόν*, *φιλητικόν* eines Gottes als *ἐπιστάτης* bedürfe (eben des Eros, dessen Wesen dann im Anschluß an Platon entfaltet wird). Ein Gottesname wird gesucht; wie wichtig das ist, zeigt der anziehende Dialog, der sich dem Wesen des geheimnisvollen, Zeichen gebenden Gottes widmet (De E apud Delphos) – Zeichen bereits in seinen Kultnamen. Ein Pythios ist er denen, die zu lernen und nachzuforschen (*διαπυνθάνεσθαι*) beginnen, ein Delios und Phanaios, *οἷς ἤδη τι δηλοῦται καὶ ὑποφαίνεται τῆς ἀληθείας* (385 B); nicht anders sprechen die Beinamen Ismenios, Leschenorios. „Das meiste von dem, was den Gott angeht, scheint in Rätseln verhüllt zu sein und die Frage nach dem Warum anzuregen", 385 C. Es geht um das *αἰνίττεσθαι*, die verhüllte Andeutung von etwas Großem, wie es z. B. in den Kultnamen des Dionysos vorliegt, 389 A (vgl. 394 A). Platon behandelt solche Rätselrede – die einem Heraklit ansteht, der „seine Weisheit *ἐν αἰνίγμασι* äußert". Simplik., in Ar. de cael. 294, 4 Heib. – mit feiner Ironie, Theaet. 152 C, 155 D (vgl. Apol. 27 D); Maximos v. T. braucht das Wort *αἰνίττεσθαι* im Übermaß (or. 10, p. 113,14 Hob.; p. 126,14; or. 17, p.

213,15 u. ö.); bei Plutarch ist es ein Credo, wenn er erklärt, ein *αἴνιγμα τοῦ θεοῦ* ruhe in allen Dingen der Welt, De Is. et Os. 382 A. Das Wort entspricht genau der Gesinnung unseres Anonymus. Auch der Platoniker Maximos zieht mit den Bezeichnungen *γενέθλιος, ἐπικάρπιος, ὑέτιος* die Summe von Gottes Walten, or. 41,2. – Öfters hat man die Beinamenreihe in dem (exzerpierten) Aratkommentar des Achilles für De mundo herangezogen, wobei der Name des Autors mehr oder weniger als Synonym für stoische Kosmosphilosophie galt. Nun hat Maguire auf eine dem Zeus geltende Namenreihe (*γενέτωρ, φράτριος, κτλ.*) aufmerksam gemacht, deren Einleitung (p. 332, 4ff. Maaß) mit Sicherheit auf eine nichtstoische Vorlage des Achilles schließen läßt: „Er (= Arat) deutet in Rätselform (*αἰνίττεται*!) auf Zeus, mit den Beinamen, die die Alten für eine jegliche *πρᾶξις* fanden, indem sie auf den Gott bezogen, was sich in schöner Weise vollzieht . . .“ Das könnte durchaus in De mundo stehen. Wenn Maguire die gemeinsame Quelle von Ps.-Ar. und dem Aratkommentator in Richtung auf einen 'eklektischen Akademiker' (Antiochos v. Askalon? 165) sucht, so hat das manches für sich (vgl. Mus. Helv. 9,1952, 174f.).

259,13 (a 27) „in den Orphischen Gedichten“. Der nun folgende großartige Zeushymnus (= Orph. fr. 21 a Kern; erweiterte Fassung fr. 168) ist als Ganzes nur hier überliefert. Mit v. 2 spielt Platon, Legg. 715 E; vv. 1.2. erscheinen in den Resten eines Papyrusbuches, das 1962 in Derveni bei Thessaloniki gefunden wurde, einem Kommentar zu einer orphischen Kosmologie und Theogonie zugehörig. Der Papyrus ist vielleicht noch zu Lebzeiten des Aristoteles geschrieben, der Verfasser hat seinen Kommentar wohl nicht lange nach Sokrates' Tod verfaßt (vgl. die überzeugenden Nachweisungen W. Burkerts, Antike und Abendland, XI, 1968, 93ff., der den wichtigen, bisher nur zum Teil veröffentlichten Neufund in den ideengeschichtlichen Zusammenhang einordnet). Für die Interpretation von De mundo interessiert, daß der neue Orphiker in überraschendem Maße auf die Sprache reflektiert, wie Ps.-Ar. im 7. Kapitel. Die Ansicht, daß hier in De mundo echt orphische Verse vorliegen (wie es bereits W. Kranz, Nachr. Gött. Ges. 117,1938, 148 erfolgreich zu erweisen unternahm), ist nunmehr gewiß erhärtet (R. Harder hatte Philol. 85, 1930, 233ff. stoische Beeinflussung vermutet, wozu auch H. Schwabl, s. v. Weltschöpfung, RE Suppl. IX 1962, Sp. 1480, neigt).

259,15 (a 28) „Herrscher des Blitzes“. An *ἀρχικέραυνος* heftet sich die Spekulation des Stoikers Kleanthes, der in seinem berühmten Hymnus (vgl. v. 32) hinter alten Kultnamen philosophischen Sinn aufscheinen läßt (hier den des göttlichen feurigen Pneumas); darum hat gerade *ἀρχ.* den Verdacht auf stoische Verfälschung unterstützt. Der Derveni-Papyrus befürwortet (in Kol. 13,15) in v. 7 *ἀργικέραυνος*, was Lorimer gegen die fast einhellige Überlieferung zugunsten von *ἀρχικέραυνος* verschmäht hatte. – *τέτυκται* v. 2: der neue Fund zitiert *τελεῖται*, was sich in der De mundo-Tradition nicht findet.

259,18 (b 2) „Mann ... Mädchen“. Die Gottesprädikation *ἀρρηνόθηλυς* hatte in der Spätantike weitreichende Wirkung; vgl. in Kerns Orphikerfragmenten noch fr. 81,4; Asclep. 20 (p. 56,7 Thom.); Orph. h. 10,18 (Physis); Firm. Matern. Math. V, praef. 3; Lactant., div. inst. IV 8,4f.; Procl. in Pl. Tim. 18 C, I p. 46,15 D., in rempubl. II p. 44,22 Kr.; in Crat. 70,5ff. Pasqu.; Synes. h. 1,186.

259,22 (b 6f.) „alles ja birgt er in sich“. Die Verse werden von Orph. fr. 167 her beleuchtet: Zeus verschluckt das Weltei samt Phanes und bringt das All neu aus sich hervor.

259,24 (b 8ff.) „Die Ananke“. Chrysipp hat die Moiren so gedeutet, SVF II 264 (Nr. 913f.); Areios Did. fr. 29. Hübsch, wie der Autor dem traditionellen Gut noch ein letztes Mal den eigenen Akzent mitgibt: *ἑκάστῳ τὰ οἰκεῖα* (b 22, vgl. b12)war bei der Beschreibung von Gottes Einfluß auf die Welt der Kerngedanke.

260,3 (b 22) „ihre wohlgeordnete Vollendung“. Den Ausdruck hat Wilamowitz erhellt (Gr. Leseb. II, Erl. 134): Der Verfasser erinnert an den Märchenschluß *καὶ ὁ μῦθος ἀπώλετο*, „und da war die Geschichte aus“ (Platon verwendet ihn, mit jener Mischung von tiefem Ernst und gelöster Heiterkeit, am Schluß des Staates (621 C). „Damit spielt Platon öfters so, daß es bedeuten soll, ‘und da ging die Geschichte in die Brüche’. Hier wird das scherzhaft so gewandt, daß die allgemeine *τάξις* und *περάτωσις* sich auf den Mythos erstreckt“. Man wird hinzufügen dürfen, daß ein solch feines Platonisieren nicht nach Topos oder Handbuch aussieht, sondern wirkliche Kenntnis anzeigt.

260,5 (b 29ff.) „Platon spricht“. Der Autor konnte sich wohl nicht deutlicher erklären als mit diesem seit langem vorbereiteten platonischen Schluß. Die Vertreter des Panposidonismus hatten sich nicht beirren lassen, ihnen diente auch dies als Beleg. „Die Verehrung des Poseidonios ... für Platon ist bekannt“, Capelle 561, A. 1. – Der *παλαιὸς λόγος* ist eben das vorhin zitierte Gedicht, 401 a 29; im folgenden werden hochberühmte Platonica verarbeitet, Legg. 715 E; 730 C; die außerordentliche Nachwirkung dieser Formulierungen belegt Lorimers app. crit. Man hat vielleicht übersehen, daß auch Tim. 41 C (der feierliche Schluß der Demiurgen-Rede) hierhergehört (*τῶν ἀεὶ δίκῃ καὶ ὑμῖν* ⟨den ‚Untergöttern‘⟩ *ἐθελόντων ἕπεσθαι*), überhaupt, daß hier die delphische Tempelinschrift *ἕπου θεῷ* angedeutet wird, wie Phaedr. 248 A 2 (zum Text s. Wilamowitz, Platon, II 363), 250 B 7. Kaum besser konnte dieser ungewöhnliche Protreptikos schließen als mit diesem Hinweis auf eine Religion der Nachfolge.

CORRIGENDA

S. 122, Z. 4 von unten lies: (zu 347 a 12) statt: (Z. 347 a 12)
S. 139, Z. 18 von unten lies: Behandlung statt: Besprechung
S. 161, Z. 15 von unten lies: scil. statt: scil
S. 181, Z. 8 von unten lies: Widerstreit statt: Winderstreit
S. 204, Z. 18 von unten lies: bilden kann) werden statt: bilden kann werden
S. 210, Z. 22 von oben lies: *λεύσσουσαι* statt: *λεύσσουσα*
S. 223, Z. 1 von unten lies: vom Reifen statt: Vom Reifen
S. 228, Z. 11 von oben lies: style statt: Style
S. 230, Z. 8 von oben lies: symp. statt: Symp.
S. 266, Z. 11 von oben lies: *φυσικά* statt: *ψυσικά*
S. 267, Z. 18 von unten lies: zahlreichen statt: zahlreicher
S. 268, Z. 4 von oben lies: verbinden statt: verbünden
S. 269, Z. 15 von unten lies: für statt: fü
S. 274, Z. 13 von oben lies: Ed. des Places statt: Ed. Des Places
S. 289, Z. 20 von unten lies: Eindringlichkeit, alle, statt: Eindringlichkeit alle
S. 294, Z. 13 von unten lies: Soph. Trach. statt: Soph. „Trach.
S. 300, Z. 22 von unten lies: Ethé, statt Ethe
S. 301, Z. 13, von unten lies: *ἐμπεριειληφυῖα* statt: *ἐμπεριληφυῖα*
S. 303, Z. 1 von unten lies: Windlehre) statt: Windlehre
S. 304, Z. 22 von unten lies: anderem statt: an derem
S. 310, Z. 10 von unten lies: *χεραυνός* statt: *κερα υνός*
S. 322, Z. 10 von oben lies: *ἀναφυσή* statt: *ἀναψυσή*
S. 322, Z. 12 von oben lies: *ἐκφύσεις* statt: *ἐκύσεις*
S. 336, Z. 15 von unten lies: eudoxisch statt: eu doxisch

ADDENDA

I. METEOROLOGIE

Einleitung, Abschn. 2 – 4 Kurt von Fritz, Der Ursprung der Wissenschaft bei den Griechen, in: Grundprobleme der Geschichte der antiken Wissenschaft, Berlin(West)-New York 1971 (s. bes. Kap. 7: Die Entwicklung der antiken Astronomie)
Wolfgang Kullmann, Wissenschaft und Methode. Interpretationen zur aristotelischen Theorie der Naturwissenschaft, Berlin(West)-New York 1974 (s. bes. III 5: Bemerkungen zu ὅτι und διότι in ‚Physik', ‚De caelo' und ‚Meteorologie')
Gustav Adolf Seeck, Aristoteles zwischen Naturphilosophie und Naturwissenschaft (Einleitung zu: Die Naturphilosophie des Ar., Wege der Forschung, Bd. 225, herausg. von G. A. S., Darmstadt 1975)

Anmerkungen S. 136 (Elementarkörper): Gustav Adolf Seeck, Über die Elemente in der Kosmologie des Aristoteles, usw. (Zetemata 34), München 1964
(Gestirnraum): Heinz Happ, Hyle, Studien zum aristotelischen Materie-Begriff, Berlin(West)-New York 1971 (hier 5.2: Gestirne und sublunare Welt, 471 – 484 ⟨Meteor.: 481 – 484⟩)

S. 140 (Meteor. I 3): Peter Steinmetz, Ansatzpunkte der Elementenlehre Theophrasts im Werk des Aristoteles (in: Naturphilosophie bei Aristoteles und Theophrast, herausg. von I. Düring, Heidelberg 1969, 224 – 249)
St. will (237 ff.) Meteor. I 1 – 3 als nacharistotelischen redaktionellen Zusatz erweisen und rechnet mit „tollen Mißverständnissen" (239) des Bearbeiters. Demgegenüber fasse ich I 3 als authentischen Text aristotelischer Aporetik.

S. 210 (Ursprung der Farbe ξανθόν): Brigid E. Harry, A Defence of Aristotle Meteorologica 3, 375 b 6 ff. (Classical Quarterly 21, 1971, 397 – 401)

S. 216 (Buch IV): Heinz Happ, Hyle, Studien zum aristotelischen Materie-Begriff, Berlin (West)-New York 1971 (darin 6,1: Qualitäten, Elemente und Homoiomerien in ‚Meteorologie 4'; 6,2: Die Ursachenlehre in ‚Meteorologie 4', usw.
Die Beziehungen des 4. Buchs (in dem „die ausführlichste Behandlung des untersten Stoffbereichs" enthalten ist, 520) zu den Büchern Über Werden und Vergehen sowie zu den biologischen Schriften werden gewinnbringend diskutiert.

S. 217 (Untersuchung der Echtheit): In einem Nachtrag zum Neudruck seines Aufsatzes zu Meteor. IV (in Seeck's Sammlung, Wd F 225, 1975, 138) schreibt mir H. B. Gottschalk die Verteidigung der Echtheit zu; doch vgl. meine S. 129 (Unechtheit nicht bewiesen, Authentizität nicht gesichert).

II. ÜBER DIE WELT

Einleitung, Abschn. 1–3 Olof Gigon, Plinius und der Zerfall der antiken Naturwissenschaft (1960; jetzt in: Studien zur antiken Philosophie, Berlin(West)-New York 1972, 370–390; brillante Überschau über die Geschichte der hellenistischen Wissenschaft)
Paul Moraux, Der Aristotelismus bei den Griechen von Andronikos bis Alexander von Aphrodisias, 1. Bd.: Die Renaissance des Aristotelismus im 1. Jh. v. Chr., Berlin(West)-New York 1973 (463f. kurze Bemerkungen zum Verfasserproblem)
Neue kommentierte Ausgabe: Giovanni Reale, Aristotelo, Trattato sul Cosmo per Alessandro, Napoli 1974. Der bedeutende Aristoteliker verwertet die neueren Beobachtungen zu den Platonismen in De mundo einerseits, zur Theophrastnähe in Kap. 4 andrerseits zur Unterstützung der Ansicht, daß Aristoteles selbst der Autor sei. Damit ist für die Erklärung der Schrift (die jedenfalls die Stoa voraussetzt) m. E. ein eklatanter Irrweg eingeschlagen.

Erschienen im Akademie-Verlag, DDR-108 Berlin, Leipziger Straße 3 – 4

Lizenznummer 202 · 100/24/79
Gesamtherstellung: VEB Druckerei „Thomas Müntzer“, 582 Bad Langensalza
Bestellnummer: 7 516 418 (3022/12) · LSVO 116
Printed in GDR
DDR 33,– M

www.ingramcontent.com/pod-product-compliance
Lightning Source LLC
LaVergne TN
LVHW060628300926
849162LV00008B/1733